# 算法设计与分析

第3版·微课视频·题库版

◎ 李春葆 刘娟 喻丹丹 刘斌 编著

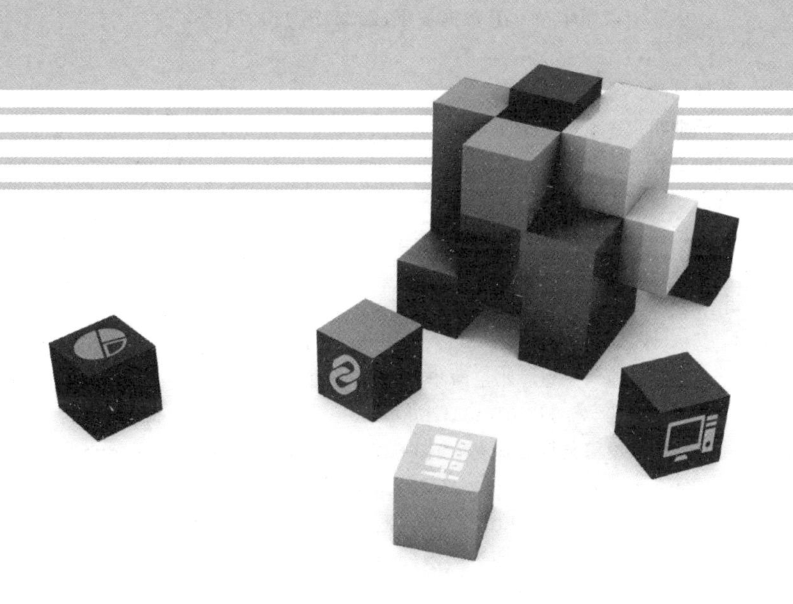

清华大学出版社
北京

## 内 容 简 介

本书以“算法概述→算法框架（或步骤）→算法设计→算法分析”为技术线路，系统地介绍了各种常用的算法设计策略，包括穷举法、分治法、回溯法、分支限界法、动态规划和贪心法等，并以专题形式讨论了图算法、计算几何、概率算法和近似算法设计原理及其应用，帮助读者迅速掌握算法设计要点，规范算法设计、分析及实现的方法。书中列举了大量的经典示例和在线编程示例并予以解析，全方位地帮助读者提高算法设计与分析实践能力和理论水平。

本书既便于教师课堂讲授，又便于自学者阅读，适合作为高等学校计算机及相关专业学生的算法设计与分析课程教材，也可供ACM和各类程序设计竞赛者学习参考。



**图书在版编目(CIP)数据**

算法设计与分析：微课视频：题库版/李春葆等编著. —3版. —北京：清华大学出版社，2024.1(2024.2重印)
高等学校算法类课程系列教材
ISBN 978-7-302-64115-5

Ⅰ. ①算…　Ⅱ. ①李…　Ⅲ. ①电子计算机－算法设计－高等学校－教材 ②电子计算机－算法分析－高等学校－教材　Ⅳ. ①TP301.6

中国国家版本馆CIP数据核字(2023)第131020号

**策划编辑**：魏江江
**责任编辑**：王冰飞
**封面设计**：刘　键
**责任校对**：郝美丽
**责任印制**：宋　林

**出版发行**：清华大学出版社
**网　　址**：https://www.tup.com.cn，https://www.wqxuetang.com
**地　　址**：北京清华大学学研大厦A座　　**邮　　编**：100084
**社 总 机**：010-83470000　　**邮　　购**：010-62786544
**投稿与读者服务**：010-62776969，c-service@tup.tsinghua.edu.cn
**质量反馈**：010-62772015，zhiliang@tup.tsinghua.edu.cn
**课件下载**：https://www.tup.com.cn，010-83470236
**印 装 者**：三河市龙大印装有限公司
**经　　销**：全国新华书店
**开　　本**：185mm×260mm　　**印　　张**：23.5　　**字　　数**：574千字
**版　　次**：2015年5月第1版　2024年1月第3版　　**印　　次**：2024年2月第2次印刷
**印　　数**：100501～103500
**定　　价**：59.80元

---

产品编号：101136-01

# 前言

党的二十大报告指出：教育、科技、人才是全面建设社会主义现代化国家的基础性、战略性支撑。必须坚持科技是第一生产力、人才是第一资源、创新是第一动力，深入实施科教兴国战略、人才强国战略、创新驱动发展战略，这三大战略共同服务于创新型国家的建设。高等教育与经济社会发展紧密相连，对促进就业创业、助力经济社会发展、增进人民福祉具有重要意义。

算法在计算机科学中扮演着重要角色，算法设计与分析课程是计算机科学与技术等相关专业的核心必修课，其目标是培养学生分析问题和解决问题的能力，使学生掌握算法设计的基本技巧和算法分析的基本技术，并能熟练运用常用算法设计策略解决一些较综合的问题，为学生进一步学习后续课程奠定良好的基础。本书是依据上述课程目标并参考 ACM/IEEE 计算课程体系规范 CC2020 算法领域的 4 个绩效能力（验证理论结果、对程序设计问题能给出解决方案、能开发出概念验证性程序和判断是否能开发出更快的解决方案）所编写的。

**1. 本书内容**

全书由 12 章构成，各章的内容如下：

第 1 章为绪论，介绍算法的概念、算法分析方法和 STL 在算法设计中的应用。

第 2 章为递归算法设计技术，介绍递归的概念、递归模型、递归算法设计方法和递归的经典应用示例，包括直接插入排序、0/1 背包问题和求表达式值，以及递推式计算方法，包括直接展开法、递归树方法、主方法和特征方程方法。

第 3 章为穷举法，介绍穷举法的特点、各种列举方法和穷举法的经典应用示例，包括求幂集、求全排列、0/1 背包问题和旅行商问题等。

第 4 章为分治法，介绍分治法的特点、分治法的基本步骤和分治法的经典应用示例，包括快速排序、二路归并排序、二分查找及其扩展、求最大连续子序列和、棋盘覆盖问题、循环日程安排问题和旅行商问题等。

第 5 章为回溯法，介绍解空间概念、回溯法解空间类型、子集树回溯算法框架、排列树回溯算法框架和回溯法的经典应用示例，包括构造表达式、图着色问题、子集和问题、0/1 背包问题、完全背包问题、$n$ 皇后问题、任务分配问题和旅行商问题等。

第 6 章为分支限界法，介绍广度优先搜索的特性、分支限界法的特点、分支限界法的主要类型和分支限界法的经典应用示例，包括图的单源最短路径、0/1 背包问题、任务分配问题和旅行商问题等，以及 A* 算法的原理及其应用。

第 7 章为动态规划，介绍动态规划的特点、动态规划求解问题应具有的性质、动态规划的求解步骤、滚动数组的应用和动态规划的经典应用示例，包括求最大连续子序列和、最长递增子序列、三角形最小路径和、最长公共子序列、编辑距离、0/1 背包问题、完全背包问题、扔鸡蛋问题、资源分配问题、旅行商问题、最少士兵数问题和矩阵连乘问题等。

第 8 章为贪心法，介绍贪心法的特点、贪心法求解问题应具有的性质和贪心法的经典应用示例，包括区间问题、背包问题、田忌赛马问题、零钱兑换问题和哈夫曼编码，以及拟阵的概念、带期限和惩罚的任务调度问题的求解过程。

第 9 章为图算法，讨论构造图最小生成树的两种算法（Prim 和 Kruskal）、求图的最短路径的 4 种算法（Dijkstra、Bellman-Ford、SPFA 和 Floyd）和网络流的相关概念，以及求最大流的相关算法。

第 10 章为计算几何，介绍计算几何中常用的向量运算，以及求解凸包问题、最近点对问题和最远点对问题的典型算法。

第 11 章为计算复杂性，介绍易解问题和难解问题、图灵机计算模型、P 类和 NP 类问题以及 NP 完全问题。

第 12 章为概率算法和近似算法，介绍这两类算法的特点和基本的算法设计方法。

书中带“*”符号的部分作为选学内容。

**2. 本书特色**

本书具有如下鲜明的特色。

(1) 由浅入深，循序渐进。每种算法设计策略从设计思想和算法框架入手，由易到难地讲解相关经典问题的求解过程，使读者既能学到求解问题的方法，又能通过对算法设计策略的反复应用掌握其核心原理，以收到融会贯通之效。

(2) 示例丰富，重视启发。书中列举大量经典示例和有代表性的在线编程示例（选自 LeetCode、LintCode、POJ 和 HDU），深入剖析其求解思路，展示其算法设计的清晰过程，并举一反三，激发读者学习算法设计的兴趣。

(3) 注重求解问题的多维性。同一个问题采用多种算法策略实现，例如 0/1 背包问题采用递归法、穷举法、回溯法、分支限界法和动态规划求解，旅行商问题采用穷举法、分治法、回溯法、分支限界法和动态规划求解。通过比较不同算法策略，使读者体会每种算法策略的特点，以提高利用不同算法策略解决复杂问题的能力。

(4) 强调算法实现和对动手能力的培养。算法设计仅会“纸上谈兵”是不够的，必须具备从问题建模、算法设计、算法实现到验证的能力，书中精选了大量难度适中的在线编程实验题，通过这些题目的训练，不仅可以提高读者的编程能力，还可以帮助读者直面各类竞赛和求职市场。

(5) 本书配套有《算法设计与分析（第 3 版）学习指导》和《算法设计与分析（第 3 版）在线编程实验指导》（李春葆等，清华大学出版社，2024），涵盖所有练习题和在线编程题的参考答案。

**3. 教学资源**

为了方便教师教学和学生学习，本书提供了全面且丰富的教学资源，包括以下内容。

(1) 教学 PPT：提供全部教学内容的精美 PPT 课件，供任课教师在教学中使用。

(2) 程序源代码：所有源代码按章组织，例如 ch2 文件夹中存放第 2 章的源代码（在 Dev C++ 5.11 中调试通过）。

(3) 教学大纲和电子教案：包含 32 和 48 课堂讲授学时的教学内容安排及相应的实验教学内容安排，供教师参考。

(4) 与各章知识点对应的题库：包括单项选择题、填空题和算法设计的上机实验题。

(5) 绝大部分知识点的教学视频：视频采用微课碎片化形式组织，含 170 个视频，累计超过 34 小时。

**资源下载提示**

**课件等资源**：扫描封底的“课件下载”二维码，在公众号“书圈”下载。

**素材（源码）等资源**：扫描目录上方的二维码下载。

**在线自测题**：扫描封底的作业系统二维码，再扫描自测题二维码在线做题。

**微课视频**：扫描封底的文泉云盘防盗码，再扫描书中相应章节的视频讲解二维码，可以在线学习。

**4. 致谢**

本书的编写得到教育部 101 计划和武汉大学计算机学院相关课程教学研究项目的大力支持，清华大学出版社的魏江江分社长和王冰飞老师提供了全方位的帮助和精心的编辑工作，LeetCode 和相关在线编程平台给予了无私的帮助，编者在此一并表示衷心的感谢。

尽管编者不遗余力，但由于水平所限，本书仍存在疏漏和不足之处，敬请教师和同学们批评指正。

编　者

2024 年 1 月

# 目录

扫一扫

源码下载

## 第1章　绪论　/1

## 第 4 章 分治法 /95



## 第 5 章 回溯法 /126

## 第 6 章 分支限界法 /164

## 第7章 动态规划 /198

## 第 8 章 贪心法 /243



## 第 9 章 图算法 /275

## 第 11 章　计算复杂性　/328



## 第 12 章　概率算法和近似算法　/343



## 参考文献　/360

# 第1章 绪论

【案例引入】

求 $1+2+\cdots+n$（$n>0$）的两个算法：

```
int A1(int n) {
  int s=0;
  for(int i=1;i<=n;i++)
     s+=i;
  return s;
}
```

时间复杂度：$\Theta(n)$

```
int A2(int n) {
  return n*(n+1)/2;
}
```

时间复杂度：$\Theta(1)$

哪个算法更好

**本章学习目标：**

(1) 掌握算法的定义和算法的特性。

(2) 掌握算法描述方法和算法设计的步骤。

(3) 理解 $O$、$\Omega$ 和 $\Theta$ 符号的含义。

(4) 掌握算法的时间复杂度分析方法。

(5) 掌握 C++ STL(标准模板库)的基本使用方法。

(6) 灵活运用 STL 的各种数据结构容器解决复杂问题。

# 1.1 算法概述

## 1.1.1 什么是算法

算法(algorithm)是指解题方案的准确且完整的描述，是一系列解决问题的清晰指令，也就是说算法能够对一定规范的输入在有限时间内获得所要求的输出(摘自《百度百科》词条)，如图1.1所示。如果一个算法对其每一个输入实例都能输出正确的结果并停止，则称它是正确的。一个正确的算法解决了给定的求解问题，不正确的算法对于某些输入来说可能根本不会停止，或者停止时给出的不是预期的结果。

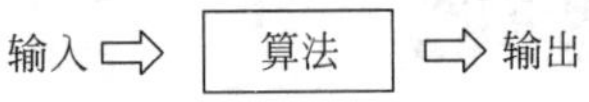

输入 ⇨ 算法 ⇨ 输出

图1.1 算法的概念

算法具有以下5个重要特性。

(1) 有限性：一个算法必须总是(对任何合法的输入值)在执行有限步之后结束，且每一步都可在有限时间内完成。

(2) 确定性：算法中每一条指令必须有确切的含义，不会产生二义性。

(3) 可行性：算法中每一条运算都必须是足够基本的，也就是说它们原则上都能精确地执行，甚至人们仅用笔和纸做有限次运算就能完成。

(4) 输入性：一个算法有零个或多个输入。大多数算法中输入参数是必要的，但对于较简单的算法，例如计算1+2的值，不需要任何输入参数，因此算法的输入可以是零个。

(5) 输出性：一个算法有一个或多个输出。算法用于某种数据处理，如果没有输出，这样的算法是没有意义的，这些输出是和输入有着某些特定关系的量。

**【例1.1】** 有下列两段描述，这两段描述均不能满足算法的特性，试问它们违反了算法的哪些特性？

```
描述1:
void exam1() {
    int n=2;
    while (n%2==0)
        n+=2;
    printf("%d\n",n);
};
```

```
描述2:
void exam2() {
    int x,y;
    y=0;
    x=5/y;
    printf("%d,%d\n",x,y);
}
```

**解** (1)是一个死循环，违反了算法的有限性特性。(2)出现除零错误(因为数学上不存在一个整数除以零的方法)，违反了算法的可行性特性。

扫一扫

视频讲解

## 1.1.2 算法描述

描述算法的方式很多，有的用自然语言或者伪码，本书采用C/C++语言，通常用C/C++函数描述算法，用函数的返回值表示算法能否正确执行，用形参表示算法的输入与输出。

注意在C语言中调用函数时只有从实参到形参的单向值传递，为此C++语言中增加了引用型参数的概念，在引用型参数名前需加上&，表示这样的形参在执行后会将结果回传给对应的实参。在算法中引用型参数的作用如图1.2所示，也就是说在设计算法时通常将输出型参数设计为引用型参数。

这里以设计求1+2+…+$n$值(称为Sum问题)的算法为例说明C/C++语言描述算法

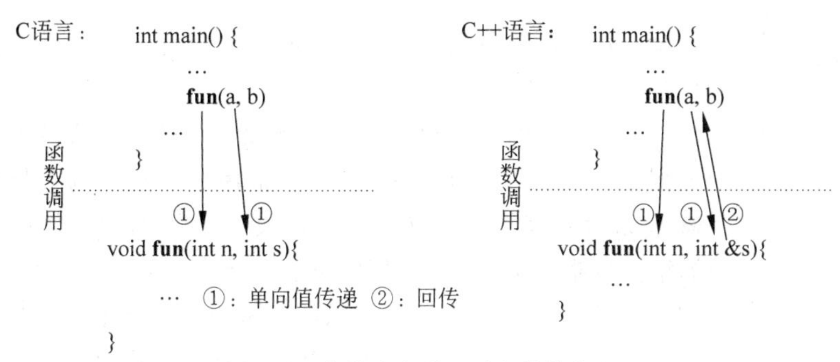


图 1.2 在算法中引用型参数的作用

的一般形式。在该问题中，$n$ 是输入型参数，用返回值表示输入的 $n$ 是否合适。显然，$n\leqslant 0$ 说明输入不正确，此时返回 false；否则说明输入正确，返回 true。当输入正确时用参数 $s$ 表示求和结果，$s$ 是输出型参数，所以将 $s$ 设计为引用型参数。对应的 Sum1 算法如图 1.3 所示。

算法的返回值：正确执行时返回true，否则返回false　　算法的形参

```
bool Sum1( int n,  int &s ) {
    s=0;
    if (n<=0) return false;  //当参数错误时返回false
    for (int i=1;i<=n;i++)
        s+=i;
    return true;              //当参数正确并产生正确的结果时返回true
}
```

图 1.3 算法描述的一般形式

如果在 Sum1 算法中不将 $s$ 设计为引用型参数会出现什么问题呢？以实参 $a=10,b=0$ 来调用 Sum1$(a,b)$，执行后发现实参 $b=0$，这是因为 $b$ 对应的形参为 $s$，在执行 Sum1 时计算出 $s=55$，但 $s$ 并没有回传给实参 $b$，$b$ 仍然为 0。当将 $s$ 设计为引用型参数再这样调用时，相当于执行 int $n=a$，int $\&s=b$，实参 $a$ 将值 10 传递给形参 $n$，实参 $b$ 和形参 $s$ 共享相同的存储空间，在执行 Sum1 时计算出 $b=s=55$，所以从 Sum1 返回后实参 $b$ 的值为 55，这样得到正确的结果。

对于一些简单问题，若只有一个计算结果或者可以通过计算结果区分是否正确执行时，可以简化算法设计，即直接用函数返回值来表示算法的执行结果，例如 Sum 问题对应的简化算法如图 1.4 所示（返回 0 表示 $n$ 错误）。

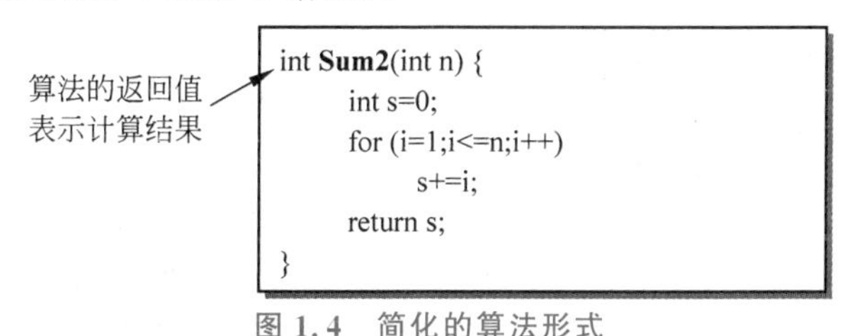

算法的返回值
表示计算结果
int Sum2(int n) {
int s=0;
for (i=1;i<=n;i++)
s+=i;
return s;
}


图 1.4 简化的算法形式

## 1.1.3 算法设计的基本步骤

算法是求解问题的解决方案，这个解决方案本身并不是问题的答案，而是能获得答案的指令序列，即算法，通过算法的执行获得求解问题的答案。算法设计是一个灵活的、充满智慧的过程，其基本步骤如图 1.5 所示，各步骤之间存在循环反复的过程。

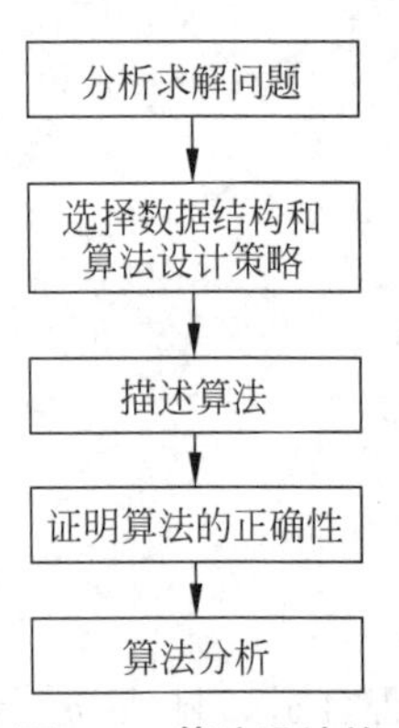


图 1.5 算法设计的基本步骤

(1) 分析求解问题：确定求解问题的目标（功能）、给定的条件（输入）和生成的结果（输出）。

(2) 选择数据结构和算法设计策略：在进行算法设计时选择适合的数据结构会显著提高算法的性能，常用的数据结构包括栈、队列、二叉树、图和哈希表等，为了专注于算法设计本身，最好直接使用 STL 中的数据结构容器实现算法。常用的算法设计策略包括分治法、回溯法、贪心法和动态规划等，大家需要针对求解问题选择适合且有效的算法策略。

(3) 描述算法：在构思和设计好一个算法后，必须清楚、准确地将所设计的求解步骤记录下来，即描述算法。

(4) 证明算法的正确性：算法的正确性证明与数学证明有类似之处，因此可以采用数学证明方法，但用纯数学方法证明算法的正确性不仅耗时，而且对大型软件开发也不适用。一般而言，为所有算法都给出完全的数学证明并不现实，而选择已知是正确的算法能大幅减少出错的机会。本书介绍的大多数算法都是经典算法，其正确性已被证明，它们是实用和可靠的，书中主要介绍这些算法的设计思想和设计过程。

(5) 算法分析：同一问题的求解算法可能有多种，大家应该通过算法分析找到好的算法。一般来说，一个好的算法应该比同类算法的时间和空间效率高。

# 1.2 算法分析

计算机资源主要包括计算时间和内存空间。算法分析是分析算法占用计算机资源的情况。算法分析的两个主要方面是分析算法的时间复杂度和空间复杂度，其目的不是分析算法是否正确或是否容易阅读，主要是考察算法的时间和空间效率，以求改进算法或对不同的算法进行比较。

那么如何评价算法的效率呢？通常有两种衡量算法效率的方法，即事后统计法和事前分析估算法。前者存在两个缺点，一是必须执行程序，二是存在其他因素掩盖算法的本质，所以下面均采用事前分析估算法来分析算法效率。

## 1.2.1 算法时间复杂度分析

### 1. 时间复杂度分析概述

一个算法用高级语言实现后，在计算机上运行时所消耗的时间与很多因素有关，例如计算机的运行速度、编写程序采用的计算机语言、编译产生的机器语言代码的质量和问题的规模等。在这些因素中前 3 个都与具体的机器有关。撇开与计算机硬件、软件有关的因素，仅考虑算法本身的效率高低，可以认为一个特定算法的“运行工作量”的大小只依赖于问题的规模（通常用整数量 $n$ 表示），或者说它是问题规模的函数。这便是事前分析估算法。

一个算法是由控制结构（顺序、分支和循环 3 种）和原操作（指固有数据类型的操作）构成的，算法的运行时间取决于两者的综合效果。例如，如图 1.6 所示的 Solve 算法，其形参 $a$ 是一个 $m$ 行 $n$ 列的数组，当 $a$ 是一个方阵（$m=n$）时求主对角线的所有元素和并返回 true，否则返回 false。该算法由 4 个部分组成,即两个顺序结构、一个分支结构和一个循环结构。

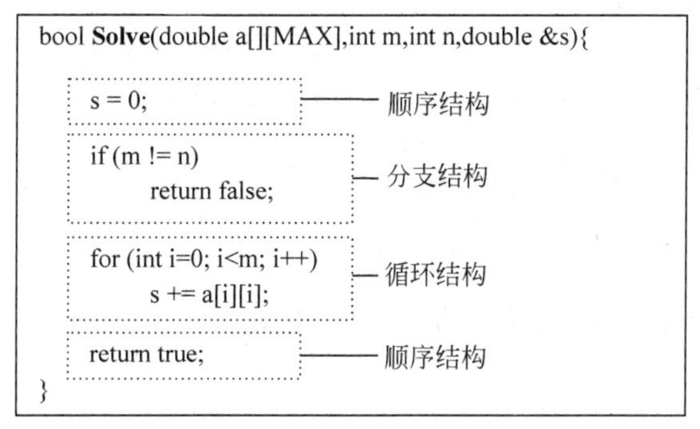


图 1.6 一个算法的组成

算法的执行时间主要与**问题规模**有关,例如数组的元素个数、矩阵的阶数等都可以作为问题规模。算法的执行时间是算法中所有语句的执行时间之和,显然与算法中所有语句的执行次数成正比。为了客观地反映一个算法的执行时间,可以用算法中基本语句的执行次数来度量,算法中的**基本语句**是执行次数与整个算法的执行次数成正比的语句,它对算法执行时间的贡献最大,是算法中最重要的操作。通常基本语句是算法中最深层循环内的语句,在如图 1.6 所示的算法中,s+=a[i][i]就是该算法的基本语句。

设算法的问题规模为 $n$,以基本语句为基准统计出的算法执行时间是 $n$ 的函数,用 $f(n)$表示,对于如图 1.6 所示的算法,当 $m=n$ 时,算法中 for 循环内的语句为基本语句,它恰好执行 $n$ 次,所以有 $f(n)=n$。

这种时间衡量方法得出的不是时间量,而是对一种增长趋势的度量。换而言之,只考虑当问题规模 $n$ 充分大时,算法中基本语句的执行次数在渐进意义上的阶,通常用 3 种渐进符号即大 $O$、大 $\Omega$ 和大 $\Theta$ 表示。算法时间复杂度分析的一般步骤如图 1.7 所示。

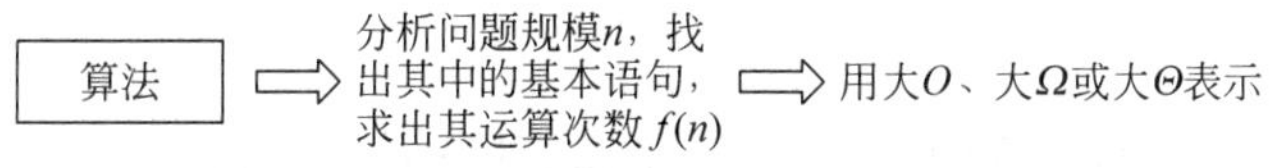


图 1.7 分析算法时间复杂度的一般步骤

采用渐进符号表示的算法时间复杂度也称为渐进时间复杂度,它反映的是一种增长趋势。假设机器的速度是每秒进行 $10^8$ 次基本运算,有阶分别为 $n^3$、$n^2$、$n\log_2 n$、$n$、$2^n$ 和 $n!$ 的算法,在 1 秒之内能够解决的最大问题规模 $n$ 如表 1.1 所示。从中看出,阶为 $n!$ 和 $2^n$ 的算法能够解决的问题规模不仅非常小,而且增长缓慢,反过来说当问题规模增长时执行时间呈几何级数飞速增长;执行速度最快的阶为 $n\log_2 n$ 和 $n$ 的算法能够解决的问题规模不仅大,而且增长快,或者说当问题规模增长时执行时间的增长要平缓得多。

所以阶或者时间复杂度越高的算法的时间性能越差,因此当同一个问题有多种求解算法时应该尽可能设计时间复杂度低的求解算法。

表 1.1 算法的阶及其 1 秒之内解决的最大问题规模

| 算法的阶 | $n!$ | $2^n$ | $n^3$ | $n^2$ | $n\log_2 n$ | $n$ |
|---|---|---|---|---|---|---|
| **1 秒解决的最大问题规模 $n$** | 11 | 26 | 464 | 10 000 | $4.5\times10^6$ | 100 000 000 |
| **机器速度提高两倍后 1 秒解决的最大问题规模 $n$** | 11 | 27 | 584 | 14 142 | $8.6\times10^6$ | 200 000 000 |

## 2. 渐进符号(O、Ω 或Θ)

定义 1.1(大 $O$ 符号):$f(n)=O(g(n))$(读作"$f(n)$是 $g(n)$的大 $O$"),当且仅当存在正常量 $c$ 和 $n_0$,使得当 $n \geqslant n_0$ 时,$f(n) \leqslant cg(n)$,即 $g(n)$为 $f(n)$的上界。或者从极限的角度看,$f(n)=O(g(n))$当且仅当 $\lim\limits_{n \to \infty} \frac{f(n)}{g(n)}=c$ 且 $c \neq \infty$。

扫一扫

视频讲解

例如 $3n+2=O(n)$,因为当 $n \geqslant 2$ 时,$3n+2 \leqslant 4n$;$10n^2+4n+2=O(n^4)$,因为当 $n \geqslant 2$ 时,$10n^2+4n+2 \leqslant 10n^4$。或者从极限的角度证明,$\lim\limits_{n \to \infty} \frac{3n+2}{n}=3 \neq \infty$,$\lim\limits_{n \to \infty} \frac{10n^2+4n+2}{n^4}=0 \neq \infty$。

大 $O$ 符号用来描述增长率的上界,表示 $f(n)$的增长最多像 $g(n)$增长得那样快,也就是说当输入规模为 $n$ 时算法消耗时间的最大值。这个上界的阶越低,结果就越有价值,所以对于 $10n^2+4n+2$,$O(n^2)$比 $O(n^4)$有价值。当一个算法的时间用大 $O$ 符号表示时,总是采用最有价值的 $g(n)$表示,称之为"紧凑上界"或"紧确上界"。一般地,如果 $f(n)=a_m n^m + a_{m-1} n^{m-1} + \cdots + a_1 n + a_0$,有 $f(n)=O(n^m)$。

说明:除了特别说明以外,本书主要采用大 $O$ 符号表示算法的复杂度,并且取所有上界中最小的紧凑上界,以此简化算法增长阶上界的描述。

定义 1.2(大 $\Omega$ 符号):$f(n)=\Omega(g(n))$(读作"$f(n)$是 $g(n)$的大 $\Omega$"),当且仅当存在正常量 $c$ 和 $n_0$,使得当 $n \geqslant n_0$ 时,$f(n) \geqslant cg(n)$,即 $g(n)$为 $f(n)$的下界。或者从极限的角度看,$f(n)=\Omega(g(n))$当且仅当 $\lim\limits_{n \to \infty} \frac{f(n)}{g(n)}=c$ 且 $c \neq 0$。

例如 $3n+2=\Omega(n)$,因为当 $n \geqslant 1$ 时,$3n+2 \geqslant n$;$10n^2+4n+2=\Omega(n^2)$,因为当 $n \geqslant 1$ 时,$10n^2+4n+2 \geqslant 10n^2$。或者从极限的角度证明,$\lim\limits_{n \to \infty} \frac{3n+2}{n}=3 \neq 0$,$\lim\limits_{n \to \infty} \frac{10n^2+4n+2}{n^2}=10 \neq 0$。

大 $\Omega$ 符号用来描述增长率的下界,表示 $f(n)$的增长最少像 $g(n)$增长得那样快,也就是说当输入规模为 $n$ 时算法消耗时间的最小值。与大 $O$ 符号对称,这个下界的阶越高,结果就越有价值,所以对于 $10n^2+4n+2$,$\Omega(n^2)$比 $\Omega(n)$有价值。当一个算法的时间用大 $\Omega$ 符号表示时,总是采用最有价值的 $g(n)$表示,称之为"紧凑下界"或"紧确下界"。一般地,如果 $f(n)=a_m n^m + a_{m-1} n^{m-1} + \cdots + a_1 n + a_0$,有 $f(n)=\Omega(n^m)$。

定义 1.3(大 $\Theta$ 符号):$f(n)=\Theta(g(n))$(读作"$f(n)$是 $g(n)$的大 $\Theta$"),当且仅当存在正常量 $c_1$、$c_2$ 和 $n_0$,使得当 $n \geqslant n_0$ 时,有 $c_1 g(n) \leqslant f(n) \leqslant c_2 g(n)$,即 $g(n)$与 $f(n)$同阶。或者从极限的角度看,$f(n)=\Theta(g(n))$当且仅当 $\lim\limits_{n \to \infty} \frac{f(n)}{g(n)}=c$ 且 $0<c<\infty$。

例如 $3n+2=\Theta(n)$,$10n^2+4n+2=\Theta(n^2)$。从极限的角度证明,$\lim\limits_{n \to \infty} \frac{3n+2}{n}=3$,$\lim\limits_{n \to \infty} \frac{10n^2+4n+2}{n^2}=10$。

一般地,如果 $f(n)=a_m n^m + a_{m-1} n^{m-1} + \cdots + a_1 n + a_0$,有 $f(n)=\Theta(n^m)$。

大 $\Theta$ 符号比大 $O$ 符号和大 $\Omega$ 符号都精确,$f(n)=\Theta(g(n))$,当且仅当 $g(n)$既是 $f(n)$的上界又是 $f(n)$的下界。

说明：为了方便，$g(n)$中的序数全部取为1，几乎不会写$3n+2=O(3n)$，$10=\Omega(2)$，$2n\log_2 n+20n=\Theta(2n\log_2 n)$，而是写成$3n+2=O(n)$，$10=\Omega(1)$，$2n\log_2 n+20n=\Theta(n\log_2 n)$。

$\Theta$、$O$和$\Omega$符号的图例如图1.8所示，在每个部分中，$n_0$是最小的可能值，大于$n_0$的值也有效，称为渐进分析。$\Theta(g(n))$对应的$g(n)$是渐进确界，$O(g(n))$对应的$g(n)$是渐进上界，$\Omega(g(n))$对应的$g(n)$是渐进下界。

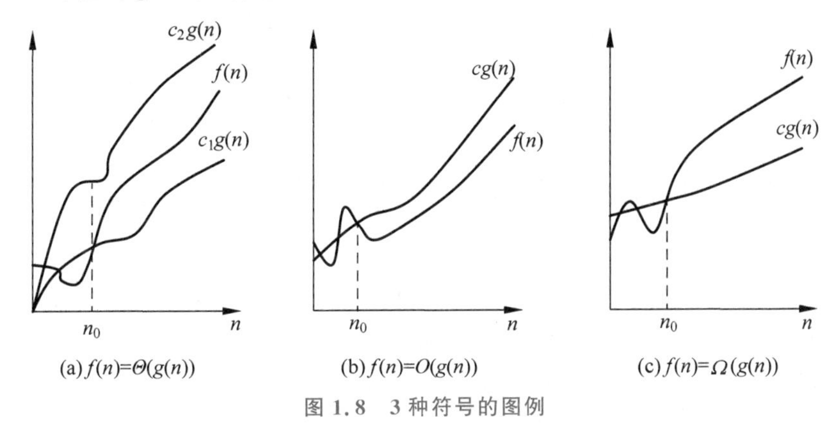


图1.8　3种符号的图例

从直观上看，一个渐进正函数的低阶项在决定渐进确界时可以忽略不计，因为当$n$很大时它们相对不重要了，同样最高阶的系数也可以忽略。在分析渐进上界和渐进下界时也是如此忽略低阶项和最高阶的系数。

### 3. 渐进符号的特性

渐进符号具有以下特性。

1）传递性

$$f(n)=O(g(n)),g(n)=O(h(n)) \quad \Rightarrow \quad f(n)=O(h(n))$$
$$f(n)=\Omega(g(n)),g(n)=\Omega(h(n)) \quad \Rightarrow \quad f(n)=\Omega(h(n))$$
$$f(n)=\Theta(g(n)),g(n)=\Theta(h(n)) \quad \Rightarrow \quad f(n)=\Theta(h(n))$$

2）自反性

$$f(n)=O(f(n))$$
$$f(n)=\Omega(f(n))$$
$$f(n)=\Theta(f(n))$$

3）对称性

$$f(n)=\Theta(g(n)) \quad \Leftrightarrow \quad g(n)=\Theta(f(n))$$

4）算术运算

$$O(f(n))+O(g(n))=O(\max\{f(n),g(n)\})$$
$$O(f(n))\times O(g(n))=O(f(n)\times g(n))$$
$$\Omega(f(n))+\Omega(g(n))=\Omega(\min\{f(n),g(n)\})$$
$$\Omega(f(n))\times\Omega(g(n))=\Omega(f(n)\times g(n))$$
$$\Theta(f(n))+\Theta(g(n))=\Theta(\max\{f(n),g(n)\})$$
$$\Theta(f(n))\times\Theta(g(n))=\Theta(f(n)\times g(n))$$

在算法分析中常用的公式如下：

$$x^{a+b}=x^a\times x^b,\quad x^{a-b}=\frac{x^a}{x^b},\quad (x^a)^b=x^{ab}$$

$$\log_c(ab)=\log_c a+\log_c b,\quad b^{\log_b a}=a,\quad \log_b a^n=n\log_b a$$

$$\log_b a=\frac{\log_c a}{\log_c b},\quad \log_b\left(\frac{1}{a}\right)=-\log_b a$$

$$\sum_{i=1}^{n}aq^{i-1}=\frac{a(q^n-1)}{q-1},\quad \sum_{i=1}^{n}a^i=\frac{a(a^n-1)}{a-1}$$

$$\sum_{i=1}^{n}i=\frac{n(n+1)}{2}=\Theta(n^2),\quad \sum_{i=1}^{n}i^2=\frac{n(n+1)(2n+1)}{6}=\Theta(n^3)$$

$$\sum_{i=1}^{n}2^{i-1}=2^n-1=\Theta(2^n),\quad \sum_{i=1}^{n}i^k=\frac{n^{k+1}}{k+1}+\frac{n^k}{2}+\text{低阶项}=\Theta(n^{k+1})$$

$$\sum_{i=1}^{n}\frac{1}{i}=\ln n+O(1),\quad \sum_{i=1}^{n}\frac{1}{2^i}=1-\frac{1}{2^n},\quad \sum_{i=1}^{n}\log_2 i\approx n\log_2 n$$

$$n!\approx\sqrt{2\pi n}\left(\frac{n}{e}\right)^n,\quad \sum_{i=0}^{n}\frac{1}{i!}=1+\frac{1}{1!}+\frac{1}{2!}+\cdots+\frac{1}{n!}=e,$$

其中 e=2.718…… 是自然对数的底

【例 1.2】 分析以下算法的时间复杂度。

```
void fun(int n) {
    int s=0;
    for (int i=0;i<=n;i++)
        for (int j=0;j<=i;j++)
            for (int k=0;k<j;k++)
                s++;
}
```

**解** 该算法的基本语句是 s++,则

$$f(n)=\sum_{i=0}^{n}\sum_{j=0}^{i}\sum_{k=0}^{j-1}1=\sum_{i=0}^{n}\sum_{j=0}^{i}j=\sum_{i=0}^{n}\frac{i(i+1)}{2}$$

$$=\frac{1}{2}\left(\sum_{i=0}^{n}i^2+\sum_{i=0}^{n}i\right)=\frac{2n^3+6n^2+4n}{12}=O(n^3)$$

该算法的时间复杂度为 $O(n^3)$。

【例 1.3】 分析以下算法的时间复杂度。

```
void fun(int n) {
    int i=1,k=100;
    while (i<=n) {
        k++;
        i+=2;
    }
}
```

**解** 在该算法中基本语句是 while 循环内的语句。设 while 循环语句的执行次数为 $m$,$i$ 从 1 开始递增,最后取值为 $1+2m$,有 $i=1+2m\leqslant n$,即 $f(n)=m\leqslant(n-1)/2=O(n)$。该算法的时间复杂度为 $O(n)$。

## 4. 算法的最好、最坏和平均情况

定义 1.4: 设一个算法的输入规模为 $n$,$D_n$ 是所有输入的集合,任一输入 $I\in D_n$,$P(I)$ 是 $I$ 出现的概率,有 $\sum_{I\in D_n}P(I)=1$,$T(I)$ 是算法在输入 $I$ 下所执行的基本语句次数,则该算

法的平均执行时间为 $A(n)=\sum_{I\in D_n}\{P(I)\times T(I)\}$。也就是说算法的平均情况是指用各种特定输入下的基本语句执行次数的带权平均值。

算法的最好情况为 $G(n)=\underset{I\in D_n}{\mathrm{MIN}}\{T(I)\}$，是指算法在所有输入 $I$ 下所执行基本语句的最小执行次数。

算法的最坏情况为 $W(n)=\underset{I\in D_n}{\mathrm{MAX}}\{T(I)\}$，是指算法在所有输入 $I$ 下所执行基本语句的最大执行次数。

【例 1.4】 采用顺序查找方法在长度为 $n$ 的一维实型数组 $a[0..n-1]$ 中查找值为 $x$ 的元素，即从数组的第一个元素开始，逐个与被查值 $x$ 进行比较，找到后返回 1，否则返回 0。对应的算法如下：

扫一扫

视频讲解

```
int Find(double a[], int n, double x) {
    int i=0;
    while (i<n){
        if (a[i]==x) break;
        i++;
    }
    if (i<n) return 1;
    else return 0;
}
```

回答以下问题：

(1) 分析该算法在等概率情况下成功查找到值为 $x$ 的元素的最好、最坏和平均时间复杂度。

(2) 假设被查值 $x$ 在数组 $a$ 中的概率是 $q$，求算法的时间复杂度。

**解** (1) 在该算法的 while 循环中 if 语句是基本语句。在 $a$ 数组中有 $n$ 个元素，当第一个元素 $a[0]$ 等于 $x$ 时基本语句仅执行一次，此时呈现最好的情况，即 $G(n)=O(1)$。

当 $a$ 中最后一个元素 $a[n-1]$ 等于 $x$ 时基本语句执行 $n$ 次，此时呈现最坏的情况，即 $W(n)=O(n)$。

对于其他情况，假设查找每个元素的概率相同，则 $P(a[i])=1/n(0\leqslant i\leqslant n-1)$，而成功找到 $a[i]$ 元素时基本语句正好执行 $i+1$ 次，所以：

$$A(n)=\sum_{i=0}^{n-1}\frac{1}{n}\times(i+1)=\frac{1}{n}\sum_{i=0}^{n-1}(i+1)=\frac{n+1}{2}=O(n)$$

(2) 当被查值 $x$ 在数组 $a$ 中的概率为 $q$ 时，算法的执行有 $n+1$ 种情况(将所有不成功查找归为一类，看成一种情况)，即 $n$ 种成功查找和 1 种不成功查找。

对于成功查找，假设是等概率情况，则元素 $a[i]$ 被查找到的概率为 $P(a[i])=q/n$，成功找到 $a[i]$ 元素时基本语句正好执行 $i+1$ 次。

对于不成功查找，其概率为 $1-q$，不成功查找时基本语句正好执行 $n$ 次。

所以：

$$A(n)=\sum_{I\in D_n}P(I)\times T(I)=\sum_{i=0}^{n}P(I)\times T(I)$$

$$=\sum_{i=0}^{n-1}\frac{q}{n}\times(i+1)+(1-q)\times n=\frac{(n+1)q}{2}+(1-q)n$$

如果在全部 $x$ 的查找中，假设 $x$ 有一半的机会在数组中，即查找成功的概率为 1/2，此时 $q=1/2$，则 $A(n)=[(n+1)/4]+n/2\approx 3n/4$。

## 1.2.2 算法空间复杂度分析

一个算法的存储量包括形参所占空间和临时变量所占空间。在对算法进行存储空间分析时，只考察临时变量所占空间，如图 1.9 所示，其中临时空间为变量 $i$、maxi 占用的空间。所以空间复杂度是对一个算法在运行过程中临时占用的存储空间大小的量度，一般也作为问题规模 $n$ 的函数，以数量级形式给出，记作 $S(n)=O(g(n))$、$\Omega(g(n))$或$\Theta(g(n))$，其中渐进符号的含义与时间复杂度中的含义相同。

若所需临时空间相对于输入数据量来说是常数，则称此算法为**原地工作**或**就地工作算法**。若所需临时空间依赖于特定的输入，则通常按最坏情况来考虑。

为什么算法占用的空间只考虑临时空间，而不考虑形参的空间呢？这是因为形参的空间会在调用该算法的算法中考虑。例如，以下 maxfun 算法调用如图 1.9 所示的 max 算法：

```
void maxfun() {
    int b[]={1,2,3,4,5},n=5;
    printf("Max=%d\n",max(b,n));
}
```

在 maxfun 算法中为 $b$ 数组分配了相应的内存空间，其空间复杂度为 $O(n)$，如果在 max 算法中再考虑形参 $a$ 的空间，则重复计算了占用的空间。实际上，在 C/C++中，maxfun 调用 max 时，max 的形参 $a$ 只是一个指向实参 $b$ 数组的指针，形参 $a$ 只分配一个地址大小的空间，并非另外分配 5 个整型单元的空间。

```
int max(int a[],int n) {
    int maxi=0;
    for (int i=1;i<n;i++) {
        if (a[i]>a[maxi]) maxi=i;
    }
    return a[maxi];
}
```

函数体内分配的变量空间为临时空间，不计形参占用的空间，这里仅计$i$、maxi变量的空间，其空间复杂度为$O(1)$

图 1.9 一个算法的临时空间

算法空间复杂度的分析方法与前面介绍的时间复杂度的分析方法相似。

【例 1.5】 分析例 1.2 中算法的空间复杂度。

**解** 该算法是一个非递归算法，其中只临时分配了 $s$、$i$、$j$ 和 $k$ 这 4 个变量的空间，与问题规模 $n$ 无关，所以其空间复杂度均为 $O(1)$，即该算法为原地工作算法。

# 1.3 算法设计工具——STL

在 C++中已经实现了很多数据结构和算法，它们构成标准 C++库的子集，即标准模板类库 STL。STL 是一个功能强大的基于模板的容器库，通过直接使用现成的标准化组件来大幅提高算法设计的效率和可靠性。

## 1.3.1 STL 概述

STL 主要由 container(容器)、algorithm(算法)和 iterator(迭代器)三大部分构成，其中

容器用于存放一组数据对象(元素),算法用于操作容器中的数据对象,迭代器作为容器和算法的中介,它们之间的关系如图1.10所示。

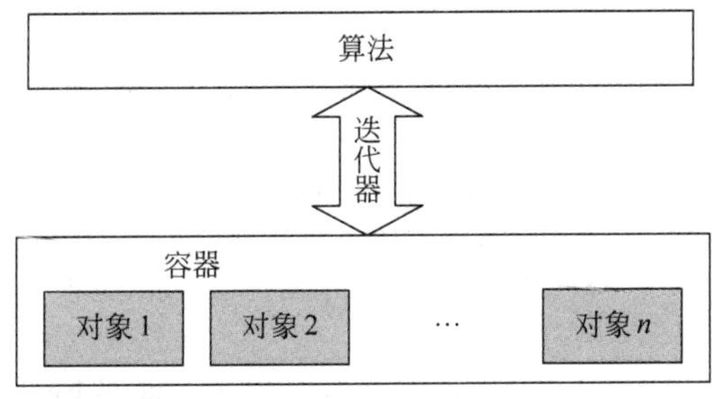


图1.10 容器、算法和迭代器之间的关系

## 1. 什么是STL容器

简单地说,一个STL容器就是一种数据结构,例如链表、栈和队列等,这些数据结构在STL中都已经实现好了,在算法设计中可以直接使用它们。表1.2列出了STL提供的常用数据结构容器和相应的头文件。

表1.2 常用的数据结构容器和相应头文件

| 数据结构容器 | 说 明 | 头 文 件 |
|---|---|---|
| vector | 向量 | <vector> |
| string | 字符串 | <string> |
| deque | 双端队列 | <deque> |
| list | 链表 | <list> |
| stack | 栈 | <stack> |
| queue | 队列 | <queue> |
| priority_queue | 优先队列 | <queue> |
| set/multiset | 集合/多重集合 | <set> |
| map/multimap | 映射/多重映射 | <map> |
| unordered_set | 哈希集合 | <unordered_set> |
| unordered_map | 哈希映射 | <unordered_map> |

## 2. 什么是STL算法

STL提供了大约100个通用算法,例如sort()用于序列数据的排序,find()用于序列数据的查找等。这些算法采用模板函数设计(即泛型设计),具有很好的通用性,在复杂算法设计中灵活地使用它们可以简化实现细节,提高算法的设计效率。表1.3列出了常用的STL通用算法和相应的头文件。

表1.3 常用的STL通用算法和相应头文件

| 通 用 算 法 | 说 明 | 头 文 件 |
|---|---|---|
| accumulate(beg,end,initv) | 返回[beg,end)范围内的元素和再加上initv | <numeric> |
| binary_search(beg,end,val) | 在[beg,end)指定的有序序列中二分查找val | <algorithm> |
| lower_bound(beg,end,val) | 在[beg,end)指定的有序序列中二分查找第一个大于或等于val的位置 | <algorithm> |
| upper_bound(beg,end,val) | 在[beg,end)指定的有序序列中二分查找第一个大于val的位置 | <algorithm> |
| max($a$,$b$) | 返回$a$和$b$中的最大值 | <algorithm> |

续表

| 通用算法 | 说明 | 头文件 |
| --- | --- | --- |
| min(a,b) | 返回 a 和 b 中的最小值 | <algorithm> |
| swap(a,b) | 交换 a 和 b | <algorithm> |
| reverse(beg,end) | 逆置[beg,end)范围内的元素 | <algorithm> |
| prev_permutation(beg,end) | 重置[beg,end)标记的排列为上一个排列 | <algorithm> |
| next_permutation(beg,end) | 重置[beg,end)标记的排列为下一个排列 | <algorithm> |
| sort(beg,end,[comp]) | 根据比较关系 comp 对[beg,end)范围内的元素排序 | <algorithm> |
| stable_sort(beg,end,[comp]) | 根据比较关系 comp 对[beg,end)范围内的元素采用稳定方法排序 | <algorithm> |
| find(beg,end,val) | 在[beg,end)范围内查找 val 元素 | <algorithm> |
| find(beg,end,val,pred) | 在[beg,end)范围内查找满足 pred 谓词的元素 | <algorithm> |

### 3. 什么是 STL 迭代器

简单地说,STL 迭代器用于访问容器中的数据对象。每个容器都有自己的迭代器,只有容器自己知道如何访问自己的元素。迭代器像 C/C++ 中的指针,算法通过迭代器来定位和操作容器中的元素。

当创建好一个迭代器后可以使用相关运算符来操作迭代器。例如,++运算符用来递增迭代器,以访问容器中的下一个数据对象。如果迭代器到达了容器中的最后一个元素的后面,则迭代器变成一个特殊的值,就好像使用 NULL 或未初始化的指针一样。

常用的迭代器如下。

- iterator:指向容器中存放元素的迭代器,用于正向遍历容器中的元素。
- const_iterator:指向容器中存放元素的常量迭代器,只能读取容器中的元素。
- reverse_iterator:指向容器中存放元素的反向迭代器,用于反向遍历容器中的元素。
- const_reverse_iterator:指向容器中存放元素的常量反向迭代器,只能读取容器中的元素。

迭代器的常用运算如下。

- ++:正向移动迭代器。
- --:反向移动迭代器。
- *:返回迭代器所指的元素值。

例如,以下语句定义一个含 3 个整数的 vector 容器 myv。

```
vector<int> myv={1,2,3};
```

如果要正向输出所有元素,可以使用正向迭代器:

```
vector<int>::iterator it;                      //定义正向迭代器 it
for (it=myv.begin();it!=myv.end();++it)        //从头到尾遍历所有元素
    printf("%d ", *it);                        //输出: 1 2 3
printf("\n");
```

或者

```
for(int x:myv)
    printf("%d ",x);                           //输出: 1 2 3
printf("\n");
```

如果要反向输出所有元素，可以使用反向迭代器：

```
vector<int>::reverse_iterator rit;                    //定义反向迭代器 rit
for (rit=myv.rbegin();rit!=myv.rend();++rit)          //从尾到头遍历所有元素
    printf("%d ", *rit);                              //输出：3 2 1
printf("\n");
```

## 1.3.2 vector(向量容器)

vector 是一个向量类模板。向量容器相当于动态数组，用于存储具有相同数据类型的序列元素，如图 1.11 所示为 vector 容器 v 的一般存储方式，可以从末尾快速地插入与删除元素，快速地随机访问元素，但是在序列中间插入、删除元素较慢，因为需要移动插入或删除位置后面的所有元素。

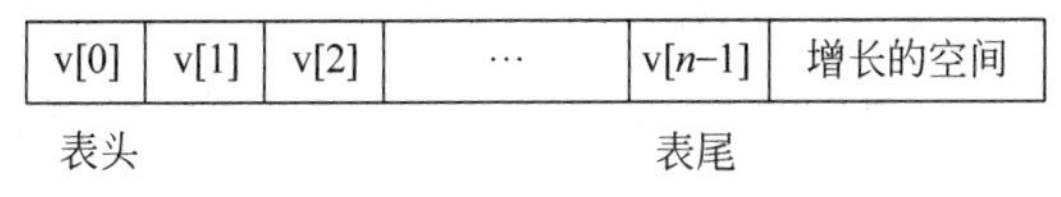


图 1.11 vector 容器 v 的存储方式

如果初始分配的空间不够，当超过空间大小时会重新分配更大的空间(通常按两倍大小扩展)，此时需要进行元素复制，从而增加了性能开销。定义 vector 容器的几种方式如下：

```
vector<int> v1;                  //定义元素为 int 的向量 v1
vector<int> v2(10);              //指定 v2 的初始大小为 10 个 int 元素
vector<int> v3(10,-1);           //指定 v3 的初始大小为 10 个元素，且 10 个元素的值均为-1
vector<int> v4(a,a+5);           //用数组 a[0..4](共 5 个元素)初始化 v4
vector<int> v5(v1);              //由 v1 复制产生 v5
```

vector 提供了一系列的成员函数，vector 主要的成员函数如下。

- empty()：判断容器是否为空。
- size()：返回容器中实际的元素个数。
- reserve($n$)：为容器预分配 $n$ 个元素的存储空间。
- capacity()：返回容器最多能容纳的元素个数。
- resize($n$)：调整容器的大小，使其能容纳 $n$ 个元素。
- [$k$]：返回容器中下标为 $k$ 的元素。
- at($k$)：与[$k$]相同。
- front()：获取容器中的首元素。
- back()：获取容器中的尾元素。
- push_back()：在容器的尾部添加一个元素。
- pop_back()：删除容器尾部的元素。
- insert(pos,e)：在 pos 位置插入元素 e。
- erase()：删除容器中某个迭代器或者迭代器区间指定的元素。
- clear()：删除容器中的所有元素。
- begin()：返回容器中首元素的迭代器。
- end()：返回容器中尾元素后面一个位置的迭代器。
- rbegin()：返回容器中尾元素的迭代器。
- rend()：返回容器中首元素前面一个位置的迭代器。

两个 vector 可以按字典序比较大小，例如：

```
vector<int> a={1,2,3};
vector<int> b={1,2,3};
vector<int> c={1,2,4};
```

则 a==b 和 a<c 均为 true，而 a<b 和 a==c 均为 false。

在许多应用中需要对数据排序，排序有多种方式，例如递增排序、递减排序以及按某个成员排序等，用户可以利用 STL 通用算法 sort()实现各种方式的排序，只是该算法针对的是采用数组(例如数组、vector 或者 deque 容器)存储的数据，不适合链表(例如 list 容器)数据。sort()通用算法的使用十分灵活，下面以 vector 为例按照其元素类型分别进行讨论。

扫一扫

视频讲解

### 1. 内置数据类型的排序

对于内置数据类型的数据，sort()默认是以 less<T>(小于关系函数)作为关系比较函数实现递增排序，为了实现递减排序，需要调用大于关系函数 greater<T>。例如：

```
vector<int> myv={2,1,5,4,3};                          //myv={2,1,5,4,3}
sort(myv.begin(),myv.end(),less<int>());              //指定递增排序
sort(myv.begin(),myv.end(),greater<int>());           //指定递减排序
sort(myv.begin(),myv.end());                          //不指定 less<int>,默认为递增排序
```

说明：less<T>、greater<T>均属于 STL 关系函数对象，分别支持对象之间的小于(<)、大于(>)比较，返回布尔值。

C++ 11 及以上版本支持 Lambda 表达式，即用 Lambda 表达式表示排序中的比较方式，例如以下两个语句分别实现 myv 的递增和递减排序：

```
sort(myv.begin(),myv.end(),[](int a, int b)->bool { return a<b; });    //递增排序(默认)
sort(myv.begin(),myv.end(),[](int a, int b)->bool { return a>b; });    //递减排序
```

### 2. 自定义数据类型的排序

对于自定义数据类型(例如结构体或者类)，同样默认是以 less<T>(小于关系函数)作为关系比较函数，但需要重载该函数。另外，用户还可以自己定义关系函数。在这些重载函数或者关系函数中指定数据的排序顺序(按哪些结构体成员排序，是递增还是递减)。归纳起来，在实现排序时主要有以下两种方式。

- 方式 1：在声明结构体类型中重载<运算符，以实现按指定成员的递增或者递减排序。例如 sort(myv.begin(),myv.end())调用 Stud 结构体中的<运算符对 myv 容器中的所有元素实现排序。
- 方式 2：用户自己在结构体或类中重载函数调用运算符()，以实现按指定成员的递增或者递减排序。例如 sort(myv.begin(),myv.end(),Cmp())调用结构体 Cmp 中的()运算符对 myv 容器中的所有元素实现排序。

例如，以下代码采用上述两种方式分别实现 vector<Stud>容器 myv 中的数据按 no 成员递减排序和按 name 成员递增排序：

```
struct Stud {                                   //学生结构体类型
    int no;                                     //学号
    string name;                                //姓名
    Stud(int no1,string name1) {                //构造函数
        no=no1;
```

```
        name=name1;
    }
    bool operator<(const Stud &s) const {          //方式 1: 重载<运算符
        return no>s.no;                            //用于按 no 递减排序
    }
};
struct Cmp {                                       //方式 2: 定义关系函数
    bool operator()(const Stud &s,const Stud &t) const {
        return s.name<t.name;                      //用于按 name 递增排序
    }
};
int main() {
    Stud a[]={Stud(2,"Mary"),Stud(1,"John"),Stud(5,"Smith")};
    int n=sizeof(a)/sizeof(a[0]);
    vector<Stud> myv(a,a+n);                       //myv: 2,Mary 1,John 5,Smith
    sort(myv.begin(),myv.end());                   //默认使用<运算符, 按 no 递减排序
    sort(myv.begin(),myv.end(),Cmp());             //使用 Cmp 中的()运算符, 按 name 递增排序
    return 0;
}
```

同样可以使用 Lambda 表达式指定自定义数据类型的排序方式。例如：

```
sort(myv.begin(),myv.end(),[](Stud& a, Stud& b)->bool { return a.no<b.no; });
                                                   //按 no 递增排序
sort(myv.begin(),myv.end(),[](Stud& a, Stud& b)->bool { return a.name>b.name; });
                                                   //按 name 递减排序
```

【例 1.6】 求数组中的第 $k$ 大的元素(LeetCode215★★)。设计一个算法求无序数组 nums 中第 $k$($1\leqslant k\leqslant$数组的长度)大的整数,注意不是第 $k$ 个不同的元素,而是数组排序后第 $k$ 大的元素。例如,nums={3,2,1,5,6,4},$k=2$,nums 递减排序后是{6,5,4,3,2,1},答案为 5;若 $k=5$,答案为 2。要求设计如下成员函数:

扫一扫

视频讲解

```
int findKthLargest(vector<int>& nums, int k) { }
```

解法 1:无序数组采用 vector<int>类型的容器 nums 存储。将 nums 中的全部元素递增排序,则 nums[$n-k$]就是第 $k$ 大的元素。对应的代码如下:

```
class Solution {
public:
    int findKthLargest(vector<int>& nums,int k) {
        int n=nums.size();
        sort(nums.begin(),nums.end());
        return nums[n-k];
    }
};
```

上述程序提交时通过,执行用时为 112ms,内存消耗为 44.4MB。

解法 2:将 nums 中的全部元素递减排序,则 nums[$k-1$]就是第 $k$ 大的元素。对应的代码如下:

```
class Solution {
public:
    int findKthLargest(vector<int>& nums,int k) {
        int n=nums.size();
        sort(nums.begin(),nums.end(),greater<int>());
        return nums[k-1];
    }
};
```

上述程序提交时通过，执行用时为 92ms，内存消耗为 44.5MB。

### 1.3.3 string(字符串容器)

string 是一个保存字符序列的容器，它的所有元素为字符类型，类似 vector < char >。string 容器除了有字符串的一些常用操作以外，还有所有序列容器的操作。字符串的常用操作包括增加、删除、修改、查找比较、连接、输入、输出等。string 容器重载了许多运算符，包括+、+=、<、=、[]、≪和≫等。正是有了这些运算符，使得 string 容器实现字符串的操作变得非常方便和简洁。

定义 string 容器的方式如下(其中 size_type 在不同的机器上长度是可以不同的，通常 size_type 为 unsigned int 类型)。

- string()：建立一个空的字符串。
- string(const string &str)：用字符串 str 建立当前字符串。
- string(const string &str, size_type *i*)：用字符串 str 起始于 *i* 的所有字符建立当前字符串。
- string(const string &str, size_type *i*, size_type len)：用字符串 str 起始于 *i* 的 len 个字符建立当前字符串。
- string(const char * cstr)：用 C-字符串 cstr 建立当前字符串。
- string(const char * chars, size_type len)：用 C-字符串 cstr 的开头 len 个字符建立当前字符串。
- string(size_type len, char c)：用 len 个字符 c 建立当前字符串。

其中"C-字符串"是指采用字符数组存放的字符串。例如：

```
char cstr[]="China! Great Wall";                    //C-字符串
string s1(cstr);                                    //s1:China! Great Wall
string s2(s1);                                      //s2:China! Great Wall
string s3(cstr,7,11);                               //s3:Greate Wall
string s4(cstr,6);                                  //s4:China!
string s5(5,'A');                                   //s5:AAAAA
```

string 容器包含了众多的其他成员函数，用于实现各种常用字符串操作的功能。常用的成员函数如下。

- empty()：判断当前字符串是否为空串。
- size()：返回当前字符串的实际字符个数(返回结果为 size_type 类型)。
- length()：返回当前字符串的实际字符个数。
- compare(const string &str)：返回当前字符串与字符串 str 的比较结果。在比较时，若两者相等，返回 0；若前者小于后者，返回 −1；否则返回 1。
- [*k*]：返回当前字符串中下标为 *k* 的字符。
- at(*k*)：与[*k*]相同。
- front()：获取当前字符串的首字符。
- back()：获取当前字符串中的尾字符。
- push_back()：在当前字符串的尾部添加一个字符。
- pop_back()：删除当前字符串尾部的字符。

- append(str)：在当前字符串的末尾添加一个字符串 str。
- insert(size_type $i$,const string &str)：在当前字符串的 $i$ 位置插入一个字符串 str。
- find(string &s,size_type pos=0)：从当前字符串中的 pos 位置开始查找字符串 s 的第一个位置，找到后返回其位置，没有找到返回−1。
- replace(size_type $i$,size_type len,const string& str)：将当前字符串中起始于 $i$ 位置的 len 个字符用一个字符串 str 替换。
- replace(iterator beg,iterator end,const string& str)：将当前字符串中[beg,end)区间的所有字符用字符串 str 替换。
- substr(size_type $i$)：返回当前字符串起始于 $i$ 位置的子串。
- substr(size_type $i$,size_type len)：返回当前字符串起始于 $i$ 位置的长度为 len 的子串。
- clear()：删除当前字符串中的所有字符。
- erase(size_type $i$)：删除当前字符串从 $i$ 位置开始的所有字符。
- erase(size_type $i$,size_type len)：删除当前字符串从 $i$ 位置开始的 len 个字符。

**【例 1.7】** 字符串中的单词数(LintCode1243★)。给定一个字符串 $s$，其中一个单词定义为不含空格的连续字符串，单词用空格分隔，设计一个算法求 $s$ 中的单词数。例如 s="Hello, my name is John"，答案为 5，对应的 5 个单词分别是"Hello"、"my"、"name"、"is"和"John"。要求设计的成员函数如下：

扫一扫

视频讲解

```
int countSegments(string &s) { }
```

**解** 给定的字符串采用 string 容器 $s$ 存储，其中任意位置可能包含一个或者多个空格。用 ans 存放单词数(初始时 ans 置为 0)，用 $i$ 遍历 $s$，先跳过开头的空格，向后查找第一个空格位置 $j$，如果 $j \neq -1$，说明找到了空格，则该空格之前有一个单词，ans 增 1，再跳过连续的空格继续上述过程。循环结束后若 $i$ 遍历完返回 ans，否则说明最后还有一个单词，返回 ans+1。对应的代码如下：

```
class Solution {
public:
    int countSegments(string &s) {
        int n=s.length();
        if(n==0) return 0;
        int ans=0;                                  //存放答案
        int i=0;
        while(i<n && s[i]==' ') i++;                //跳过开头的空格
        int j=s.find(" ",i);                        //查找后面的空格
        while (j!=-1) {
            ans++;                                  //找到一个单词后 ans 增 1
            i=j+1;
            while(i<n && s[i]==' ') i++;            //跳过中间的空格
            j=s.find(" ",i);                        //查找下一个空格
        }
        if(i==n) return ans;                        //i 遍历完时返回 ans
        else return ans+1;                          //i 未遍历完时返回 ans+1
    }
};
```

上述程序提交时通过，执行用时为 41ms，内存消耗为 4.13MB。

## 1.3.4 deque(双端队列容器)

deque 是一个双端队列类模板。所谓双端队列，就是将其中的所有元素看成一个序列，这样有两个端点(分别称为队头端和队尾端)，支持在两端进行插入和删除元素的操作。双端队列容器不像 vector 容器那样把所有的元素保存在一个连续的内存块，而是用多个连续的存储块存放数据元素。因为重新分配空间后原有的元素不需要复制，所以空间的重新分配要比 vector 容器快。定义 deque 容器的方式如下：

```
deque<int> dq1;                              //定义元素为 int 的双端队列 dq1
deque<int> dq2(10);                          //指定 dq2 的初始大小为 10 个 int 元素
deque<int> dq3(10,-1);                       //指定 dq3 的 10 个元素的初值均为-1
deque<int> dq4(dq2.begin(),dq2.end());       //用 dq2 的所有元素初始化 dq4
```

由于 deque 的组织结构特殊，按序号查找元素时的性能低于 vector 但好于 list，一般认为时间复杂度接近 $O(1)$，可以顺序遍历 deque 中的元素。deque 主要的成员函数如下。

- empty()：判断双端队列容器是否为空队。
- size()：返回双端队列容器中元素的个数。
- front()：取队头元素。
- back()：取队尾元素。
- push_front(e)：在队头插入元素 e。
- push_back(e)：在队尾插入元素 e。
- pop_front()：删除队头的一个元素。
- pop_back()：删除队尾的一个元素。
- erase()：从双端队列容器中删除一个或几个元素。
- clear()：删除双端队列容器中的所有元素。
- begin()：返回容器中首元素的迭代器。
- end()：返回容器中尾元素后面一个位置的迭代器。
- rbegin()：返回容器中尾元素的迭代器。
- rend()：返回容器中首元素前面一个位置的迭代器。

说明：在调用 back()和 front()及其前后端出队函数之前务必通过 empty()检测，保证双端队列是非空的，否则会出现不可预料的错误。

扫一扫

视频讲解

【例 1.8】 滑动窗口(POJ2823)。时间限制为 12 000ms，空间限制为 65 536KB。给定一个大小为 $n(n\leqslant 10^6)$ 的整数数组 $a$，有一个长度为 $k$ 的滑动窗口从左向右滑过数组 $a$，每次移动一个元素，求该滑动窗口中的最小元素序列和最大元素序列。例如，$a=\{1,3,-1,-3,5,3,6,7\}$，$k=3$，求最小元素序列和最大元素序列的过程如图 1.12 所示(阴影部分为当前滑动窗口)，得到的最小元素序列是$\{-1,-3,-3,-3,3,3\}$，最大元素序列是$\{3,3,5,5,6,7\}$。

输入格式：输入由两行组成，第一行是两个整数 $n$ 和 $k$，第二行包含 $n$ 个整数，整数之间用空格分隔。

输出格式：输出两行，第一行是滑动窗口中的最小元素序列，第二行是滑动窗口中的最大元素序列。

输入样例：

| 1 | 3 | -1 | -3 | 5 | 3 | 6 | 7 | 最小元素：-1，最大元素：3 |
|---|---|---|---|---|---|---|---|---|
| 1 | 3 | -1 | -3 | 5 | 3 | 6 | 7 | 最小元素：-3，最大元素：3 |
| 1 | 3 | -1 | -3 | 5 | 3 | 6 | 7 | 最小元素：-3，最大元素：5 |
| 1 | 3 | -1 | -3 | 5 | 3 | 6 | 7 | 最小元素：-3，最大元素：5 |
| 1 | 3 | -1 | -3 | 5 | 3 | 6 | 7 | 最小元素：3，最大元素：6 |
| 1 | 3 | -1 | -3 | 5 | 3 | 6 | 7 | 最小元素：3，最大元素：7 |

图 1.12 求最小元素序列和最大元素序列

```
8 3
1 3 -1 -3 5 3 6 7
```

输出样例：

```
-1 -3 -3 -3 3 3
3 3 5 5 6 7
```

**解** 先考虑求滑动窗口中的最大元素序列，定义一个双端队列 maxdq，用队头元素表示当前滑动窗口中最大元素的位置（下标），用数组 maxans 存放滑动窗口中的所有最大元素（长度为 $n$ 的数组中长度为 $k$ 的滑动窗口共 $n-k+1$ 个）。用 $i$ 遍历 $a$，对于数组元素 $a[i]$：

（1）若队列 maxdq 为空，将 $i$ 从队尾进队；

（2）若队列 maxdq 不空，将 $a[i]$ 和队尾元素 $x$（$x$=nums[maxdq.back()]）进行比较，若 $a[i]$ 大于 $x$，将 $x$ 从队尾出队，直到 $a[i]$ 小于或等于队尾元素或者队列为空，再将 $i$ 从队尾进队。

对于当前滑动窗口，如果队列的队头元素位置 maxdq.front()"过期"，也就是满足 $i-$maxdp.front()$\geqslant k$，则将队头元素从队头出队。当 $i \geqslant k-1$ 时将新的队头元素作为滑动窗口中的最大值添加到 maxans 中。

在求滑动窗口中的最小元素序列 minans 时定义一个双端队列 mindq，操作过程与上述过程类似。最后分行输出 minans 和 maxans 中的所有元素。对应的程序如下：

```
#include<iostream>
#include<vector>
#include<deque>
using namespace std;
#define MAXN 1000005
int maxans[MAXN],minans[MAXN];
int main() {
    int n,k;
    scanf("%d%d",&n,&k);
    vector<int> a;
    int x;
    for(int i=0;i<n;i++) {
        scanf("%d",&x);
        a.push_back(x);
    }
    deque<int> maxdq;
    deque<int> mindq;
    int m=0;
    for(int i=0;i<n;i++) {                          //遍历 a 中的元素
        while(!maxdq.empty() && a[i]>a[maxdq.back()])
            maxdq.pop_back();                       //将队尾小于 a[i]的元素从队尾出队
        maxdq.push_back(i);                         //将元素 a[i]的下标 i 进队尾
```

```
        if(i-maxdq.front()>=k)                          //将队头过期的元素从队头出队
            maxdq.pop_front();
        while(!mindq.empty() && a[i]<a[mindq.back()])
            mindq.pop_back();                           //将队尾大于 a[i]的元素从队尾出队
        mindq.push_back(i);                             //将元素 a[i]的下标 i 进队尾
        if(i-mindq.front()>=k)                          //将队头过期的元素从队头出队
            mindq.pop_front();
        if(i>=k-1) {                                    //i>=k-1 时对应一个窗口
            maxans[m]=a[maxdq.front()];                 //将新队头元素添加到 maxans 中
            minans[m++]=a[mindq.front()];               //将新队头元素添加到 minans 中
        }
    }
    for(int i=0;i<m-1;i++)
        printf("%d ",minans[i]);
    printf("%d\n",minans[m-1]);
    for(int i=0;i<m-1;i++)
        printf("%d ",maxans[i]);
    printf("%d\n",maxans[m-1]);
    return 0;
}
```

上述程序提交时通过，执行用时为 9516ms，内存消耗为 10 944KB。

## 1.3.5 list(链表容器)

list 是一个双链表类模板，可以从任何地方快速插入与删除。采用循环双链表实现不能随机访问元素，为了访问表容器中特定的元素，必须从表头开始，沿着指针从一个元素到下一个元素，直到找到要找的元素。list 容器插入元素比 vector 容器快，另外对每个元素单独分配空间，所以不存在空间不够需要重新分配的情况。定义 list 容器的方式如下：

```
list<int> l1;                       //定义元素为 int 的链表 l1
list<int> l2 (10);                  //指定链表 l2 的初始大小为 10 个 int 元素
list<int> l3 (10,-1);               //指定 l3 的 10 个初始元素的初值均为-1
list<int> l4(a,a+5);                //用数组 a[0..4]共 5 个元素初始化 l4
```

list 的主要成员函数如下。

- empty()：判断链表容器是否为空。
- size()：返回链表容器中实际的元素个数。
- push_back()：在链表的尾部插入元素。
- pop_back()：删除链表容器中的最后一个元素。
- remove()：删除链表容器中所有指定值的元素。
- remove_if(cmp)：删除链表容器中满足条件的元素。
- erase()：从链表容器中删除一个或几个元素。
- unique()：删除链表容器中相邻的重复元素。
- clear()：删除链表容器中所有的元素。
- insert(pos,e)：在 pos 位置插入元素 e，即将元素 e 插入迭代器 pos 指定元素之前。
- insert(pos,*n*,e)：在 pos 位置插入 *n* 个元素 e。
- insert(pos,pos1,pos2)：在迭代器的 pos 处插入[pos1,pos2)的元素。
- reverse()：反转链表。
- sort()：对链表容器中的元素排序。

- begin()：返回容器中首元素的迭代器。
- end()：返回容器中尾元素后面一个位置的迭代器。
- rbegin()：返回容器中尾元素的迭代器。
- rend()：返回容器中首元素前面一个位置的迭代器。

说明：STL 提供的 sort()通用排序算法主要用于支持随机访问的容器，而 list 容器不支持随机访问，为此 list 容器提供了 sort()成员函数用于元素的排序，类似的还有 unique()、reverse()、merge()等 STL 算法。

例如：

```
list<int> lst;                          //定义 list 容器 lst
list<int>::iterator it,it1,it2;
lst.push_back(5);                       //依次添加 5 个整数 5、2、4、1、3
lst.push_back(2);
lst.push_back(4);
lst.push_back(1);
lst.push_back(3);
it=lst.begin();                         //it 指向首元素 5
it1=++lst.begin();                      //it1 指向第 2 个元素 2
it2=--lst.end();                        //it2 指向尾元素 3
```

## 1.3.6 stack(栈容器)

stack 是一个栈类模板，和数据结构中的栈一样，具有后进先出的特点。stack 属于适配器容器，所谓适配器容器是指基于其他容器实现的容器，也就是说适配器容器包含另一个容器作为其底层容器，在底层容器的基础上实现适配器容器的功能。stack 默认的底层容器是 deque，底层容器也可以指定为 vector 或者 list。例如：

```
stack<int> st1;                         //默认底层容器为 deque
stack<int,vector<int>> st2;             //指定底层容器为 vector
stack<int,list<int>> st3;               //指定底层容器为 list
```

stack 容器只有一个出口，即栈顶，可以在栈顶插入(进栈)和删除(出栈)元素，而不允许顺序遍历，所以 stack 容器没有提供 begin()/end()和 rbegin()/rend()这样的用于迭代器的成员函数。stack 容器主要的成员函数如下。

- empty()：判断栈容器是否为空。
- size()：返回栈容器中实际的元素个数。
- push(e)：元素 e 进栈。
- top()：返回栈顶元素。
- pop()：元素出栈。

说明：在调用 top()和 pop()之前务必通过 empty()检测，保证栈是非空的，否则会出现不可预料的错误。

【例 1.9】 字符串解码(LeetCode394★★)。给定一个经过编码的有效字符串 $s$，设计一个算法返回 $s$ 解码后的字符串。编码规则是用“$k[e]$”表示方括号内的字符串 $e$(仅包含小写字母)正好重复 $k$($k$ 保证为正整数) 次。例如 $s$="3[a]2[bc]"，答案为"aaabcbc"，若 $s$="abc3[cd]xyz"，答案为"abccdcdcdxyz"。要求设计如下成员函数：

扫一扫

视频讲解

```
string decodeString(string s) { }
```

**解** 对于有效字符串 $s$，将其看成 $s=s_1+\cdots+s_{i-1}+s_i$，其中每个 $s_i$ 是连续字母串或者形如"$k[e]$"的有效字符串(称为有效子串)，例如 $s$="ab2[5[c]]3[de]"，可以将 $s$ 看成由 3 个有效子串构成，即 $s$="ab"+"2[5[c]]"+"3[de]"，将每个 $s_i$ 解码为 $d_i$，那么 $s$ 的解码字符串 ans$=d_1+\cdots+d_{i-1}+d_i$。

那么如何解码"$k[n[e]]$"呢？关键是需要考虑方括号的匹配，其中第一个']'与第二个'['匹配，第二个']'与第一个'['匹配，也就是说这里的方括号遵循最近匹配原则，所以采用一个字符串栈 st。依次将解码串 $d_1$ 到 $d_i$ 进栈，最后依次出栈并逆序连接，构成 ans$=d_1+\cdots+d_i$，返回 ans 即可。

例如 $s$="x2[a2[c]]"，其解码过程如下：

(1) 遇到'x'，将"x"进栈。

(2) 遇到'2'，将"2"进栈。

(3) 遇到'['，将"["进栈。

(4) 遇到'a'，将"a"进栈。

(5) 遇到'2'，将"2"进栈。

(6) 遇到'['，将"["进栈。

(7) 遇到'c'，将"c"进栈，此时栈状态如图 1.13(a)所示。

(8) 遇到第一个']'，出栈到遇见一个"["，得到 $e$="c"，再出栈一个整数串并转换为整数，$k=2$，解码得到 $d$="cc"，将 $d$ 进栈，此时栈状态如图 1.13(b)所示。

(9) 遇到第二个']'，出栈到遇见一个"["，逆向连接所有出栈的字符串得到 $e$="acc"，再出栈一个整数串并转换为整数，$k=2$，解码得到 $d$="accacc"，将 $d$ 进栈，此时栈状态如图 1.13(c)所示。

$s$ 遍历完毕，再将 st 栈中的所有元素依次出栈，逆向连接得到 ans="xaccacc"，最后返回 ans 即可。

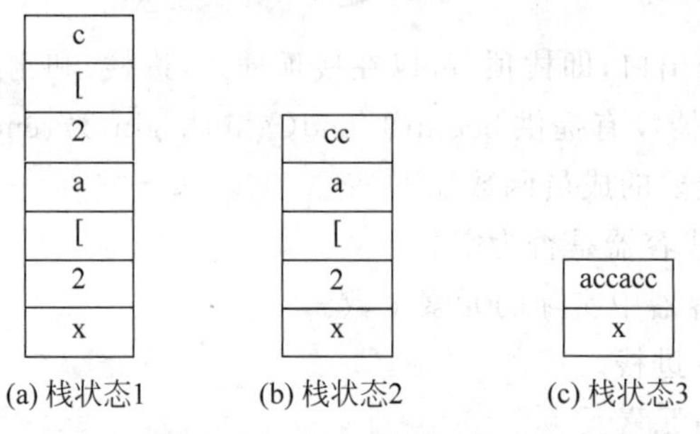


图 1.13 栈 st 的各种状态

对应的代码如下：

```
class Solution {
public:
    string decodeString(string s) {
        stack<string> st;                          //定义一个栈 st
        int i=0, n=s.size();
        while (i<n) {                              //遍历 s
            if (isdigit(s[i])) {                   //遇到数字
                string tmp="";
                while(i<n && isdigit(s[i])) {      //提取整数串 tmp
```

```
                    tmp+=s[i++];
                }
                st.push(tmp);                          //将整数串 tmp 进栈
            }
            else if(isalpha(s[i])) {                   //遇到字母
                string tmp="";
                while(i<n && isalpha(s[i])) {          //提取字母串 tmp
                    tmp+=s[i++];
                }
                st.push(tmp);                          //将字母串 tmp 进栈
            }
            else if(s[i]=='[')                         //遇到'['时
                st.push(string(1,s[i++]));             //将'['转换为"["后进栈
            else {                                     //遇到']'时
                string e="";
                while (st.top()!="[") {                //取[e]中的 e
                    e=st.top()+e;                      //同级字符串连接(逆向)
                    st.pop();
                }
                st.pop();                              //出栈"["
                string d="";
                int k=stoi(st.top());st.pop();         //提取数字 k
                for (int i=0;i<k;i++)                  //将"k[e]"解码为 d
                    d+=e;
                st.push(d);                            //将 d 进栈
                i++;                                   //跳过']'
            }
        }
        string ans="";
        while(!st.empty()) {                           //由栈 st 中的所有字符串逆序连接构成 ans
            ans=st.top()+ans;
            st.pop();
        }
        return ans;
    }
};
```

上述程序提交时通过，执行用时为 0ms，内存消耗为 6.4MB。

**说明：** 由于 vector 在尾部插入、删除元素速度快，本例最后需要逆序连接栈中的字符串，所以可以直接将 vector 用作栈(实际上 stack 可以采用 vector 作为底层容器)，这样只要顺序连接栈中的字符串即可。

## 1.3.7 queue(队列容器)

queue 是一个队列类模板，和数据结构中的队列一样，具有先进先出的特点。queue 容器也是适配器容器，其默认的底层容器是 deque，也可以指定底层容器为 list，但不能指定 vector 为底层容器。queue 容器不允许顺序遍历，没有提供 begin()/end()和 rbegin()/rend()这样的用于迭代器的成员函数。其主要的成员函数如下。

- empty()：判断队列容器是否为空。
- size()：返回队列容器中实际的元素个数。
- front()：返回队头元素。
- back()：返回队尾元素。
- push(e)：元素 e 进队。

• pop()：元素出队。

说明：在调用 front()、back()和 pop()之前务必通过 empty()检测，保证队列是非空的，否则会出现不可预料的错误。

扫一扫

视频讲解

【例 1.10】 对称二叉树(LeetCode101★)。给定一棵二叉树，设计一个算法检查它是否为镜像对称的，若是镜像对称的，返回 true，否则返回 false。例如，如图 1.14(a)所示的二叉树 A 是镜像对称的，返回 true；如图 1.14(b)所示的二叉树 B 不是镜像对称的，返回 false。要求设计如下成员函数：

```
bool isSymmetric(TreeNode * root) { }
```

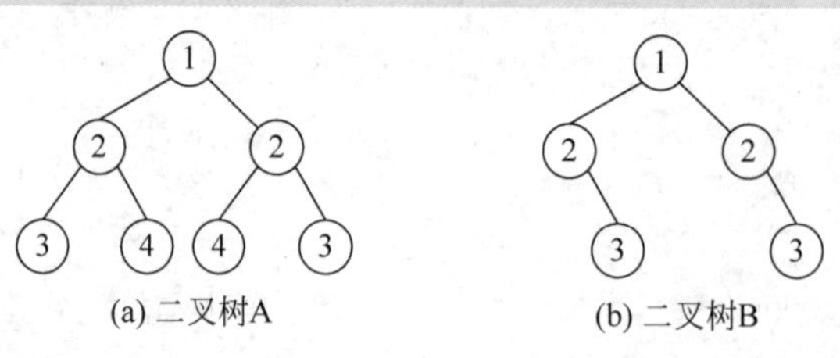


图 1.14 两棵二叉树

解 采用二叉树层次遍历方法求解。分别同步层次遍历左、右子树，先将左、右孩子分别进队 qu1 和 qu2，在两个队列均不空时循环：qu1 出队结点 $p1$，qu2 出队结点 $p2$，若 $p1$ 和 $p2$ 中一个为空另外一个不空时返回假，若 $p1$ 和 $p2$ 结点值不同时返回假，否则将 $p1$ 的左、右孩子(含空结点)依次进队 qu1，将 $p2$ 的右、左孩子(含空结点)依次进队 qu2。循环结束后返回 true。对应的代码如下：

```
class Solution {
public:
    bool isSymmetric(TreeNode * root) {
        if (root==NULL)
            return true;
        queue<TreeNode *> qu1,qu2;                      //定义两个队列
        TreeNode * p1, * p2;
        qu1.push(root->left);                           //左孩子进 qu1
        qu2.push(root->right);                          //右孩子进 qu2
        while (!qu1.empty() && !qu2.empty()) {          //两个队列均不空时循环
            p1=qu1.front(); qu1.pop();                  //从 qu1 出队结点 p1
            p2=qu2.front(); qu2.pop();                  //从 qu2 出队结点 p2
            if ((p1 && !p2) || (!p1 && p2))             //p1 和 p2 中一个为空一个不空时返回假
                return false;
            if (p1!=NULL && p2!=NULL) {
                if (p1->val!=p2->val)                   //p1 和 p2 结点值不同时返回假
                    return false;
                qu1.push(p1->left);                     //p1 的左孩子进队 qu1
                qu1.push(p1->right);                    //p1 的右孩子进队 qu1
                qu2.push(p2->right);                    //p2 的右孩子进队 qu2
                qu2.push(p2->left);                     //p2 的左孩子进队 qu2
            }
        }
        return true;                                    //循环结束后返回 true
    }
};
```

上述程序提交时通过，执行用时为 4ms，内存消耗为 16.3MB。

## 1.3.8 priority_queue(优先队列容器)

priority_queue 是一个优先队列类模板。priority_queue 也是适配器容器,其默认的底层容器是 vector,也可以指定为 deque 容器,但不能指定 list 为底层容器。优先队列中的元素可以以任意顺序进队,但出队时只能出队优先级最高的元素。priority_queue 的主要成员函数如下。

- empty():判断优先队列容器是否为空。
- size():返回优先队列容器中实际的元素个数。
- push(e):元素 e 进队。
- top():获取队头元素。
- pop():元素出队。

优先队列中元素优先级的高低由队列中数据元素的关系函数(比较运算符)确定,与 sort()通用算法的使用类似。优先队列的底层一般采用完全二叉树顺序,通常将元素值越大越优先出队的优先队列称为大根堆,将元素值越小越优先出队的优先队列称为小根堆。

### 1. 元素为内置数据类型的优先队列

扫一扫

视频讲解

对于 C/C++ 内置数据类型,默认是以 less<T>(小于关系函数)作为关系比较函数,值越大优先级越高(即默认为大根堆),可以改为以 greater<T>作为关系比较函数,这样值越大优先级越低(即小根堆)。

例如,以下语句中定义 pq1 为大根堆(默认),pq2 为小根堆(通过 greater<int>实现):

```
priority_queue<int> pq1;                                    //默认大根堆
priority_queue<int, vector<int>, greater<int>> pq2;         //小根堆
```

C++11 及以上版本支持 Lambda 表达式,即用 Lambda 表达式表示排序中的比较方式,例如以下语句中定义 pq3 为大根堆(默认),pq4 为小根堆:

```
auto comp1=[](int a,int b) { return a<b; };                 //大根堆比较关系
priority_queue<int, deque<int>, decltype(comp1)> pq3(comp1);
auto comp2=[](int a,int b) { return a>b; };                 //小根堆比较关系
priority_queue<int, deque<int>, decltype(comp2)> pq4(comp2);
```

### 2. 元素为自定义类型的堆

对于自定义数据类型,例如结构体数据,同样默认是以 less<T>(小于关系函数)作为关系比较函数,但需要重载该函数。另外,用户还可以自己定义关系函数。在这些重载函数或者关系函数中指定数据的优先级(优先级取决于哪些结构体,是越大越优先还是越小越优先)。

归纳起来,实现优先队列主要有以下 3 种方式。

- **方式 1**:在声明结构体类型中重载<运算符以指定优先级,例如 priority_queue<Stud> pq1 调用默认的<运算符创建堆 pq1(是大根堆还是小根堆由<重载函数体确定)。
- **方式 2**:在声明结构体类型中重载>运算符以指定优先级,例如 priority_queue<Stud,vector<Stud>,greater<Stud>> pq2 调用重载>运算符创建堆 pq2,此时需要指定优先队列的底层容器(这里为 vector,也可以是 deque)。
- **方式 3**:用户自己在结构体或类中重载函数调用运算符()以指定元素的优先级,例如 priority_queue<Stud,vector<Stud>,StudCmp> pq3 调用 StudCmp 结构体的()运算符创建堆 pq3,此时需要指定优先队列的底层容器(这里为 vector,也可以是 deque)。

例如,以下代码采用上述 3 种方式分别创建 3 个优先队列:

```
struct Stud{                                          //Stud 结构体类型
    int no;
    string name;
    Stud(int n, string na){                           //构造函数
        no=n;
        name=na;
    }
    bool operator<(const Stud &s) const{              //重载<关系函数
        return no<s.no;                               //按 no 越大越优先
    }
    bool operator>(const Stud &s) const {             //重载>关系函数
        return no>s.no;                               //按 no 越小越优先
    }
};
struct StudCmp {                                      //StudCmp 结构体
    bool operator()(const Stud &s,const Stud &t) const {
        return s.name<t.name;                         //name 越大越优先
    }
};
int main() {
    Stud a[]={Stud(2,"Mary"),Stud(1,"John"),Stud(5,"Smith")};
    int n=sizeof(a)/sizeof(a[0]);
    priority_queue<Stud> pq1(a,a+n);                  //默认<运算符
    cout << "pq1 出队顺序: ";
    while (!pq1.empty()) {                            //按 no 递减输出
        cout << "[" << pq1.top().no << "," << pq1.top().name << "]\t";
        pq1.pop();
    }
    cout << endl;
    priority_queue<Stud,deque<Stud>,greater<Stud>> pq2(a,a+n);
    cout << "pq2 出队顺序: ";
    while (!pq2.empty()) {                            //按 no 递增输出
        cout << "[" << pq2.top().no << "," << pq2.top().name << "]\t";
        pq2.pop();
    }
    cout << endl;
    priority_queue<Stud,deque<Stud>,StudCmp> pq3(a,a+n);
    cout << "pq3 出队顺序: ";
    while (!pq3.empty()) {                            //按 name 递减输出
        cout << "[" << pq3.top().no << "," << pq3.top().name << "]\t";
        pq3.pop();
    }
    cout << endl;
    return 0;
}
```

同样可以使用 Lambda 表达式指定优先队列中元素的优先级。

扫一扫

视频讲解

【例 1.11】 求数组中的第 $k$ 个最大元素(LintCode215★★)。题目描述见例 1.6,这里采用优先队列求解。

解法 1:采用大根堆的优先队列 maxpq 求解。先将 nums 中的全部元素进队,再出队 $k$ 次,最后出队的元素就是第 $k$ 个最大的元素。对应的代码如下:

```
class Solution {
public:
    int findKthLargest(vector<int> & nums, int k) {
        priority_queue<int> maxpq;                    //定义大根堆 maxpq
```

```
        for(int i=0;i<nums.size();i++)                          //全部元素进队
            maxpq.push(nums[i]);
        int ans;
        for(int i=0;i<k;i++) {                                  //出队 k 次
            ans=maxpq.top();
            maxpq.pop();
        }
        return ans;
    }
};
```

上述程序提交时通过，执行用时为 8ms，内存消耗为 10.1MB。

解法 2：采用小根堆的优先队列 minpq 求解。先将 nums 中的前 $k$ 个元素进队，再用 $i$ 遍历 nums 中的剩余元素，将大于堆顶元素的用 nums[$i$]替换(即出队一次后将 nums[$i$]进队)，始终保持堆中恰好有 $k$ 个元素。最后返回的堆顶元素就是第 $k$ 个最大的元素。对应的代码如下：

```
class Solution {
public:
    int findKthLargest(vector<int>& nums,int k) {
        priority_queue<int,vector<int>,greater<int>> minpq;     //小根堆
        for(int i=0;i<k;i++)                                    //进队前有 k 个整数
            minpq.push(nums[i]);
        for(int i=k;i<nums.size();i++) {                        //处理其他的整数
            if(nums[i]>minpq.top()) {
                minpq.pop();
                minpq.push(nums[i]);
            }
        }
        return minpq.top();                                     //返回堆顶整数
    }
};
```

上述程序提交时通过，执行用时为 8ms，内存消耗为 9.7MB。

## 1.3.9 set(集合容器)/multiset(多重集合容器)

set 和 multiset 是集合类模板，都属于关联容器，所谓关联容器就是每个元素有一个 key(关键字)，通过 key 进行元素操作，关键字与元素的位置没有对应关系，所以关联容器不提供顺序容器中的 front()、push_front()、back()、push_back()以及 pop_back()运算。set 中元素的关键字是唯一的，multiset 中元素的关键字可以不唯一，它们内部采用红黑树组织，在默认情况下按关键字自动进行升序排列，所以查找、插入和删除运算的速度比较快(时间复杂度均为 $O(\log_2 n)$)，同时支持集合的交、差和并等运算。下面主要讨论 set 容器。

定义 set 容器的方式如下：

```
set<int> s1;
int a[]={10,20,30,40,50};
set<int> s2(a,a+5);
set<int> s3(s2);
set<int> s4(s2.begin(), s2.end());
struct Cmp {
    bool operator() (const int&a, const int& b) const {
        return a<b;
    }
};
set<int,Cmp> s5;
```

由于 set 中没有相同关键字的元素，在向 set 中插入元素时，如果已经存在，则不插入。set 的主要成员函数如下。

- empty()：判断容器是否为空。
- size()：返回容器中实际的元素个数。
- find(*k*)：若容器中存在关键字为 *k* 的元素，返回该元素的迭代器，否则返回 end()。
- count(*k*)：返回容器中关键字 *k* 出现的次数。
- upper_bound(*k*)：返回一个迭代器，指向第一个关键字大于 *k* 的元素。
- lower_bound(*k*)：返回一个迭代器，指向第一个关键字大于或等于 *k* 的元素。
- insert()：插入元素。
- erase()：删除容器中的一个或几个元素。
- clear()：删除容器中的所有元素。
- begin()：用于正向迭代，返回容器中首元素的迭代器。
- end()：用于正向迭代，返回容器中尾元素后面一个位置的迭代器。
- rbegin()：用于反向迭代，返回容器中尾元素的迭代器。
- rend()：用于反向迭代，返回容器中首元素前面一个位置的迭代器。

例如，可以定义一个元素为 vector<int>类型的 set，在插入元素时会检测重复性：

```
set<vector<int>> s;
vector<int> s1={1,2,3};
s.insert(s1);
vector<int> s2={1,2,3};
s.insert(s2);
```

执行以上代码后集合 $s$ 中仅包含一个元素{1,2,3}，因为 $s_2$ 和 $s_1$ 相同。两个 vector<int>元素相同要满足长度相同并且对应位置的值均相同。

扫一扫

视频讲解

【例 1.12】 求第三大的数(LeetCode414★)。给定一个非空数组 nums，设计一个算法求该数组中第三大的数(指在所有不同整数中排第三大的数)，如果不存在，则返回数组中最大的数。例如 nums={3,2,1}，答案为 1。要求设计如下成员函数：

```
int thirdMax(vector<int>& nums) { }
```

**解** 建立一个 set<int>类型的容器 $s$，将 nums 中的全部元素插入 $s$ 中(自动除重)，先让迭代器 it 指向最后的元素。如果 $s$ 中元素的个数少于 3，返回 *it(此时 it 指向最大数)，否则向前移动两次(此时 it 指向第三大的数)，再返回 *it。对应的代码如下：

```
class Solution {
public:
    int thirdMax(vector<int> & nums) {
        set<int> s;
        for(int x:nums)                    //将 nums 的全部元素插入 s 中
            s.insert(x);
        set<int>::iterator it;
        it=s.end();
        it--;                              //让 it 指向最大的元素
        if(s.size()<3)
            return *it;
        it--; it--;                        //前移两次
        return *it;                        //返回第三大的元素
    }
};
```

上述程序提交时通过，执行用时为 4ms，内存消耗为 10.3MB。

## 1.3.10 map(映射容器)/multimap(多重映射容器)

map 和 multimap 是映射类模板，同样属于关联容器，即按关键字 key 进行元素操作。但与 set 和 multiset 不同，map 和 multimap 中的元素属于 pair 结构体，pair 结构体是内置类型：

```
struct pair {
    T first;
    T second;
}
```

也就是说，pair 中有两个分量（二元组），first 为第一个分量（在 map 中对应 key），second 为第二个分量（在 map 中对应 value）。例如，定义一个对象 p 表示一个平面坐标点并输入坐标：

```
pair<int,int> p;                        //定义 pair 对象 p
cin >> p.first >> p.second;             //输入 p 的坐标
```

同时 pair 对==、!=、<、>、<=、>=共 6 个运算符进行重载，提供了按照字典序对元素对进行大小比较的比较运算符模板函数。

map 和 multimap 内部也是用红黑树组织，在默认情况下按关键字自动进行升序排列，可以根据 key 快速地找到与之对应的 value（查找时间为 $O(\log_2 n)$）。在 map 中不允许关键字重复出现，支持[]运算符，在 multimap 中允许关键字重复出现，但不支持[]运算符。这里主要讨论 map，定义 map 容器的方式如下：

```
map<char,int> mp1;
mp1['a']=10;
mp1['b']=30;
mp1['c']=50;
mp1['d']=70;
map<char,int> mp2 (mp1.begin(),mp1.end());
map<char,int> mp3 (mp2);
struct Cmp {
    bool operator() (const int& a, const int& b) const {
        return a<b;
    }
};
map<char,int,Cmp> mp4;
```

由于 map 中不能包含相同关键字的元素，在向 map 中插入相同关键字的元素时后者覆盖前者。map 的主要成员函数如下。

- empty()：判断容器是否为空。
- size()：返回容器中实际的元素个数。
- map[$k$]：返回关键字为 $k$ 的元素，当不存在时插入以 $k$ 为关键字的元素。
- find()：在容器中查找元素。
- count()：容器中指定关键字的元素个数（map 中只有 1 或者 0）。
- insert(e)：插入一个元素 e 并返回该元素的位置。
- erase()：删除容器中的一个或几个元素。
- clear()：删除所有元素。
- begin()：用于正向迭代，返回容器中首元素的迭代器。

- end()：用于正向迭代，返回容器中尾元素后面一个位置的迭代器。
- rbegin()：用于反向迭代，返回容器中尾元素的迭代器。
- rend()：用于反向迭代，返回容器中首元素前面一个位置的迭代器。

在 map 中插入元素主要有以下 3 种方式：

```
map<char,int> mymap;                                //定义 map 容器 mymap
mymap.insert(pair<char,int>('a',1));                //插入方式 1
mymap.insert(map<char,int>::value_type('b',2));     //插入方式 2
mymap['c']=3;                                       //插入方式 3
```

在 map 中修改元素非常简单，这是因为 map 容器已经对[]运算符进行了重载。例如：

```
map<char,int> mymap;                                //定义 map 容器 mymap
mymap['a']=1;                                       //重新插入以达到修改的目的
```

获得 map 中某个关键字的值的简单方法如下：

```
int ans=mymap['a'];
```

只有当 map 中有这个关键字('a')时才能成功，否则会自动插入一个元素，其关键字为'a'，对应值为 int 类型，默认值为 0。

用户可以使用 find()或者 count()来判断一个关键字是否存在。例如：

```
if(mymap.find('a')==mymap.end()) {
    //没找到时的处理
}
else {
    //找到后的处理
}
```

或者

```
if(mymap.count('a')==0) {
    //没找到时的处理
}
else {
    //找到后的处理
}
```

扫一扫

视频讲解

【例 1.13】 有如下学生类型，给定一个包含若干学生元素的数组 st，设计一个算法求分数最高的学生的姓名(可能有多个分数最高的学生)。

```
struct Stud {                                       //Stud 结构体
    int score;                                      //分数
    string name;                                    //姓名
    Stud(int s,string n) {                          //构造函数
        score=s;
        name=n;
    }
};
```

**解** 定义一个元素类型为<int,vector<string>>的 map 容器 mymap，其关键字为 int 类型的方式，值为具有相同方式的学生姓名，即 vector<string>类型，这里求最高分的学生的姓名，为此设计 Cmp 结构体指定 mymap 按分数递减排列。遍历 st 创建 mymap 中的元素，最后返回首元素的值即可。对应的算法如下：

```
struct Cmp {                                        //Cmp 结构体
    bool operator()(const int& a,const int& b) const {
```

```
            return a>b;                         //指定 mymap 按关键字递减排列
        }
};
vector<string> Maxscore(vector<Stud> & st) {
    map<int, vector<string>, Cmp> mymap;
    for(Stud x:st) {                            //遍历 st
        if(mymap.count(x.score)==0)             //没有找到
            mymap[x.score]={x.name};
        else {                                  //找到了
            vector<string> tmp=mymap[x.score];
            tmp.push_back(x.name);
            mymap[x.score]=tmp;
        }
    }
    return mymap.begin()->second;
}
```

## 1.3.11 unordered_set(哈希集合容器)

unordered_set 与 set 类似,每个元素对应一个关键字,所有元素的关键字是唯一的,只是 unordered_set 容器采用哈希表实现,利用拉链法解决冲突,所有元素是无序排列的,按关键字查找的时间复杂度接近 $O(1)$。定义 unordered_set 容器的方式与定义 set 容器的方式类似,只是不能指定关键字的排列方式。

unordered_set 的主要成员函数如下。

- empty():判断容器是否为空。
- size():返回容器的长度。
- count($k$):返回容器中关键字 $k$ 出现的次数,结果为 0 或者 1。
- find($k$):如果容器中存在关键字为 $k$ 的元素,返回其迭代器,否则返回 end()。
- insert(e):插入元素 e。
- erase():从容器中删除一个或几个元素。
- clear():删除所有元素。
- begin():返回当前容器中首元素的迭代器。
- end():返回当前容器中尾元素后一个位置的迭代器。

说明:unordered_set 容器与 set 容器相比,set 容器是有序的,查找时间是 $O(\log_2 n)$,而 unordered_set 容器是无序的,查找时间是 $O(1)$。

**【例 1.14】** 给定一个无序的整数序列 $v$,设计一个算法求其中不相同的元素的个数。

**解** 定义一个 unordered_set<int>容器 $s$,将 $v$ 中的所有元素插入 $s$ 中,返回 $s$ 的长度即可。对应的算法如下:

```
int Count(vector<int> &v) {
    unordered_set<int> s;
    for(auto e:v) s.insert(e);
    return s.size();
}
```

## 1.3.12 unordered_map(哈希映射容器)

unordered_map 与 map 类似,每个元素都为 pair 类型,所有元素的关键字都是唯一的,只是 unordered_map 容器采用哈希表实现,利用拉链法解决冲突,所有元素是无序排列的,按关键字查找的时间复杂度接近 $O(1)$。定义 unordered_map 容器的方式与定义 map 容器的方式类似，但不能指定关键字的排列方式。

unordered_map 的主要成员函数如下。

- empty()：判断容器是否为空。
- size()：返回容器中实际的元素个数。
- map[$k$]：返回关键字为 $k$ 的元素，当不存在时以 $k$ 作为关键字插入一个元素。
- at[$k$]：同 map[$k$]。
- find($k$)：在容器中查找关键字为 $k$ 的元素。
- count($k$)：返回容器中关键字为 $k$ 的元素的个数，结果为 1 或者 0。
- insert($e$)：插入一个元素 $e$ 并返回该元素的位置。
- erase()：删除容器中的一个或几个元素。
- clear()：删除容器中的所有元素。
- begin()：返回当前容器中首元素的迭代器。
- end()：返回当前容器中尾元素后一个位置的迭代器。

**说明**：unordered_map 容器与 map 容器相比，map 容器是有序的，查找时间是 $O(\log_2 n)$，而 unordered_map 容器是无序的，查找时间是 $O(1)$。

扫一扫

视频讲解

**【例 1.15】** 给定一个由小写字母组成的字符串 $s$，设计一个算法求其中所有唯一出现的字母，并且按照字母在 $s$ 中出现的次序返回由所有唯一出现的字母构成的字符串。

**解** 设计一个 unordered_map<char,int>类型的哈希映射 cntmap 用于字母计数，遍历 $s$ 一次求出所有字母出现的次数，用字符串 ans 存放答案（初始为空），再遍历 $s$ 一次，将出现次数为 1 的字母添加到 ans 中，最后返回 ans。对应的代码如下：

```
string unique(string& s) {
    unordered_map<char,int> cntmap;
    for(char x:s) cntmap[x]++;
    string ans;
    for(char x:s) {
        if(cntmap[x]==1)
            ans.push_back(x);
    }
    return ans;
}
```

扫一扫

自测题

## 1.4 练习题

1. 求解某问题有 $A$ 和 $B$ 两个算法，算法 $A$ 的时间复杂度为 $O(n)$，算法 $B$ 的时间复杂度为 $O(n\log_2 n)$，那么是不是对于任何输入实例算法 $A$ 的执行时间都少于算法 $B$？

2. 证明以下关系成立：

(1) $10n^2-2n=\Theta(n^2)$

(2) $2^{n+1}=\Theta(2^n)$

3. 证明 $O(f(n))+O(g(n))=O(\max\{f(n),g(n)\})$。

4. 对于下列各组函数 $f(n)$ 和 $g(n)$，确定 $f(n)=O(g(n))$、$f(n)=\Omega(g(n))$ 或 $f(n)=\Theta(g(n))$，并简要说明理由。注意这里渐进符号按照各自严格的定义。

(1) $f(n)=2^n$, $g(n)=n!$

(2) $f(n)=\sqrt{n}$, $g(n)=\log_2 n$

(3) $f(n)=100$, $g(n)=\log_2 100$

(4) $f(n)=n^3$, $g(n)=3^n$

(5) $f(n)=3^n$, $g(n)=2^n$

5. 简述 STL 中 stack 和 queue 与 deque 的关系。

6. 在 STL 中 priority_queue 为什么不能以 list 作为底层容器?

7. 简述 STL 中 map 和 unordered_map 的区别。

8. 一个字符串用 string 对象存储,设计一个算法采用大小写不敏感的方式判断该字符串是否为回文。

9. 移除无效的括号(LeetCode1249★★)。给定一个由'('、')'和小写字母组成的字符串 $s$,设计一个算法从字符串中删除最少数目的'('或者')'(可以删除任意位置的括号),使得剩下的括号字符串是有效的,并且返回任意一个合法字符串。例如,$s$="lee(t(c)o)de",返回的有效字符串是"lee(t(c)o)de"、"lee(t(co)de)"或者"lee(t(c)ode)"。

10. 采用 vector<string>类型的容器 strs 存放一系列的单词,按字典序从大到小输出所有单词出现的次数。

11. 设计一种好的数据结构,尽可能高效地实现以下功能:(1)插入若干个整数序列;(2)获得该序列的中位数(中位数指排序后位于中间位置的元素,例如{1,2,3}的中位数为2,而{1,2,3,4}的中位数为 2 或者 3),并估计时间复杂度。

## 1.5 在线编程实验题

1. LintCode1200——相对排名★
2. LintCode1901——有序数组的平方★
3. LintCode211——字符串置换★
4. LintCode772——错位词分组★★
5. LintCode55——比较字符串★
6. LintCode460——在排序数组中找最接近的 $k$ 个数★★
7. LintCode424——求逆波兰表达式的值★★
8. LintCode1369——最频繁单词★
9. LeetCode20——有效的括号★
10. LeetCode1190——反转每对括号间的子串★★
11. LeetCode496——下一个更大元素 I★
12. LeetCode217——存在重复元素★
13. LeetCode3——无重复字符的最长子串★★
14. POJ3664——选举时间
15. POJ2833——平均数
16. POJ2491——寻宝游戏

# 第2章 递归算法设计技术

【案例引入】

老师，什么是自然数？


①1 是自然数。
②如果 $n$ 是自然数，则 $n+1$ 也是自然数。

我知道为什么没有最大的自然数了。


是的，这就是一种递归定义，递归可以用有限的语句来定义无限的集合。

**本章学习目标：**

（1）理解递归和递归模型的定义。

（2）领会递归算法的执行过程。

（3）掌握递归算法的设计方法和递归的经典应用示例，例如 0/1 背包问题和求表达式的值。

（4）掌握递推式的计算过程和递归算法的时间复杂度分析方法。

# 2.1 递归概述

## 2.1.1 什么是递归

先看这样一个故事：从前有座山，山上有座庙，庙里有个老和尚和一个小和尚，一天，老和尚给小和尚讲一个故事，故事是"从前有座山，山上有座庙，庙里有个老和尚和一个小和尚，一天，老和尚给小和尚讲一个故事，故事是……"。这个故事自己套着自己，可以一直讲下去，这就是递归。

递归(recursion)是一个过程或函数在其定义或说明中直接或间接调用自身的一种方法(摘自《百度百科》词条)。递归既是一种奇妙的现象，又是一种思考问题的方法，通过递归可简化问题的定义和求解过程。实际上在现实世界中递归无处不在，例如在人类的发展繁衍中，人之间的辈分就是一种递归，祖先的递归定义是 $x$ 的父母是 $x$ 的祖先，$x$ 祖先的双亲同样是 $x$ 的祖先。采用递归设计的算法称为**递归算法**。

【例 2.1】 设计求 $n!$($n$ 为正整数)的递归算法。

**解** 根据 $n!$ 的定义，$1!=1$，当 $n>1$ 时有 $n!=(n-1)!\times n$。对应的递归算法如下：

```
int fun(int n) {
    if (n==1)                         //语句 1
        return 1;                     //语句 2
    else                              //语句 3
        return fun(n-1) * n;          //语句 4
}
```

递归算法通常把一个大的复杂问题层层转化为一个或多个与原问题相似的规模较小的问题来求解，递归技术只需少量的代码就可以描述出解题过程中所需要的多次重复计算，大幅减少了算法的代码量。

一般来说，能够用递归解决的问题应该满足以下 3 个条件：

(1) 需要解决的问题可以转化为一个或多个子问题来求解，而这些子问题的求解方法与原问题完全相同，只是问题规模不同。通过这样的转化过程可以使问题得到简化。

(2) 递归调用的次数必须是有限的。

(3) 必须有一个明确的结束递归的条件，否则递归将会无止境地进行下去，直到耗尽系统资源。

## 2.1.2 何时使用递归

在以下 3 种情况下经常用到递归的方法。

### 1. 定义是递归的

有许多数学公式、数列和概念的定义是递归的，例如求 $n!$ 和斐波那契(Fibonacci)数列等。对于这些问题的求解，可以将其递归定义直接转化为对应的递归算法，例如求 $n!$ 可以转化为例 2.1 中的递归算法。

### 2. 数据结构是递归的

算法是用于数据处理的，有些存储数据的数据结构是递归的，对于递归数据结构，采用递归的方法设计算法既方便又有效。

例如，单链表就是一种递归数据结构，其结点类型声明如下：

```
struct ListNode {                                    //单链表结点类型
    int val;
    ListNode * next;
    ListNode():val(0), next(NULL) {}                 //构造函数
    ListNode(int x):val(x),next(NULL) {}
    ListNode(int x, ListNode * next):val(x),next(next) {}
};
```

其中，结构体 ListNode 的声明用到了自身，即指针域 next 是一种指向相同类型结点的指针。如图 2.1 所示为一个不带头结点的单链表 $h$ 的一般结构，$h$ 标识整个单链表，而 h->next 标识除了结点 $h$ 以外其他结点构成的单链表，两者的结构是相同的，所以它是一种递归数据结构。

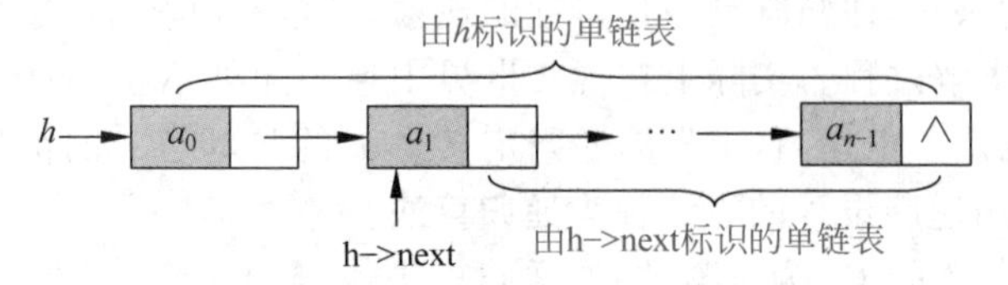


图 2.1　不带头结点的单链表 $h$ 的一般结构

对于这样的递归数据结构，采用递归方法求解问题十分方便。例如，求一个不带头结点的单链表 $h$ 的所有 val 域之和的递归算法如下：

```
int Sum(ListNode * h) {                    //求一个不带头结点的单链表 h 的所有 val 域之和
    if (h==NULL)
        return 0;
    else
        return h->val+Sum(h->next);
}
```

【例 2.2】　分析整数二叉树的二叉链存储结构的递归性，设计求非空二叉链 $r$ 中所有结点值之和的递归算法。

**解**　假设整数二叉树采用二叉链存储结构，所有结点值为 int 类型。二叉链的结点类型声明如下：

```
struct TreeNode {                                          //二叉链结点类型
    int val;                                               //结点值(为 int 类型)
    TreeNode * left;                                       //左孩子结点指针
    TreeNode * right;                                      //右孩子结点指针
    TreeNode() : val(0), left(NULL), right(NULL) {}        //构造函数
    TreeNode(int x) : val(x), left(NULL), right(NULL) {}
    TreeNode(int x, TreeNode * left, TreeNode * right) : val(x), left(left), right(right) {}
};
```

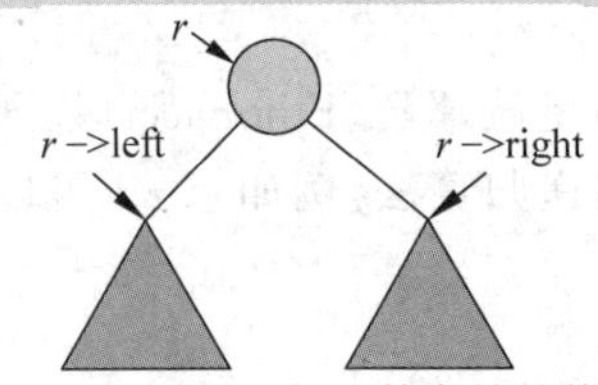


图 2.2　二叉链 $r$ 的存储结构

如图 2.2 所示为一棵普通二叉树的二叉链存储结构，$r$ 指向根结点，用于标识整棵树，$r$->left 和 $r$->right 分别指向左、右孩子结点，用于标识左、右子树，而左、右子树本身也都是二叉树，所以它是一种递归数据结构。

求非空二叉链 $r$ 中所有结点值之和的递归算法如下：

```
int Sumbt(TreeNode *r) {                    //求非空二叉链 r 中所有结点值之和
    if (r==NULL)                            //空树返回 0
        return 0;
    else                                    //非空树返回左、右子树的结点值之和加上根结点值
        return Sumbt(r->left)+Sumbt(r->right)+r->val;
}
```

### 3. 问题的求解方法是递归的

有些问题的解法是递归的，例如汉诺塔问题。该问题的描述是设有 3 个分别命名为 x、y 和 z 的塔座，在塔座 x 上有 $n$ 个直径各不相同、从小到大依次编号为 $1\sim n$ 的盘片，现要求将 x 塔座上的 $n$ 个盘片移到塔座 z 上并仍按同样的顺序叠放。盘片移动时必须遵守以下规则：每次只能移动一个盘片；盘片可以插在 x、y 和 z 中的任一塔座；在任何时候都不能将一个较大的盘片放在较小的盘片上。设计递归求解算法。

设 Hanoi($n$,x,y,z)表示将 $n$ 个盘片从 x 通过 y 移动到 z 上，递归分解的过程如图 2.3 所示，其中 move($n$,x,z)是可以直接操作的。

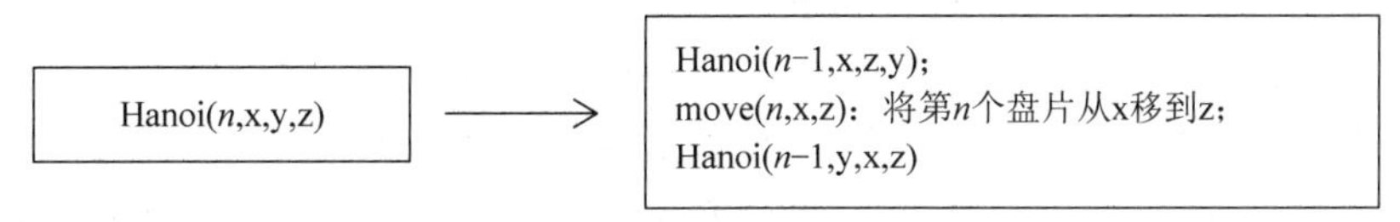


图 2.3　汉诺塔问题的递归分解过程

汉诺塔问题对应的递归算法如下：

```
void Hanoi(int n, char x, char y, char z) {
    if (n==1)
        printf("将盘片%d 从%c 移到%c\n", n, x, z);
    else {
        Hanoi(n-1, x, z, y);
        printf("将盘片%d 从%c 移到%c\n", n, x, z);
        Hanoi(n-1, y, x, z);
    }
}
```

## 2.1.3　递归模型

递归思想的核心可以用递归模型表示，递归模型是递归算法的抽象，它反映一个递归问题的递归结构。例如，例 2.1 中的递归算法对应的递归模型如下：

$f(n)=1 \qquad n=1$

$f(n)=n*f(n-1) \qquad n>1$

其中，第一个式子给出了递归的终止条件，称之为**递归出口**；第二个式子给出了 $f(n)$的值与 $f(n-1)$的值之间的关系，称之为**递归体**。一般地，一个递归模型是由递归出口和递归体两部分组成的，递归出口确定递归到何时结束，即指出明确的递归结束条件，前面老和尚给小和尚讲故事的示例中没有递归出口，所以陷入无限循环中；递归体确定递归求解时的递推关系。递归出口的一般格式如下：

$$f(s_1)=m_1 \tag{2.1}$$

这里的 $s_1$ 和 $m_1$ 均为常量，有些递归问题可能有几个递归出口。递归体的一般格式如下：

$$f(s_n)=g(f(s_i),f(s_{i+1}),\cdots,f(s_{n-1}),c_j,c_{j+1},\cdots,c_m) \tag{2.2}$$

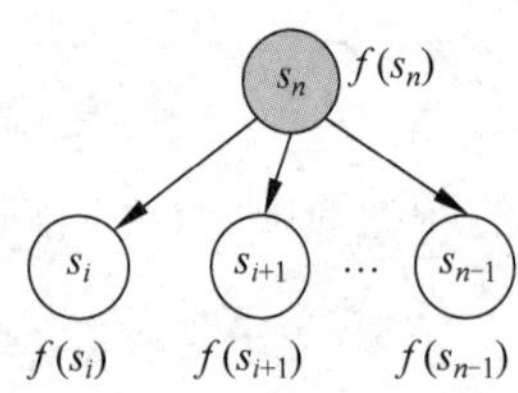

图 2.4 递归体的示意图

其中，$n$、$i$、$j$、$m$ 均为正整数。这里的 $s_n$ 是一个递归大问题(或者原问题)，$s_i$、$s_{i+1}$、……、$s_{n-1}$ 为递归小问题(或者子问题)，$c_j$、$c_{j+1}$、……、$c_m$ 是若干个可以直接(用非递归方法)解决的问题，$g$ 是一个非递归函数，可以直接求值，如图 2.4 所示。

实际上，递归思路是把一个不能或不好直接求解的大问题转化成一个或几个小问题来解决的，再把这些小问题进一步分解成更小的小问题来解决，如此分解，直到每个小问题都可以直接解决(此时分解到递归出口)。但递归分解不是随意的分解，递归分解要保证大问题与小问题是相似的。为了讨论方便，简化上述递归模型为：

$$f(s_1)=m_1 \tag{2.3}$$

$$f(s_n)=g(f(s_{n-1}),c_{n-1}) \tag{2.4}$$

例如，求 $n!$ 的递归体可以看成 $f(n)=g(f(n-1),n)$，其中 $g(x,y)=x*y$，它是非递归函数。那么求 $f(s_n)$的分解过程如下：

$$f(s_n)\Rightarrow f(s_{n-1})\Rightarrow\cdots\Rightarrow f(s_2)\Rightarrow f(s_1)$$

一旦遇到递归出口，分解过程结束，开始求值过程，所以分解过程是"量变"过程，即原来的大问题在慢慢变小，但尚未解决，在遇到递归出口后便发生了"质变"，即原递归问题转化成直接问题。上面的求值过程如下：

$$f(s_1)=m_1\Rightarrow f(s_2)=g(f(s_1),c_1)\Rightarrow f(s_3)=g(f(s_2),c_2)\Rightarrow\cdots\Rightarrow f(s_n)=g(f(s_{n-1}),c_{n-1})$$

这样 $f(s_n)$便计算出来了，因此递归的执行过程由分解和求值两部分构成。

从中看出递归模型是处理递归问题的一个框架，这个框架具有公用性，它不仅适合处理大问题，还适合处理分解成的子问题。

## 2.1.4 递归算法的执行过程

递归算法采用 C/C++语言的递归函数实现，在执行递归函数时会调用自身，如果仅有这种操作将会出现由于无休止地调用而陷入死循环的情况，因此正确的递归函数虽然每次调用的是相同代码，但参数等会发生变化，并且一定会到某一层时不再递归调用而终止执行，即遇到递归出口时。

递归调用在内部实现时并不是每次调用都复制一个函数复制件，而是采用代码共享的方式，也就是它们都是调用同一个函数代码，为此系统设置了一个系统栈，为每一次调用开辟一组存储单元(即一个栈帧，可以理解为一个栈元素)存放本次调用的返回地址以及被中断的函数参数值等，将其进入系统栈，再执行被调用函数代码，当被调用函数执行完毕时对应的栈帧被弹出，返回计算后的函数值，控制转到相应的返回地址继续执行。显然当前正在执行的调用函数的栈帧总是处于系统栈的最顶端。

所以一个函数调用过程就是将数据(包括参数和返回值)和控制信息(返回地址等)从一个函数传递到另一个函数。另外在执行被调函数的过程中还要为被调函数的局部变量分配空间，在函数返回时再释放这些空间，这些工作都是由系统栈来完成的。

分析递归算法的执行过程，观察变量的取值变化，可以清楚地了解递归算法的运行机制。对于例 2.1 中的递归算法，求 5!(即执行 fun(5))时系统栈的变化及求解过程如图 2.5 所示，这里主要关注递归函数的值的变化。

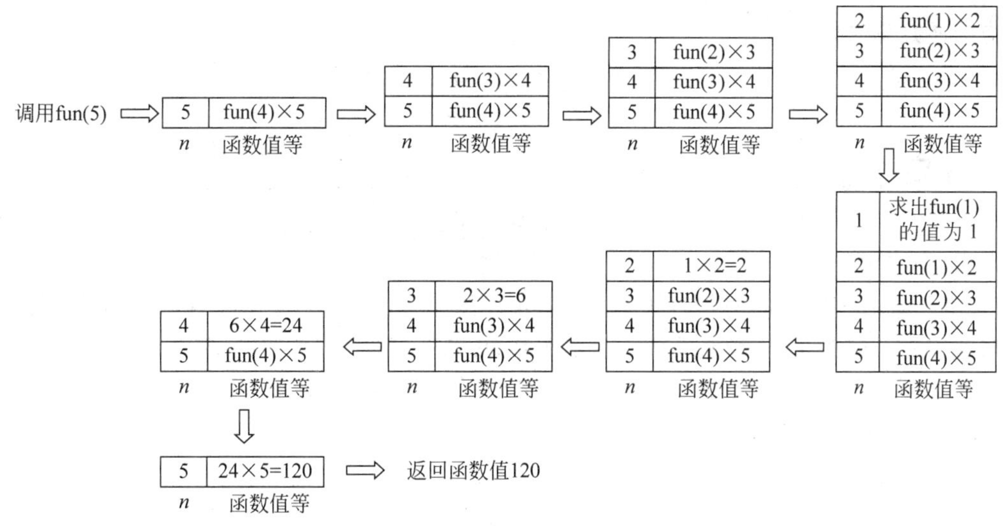


图 2.5 执行 fun(5)时系统栈的变化和求解过程

从以上过程可以得出：

(1) 递归执行是通过系统栈实现的。

(2) 每递归调用一次需要将参数、局部变量和返回地址等作为一个栈元素进栈一次，最多的进栈元素个数称为递归深度，问题规模 $n$ 越大，递归深度越深。

(3) 每当遇到递归出口或本次递归调用执行完毕时需要退栈一次，并恢复参数值等，当全部执行完毕时栈应该为空。

归纳起来，递归调用的实现是分两步进行的，第一步是分解过程(或递去)，即用递归体将大问题分解成若干小问题，直到递归出口为止，然后进行第二步的求值过程(或归来)，即利用小问题的解计算大问题的解。所以递归算法是一种自顶向下的算法，前面的 fun(5)的求解过程如图 2.6 所示。

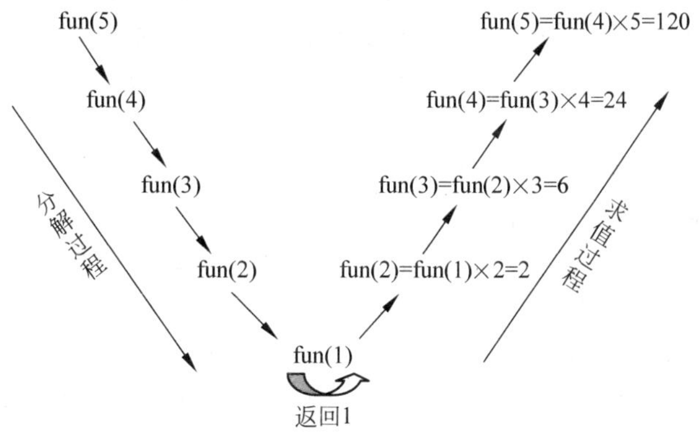


图 2.6 fun(5)的求解过程

递归算法的执行过程可以用一棵递归树来表示，递归树反映了递归算法执行过程中的分解和求值过程，它是对系统栈的模拟。

【例 2.3】 斐波那契数列定义为：

$\text{Fib}(n)=1$　　当 $n=1$ 时

$\text{Fib}(n)=1$　　当 $n=2$ 时

$\text{Fib}(n)=\text{Fib}(n-1)+\text{Fib}(n-2)$　　当 $n>2$ 时

对应的递归算法如下：

```
int Fib(int n) {                              //递归求 Fibonacci 数列
    if (n==1 || n==2)
        return 1;
    else
        return Fib(n-1)+Fib(n-2);
}
```

画出求 Fib(5)的递归树。

**解** 求 Fib(5)的递归树如图 2.7 所示。图中方框旁的数字表示递归调用的次序，实箭头线表示分解关系，虚箭头线表示求值关系，虚箭头线上的数字表示求值结果。

从上面求 Fib(5)的过程可以看到，对于复杂的递归调用，分解和求值可能交替进行、循环反复，直到求出最终值。

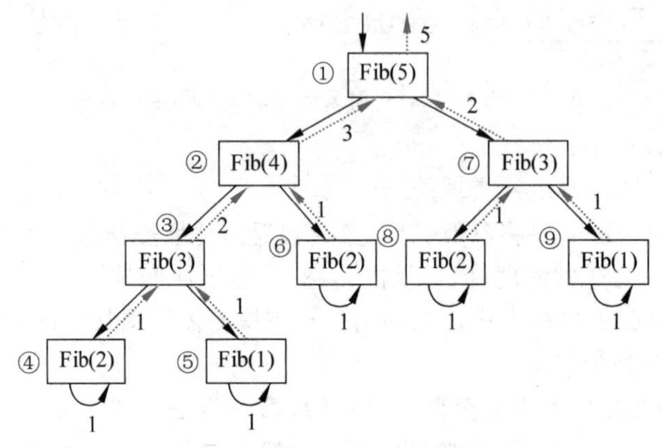


图 2.7　求 Fib(5)的递归树

在递归函数执行时，其形参会随着递归调用发生变化，但每次调用后都会恢复为调用前的形参(实际上递归函数中的局部变量也是如此)。将递归函数的非引用型形参的取值称为**状态**，在递归调用中状态会发生变化，而每次递归调用返回时都会自动恢复为调用前的状态。用户需要注意的是递归函数中的引用型形参相当于全局变量，并不作为状态的一部分，在执行后会将值回传给对应的实参。

思考题：在 Fib($n$)递归算法的执行中形参 $n$ 自动恢复的原理是什么？

为什么引入递归呢？主要原因如下：

(1) 因为计算机最擅长做重复的事情，递归机制实际上就是反复执行一段相同的逻辑代码，每次调用相当于一次循环。

(2) 尽管递归可以用 for 或者 while 循环替代，对应的算法称为迭代算法，但递归算法因为更符合人类的思维方式，更加简单、有效，并且因为借助了系统栈，具有形参和局部变量自动恢复功能，代码更加简洁。

(3) 绝大多数编程语言支持递归，这样算法设计者在利用编程语言实现递归算法时可以将主要精力集中在递归模型的设计上，无须关心递归调用的深度，递归调用过程由系统自动完成。

扫一扫

视频讲解

## 2.1.5　递归算法的时间复杂度和空间复杂度分析

### 1. 递归算法的时间复杂度分析

递归算法分析不能简单地采用非递归算法分析的方法，递归算法分析属于变长时空分析，非递归算法分析属于定长时空分析。

在递归算法分析中首先写出对应的递推式，然后求解递推式得出算法的执行时间或者空间。例如，对于前面求汉诺塔问题的递归算法，分析其时间复杂度的过程如下。

设 Hanoi($n$,x,y,z)的执行时间为 $T(n)$，则两个问题规模为 $n-1$ 的子问题的执行时间均为 $T(n-1)$，总时间是累加关系。对应的时间递推式如下：

$T(n)=1$ 当 $n=1$ 时

$T(n)=2T(n-1)+1$ 当 $n>1$ 时

则

$$\begin{aligned}T(n)&=2T(n-1)+1=2(2T(n-2)+1)+1\\&=2^2T(n-2)+2+1=2^2(2T(n-3)+1)+2+1\\&=2^3T(n-3)+2^2+2+1\\&=\cdots\\&=2^{n-1}T(1)+2^{n-2}+\cdots+2^2+2+1\\&=2^n-1=O(2^n)\end{aligned}$$

因此 Hanoi($n$,x,y,z)递归算法的时间复杂度为 $O(2^n)$。一般地，如果递归执行中非递归调用部分的时间是常数量级，则该算法的执行时间为递归调用总次数。例如，Hanoi 算法中 printf()语句的执行时间为 $O(1)$，递归调用总次数为 $O(2^n)$，所以算法的时间复杂度也是 $O(2^n)$。

### 2. 递归算法的空间复杂度分析

在递归算法的执行中使用了系统栈空间，因此需要根据递归调用的深度来分析递归算法的空间复杂度，其过程与递归算法的时间复杂度分析类似。例如，对于前面求 Hanoi 问题的递归算法，分析其空间复杂度的过程如下。

设 Hanoi($n$,x,y,z)的临时空间为 $S(n)$，则两个问题规模为 $n-1$ 的子问题的临时空间均为 $S(n-1)$，总空间是最大值关系，因为前一个子问题执行完毕其空间被释放，释放的空间被后一个子问题重复使用。对应的空间递推式如下：

$S(n)=1$ 当 $n=1$ 时

$S(n)=S(n-1)+1$ 当 $n>1$ 时

则

$$\begin{aligned}S(n)&=S(n-1)+1=(S(n-2)+1)+1\\&=\cdots\\&=S(1)+1+\cdots+1\\&=\underbrace{1+1+\cdots+1}_{n\text{个}1}=O(n)\end{aligned}$$

因此 Hanoi($n$,x,y,z)递归算法的空间复杂度为 $O(n)$。递归算法的空间复杂度一般与递归的深度有关。一般地，如果当前递归执行中非递归调用部分消耗的空间是常数量级，那么该算法最终消耗的空间为递归深度，即最终消耗的空间＝递归深度×一次递归消耗的空间。例如，Hanoi 算法的递归深度为 $n$，一次递归消耗的空间为 $O(1)$，所以算法的空间复杂度为 $O(n)$。

## 2.2 递归算法的设计方法

### 2.2.1 递归与数学归纳法

从式(2.2)的递归体看到，如果已经求出了 $s_i$、$s_{i+1}$、……、$s_{n-1}$ 的解，就可以进一步求出 $s_n$ 的解，这样构成一个状态序列 $s_1,s_2,\cdots,s_n$。从数学归纳法的角度来看，这相当于数学归纳法中的归纳步骤。但仅有这个关系还不能确定这个数列，若要使它完全确定，还应给出这个数列的初始状态 $s_1$ 及其解，这相当于数学归纳法中的归纳基础。

第一数学归纳法原理：若$\{P(1),P(2),P(3),P(4),\cdots\}$是命题序列且满足以下两个性质，则所有命题均为真。

(1) 归纳基础：$P(1)$为真。

(2) 归纳步骤：任何命题均可以从它的前一个命题推导得出。

例如，采用第一数学归纳法证明下式：

$$1+2+\cdots+n=\frac{n+2}{2}$$

**证明**：当 $n=1$ 时，左式$=1$，右式$=\dfrac{1\times 2}{2}=1$，左、右两式相等，等式成立。

假设当 $n=k-1$ 时等式成立，有 $1+2+\cdots+(k-1)=\dfrac{k(k-1)}{2}$

当 $n=k$ 时，左式$=1+2+\cdots+(k-1)+k=\dfrac{k(k-1)}{2}+k=\dfrac{k(k+1)}{2}=$右式

等式成立。得证。

第二数学归纳法原理：若$\{P(1),P(2),P(3),P(4),\cdots\}$是满足以下两个性质的命题序列，则对于其他自然数，该命题序列均为真。

(1) 归纳基础：$P(1)$为真。

(2) 归纳步骤：任何命题均可以从它前面的所有命题推导得出。

其中归纳步骤的意思是 $P(n)$可以从前面的所有命题假设$\{P(1),P(2),P(3),\cdots,P(n-1)\}$推导得出。

**【例 2.4】** 采用第二数学归纳法证明，任何含有 $n(n\geqslant 0)$个不同结点值的二叉树都可以由它的中序序列和先序序列唯一地确定。

**证明**：当 $n=0$ 时，二叉树为空，结论正确。

假设结点数小于 $n$ 的任何二叉树(所有结点值不相同)都可以由其先序序列和中序序列唯一地确定。

若某棵二叉树具有 $n(n>0)$个不同结点，其先序序列是 $a_0a_1\cdots a_{n-1}$，中序序列是 $b_0b_1\cdots b_{k-1}b_kb_{k+1}\cdots b_{n-1}$。

因为在先序遍历过程中访问根结点后，紧跟着遍历左子树，最后再遍历右子树，所以 $a_0$ 必定是二叉树的根结点，而且 $a_0$ 必然在中序序列中出现。也就是说，在中序序列中必有某

个 $b_k(0 \leqslant k \leqslant n-1)$ 就是根结点 $a_0$。

由于 $b_k$ 是根结点，而在中序遍历过程中先遍历左子树，然后访问根结点，最后再遍历右子树，所以在中序序列中 $b_0b_1\cdots b_{k-1}$ 必是根结点 $b_k$（也就是 $a_0$）左子树的中序序列，即 $b_k$ 的左子树有 $k$ 个结点（注意，$k=0$ 表示结点 $b_k$ 没有左子树），而 $b_{k+1}\cdots b_{n-1}$ 必是根结点 $b_k$（也就是 $a_0$）右子树的中序序列，即 $b_k$ 的右子树有 $n-k-1$ 个结点（注意，$k=n-1$ 表示结点 $b_k$ 没有右子树）。

另外，在先序序列中，紧跟在根结点 $a_0$ 之后的 $k$ 个结点 $a_1\cdots a_k$ 就是左子树的先序序列，$a_{k+1}\cdots a_{n-1}$ 这 $n-k-1$ 个结点就是右子树的先序序列，其示意图如图 2.8 所示。

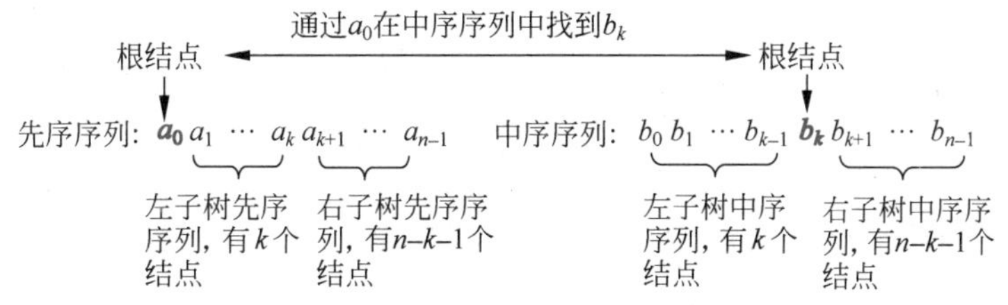


图 2.8　由先序序列和中序序列确定一棵二叉树

根据归纳假设，子先序序列 $a_1\cdots a_k$ 和子中序序列 $b_0b_1\cdots b_{k-1}$ 可以唯一地确定根结点 $a_0$ 的左子树，而子先序序列 $a_{k+1}\cdots a_{n-1}$ 和子中序序列 $b_{k+1}\cdots b_{n-1}$ 可以唯一地确定根结点 $a_0$ 的右子树，如图 2.9 所示。

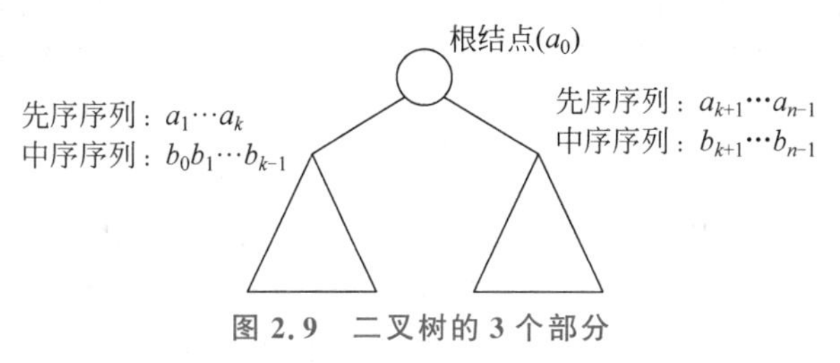


图 2.9　二叉树的 3 个部分

综上所述，这棵二叉树的根结点已经确定，而且其左、右子树都唯一地确定了，所以整个二叉树也就唯一地确定了。

**【例 2.5】** 从先序和中序序列构造二叉树（LeetCode105★★）。给定两个整数数组 pre 和 in（每个数组中的整数元素均不相同），其中 pre 是二叉树的先序遍历，in 是同一棵树的中序遍历。设计一个算法构造二叉树并返回其根结点。例如，pre={3,9,20,15,7}，in={9,3,15,20,7}，构造的二叉树如图 2.10 所示。要求设计如下成员函数（其中 TreeNode 的声明见例 2.2）：

```
TreeNode * buildTree(vector<int>& pre, vector<int>& in) { }
```

**解** 利用例 2.4 的证明过程来构造二叉树。设 $f$(pre,$i$,in,$j$,$n$)利用先序序列 pre[$i$..$i+n-1$]和中序序列 in[$j$..$j+n-1$]构造含 $n$ 个结点的二叉树，并返回其根结点。构造过程如下：

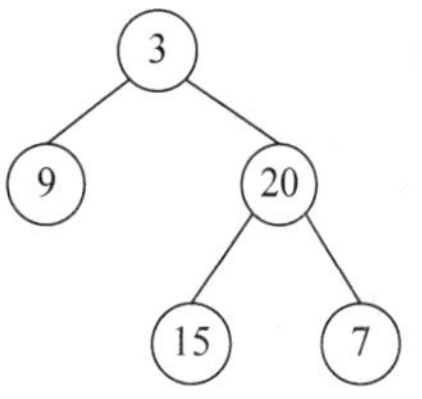

(1) 根结点的值为 pre[$i$]，由它构造二叉树的根结点 $r$。

(2) 在中序序列 in 中查找根结点，若 in[$p$]=pre[$i$]，则说明左子树的中序序列为 in[$j$..$p-1$]，左子树的结点个数 $k=p-j$，右子树的中序序列为 in[$p+1$..$n-1$]，右子树的结点个数为 $n-k-1$。同样可以推出左子树的先序

3
9　20
15　7

图 2.10　一棵二叉树

序列为 pre[$i+1..i+k$]，右子树的先序序列为 pre[$i+k+1..n-1$]。

(3) 由左子树的先序序列 pre[$i+1..i+k$]、中序序列 in[$j..p-1$]和结点个数 $k$ 构造左子树，即 r—> left=$f$(pre,$i+1$,in,$j$,$k$)。

(4) 由右子树的先序序列 pre[$i+k+1..n-1$]、中序序列 in[$p+1..n-1$]和结点个数 $n-k-1$ 构造右子树，即 r—> right=$f$(pre,$i+k+1$,in,$p+1$,$n-k-1$)。

(5) 返回二叉树的根结点 $r$。

对应的代码如下：

```
class Solution {
public:
    TreeNode * buildTree(vector<int> & pre, vector<int> & in) {
        int n=pre.size();
        if(n==1)
            return new TreeNode(pre[0]);
        else
            return createbt(pre,0,in,0,n);
    }
    TreeNode * createbt(vector<int> & pre,int i,vector<int> & in,int j,int n) {
        if (n<=0) return NULL;
        TreeNode * r=new TreeNode(pre[i]);              //创建二叉树结点 r
        int p=j;
        while(in[p]!=pre[i]) p++;                       //在中序序列中找根结点位置 p
        int k=p-j;                                      //确定左子树的结点个数为 k
        r->left=createbt(pre,i+1,in,j,k);               //递归构造左子树
        r->right=createbt(pre,i+k+1,in,p+1,n-k-1);      //递归构造右子树
        return r;
    }
};
```

上述程序提交时通过，执行用时为 32ms，内存消耗为 25.4MB。

从例 2.4 和例 2.5 看出递归与数学归纳法本质是相同的，只是数学归纳法是一种证明方法，而递归是一种算法设计或者编程技术，数学归纳法是递归的理论基础，所以在实际应用中往往利用数学归纳法思路来设计递归算法。

## 2.2.2 递归算法设计的一般步骤

递归算法设计的关键是提取求解问题的递归模型，在此基础上转换成对应的递归算法。

对于式(2.3)和式(2.4)所示简化的递归模型而言，为了求出 $f(s_n)$的解，不是对其简单地直接求解，而是转化为求解 $f(s_{n-1})$和一个常量 $c_{n-1}$，即将 $s_n$ 状态转化为 $s_{n-1}$ 状态和一个常状态 $c_{n-1}$(常状态指可以直接求解的一个或一组常数)来间接求解。

求解 $f(s_{n-1})$的方法与环境和求解 $f(s_n)$的方法与环境是相似的，但 $f(s_n)$是求解大问题，而 $f(s_{n-1})$是求解小问题。当由 $f(s_n)$转化为 $f(s_{n-1})$时，尽管尚未求出最终的解，但是通过执行一次递归体向解决目标靠近了一步，这是一个“量变”过程，如此多次反复，当到达递归出口时便发生了“质变”，再经过求解过程得到大问题的解，所以在实际应用中采用算法求解时通常需要分析问题的以下 3 个方面：

(1) 每次递归调用在处理问题的规模上都应该有所缩小(例如问题规模减半或者减一)。

(2) 相邻两次递归调用之间有紧密的联系，前一次要为后一次递归调用做准备，通常是前一次递归调用的输出作为后一次递归调用的输入。

(3) 在问题规模极小时必须可以直接得到问题的解而不再需要递归调用,因此每次递归调用都是有条件的,无条件递归调用将会成为死循环而不能正常结束。

提取递归模型的基本步骤如下:

(1) 对原问题 $f(s_n)$ 进行分析,找出合理的小问题 $f(s_{n-1})$(与数学归纳法中假设 $n=k-1$ 时等式成立相似)。也就是先定义一个递归函数,明确这个函数的功能和相关参数,由于大问题和子问题都会调用函数自身,所以一旦确定了这个函数的功能,相应的小问题的功能也就确定了。

(2) 假设 $f(s_{n-1})$ 是可解的,在此基础上确定 $f(s_n)$ 的解,即给出 $f(s_n)$ 与 $f(s_{n-1})$ 之间的关系(与数学归纳法中求证 $n=k$ 时等式成立的过程相似)。这个关系就是递归体,最好能用一个公式表示出来,例如求 $n!$ 的递归体表示为 $f(n)=n*f(n-1)$,如果暂时无法确定明确的公式,也可以用伪码形式表示。

(3) 找到一个特定的可以直接求解的情况(例如 $f(1)$ 或 $f(0)$),由此作为递归出口(与数学归纳法中求证 $n=1$ 或 $n=0$ 时等式成立相似)。也就是沿着递归体中指定的递归方向寻找最终不可再分解的子问题的解,在许多问题中找出递归出口是十分容易的事情。

说明:针对一些较复杂的问题,提取递归模型的关键或难点是找出大、小问题之间的递推关系,即递归体,有时可以采用不完全归纳法总结出递归体,然后采用数学归纳法进行证明。

**【例 2.6】** 给定一个含 $n(n>2)$ 个整数的数组 $a$,设计一个递归算法求其中的最大元素。

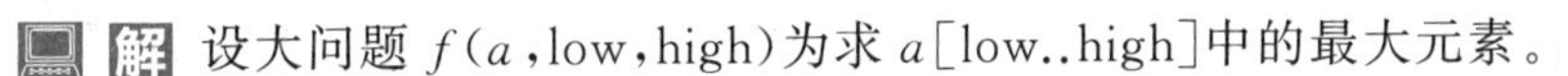

**解** 设大问题 $f(a,\mathrm{low},\mathrm{high})$ 为求 $a[\mathrm{low..high}]$ 中的最大元素。

(1) 当 low=high 时说明所求区间中只有一个元素,则该元素 $a[\mathrm{low}]$ 即为所求。

(2) 否则说明所求区间中有两个或者两个以上的元素,置 mid=(low+high)/2,显然 $[\mathrm{low},\mathrm{mid}]\subset[\mathrm{low},\mathrm{high}]$,$[\mathrm{mid}+1,\mathrm{high}]\subset[\mathrm{low},\mathrm{high}]$,所以 $f(a,\mathrm{low},\mathrm{mid})$ 和 $f(a,\mathrm{mid}+1,\mathrm{high})$ 是两个类似的小问题,假设它们已经求出,对应的最大元素分别是 lmaxe 和 rmaxe,显然大问题 $f(a,\mathrm{low},\mathrm{high})=\mathrm{MAX}\{\mathrm{lmaxe},\mathrm{rmaxe}\}$。

由此得到递归模型如下:

$$f(a,\mathrm{low},\mathrm{high})=a[\mathrm{low}] \qquad \text{当 low=high 时}$$
$$f(a,\mathrm{low},\mathrm{high})=\mathrm{MAX}\{\mathrm{lmaxe},\mathrm{rmaxe}\} \qquad \text{其他情况}$$
$$\text{其中 } \mathrm{lmaxe}=f(a,\mathrm{low},\mathrm{mid})$$
$$\mathrm{rmaxe}=f(a,\mathrm{mid}+1,\mathrm{high})$$

对应的递归算法如下:

```
int maxe(int a[],int low,int high) {                    //递归算法
    if (low==high)
        return a[low];
    else {
        int mid=(low+high)/2;
        int lmaxe=maxe(a,low,mid);
        int rmaxe=maxe(a,mid+1,high);
        return max(lmaxe,rmaxe);
    }
}
```

## 2.2.3 基于递归数据结构的递归算法设计

像单链表(结点的声明见2.1.2节)、二叉树(用二叉链存储)等都是递归数据结构,在递归数据结构中很容易找到其中的基本递归运算,例如在二叉树中取一个结点(r)的左、右子树(即 r->left 和 r->right)就是基本递归运算,因为取出的子树也一定是二叉树。递归数据结构特别适合采用递归法求解。

扫一扫

视频讲解

**【例2.7】** 给定一个不带头结点的单链表 $h$,设计一个递归算法删除其中所有结点值为 $x$ 的结点。

**解** 设大问题 $f(h,x)$的功能是删除以 $h$ 为首结点的单链表中所有结点值为 $x$ 的结点,而小问题 $f$(h->next,$x$)的功能是删除以 h->next 为首结点的单链表中所有结点值为 $x$ 的结点。对应的递归模型如下:

$f(h,x)$≡不做任何事情　　　　　　　　当 h=NULL 时

$f(h,x)$≡删除 $h$ 结点;　　　　　　　当 h->val=$x$ 时

　　　　让 $h$ 指向第2个结点;$f(h,x)$

$f(h,x)$≡$f$(h->next,$x$)　　　　　　当 h->val≠$x$

对应的递归算法如下:

```
void Delallx(ListNode * &h, int x){                    //删除 h 中所有结点值为 x 的结点
    ListNode * p;
    if (h==NULL) return;
    if (h->val==x) {
        p=h; h=h->next;                                  //h 指向第 2 个结点
        delete p;                                        //删除结点值为 x 的结点
        Delallx(h, x);                                   //此时减少了一个结点
    }
    else Delallx(h->next, x);
}
```

扫一扫

视频讲解

**【例2.8】** 复制二叉树(LintCode375★★)。给定一棵二叉树,设计一个递归算法返回它的一个深度复制。要求设计如下成员函数:

```
TreeNode * cloneTree(TreeNode * r) { }
```

**解** 设大问题 $f$(r)的功能是由二叉树 r 复制产生另一棵二叉树 r1 并返回 r1,则小问题 $f$(r->left)的功能是由 r->left 复制产生一棵二叉树并返回其根结点,另外一个小问题$f$(r->right)的功能是由 r->right 复制产生一棵二叉树并返回其根结点,如图2.11所示。对应的递归模型如下:

$f$(r)=NULL　　　　　　　　　　　　　当 r=NULL 时

$f$(r)=r1(由结点 r 复制产生结点 r1;　　其他情况

　　　r1->left=$f$(r->left);r1->right=$f$(r->right))

对应的递归算法如下:

```
class Solution {
public:
    TreeNode * cloneTree(TreeNode * r) {
        if (r==NULL) return NULL;
        else {
            TreeNode * r1=new TreeNode(r->val);
            r1->left=cloneTree(r->left);
```

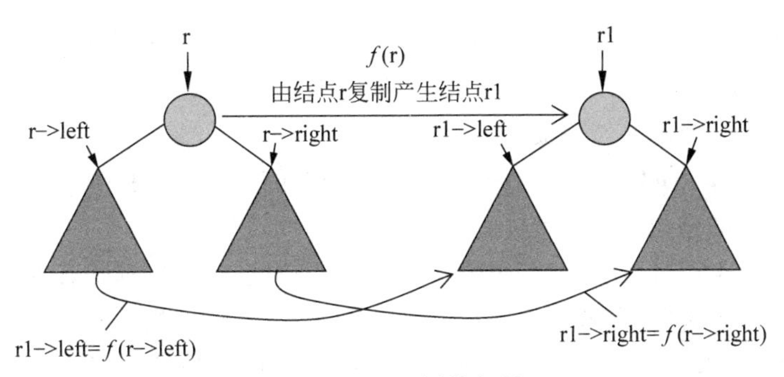


图 2.11　二叉树的复制

```
            r1->right=cloneTree(r->right);
            return r1;
        }
    }
};
```

上述程序提交时通过，执行用时为 41ms，内存消耗为 5.37MB。

## 2.2.4　基于归纳思想的递归算法设计

基于归纳思想的递归算法设计通常不像基于递归数据结构的递归算法设计那样直观，需要通过对求解问题的深入分析提炼出求解过程中的相似性而不是数据结构的相似性，例如设大问题为 $f(n)$，小问题为 $f(n-1)$或者 $f(n/2)$等，然后归纳出大、小问题之间隐含的递推关系。例如给定一个十进制正整数 $n$，输出 $n$ 的各数字位，如果 $n=123$，输出各数字位为 123。采用递归法求解的思路如下。

设 $n$ 为 $m$ 位十进制数 $a_{m-1}a_{m-2}\cdots a_1a_0(m>0)$，则 $n\%10=a_0$，$n/10=a_{m-1}a_{m-2}\cdots a_1$。设大问题 $f(n)$的功能是输出十进制数 $n$ 的各数字位，则小问题 $f(n/10)$的功能是输出除 $a_0$(即 $n\%10$)以外的各数字位。对应的递归模型如下：

$f(n)\equiv$不做任何事情　　　　　当 $n=0$ 时

$f(n)\equiv f(n/10)$；输出 $n\%10$　　其他情况

该方法称为辗转相除法。对应的递归算法如下：

```
void digits(int n) {                    //输出正整数 n 的各数字位
    if (n!=0){
        digits(n/10);
        printf("%d",n%10);
    }
}
```

思考题：如果将上述 digits(n)算法中的 printf()语句移到 digits(n/10)之前，执行结果如何？

从中看出，基于归纳思想的递归算法设计的关键是找出合理的小问题，继而构造递归体，再应用数学归纳法证明其正确性。整个过程体现了计算思维的特性。

**【例 2.9】** 尾部的 0(LintCode2★)。给定一个整数 $n$，设计一个递归算法求 $n!$中尾部 0 的个数。例如，$n=5$ 时答案为 1，因为 $5!=120$，尾部的 0 有一个；$n=11$ 时答案为 2，因为 $11!=39\,916\,800$，尾部的 0 有两个。要求设计如下成员函数：

```
long long trailingZeros(long long n) { }
```

**解** 求解本问题利用的结论是，对于 $n$ 的阶乘 $n!$，在其因式分解中如果存在一个因子 5，那么它必然对应着 $n!$ 末尾的一个 0。其证明如下：

(1) 当 $n<5$ 时，结论显然成立。

(2) 当 $n \geqslant 5$ 时，令 $n! = [5k \times 5(k-1) \times \cdots \times 10 \times 5] \times a$，其中 $n = 5k + r(0 \leqslant r \leqslant 4)$，$a$ 是一个不含因子 5 的整数。

对于序列 $5k, 5(k-1), \cdots, 10, 5$ 中的每一个数 $5i(1 \leqslant i \leqslant k)$，都含有因子 5，并且在区间 $[5(i-1), 5i)$ 内存在偶数，也就是说 $a$ 中存在一个因子 2 与 $5i$ 相对应，而 $2 \times 5 = 10$，即这里的 $k$ 个因子 5 与 $n!$ 末尾的 $k$ 个 0 一一对应。例如，$n=11$，$n! = 10 \times 5 \times a$，有 $k=2$ 个因子 5 对应 11!末尾的两个 0。

进一步地展开 $n!$，有 $5k \times 5(k-1) \times \cdots \times 10 \times 5 = 5^k[k \times (k-1) \times \cdots \times 1] = 5^k \times k!$，即 $n! = 5^k \times k! \times a$。所以 $n!$ 末尾的 0 与 $n!$ 的因式分解中的因子 5 是一一对应的，也就是说计算 $n!$ 末尾的 0 的个数可以转换为计算其因式分解中 5 的个数。

令 $f(x)$ 表示正整数 $x$ 末尾所含有的 0 的个数，$g(x)$ 表示正整数 $x$ 的因式分解中因子 5 的个数，则利用上面的结论有：

$$f(n!) = g(n!) = g(5^k \times k! \times a) = k + g(k!) = k + f(k!)$$

所以最终的计算公式为：当 $0<n<5$ 时 $f(n!)=0$；当 $n \geqslant 5$ 时 $f(n!) = k + f(k!)$，其中 $k = n/5$（取整）。例如，$f(5!) = 1 + f(1!) = 1$，$f(10!) = 2 + f(2!) = 2$，$f(20!) = 4 + f(4!) = 4$。若改为设 $f(n)$ 求 $n!$ 末尾所含有的"0"的个数，对应的递归模型如下：

$f(n) = 0$　　　　　　　当 $0<n<5$ 时

$f(n) = n/5 + f(n/5)$　　其他情况

对应的代码如下：

```
class Solution {
public:
    long long trailingZeros(long long n) {                    //递归算法
        if (n>0 && n<5) return 0;
        else {
            long k=n/5;
            return k+trailingZeros(k);
        }
    }
};
```

上述程序提交时通过，执行用时为 41ms，内存消耗为 5.33MB。

扫一扫

视频讲解

【例 2.10】 骨牌铺方格(HDU2046)。在 $2 \times n$ 的一个长方形方格中用若干 $1 \times 2$ 的骨牌铺满方格。输入 $n$，输出铺放方案的总数。例如 $n=3$ 时为 $2 \times 3$ 方格，骨牌的铺放方案有如图 2.12 所示的 3 种。

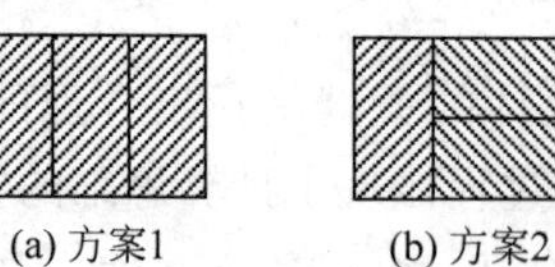

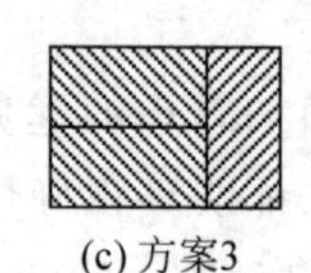

(a) 方案1　　(b) 方案2　　(c) 方案3

图 2.12 $n=3$ 时的 3 种铺放方案

输入格式：输入数据由多行组成，每行包含一个整数 $n$，表示该测试实例的长方形方格的规格是 $2 \times n(0<n \leqslant 50)$。

输出格式：对于每个测试实例，请输出铺放方案的总数，每个实例的输出占一行。

输入样例：

```
1
3
2
```

输出样例：

```
1
3
2
```

**解** 设 $f(n)$ 表示用 $1\times2$ 的骨牌铺满 $2\times n$ 的一个长方形方格的铺放方案总数。

当 $n=1$ 时，用一块 $1\times2$ 的骨牌铺满，即 $f(1)=1$。

当 $n=2$ 时，用两块 $1\times2$ 的骨牌横向或者纵向铺满，即 $f(2)=2$。

当 $n>2$ 时，将 $2\times n$ 的一个长方形方格看成由高度为 2 的 $n$ 个方格组成，编号依次是 $1\sim n$，铺放分为如下情况：

(1) 先铺好方格 1，剩下的 $2\sim n$ 共 $n-1$ 个方格有 $f(n-1)$ 种铺放方案，如图 2.13(a) 所示，采用乘法原理，情况 1 的铺放方案总数为 $1\times f(n-1)=f(n-1)$。

(2) 先铺好方格 1 和方格 2，剩下的 $3\sim n$ 共 $n-2$ 个方格有 $f(n-2)$ 种铺放方案。前面两个方格对应两种铺放方案：

① 如图 2.13(b) 所示，对应的铺放方案总数为 $1\times f(n-2)=f(n-2)$，但该铺放方案包含在情况(1)中。

② 如图 2.13(c) 所示，对应的铺放方案总数为 $1\times f(n-2)=f(n-2)$，该铺放方案没有包含在情况(1)中。

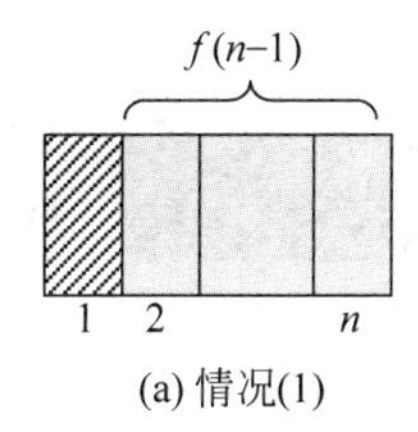

(a) 情况(1)

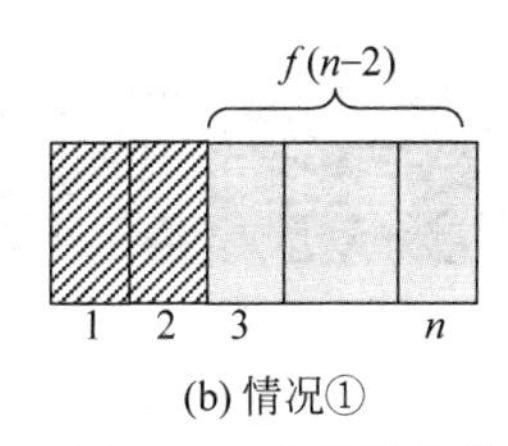

(b) 情况①

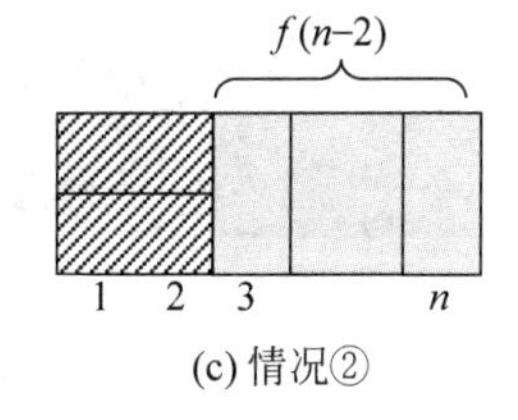

(c) 情况②

图 2.13 各种铺放情况

采用加法原理，铺放方案总数 $f(n)=f(n-1)+f(n-2)$。

合并起来得到如下递归模型：

$f(1)=1$

$f(2)=2$

$f(n)=f(n-1)+f(n-2)$ 当 $n>2$ 时

如果直接采用递归算法求解会超时，可以采用如下迭代算法求解（由于 $n$ 的最大值可以是 50，$f(n)$ 必须采用 long long 数据类型）：

```
#include<iostream>
using namespace std;
long long Count(int n){                    //求铺放方案的总数
    long long a=1,b=2,c;                   //a、b、c 分别对应 f(n-2)、f(n-1)、f(n)
    if(n==1)return a;
    else if(n==2) return b;
```

```
        else {
            for(int i=3;i<=n;i++) {
                c=a+b;
                a=b; b=c;
            }
            return c;
        }
}
int main () {
        int n;
        while (~scanf("%d", &n))
            printf ("%lld\n",Count(n));
        return 0;
}
```

上述程序提交时通过，执行时间为31ms，内存消耗为1732KB。可以进一步提高其速度，定义一个数组$a$（大小为55），$a[i]$存放$f(i)$，先求出$a$中的所有元素，再对于每个测试实例$n$直接输出$a[n]$，对应的程序如下：

```
#include<iostream>
using namespace std;
int main() {
    int n;
    long long a[55]={0,1,2};
    for (int i=3;i<=51;i++)
        a[i]=a[i-1]+a[i-2];
    while (~scanf("%d", &n))
        printf ("%lld\n",a[n]);
    return 0;
}
```

上述程序提交时通过，执行时间为0ms，内存消耗为1744KB。

## 2.3 直接插入排序

扫一扫

视频讲解

问题描述：对于给定的含有$n$个整数元素的数组$a$，采用直接插入排序法对其按元素递增排序，设计相应的递归排序算法。

解 直接插入排序法的基本过程为，将全部元素$a[0..n-1]$分为有序区$a[0..i-1]$和无序区$a[i..n-1]$两个部分，初始时有序区中只有一个元素$a[0]$（即$i=0$）。经过$n-1$趟排序（$i=1 \sim n-1$），每趟排序将$a[i]$有序插入有序区中。

设大问题$f(a,n,i)$用于实现$a[0..i]$（共$i+1$个元素）的递增排序，则小问题$f(a,n,i-1)$用于实现$a[0..i-1]$（共$i$个元素）的递增排序。大问题$f(a,n,i)$的操作如下：

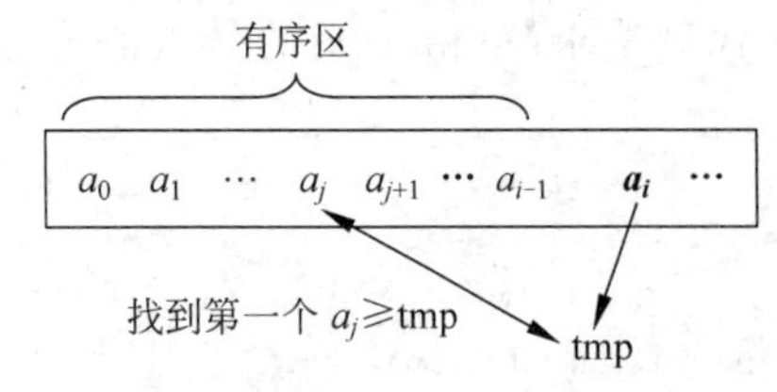


图2.14 查找$a_i$的插入位置

(1) 当$i=0$时，排序区间为$a[0..0]$，其中只有一个元素$a[0]$，显然是有序的，不需要做任何操作。

(2) 当$i>0$时，先调用$f(a,n,i-1)$实现$a[0..i-1]$的递增排序，然后将$a_i$有序插入有序区$a[0..i-1]$中，插入过程如图2.14所示，将$a_i$放到tmp中，从$j=i-1$开始向前找到第一个大于或等于tmp的位置$j$，将

$a[j+1..i-1]$均后移一个位置,最后置 $a[j+1]$=tmp。这样就完成了大问题的求解,即实现了 $a[0..i]$的递增排序。

对应的递归模型如下:

$f(a,n,i)\equiv$不做任何事情,算法结束　　　　　当 $i=0$ 时

$f(a,n,i)\equiv f(a,n,i-1)$;　　　　　　　　　　其他情况

　　　将 $a[i]$有序插入 $a[0..i-1]$中

对于无序数组 $a[0..n-1]$,调用 $f(a,n,n-1)$即可实现 $a$ 中全部元素的递增排序。对应的直接插入递归算法如下:

```
void insertsort(int a[],int n,int i) {                  //递归算法
    if(i>0) {
        insertsort(a,n,i-1);                            //将 a[0..i-1]排序
        if(a[i]<a[i-1]) {                               //反序时
            int tmp=a[i];
            int j=i-1;
            do {                                        //找 a[i]的插入位置
                a[j+1]=a[j];                            //将大于 a[i]的元素后移
                j--;
            } while(j>=0 && a[j]>tmp);
            a[j+1]=tmp;                                 //在 j+1 处插入 a[i]
        }
    }
}
```

 **insertsort 算法分析**:设 $f(a,n,n-1)$的执行时间为 $T(n)$,设 $f(a,n,n-2)$的执行时间为 $T(n-1)$,对应的时间递推式如下。

$T(1)=O(1)$

$T(n)=T(n-1)+O(n)$　当 $n>1$ 时

可以推出 $T(n)=O(n^2)$。

## 2.4 0/1 背包问题

**问题描述**:有 $n$ 个物品,物品的编号为 $0\sim n-1$,重量集合为$\{w_0,w_1,\cdots,w_{n-1}\}$,价值集合为$\{v_0,v_1,\cdots,v_{n-1}\}$,给定一个容量为 $W$ 的背包。现在从这些物品中选取若干物品装入该背包,每个物品要么选中要么不选中,要求选中物品的总重量不超过背包容量并且具有最大的价值,求出该最大价值和一个装入方案(如果有多个装入方案,找到一个即可),并结合如表 2.1 所示的 4 个物品(背包容量 $W=6$)进行求解。

表 2.1　4 个物品的信息

| 物品的编号 | 重　量 | 价　值 |
|---|---|---|
| 0 | 5 | 4 |
| 1 | 3 | 4 |
| 2 | 2 | 3 |
| 3 | 1 | 1 |

**解** 用数组 $x$ 存放一个装入方案,$x[i]=1$ 表示选择物品 $i$,$x[i]=0$ 表示不选择物

品 $i$($\boldsymbol{x}$ 称为解向量)。设大问题 $f(w,v,i,\mathrm{rw})$表示考虑物品 $i \sim n-1$(共 $n-i$ 个)并且背包剩余容量为 rw 时的最大价值,则小问题 $f(w,v,i+1,\mathrm{rw})$表示考虑物品 $i+1 \sim n-1$(共 $n-i-1$ 个)并且背包剩余容量为 rw 时的最大价值。大、小问题需要考虑的物品个数相差一个,即物品 $i$。求解大问题 $f(w,v,i,\mathrm{rw})$的思路如下:

(1) 当 $i \geqslant n$ 或者 $\mathrm{rw}<0$ 时,显然不可能装入任何物品,总价值为 0,返回 0。

(2) 否则考虑物品 $i$,此时有两种选择决策。

① 当 $\mathrm{rw} \geqslant w[i]$时,将物品 $i$ 装入背包(背包剩余容量减少 $w[i]$,总价值增加 $v[i]$),此时对应的小问题是 $f(w,v,i+1,\mathrm{rw}-w[i])$,所以该决策的最大价值 $\mathrm{maxv1}=f(w,v,i+1,\mathrm{rw}-w[i])+v[i]$。如果 $\mathrm{rw} \geqslant w[i]$不成立,说明物品 $i$ 装不下,只能采用决策②。

② 不将物品 $i$ 装入背包(背包剩余容量不变,总价值没有增加),此时对应的小问题是 $f(w,v,i+1,\mathrm{rw})$,所以该决策的最大价值 $\mathrm{maxv2}=f(w,v,i+1,\mathrm{rw})$。

两种决策是二选一的关系,不可能对物品 $i$ 同时做两种决策,要想得到最大价值,则在两种决策中选择最大价值的决策,所以最大价值$=\max\{\mathrm{maxv1},\mathrm{maxv2}\}$。求一个装入方案 $x$ 的过程是当 maxv1>maxv2 时置 $x[i]=1$,否则置 $x[i]=0$。对应的递归模型如下:

$$f(w,v,i,\mathrm{rw})=0 \qquad \text{当 } i=n \text{ 或者 } \mathrm{rw}<0 \text{ 时}$$

$$f(w,v,i,\mathrm{rw})=\max\{f(w,v,i+1,\mathrm{rw}-w[i])+v[i],f(w,v,i+1,\mathrm{rw})\} \qquad \text{其他情况}$$

当调用 $f(w,v,0,W)$时便求出物品重量和价值分别为 $w$ 和 $v$、背包容量为 $W$ 的最大价值。对应的递归算法如下:

```
vector<int> x;                                              //解向量
int dfs(vector<int> &w, vector<int> &v, int i, int rw) {    //递归算法
    int n=w.size();
    if (i>=n || rw<0) return 0;                             //递归出口
    int maxv1=0;
    if(rw>=w[i]) {
        maxv1=dfs(w,v,i+1,rw-w[i])+v[i];                    //选择物品 i
    }
    int maxv2=dfs(w,v,i+1,rw);                              //不选择物品 i
    if(maxv1>maxv2) {
        x[i]=1;
        return maxv1;
    }
    else {
        x[i]=0;
        return maxv2;
    }
}
void Knap(vector<int> &w, vector<int> &v, int W) {
    int n=w.size();
    x.resize(n);
    int ans=dfs(w,v,0,W);
    printf("最佳方案为:\n");
    for(int i=0;i<n;i++)
        if(x[i]==1) printf(" 选中物品%d[%d,%d]\n",i,w[i],v[i]);
    printf("最优总价值:%d\n",ans);
}
```

对于表 2.1 所示物品的 0/1 背包问题,用$(i,\mathrm{rw})$表示状态,其求解过程如图 2.15 所示,左分支表示选择物品 $i$,左分支线上的整数表示选择物品 $i$ 增加的价值;右分支表示不选择

物品 $i$，右分支线上的整数均为 0。图中虚结点表示 rw<0 的状态，叶子结点表示 $i=n$ 的状态，所有这些结点的返回值都为 0，然后从底向上处理分支结点，对于每个分支结点，求左孩子返回值+分支线整数(选中物品的价值)以及右孩子返回值中的最大值，最后求出根结点的对应值为 8，表示该问题的最大价值是 8，对应最大价值的路径是(0,6)→(1,6)→(2,3)→(3,1)→(4,0)，从中看出对应的一个装入方案是选择物品 1、物品 2 和物品 3。

所以调用上述算法的输出结果如下：

```
最佳方案为:
    选中物品 1[3,4]
    选中物品 2[2,3]
    选中物品 3[1,1]
最优总价值:8
```

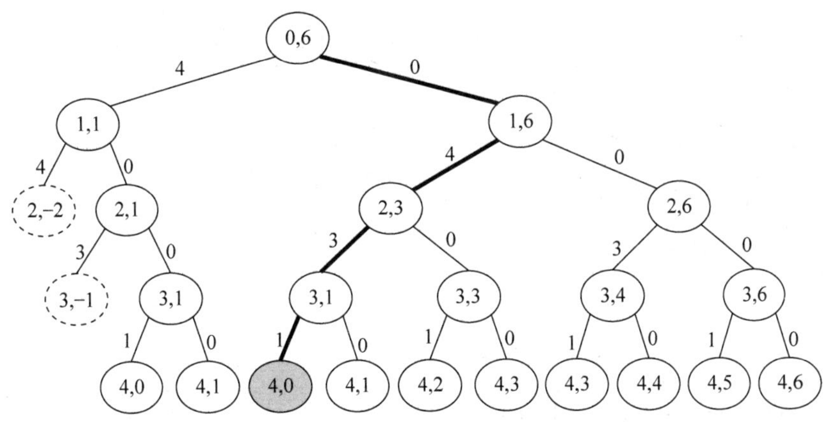


图 2.15 0/1 背包问题的求解过程

【例 2.11】 背包问题(LintCode92★★)。在 $n$ 个物品中挑选若干物品装入背包，最多能装多满？假设背包的大小为 $m$，每个物品的大小为 $A_i$(每个物品只能选择一次)，不可以将物品进行切割。例如，$A=\{3,4,8,5\}$，$m=10$，答案是 9。要求设计如下成员函数：

```
int backPack(int m, vector<int> &A) { }
```

**解** 与 0/1 背包问题类似，不妨将大小改为重量，这样将 0/1 背包问题中的求最大价值改为求满足容量限制的最大总重量即可。对应的代码如下：

```
class Solution {
public:
    int backPack(int m, vector<int> &A) {        //求解算法
        dfs(A,0,m);
    }
    int dfs(vector<int> &A, int i, int rm) {     //递归算法
        int n=A.size();
        if(i>=n || rm<0) return 0;
        int maxw1=0;
        if(rm>=A[i])
            maxw1=dfs(A,i+1,rm-A[i])+A[i];
        int maxw2=dfs(A,i+1,rm);
        return max(maxw1,maxw2);
    }
};
```

上述程序提交时超时(Time Limit Exceeded)。用 $f(i,\text{rm})$表示考虑物品 $i\sim n-1$ 并

且背包剩余容量为 rw 时装入背包的最大物品总重量，在求大问题 $f(0,m)$ 时将其转换为若干小问题，每个小问题又转换为若干更小的小问题，超时的原因是其中存在大量重复计算的小问题，例如 $f(2,10)$ 可能重复计算 10 次。为了避免重复计算，设计一个二维数组 dp，用 dp[$i$][rm]存放 $f(i,\mathrm{rm})$ 的结果，初始化 dp 中的所有元素为－1，一旦 $f(i,\mathrm{rm})$ 已经求出，置 dp[$i$][rm]为 $f(i,\mathrm{rm})$（这样的 dp[$i$][rm]一定不再为－1），所以在求一个 $f(i,\mathrm{rm})$ 子问题时先判断 dp[$i$][rm]是否等于－1，若不等于说明该子问题已经求出，直接返回 dp[$i$][rm]即可。改进的代码如下：

```
class Solution {
    vector<vector<int>> dp;
    int n;
public:
    int backPack(int m, vector<int> &A) {                          //求解算法
        n=A.size();
        dp=vector<vector<int>>(n+1, vector<int>(m+1, -1));
        dfs(A, 0, m);
    }
    int dfs(vector<int> &A, int i, int rm) {                       //递归算法
        if(dp[i][rm]!=-1)
            return dp[i][rm];
        if(i>=n || rm<0) {
            dp[i][rm]=0;
            return 0;
        }
        int maxw1=0;
        if(rm>=A[i]) maxw1=A[i]+dfs(A, i+1, rm-A[i]);
        int maxw2=dfs(A, i+1, rm);
        dp[i][rm]=max(maxw1, maxw2);
        return dp[i][rm];
    }
};
```

上述程序提交时通过，执行用时为 605ms，内存消耗为 35.76MB。

## 2.5 求表达式的值

扫一扫

视频讲解

问题描述：基本计算器（LeetCode224★★★）。给定一个长度为 $n$（$1\leqslant n\leqslant 300\,000$）的字符串表达式 $s$，$s$ 是仅由整数、'＋'、'－'、'('、')'和空格组成的一个有效算术表达式，其中'＋'不能用作一元运算（例如"＋1"和"＋(2＋3)"是无效的），而'－'可以用作一元运算（例如"－1"和"－(2＋3)"是有效的），所有整数和计算结果均可以用 int 表示。实现一个基本计算器来计算并返回字符串 $s$ 的值。例如，$s$＝"(1＋(4＋5＋2)－3)＋(6＋8)"，返回的表达式值的是 23。要求设计如下成员函数：

```
int calculate(string s) { }
```

解 用整数变量 ans 存放表达式 $s$ 的值（初始为 0）。在表达式 $s$ 中仅包含'＋'和'－'运算符，它们的优先级相同，如果 $s$ 中没有括号，可以将 $s$ 分割为 sign $d$ 序列，其中 sign 为整数 $d$ 的符号（sign＝1 表示'＋'，sign＝－1 表示'－'），例如 $s$＝"1－5＋8"可以分割为＋1，－5，＋8，这样表达式的值为(＋1)＋(－5)＋(＋8)＝4。也就是说将所有分割的整数相加得

到最后结果 ans。

如果 $s$ 中存在括号，任何一个匹配的括号对中也是一个有效算术表达式，可以采用 BNF 范式表示有效算术表达式 $s$ 如下(其中 $d$ 是整数串)：

```
s:=d
s:=s+s | s-s
s:=(s)
```

例如，$s$="(1+(4+5+2)-3)+(6+8)"采用 BNF 范式表示如图 2.16 所示。

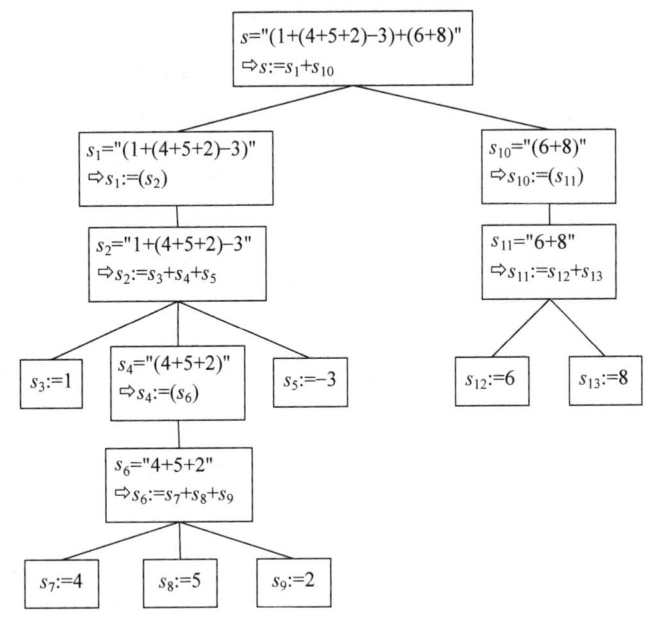


图 2.16　$s$ 采用 BNF 范式表示

这样用 $i$ 遍历 $s$，ans=0，用 sign 表示当前整数或者子表达式的值的符号(默认取 sign=1)，求解过程如下：

(1) 遇到空格时直接跳过该空格。

(2) 遇到'+'时置 sign=1，跳过该'+'。

(3) 遇到'-'时置 sign=-1，跳过该'-'。

(4) 遇到数字符时，将连续的数字符转换为整数 d，其符号为 sign，将 sign×d 累加到 ans 中。

(5) 遇到'('，后面开始一个子表达式(该子表达式以后面第一个未处理的')'结束)，递归计算出该子表达式的值 sd，其符号为 sign，将 sign×sd 累加到 ans 中。

(6) 遇到')'，表示表达式/子表达式处理结束，返回其值 ans。

当 $s$ 处理完毕后返回 ans。例如，求 $s$="(1+(4+5+2)-3)+(6+8)"表达式的值的过程如图 2.17 所示。

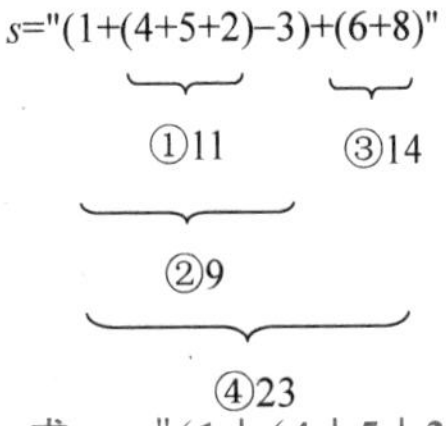

s="(1+(4+5+2)-3)+(6+8)"

①11　③14

②9

④23

图 2.17　求 $s$="(1+(4+5+2)-3)+(6+8)"的值的过程

对应的递归算法如下：

```
class Solution {
public:
    int calculate(string s) {                              //求解算法
        int i=0;
        return dfs(s,i);
    }
    int dfs(string s,int& i) {                             //递归算法
        int n=s.size();
        int ans=0;
        int sign=1;                                        //默认为'+'
        while(i<n) {
            if(s[i]==' ') {                                //遇到空格
                i++;                                       //跳过空格
            }
            else if(s[i]=='+') {                           //遇到'+'
                sign=1;                                    //指定为'+'
                i++;                                       //跳过'+'
            }
            else if(s[i]=='-') {                           //遇到'-'
                sign=-1;                                   //指定为'-'
                i++;                                       //跳过'-'
            }
            else if(isdigit(s[i])) {                       //遇到数字符
                int d=0;
                while(i<n && isdigit(s[i])) {              //将连续的数字符转换为整数 d
                    d=d*10+(s[i++]-'0');
                }
                ans+=d*sign;                               //转换为带符号整数累加到 ans 中
            }
            else if(s[i]=='(') {                           //遇到'('
                i++;                                       //跳过'('
                int sd=dfs(s,i);                           //递归计算出子表达式的值 sd
                ans+=sd*sign;                              //将 sd 累加到 ans 中
            }
            else {                                         //遇到')'
                i++;                                       //跳过')'
                return ans;                                //返回表达式/子表达式的值
            }
        }
        return ans;
    }
};
```

上述程序提交时通过,执行用时为 20ms,内存消耗为 277.3MB。

扫一扫

视频讲解

扫一扫

源程序

【例 2.12】 字符串解码(LeetCode394★★)。问题描述见第 1 章中的例 1.9,这里采用递归方法求解。

**解** 对于有效字符串 $s$,设 $f(s)$ 求其解码字符串,为大问题。将 $s$ 看成 $s_1+\cdots+s_{i-1}+s_i$,其中每个 $s_i$ 是连续字母串或者形如"$k$[e]"的有效字符串(称为有效子串),$f(s_i)$ 是小问题,当所有小问题求出后,ans$=f(s_1)+\cdots+f(s_n)$。例如 $s$="abc3[cd]2[x]",将其看成由 3 个有效子串构成,即 $s$="abc"+"3[cd]"+"2[x]",从中看出有效子串之间是以数字分割的,3 个小问题的结果分别是"abc"、"cdcdcd"和"xx",则 ans="abc"+"cdcdcd"+"xx"="abccdcdcdxx"。

用 string 对象 ans 存放 $s$ 的解码字符串(初始为空),用整型变量 $i$ 从 0 开始遍历 $s$,一边遍历一边解码,当 $i<n$ 时进行循环处理:

(1) 若 $s[i]$为字母，将所有连续字母连接起来得到 ans。例如 $s=$"abc"，则 ans="abc"。

(2) 若 $s[i]$为数字符(有效子串之间是数字分割点)，提取连续数字符转换的整数 $k$，跳过'['，此位置到下一个']'(不含']')之间对应"$k$[e]"中的 e，由于 e 可能又是一个有效字符，其解码串为 $d=f(\mathrm{e})$，执行 ans+=$kd$($kd$ 表示重复 $k$ 次 $d$ 得到的字符串)。

(3) 若 $s[i]=$']'，表示到 $i$ 位置的字符串解码结果为 ans，跳过']'并返回 ans。

# 2.6 计算递推式

递归算法的执行时间可以用递推式(也称为递归方程)来表示，这样求解递推式对算法分析来说极为重要。本节介绍几种求解简单递推式的方法，对于更复杂的递推式可以采用数学上的生成函数和特征方程求解。

## 2.6.1 直接展开法

求解递推式最自然的方法是将其反复展开，即直接从递归式出发，一层一层地往前递推，直到最前面的初始条件为止，就得到了问题的解。例如，在 2.1.5 节中求汉诺塔递归算法的时间复杂度采用的就是直接展开法。

【例 2.13】 分析以下递推式的时间复杂度。

$T(1)=1$

$T(n)=2T(n/2)+n-1$

其中 $n=2^k$。

**解** 由 $n=2^k$ 可求出 $k=\log_2 n$。依次展开如下：

$$\begin{aligned}
T(n) &= 2T(n/2)+n-1=2[2T(n/2^2)+n/2-1]+n-1 \\
&= 2^2T(n/2^2)+2n-1-2=2^2[2T(n/2^3)+n/2^2-1]+2n-1-2 \\
&= 2^3T(n/2^3)+3n-1-2-2^2 \\
&= \cdots \\
&= 2^kT(n/2^k)+kn-1-2-2^2-\cdots-2^{k-1} \\
&= 2^kT(1)+kn-2^k-1=2^k+kn-2^{k-1}=kn-1 \\
&= n\log_2 n-1 \\
&= O(n\log_2 n)
\end{aligned}$$

## 2.6.2 递归树方法

用递归树求解递推式的基本过程是展开递推式，构造对应的递归树，然后把每一层的时间进行求和，从而得到算法执行时间的估计，再用时间复杂度形式表示。

扫一扫

视频讲解

【例 2.14】 分析以下递推式的时间复杂度。

$T(n)=1$　　　　　　当 $n=1$ 时

$T(n)=2T(n/2)+n^2$　当 $n>1$ 时

**解** 由 $T(n)$画出一个结点如图 2.18(a)所示，将 $T(n)$展开一次结果如图 2.18(b)所示，再展开 $T(n/2)$的结果如图 2.18(c)所示，以此类推构造的递归树如图 2.19 所示，从中看出在展开过程中子问题的规模逐步缩小，当到达递归出口时，即当子问题的规模为 1 时，递归树不再展开。

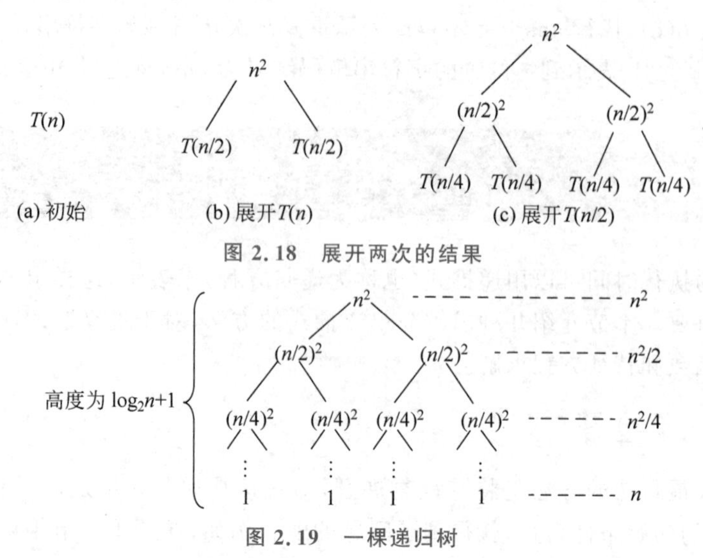


图 2.18 展开两次的结果

图 2.19 一棵递归树

显然在递归树中，第 1 层的问题规模为 $n$，第 2 层的问题规模为 $n/2$，以此类推，当展开到第 $k+1$ 层时，其规模为 $n/2^k=1$，所以递归树的高度为 $\log_2 n+1$。

第 1 层有一个结点，其执行时间为 $n^2$；第 2 层有两个结点，其执行时间为 $2(n/2)^2=n^2/2$；以此类推，第 $k$ 层有 $2^{k-1}$ 个结点，每个子问题规模是$(n/2^{k-1})^2$，其执行时间为 $2^{k-1}(n/2^{k-1})^2=n^2/2^{k-1}$。叶子结点的个数为 $n$ 个，其时间为 $n$。将递归树每一层的时间加起来，可得 $T(n)=n^2+n^2/2+\cdots+n^2/2^{k-1}+\cdots+n=O(n^2)$。

【例 2.15】 分析以下递推式的时间复杂度。

$T(n)=1$　　　　　　　　　　当 $n=1$ 时

$T(n)=T(n/3)+T(2n/3)+n$　　当 $n>1$ 时

**解** 构造的递归树如图 2.20 所示，不同于图 2.19 所示的递归树中所有叶子结点在同一层，这棵递归树的叶子结点的层次可能不同，从根结点出发到达叶子结点有很多路径，最左边的路径是最短路径，每走一步问题规模就减少为原来的 1/3；最右边的路径是最长路径，每走一步问题规模就减少为原来的 2/3，相对于最左边分支规模变小的速度较慢。

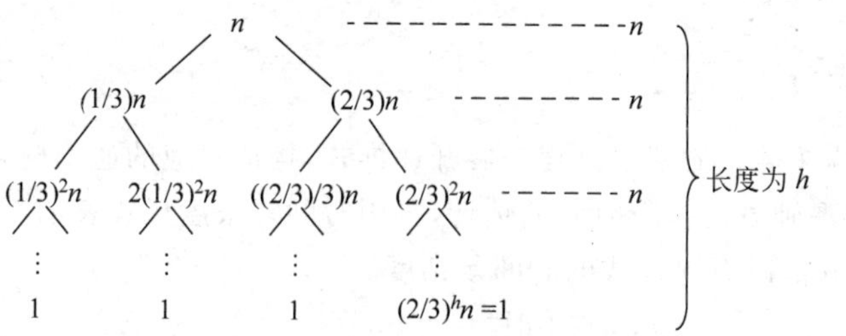

$n$ ---- $n$

$(1/3)n$　$(2/3)n$ ---- $n$

$(1/3)^2n$　$2(1/3)^2n$　$((2/3)/3)n$　$(2/3)^2n$ ---- $n$　　长度为 $h$

1　1　1　$(2/3)^hn=1$

图 2.20 一棵递归树

最坏的情况是考虑右边最长的路径。设右边最长路径的长度为 $h$（指路径上经过的分支线数目），则有 $n(2/3)^h=1$，求出 $h=\log_{3/2}n$。

因此这棵递归树有 $\log_{3/2}n+1$ 层，每层结点的数值和为 $n$，所以 $T(n)\leqslant n(\log_{3/2}n+1)=O(n\log_{3/2}n)=O(n\log_2 n)$。

该递推式的时间复杂度是 $O(n\log_2 n)$。

### 2.6.3 主方法

主方法提供了求解如下形式递推式的一般方法：

$T(1)=c$

$T(n)=aT(n/b)+f(n)$　当 $n>1$ 时

其中 $a\geqslant1$，$b>1$，为常数，$n$ 为非负整数，$T(n)$ 表示算法的执行时间，该算法将规模为 $n$ 的原问题分解成 $a$ 个子问题，每个子问题的问题规模为 $n/b$，$f(n)$ 表示分解原问题和合并子问题的解得到答案的时间。例如，对于递推式 $T(n)=3T(n/4)+n^2$，有 $a=3$，$b=4$，$f(n)=n^2$。

主方法的求解对应如下主定理。

主定理：设 $T(n)$ 是满足上述定义的递推式，$T(n)$ 的计算如下。

① 若对于某个常数 $\varepsilon>0$，有 $f(n)=O(n^{\log_b a-\varepsilon})$，称 $f(n)$ 多项式地小于 $n^{\log_b a}$（即 $f(n)$ 与 $n^{\log_b a}$ 的比值小于或等于 $n^{-\varepsilon}$），则 $T(n)=\Theta(n^{\log_b a})$。

② 若 $f(n)=\Theta(n^{\log_b a})$，即 $f(n)$ 多项式的阶等于 $n^{\log_b a}$，则 $T(n)=\Theta(n^{\log_b a}\log_2 n)$。

③ 若对于某个常数 $\varepsilon>0$，有 $f(n)=O(n^{\log_b a+\varepsilon})$，称 $f(n)$ 多项式地大于 $n^{\log_b a}$（即 $f(n)$ 与 $n^{\log_b a}$ 的比值大于或等于 $n^{\varepsilon}$），并且满足 $af(n/b)\leqslant cf(n)$，其中 $c<1$，则 $T(n)=\Theta(f(n))$。

在主定理涉及的 3 种情况中都是拿 $f(n)$ 与 $n^{\log_b a}$ 进行比较，递推式解的渐进阶由这两个函数中的较大者决定。情况①是函数 $n^{\log_b a}$ 的阶较大，则 $T(n)=\Theta(n^{\log_b a})$；情况③是函数 $f(n)$ 的阶较大，则 $T(n)=\Theta(f(n))$；情况②是两个函数的阶一样大，则 $T(n)=\Theta(n^{\log_b a}\log_2 n)$，即以 $n$ 的对数作为因子乘以 $f(n)$ 与 $T(n)$ 同阶。

此外有一些细节不能忽视，情况①中 $f(n)$ 的阶不仅必须比 $n^{\log_b a}$ 小，而且必须是多项式地比 $n^{\log_b a}$ 小，即 $f(n)$ 必须渐近地小于 $n^{\log_b a}$ 与 $n^{-\varepsilon}$ 的积；情况③中 $f(n)$ 的阶不仅必须比 $n^{\log_b a}$ 大，而且必须是多项式地比 $n^{\log_b a}$ 大，即 $f(n)$ 必须渐近地大于 $n^{\log_b a}$ 与 $n^{\varepsilon}$ 的积，同时还要满足附加的“正规性”条件，即 $af(n/b)\leqslant cf(n)$，该条件的直观含义是 $a$ 个子问题的再分解和再合并所需要的时间最多与原问题的分解和合并所需要的时间同阶，这样 $T(n)$ 就由 $f(n)$ 确定，也就是说如果不满足正规性条件，采用这种递归分解和合并求解的方法是不合适的，即时间性能差。

还有一点很重要，即上述 3 类情况并没有覆盖所有可能的 $f(n)$。在情况①和②之间有一个间隙，即 $f(n)$ 小于但不是多项式地小于 $n^{\log_b a}$。类似地，在情况②和③之间也有一个间隙，即 $f(n)$ 大于但不是多项式地大于 $n^{\log_b a}$。如果函数 $f(n)$ 落在这两个间隙之一中，或者虽有 $f(n)=O(n^{\log_b a+\varepsilon})$，但不满足正规性条件，那么主方法无能为力。

【例 2.16】 采用主定理求以下递推式的时间复杂度。

$T(n)=1$　　　　　　　　当 $n=1$ 时

$T(n)=4T(n/2)+n$　　　　当 $n>1$ 时

**解** 这里 $a=4, b=2, n^{\log_b a}=n^2, f(n)=n=O(n^{\log_b a-\varepsilon})$，这里 $\varepsilon=1$，即 $f(n)$ 多项式地小于 $n^{\log_b a}$，满足情况①，所以 $T(n)=\Theta(n^{\log_b a})=\Theta(n^2)$。

扫一扫

视频讲解

【例 2.17】 采用主定理求以下递推式的时间复杂度。

$T(n)=1$　　　　　　　　当 $n=1$ 时

$T(n)=3T(n/4)+n\log_2 n$　当 $n>1$ 时

**解** 这里 $a=3, b=4, f(n)=n\log_2 n, n^{\log_b a}=n^{\log_4 3}=O(n^{0.793})$，显然 $f(n)$ 的阶大于 $n^{0.793}$（因为 $f(n)=n\log_2 n>n^1>n^{0.793}$），如果能够证明主定理中的情况③成立则按该情况求解。对于足够大的 $n$，$af(n/b)=3(n/4)\log_2(n/4)=(3/4)n\log_2 n-3n/2\leqslant(3/4)n\log_2 n=cf(n)$，这里 $c=3/4$，满足正规性条件，则有 $T(n)=\Theta(f(n))=\Theta(n\log_2 n)$。

【例 2.18】 采用主定理和直接展开法求以下递推式的时间复杂度。

$T(n)=1$　　　　　　　　当 $n=1$ 时

$T(n)=2T(n/2)+(n/2)^2$　当 $n>1$ 时

**解** 采用主定理，这里 $a=2, b=2, n^{\log_b a}=n^{\log_2 2}=n, f(n)=n^2/4$，$f(n)$ 多项式地大于 $n^{\log_b a}$。对于足够大的 $n$，$af(n/b)=2f(n/2)=2(n/2/2)^2=n^2/8\leqslant cn^2/4=cf(n)$，$c\leqslant 1/2$ 即可，也就是说满足正规性条件，按照主定理中的情况③，有 $T(n)=\Theta(f(n))=\Theta(n^2)$。

采用直接展开法求解，不妨设 $n=2^{k+1}$，即 $\dfrac{n}{2^k}=2$。

$$
\begin{aligned}
T(n)&=2T\left(\frac{n}{2}\right)+\left(\frac{n}{2}\right)^2=2\left(2T\left(\frac{n}{2^2}\right)+\frac{n^2}{2^4}\right)+\left(\frac{n}{2}\right)^2=2^2T\left(\frac{n}{2^2}\right)+\frac{n^2}{2^3}+\frac{n^2}{2^2}\\
&=2^2\left(2T\left(\frac{n}{2^3}\right)+\frac{n^2}{2^6}\right)+\frac{n^2}{2^3}+\frac{n^2}{2^2}=2^3T\left(\frac{n}{2^3}\right)+\frac{n^2}{2^4}+\frac{n^2}{2^3}+\frac{n^2}{2^2}\\
&=\cdots=2^kT\left(\frac{n}{2^k}\right)+\frac{n^2}{2^{k+1}}+\frac{n^2}{2^k}+\cdots+\frac{n^2}{2^2}\\
&=\frac{n}{2}\times 2+n^2\left(\frac{1}{2^{k+1}}+\frac{1}{2^k}+\cdots+\frac{1}{2^2}\right)=n+n^2\left(\frac{1}{2}-\frac{1}{n}\right)=\frac{n^2}{2}=\Theta(n^2)
\end{aligned}
$$

两种方法得到的结果是相同的。以上介绍的递推式求解方法将在第 4 章有关分治法算法的分析中大量用到。

如果递推式如下：

$T(1)=c$

$T(n)=aT(n/b)+cn^k$　当 $n>1$ 时

其中 $a$、$b$、$c$、$k$ 都是常量，则可以如下简化主定理：

① 若 $a>b^k$，则 $T(n)=\Theta(n^{\log_b a})$。

② 若 $a=b^k$，则 $T(n)=\Theta(n^k\log_b n)$。

③ 若 $a<b^k$，则 $T(n)=\Theta(n^k)$。

## 2.6.4* 特征方程方法

这里仅考虑线性齐次递推式的求解，通常常系数的线性齐次递推式的一般格式如下：

$$f(n)=a_1f(n-1)+a_2f(n-2)+\cdots+a_kf(n-k) \tag{2.5}$$

$$f(i)=b_i \quad 0\leqslant i<k$$

式(2.5)的一般解含有 $f(n)=x^n$ 形式的特解的和，用 $x^n$ 来代替该式中的 $f(n)$，则 $f(n-1)=x^{n-1},\cdots,f(n-k)=x^{n-k}$，所以有：

$$x^n=a_1x^{n-1}+a_2x^{n-2}+\cdots+a_kx^{n-k}$$

两边同时除以 $x^{n-k}$ 得到：

$$x^k=a_1x^{k-1}+a_2x^{k-2}+\cdots+a_k$$

或者写成：

$$x^k-a_1x^{k-1}-a_2x^{k-2}-\cdots-a_k=0 \tag{2.6}$$

式(2.6)称为递推关系式(2.5)的特征方程。可以求出特征方程的根，如果该特征方程的 $k$ 个根互不相同，令其为 $r_1$、$r_2$、……、$r_k$，则得到递归方程的通解为：

$$f(n)=c_1r_1^n+c_2r_2^n+\cdots+c_kr_k^n$$

再利用递归方程的初始条件($f(i)=b_i,0\leqslant i<k$)确定通解中的待定系数 $c_i(1\leqslant i\leqslant k)$，从而得到递归方程的解。下面讨论几种简单的情况。

(1) 对于一阶齐次递推关系，例如 $f(n)=af(n-1)$，假定序列从 $f(0)$开始，且 $f(0)=b$，可以直接递推求解，即：

$$f(n)=af(n-1)=a^2f(n-2)=\cdots=a^nf(0)=a^nb$$

可以看出 $f(n)=a^nb$ 是递推式的解。

(2) 对于二阶齐次递推关系，例如 $f(n)=a_1f(n-1)+a_2f(n-2)$，假定序列从 $f(0)$ 开始，且 $f(0)=b_1,f(1)=b_2$。

用 $x^n$(方程的特解)来代替该式中的 $f(n)$，则 $f(n-1)=x^{n-1},\cdots,f(n-k)=x^{n-k}$，有 $x^n=a_1x^{n-1}+a_2x^{n-2}$。

两边除以 $x^{n-2}$，有 $x^2=a_1x+a_2$，所以其特征方程为 $x^2-a_1x-a_2=0$，令这个二次方程的根是 $r_1$ 和 $r_2$，可以求解递推式的解是：

$$f(n)=c_1r_1^n+c_2r_2^n \quad 当 r_1\neq r_2 时$$

$$f(n)=c_1r^n+c_2nr^n \quad 当 r_1=r_2=r 时$$

代入 $f(0)=b_1,f(1)=b_2$ 求出 $c_1$ 和 $c_2$，再代入得到最终的 $f(n)$。

**【例 2.19】** 求斐波那契数列的第 $n$ 项。

**解** 斐波那契数列的第 $n$ 项对应的递推式如下。

$f(n)=1$ 当 $n=1$ 或 2 时

$f(n)=f(n-1)+f(n-2)$ 当 $n>2$ 时

为了简化解，可以引入额外项 $f(0)=0$。其特征方程是 $x^2-x-1=0$，求得根为：

$$r_1=\frac{1+\sqrt{5}}{2},\quad r_2=\frac{1-\sqrt{5}}{2}$$

由于 $r_1 \neq r_2$，这样递推式的解是 $f(n)=c_1\left(\frac{1+\sqrt{5}}{2}\right)^n+c_2\left(\frac{1-\sqrt{5}}{2}\right)^n$。

为了求 $c_1$ 和 $c_2$，求解下面两个联立方程：

$$f(0)=0=c_1+c_2,\quad f(1)=1=c_1\left(\frac{1+\sqrt{5}}{2}\right)+c_2\left(\frac{1-\sqrt{5}}{2}\right)$$

求得 $c_1=\frac{1}{\sqrt{5}}, c_2=-\frac{1}{\sqrt{5}}$

所以，$f(n)=\frac{1}{\sqrt{5}}\left(\frac{1+\sqrt{5}}{2}\right)^n-\frac{1}{\sqrt{5}}\left(\frac{1-\sqrt{5}}{2}\right)^n \approx \frac{1}{\sqrt{5}}\left(\frac{1+\sqrt{5}}{2}\right)^n=\frac{1}{\sqrt{5}}\varphi^n$，其中 $\varphi=\frac{1+\sqrt{5}}{2}\approx$ 1.618 03。

扫一扫

自测题

## 2.7 练 习 题

1. 给出以下程序的执行结果。

```
void fun(int n,int &m) {
    if (n>1) {
        n--; m--;
        printf("(1)n=%d,m=%d\n",n,m);
        fun(n,m);
        printf("(2)n=%d,m=%d\n",n,m);
    }
}
int main() {
    int n=4,m=4;
    fun(n,m);
    return 0;
}
```

2. 如何修改第 1 题中的递归算法 fun 使得 $m$ 和 $n$ 的输出结果相同？

3. 设有以下递归算法，分析 fun(8)的返回值是多少。

```
int fun(int n) {
    if(n<1)
        return 0;
    if(n<=4)
        return 1;
    return fun(n-1)+fun(n-2)+fun(n-3)+fun(n-4);
}
```

4. 分析以下递推式的计算结果。

$T(1)=1$

$T(n)=T(n/2)+T(n/4)+n$ 当 $n>1$ 时

5. 分析以下递推式的计算结果。

$T(1)=1$

$T(n)=5T(n/2)+(n\log_2 n)^2$ 当 $n>1$ 时

6. 分析以下递推式的计算结果。

$T(1)=1$

$T(n)=9T(n/3)+n$　　　　当 $n>1$ 时

7. 分析例 2.19 中求斐波那契数列的第 $n$ 项的时间复杂度。

8. 设计一个递归算法,不使用 * 运算符实现两个正整数的相乘,可以使用加号、减号或者位移运算符,但用尽可能少的运算符。

9. 有一个不带头结点的单链表 $L$,设计一个算法删除第一个值为 $x$ 的结点。

10. 有一个不带头结点的单链表 $L$,设计一个算法删除所有值为 $x$ 的结点。

11. 假设二叉树采用二叉链存储结构存放,结点值为 int 类型,设计一个递归算法求二叉树 r 中所有叶子结点值之和。

12. 二叉树展开为链表(LeetCode114★★)。给定一棵二叉树,设计一个算法原地将它展开为一个单链表。例如,如图 2.21(a)所示的二叉树展开的单链表如图 2.21(b)所示,单链表的指针利用二叉树的右指针 right 表示。要求设计如下成员函数:

```
void flatten(TreeNode * r) { }
```

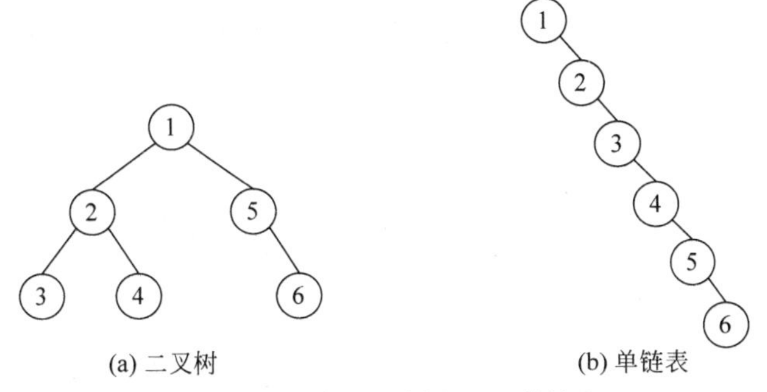


图 2.21　一棵二叉树和展开的链表

13. 某数列为$\{a_i|i\geqslant1\}$,首项 $a_1=0$,后续奇数项和偶数项的计算公式分别为 $a_{2n}=a_{2n-1}+2$,$a_{2n+1}=a_{2n-1}+a_{2n-1}$,设计求数列第 $n$ 项的递归算法。

14. 假设一元买一瓶水,两个空瓶换一瓶水,三个瓶盖换一瓶水,设计一个算法求 $n(n>3)$元最多可以得到多少瓶水。

15. 从 $n$ 个不同的球中任意取出 $m$ 个(不放回,并且 $0\leqslant m\leqslant n<100$),设计一个递归算法求有多少种不同取法。

## 2.8 在线编程实验题

1. LintCode452——删除链表中的元素★
2. LintCode217——无序链表中重复项的删除★
3. LintCode221——链表求和Ⅱ★★
4. LintCode1181——二叉树的直径★
5. LintCode1137——从二叉树构建字符串★
6. LintCode649——二叉树的翻转★★

7. LintCode424——求逆波兰表达式的值★★
8. LeetCode50——Pow(x,n)★★
9. LeetCode231——2的幂★
10. LeetCode44——通配符的匹配★★★
11. LeetCode1190——反转每对括号间的子串★★
12. LeetCode59——螺旋矩阵Ⅱ★★
13. LeetCode1106——解析布尔表达式★★★
14. POJ1664——放苹果
15. POJ1747——表达式
16. POJ1941——Sierpinski 分形
17. POJ3752——字母旋转游戏

# 第3章 穷举法

【案例引入】

黑客经常采用穷举法破译用户口令

- 口令字符有10个数字、33个标点符号、26个大写字母、26个小写字母，共95个。
- 如果采用8位口令，这样一次破译的概率是四十四万亿分之一。

**本章学习目标：**

(1) 理解穷举法的定义和各种列举方法。

(2) 掌握前缀和数组以及并查集在穷举算法中的优化方法。

(3) 掌握采用穷举法求解回文问题、幂集、全排列、0/1背包和旅行商问题等经典问题的算法设计方法。

(4) 灵活运用穷举法解决复杂问题。

# 3.1 穷举法概述

## 3.1.1 什么是穷举法

**穷举法**又称枚举法或者列举法,其基本思想是先确定有哪些穷举对象和穷举对象的顺序,按穷举对象的顺序逐一列举每个穷举对象的所有情况,再根据问题提出的约束条件检验哪些是问题的解,哪些应予以排除。穷举法主要用于解决"是否存在"和"有多少可能性"等类型问题。采用穷举法设计的算法称为**穷举算法**。

穷举法的关键是如何列举所有的情况,如果遗漏了某些情况可能得不到正确的解。往往不同求解问题的列举方法也是不同的,归纳起来常用的列举方法如下。

(1) 顺序列举:顺序列举是指问题解范围内的各种情况很容易与自然数对应甚至就是自然数,可以按自然数的变化顺序去列举。这是一种最简单也是常用的列举方法。

(2) 组合列举:组合列举是指问题解表现为一些元素的组合,可以通过组合列举方式枚举所有的组合情况,通常情况下组合列举是无序的。例如在 $n$ 个元素中选择 $m$ 个满足条件的元素通常采用组合列举。

(3) 排列列举:排列列举是指问题解表现为一组元素的排列,可以通过排列列举方式枚举所有的排列情况,针对不同的问题有些排列列举是无序的,有些是有序的。例如在 $n$ 个元素中选择某种满足条件的元素顺序通常采用排列列举。

穷举法的优点如下:

(1) 理论上讲,穷举法可以解决可计算领域中的各种问题,尤其是在计算机速度非常快的今天,穷举法的应用领域是非常广阔的。

(2) 在实际应用中,通常要解决的问题规模不大,用穷举法设计的算法运算速度是人们可以接受的,此时设计一个更高效率的算法不值得。

(3) 穷举法算法一般逻辑清晰,编写的程序简洁明了。

(4) 穷举法算法一般不需要特别证明算法的正确性。

(5) 穷举法可作为某类问题时间性能的底限,用来衡量同样问题的更高效率的算法。

穷举法的主要缺点是设计的大多数算法的效率都不高,主要适合规模比较小的问题的求解。为此在采用穷举法求解时应根据问题的具体情况分析归纳,寻找简化规律,精简穷举循环,优化穷举过程。

## 3.1.2 穷举算法的框架

穷举算法一般使用循环语句和选择语句实现,其中循环语句用于枚举穷举对象所有可能的情况,而选择语句判定当前的条件是否为所求的解。在枚举时对可能的情况不能遗漏,一般也不应重复。其基本流程如下:

(1) 根据问题的具体情况确定穷举变量(简单变量或数组)。

(2) 根据确定的范围设置穷举循环。

(3) 根据问题的具体要求确定解满足的约束条件。

(4) 设计穷举算法，编写程序并执行和调试，对执行结果进行分析与讨论。

这里以顺序列举为例，假设某个问题的枚举变量是 $x$ 和 $y$，穷举次序是先 $x$ 后 $y$，均为顺序列举方式，它们的取值范围(即值域)分别是 $x \in \{x_1, x_2, \cdots, x_n\}$，$y \in \{y_1, y_2, \cdots, y_m\}$，约束条件为 $p(x_i, y_j)$，对应的穷举算法基本框架如下：

```
void exhaustive(x,n,y,m) {                          //穷举算法框架
    for (int i=1;i<=n;i++) {                        //枚举 x 的所有可能的值
        for (int j=1;j<=m;j++) {                    //枚举 y 的所有可能的值
            ...
            if (p(x[i],y[j]))                       //检测是否满足约束条件
                输出一个解;
```

的搜索范围是笛卡儿积，即([$x_1, y_1$]，[$x_1, y_2$]，…，[$x_1$，…，[$x_n, y_m$])，这样的搜索范围可以用一棵树表示，称为解空…点对应一个状态[$x_i, y_i$]。解空间包含求解问题的所有解，…搜索满足约束条件 $p(x_i, y_j)$ 的解。

…不同的棋子代表不同的数字，现有如图 3.1 所示的算式，设…哪些数字。

…显然该问题属于顺序列举。设兵、炮、马、…、$c$、$d$、$e$，则 $a$、$b$、$c$、$d$、$e$ 的取值范围均为…$b$ || $a==c$ || $a==d$ || $a==e$ ||…$e$ || $c==d$ || $c==e$ || $d==e$)成立。

|   | 兵炮马卒 |
|---|---|
| + | 兵炮车卒 |
|   | 车卒马兵卒 |

图 3.1 象棋算式

…棋算式中 3 行对应的整数，则 $m=a\times1000+b\times100+c\times10+$…$\times10+d$，$s=e\times10000+d\times1000+c\times100+a\times10+d$，根据题…成立。对应的穷举算法如下：

```
                                        //求象棋算式问题
        a++) {
        <=9;b++) {
        0;c<=9;c++) {
        nt d=0;d<=9;d++) {
        or (int e=0;e<=9;e++) {
            if (a==b || a==c || a==d || a==e || b==c || b==d
                    || b==e || c==d || c==e || d==e)
                continue;       //避免重复
            int m=a*1000+b*100+c*10+d;
            int n=a*1000+b*100+e*10+d;
            int s=e*10000+d*1000+c*100+a*10+d;
            if (m+n==s)
                printf("兵:%d 炮:%d 马:%d 卒:%d 车:%d\n",a,b,c,d,e);
        }
            }
        }
    }
}
```

执行上述算法的输出结果如下：

```
兵:5 炮:2 马:4 卒:0 车:1
```

一般地，穷举算法的执行时间可以用解空间中的状态总数×单个状态的检测代价（检测单个状态是否满足约束条件）表示。在例 3.1 的算法中有 5 个枚举变量，每个枚举变量的取值范围是 0～9，所有的可能情况或者说解空间树中的结点个数大约为 $10^5$，单个状态的检测代价为 $O(1)$，显然该算法是低效的。

尽管穷举算法的性能较差，但可以以它为基础进行优化从而得到较高性能的算法，优化点主要是减少状态总数（即减少枚举变量的个数和缩小枚举变量的值域）和降低单个状态的检测代价，具体来讲包含以下几个方面：

(1) 选择高效的数据结构。

(2) 减少重复计算。

(3) 将原问题转化为更小的问题。

(4) 根据问题的性质进行剪枝。

(5) 引进其他算法。

在穷举算法的优化中不同问题的优化点是不相同的，大家需要通过大量实训掌握一些基本的优化算法设计技巧。例如对于例 3.1，从象棋算式看出“卒＋卒＝卒”，这样卒只能取 0，从而减少了一个枚举变量，其他类推。

# 3.2 算法优化中常用的数据结构

从数据结构的角度看，选择合适、高效的数据结构可以优化穷举算法的性能，本节主要讨论前缀和数组与并查集。

## 3.2.1 前缀和数组

前缀和数组主要用于高效地求一个数组的全部子数组（由数组中的若干连续元素组成）的元素和。假设有一个数组 $a$，其前缀和数组用 psum 表示，其中 psum$[i]$($0 \leqslant i \leqslant n$) 为 $a$ 中的前 $i$ 个元素和，即 psum$[i]=a[0]+\cdots+a[i-1]$。求 psum 数组的递推关系如下：

$$\text{psum}[i]=0 \qquad \text{当 } i=0 \text{ 时}$$

$$\text{psum}[i]=\text{psum}[i-1]+a[i-1] \qquad \text{当 } i \geqslant 1 \text{ 时}$$

因此对于 $j \geqslant i$（即 $1 \leqslant i \leqslant j \leqslant n$），有：

$$\text{psum}[i]=a[0]+\cdots+a[i-1]$$

$$\text{psum}[j+1]=a[0]+\cdots+a[i-1]+a[i]+\cdots+a[j]$$

两式相减得到 psum$[j+1]-$psum$[i]=a[i]+\cdots+a[j]$，或者 $a[i]+\cdots+a[j]=$ psum$[j+1]-$psum$[i]$。

也就是说求出 psum 数组后，$a[i..j]$的元素和等于 psum$[j+1]-$psum$[i]$。显然 $a[i..j]$区间的下标满足 $0 \leqslant i \leqslant j \leqslant n-1$，通过枚举 $i$ 和 $j$ 可以求出 $a$ 中任意子数组元素和，用 ans 数组表示。对应的代码如下：

```
vector<vector<int>> subarr(vector<int> & a) {                    //求子数组和
    int n=a.size();
```

```
    vector<vector<int>> ans(n,vector<int>(n,0));
    int psum[n+1];
    psum[0]=0;                              //求 psum
    for(int i=1;i<=n;i++)
        psum[i]=psum[i-1]+a[i-1];
    for(int i=0;i<n;i++) {
        for(int j=i;j<n;j++) {
            ans[i][j]=psum[j+1]-psum[i]; //求 nums[i..j]元素之和
        }
    }
    return ans;
}
```

**subarr 算法分析**：该算法的时间复杂度为 $O(n^2)$，如果不采用前缀和数组，对于每个 $a[i..j]$都采用一重循环求其元素和，对应的时间复杂度为 $O(n^3)$。

**【例 3.2】** 子数组之和(LintCode138★)。给定一个整数数组 nums，设计一个算法找到和为 0 的子数组，返回满足要求的子数组的起始位置和结束位置，测试数据保证至少有一个子数组的和为 0，如果有多个子数组的和为 0，返回其中任意一个子数组即可。例如，nums={-3,1,2,-3,4}，答案为{0,2}或{1,3}。要求设计如下成员函数：

```
vector<int> subarraySum(vector<int> &nums) { }
```

扫一扫
视频讲解

**解法 1**：用 vector<int>容器 ans 存放答案，即和为 0 的子数组的起始位置和结束位置。采用穷举法，用 $i$ 和 $j$ 枚举所有的 nums[$i..j$]，求出元素和 sum，若 sum=0，则置 ans={$i$,$j$}，返回 ans。对应的代码如下：

```
class Solution {
public:
    vector<int> subarraySum(vector<int> &nums) {            //求子数组和
        vector<int> ans;
        int n=nums.size();
        for(int i=0;i<n;i++) {
            for(int j=i;j<n;j++) {
                int sum=0;
                for(int k=i;k<=j;k++)
                    sum+=nums[k];
                if(sum==0) {
                    ans.push_back(i);
                    ans.push_back(j);
                    return ans;
                }
            }
        }
        return {0,0};                                        //没有找到
    }
};
```

上述算法的时间复杂度为 $O(n^3)$，代码提交后超时。

**解法 2**：采用前缀和数组 psum 实现，设 psum[$i$]为 nums 中前 $i$ 个元素(即 nums[0..$i-1$])的和，在求出 psum 数组后，$a[i..j]$的元素和等于 psum[$j+1$]-psum[$i$]，通过枚举 $i$ 和 $j$ 求出元素和为 0 的 nums[$i..j$]即可。对应的代码如下：

```
class Solution {
public:
```

```
    vector<int> subarraySum(vector<int> &nums) {                    //求子数组和
        int n=nums.size();
        int psum[n+1];
        psum[0]=0;
        for(int i=1;i<=n;i++)
            psum[i]=psum[i-1]+nums[i-1];
        vector<int> ans;
        for(int i=0;i<n;i++) {
            for(int j=i;j<n;j++) {
                int sum=psum[j+1]-psum[i];                          //求 nums[i..j]元素之和
                if(sum==0) {
                    ans.push_back(i);
                    ans.push_back(j);
                    return ans;
                }
            }
        }
        return {0,0};
    }
};
```

上述算法的时间复杂度为 $O(n^2)$。程序提交时通过，执行用时为 904ms，内存消耗为 10.47MB。

扫一扫

视频讲解

**解法 3**：采用前缀和数组+哈希表进一步提高时间性能。前缀和数组仍然用 psum 表示，但将 psum[$i$]改为 nums[0..$i$]共 $i+1$ 个元素和，即 psum[$i$]=nums[0]+…+nums[$i-1$]+nums[$i$]，这样求 psum 如下：

psum[0]=nums[0]

psum[$i$]=psum[$i-1$]+nums[$i$]　当 $i>0$ 时

因此对于 $j\geqslant i$（即 $0\leqslant i\leqslant j<n$），有 psum[$i$]=nums[0]+…+nums[$i$]，psum[$j$]=nums[0]+…+nums[$i$]+nums[$i+1$]+…+nums[$j$]。两式相减得到 psum[$j$]−psum[$i$]=nums[$i+1$]+…+nums[$j$]，或者 nums[$i+1$]+…+nums[$j$]=psum[$j$]−psum[$i$]。

说明：在前缀和数组 psum 中元素设置有两种，一是用 psum[$i$]表示前 $i+1$ 个元素和，二是用 psum[$i$]表示前 $i$ 个元素和，两种方法的含义类似，用户可以根据需要选择，但要注意细节上的差异。

再设计一个哈希表 unordered_map<int,int>类型的容器 hmap，用于存放以每个 psum[$i$]为关键字的序号 $i$，如图 3.2 所示。

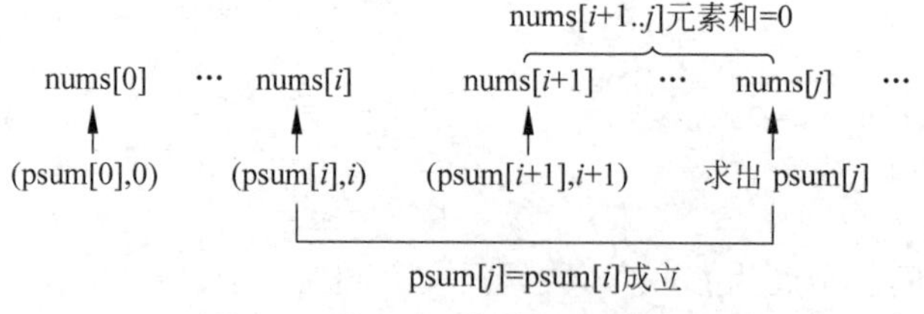


图 3.2　用 hmap 存放(psum[$i$],$i$)

用 $j$ 遍历 nums，依次求出 nums[$j$]对应的前缀和 psum[$j$]，然后在 hmap 中查找 psum[$j$]，若找到了该关键字的元素，不妨假设 hmap 中找到的相同关键字元素是(psum[$i$],$i$)(即 hmap[psum[$i$]]=$i$)，显然 psum[$j$]−psum[$i$]=nums[$i+1$]+…+nums[$j$]=0，从而说明 nums[$i+1..j$]的元素和为 0，则(hmap[psum[$j$]]+1,$j$)就是答案，否则说明在 hmap 中

没有找到 psum[$j$],则将(psum[$j$],$j$)插入 hmap 中。另外需要注意以下两点:

① 答案中起始位置为 0 是一种特殊情况,例如 nums={1,−1,2},求得 psum[0]=1(在 hmap 中插入(1,0)),psum[1]=0,此时应该找到一个和为 0 的子数组 nums[0..1],为了保证找到这样的答案,需要事先在 hmap 中插入元素(0,−1),即 hmap[0]=−1。

② 不必采用前缀和数组,将 psum 改为单个变量即可,也就是说 nums[$j$]对应的前缀和 psum 等于 psum+nums[$j$],在 hmap 中找到的相同关键字元素值是 hmap[psum],则(hmap[psum]+1,$j$)就是答案。

对应的代码如下:

```
class Solution {
public:
    vector<int> subarraySum(vector<int> &nums) {                    //求子数组和
        unordered_map<int,int> hmap;
        vector<int> ans;
        int n=nums.size();
        hmap[0]=-1;
        int psum=0;
        for (int j=0;j<n;j++) {
            psum+=nums[j];
            if (hmap.count(psum)>0) {
                ans.push_back(hmap[psum]+1);
                ans.push_back(j);
                return ans;
            }
            hmap[psum]=j;
        }
        return ans;
    }
};
```

由于哈希表查找和插入操作的时间复杂度接近 $O(1)$,上述算法的时间复杂度为 $O(n)$。程序提交时通过,执行用时为 806ms,内存消耗为 10.49MB。

## 3.2.2 并查集

### 1. 什么是并查集

给定 $n$ 个结点的集合 $U$,结点编号为 $1\sim n$,再给定一个等价关系 $R$(满足自反性、对称性和传递性的关系称为等价关系,像图中顶点之间的连通性、亲戚关系等都是等价关系),由等价关系产生所有结点的一个划分,每个结点属于一个等价类,所有等价类是不相交的。

例如,$U=\{1,2,3,4,5\}$,$R=\{<1,1>,<2,2>,<3,3>,<4,4>,<5,5>,<1,3>,<3,1>,<1,5>,<5,1>,<3,5>,<5,3>,<2,4>,<4,2>\}$,从 $R$ 看出它是一种等价关系,这样得到划分 $U/R=\{\{1,3,5\},\{2,4\}\}$,可以表示为$[1]_R=[3]_R=[5]_R=\{1,3,5\}$,$[2]_R=[4]_R=\{2,4\}$。如果省略 $R$ 中的$<a,a>$,用$(a,b)$表示对称关系,可以简化为 $R=\{(1,3),(1,5),(2,4)\}$。

针对上述$(U,R)$,现在的问题是求一个结点所属的等价类,以及合并两个等价类。该问题对应的基本运算如下。

① Init():初始化。

② Find($x$):查找 $x$($x\in U$)结点所属的等价类。

③ Union($x$,$y$):将 $x$ 和 $y$($x\in U$,$y\in U$)所属的两个等价类合并。

上述数据结构就是并查集(因主要的运算为查找和合并而得名),所以并查集是支持一组互不相交的集合的数据结构。

### 2. 并查集的实现

并查集的实现方式有多种,这里采用树结构来实现。将并查集看成一个森林,每个等价类用一棵树表示,包含该等价类的所有结点即结点子集,称为子集树,每个子集树通过根结点标识,如图 3.3 所示的子集的根结点为 A 结点,称为以 A 为根的子集树。

并查集的基本存储结构(实际上是森林的双亲存储结构)如下:

```
int parent[MAXN];                    //并查集存储结构
int rnk[MAXN];                       //存储结点的秩(近似于高度)
```

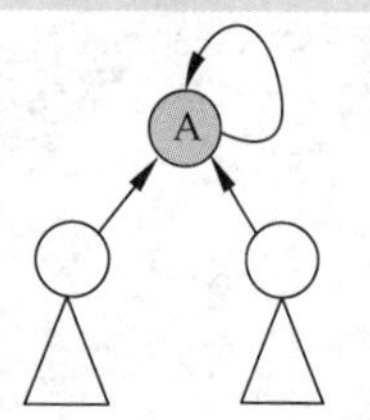


图 3.3 一个以 A 为根的子集树

其中,parent[$i$]=$j$ 时,表示结点 $i$ 的双亲结点是 $j$,初始时可以将每个结点看成一棵树,置 parent[$i$]=$i$(实际上置 parent[$i$]=−1 也是可以的,只是人们习惯采用前一种方式),当结点 $i$ 是对应子树的根结点时,用 rnk[$i$]表示子树的高度,即秩,秩并不与高度完全相同,但它与高度成正比,初始化时置所有结点的秩为 0。

初始化算法如下(该算法的时间复杂度为 $O(n)$):

```
void Init() {                         //并查集初始化
    for (int i=1;i<=n;i++) {
        parent[i]=i;
        rnk[i]=0;
    }
}
```

所谓查找就是查找 $x$ 结点所属子集树的根结点(根结点 $y$ 满足条件 parent[$y$]=$y$),这是通过 parent[$x$]向上找双亲实现的,显然树的高度越小查找性能越好。为此在查找过程中进行路径压缩(即在查找过程中把查找路径上的结点逐一指向根结点),如图 3.4 所示,查找 $x$ 结点根结点为 A,查找路径是 $x$→C→B→A,找到根结点 A 后,将路径上所有结点的双亲置为 A 结点,这样以后再查找 $x$、B 或者 C 结点的根结点时效率更高。

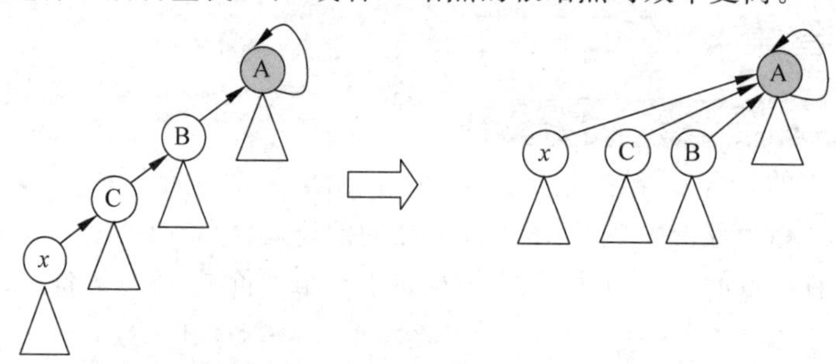


图 3.4 在查找中进行路径压缩

那么为什么不直接将一棵树中所有子结点的双亲都置为根结点呢?这是因为还有合并运算,合并运算可能破坏这种结构。

查找运算的递归算法如下:

```
int Find(int x) {                    //递归算法:在并查集中查找 x 结点的根结点
    if (x!=parent[x])
        parent[x]=Find(parent[x]); //路径压缩
    return parent[x];
}
```

查找运算的非递归算法如下：

```
int Find(int x) {                           //非递归算法：在并查集中查找 x 结点的根结点
    int rx=x;
    while (parent[rx]!=rx)                  //找到 x 的根 rx
        rx=parent[rx];
    int y=x;
    while (y!=rx) {                         //路径压缩
        int tmp=parent[y];
        parent[y]=rx;
        y=tmp;
    }
    return rx;                              //返回根
}
```

对于查找运算可以证明，若使用了路径压缩的优化方法，其平均时间复杂度为Ackerman函数的反函数，而Ackerman函数的反函数是一个增长速度极为缓慢的函数，在实际应用中可以粗略地认为是一个常量，也就是说查找运算的时间复杂度可以看成$O(1)$。

所谓合并，就是给定一个等价关系$(x,y)$后，需要将$x$和$y$所属的两棵子集树合并为一棵树。首先查找$x$和$y$所属子集树的根结点rx和ry，若rx=ry，说明它们属于同一棵子集树，不需要合并，否则需要合并。注意合并是根结点rx和ry的合并，并且希望合并后的树的高度尽可能小，基本手段是将较小高度的根结点作为较大高度的根结点的孩子，具体合并过程如下：

① 若rnk[rx]<rnk[ry]，将高度较小的rx结点作为ry的孩子结点，ry树的高度不变。

② 若rnk[rx]>rnk[ry]，将高度较小的ry结点作为rx的孩子结点，rx树的高度不变。

③ 若rnk[rx]=rnk[ry]，将rx结点作为ry的孩子结点或者将ry结点作为rx的孩子结点均可，但此时合并后的树的高度增1。

对应的合并算法如下：

```
void Union(int x,int y) {                   //并查集中 x 和 y 的两个集合的合并
    int rx=Find(x);
    int ry=Find(y);
    if (rx==ry)return;                      //x 和 y 属于同一棵树的情况
    if (rnk[rx]< rnk[ry])
        parent[rx]=ry;                      //rx 结点作为 ry 的孩子
    else {
        if (rnk[rx]==rnk[ry])               //秩相同，合并后 rx 的秩增 1
            rnk[rx]++;
        parent[ry]=rx;                      //ry 结点作为 rx 的孩子
    }
}
```

合并运算的时间主要花费在查找上，查找运算的时间复杂度为$O(1)$，则合并运算的时间复杂度也是$O(1)$。

例如，$n=5$，执行并查集操作如下：

(1) 执行Init()，构造5棵子集树，每棵树只有一个结点，结果如图3.5(a)所示。

(2) 执行Union(1,2)，将1和2所属的子集树合并，假设结点1作为合并树的根结点，其秩增1，结果如图3.5(b)所示。

(3) 执行Union(2,3)，将根结点3作为根结点1的孩子，结果如图3.5(c)所示。

(4) 执行Union(4,5)，将根结点5作为根结点4的孩子，根结点4的秩增1，结果如图3.5(d)所示。

(5) 执行Union(4,1)，假设将根结点4作为根结点1的孩子，根结点1的秩增1，结果

如图 3.5(e)所示。

(6) 执行 Find(5),将结点 5 作为根结点 1 的孩子,结果如图 3.5(f)所示。

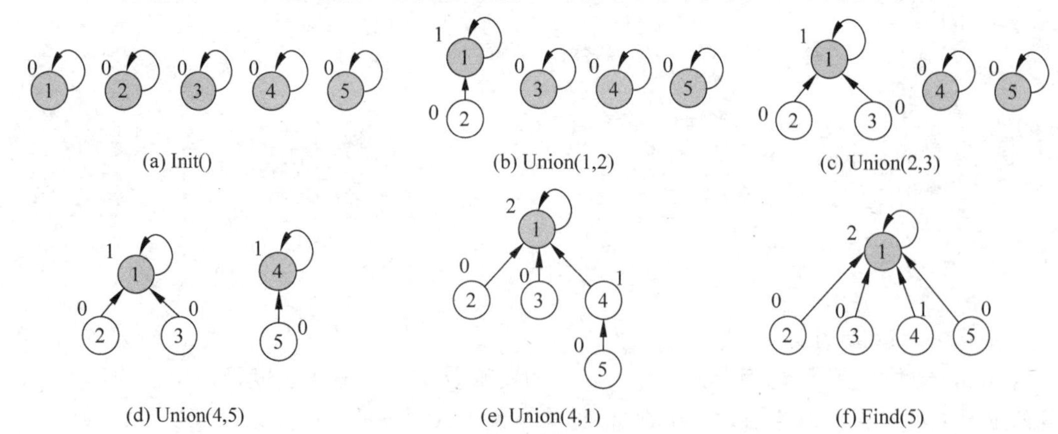


图 3.5　并查集操作及其结果

扫一扫

视频讲解

【例 3.3】 寻找朋友圈数(LintCode1857★★)。班上有 $n(1\leqslant n\leqslant 200)$名学生,其中有些人是朋友,有些则不是。学生的友谊具有传递性,如果已知 A 是 B 的朋友,B 是 C 的朋友,那么 A 也是 C 的朋友。朋友圈是指所有朋友的集合。给定一个 $n\times n$ 的对称矩阵 $\boldsymbol{M}$,表示班级中学生之间的朋友关系,如果 $M[i][j]=1$,表示已知学生 $i$ 和学生 $j$ 互为朋友关系,否则为不知道。设计一个算法求所有学生中已知的朋友圈总数。例如,$n=3$,$M=\{\{1,1,0\},\{1,1,0\},\{0,0,1\}\}$,答案是 2,两个朋友圈是{0,1}和{2}。要求设计如下成员函数:

```
int findCircleNum(vector<vector<int>> &M) { }
```

扫一扫

源程序

解法 1:$n$ 名学生的编号是 $0\sim n-1$。采用基本穷举法,用 fno 数组表示顶点所在的连通分量编号,首先将 $n$ 个顶点看成 $n$ 个连通分量,初始化顶点 $i$ 的连通分量编号为 $i$。遍历 $M$,若 $M[i][j]=1$,在顶点 $i$ 和顶点 $j$ 之间连一条边,同时将顶点 $j$ 所在连通分量的全部顶点的连通分量编号改为 fno[$i$]。遍历完毕,fno 中不同连通分量编号的个数即为朋友圈总数。

扫一扫

源程序

解法 2:同一个朋友圈的所有学生具有朋友关系,依题意朋友关系是一种等价关系,题目就是求按朋友关系划分后得到的等价类的个数,为此采用并查集,每棵子集树表示一个朋友圈,遍历 $M$,若 $M[i][j]=1$,将顶点 $i$ 和顶点 $j$ 所在的子集树合并。遍历完毕,每棵子集树的根结点 $i$ 满足 parent[$i$]$=i$,所求根结点的个数即为朋友圈总数。

## 3.3 求回文串的个数

扫一扫

视频讲解

问题描述:回文子串(LintCode1856★)。小明喜欢玩文字游戏,今天他希望在一个字符串的子串中找到回文串。回文串是从左往右读和从右往左读相同的字符串,例如"121"和"tacocat"是回文串。子串是一个字符串中任意几个连续的字符构成的字符串。现在给定一个字符串 s,设计一个算法求出 s 的回文串个数。例如,s="mokkori",它的一些子串是"m"、"o"、"k"、"r"、"i"、"mo"、"ok"、"mok"、"okk"、"kk"和"okko",其中"m"、"o"、"k"、"r"、 "i"、"kk"和"okko"是回文子串,共有 7 个不同的回文子串,答案是 7。要求设计如下成员函数:

```
int countSubstrings(string &s) { }
```

解法 1:这里是求 s 中不重复的回文子串的个数,由于 s 中存在重复的字符,所以可能存在两个位置不同的相同子串。为了达到子串除重的目的,设计一个 set<string>容器 myset。采用穷举法枚举所有 s[$i..j$]($0\leqslant i\leqslant j\leqslant n-1$),若 s[$i..j$]是回文,将其插入 myset 中,最后返回 myset 的大小。对应的算法如下:

```
class Solution {
public:
    int countSubstrings(string &s) {
        int n=s.size();
        set<string> myset;
        for(int i=0;i<n;i++) {
            for(int j=i;j<n;j++) {
                if(ispal(s,i,j))
                    myset.insert(s.substr(i,j-i+1));
            }
        }
        return myset.size();
    }
    bool ispal(string &s,int low,int high) {                //判断 s[i..j]是否为回文
        int i=low,j=high;
        while(i<j) {
            if(s[i]!=s[j]) return false;
            i++; j--;
        }
        return true;
    }
};
```

上述程序提交时通过,执行用时为 507ms,内存消耗为 2.07MB。

解法 2:上述算法在回文判断中存在冗余,例如 s="abba",其中"bb"和"abba"的回文判断是独立的,实际上在确定"bb"为回文后,左、右两边均为'a',则可以得出"abba"也是回文,以此作为优化点提高算法的性能。

对于长度为 $n$ 的字符串 $s$,显然每个字符的位置可能是回文子串的中心点(共 $n$ 个,这样的回文长度为奇数),称为中心点 1,如图 3.6(a)所示,对应的位置 $c$ 取值为 $0\sim n-1$,从 $s$[c..c]开始,若 $s$[l]=$s$[r],则 $s$[l..r]为回文,执行 l-- 和 r++ 继续向两边扩展。例如,$s$="abba",这样的中心点 $c$ 可能是 0~3。

(1) $c=0$,$s[0]=s[0]$,则"a"是回文。

(2) $c=1$,$s[1]=s[1]$,则"b"是回文。后面 $s[0]\neq s[2]$。

(3) $c=2$,$s[2]=s[2]$,则"b"是回文。后面 $s[1]\neq s[3]$。

(4) $c=3$,$s[3]=s[3]$,则"a"是回文。

另外,每两个字符中间的位置可能是回文子串的中心点(共 $n-1$ 个,这样的回文长度为偶数),称为中心点 2,如图 3.6(b)所示,对应的位置 $c$ 取值为 $0\sim n-2$,从 $s[c..c+1]$开始,同样若 $s$[l]=$s$[r],则 s[l..r]为回文,执行 l-- 和 r++ 继续向两边扩展。例如,$s$="abba",这样的中心点 $c$ 可能是 0~2。

(1) $c=0$,$s[0]\neq s[1]$。

(2) $c=1, s[1]=s[2]$,则"bb"是回文。$s[0]=s[3]$,则"abba"是回文。

(3) $c=2, s[2]\neq s[3]$。

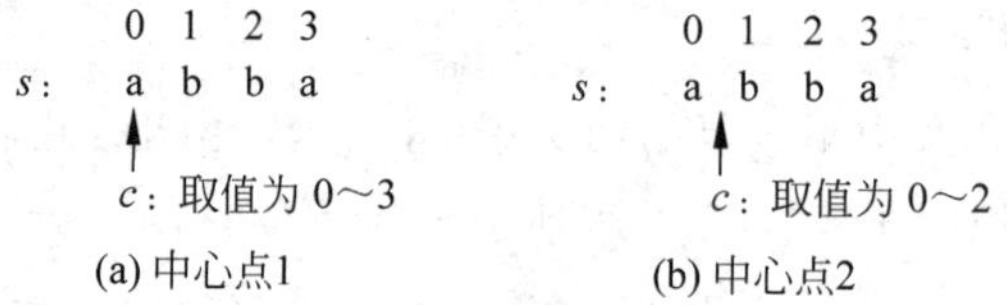

```
     0 1 2 3                    0 1 2 3
s:   a b b a              s:    a b b a
     ↑                            ↑
     c:取值为0～3                 c:取值为0～2
  (a) 中心点1                 (b) 中心点2
```

图 3.6 两种类型的中心点

这样共枚举 $2n-1$ 个中心点,将求出的回文子串插入 myset 中,最后返回 myset 的大小。对应的算法如下:

```
class Solution {
    int n;
    set<string> myset;
public:
    int countSubstrings(string &s) {
        n=s.size();
        for(int c=0;c<n;c++)                    //考虑每个字符的位置为回文的中心点
            cnt(s,c,c);
        for(int c=0;c<n-1;c++)                  //考虑每两个字符的中间位置为回文的中心点
            cnt(s,c,c+1);
        return myset.size();
    }
    void cnt(string &s,int l,int r) {           //求回文子串
        while (l>=0 && r<n && s[l]==s[r]) {
            myset.insert(s.substr(l,r-l+1));
            l--; r++;
        }
    }
};
```

上述程序提交时通过,执行用时为122ms,内存消耗为5.45MB。大家通过对比可以看出优化后的算法在时间性能上得到大幅度提高。

## 3.4 求最大连续子序列和

扫一扫

视频讲解

问题描述:给定一个含 $n(n\geqslant 1)$ 个整数的序列,要求求出其中最大连续子序列的和。例如序列(−2,11,−4,13,−5,−2)的最大连续子序列和为20,而序列(−6,2,4,−7,5,3,2,−1,6,−9,10,−2)的最大连续子序列和为16。规定一个序列的最大连续子序列和至少是0,如果小于0,其结果为0(或者说最大连续子序列可以为空)。

解法1:设含有 $n$ 个整数的序列 $a[0..n-1]$,其中任何连续子序列为 $a[i..j]$($i\leqslant j, 0\leqslant i\leqslant n-1, i\leqslant j\leqslant n-1$),求出它的所有元素之和 cursum,并通过比较将最大值存放在 maxsum 中,最后返回 maxsum。这种解法是通过穷举所有连续子序列(一个连续子序列由起始下标 $i$ 和终止下标 $j$ 确定)得到,采用的是典型的穷举法思想。

例如,对于 $a[0..5]=\{-2,11,-4,13,-5,-2\}$,求出的 $a[i..j]$($0\leqslant i\leqslant j\leqslant 5$)所有元素和如图3.7所示(行号为 $i$,列号为 $j$),其过程如下:

(1) $i=0$,依次求出 $j=0$、1、2、3、4、5 的子序列和分别为−2、9、5、18、13、11。

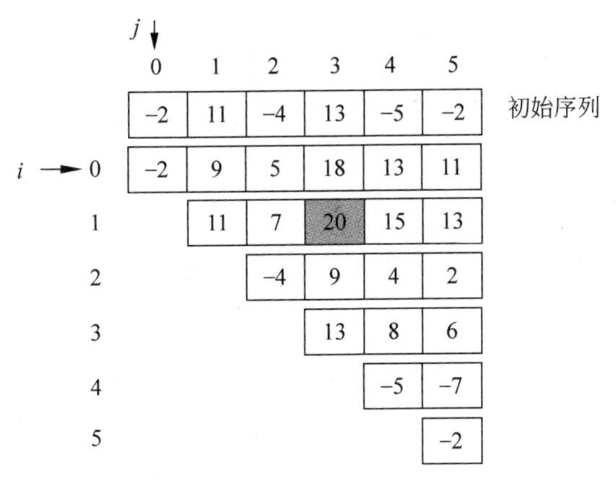


图 3.7 所有 $a[i..j]$子序列($0\leqslant i\leqslant j\leqslant 5$)的元素和

(2) $i=1$,依次求出 $j=1$、2、3、4、5 的子序列和分别为 11、7、20、15、13。

(3) $i=2$,依次求出 $j=2$、3、4、5 的子序列和分别为−4、9、4、2。

(4) $i=3$,依次求出 $j=3$、4、5 的子序列和分别为 13、8、6。

(5) $i=4$,依次求出 $j=4$、5 的子序列和分别为−5、−7。

(6) $i=5$,求出 $j=5$ 的子序列和为−2。

其中 20 是最大值,即最大连续子序列和为 20。对应的算法如下:

```
int maxsubsum1(int a[],int n) {                //解法 1
    int maxsum=0,cursum;
    for (int i=0;i<n;i++){                     //通过两重循环穷举所有的连续子序列
        for (int j=i;j<n;j++) {
            cursum=0;
            for (int k=i;k<=j;k++)
                cursum+=a[k];
            maxsum=max(maxsum,cursum);         //通过比较求最大 maxsum
        }
    }
    return maxsum;
}
```

**maxsubsum1** 算法分析:在该算法中用了三重循环,所以有

$$T(n)=\sum_{i=0}^{n-1}\sum_{j=i}^{n-1}\sum_{k=i}^{j}1=\sum_{i=0}^{n-1}\sum_{j=i}^{n-1}(j-i+1)=\frac{1}{2}\sum_{i=0}^{n-1}(n-i)(n-i+1)=O(n^3)$$

解法 2:采用前缀和方法,用 psum[$i$]表示子序列 $a[0..i-1]$元素和,即 $a$ 中前 $i$ 个元素和,显然有如下递推关系。

psum[0]=0

psum[$i$]=psum[$i-1$]+$a[i-1]$  当 $i>0$ 时

假设 $j\geqslant i$,则有:

psum[$i$]=$a[0]+a[1]+\cdots+a[i-1]$

psum[$j$]=$a[0]+a[1]+\cdots+a[i-1]+a[i]+\cdots+a[j-1]$

两式相减得到 psum[$j$]−psum[$i$]=$a[i]+\cdots+a[j-1]$,这样 $i$ 从 0 到 $n-1$、$j-1$ 从 $i$ 到 $n-1$(即 $j$ 从 $i+1$ 到 $n$)循环可以求出所有连续子序列 $a[i..j]$之和,通过比较求出最大 maxsum 即可。对应的算法如下:

```
int maxsubsum2(int a[],int n) {                //解法 2
    int psum[n+1];
```

```
    psum[0]=0;
    for(int i=1;i<=n;i++)
        psum[i]=psum[i-1]+a[i-1];
    int maxsum=0,cursum;
    for (int i=0;i<n;i++) {
        for (int j=i+1;j<=n;j++) {
            cursum=psum[j]-psum[i];
            maxsum=max(maxsum,cursum);        //通过比较求最大 maxsum
        }
    }
    return maxsum;
}
```

**maxsubsum2 算法分析**：在该算法中主要用了两重循环，所以有

$$T(n)=\sum_{i=0}^{n-1}\sum_{j=i+1}^{n}1=\sum_{i=0}^{n-1}(n-i)=\frac{n(n+1)}{2}=O(n^2)$$

**解法 3**：对前面的解法 1 进行优化。当 $i$ 取某个起始下标时，依次求 $j=i$、$i+1$、…、$n-1$ 对应的子序列和，实际上这些子序列是相关的。用 Sum($a[i..j]$)表示子序列 $a[i..j]$ 元素和(即表示以 $a[i]$为起始元素的前缀和)，显然有如下递推关系：

Sum($a[i..j]$)=0　　当 $j<i$ 时

Sum($a[i..j]$)=Sum($a[i..j-1]$)+$a[j]$　　当 $j\geqslant i$ 时

这样在连续求 $a[i..j]$子序列和($j=i$、$i+1$、…、$n-1$)时没有必要使用循环变量为 $k$ 的第三重循环，优化后的算法如下：

```
int maxsubsum3(int a[],int n) {                    //解法 3
    int maxsum=0,cursum;
    for (int i=0;i<n;i++) {
        cursum=0;
        for (int j=i;j<n;j++) {
            cursum+=a[j];
            maxsum=max(maxsum,cursum);    //通过比较求最大 maxsum
        }
    }
    return maxsum;
}
```

**maxsubsum3 算法分析**：在该算法中只有两重循环，所以有

$$T(n)=\sum_{i=0}^{n-1}\sum_{j=i}^{n-1}1=\sum_{i=0}^{n-1}(n-i)=\frac{n(n+1)}{2}=O(n^2)$$

**解法 4**：对前面的解法 2 继续优化。将 maxsum 和 cursum 初始化为 0，用 $i$ 遍历 $a$，置 cursum+=$a[i]$，也就是说 cursum 累计到 $a[i]$时的元素和，分为以下两种情况。

① 若 cursum≥maxsum，说明 cursum 是一个更大的连续子序列和，将其存放在 maxsum 中，即置 maxsum=cursum。

② 若 cursum<0，说明 cursum 不可能是一个更大的连续子序列和，从下一个 $i$ 开始继续遍历，所以置 cursum=0。

在上述过程中先置 cursum+=$a[i]$，后判断 cursum 的两种情况。在 $a$ 遍历完后返回 maxsum 即可。对应的算法如下：

```
int maxsubsum4(int a[],int n) {                  //解法 4
    int maxsum=0,cursum=0;
    for (int i=0;i<n;i++) {
```

```
            cursum+=a[i];
            if(cursum>=maxsum)                    //通过比较求最大 maxsum
                maxsum=cursum;
            if(cursum<0)                          //若 cursum<0,最大连续子序列从下一个位置开始
                cursum=0;
        }
        return max(maxsum,0);
}
```

**maxsubsum4 算法分析**：在该算法中只有一重循环，所以时间复杂度为 $O(n)$。

可以看出，尽管仍采用穷举法思路，但可以通过各种优化手段降低算法的时间复杂度。解法 2 的优化点是采用前缀和数组，解法 3 的优化点是找出 $a[i..j-1]$和 $a[i..j]$子序列的相关性，解法 4 的优化点是进一步判断 cursum 的两种情况。

思考题：对于给定的整数序列 $a$，不仅要求出其中最大连续子序列的和，还需要求出这个具有最大连续子序列和的子序列（给出其起始下标和终止下标），如果有多个具有最大连续子序列和的子序列，求其中任意一个子序列。

【例 3.4】 求最大子序列和（LeetCode53★）。给定一个含 $n(1\leqslant n\leqslant 10^5)$个整数的数组 nums，设计一个算法找到一个具有最大和的连续子数组（子数组中最少包含一个元素），返回其最大和。例如，nums={-2,1,-3,4,-1,2,1,-5,4}，答案为 6，对应的连续子数组是{4,-1,2,1}。要求设计如下成员函数：

扫一扫

视频讲解

```
int maxSubArray(vector<int> &nums) { }
```

**解** 本例是求 nums 的最大连续子序列和，这里最大连续子序列至少包含一个元素，所以最大连续子序列和可能为负数。例如 nums={-1,-2}，答案为-1，因此不能简单地采用 3.4 节中解法 4 的优化点，需要做以下两点修改：

(1) 将表示结果的 maxsum 初始化为 nums[0]而不是 0。

(2) 在求出 maxsum 后直接返回该值，而不是 max(maxsum,0)。

对应的算法如下：

```
class Solution {
public:
    int maxSubArray(vector<int> & nums) {
        int n=nums.size();
        if(n==1) return nums[0];
        int maxsum=nums[0],cursum=0;
        for (int i=0;i<n;i++) {
            cursum+=nums[i];
            if(cursum>=maxsum)                    //求 maxsum
                maxsum=cursum;
            if(cursum<0)                          //若 cursum<0,重置其为 0
                cursum=0;
        }
        return maxsum;
    }
};
```

上述程序提交时通过，运行时间为 92ms，内存消耗为 66.1MB。

## 3.5 求幂集

穷举算法中的组合列举通常与求幂集相关，本节介绍求幂集的算法设计。

扫一扫

视频讲解

问题描述：对于给定的正整数 $n(n\geqslant 1)$，求由 $1\sim n$ 构成的集合的幂集 ps。例如，$n=3$ 时 ps={{},{1},{2},{1,2},{3},{1,3},{2,3},{1,2,3}}（子集的顺序可以任意）。

解法 1：采用二进制表示法求 $1\sim n$ 集合的幂集。所谓 $1\sim n$ 集合的幂集就是由 $1\sim n$ 集合中所有子集构成的集合，包括全集和空集。例如 $n=3$ 时所有子集对应的二进制数/十进制数如表 3.1 所示，从中看出，$1\sim n$ 集合的幂集恰好与 $2^n$ 个二进制数（转换为 $0\sim 2^n-1$ 的十进制数）相对应，每个二进制数对应唯一的子集。二进制数恰好 $n$ 位，从低位到高位编号为 $0\sim n-1$，二进制位和 $1\sim n$ 集合元素的对应关系如图 3.8 所示，若二进制位 $j$ 是 1，则对应的子集中包含整数 $j+1$，否则不包含整数 $j+1$。

表 3.1 所有子集对应的二进制数/十进制数

| 子　集 | 对应的二进制数 | 对应的十进制数 |
|---|---|---|
| {} | 000 | 0 |
| {1} | 001 | 1 |
| {2} | 010 | 2 |
| {1,2} | 011 | 3 |
| {3} | 100 | 4 |
| {1,3} | 101 | 5 |
| {2,3} | 110 | 6 |
| {1,2,3} | 111 | 7 |

| 二进制位值 | * | * | * | * | * |
|---|---|---|---|---|---|
| 二进制位序号 | $n-1$ | … | $j$ | … | 0 |
| | | | ⇕ | | |
| $1\sim n$ 集合元素 | $n$ | … | $j+1$ | … | 1 |

图 3.8 二进制位和 $1\sim n$ 集合元素的对应关系

用一个 vector<int>容器 $e$ 表示一个子集，用 vector<vector<int>>容器 ps 存放幂集（即子集的集合）。算法的过程是用 $i$ 枚举 $0\sim 2^n-1$ 的十进制数，每个 $i$ 产生一个子集，由 $i$ 产生子集 $e$ 的过程是用 $j$ 采用位运算符枚举 $i$ 的二进制位，若 $i$ 中编号为 $j$ 的位是 1，则将 $j+1$ 添加到 $e$ 中，$j$ 枚举结束后将 $e$ 添加到 ps 中。$i$ 枚举结束后返回 ps。对应的算法如下：

```
vector<vector<int>> pset1(int n) {                    //求幂集算法 1
    vector<vector<int>> ps;                           //存放幂集
    for(int i=0;i<(1<<n);i++) {                       //执行 2^n 次
        vector<int> e;
        for(int j=0;j<n;j++) {
            if(i&(1<<j))                              //i 的二进制位 j 的值是 1
                e.push_back(j+1);                     //选取整数 j+1
        }
        ps.push_back(e);                              //将子集 e 添加到 ps 中
```

```
    }
    return ps;
}
```

pset1 算法分析：在该算法中外层 for 循环执行 $2^n$ 次，内层 for 循环执行 $n$ 次，所以上述算法的时间复杂度为 $O(n\times 2^n)$，属于指数级的算法。

说明：在 pset1 算法中用一个十进制数表示一个子集，当 $n$ 较大时会发生溢出。

解法 2：采用增量穷举法求 1～$n$ 集合的幂集，当 $n=3$ 时的求解如图 3.9 所示，其过程如下：

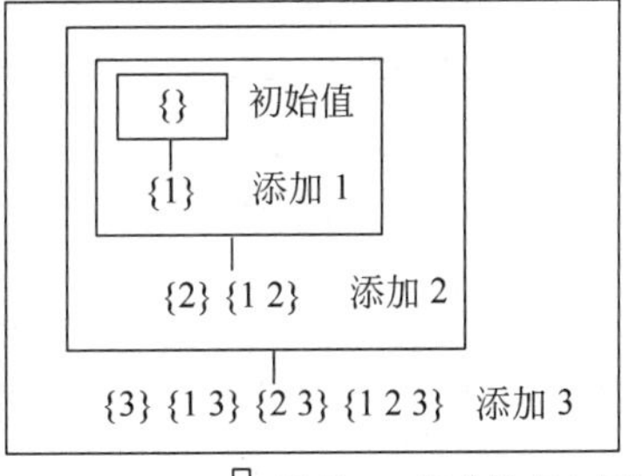

图 3.9 求 1～3 集合的幂集的过程

(1) 产生一个空集合元素{}添加到 ps 中，即 ps={{}}。

(2) 在(1)得到的 ps 的每一个集合元素的末尾添加 1 构成新集合元素{1}，将其添加到 ps 中，即 ps={{}, {1}}。

(3) 在(2)得到的 ps 的每一个集合元素的末尾添加 2 构成新集合元素{2}、{1,2}，将其添加到 ps 中，即 ps={{},{1},{2},{1,2}}。

(4) 在(3)得到的 ps 的每一个集合元素的末尾添加 3 构成新集合元素{3}、{1,3}、{2,3}、{1,2,3}，将其添加到 ps 中，即 ps={{},{1},{2},{1,2},{3},{1,3},{2,3},{1,2,3}}。

最后的 ps 构成{1,2,3}的幂集，返回 ps 即可。

采用迭代方法，假设前面求出 1～$i-1$ 集合的幂集为 ps，先置 ps1 为 ps，在 ps1 的每个集合元素中添加 $i$，再将 ps1 的全部集合元素添加到 ps 中，这样得到 1～$i$ 集合的幂集 ps，以此类推，直到 $i=n$ 为止。对应的迭代算法如下：

```
vector<vector<int>> pset2(int n) {                    //求幂集算法 2
    vector<vector<int>> ps;                           //存放幂集
    vector<int> e;
    ps.push_back(e);                                  //添加空集合元素{}
    for (int i=1;i<=n;i++) {                          //循环添加 1～n
        vector<vector<int>> A=ps;                     //A 存放上一步得到的幂集
        for (auto it=A.begin();it!=A.end();++it)
            (*it).push_back(i);                       //在 A 的每个集合元素的末尾添加 i
        for (auto it=A.begin();it!=A.end();++it)
            ps.push_back(*it);                        //将 A 的每个集合元素添加到 ps 中
    }
    return ps;
}
```

实际上可以不用 A，当前面求出 1～$i-1$ 集合的幂集 ps 后，置 $m$=ps.size()，在 ps[0..$m-1$]的每个集合元素中添加 $i$ 并添加到 ps 中，同样得到 1～$i$ 集合的幂集 ps，以此类推，直到 $i=n$ 为止。对应的迭代算法如下：

```
vector<vector<int>> pset3(int n) {                    //求幂集算法 3
    vector<vector<int> > ps;                          //存放幂集
    vector<int> e;
    ps.push_back(e);                                  //添加空集合元素{}
    for (int i=1;i<=n;i++) {                          //循环添加 1～n
        int m=ps.size();
        for(int j=0;j<m;j++) {
```

```
            vector<int> e=ps[j];                        //取出 e=ps[j]
            e.push_back(i);                             //在 e 的末尾添加 i
            ps.push_back(e);                            //再将 e 添加到 ps 中
        }
    }
    return ps;
}
```

上述迭代算法很容易采用递归算法实现，对应的递归算法如下：

```
vector<vector<int>> pset4(int n) {                      //求幂集算法 4:递归算法
    if(n==0) return {{}};
    vector<vector<int>> ps;                             //存放幂集
    ps=pset4(n-1);                                      //求出 1~n-1 的幂集 ps
    int m=ps.size();
    for(int j=0;j<m;j++) {
        vector<int> e=ps[j];                            //取出 e=ps[j]
        e.push_back(n);                                 //在 e 的末尾添加 n
        ps.push_back(e);                                //再将 e 添加到 ps 中
    }
    return ps;
}
```

**pset2～pset4 算法分析**：这 3 个算法的过程类似，时间复杂度相同。以 pset2 为例，外层 for 循环 $i$ 从 1 到 $n$，对于 $i$ 循环，ps1 中存放 $1\sim i-1$ 集合的幂集，共 $2^{i-1}$ 个集合元素，两个内层 for 循环每个执行 $2^{i-1}$ 次，合起来执行 $2^i$ 次，所以 $T(n)=\sum_{i=1}^{n}2^i=O(2^n)$。

扫一扫

视频讲解

【例 3.5】 子集(LintCode17★★)。给定一个含不同整数的集合 nums，设计一个算法求其所有的子集，要求子集中的元素不能以降序排列，解集中不能包含重复的子集，但全部的子集可以按任意顺序输出。例如，nums={2,3,1}，答案是{{3},{1},{2},{1,2,3},{1,3},{2,3},{1,2},{}}。要求设计如下成员函数：

```
vector<vector<int>> subsets(vector<int> &nums) { }
```

**解法 1**：算法思路与前面求幂集的解法 1 相同，仅将求 $1\sim n$ 集合的幂集改为求 nums[0..$n-1$]集合的幂集，另外由于要求子集中的元素不能以降序排列，所以先对 nums 递增排序。排序后求幂集的过程是用 $i$ 枚举 $0\sim 2^n-1$ 的十进制数，每个 $i$ 产生一个子集，由 $i$ 产生子集 e 的过程是用 $j$ 采用位运算符枚举 $i$ 的二进制位，若 $i$ 中编号为 $j$ 的位是 1，则将 nums[$j$]添加到 e 中，$j$ 枚举结束后将 e 添加到 ps 中。$i$ 枚举结束后返回 ps。对应的代码如下：

```
class Solution {
public:
    vector<vector<int>> subsets(vector<int> &nums) {
        sort(nums.begin(),nums.end());
        vector<vector<int>> ps;                         //存放幂集
        int n=nums.size();
        for(int i=0;i<(1<<n);i++) {                     //执行 2^n 次
            vector<int> e;
            for(int j=0;j<n;j++) {
                if(i&(1<<j)) e.push_back(nums[j]);
            }
            ps.push_back(e);
```

```
            }
            return ps;
        }
};
```

上述程序提交时通过,执行用时为 41ms,内存消耗为 3.82MB。

**解法 2**：算法思路与前面求幂集的解法 2 相同,先对 nums 递增排序,初始化 ps={{}},$i$ 从 0 到 $n-1$ 循环,即置 A=ps,在 A 的每个集合元素中添加 nums[$i$],再将 A 的元素添加到 ps 中。对应的代码如下:

```
class Solution {
public:
    vector<vector<int>> subsets(vector<int> &nums) {
        int n=nums.size();
        if(n==0) return {{}};
        sort(nums.begin(),nums.end());
        vector<vector<int>> ps;                       //存放幂集
        vector<int> e;
        ps.push_back(e);                               //添加空集合元素{}
        for (int i=0;i<n;i++) {                        //循环添加 nums[0..n-1]
            vector<vector<int>> A=ps;                  //A 存放上一步得到的幂集
            for (auto it=A.begin();it!=A.end();++it)
                (*it).push_back(nums[i]);          //在 A 的每个集合元素的末尾添加 nums[i]
            for (auto it=A.begin();it!=A.end();++it)
                ps.push_back(*it);                     //将 A 的每个集合元素添加到 ps 中
        }
        return ps;
    }
};
```

上述程序提交时通过,执行用时为 41ms,内存消耗为 3.89MB。

## 3.6 0/1 背包问题

**问题描述**：问题描述见 2.4 节。

**解** 0/1 背包问题的物品选择情况用解向量 $\boldsymbol{x}=(x_0,x_1,\cdots,x_{n-1})$表示,$x_i=1$ 表示选择物品 $i$,$x_i=0$ 表示不选择物品 $i$。其形式化描述如下。

约束条件:

$$\sum_{i=0}^{n-1} x_i \times w_i \leqslant W$$

目标函数:

$$\mathrm{MAX}\left\{\sum_{i=0}^{n-1} x_i \times v_i\right\}$$

0/1 背包问题转换为求出 $n$ 个物品的一个子集满足上述条件。采用组合列举的穷举法求解,用 maxv 表示最优解的总价值,用 maxw 表示最优解的总重量,用 maxi 表示最优解的选择物品方案,求出 $0\sim n-1$ 的幂集 ps,然后枚举 ps 中的每个子集,将每个子集看成一种背包装入方案,求出所选物品总重量 sumw 和总价值 sumv,若 sumw$\leqslant W$ 且 sumv>maxv 成立,说明找到一个更优解,用 maxi 存放该解的编号,最后输出解。

求幂集采用 3.5 节中的解法 1,用 ps 枚举 $0\sim 2^n-1$ 的十进制数,不必求出子集。对应的穷举算法如下：

```
void knap(int w[],int v[],int W,int n) {                    //求0/1背包问题
    int maxv=0,maxw=0,maxi;
    for(int ps=0;ps<(1<<n);ps++) {                          //执行2^n次
        int sumw=0,sumv=0;
        for(int i=0;i<n;i++) {
            if(ps&(1<<i)) {                                 //选择了物品i
                sumw+=w[i];
                sumv+=v[i];
            }
        }
        if(sumw<=W && maxv<sumv) {                          //找到更优解
            maxw=sumw;
            maxv=sumv;
            maxi=ps;
        }
    }
    printf("最佳方案:\n");                                  //找到最优解
    printf(" 选中物品: ");
    printf("{ ");
    for (int i=0;i<n;i++) {
        if(maxi&(1<<i)) printf("%d ",i);
    }
    printf("}\n");
    printf(" 总重量=%d, 总价值=%d\n",maxw,maxv);
}
```

对于表2.1所示的4个物品，当$W=6$时，求解结果如下：

```
最佳方案:
    选中物品:{ 1 2 3 }
    总重量=6, 总价值=8
```

**knap算法分析**：对于$n$个物品，主要时间花费在求幂集上，所以算法的时间复杂度为$O(2^n)$。

扫一扫

视频讲解

**【例3.6】** 背包问题Ⅱ(LintCode125★★)。有$n(n\leqslant 100)$个物品和一个容量为$m(m\leqslant 1000)$的背包，给定数组$A$表示物品的重量，数组$V$表示物品的价值。设计一个算法求最多能装入背包的总价值，要求物品不能被切分，每个物品只能取一次，同时装入背包的物品的总重量不能超过$m$。例如，$m=10$，$A=\{2,3,5,7\}$，$V=\{1,5,2,4\}$，答案是9，装入$A[1]$和$A[3]$可以得到最大价值，对应的价值为$V[1]+V[3]=9$。要求设计如下成员函数：

```
int backPackII(int m,vector<int> &A,vector<int> &V) { }
```

扫一扫

源程序

**解** 采用前面求解0/1背包问题的穷举思路，由于在测试数据中$n$最大为100，难以表示$2^n$(尽管可以采用多个int整数表示$2^n$，但实现起来较复杂)，为此采用3.5节中的解法2求幂集，这样设计的程序在提交时内存超过限制(memory limit exceeded)，例如，$n=100$时ps集合中包含$2^n$个子集元素，远超正常内存容量，所以本问题采用穷举法不可行。

## 3.7 求全排列

穷举算法中的排列列举与求排列相关，本节介绍求全排列的相关算法设计，后面讨论排列列举的几个应用示例。

问题描述：对于给定的正整数 $n(n\geqslant 1)$，求 1～$n$ 的全排列 pm。例如，$n=3$ 时 pm={{1,2,3},{1,3,2},{3,1,2},{2,1,3},{2,3,1},{3,2,1}}(排列顺序可以任意)。

解法 1：这里采用增量穷举法求解。产生 1～3 全排列的过程如图 3.10 所示，这里 $n=3$，用 pm 表示全排列结果(它的每一个元素是一个整数集合)，其求解过程如下：

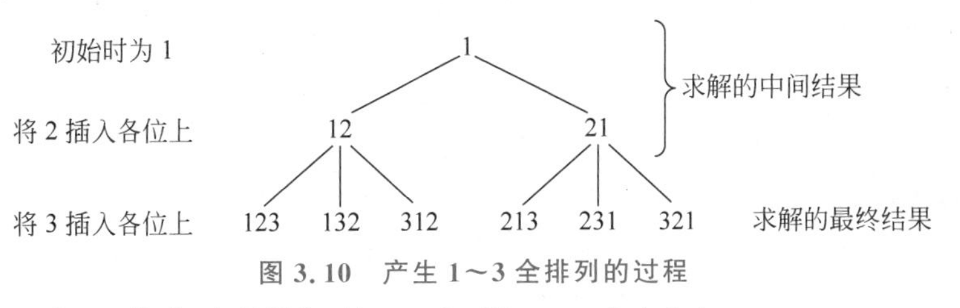


图 3.10 产生 1～3 全排列的过程

(1) 产生一个{1}集合元素添加到 pm 中，即 pm={ {1} }。

(2) $i=2$，置 pm1=pm，将 pm 清空，对于 pm1 的每个集合元素 $e$，依位置从后向前的次序在 $e$ 的每个位置插入整数 $i$ 产生新集合元素 $e1$，将 $e1$ 添加到 pm 中，即 pm={{1,2},{2,1}}。

(3) $i=3$，置 pm1=pm，将 pm 清空，对于 pm1 的每个集合元素 $e$，依位置从后向前的次序在 $e$ 的每个位置插入整数 $i$ 产生新集合元素 $e1$，将 $e1$ 添加到 pm 中，即 pm={{1,2,3},{1,3,2},{3,1,2},{2,1,3},{2,3,1},{3,2,1}}。

与存放幂集一样，用 vector<vector<int>>类型的容器 pm 存放全排列。按照上述过程对应的迭代算法如下：

```
vector<vector<int>> perm1(int n) {                          //算法 1:迭代求 1～n 的全排列
    vector<vector<int>> pm={{1}};                           //存放全排列
    for (int i=2;i<=n;i++) {                                //循环添加 2～n
        vector<vector<int>> pm1=pm;
        pm.clear();
        for (auto it=pm1.begin();it!=pm1.end();it++) {
            vector<int> e=(*it);                            //取出 pm1 中的一个元素 e
            for (int j=e.size();j>=0;j--) {                 //在 e 的每个位置插入 i
                vector<int> e1=e;
                auto it=e1.begin()+j;                       //求出插入位置
                e1.insert(it,i);                            //插入整数 i
                pm.push_back(e1);                           //添加到 pm 中
            }
        }
    }
    return pm;
}
```

对应的递归算法如下：

```
vector<vector<int>> perm2(int n) {                          //算法 2:递归求 1～n 的全排列
    if(n==1) return {{1}};
    vector<vector<int>> pm1=perm2(n-1);                     //求 1～n-1 的全排列
    vector<vector<int>> pm;
    for (auto it=pm1.begin();it!=pm1.end();it++) {          //循环(n-1)!次
        vector<int> e=(*it);                                //取出 pm1 中的一个元素 e
        for (int j=e.size();j>=0;j--) {                     //在 e 的每个位置插入 i,循环 n 次
            vector<int> e1=e;
            auto it=e1.begin()+j;                           //求出插入位置
            e1.insert(it,n);                                //插入整数 i
            pm.push_back(e1);                               //添加到 pm 中
```

```
            }
        }
        return pm;
}
```

perm1 和 perm2 算法分析：两个算法的时间复杂度相同。以 perm2 算法为例，对应的时间递推式如下：

$T(1)=1$

$T(n)=T(n-1)+n!$　当 $n>1$ 时

可以推出 $T(n)=O(n\times n!)$。

解法 2：在 STL 中提供了求全排列的相关函数，例如 next_permutation(beg,end)，其功能是将[beg,end)置为一个排列，若没有下一个排列，返回 false。利用该函数求 $1\sim n$ 的全排列的算法如下：

```
vector<vector<int>> perm3(int n) {                    //算法 3:求 1~n 的全排列
    vector<vector<int>> pm;                           //存放 1~n 的全排列
    vector<int> e;
    for(int i=1;i<=n;i++)                             //在 e 中添加 1~n
        e.push_back(i);
    do {
        pm.push_back(e);
    } while(next_permutation(e.begin(),e.end()));     //取 e 的下一个排列
    return pm;
}
```

perm3 算法分析：该算法中调用一次 next_permutation()的时间为 $O(n)$，do-while 循环 $n!$ 次，所以算法的时间复杂度为 $O(n\times n!)$。

说明：使用 next_permutation 求全排列的好处是可以按字典顺序返回所有的排列。

扫一扫

视频讲解

【例 3.7】 全排列(LeetCode46★★)。给定一个不含重复数字的数组 nums，设计一个算法求其所有可能的全排列，可以按任意顺序返回答案。要求设计如下成员函数：

```
vector<vector<int>> permute(vector<int>& nums) { }
```

解 采用前面求 $1\sim n$ 全排列的解法 1 思路，仅将初始序列由 $1\sim n$ 改为 nums[0..$n-1$]。

扫一扫

源程序

## 3.8 n 皇后问题

扫一扫

视频讲解

问题描述：在 $n\times n$ 的方格棋盘上放置 $n$ 个皇后，要求所有皇后不同行、不同列、不同左右对角线。如图 3.11 所示为 6 皇后问题的一个解。设计一个算法求出 $n$ 皇后问题的全部解。

解 $n$ 个皇后编号为 $0\sim n-1$，采用整数数组 $q[n]$ 存放 $n$ 皇后问题的求解结果，因为每行只能放一个皇后，$q[i](0\leqslant i\leqslant n-1)$表示皇后 $i$ 所在的列号，即皇后 $i$ 放在$(i,q[i])$位置。对于图 3.11 所示的解，$q[0..5]=\{1,3,5,0,2,4\}$。

由于 $n$ 个皇后的列号的取值范围是 $0\sim n-1$，每个皇后的列号是唯一的，所以 $n$ 皇后的一个解 $q$ 一定是 $0\sim n-1$ 的某个排列，并且 $n$ 个皇后位置$(i,q[i])(0\leqslant i\leqslant n-1)$相互之间

没有冲突。为此利用穷举法求解，列举方法采用排列列举，也就是说枚举 $0\sim n-1$ 的全排列，检测一个排列是否为一个 $n$ 皇后问题的解，若是，则输出对应的解。

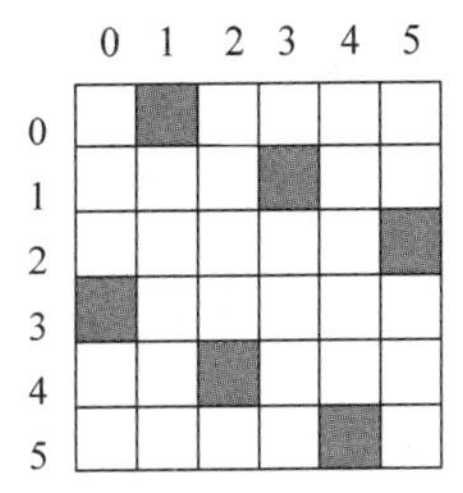

图 3.11　6 皇后问题的一个解

当 $q$ 是 $0\sim n-1$ 的某个排列时，如何确定 $n$ 个皇后位置 $(i, q[i])$ 相互之间没有冲突呢？假设前面 $i$ 个皇后（即皇后 0～皇后 $i-1$）之间没有冲突，现在考虑皇后 $i$ 是否与前面的 $i$ 个皇后存在冲突，皇后 $i$ 的位置为 $(i,q[i])$，前面 $i$ 个皇后的位置是 $(k, q[k])(0\leqslant k\leqslant i-1)$。

(1) 皇后 $i$ 不能与皇后 $k(0\leqslant i\leqslant n-1)$ 同列，若同列，则有 $q[k]=q[i]$ 成立。

(2) 皇后 $i$ 不能与皇后 $k(0\leqslant i\leqslant n-1)$ 同左右对角线。如图 3.12 所示，若皇后 $i$ 与皇后 $k$ 在一条对角线上，则构成一个等腰直角三角形，即 $|q[k]-q[i]|=|i-k|$。

也就是说，若皇后 $i$ 的位置 $(i,q[i])$ 与任意一个皇后 $k$ 的位置 $(k,q[k])$ 满足条件 (q[k]==q[i]) || (abs(q[k]−q[i])==abs(i−k))，说明皇后 $i$ 与皇后 $k$ 存在冲突。

如果皇后 $i$ 与任意一个皇后 $k(0\leqslant i\leqslant n-1)$ 均不满足上述条件，则说明皇后 $i$ 与前面已经放置的 $i$ 个皇后没有冲突，或者说这样的 $i+1$ 个皇后是没有冲突的，如果 $n$ 个皇后没有冲突，则对应的 $q$ 就是一个解。

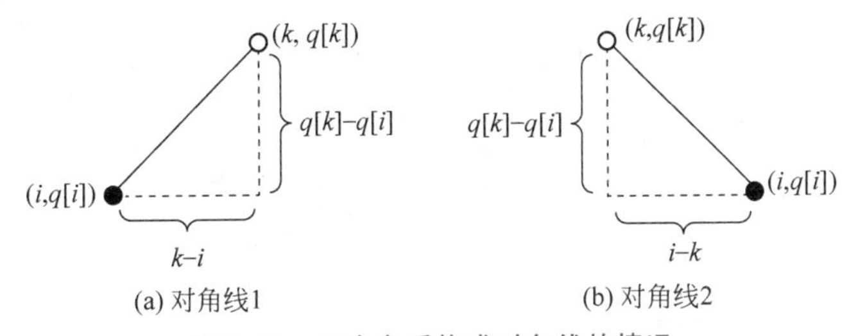

图 3.12　两个皇后构成对角线的情况

为了简单，在枚举 $n$ 皇后问题的解 $q$ 时先置 $q$ 为 $\{0,1,\cdots,n-1\}$，当判定 $q$ 是否为一个解后再直接利用 STL 的 next_permutation$(q,q+n)$ 函数得到下一个排列，直到枚举完所有的排列。对应的输出 $n$ 皇后问题的全部解的穷举法算法如下：

```
int cnt;                                    //累计解个数
void disp(int n,int q[]) {                  //输出 n 皇后问题的一个解
    printf(" 第%d 个解:",++cnt);
    for (int i=0;i<n;i++)
        printf("(%d,%d) ",i,q[i]);
    printf("\n");
}
bool valid(int i,int q[]) {                 //测试(i,q[i])位置是否与前面的皇后不冲突
    if (i==0) return true;                  //皇后 0 一定没有冲突
    int k=0;
    while (k<i) {                           //k=0~i-1 是已放置了皇后的行
        if ((q[k]==q[i]) || (abs(q[k]-q[i])==abs(k-i)))
            return false;                   //(i,q[i])与皇后 k 有冲突
        k++;
    }
    return true;
}
bool isaqueen(int n,int q[]) {              //判断 q 是否为 n 皇后问题的一个解
    for(int i=1;i<n;i++) {
```

```
        if(!valid(i,q))                    //若皇后 i 的位置不合适,则返回 false
            return false;
    }
    return true;
}
void queen(int n) {                        //求解算法
    cnt=0;
    int q[20];                             //q[i]存放皇后 i 的列号
    for(int i=0;i<n;i++)                   //初始化 q 为 0～n-1
        q[i]=i;
    do {
        if(isaqueen(n,q))                  //q 是一个解时输出
            disp(n,q);
    } while(next_permutation(q,q+n));      //取 a 的下一个排列
}
```

调用上述算法求出的 6 皇后问题的 4 个解如下,对应的图示如图 3.13 所示。

```
第 1 个解:(0,1) (1,3) (2,5) (3,0) (4,2) (5,4)
第 2 个解:(0,2) (1,5) (2,1) (3,4) (4,0) (5,3)
第 3 个解:(0,3) (1,0) (2,4) (3,1) (4,5) (5,2)
第 4 个解:(0,4) (1,2) (2,0) (3,5) (4,3) (5,1)
```

**queen 算法分析**:其中 valid$(n,q)$算法的执行时间为 $O(n)$,isaqueen$(n,q)$算法的最坏时间复杂度为 $O(n^2)$,调用一次 next_permutation$(q,q+n)$的时间为 $O(n)$,queen$(n)$算法中 do-while 循环的次数为 $n!$,所以执行总时间为 $2^n(O(n^2)+O(n))$,即 $O(n^2 \times n!)$。

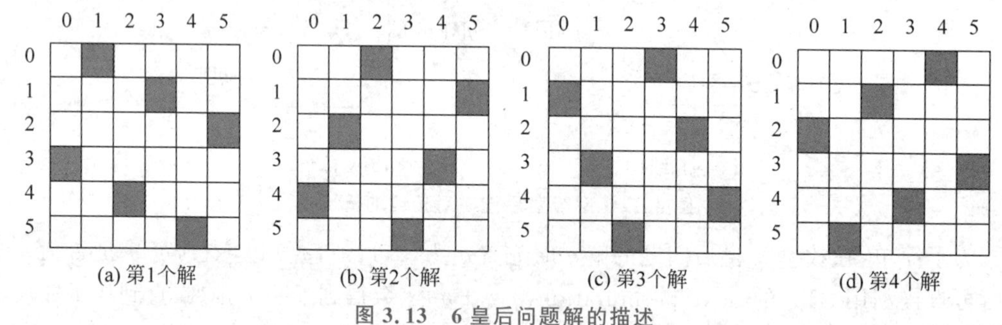


图 3.13　6 皇后问题解的描述

## 3.9 任务分配问题

**问题描述**:有 $n(n \geqslant 1)$个任务需要分配给 $n$ 个人执行,每个任务只能分配给一个人,每个人只能执行一个任务,人员和任务的编号均为 $0 \sim n-1$。第 $i$ 个人执行第 $j$ 个任务的成本是 $c[i][j](0 \leqslant i,j \leqslant n-1)$。设计一个算法求出总成本最小的一种分配方案,并结合如表 3.2 所示的问题求解。

**解** 考虑为人员分配唯一的任务,用 $\boldsymbol{x}=(x_0,x_1,\cdots,x_{n-1})$表示,$x_i$ 表示人员 $i$ 分配的任务编号,由于每个人有且仅有一个分配的任务,而任务编号是 $0 \sim n-1$,所以每种分配方案一定是 $0 \sim n-1$ 的一个排列,全部可能的分配方案恰好是 $0 \sim n-1$ 的全排列。

通过枚举 $0 \sim n-1$ 的全排列,计算出每种分配方案的成本,比较求出最小成本的方案,即最优方案。对于表 3.2 所示的示例,$n=4$,共 24 种分配方案:

分配方案 1：$\boldsymbol{x}$=(0,1,2,3)，对应总成本=18

分配方案 2：$\boldsymbol{x}$=(0,1,3,2)，对应总成本=30

分配方案 3：$\boldsymbol{x}$=(0,3,1,2)，对应总成本=33

……

分配方案 24：$\boldsymbol{x}$=(3,2,1,0)，对应总成本=26

表 3.2　4 个人员、4 个任务的信息

| 人　员 | 任务 0 | 任务 1 | 任务 2 | 任务 3 |
|---|---|---|---|---|
| 0 | 9 | 2 | 7 | 8 |
| 1 | 6 | 4 | 3 | 7 |
| 2 | 5 | 8 | 1 | 8 |
| 3 | 7 | 6 | 9 | 4 |

在全部方案中比较求出最优方案是 $\boldsymbol{x}$=(1,0,2,3)，即人员 0 分配任务 1，人员 1 分配任务 0，人员 2 分配任务 2，人员 3 分配任务 3，最优成本为 13。对应的穷举算法如下：

```
vector<vector<int>> perm1(int n) {                    //迭代求 0~n-1 的全排列
    vector<vector<int>> pm={{0}};                     //存放全排列
    for (int i=1;i<n;i++) {                           //循环添加 1~n-1
        vector<vector<int>> pm1=pm;
        pm.clear();
        for (auto it=pm1.begin();it!=pm1.end();it++) {
            vector<int> e=(*it);                      //取出 pm1 中的一个元素 e
            for (int j=e.size();j>=0;j--) {           //在 e 的每个位置插入 i
                vector<int> e1=e;
                auto it=e1.begin()+j;                 //求出插入位置
                e1.insert(it,i);                      //插入整数 i
                pm.push_back(e1);                     //添加到 pm 中
            }
        }
    }
    return pm;
}
void allocate(vector<vector<int>> &c) {               //求任务分配问题的最优方案
    int n=c.size();
    vector<vector<int>> pm=perm1(n);
    vector<int> bestx;                                //最优分配方案
    int mincost=INF;                                  //最小成本(初始化为∞)
    for (int f=0;f<pm.size();f++) {                   //求每个分配方案的成本
        vector<int> x=pm[f];                          //取当前分配方案 x
        int cost=0;
        for (int i=0;i<x.size();i++)                  //人员 i 分配任务 x[i]
            cost+=c[i][x[i]];
        printf("分配方案: x=(");
        for(int k=0;k<x.size();k++)
            printf("%d ",x[k]);
        printf(") 总成本=%d\n",cost);
        if (cost<mincost) {                           //通过比较求最小成本的方案
            mincost=cost;
            bestx=x;
        }
    }
    printf("最优方案:\n");                             //输出结果
    for (int i=0;i<bestx.size();i++)
        printf(" 人员%d 分配任务%d\n",i,bestx[i]);
```

```
    printf(" 总成本=%d\n", mincost);
}
```

**allocate 算法分析**：perm1 求全排列的时间复杂度为 $O(n\times n!)$，后面求最优方案的时间复杂度也是如此，所以总的时间复杂度为 $O(n\times n!)$。

扫一扫

视频讲解

【例 3.8】 订单分配（LintCode1909★★）。假定有 $n(1\leqslant n\leqslant 8)$ 个订单，待分配给 $n$ 个司机，每个订单在匹配司机前会对候选司机进行打分，打分的结果保存在 $n\times n$ 的矩阵 score 中，其中 score$[i][j]$$(0\leqslant$score$[i][j]\leqslant 100)$ 代表订单 $i$ 派给司机 $j$ 的分值。假定每个订单只能派给一位司机，司机只能分配到一个订单。设计一个算法求最终的派单结果，使得匹配的订单和司机的分值累加起来最大，并且所有订单都得到分配。题目保证每组数据的最大分数的分配方案都是唯一的。例如，$n=3$，score=$\{\{1,2,4\},\{7,11,16\},\{37,29,22\}\}$，答案是 $\{1,2,0\}$，即 3 个订单分别分派给司机 1、2 和 0，对应的最大分值是 55。要求设计如下成员函数：

扫一扫

源程序

```
vector<int> orderAllocation(vector<vector<int>> &score) { }
```

**解** 与前面讨论的求解任务分配问题类似，将司机看成人员，将订单看成任务，仅将求最小成本改为求最大得分。

# 3.10 旅行商问题

扫一扫

视频讲解

**问题描述**：旅行商问题又称为货郎担问题（简称 TSP 问题），是数学领域中著名的问题之一。假设一个旅行商要从某个城市 $s$ 出发拜访 $n$ 个城市，他必须选择所要走的路径，路径的限制是每个城市只能拜访一次，而且最后要回到出发城市。$n$ 个城市的编号为 $0\sim n-1$，每个城市对应城市道路图中的一个顶点，假设城市道路图采用邻接矩阵 $\mathbf{A}$ 存储，起始点为 $s$，求出这样的路径中长度最短的路径，并结合如图 3.14 所示的城市道路图以 $s=0$ 为例讨论求解过程。

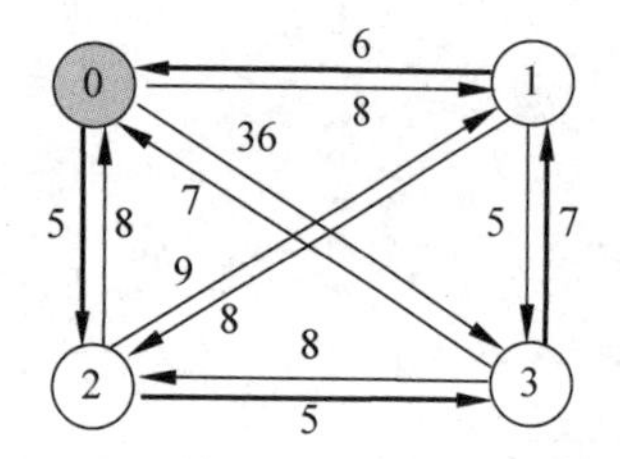


图 3.14 一个 4 城市的道路图

**解** 题目就是求从顶点 $s$ 出发经过其他 $n-1$ 个顶点并且回到顶点 $s$ 的最短路径，除了起始点和终点以外，路径中的其他顶点不重复，如图 3.15 所示，称这样的路径为 TSP 路径，对应的路径长度称为 TSP 路径长度。例如图 3.14 中用粗线标注的回路就是一条 TSP 路径，其路径长度为 23。

设候选 TSP 路径中除了起始点和终点以外 $x=\{x_0,x_1,\cdots,x_{n-2}\}$，则对应的路径长度=$A[s][x_0]+A[x_0][x_1]+\cdots+A[x_{n-3}][x_{n-2}]+A[x_{n-2}][s]$。依题意，$x_i$ 只能是 $0\sim n-1$ 中非 $s$ 的顶点，为此采用穷举法，初始时置 $x$ 为非 $s$ 的 $n-1$ 个顶点，将其作为第一条路径，求出路径长度 curlen，然后将 $x$ 的每一个排列看成不同的路径，同样求出路径长度 curlen，在所有的 curlen 中比较求最小值 bestlen，对应的路径用 bestx 表示，那么 TSP 路径就是 bestx。这里的求全排列直接利用 STL 的 next_permutation() 函数。对应的算法如下：

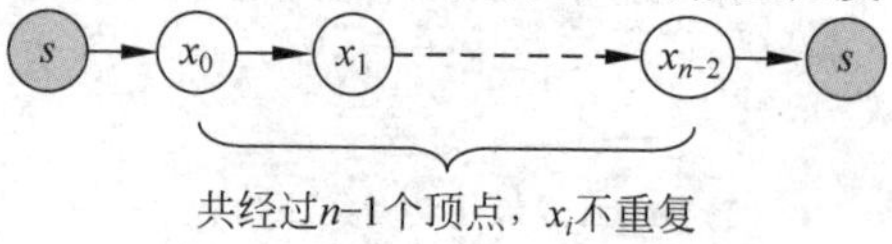

$s \to x_0 \to x_1 - - - - \to x_{n-2} \to s$

共经过 $n-1$ 个顶点，$x_i$ 不重复

图 3.15 TSP 路径

```
void disppath(vector<int> &x,int plen,int s) {                //输出一条路径 x
    printf("%d",s);
    for(int i=0;i<x.size();i++)
        printf("->%d",x[i]);
    printf("->%d 路径长度=%d\n",s,plen);
}
void TSP(vector<vector<int>> &A,int s) {                      //求解算法
    int n=A.size();
    int bestlen=INF;                                          //存放最短路径长度
    vector<int> bestx,x;                                      //bestx 存放最短路径
    for(int i=0;i<n;i++) {                                    //将非 s 的顶点添加到 x 中
        if(i!=s) x.push_back(i);
    }
    printf("TSP 求解\n");
    int cnt=0;                                                //累计路径数
    do {
        int curlen=0,u=s,j=0;
        while(j<x.size()) {
            int v=x[j];
            curlen+=A[u][v];                                  //对应一条边<u,v>
            u=v;
            j++;
        }
        curlen+=A[u][s];
        printf("  路径%d: ",++cnt); disppath(x,curlen,s);
        if(curlen<bestlen) {                                  //比较求最短路径
            bestlen=curlen;
            bestx=x;
        }
    } while(next_permutation(x.begin(),x.end()));
    printf("  最短路径:"); disppath(bestx,bestlen,s);
}
```

以图 3.14 所示的一个 4 城市的道路图为例，起点 s 为 0 时调用上述算法的输出结果如下：

```
TSP 求解
    路径 1: 0->1->2->3->0 路径长度=28
    路径 2: 0->1->3->2->0 路径长度=29
    路径 3: 0->2->1->3->0 路径长度=26
    路径 4: 0->2->3->1->0 路径长度=23
    路径 5: 0->3->1->2->0 路径长度=59
    路径 6: 0->3->2->1->0 路径长度=59
    最短路径:0->2->3->1->0 路径长度=23
```

**TSP 算法分析：** 算法中 do-while 循环执行$(n-1)!$次，一次调用 next_permutation()的时间为$O(n)$，一次循环求路径长度的时间为$O(n)$，合并总时间为$(O(n)+O(n))\times(n-1)!$，对应的时间复杂度为$O(n!)$。

**【例 3.9】** 旅行计划(LintCode1891★★)。有$n(n\leqslant 10)$个城市，城市编号为$0\sim n-1$。给出邻接矩阵 arr 代表任意两个城市的距离，其中 arr$[i][j]$(arr$[i][j]\leqslant 10\ 000$)表示从城市$i$到城市$j$的距离。Alice 在周末制定了一个游玩计划，她从所在的城市 0 开始，游玩其他的$1\sim n-1$的全部城市，最后回到城市 0。Alice 想知道她能完成游玩计划需要行走的最

扫一扫

视频讲解

小距离，返回这个最小距离。除了城市 0 以外每个城市都只能经过一次，且城市 0 只能是起点和终点，Alice 中途不可经过城市 0。例如，arr={{0,1,2},{1,0,2},{2,1,0}}，答案是 4，对应的路径是城市 0->城市 2->城市 1->城市 0。要求设计如下成员函数：

```
int travelPlan(vector<vector<int>> &arr) { }
```

扫一扫

源程序

**解** Alice 最小距离的旅游路径就是一条 TSP 路径，这里仅求 TSP 路径长度。采用穷举法求解本例的思路与前面讨论的求解 TSP 路径完全相同，仅将起始点 $s$ 设置为 0 即可。

## 3.11 练 习 题

扫一扫

自测题

1. 简述穷举法的基本思想。

2. 简述穷举法中有哪几种列举方法。

3. 举一个例子说明前缀和数组的应用。

4. 举一个例子说明并查集的应用。

5. 考虑下面的算法，用于求数组 $a$ 中相差最小的两个元素的差。请对这个算法做尽可能多的改进。

```
int mindif(int a[],int n) {
    int dmin=INF;
    for (int i=0;i<=n-2;i++) {
        for (int j=i+1;j<=n-1;j++){
            int temp=abs(a[i]-a[j]);
            if (temp<dmin)
                dmin=temp;
        }
    }
    return dmin;
}
```

6. 为什么采用穷举法求解 $n$ 皇后问题时列举方式是排列列举？

7. 给定一个整数数组 $a=(a_0,a_1,\cdots,a_{n-1})$，若 $i<j$ 且 $a_i>a_j$，称 $<a_i,a_j>$ 为一个逆序对。例如数组(3,1,4,5,2)的逆序对有<3,1>、<3,2>、<4,2>、<5,2>。设计一个算法采用穷举法求 $a$ 中逆序对的个数，即逆序数。

8. 求最长回文子串(LeetCode5★★)。给定一个字符串 s，设计一个算法求 s 中的最长回文子串，如果有多个最长回文子串，求出其中的任意一个。例如，s="babad"，答案为"bab"或者"aba"。要求设计如下成员函数：

```
string longestPalindrome(string s) { }
```

9. 求解涂棋盘问题。小易有一块 $n\times n$ 的棋盘，棋盘的每一个格子都为黑色或者白色，小易现在要用他喜欢的红色去涂画棋盘。小易会找出棋盘的某一列中拥有相同颜色的最大区域去涂画，帮助小易计算他会涂画多少个棋盘格。

输入格式：输入数据包括 $n+1$ 行，第一行为一个整数 $n(1\leqslant n\leqslant 50)$，即棋盘的大小，接下来的 $n$ 行每行一个字符串，表示第 $i$ 行棋盘的颜色，'W'表示白色，'B'表示黑色。

输出格式：输出小易会涂画的区域大小。

输入样例：

```
3
BWW
BBB
BWB
```

输出样例：

```
3
```

10. 电话号码的字母组合(LeetCode17★★)。给定一个仅包含数字 2～9 的长度为$n(0\leqslant n\leqslant 4)$的字符串 digits,设计一个算法求所有能表示的字母组合,答案可以按任意顺序返回。给出数字到字母的映射如图 3.16 所示(与电话的按键相同),注意 1 不对应任何字母。例如,digits="23",答案是{"ad","ae","af","bd","be","bf","cd","ce","cf"}。要求设计如下成员函数：

图 3.16 电话按键表示的数字到字母的映射

```
vector<string> letterCombinations(string digits) { }
```

11. 求子数组的和为 $k$ 的个数(LintCode838★)。给定一个整数数组 nums 和一个整数 $k$,设计一个算法求该数组中连续子数组的和为 $k$ 的总个数。例如,nums={2,1,−1,1,2},$k=3$,和为 3 的子数组有(2,1)、(2,−1,1,2)、(2,1,−1,1)和(1,2),答案为 4。要求设计如下成员函数：

```
int subarraySumEqualsK(vector<int> &nums, int K) { }
```

12. 给定 $n$ 个城市(城市编号为从 1 到 $n$),城市和无向道路成本之间的关系为三元组(A,B,C),表示在城市 A 和城市 B 之间有一条路,成本是 C,所有的三元组用 tuple 表示。现在需要从城市 1 开始找到旅行所有城市的最小成本。每个城市只能通过一次,可以假设能够到达所有的城市。例如,$n=3$,tuple={{1,2,1},{2,3,2},{1,3,3}},答案为 3,对应的最短路径是 1→2→3。

13. $n$ 皇后问题Ⅱ(LintCode34★★)。给定一个整数 $n(n\leqslant 10)$,设计一个算法求 $n$ 皇后问题的解的数量。例如,$n=4$ 时答案为 2,也就是说 4 皇后问题共有两个解。要求设计如下成员函数：

```
int totalNQueens(int n) { }
```

## 3.12 在线编程实验题

1. LintCode1068——寻找数组的中心索引★
2. LintCode1517——最大子数组★
3. LintCode1338——停车困境★
4. LintCode993——数组划分Ⅰ★

5. LintCode406——和大于 $s$ 的最小子数组★★
6. LintCode1331——英语软件★
7. LintCode397——最长上升连续子序列★
8. LeetCode1534——统计好三元组★
9. LeetCode204——计数质数★★
10. LeetCode187——重复的 DNA 序列★★
11. LeetCode2018——判断单词是否能放入填字游戏内★★
12. LeetCode2151——基于陈述统计最多好人数★★★
13. POJ2000——金币
14. POJ1013——假币问题
15. POJ1256——字谜
16. POJ3187——倒数和

# 第4章 分治法

【案例引入】

**求最大值问题**：$a$={3,6,1,5,8,2,4,7}，求其中的最大元素是多少？

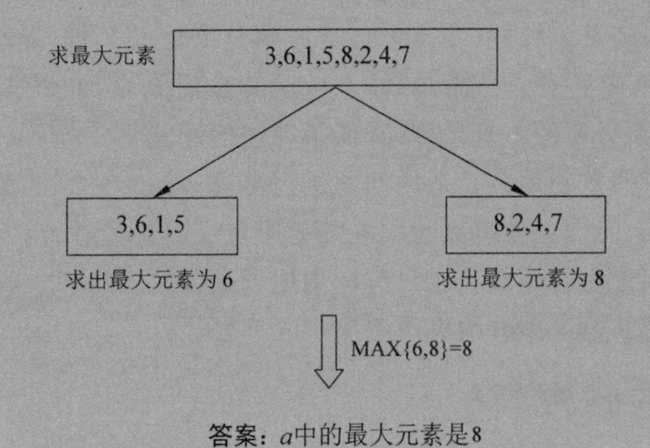


**答案**：$a$中的最大元素是8

**本章学习目标**：

(1) 理解分治法的定义和分治法求解问题的特征。

(2) 掌握分治法策略的基本步骤。

(3) 深入领会快速排序、二路归并排序和二分查找及其扩展算法中的分治策略。

(4) 掌握采用分治法求解最大连续子序列、棋盘覆盖问题、循环日程安排问题和旅行商问题的算法设计方法。

(5) 灵活运用分治法解决复杂问题。

# 4.1 分治法概述

## 4.1.1 什么是分治法

对于一个规模为 $n$ 的问题,若容易解决则直接解决,否则需要分析问题本身的特性,如果能够将其分解为 $k(k\geqslant1)$个规模较小的子问题,并且这些子问题相互独立且与原问题类型相同,则做这样的分解,然后一一求解子问题,最后将各子问题的解合并得到原问题的解。这种分而治之的策略叫作**分治法**,采用分治法设计的算法称为**分治算法**。如果原问题分解得到的子问题相对来说还是太大,则反复使用分治法将这些子问题分解成更小的类型相同的子问题,直到产生出不用进一步细分就可以求解的子问题。这里强调原问题与子问题类型相同,是指两者除了问题规模上的差异以外求解过程是相同的。分治法所能解决的问题一般具有以下几个特性。

(1) 可缩性:问题的规模缩小到一定的程度就可以直接解决。

(2) 可分解性:问题可以分解为若干个规模较小的类型相同的子问题。

(3) 可合并性:问题的解可以由子问题的解合并得到。

(4) 独立性:问题分解出的若干个子问题是相互独立的,即子问题之间不包含公共的子子问题。

前 3 条是问题采用分治法求解必须满足的特性,特性(1)是许多问题都满足的特性,因为问题的计算复杂性总是随着问题规模的增加而增加;特性(2)是采用分治法求解的前提条件,同样许多问题都满足该特性;特性(3)是应用分治法的关键,能否利用分治法求解完全取决于问题是否具有该特性;特性(4)涉及分治算法的效率,如果各子问题是不独立的,则分治算法会做许多不必要的重复计算,降低了算法的性能。

从上看到,分治法的核心是对复杂的问题进行分化,予以各个击破,包含"分"和"治"两层含义,如何分、分后如何治成为解决问题的关键所在。分治可进行二分、三分等,具体怎么分,需看问题的性质和分治后的效果。只有深刻地领会分治的思想,认真分析分治后可能产生的预期效果,才能灵活地运用分治思想解决实际问题。

## 4.1.2 分治法的求解过程

从前面分治法的介绍可以看出利用分治算法求解问题一般包括 3 个主要步骤。

(1) 分解:将问题分解为若干个规模较小、相互独立、与原问题类型相同的子问题。

(2) 求解子问题:求出各个子问题的解。

(3) 合并:将各个子问题的解合并为原问题的解。

用 P 表示待求解的问题,分治算法的一般框架如下:

```
T divide-and-conquer(P) {                              //分治算法框架
    if |P|≤n0 return adhoc(P);
        将 P 分解为较小的子问题 P1、P2、……、Pk;
    for(i=1;i<=k;i++)                                   //循环处理 k 次
```

```
        yi=divide-and-conquer(Pi);                //求出子问题Pi的解
    return merge(y1,y2,…,yk);                     //合并子问题的解
}
```

其中|P|表示问题P的规模；$n_0$为一阈值，表示当问题P的规模不超过$n_0$时(即P问题规模足够小时)直接求解，不必再继续分解。adhoc(P)是基本子算法，用于直接求解小规模的问题P。算法merge($y_1$,$y_2$,…,$y_k$)是合并子算法，用于将P的子问题$P_1$、$P_2$、……、$P_k$的解$y_1$、$y_2$、……、$y_k$合并为P的解。

根据分治法的分解原则，原问题应该分解为多少个子问题才较适合？各个子问题的规模应该怎样才较适当？这些问题很难予以肯定的回答。人们从大量实践中发现，在用分治法设计算法时，最好使子问题的规模大致相同。换句话说，将一个问题分成大小相等的$k$个子问题的处理方法是行之有效的。当$k=1$时称为**减治法**。许多问题可以取$k=2$，称为二分法，如图4.1所示，这种使子问题规模大致相等的做法是出自一种平衡子问题的思想，它几乎总是比子问题规模不等的做法要好。

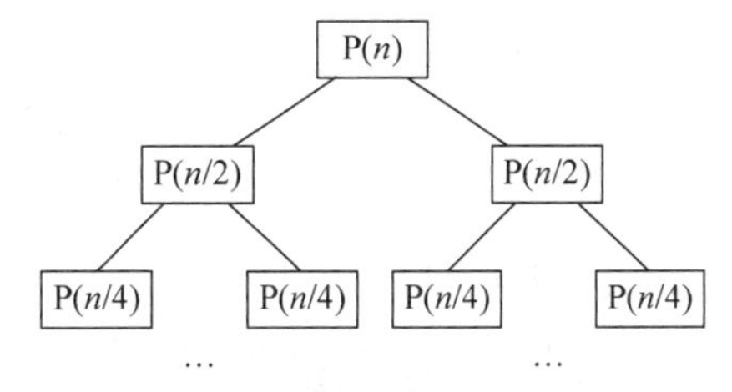

图4.1 二分法的基本策略

设计分治算法需要注意以下几点：

(1) 由于子问题与原问题类型相同，所以分治算法往往采用递归算法实现，甚至可以将很多递归算法看成分治算法，但要理解递归和分治法的区别，递归是算法的实现技术，分治法是算法的设计思想或者算法策略，从方法学的角度看分治法具有更高层次，实际上分治算法既可以采用递归算法实现，也可以采用迭代算法实现。

(2) 在采用递归算法实现分治算法时，需要结合递归的执行原理，明确哪些是表示问题规模的参数，在递去和归来中参数是如何变化和恢复的。

(3) 在分治法中合并步骤是算法的关键之一。有些问题的合并过程比较明显，有些问题的合并方法比较复杂，或者有多种合并方法，或者是合并过程不明显。究竟应该怎样合并，没有统一的模式，需要具体问题具体分析。

**【例4.1】** 对于给定的含有$n(n>2)$个整数的无序数组$a$，求这个序列中最大和次大的两个不同的元素。

扫一扫

视频讲解

**解** 设计分治算法max($a$,low,high)求无序序列$a$[low..high]中的最大元素first和次大元素second，返回结果ans={first,second}，其过程如下。

(1) 若$a$[low..high]中只有一个元素，即$a$[low]，则first=$a$[low]，second=-INF($-\infty$)。

(2) 若$a$[low..high]中只有两个元素，即$a$[low]和$a$[high]，则first=max{$a$[low]，$a$[high]}，second=min{$a$[low]，$a$[high]}。

(3) 若$a$[low..high]中有两个以上的元素，按中间位置mid=(low+high)/2划分为$a$[low..mid]和$a$[mid+1..high]左右两个区间(注意左区间包含$a$[mid]元素)，对应两个子问题。求出左区间结果lans，求出右区间结果rans，合并操作是若lans[0]>rans[0]，则first=lans[0]，second=max{lans[1]，rans[0]}，否则first=rans[0]，second=max{lans[0]，rans[1]}，返回{first，second}。

其中(1)和(2)是可以直接求解的情况，(3)才体现出分治法的思路。

例如，对于 $a=\{5,2,1,4,3\}$，求解过程如图 4.2 所示，虚线表示返回问题/子问题的解 {first, second}，求出的最大和次大元素分别是 5 和 4。

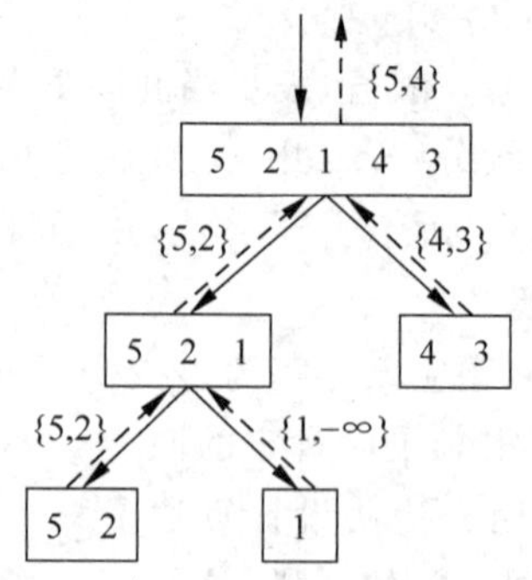


图 4.2　求 $a=\{5,2,1,4,3\}$ 中的最大和次大元素

对应的分治算法如下：

```
vector<int> max2(vector<int> &a, int low, int high) {      //分治算法
    int first, second;
    if (low==high) {                                          //区间中只有一个元素
        first=a[low];
        second=-INF;
    }
    else if (low==high-1) {                                   //区间中只有两个元素
        first=max(a[low], a[high]);
        second=min(a[low], a[high]);
    }
    else {
        int mid=(low+high)/2;
        vector<int> lans=max2(a, low, mid);                   //左区间求 lans
        vector<int> rans=max2(a, mid+1, high);                //右区间求 rans
        if (lans[0]> rans[0]) {
            first=lans[0];
            second=max(lans[1], rans[0]);                     //在 lans[1]和 rans[0]中求次大元素
        }
        else {
            first=rans[0];
            second=max(lans[0], rans[1]);                     //在 lans[0]和 rans[1]中求次大元素
        }
    }
    return {first, second};
}
void solve(vector<int> & a) {                                 //求解算法
    int n=a.size();
    vector<int> ans=max2(a,0,n-1);
    printf("最大整数=%d,次大整数=%d\n", ans[0], ans[1]);
}
```

## 4.1.3　分治算法分析

设问题规模为 $n$，其执行时间为 $T(n)$，假设分治算法将问题分解为 $a$ 个子问题，每个子问题的规模为 $n/b$，合并子问题的执行时间为 $f(n)$，那么 $T(n)$应该等于 $a$ 个子问题各自执行的时间和(即 $aT(n/b)$)加上合并子问题解的时间(即 $f(n)$)，这样有：

$T(n)=aT(n/b)+f(n)$

可以采用第 2 章中 2.6 节计算递推式的方法求解。从中看出，减少 $a$、增加 $b$ 和降低

$f(n)$均可以提高分治算法的时间性能。

例如，对于例 4.1，设调用 max2($a$,0,$n-1$)的执行时间为 $T(n)$，当 $n=1$ 或者 $n=2$ 时执行时间为常量，否则分解为两个问题规模大致为 $n/2$ 的子问题，合并的时间也是一个常量，对应的递推式如下：

$T(1)=1$

$T(n)=2T(n/2)+1$

可以推导出 $T(n)=O(n)$。

## 4.2 快速排序

问题描述：给定一个含 $n$ 个整数的数组 $a$，采用快速排序方法实现该数组中所有元素的递增排序。

解法 1：快速排序的思路是在待排序的 $n$ 个元素中取第一个元素作为基准，把该元素放到最终位置后，整个序列被基准分割成两个子序列，保证前面子序列中所有元素不大于基准，后面子序列中所有元素不小于基准，并把基准排在这两个子序列的中间，这个过程称为**划分**，如图 4.3 所示。然后对两个子序列分别重复上述过程，直到每个子序列中只有一个元素或空为止。

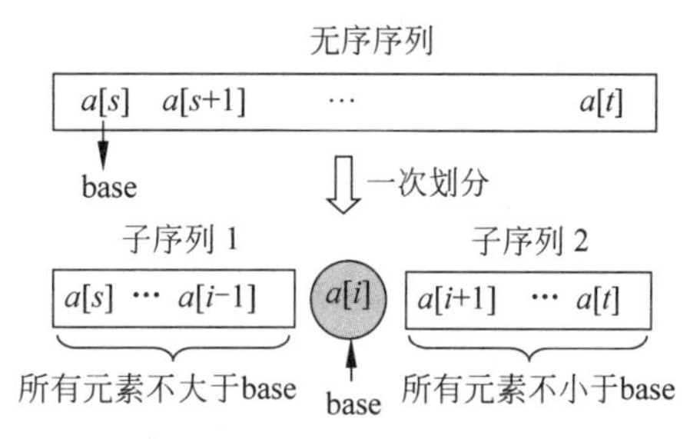


图 4.3 快速排序的一趟排序过程

这是一种二分法思想，每次将整个无序序列一分为二，归位一个元素，对两个子序列采用同样的方式进行排序，直到子序列的长度为 1 或 0 为止。快速排序的分治步骤如下。

(1) 分解：将原序列 $a[s..t]$分解成两个子序列 $a[s..i-1]$和 $a[i+1..t]$，其中 $i$ 为划分的基准位置，即将整个问题分解为两个子问题。

(2) 求解子问题：若子序列的长度为 0 或 1，则它是有序的，直接返回，否则递归地求解各个子问题。

(3) 合并：由于整个序列存放在数组 $a$ 中，排序过程是就地进行的，合并步骤不需要执行任何操作。

例如，对于 $a=\{2,5,1,7,10,6,9,4,3,8\}$的快速排序过程如图 4.4 所示，图中虚线表示一次划分，虚线旁的数字表示执行次序，圆圈表示归位的基准。

实现快速排序的分治算法如下：

```
void disp(vector<int> &a,int s,int t) {                //输出 a[s..t]的元素
    for(int i=0;i<s;i++)                               //输出空格
        printf(" ");
    printf("[");
    for (int i=s;i<=t;i++)                             //输出 a[s..t]
        printf("%3d",a[i]);
    printf("]");
    for(int i=t+1;i<a.size();i++)                      //输出空格
```

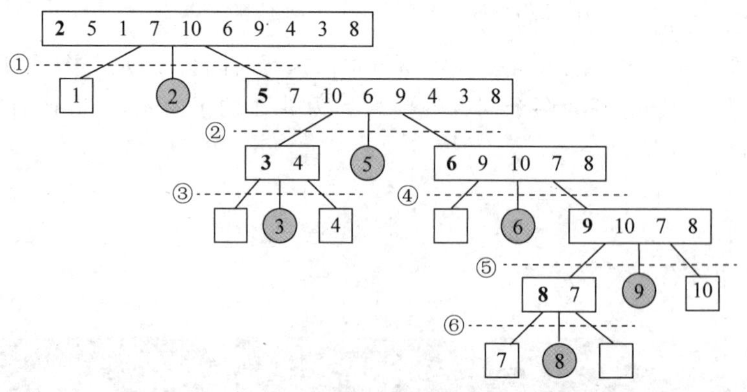


图 4.4 (2,5,1,7,10,6,9,4,3,8)的快速排序过程

```
        printf(" ");
}
int partition1(vector<int> &a,int s,int t) {          //划分算法 1(递增排序)
    int i=s,j=t;
    int base=a[s];                                    //序列中以首元素作为基准
    printf("第%d 次划分 基准=%d,划分结果:",++cnt,a[i]);
    while (i<j){                                      //从两端交替向中间遍历,直到 i=j 为止
        while (i<j && a[j]>=base)
            j--;                                      //从右向左找小于 base 的 a[j]
        if(i<j) {
            a[i]=a[j]; i++;                           //将 a[j]前移到 a[i]的位置
        }
        while (i<j && a[i]<=base)
            i++;                                      //从左向右找大于 base 的 a[i]
        if(i<j) {
            a[j]=a[i];j--;                            //将 a[i]后移到 a[j]的位置
        }
    }
    a[i]=base;
    disp(a,s,t); printf(" i=%d\n",i);                 //用于输出调试结果
    return i;
}
void quicksort11(vector<int> &a,int s,int t) {        //对 a[s..t]快速排序(递增排序)
    if (s<t) {                                        //a[s..t]中至少存在两个元素
        int i=partition1(a,s,t);                      //划分
        quicksort11(a,s,i-1);                         //对子序列 1 递归排序
        quicksort11(a,i+1,t);                         //对子序列 2 递归排序
    }
}
void quicksort1(vector<int> &a) {                     //对 a 快速排序(递增排序)
    int n=a.size();
    printf("序号                    ");
    for(int i=0;i<n;i++)
        printf("%3d",i);
    printf("\n");
    printf("排序前:                 "); disp(a,0,n-1);printf("\n");
    quicksort11(a,0,n-1);
    printf("排序后:                 "); disp(a,0,n-1);printf("\n");
}
```

当待排序序列为 $a=\{2,5,1,7,10,6,9,4,3,8\}$ 时调用上述 quicksort1($a$)算法的输出结果如下(粗体数字表示划分的基准):

```
序号                                0   1   2   3   4   5   6   7   8   9
排序前:                          [  2   5   1   7   10  6   9   4   3   8]
第1次划分 基准=2,划分结果:[  1   2   5   7   10  6   9   4   3   8]   i=1
第2次划分 基准=5,划分结果:          [  3   4   5   6   9   10  7   8]   i=4
第3次划分 基准=3,划分结果:          [  3   4]                            i=2
第4次划分 基准=6,划分结果:                           [  6   9   10  7   8]   i=5
第5次划分 基准=9,划分结果:                               [  8   7   9   10]  i=8
第6次划分 基准=8,划分结果:                               [  7   8]           i=7
排序后:                          [  1   2   3   4   5   6   7   8   9   10]
```

**quicksort1 算法分析**：partition1()算法在实现 $n$ 个元素的划分时元素之间的比较次数为 $n-1$，所以划分算法的时间复杂度为 $O(n)$。设快速排序的平均执行时间为 $T(n)$，假设一次划分将 $n$ 个元素分为两个长度分别为 $k-1$ 和 $n-k$ 的子区间，如图 4.5 所示，$k$ 的取值范围是 $1 \sim n$，共 $n$ 种情况。

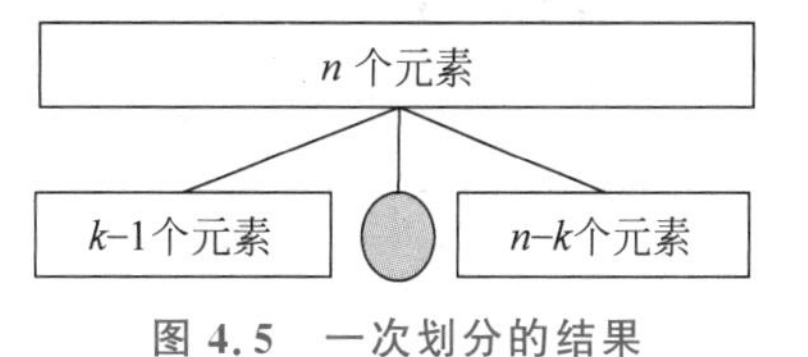


图 4.5 一次划分的结果

则：

$$T(n)=O(n)+\frac{1}{n}\sum_{k=1}^{n}(T(k-1)+T(n-k))$$

$$=\frac{2}{n}(T(0)+T(1)+\cdots+T(n-1))+cn$$

两边乘以 $n$：

$$nT(n)=2(T(0)+T(1)+\cdots+T(n-1))+cn^2$$

对 $n-1$ 套用上述公式：

$$(n-1)T(n-1)=2(T(0)+T(1)+\cdots+T(n-2))+c(n-1)^2$$

两式相减：

$$nT(n)-(n-1)T(n-1)=2T(n-1)+2cn-c$$

重新排列各项，并丢掉右边可以忽略的项“$-c$”：

$$nT(n)=(n+1)T(n-1)+2cn$$

等式两边除以 $n(n+1)$：

$$\frac{T(n)}{n+1}=\frac{T(n-1)}{n}+\frac{2c}{n+1}$$

对 $n-1$、$n-2$、……依次套用上述公式：

$$\frac{T(n-1)}{n}=\frac{T(n-2)}{n-1}+\frac{2c}{n}$$

$$\frac{T(n-2)}{n-1}=\frac{T(n-3)}{n-2}+\frac{2c}{n-1}$$

$$\cdots$$

$$\frac{T(2)}{3}=\frac{T(1)}{2}+\frac{2c}{3}$$

将上述各式相加：

$$\frac{T(n)}{n+1}=\frac{T(1)}{2}+2c\sum_{i=3}^{n+1}\frac{1}{i}=\frac{1}{2}+2c\left(\ln n+O(1)-1-\frac{1}{2}\right)=O(\log_2 n)$$

即 $T(n)=O(n\log_2 n)$。

解法 2：上述快速排序的划分算法中选择的基准是排序区间的首元素，这样当排序区间的元素正序或者反序时，划分的两个子区间的长度分别是 0 和 $n-1$，对应递归树的高度为 $n-1$，此时快速排序退化为冒泡排序，呈现最差性能。改进的方法之一是每次划分选择排序区间的中间位置元素为基准。对应的快速排序算法如下：

扫一扫
视频讲解

```
vector<int> partition2(vector<int> &a,int s,int t) {       //划分算法 2(递增排序)
    int i=s, j=t;
    int base=a[(i+j)/2];                                   //选择中间位置元素为基准
    printf("第%d 次划分 基准=%d,划分结果:",++cnt,base);
    while (i<=j) {
        while (i<=j && a[i]<base)                          //从左向右跳过小于 base 的元素
            i++;                                           //i 指向大于或等于 base 的元素
        while (i<=j && a[j]>base)                          //从右向左跳过大于 base 的元素
            j--;                                           //j 指向小于或等于 base 的元素
        if (i<=j) {
            swap(a[i],a[j]);                               //a[i]和 a[j]交换
            i++; j--;
        }
    }
    disp(a,s,t);printf(" j=%d,i=%d\n",j,i);                //用于输出调试结果
    return {j,i};
}
void quicksort21(vector<int> &a,int s,int t) {             //对 a[s..t]快速排序(递增排序)
    if (s<t) {                                             //a[s..t]中至少存在两个元素
        vector<int> ps=partition2(a,s,t);
        int j=ps[0],i=ps[1];
        quicksort21(a,s,j);
        quicksort21(a,i,t);
    }
}
void quicksort2(vector<int> &a) {                          //对 a 快速排序
    int n=a.size();
    printf("序号                          ");
    for(int i=0;i<n;i++)
        printf("%3d",i);
    printf("\n");
    printf("排序前:                       "); disp(a,0,n-1);printf("\n");
    quicksort21(a,0,n-1);
    printf("排序后:                       "); disp(a,0,n-1);printf("\n");
}
```

在 partition2$(a,s,t)$划分算法中，先取基准 base$=a[(s+t)/2]$，$i$ 向右找到大于或等于 base 的元素 $a[i]$，$j$ 向左找到小于或等于 base 的元素 $a[j]$，当 $i \leqslant j$ 时两者交换，所以一次划分结束后一定有 $j<i$，而且 $a[s..j]$中的元素不大于 base，$a[i..t]$中的元素不小于 base，$a[j+1..i-1]$中的元素等于 base。

当待排序序列为 $a=\{3,1,3,4,3,3,3,2,3\}$时调用上述 quicksort2$(a)$算法的输出结果如下(粗体数字表示划分的基准)：

```
序号                           0  1  2  3  4  5  6  7  8
排序前:                      [ 3  1  3  4  3  3  3  2  3]
第 1 次划分 基准=3,划分结果: [ 3  1  2  3  3  3  4  3  3]  j=4,i=5
第 2 次划分 基准=2,划分结果: [ 2  1  3  3  3]              j=1,i=2
第 3 次划分 基准=2,划分结果: [ 1  2]                       j=0,i=1
第 4 次划分 基准=3,划分结果:       [ 3  3  3]              j=2,i=4
第 5 次划分 基准=4,划分结果:                [ 3  3  3  4]  j=7,i=8
第 6 次划分 基准=3,划分结果:             [ 3  3  3]        j=5,i=7
排序后:                      [ 1  2  3  3  3  3  3  3  4]
```

**quicksort2 算法分析**：与 quicksort1 算法的性能相同，平均时间复杂度为 $O(n\log_2 n)$。

**提示**：有一种简单的取排序区间的中间位置元素为基准的方法，即将首元素与中间位置元素交换，其他同解法 1，该方法也可以提高性能。

**【例 4.2】** 求数组中的第 $k$ 大的元素(LeetCode215★★)。问题描述见第 1 章中 1.3.2 节的例 1.6。这里采用快速排序方法求解。

**解法 1**：假设无序序列存放在 $a[0..n-1]$ 中，若将 $a$ 递减排序，则第 $k$ 大的元素为 $a[k-1]$。其实不必对整个数组 $a$ 排序，采用类似快速排序的思路，对于无序子序列 $a[s..t]$，在其中查找第 $k$ 大的元素的过程如下：

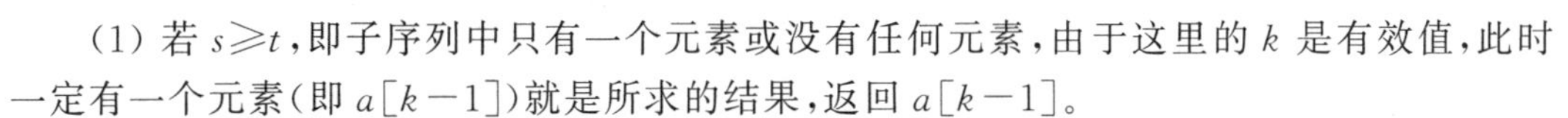

(1) 若 $s \geqslant t$，即子序列中只有一个元素或没有任何元素，由于这里的 $k$ 是有效值，此时一定有一个元素(即 $a[k-1]$)就是所求的结果，返回 $a[k-1]$。

(2) 若 $s<t$，表示子序列中有两个或两个以上的元素，以 $a[s]$ 为基准划分(按递减排序做划分)得到 $a[s..i-1]$ 和 $a[i+1..t]$ 两个子序列，基准 $a[i]$ 已归位，$a[s..i-1]$ 中的所有元素均不大于 $a[i]$，$a[i+1..t]$ 中的所有元素均不小于 $a[i]$，也就是说 $a[i]$ 就是第 $i+1$ 大的元素，如图 4.6 所示。

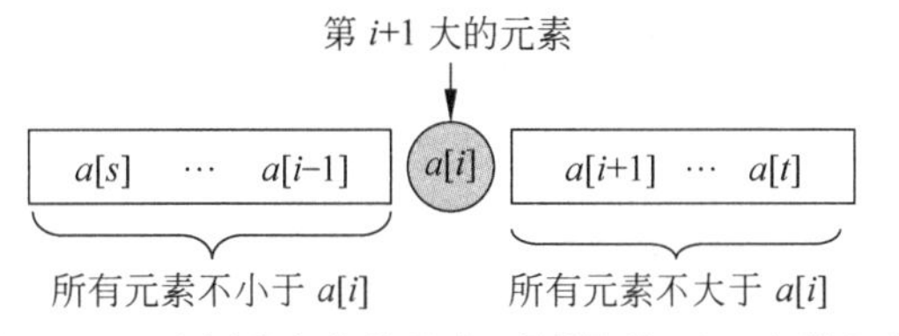


图 4.6 一次划分归位的元素 $a[i]$ 是第 $i+1$ 大的元素

此时查找第 $k$ 大的元素分为 3 种情况：

① 若 $k-1=i$，则 $a[i]$ 即为所求，返回 $a[i]$。

② 若 $k-1<i$，说明第 $k$ 大的元素小于或等于 $a[i]$，则第 $k$ 大的元素应在 $a[s..i-1]$ 中，递归在左子序列中求解并返回其结果。

③ 若 $k-1>i$，说明第 $k$ 大的元素大于或等于 $a[i]$，则第 $k$ 大的元素应在 $a[i+1..t]$ 中，递归在右子序列中求解并返回其结果。

对应的代码如下：

```
class Solution {
public:
    int findKthLargest(vector<int>& nums, int k) {
        int n=nums.size();
        return quickselect(nums, 0, n-1, k);
    }
    int quickselect(vector<int>&a, int s, int t, int k) {      //在 a[s..t]序列中找第 k 大的元素
        if (s<t) {                                             //区间内至少存在两个元素的情况
            int i=partition(a, s, t);
            if (k-1==i)
                return a[i];
            else if (k-1<i)
                return quickselect(a, s, i-1, k);              //在左区间中递归查找
            else
                return quickselect(a, i+1, t, k);              //在右区间中递归查找
        }
        else return a[k-1];
    }
```

扫一扫

源程序

```
    int partition(vector<int> &a,int s,int t) {           //划分算法(用于递减排序)
        int i=s,j=t;
        int base=a[s];                                     //序列中以首元素作为基准
        while (i<j) {                      //从两端交替向中间遍历,直到i=j为止
            while (i<j && a[j]<=base)
                j--;                                       //从右向左找大于base的a[j]
            if(i<j) {
                a[i]=a[j]; i++;                            //将a[j]前移到a[i]的位置
            }
            while (i<j && a[i]>=base)
                i++;                                       //从左向右找小于base的a[i]
            if(i<j) {
                a[j]=a[i]; j--;                            //将a[i]后移到a[j]的位置
            }
        }
        a[i]=base;                                         //基准归位
        return i;
    }
};
```

上述程序提交时通过,执行用时为120ms,内存消耗为44.3MB。

解法2:采用简单的取排序区间 $a[s..t]$ 的中间位置元素为基准的方法,即先求 $\text{mid}=(s+t)/2$,再将 $a[s]$ 和 $a[\text{mid}]$ 交换,其他同解法1。

扫一扫

视频讲解

解法3:采用前后查找交换的划分方式。假设当前查找区间是 $a[\text{low..high}]$,置基准 $\text{base}=a[(s+t)/2]$,$i=\text{low}$,$j=\text{high}$,当 $i\leqslant j$ 时循环:

(1) $i$ 从左向右找到一个小于或等于 base 的元素 $a[i]$(跳过大于 base 的元素),$j$ 从右向左找到一个大于或等于 base 的元素 $a[j]$(跳过小于 base 的元素)。

(2) 若 $i\leqslant j$ 将 $a[i]$ 和 $a[j]$ 交换,再执行 $i++$,$j--$。

当上述循环结束后,$a[s..j]$(共 $j-s+1$ 个元素)中的全部元素不小于 base,$a[i..t]$(共 $t-i+1$ 个元素)中的全部元素不大于 base,$a[j+1]$ 是划分点(由于 $j$ 后于 $i$ 的移动,可以推导出 $a[s..j]\leqslant a[j+1..t]$)。这样有如下3种情况:

(1) 若 $s+k-1\leqslant j$,说明 $a$ 中的第 $k$ 大元素在左区间中,递归在左区间中查找第 $k$ 大元素。

(2) 若 $s+k-1\geqslant i$,说明 $a$ 中的第 $k$ 大元素在右区间中,递归在右区间中查找第 $k-(i-s)$ 大元素。

(3) 否则 $a[j+1]$ 就是 $a$ 中的第 $k$ 大元素,返回 $a[j+1]$ 即可。

例如,$a=(1,5,3,2,3,4)$,$k=3$,首先有 $s=0$,$t=5$,置 $i=0$,$j=5$,$\text{base}=a[2]=3$,如图4.7(a)所示,第一次划分过程如下:

(1) $a[0]<\text{base}$,$a[5]>\text{base}$,两者交换,再置 $i++(i=1)$,$j--(j=4)$,如图4.7(b)所示。

(2) $i$ 向右找到 $a[2]\leqslant\text{base}$,$a[j]\geqslant\text{base}$,即 $i=2$,$j=4$,如图4.7(c)所示。

(3) $a[2]$ 与 $a[4]$ 交换,再置 $i++(i=3)$,$j--(j=3)$,如图4.7(d)所示。

(4) $i=3$,$a[3]\leqslant\text{base}$,$i$ 不变,$j$ 向左找到 $a[2]\geqslant\text{base}$,即 $j=2$,此时若 $i\leqslant j$ 不成立,循环结束,如图4.7(e)所示。

第一次划分结束,$a[s..j]$ 均不小于 base,$a[i..t]$ 均不大于 base。由于 $s+k-1\geqslant i$,则递归在右区间中查找第 $k-(i-s)$ 大元素,最终的结果是元素3。对应的代码如下:

```
class Solution {
public:
```

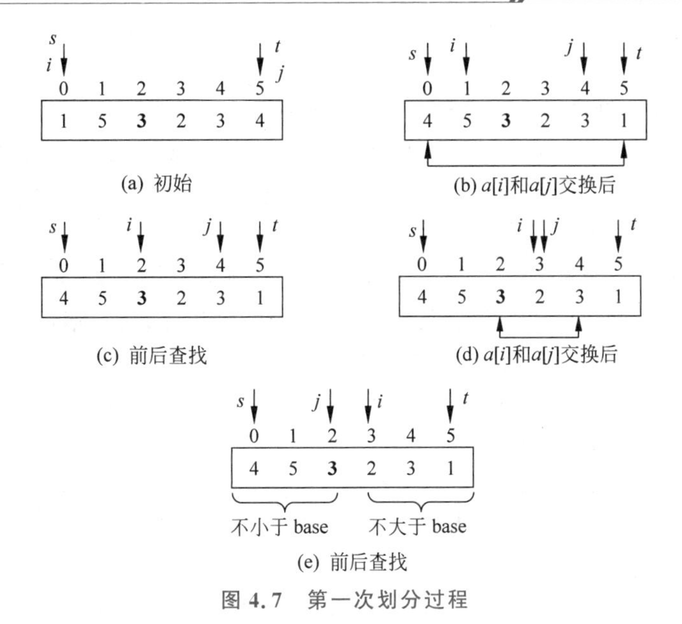


图 4.7 第一次划分过程

```
    int findKthLargest(vector<int>& nums, int k) {
        int n=nums.size();
        return quickselect(nums, 0, n-1, k);
    }
    int quickselect(vector<int> &nums, int s, int t, int k) {
        if (s>=t) return nums[s];
        int i=s, j=t;
        int base=nums[(i+j)/2];
        while (i<=j) {
            while (i<=j && nums[i]> base) {        //从左向右跳过大于 base 的元素
                i++;                               //i 指向小于或等于 base 的元素
            }
            while (i<=j && nums[j]< base) {        //从右向左跳过小于 base 的元素
                j--;                               //j 指向大于或等于 base 的元素
            }
            if (i<=j) {
                swap(nums[i], nums[j]);            //nums[i]和 nums[j]交换
                i++; j--;
            }
        }
        if (s+k-1<=j) {                            //在左区间中查找第 k 大元素
            return quickselect(nums, s, j, k);
        }
        if (s+k-1>=i) {                            //在右区间中查找第 k-(i-s)大元素
            return quickselect(nums, i, t, k-(i-s));
        }
        return nums[j+1];
    }
};
```

上述程序提交时通过，执行用时为 52ms，内存消耗为 44.4MB。

## 4.3 二路归并排序

问题描述：给定一个含 $n$ 个整数的数组 $a$，采用二路归并排序方法实现该数组中所有元素的递增排序。

**解** 二路归并排序通常有非递归和递归两种算法，非递归的二路归并排序算法称为自底向上的二路归并排序算法，先将 $a$ 看成由 $n$ 个有序表构成，每个有序表仅包含一个元素，再将相邻的两个有序表归并为一个有序表，以此类推，每一趟将 $m$ 个有序表缩小为 $m/2$ 个有序表，直到 $m$ 等于 1 为止。

扫一扫

视频讲解

递归二路归并排序算法称为自顶向下的二路归并排序算法，与前面讨论的快速排序一样均属于典型的二分法算法，这里主要讨论递归二路归并排序，设二路归并排序的当前区间是 $a$[low..high]，则递归二路归并排序的步骤如下。

(1) 分解：将当前序列 $a$[low..high]一分为二，即求 mid=(low+high)/2，分解为子序列 $a$[low..mid]和 $a$[mid+1..high]排序的两个子问题。

(2) 求解子问题：递归地对两个子序列 $a$[low..mid]和 $a$[mid+1..high]进行二路归并排序。其递归终止条件是子序列的长度为 1 或者 0(因为一个元素的子表或者空表可以看成有序表)。

(3) 合并：与分解过程相反，将已排序的两个子序列 $a$[low..mid]和 $a$[mid+1..high]归并为一个有序序列 $a$[low..high]。

合并过程采用二路归并算法，该算法用于将两个有序表 $a$[low..mid](称为有序表 1)和 $a$[mid+1..high](称为有序表 2)归并为一个有序表 $a$[low..high]。其过程是先创建一个长度为 high−low+1(等于归并的元素个数)的临时空间 tmp，用 $i$、$j$ 分别遍历 $a$[low..mid]和 $a$[mid+1..high]，如图 4.8 所示。

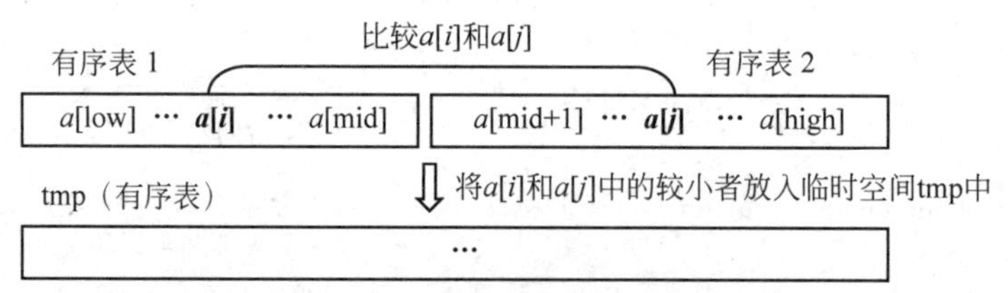


图 4.8 两个有序表的归并过程

(1) 若 $a[i]<a[j]$，归并 $a[i]$，即将 $a[i]$添加到 tmp 的末尾，执行 $i$++。

(2) 否则归并 $a[j]$，即将 $a[j]$添加到 tmp 的末尾，执行 $j$++。

当 $i$ 或者 $j$ 超界时，将尚未遍历完的有序表中的所有元素依次归并到 tmp 中。最后将 tmp 中的元素复制回 $a$[low..high]。

对应的二路归并算法如下：

```
void merge(vector<int> &a,int low,int mid,int high) {        //二路归并算法
    vector<int> tmp(high-low+1);                             //分配临时空间 tmp
    int i=low,j=mid+1,k=0;
    while (i<=mid && j<=high) {                              //两个有序表均未遍历完时循环
        if (a[i]<=a[j]) {                                    //归并较小元素 a[i]
            tmp[k]=a[i];
            i++;k++;
        }
        else {                                               //归并较小元素 a[j]
            tmp[k]=a[j];
            j++;k++;
        }
    }
    while (i<=mid) {                                         //归并有序表 1 中的余下元素
```

```
        tmp[k]=a[i];
        i++;k++;
    }
    while (j<=high) {                                //归并有序表 2 中的余下元素
        tmp[k]=a[j];
        j++;k++;
    }
    for (k=0,i=low;i<=high;k++,i++)                  //将 tmp 中的元素复制回 a 中
        a[i]=tmp[k];
}
```

设二路归并的总元素个数 $n=high-low+1$，上述算法的时间复杂度为 $O(n)$。利用 merge()实现的递归二路归并排序算法如下：

```
void mergesort1(vector<int> &a,int low,int high) {   //实现 a[low..high]的二路归并排序
    if (low<high) {                                  //待排序序列中有两个或两个以上的元素
        int mid=(low+high)/2;                        //取中间位置 mid
        mergesort1(a,low,mid);                       //对 a[low..mid]子序列排序
        mergesort1(a,mid+1,high);                    //对 a[mid+1..high]子序列排序
        merge(a,low,mid,high);                       //将两个子序列合并为一个有序序列
    }
}
void mergesort(vector<int> &a) {                     //a 的二路归并算法
    int n=a.size();
    mergesort1(a,0,n-1);
}
```

例如，对于(2,5,1,7,10,6,9,4,3,8)序列，其排序过程如图 4.9 所示，图中圆括号内的数字指出操作顺序，阴影框表示合并结果。

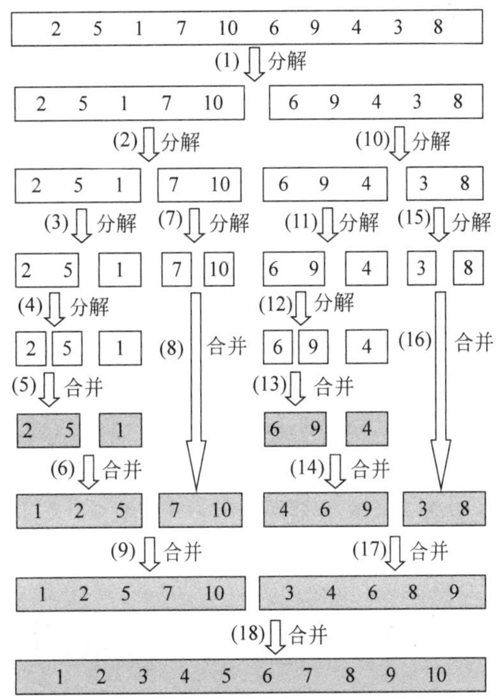


图 4.9 递归二路归并排序的过程

**mergesort 算法分析**：设 mergesort($a$，$0,n-1$)算法的执行时间为 $T(n)$，两个问题规模大致为 $n/2$ 的子问题的执行时间均为 $T(n/2)$，而合并步骤 merge($a,0,n/2,n-1$)的执行时间为 $O(n)$，所以得到以下时间递推式。

$$T(n)=1 \quad \text{当 } n=1 \text{ 时}$$
$$T(n)=2T(n/2)+O(n) \quad \text{当 } n>1 \text{ 时}$$

容易推出，$T(n)=O(n\log_2 n)$。

从前面的讨论看出，递增排序合并算法 merge()具有以下特点：

(1) 若当前合并的两个有序表是 $a$[low..mid]和 $a$[mid+1..high]，则 $a$[low..mid]中的全部元素在初始序列 $a$ 中一定排在 $a$[mid+1..high]中全部元素的前面。

(2) 每次归并较小的元素，假设当前归并的较小元素 $a[i]$来自有序表 $a$[low..mid]，则 $a[i+1..\text{mid}]$均大于或等于 $a[i]$。

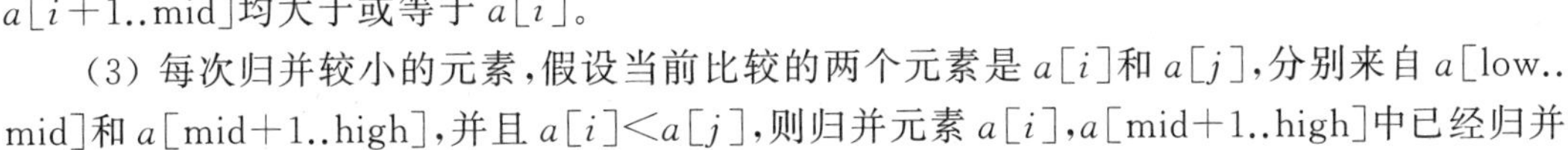

(3) 每次归并较小的元素，假设当前比较的两个元素是 $a[i]$和 $a[j]$，分别来自 $a$[low..mid]和 $a$[mid+1..high]，并且 $a[i]<a[j]$，则归并元素 $a[i]$，$a$[mid+1..high]中已经归并

的元素 $a$[mid+1..$j$-1]均小于 $a$[$i$]。

(4) 当其中一个有序表归并完毕，说明另一个尚未遍历完的有序表中元素都是 $a$[low..high]最大的若干元素。

扫一扫

视频讲解

【例 4.3】 计算右侧小于当前元素的元素的个数(LeetCode315★★★)。设计一个算法求整数数组 nums 中每个元素右侧小于该元素的个数，用新数组 counts 存放，即 counts[$i$]的值是 nums[$i$]右侧小于 nums[$i$]的元素的数量。例如，nums={5,2,6,1}，5 的右侧有两个更小的元素(2 和 1)，2 的右侧仅有一个更小的元素(1)，6 的右侧有一个更小的元素(1)，1 的右侧有 0 个更小的元素，结果 counts={2,1,1,0}。要求设计如下成员函数：

```
vector<int> countSmaller(vector<int>& nums) { }
```

扫一扫

源程序

**解** 采用递归二路归并排序方法求解，用 counts[$i$]累计 nums[$i$]元素右侧小于 nums[$i$]的元素的个数(初始为 0)。在对 $a$[low..high]进行二路归并排序时，先产生有序表 1(即 $a$[low..mid])和有序表 2(即 $a$[mid+1..high])，再进行合并，在合并过程中用 $i$、$j$ 分别遍历两个有序表，同时求有序表 1 中每个归并元素的 count 值：

(1) 当 $a[i]>a[j]$时，归并 $a$[$j$]，由于 $a$[$j$]不属于有序表 1，不考虑求 count。

(2) 当 $a[i]\leqslant a[j]$时，归并 $a$[$i$]，并置 count[$i$]+=$j$-mid-1，其说明如图 4.10 所示。

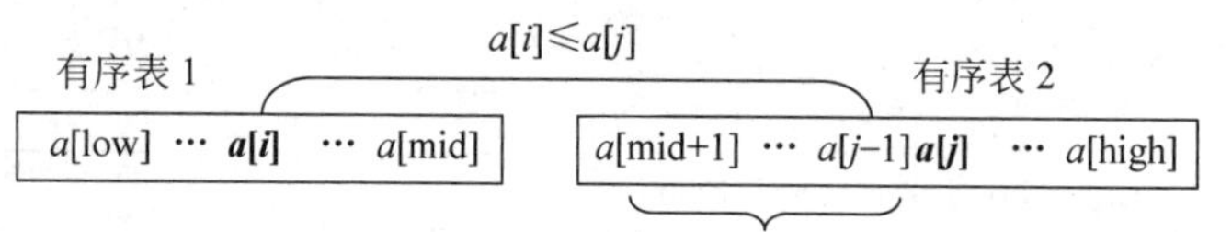


①在初始数组 $a$ 中，有序表 2 中元素的位置均在 $a[i]$的右侧。
②有序表2中较小的元素先归并。
③此时 $a$[mid+1..$j$-1]已经先于 $a[i]$归并，说明它们均小于 $a[i]$。

⇩

对于 $a[i]$而言，$a$[mid+1..$j$-1]均是初始数组中右侧小于它的元素，共 $j$-mid-1个，将该数累计到count[$i$]中

图 4.10 两个有序表归并时求 count[$i$]

如果有序表 2 归并完而有序表 1 没有归并完，对于有序表 1 中剩余的元素 $a$[$i$]，它一定大于有序表 2 中的全部元素，有序表 2 中的全部元素个数为 high−mid，即置 count[$i$]+=high−mid。

由于本例求的是初始序列中每个位置的 count，而在二路归并排序中会归并元素的位置，为此设置一个 R 容器保存每个元素值 val 及其初始下标 idx，按 R[$i$].val 排序，按 count[R[$i$].idx]累计 count 值即可。

# 4.4 二分查找

## 4.4.1 基本二分查找

**问题描述**：给定一个含 $n$ 个整数的递增有序数组 $a$，采用二分查找方法求整数 $k$ 的元素的下标，若没有找到则返回−1。

**解** 二分查找的基本思路是设 $a$[low..high]为当前查找区间，首先确定该区间的中点位置 mid=$\lfloor$(low+high)/2$\rfloor$，然后将待查的 $k$ 值与 $a$[mid]比较。

(1) 若 $k=a$[mid]，则查找成功并返回该元素的下标。

(2) 若 $k<a$[mid]，由表的有序性可知 $a$[mid..high]均大于 $k$，因此若表中存在等于 $k$ 的元素，则该元素必定位于左子表 $a$[low..mid−1]中，故新查找区间改为左子表 $a$[low..mid−1]。

(3) 若 $k>a$[mid]，则要查找的 $k$ 必定位于右子表 $a$[mid+1..high]中，故新查找区间改为右子表 $a$[mid+1..high]。

下一次查找针对新的查找区间进行。

因此可以从初始的查找区间 $a$[0..$n$−1]开始，每经过一次与当前查找区间的中点位置上的关键字的比较，就可确定查找是否成功，不成功则当前的查找区间缩小一半。重复这一过程，直到找到关键字为 $k$ 的元素，或者直到当前的查找区间为空(即查找失败)时为止。例如，$a$=(1,5,8,10,12,15,20)，$k$=5，对应的二分查找过程如图 4.11 所示。

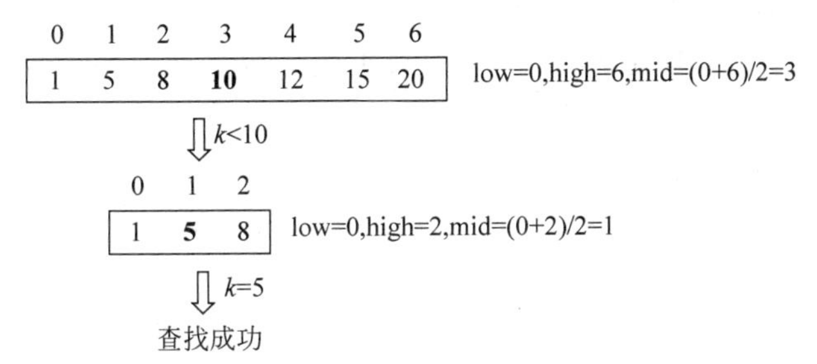


图 4.11 二分查找过程

对应的基本二分查找迭代算法如下：

```
int binsearch(vector<int> &a,int k) {              //基本二分查找迭代算法
    int n=a.size();
    int low=0,high=n-1;
    while (low<=high) {                            //当前区间中存在元素时循环
        int mid=(low+high)/2;                      //求查找区间的中间位置
        if (k==a[mid])                             //找到后返回其下标 mid
            return mid;
        if (k<a[mid])                              //当 k<a[mid]时在左区间中查找
            high=mid-1;
        else                                       //当 k>a[mid]时在右区间中查找
            low=mid+1;
    }                                              //循环结束时[low,high]为空,即 low=high+1
    return -1;                                     //当前查找区间中没有元素时返回-1
}
```

等价的基本二分查找递归算法如下：

```
int binsearch11(vector<int> &a,int low,int high,int k) {   //基本二分查找递归算法
    if (low<=high) {                                       //当前区间中存在元素时
        int mid=(low+high)/2;                              //求查找区间的中间位置
        if (k==a[mid])                                     //找到后返回其下标 mid
            return mid;
        if (k<a[mid])                      //a[mid]>k 时在 a[low..mid-1]中递归查找
            return binsearch11(a,low,mid-1,k);
        else                               //k>a[mid]时在 a[mid+1..high]中递归查找
            return binsearch11(a,mid+1,high,k);
    }
```

```
    else return -1;                          //当前查找区间中没有元素时返回-1
}
int binsearch1(vector<int> &a,int k) { //二分查找递归算法
    int n=a.size();
    return binsearch11(a,0,n-1,k);
}
```

**binsearch 算法分析**：该算法的时间主要花费在元素的比较上，设在 $n$ 个元素的有序表中查找 $k$ 的时间为 $T(n)$，每次元素比较后要么找到元素 $k$，要么转换为一个问题规模大致为 $n/2$ 的子问题，对应的时间递推式如下。

$T(n)=1$　　　　　　当 $n=1$ 时

$T(n)=T(n/2)+1$　当 $n\geqslant 2$ 时

可以推出 $T(n)=O(\log_2 n)$。二分查找的思路很容易推广到三分查找，显然三分查找对应的判断树的高度恰好是 $\lfloor \log_3 n \rfloor+1$，对应的时间复杂度为 $O(\log_3 n)$，由于 $\log_3 n=\log_2 n/\log_2 3$，所以三分查找和二分查找的时间是同一个数量级的。

扫一扫

视频讲解

**【例 4.4】** 求解假币问题。有外观相同的 $n(n>3)$ 个硬币，其中恰好有一个重量比真币轻的假币，现在采用天平称重方法找出假币，求保证找到假币的最少称重次数。以 $n=1001$ 为例说明查找假币的过程。

**解** 采用这样的三分法称重，将 $n$ 个硬币分为 3 份，即 A、B 和 C，保证 A 和 B 中的硬币个数相同，而且 A 中的硬币个数与 C 中的硬币个数最多相差一个。先将 A 和 B 称重一次，分为以下 3 种情况：

(1) A 的重量<B 的重量，说明假币在 A 中，在 A 中查找假币。

(2) A 的重量>B 的重量，说明假币在 B 中，在 B 中查找假币。

(3) A 的重量=B 的重量，说明假币在 C 中，在 C 中查找假币。

简单地说，对于问题规模为 $n$ 的原问题，通过一次称重后要么找到了假币，要么转换为一个问题规模大约为 $n/3$ 的子问题，相当于求解问题规模每次减少为原问题的 $n/3$。可以推出最多称重次数 $C(n)=\lceil \log_3 n \rceil$。

例如，$n=101$ 时称重过程的三分图如图 4.12 所示，首先分为 3 份，即{A34,B34,C33}，称重过程如下。

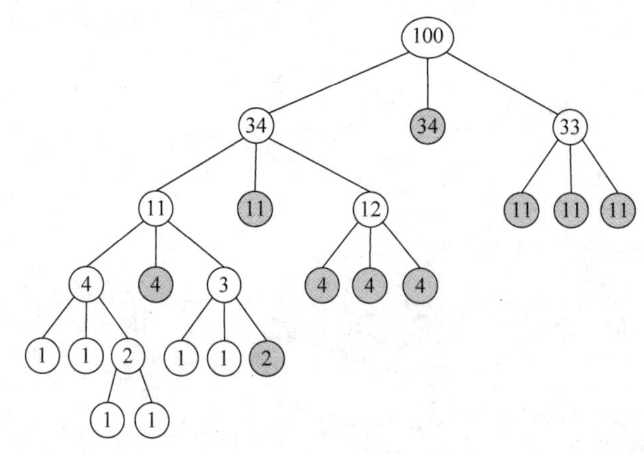


图 4.12　$n=101$ 时的称重过程

(1) 第一次称重可以确定假币在哪一份中。

(2) 如果在 A34 中，再分为 3 份，即{AA11,BA11,CA12}。第二次称重可以确定假币

在哪一份中。

(3) 如果在 AA11 中,再分为 3 份,即{AAA4,BAA4,CAA3}。第三次称重可以确定假币在哪一份中。

(4) 如果在 AAA4 中,再分为 3 份,即{AAAA1,BAAA1,CAAA2},第四次称重可以确定假币在哪一份中。

(5) 若在 AAAA1 或者 BAAA1 中找到了假币,若在 CAAA2 中第五次称重只有两个硬币,一定可以确定哪一个是假币。

其他类似,带阴影的圆圈表示与前面相同硬币的操作相同,所有的叶子结点仅包含一个硬币,即假币。从中看出最多称重次数为$\lceil \log_3 101 \rceil=5$。

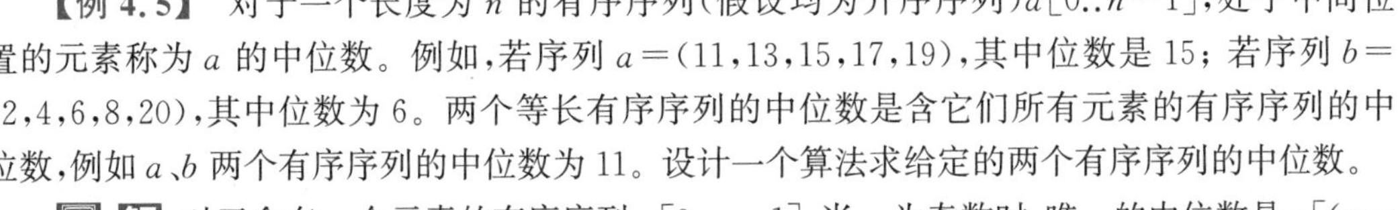

**【例 4.5】** 对于一个长度为 $n$ 的有序序列(假设均为升序序列)$a[0..n-1]$,处于中间位置的元素称为 $a$ 的中位数。例如,若序列 $a=(11,13,15,17,19)$,其中位数是 15;若序列 $b=(2,4,6,8,20)$,其中位数为 6。两个等长有序序列的中位数是含它们所有元素的有序序列的中位数,例如 $a$、$b$ 两个有序序列的中位数为 11。设计一个算法求给定的两个有序序列的中位数。

扫一扫

视频讲解

**解** 对于含有 $n$ 个元素的有序序列 $a[0..n-1]$,当 $n$ 为奇数时,唯一的中位数是 $a[(n-1)/2]$;当 $n$ 为偶数时,有两个中位数,即 $a[(n-1)/2]$和 $a[n/2]$,本例的中位数总是指 $a[(n-1)/2]$。当有序序列为 $a[s..t]$时,$n=t-s+1$,则中位数的序号为 $s+(n-1)/2=(s+t)/2$。

采用二分法求各含有 $n$ 个元素的有序序列 $a$、$b$ 的中位数的过程如下:

(1) 分别求出 $a$、$b$ 的中位数 $a[m_1]$和 $b[m_2]$。

(2) 若 $a[m_1]=b[m_2]$,则 $a[m_1]$或 $b[m_2]$即为所求中位数,如图 4.13(a)所示,算法结束。

(3) 若 $a[m_1]<b[m_2]$,则舍弃序列 $a$ 中的前半部分(较小的一半),同时舍弃序列 $b$ 中的后半部分(较大的一半),要求舍弃的长度相等,如图 4.13(b)所示。

(4) 若 $a[m_1]>b[m_2]$,则舍弃序列 $a$ 中的后半部分(较大的一半),同时舍弃序列 $b$ 中的前半部分(较小的一半),要求舍弃的长度相等,如图 4.13(c)所示。

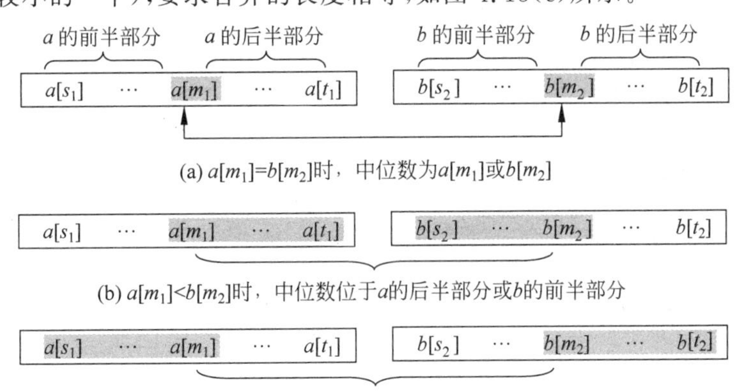


图 4.13 求两个等长有序序列的中位数的过程

在保留的两个升序序列中,重复上述过程,直到两个序列中只包含一个元素时为止,较小者即为所求的中位数。为了保证每次取的两个子有序序列等长,对于 $a[s..t]$,其中的元素个数 $n=t-s+1$,置 $m=(s+t)/2$,若取前半部分,则总是 $a[s..m]$;若取后半部分,要区分 $n$ 是奇数还是偶数,若 $n$ 为奇数则取的后半部分为 $a[m..t]$,若为偶数则取的后半部分为 $a[m+1..t]$。简单地说,$n$ 为奇数时每个有序序列除掉 $n/2$ 个元素,保留$(n+1)/2$ 个元素;$n$ 为偶数时,每个有序序列除掉和保留的元素个数均为 $n/2$。

例如,求 $a=(11,13,15,17,19)$,$b=(2,4,6,8,20)$两个有序序列的中位数的过程如图 4.14 所示。

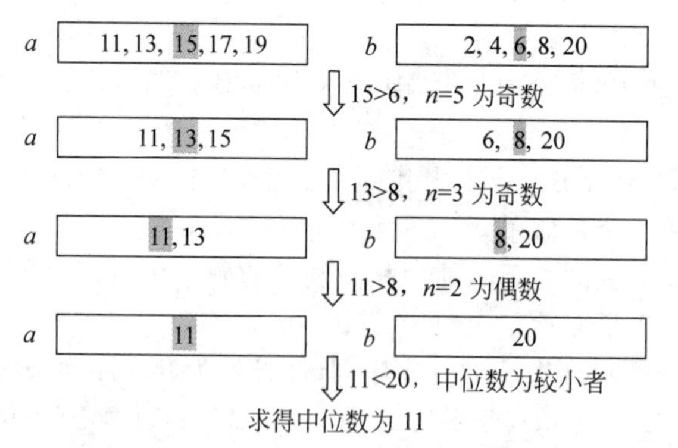


图 4.14　求 $a$、$b$ 两个有序序列的中位数

对应的算法如下：

```
void prepart(int &s, int &t) {                          //求 a[s..t]序列的前半子序列
    int m=(s+t)/2;
    t=m;
}
void postpart(int &s, int &t) {                         //求 a[s..t]序列的后半子序列
    int m=(s+t)/2;
    if((t-s+1)%2==1)                                    //序列中有奇数个元素
        s=m;
    else                                                //序列中有偶数个元素
        s=m+1;
}
int midnum(int a[], int s1, int t1, int b[], int s2, int t2) {
    if (s1==t1 && s2==t2)                               //均只有一个元素时返回较小者
        return min(a[s1], b[s2]);
    else {
        int m1=(s1+t1)/2;                               //求 a 的中位数
        int m2=(s2+t2)/2;                               //求 b 的中位数
        if (a[m1]==b[m2])                               //两中位数相等时返回该中位数
            return a[m1];
        if (a[m1]<b[m2]) {                              //当 a[m1]<b[m2]时
            postpart(s1, t1);                           //a 取后半部分
            prepart(s2, t2);                            //b 取前半部分
            return midnum(a, s1, t1, b, s2, t2);
        }
        else {                                          //当 a[m1]>b[m2]时
            prepart(s1, t1);                            //a 取前半部分
            postpart(s2, t2);                           //b 取后半部分
            return midnum(a, s1, t1, b, s2, t2);
        }
    }
}
void solve(int a[], int b[], int n) {                   //求解算法
    printf("中位数:%d\n", midnum(a, 0, n-1, b, 0, n-1));
}
```

**solve 算法分析**：对于含有 $n$ 个元素的有序序列 $a$ 和 $b$,设调用 midnum($a$,0,$n-1$,$b$,0,$n-1$)求中位数的执行时间为 $T(n)$,显然有以下时间递推式。

$T(n)=1$　　　　　　当 $n=1$ 时

$T(n)=T(n/2)+1$　当 $n>1$ 时

容易推出，$T(n)=O(\log_2 n)$。

### 4.4.2 二分查找的扩展

问题描述：给定一个递增有序的整数数组 $a[0..n-1]$和目标值 $k$，$a$ 中可能存在相同的元素，设计一个算法求 $k$ 的插入点。所谓插入点是指 $a$ 中第一个大于或等于$k$ 的元素的序号，即 $\underset{i\in[0,n-1]}{\mathrm{MIN}}\{i \mid a[i]\geqslant k\}$，若 $k$ 大于 $a$ 中所有元素，则 $k$ 的插入点为 $n$。例如，$a=\{1,3,3,3,8\}$，$k=3$ 时的插入点是 1，$k=5$ 时的插入点是 4，$k=10$ 时的插入点是 5。

扫一扫

视频讲解

解法 1：先考虑前面的基本二分查找算法 binsearch()，当 $a=\{1,3,3,3,8\}$，$k=3$ 时的返回值是 2，尽管查找 $k$ 正确，但找到的不是插入点。$a$ 对应的二分查找判定树如图 4.15 所示，尽管元素个数 $n$ 为 5，但只有 3 个不同的元素，判定树中的外部结点恰好有 4 个，用阴影方块表示的外部结点中两个整数是查找失败时的 low 和 high。从中看出以下两点：

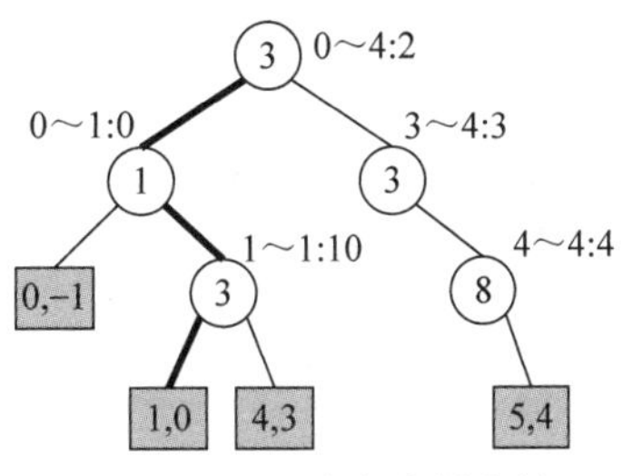


图 4.15　二分查找判定树

(1) 如果 $k$ 查找失败，查找过程一定结束于某个外部结点，外部结点对应的查找区间[low,high]为空(low=high+1)，此时的 low 或者 high+1 就是 $k$ 的插入点。例如，$k=2$ 时对应的外部结点是[1,0]，其插入点是 1。

(2) 如果 $k$ 查找成功并且 $a$ 中存在多个 $k$ 元素，查找过程一定结束于某个内部结点，此时的插入点应该是第一个为 $k$ 的结点，而这样的内部结点有多个，所以找到的结果就不一定正确了。

那么如何修改 binsearch()算法以便在 $k$ 查找成功和失败时均能够找到插入点呢？其实很简单，当成功找到一个 $k$ 元素时只需要继续向左区间查找，这样直到查找区间为空，最后返回 low 或者 high+1 即可。

对应的查找插入点的二分查找扩展算法如下：

```
int searchinsert1(vector<int> &a, int k) {        //查找 k 的插入点
    int n=a.size();
    int low=0, high=n-1;                          //初始查找区间为[0,n]
    while (low<=high) {                           //查找区间非空时循环
        int mid=(low+high)/2;
        if (k<=a[mid])
            high=mid-1;                           //在左区间中查找，即向左区间逼近
        else
            low=mid+1;                            //在右区间中查找
    }
    return low;                                   //返回 low 或者 high+1
}
```

扫一扫

视频讲解

解法 2：显然 $a$ 中 $k$ 插入点的范围是 $0\sim n$(当 $k$ 小于或等于 $a[0]$时插入点为 0，当 $k$ 大于 $a$ 中的所有元素时插入点为 $n$)，采用二分查找方法，若查找区间为 $a[\mathrm{low..high}]$(从 $a[0..n]$开始)，求出 mid=(low+high)/2，元素的比较分为以下 3 种情况。

① $k=a[\mathrm{mid}]$：$a[\mathrm{mid}]$不一定是第一个大于或等于 $k$ 的元素，继续在左区间查找，但 $a[\mathrm{mid}]$可能是第一个等于 $k$ 的元素，所以左区间应该包含 $a[\mathrm{mid}]$，则修改新查找区间为 $a[\mathrm{low..mid}]$。

② $k<a[\mathrm{mid}]$：$a[\mathrm{mid}]$不一定是第一个大于或等于 $k$ 的元素，继续在左区间查找，但

$a$[mid]可能是第一个大于 $k$ 的元素，所以左区间应该包含 $a$[mid]，则修改新查找区间为 $a$[low..mid]。

③ $k>a$[mid]：$a$[mid]一定不是第一个大于或等于 $k$ 的元素，继续在右区间查找，则修改新查找区间为 $a$[mid+1..high]。

其中①、②的操作都是置 high=mid，可以合二为一。由于新区间可能包含 $a$[mid]（不同于基本二分查找），这样带来一个问题，假设比较结果是 $k \leqslant a$[mid]，此时应该执行 high=mid，若查找区间 $a$[low..high]中只有一个元素（low=high），执行 mid=(low+high)/2 后发现 mid、low 和 high 均相同，也就是说新查找区间没有发生改变，从而导致陷入死循环。

为此必须保证查找区间 $a$[low..high]中至少有两个元素（满足 low<high），这样就不会出现死循环。当循环结束后，如果查找区间 $a$[low..high]中有一个元素，该元素就是第一个大于或等于 $k$ 的元素；如果 $a$[low..high]为空（只有 $a[n..n]$一种情况），说明 $k$ 大于 $a$ 中的全部元素，所以返回 low（此时 low=$n$）即可。对应的迭代算法如下：

```
int searchinsert2(vector<int> &a,int k) {              //查找 k 的插入点
    int n=a.size();
    int low=0,high=n;                                  //初始查找区间为[0,n]
    while (low<high) {                                 //查找区间中至少有两个元素时循环
        int mid=(low+high)/2;
        if (k<=a[mid])
            high=mid;                                  //在左区间(含 mid)中查找,即向左区间逼近
        else
            low=mid+1;                                 //在右区间中查找
    }
    return low;                                        //返回 low
}
```

说明：在算法设计中查找插入点十分常用，所以 STL 中提供了 binary_search()、lower_bound()和 upper_bound()等二分查找通用算法，参见 1.3.1 节的表 1.3。lower_bound()与上述两个算法的功能相同。

【例 4.6】 在排序数组中查找元素的开始和结束位置（LeetCode34★★）。给定一个递增有序数组 nums[0..$n-1$]和目标值 target，设计一个算法在该数组中查找 target 出现的开始位置和结束位置。如果数组中不存在 target，返回{−1，−1}。例如，nums={1,3,3,3,8}，target=3，结果是{1,3}，若 target=5，结果是{−1，−1}。要求设计如下成员函数：

```
vector<int> searchRange(vector<int> & nums, int target) { }
```

扫一扫

源程序

解法 1：先考虑设计求 $k$ 开始位置的 firstk(nums,k)算法，其功能是如果在 nums 中找到 $k$ 元素，返回其开始位置，否则返回−1。$k$ 元素的有效范围是 0～$n-1$，为此从区间[0,$n-1$]开始二分查找，直到最后查找区间[low,high]中仅含一个元素，也就是 while 的条件是 low<high。

(1) 若存在 $k$，需要保证最后查找区间[low,high]中的元素一定是第一个 $k$，所以在比较中当 $k \leqslant$nums[mid]成立时，应该置 high=mid（向左区间逼近）而不是 high=mid−1，也就是让 $k$ 始终包含在当前的查找区间中。最后返回 low 或者 high。

(2) 若不存在 $k$，按(1)方式查找时最后查找区间[low,high]中的元素一定不是 $k$，则返回−1。

再考虑设计求 $k$ 结束位置的 lastk(nums,k)算法，其功能是如果在 nums 中找到 $k$ 元素，返回其结束位置，否则返回−1。其思路与 firstk()算法类似，需要做以下两处修改：

(1) 当 $k \geqslant$nums[mid]成立时，应该置 low=mid（向右区间逼近）而不是 low=mid+1。

(2) 如果查找序列是{$k$,$k$},若求中点是 mid=(low+high)/2,则总是找到第一个 $k$,为此改为 mid=(low+high+1)/2,这样才能保证找到右边的 $k$。

解法 2:直接利用 STL 的通用算法,采用 lower_bound()在 nums 中找到第一个大于或等于 target 的位置 $s$,若 $s \geqslant n$ 或者 nums[$s$]≠target,说明不存在 target,返回{-1,-1},否则说明找到了第一个 target,对应的位置是 $s$。再采用 upper_bound()在 nums 中找到第一个大于 target 的位置 $t$,则 target 的结束位置一定是 $t-1$,返回{$s$,$t-1$}即可。对应的代码如下:

```
class Solution {
public:
    vector<int> searchRange(vector<int> & nums, int target) {
        int n=nums.size();
        int s=lower_bound(nums.begin(),nums.end(),target)-nums.begin();
        if (s>=n || nums[s]!=target)                //没有找到 target
            return {-1,-1};
        int t=upper_bound(nums.begin(),nums.end(),target)-nums.begin();
        return {s,t-1};
    }
};
```

上述程序提交时通过,执行用时为 4ms,内存消耗为 13.3MB。

【例 4.7】 采用二分查找扩展方法求数组中的第 $k$ 个最大元素(LeetCode215★★)。问题描述同例 4.2。

扫一扫

视频讲解

扫一扫

源程序

解 这里求 $n$ 个元素中第 $k$ 大的元素,实际上就是求第 $n-k+1$ 小的元素,重点设计求第 $k$ 小的元素的算法。对于整数数组 nums,遍历一次求最小元素 mind 和最大元素 maxd,在[mind,maxd]区间中通过二分查找求第 $k$ 小的元素。对于长度至少为 2 的查找区间[low,high](初始为[mind,maxd]),求 mid=(low+high)/2,同时求出 nums 中小于或等于 mid 的元素的个数 cnt:

① 若 cnt≥$k$,说明 mid 作为第 $k$ 小的元素大了,置 high=mid(可能含 mid)。

② 否则说明 mid 作为第 $k$ 小的元素小了,置 low=mid+1。

实际上就是求满足 cnt≥$k$ 的最小 mid,或者说在[mind,maxd]有序区间中查找第一个满足 cnt≥$k$ 的 mid,这样就可以采用二分查找扩展算法求解。

例如 nums={-1,2,0},mind=-1,max=2,为了求第二大的元素,转换为求第 $k$=3-2+1=2 小的元素,求解过程如图 4.16 所示。

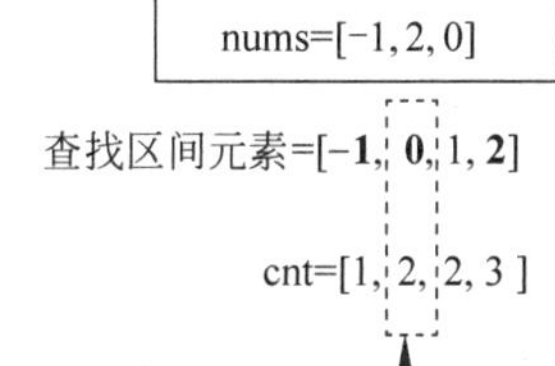


图 4.16 查找第 $k$=2 小的元素的过程

## 4.5 求最大连续子序列和

问题描述:参见 3.4 节的问题描述。这里采用分治法求解。

扫一扫

视频讲解

解 对于含有 $n$ 个整数的序列 $a[0..n-1]$,若 $n=1$,表示该序列中仅含一个元素,如果该元素大于 0,返回该元素,否则返回 0。

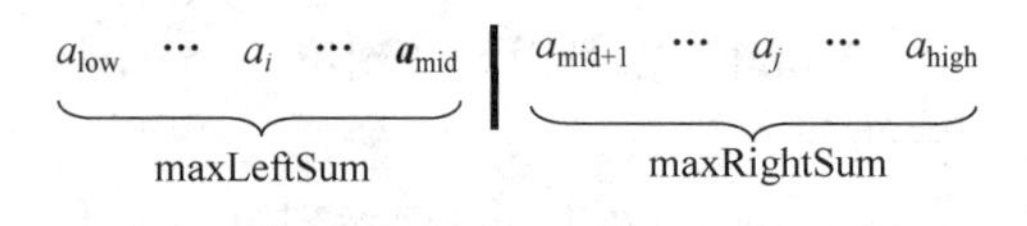


(a) 递归求出maxLeftSum和maxRightSum

maxLeftBorderSum+maxRightBorderSum

$a_{low}$ ⋯ $a_{mid}$ | $a_{mid+1}$ ⋯ $a_{high}$

(b) 求出maxLeftBorderSum+maxRightBorderSum

MAX3(maxLeftSum,maxRightSum,
maxLeftBorderSum+maxRightBorderSum)

(c) 求出$a$序列中最大连续子序列的和

图 4.17　求解最大连续子序列和的过程

采用分治法求 $a$[low..high]中最大连续子序列时，取其中间位置 mid=$\lfloor$(low+high)/2$\rfloor$，该子序列只可能出现在 3 个地方，各种情况及求解方法如图 4.17 所示。

(1) 该子序列完全落在左半部，即 $a$[low..mid]中，采用递归求出其最大连续子序列和 maxLeftSum，如图 4.17(a)所示。

(2) 该子序列完全落在右半部，即 $a$[mid+1..high]中，采用递归求出其最大连续子序列和 maxRightSum，如图 4.17(a)所示。

(3) 最大连续子序列跨越中间位置元素 $a_{mid}$，或者说最大连续子序列为($a_i$,⋯,$a_{mid}$,$a_{mid+1}$,⋯,$a_j$)，该序列由以下两部分组成。

① 左段($a_i$,⋯,$a_{mid}$)，一定是以 $a_{mid}$ 结尾的最大连续子序列(不一定是 $a$ 中的最大连续子序列)，其和 maxLeftBorderSum＝max $\left(\sum_{i=\text{mid}}^{\text{low}} a_i\right)$。

② 右段($a_{mid+1}$,⋯,$a_j$)，一定是以 $a_{mid+1}$ 开头的最大连续子序列(不一定是 $a$ 中的最大连续子序列)，其和 maxRightBorderSum＝max$\left(\sum_{j=\text{mid}+1}^{\text{high}} a_j\right)$。这样跨越中间位置元素 $a_{mid}$ 的最大连续子序列和 maxMidSum ＝ maxLeftBorderSum ＋ maxRightBorderSum，如图 4.17(b)所示。

最后整个序列 $a$ 的最大连续子序列和为 maxLeftSum、maxRightSum 和 maxMidSum 三者中的最大值 ans(如果 ans＜0 则答案为 0)，如图 4.17(c)所示。

上述过程也体现出分治策略，只是分解更加复杂，这里分解出 3 个子问题，以中间位置分为左、右两个区间，左、右两个区间的求解是两个子问题，它们与原问题在形式上相同，可以递归求解，子问题 3 是考虑包含中间位置元素的最大连续子序列和，它在形式上不同于原问题，需要特别处理。最后的合并操作仅在三者中求最大值。从中看出，同样采用分治法，不同问题的难度是不同的，在很多情况下难度体现在需要特别处理的子问题上。

例如，对于整数序列 $a$＝[－2,11,－4,13,－5,－2]，$n$＝6，求 $a$ 中最大连续子序列和的过程如下：

① mid＝(0＋5)/2＝2，$a$[mid]＝－4，划分为 $a$[0..2]和 $a$[3..5]左、右两个部分。

② 递归求出左部分的最大连续子序列和 maxLeftSum 为 11，递归求出右部分的最大连续子序列和 maxRightSum 为 13，如图 4.18(a)所示。

③ 再求包含 $a$[mid](mid＝2)的最大连续子序列和 maxMidSum。用 Sum(a[$i$..$j$])表示

(a) 递归求出maxLeftSum和maxRightSum

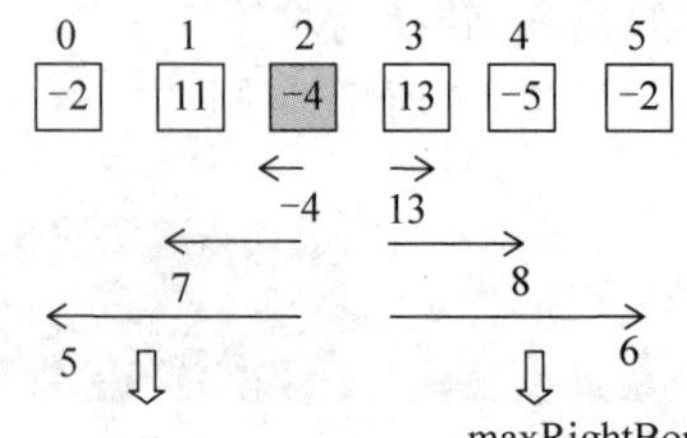


(b) 以−4为中心的最大连续子序列和为20

图 4.18　求{－2,11,－4,13,－5,－2}的最大连续子序列和

$a[i..j]$中的所有元素和，置 maxLeftBorderSum＝0：

Sum($a$[2])＝－4⇨maxLeftBorderSum＝0

Sum($a$[1..2])＝7⇨maxLeftBorderSum＝7

Sum($a$[0..2])＝5⇨maxLeftBorderSum＝7

再置 maxRightBorderSum＝0：

Sum($a$[3])＝13⇨maxRightBorderSum＝13

Sum($a$[3..4])＝8⇨maxRightBorderSum＝13

Sum($a$[3..5])＝6⇨maxRightBorderSum＝13

则 maxMidSum 为 maxLeftBorderSum＋maxRightBorderSum＝7＋13＝20，如图 4.18(b)所示。最终结果为 max(11,13,20)＝20。

求最大连续子序列和的分治算法如下：

```
int maxsubsum51(int a[], int low, int high) {                //分治算法
    if (low==high)                                           //子序列中只有一个元素时
        return max(a[low], 0);
    int mid=(low+high)/2;                                    //求中间位置
    int maxLeftSum=maxsubsum51(a, low, mid);                 //求左边的最大连续子序列和
    int maxRightSum=maxsubsum51(a, mid+1, high);             //求右边的最大连续子序列和
    int maxLeftBorderSum=0, lowBorderSum=0;
    for (int i=mid;i>=low;i--) {                     //求左段 a[i..mid]的最大连续子序列和
        lowBorderSum+=a[i];
        if (lowBorderSum>maxLeftBorderSum)
            maxLeftBorderSum=lowBorderSum;
    }
    int maxRightBorderSum=0, highBorderSum=0;
    for (int j=mid+1;j<=high;j++) {                  //求右段 a[mid+1..j]的最大连续子序列和
        highBorderSum+=a[j];
        if (highBorderSum>maxRightBorderSum)
            maxRightBorderSum=highBorderSum;
    }
    int ans=max(max(maxLeftSum, maxRightSum),
        maxLeftBorderSum+maxRightBorderSum);
    return max(ans, 0);
}
int maxsubsum5(int a[], int n) {                     //算法 5: 求 a 序列中的最大连续子序列和
    return maxsubsum51(a, 0, n-1);
}
```

**maxsubsum5 算法分析**：设求 $a[0..n-1]$的最大连续子序列和的执行时间为 $T(n)$，第(1)、(2)两种情况的执行时间为 $T(n/2)$，第(3)种情况的执行时间为 $O(n)$，所以得到以下递推式。

$T(n)=1$　　　　　　当 $n=1$ 时

$T(n)=2T(n/2)+O(n)$　当 $n>1$ 时

容易推出，$T(n)=O(n\log_2 n)$。

【例 4.8】 求主元素(LintCode46★)。给定一个大小为 $n$ 的数组 nums，设计一个算法求其中的主元素。主元素是指在数组中出现的次数多于$\lfloor n/2 \rfloor$的元素。可以假设给定的非空数组中总是存在主元素。例如数组为{3,2,3}，结果为 3。要求设计如下成员函数：

扫一扫

视频讲解

```
int majorityNumber(vector<int>& nums) { }
```

**解** 依题意 nums[0..$n-1$]中一定存在主元素。当 $n=1$ 时，nums[0]就是主元素，

否则针对 nums[low..high]采用分治法策略如下。

① 分解：求出 mid=(low+high)/2,将 nums[low..high]分解成两个子序列 nums[low..mid]和 nums[mid+1..high],即将整个问题分解为两个相似的子问题。

② 求解子问题：求出 nums[low..mid]中的主元素为 leftmaj,求出 nums[mid+1..high]中的主元素为 rightmaj。

③ 合并：如果 leftmaj=rightmaj,它一定就是 nums[low..high]的主元素,否则求出 leftmaj 在 nums[low..high]中出现的次数 leftcnt,rightmaj 在 nums[low..high]中出现的次数 rightcnt,若 leftcnt>rightcnt,则 leftmaj 是主元素,否则 rightmaj 是主元素。

上述求主元素的过程是否正确呢？关键的性质是如果 maj 是数组 nums 的主元素,将 nums 这样分成左、右两个部分,那么 maj 必定是至少一部分的主元素。可以采用反证法证明,假设 maj 是 nums 的主元素,但它不是左、右两个部分的主元素,那么 maj 出现的次数少于 leftl/2+rightl/2(其中 leftl 和 rightl 分别表示左、右部分的元素个数),由于 leftl/2+rightl/2≤(leftl+rightl)/2,说明 maj 不是 nums 的主元素,因此出现了矛盾,所以该性质是正确的。在该性质成立时就可以采用分治法求解。对应的代码如下：

```
class Solution {
public:
    int majorityNumber(vector<int> & nums) {
        int n=nums.size();
        if(n==1) return nums[0];
        return majore(nums,0,n-1);
    }
    int majore(vector<int> &nums,int low,int high) {
        if(low==high)
            return nums[low];
        int mid=(low+high)/2;
        int leftmaj=majore(nums,low,mid);              //求左区间中的主元素 leftmaj
        int rightmaj=majore(nums,mid+1,high);          //求右区间中的主元素 rightmaj
        if(leftmaj==rightmaj)
            return leftmaj;
        else {
            int leftcnt=0;
            for(int i=low;i<=high;i++)                 //求左区间中 leftmaj 出现的次数 leftcnt
                if(nums[i]==leftmaj) leftcnt++;
            int rightcnt=0;
            for(int i=low;i<=high;i++)                 //求右区间中 rightmaj 出现的次数 rightcnt
                if(nums[i]==rightmaj) rightcnt++;
            if(leftcnt>rightcnt)
                return leftmaj;
            else
                return rightmaj;
        }
    }
};
```

上述程序提交时通过,执行用时为 41ms,内存消耗为 5.37MB。

## 4.6 棋盘覆盖问题

问题描述：有一个 $2^k \times 2^k$ ($k>0$)的棋盘,恰好有一个方格与其他方格不同,称为特

殊方格。现在要用如图 4.19 所示的 L 形骨牌覆盖除特殊方格以外的其他全部方格，骨牌可以任意旋转，并且任何两个骨牌不能重叠。请给出一种覆盖方法。

**解** 棋盘中的方格数为 $2^k \times 2^k = 4^k$，覆盖使用的 L 形骨牌个数为 $(4^k - 1)/3$。采用的方法是将棋盘划分为大小相同的 4 个象限，根据特殊方格的位置(dr，dc)，在中间位置放置一个合适的 L 形骨牌。例如，如图 4.20(a)所示，特殊方格在左上角象限中，在中间放置一个覆盖其他 3 个象限中各一个方格的 L 形骨牌。图 4.20(b)～图 4.20(d)所示为特殊方格在其他象限中放置 L 形骨牌的情况。

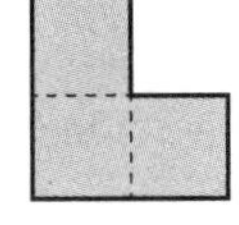

图 4.19 L 形的骨牌

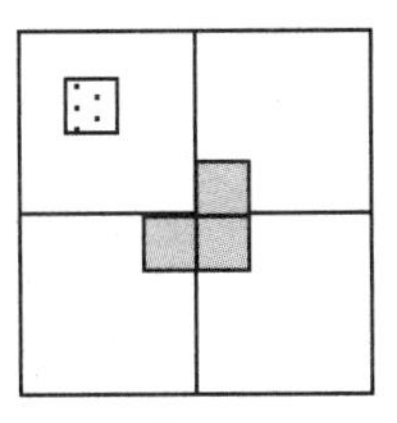
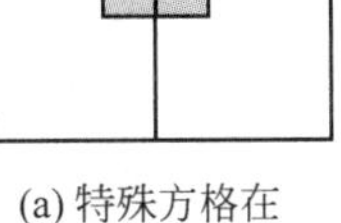

(a) 特殊方格在左上角象限

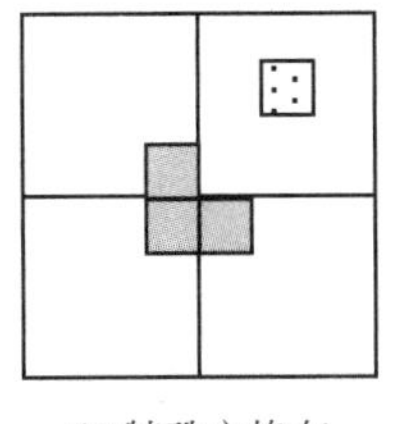

(b) 特殊方格在右上角象限

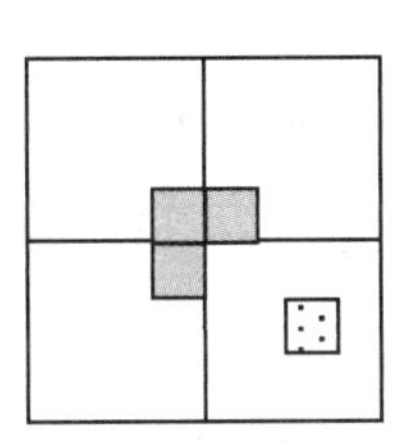

(c) 特殊方格在右下角象限

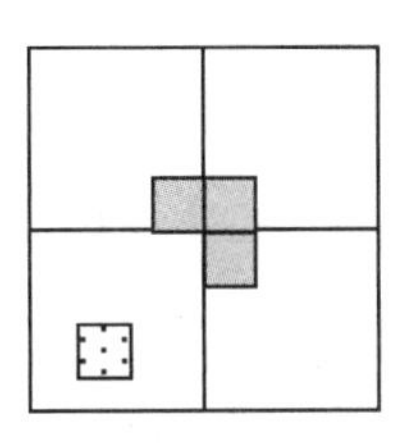

(d) 特殊方格在左下角象限

图 4.20 放置一个 L 形骨牌

这样每个象限和包含特殊方格的象限类似，都需要少覆盖一个方格，还与整个问题类似，采用分治法求解，将原问题分解为 4 个子问题。

用(tr，tc)表示一个象限左上角方格的坐标，(dr，dc)是特殊方格所在的坐标，size 是棋盘的行数和列数。用二维数组 board 存放覆盖方案，用 tile 全局变量表示 L 形骨牌的编号(从整数 1 开始)，board 中 3 个相同的整数表示一个 L 形骨牌。

对应的分治算法(递归算法)如下(其中参数 $size=2^k$)：

```
int k;                                                    //棋盘的大小
int x, y;                                                 //特殊方格的位置
int board[MAX][MAX];
int tile=1;                                               //L 形骨牌的编号，从 1 开始
void chessboard(int tr, int tc, int dr, int dc, int size) {
    if(size==1) return;
    int t=tile++;                                         //取一个 L 形骨牌，其编号为 tile
    int s=size/2;                                         //分割棋盘
    //考虑左上角象限
    if(dr<tr+s && dc<tc+s)                                //特殊方格在此象限中
        chessboard(tr, tc, dr, dc, s);
    else {                                                //在此象限中无特殊方格
        board[tr+s-1][tc+s-1]=t;                          //用 t 号 L 形骨牌覆盖右下角
        chessboard(tr, tc, tr+s-1, tc+s-1, s);            //将右下角作为特殊方格继续处理该象限
    }
    //考虑右上角象限
    if(dr<tr+s && dc>=tc+s)
        chessboard(tr, tc+s, dr, dc, s);                  //特殊方格在此象限中
    else {                                                //在此象限中无特殊方格
        board[tr+s-1][tc+s]=t;                            //用 t 号 L 形骨牌覆盖左下角
        chessboard(tr, tc+s, tr+s-1, tc+s, s);            //将左下角作为特殊方格继续处理该象限
    }
    //处理左下角象限
    if(dr>=tr+s && dc<tc+s)                               //特殊方格在此象限中
        chessboard(tr+s, tc, dr, dc, s);
    else {                                                //在此象限中无特殊方格
```

```
            board[tr+s][tc+s-1]=t;                          //用 t 号 L 形骨牌覆盖右上角
            chessboard(tr+s,tc,tr+s,tc+s-1,s);              //将右上角作为特殊方格继续处理该象限
        }
        //处理右下角象限
        if(dr>=tr+s && dc>=tc+s)                            //特殊方格在此象限中
            chessboard(tr+s,tc+s,dr,dc,s);
        else {                                              //在此象限中无特殊方格
            board[tr+s][tc+s]=t;                            //用 t 号 L 形骨牌覆盖左上角
            chessboard(tr+s,tc+s,tr+s,tc+s,s);              //将左上角作为特殊方格继续处理该象限
        }
    }
```

| | | | | | | | |
|---|---|---|---|---|---|---|---|
| 3 | 3 | 4 | 4 | 8 | 8 | 9 | 9 |
| 3 | 2 | 0 | 4 | 8 | 7 | 7 | 9 |
| 5 | 2 | 2 | 6 | 10 | 10 | 7 | 11 |
| 5 | 5 | 6 | 6 | 1 | 10 | 11 | 11 |
| 13 | 13 | 14 | 1 | 1 | 18 | 19 | 19 |
| 13 | 12 | 14 | 14 | 18 | 18 | 17 | 19 |
| 15 | 12 | 12 | 16 | 20 | 17 | 17 | 21 |
| 15 | 15 | 16 | 16 | 20 | 20 | 21 | 21 |

图 4.21 一种棋盘覆盖方案

假如 $k=3$，特殊方格的位置是(1,2)，上述算法的执行结果如图 4.21 所示，其中值相同的 3 个方格为一个 L 形骨牌，值为 0 的方格是特殊方格。

**chessboard 算法分析**：设 $2^k \times 2^k$ $(k \geqslant 0)$ 的棋盘覆盖问题的执行时间为 $T(k)$，该问题分解为 4 个 $2^{k-1} \times 2^{k-1}$ 的子问题，合并的时间为常量，对应的时间递推式如下。

$$T(k)=1 \quad \text{当 } k=0 \text{ 时}$$
$$T(k)=4T(k-1)+O(1) \quad \text{当 } k>0 \text{ 时}$$

则 $T(k)=4T(k-1)+1=4^2T(k-2)+4+1$

$=4^2(4T(k-3)+1)+4+1=4^3T(k-3)+4^2+4+1$

$=\cdots$

$=4^kT(0)+4^{k-1}+4^{k-2}+\cdots+4+1$

$=4^k+4^{k-1}+4^{k-2}+\cdots+4+1=(4^{k+1}-1)/(4-3)=O(4^k)$。

## 4.7 循环日程安排问题

扫一扫

视频讲解

**问题描述**：设有 $n=2^k$ 个选手要进行网球循环赛，要求设计一个满足以下要求的比赛日程表。

(1) 每个选手必须与其他 $n-1$ 个选手各赛一次。

(2) 每个选手一天只能赛一次。

(3) 循环赛在 $n-1$ 天之内结束。

**解** 按问题要求可将比赛日程表设计成一个 $n$ 行 $n-1$ 列的二维表，其中第 $i$ 行、第 $j$ 列表示和第 $i$ 个选手在第 $j$ 天比赛的选手。

假设 $n$ 位选手被顺序编号为 1、2、……、$n$($n=2^k$)。当 $k=1$、2、3 时比赛日程表如图 4.22 所示，其中第 1 列是增加的，取值为 $1 \sim n$，对应各位选手，这样比赛日程表变成一个 $n$ 行 $n$ 列的二维表。

从中可以看出规律，$k=1$(只有两个选手)时比赛安排十分简单，而 $k=2$ 时可以基于 $k=1$ 的结果进行安排，$k=3$ 时可以基于 $k=2$ 的结果进行安排。

看一下 $k=3$(即有 8 个选手)时的比赛日程表，右下角(4 行 4 列)的值等于左上角的值，

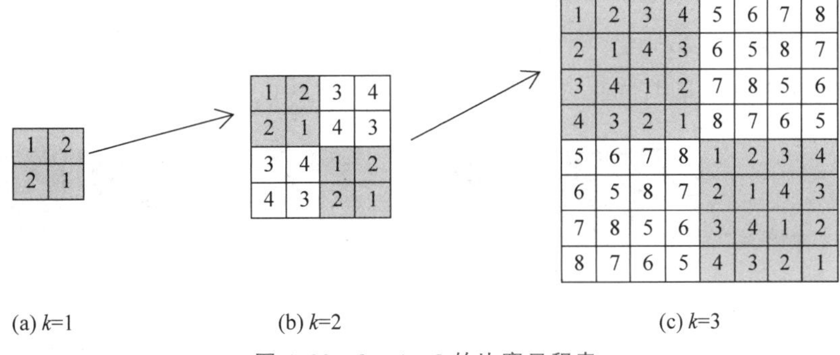


| 1 | 2 |
|---|---|
| 2 | 1 |

| 1 | 2 | 3 | 4 |
|---|---|---|---|
| 2 | 1 | 4 | 3 |
| 3 | 4 | 1 | 2 |
| 4 | 3 | 2 | 1 |

| 1 | 2 | 3 | 4 | 5 | 6 | 7 | 8 |
|---|---|---|---|---|---|---|---|
| 2 | 1 | 4 | 3 | 6 | 5 | 8 | 7 |
| 3 | 4 | 1 | 2 | 7 | 8 | 5 | 6 |
| 4 | 3 | 2 | 1 | 8 | 7 | 6 | 5 |
| 5 | 6 | 7 | 8 | 1 | 2 | 3 | 4 |
| 6 | 5 | 8 | 7 | 2 | 1 | 4 | 3 |
| 7 | 8 | 5 | 6 | 3 | 4 | 1 | 2 |
| 8 | 7 | 6 | 5 | 4 | 3 | 2 | 1 |

图 4.22　$k=1\sim3$ 的比赛日程表

左下角(4 行 4 列)的值等于右上角的值。

$k=3$ 时左上角(4 行 4 列)的值恰好等于 $k=2$(即有 4 个选手)时的比赛日程表。

$k=3$ 时左下角(4 行 4 列)的值恰好等于 $k=3$ 时左上角的对应元素加上数字 4。

为此采用分治策略，$2^k$ 个选手的比赛日程表通过为 $2^{k-1}$ 个选手设计的比赛日程来确定。将 $n=2^k$ 问题划分为 4 个部分。

(1) 左上角：左上角为前 $2^{k-1}$ 个选手的比赛日程($k=1$ 时直接给出，否则上一轮求出的就是 $2^{k-1}$ 个选手的比赛日程)。

(2) 左下角：左下角由左上角加 $2^{k-1}$ 得到，例如 $2^2$ 个选手比赛，左下角由左上角直接加 $2(2^{k-1})$得到；$2^3$ 个选手比赛，左下角由左上角直接加 $4(2^{k-1})$得到。

(3) 右上角：将左下角直接复制到右上角。

(4) 右下角：将左上角直接复制到右下角。

对应的分治算法(迭代算法)如下：

```
int a[MAX][MAX];                              //存放比赛日程表(行、列下标为 0 的元素不用)
void plan(int k) {                            //分治算法
    int n=2;                                  //n 从 2^1=2 开始
    a[1][1]=1; a[1][2]=2;                     //求解两个选手的比赛日程,得到左上角元素
    a[2][1]=2; a[2][2]=1;
    for (int t=1;t<k;t++) {                   //迭代处理,依次处理 2^2(t=1)~2^k(t=k-1)个选手
        int tmp=n;                            //tmp=2^t
        n=n*2;                                //n=2^(t+1)
        for (int i=tmp+1;i<=n;i++) {                  //填左下角元素
            for (int j=1; j<=tmp; j++)
                a[i][j]=a[i-tmp][j]+tmp;              //左下角元素和左上角元素的对应关系
        }
        for (int i=1; i<=tmp;i++) {                   //填右上角元素
            for (int j=tmp+1; j<=n; j++)
                a[i][j]=a[i+tmp][(j+tmp)% n];
        }
        for (int i=tmp+1;i<=n;i++) {                  //填右下角元素
            for (int j=tmp+1; j<=n; j++)
                a[i][j]=a[i-tmp][j-tmp];
        }
    }
}
```

当 $k=3$ 时调用上述算法输出的结果如图 4.22(c)所示。

**plan 算法分析**：设 $2^k$ $(k\geqslant0)$个选手进行网球循环赛的执行时间为 $T(k)$，该问题分解为 4 个 $2^{k-1}\times2^{k-1}$ 的子问题，合并的时间为常量，对应的时间递推式如下。

$T(k)=1$　　　　　　　　当 $k=1$ 时

$T(k)=4T(k-1)+O(1)$　当 $k>1$ 时

如同棋盘覆盖问题的时间推导，可以求出 $T(k)=O(4^k)$。

## 4.8 旅行商问题

扫一扫

视频讲解

问题描述：问题描述参见3.10节，这里采用分治法求解。

解 设 $f(V,i)$ 表示从顶点 $s$ 出发经过 $V$（一个顶点的集合）中全部顶点（每个顶点恰好经过一次）到达顶点 $i$ 的最短路径长度，如图4.23(a)所示。

(1) 如果 $V$ 为空集，那么 $f(V,i)$ 表示从顶点 $s$ 不经过任何顶点到达顶点 $i$，显然此时有 $f(V,i)=A[s][i]$，如图4.23(b)所示。

(2) 如果 $V$ 不为空，对于 $j\in V$，那么 $f(V-\{j\},j)$ 就是子问题，尝试 $V$ 中的每个顶点 $j$ 对应的子问题，则 $f(V,i)=\min\limits_{j\in V}\{f(V-\{j\},j)+A[j][i]\}$，如图4.23(c)所示。

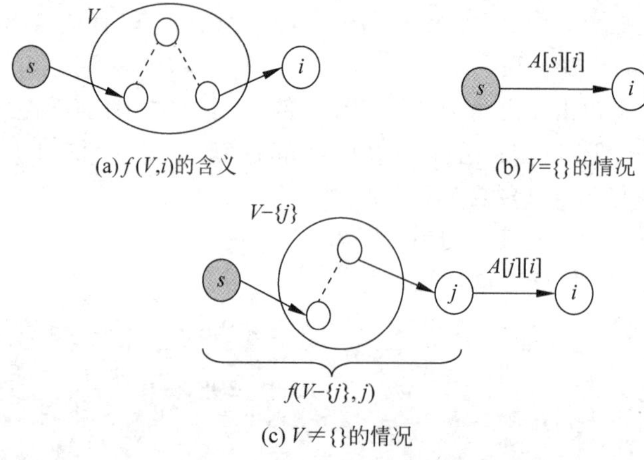


图4.23　$f(V,i)$ 的含义及其 $V$ 的两种情况

对应的递归模型如下：

$f(V,i)=A[s][i]$　　　　　　　　　　　当 $V=\{\}$ 时

$f(V,i)=\min\limits_{j\in V}\{f(V-\{j\},j)+A[j][i]\}$　当 $V\neq\{\}$ 时

初始置 $V$ 为除了 $s$ 之外的其他顶点，则 $f(V,s)$ 的结果就是TSP问题的路径长度。对于图3.14所示的城市道路图，假设起点 $s=0$，$f(\{1,2,3\},0)$ 就是从顶点0出发经过顶点1、2、3到达顶点0的最短路径长度，其求解过程如图4.24所示，从 $f(\{1,2,3\},0)$ 出发进行递推，达到叶子结点后进行求值，求解结果为23，通过回推找到最短路径是0→2→3→1→0（见图4.24中带阴影的结点和粗箭头线）。

上述过程体现了分治策略。

(1) 分解：对于大问题 $f(V,s)$，若 $|V|=n-1$，从 $V$ 中删除顶点 $j$（$j\in V$），对应的子问题为 $f(V-\{j\},j)$，这样的子问题共 $n-1$ 个。

(2) 求解子问题：子问题与大问题具有相同的解法，采用递归法得到各个子问题的解。

(3) 合并：合并过程为 $\min\limits_{j\in V}\{f(V-\{j\},j)+A[j][i]\}$。

注意：图4.24中的min并不是直接取所有子结点的最小值，而是取 $f(V-\{j\},j)+$

$A[j][i]$的最小值，例如 $f(\{1,2,3\},0)=\min(f(\{2,3\},1)+A[1][0], f(\{1,3\},2)+A[2][0], f(\{1,2\},3)+A[3][0])=(17+6,21+8,19+7)=23$。

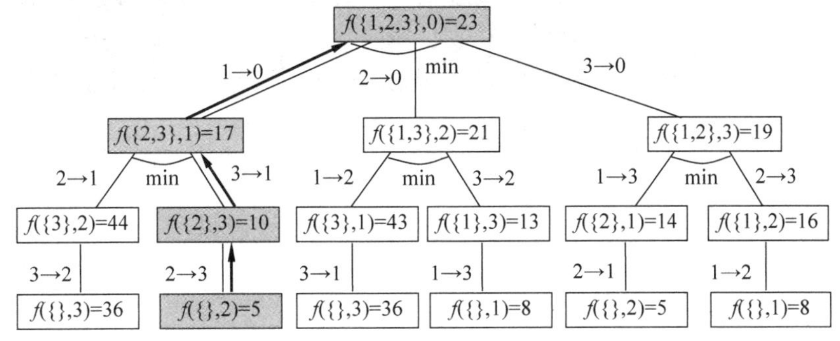


图 4.24 用分治法求解 TSP 问题的过程

对应的分治算法如下：

```
int TSP(vector<vector<int>> &A, int s, set<int> V, int i) {        //分治算法
    int minpathlen=INF;                                           //最短路径长度
    if (V.size()==0) {                                            //当V为空时(递归出口)
        return A[s][i];
    }
    else {                                                        //当V不为空时
        for (auto it=V.begin();it!=V.end();it++) {                //遍历集合V中的顶点j
            set<int> tmpV=V;
            int j= *it;
            tmpV.erase(j);                                        //tmpV=V-{j}
            int pathlen1=TSP(A,s,tmpV,j);
            int pathlen=pathlen1+A[j][i];
            minpathlen=min(minpathlen,pathlen);
        }
        return minpathlen;
    }
}
void solve(vector<vector<int>> &A, int s) {                       //求解TSP问题的路径长度
    int n=A.size();
    set<int> V;
    for (int i=0;i<n;i++) {                                       //V中添加除了s以外的其他顶点
        if(i!=s)
            V.insert(i);
    }
    printf("TSP路径长度=%d\n",TSP(A,s,V,s));
}
```

扫一扫

源程序

**TSP 算法分析**：假设图中有 $n+1$ 个顶点，对于大问题 $f(V,s)$，对应的 $V$ 中含 $n$ 个顶点，设其执行时间为 $T(n)$，该问题转换为 $n$ 个问题规模为 $n-1$ 的子问题，每个子问题的转换时间为 $O(n)$，即 $T(n)=n(n+T(n-1))=nT(n-1)+n^2$，对应的时间递推式如下。

$T(n)=1$　　　　　　　当 $n=1$ 时

$T(n)=nT(n-1)+n^2$　　当 $n>1$ 时

可以推导出 $T(n)=O(n!)$，TSP 算法针对的图中含 $n$ 个顶点，所以对应的时间复杂度为 $O((n-1)!)$。

扫一扫

视频讲解

扫一扫

源程序

**【例 4.9】** 旅行计划(LintCode1891★★)。问题描述参见第 3 章中的例 3.9，这里采用分治法求解。

**解** Alice 最小距离的旅游路径就是 TSP 路径，采用分治法求解本例的思路与前面讨论的求解 TSP 路径长度的思路完全相同，仅将起始点 $s$ 设置为 0 即可。

## 4.9 练习题

扫一扫

自测题

1. 简述分治法求解问题的基本步骤。

2. 分治算法只能采用递归算法实现吗？如果你认为是请解释原因；如果你认为不是请给出一个实例。

3. 已知有序表为{3,5,7,8,11,15,17,22,23,27,29,33}，求用二分查找法查找 27 时所需的比较序列和比较次数。

4. 假设有 14 个硬币，编号为 0～13，其中编号为 12 的硬币是假币（假币的重量比真币重），给出采用天平称重方法找出该假币的过程。

5. 有一个递增有序序列(1,3,5,6,8,10,12)，给出查找 $k=2$ 的插入点的过程。

6. 有两个长度相同的递增有序序列，$a=(1,5,8,10)$，$b=(2,3,4,7)$，给出求所有元素的中位数的过程（偶数个元素的中位数指较小者）。

7. 如何理解快速排序的分治思想？

8. 给定一个有 $n(n\geqslant 1)$ 个整数的序列，可能含有负整数，要求求出其中最大连续子序列的积。问能不能采用 4.5 节的求最大连续子序列和的方法？

9. 有一个 8×8 的棋盘，行号、列号均为 0～7，一个特殊方格的位置是(5,6)，给出采用 L 形骨牌覆盖其他全部方格的一种方案。

10. 设计一个分治算法求整数数组 $a$（长度至少为 2）中第二大的元素。

11. 设计一个分治算法求数组 $a$ 中元素 $x$ 出现的次数。

12. 给定一个含 $n$ 个整数的序列 $a$，设计一个分治算法求前 $k(1\leqslant k\leqslant n)$ 个最小的元素，返回结果的顺序任意。

13. 给定一个整数序列 $a$，设计一个算法判断其中是否存在两个不同的元素之和恰好等于给定的整数 $k$。

14. 设有 $n$ 个互不相同的整数，按递增顺序存放在数组 $a[0..n-1]$ 中，若存在一个下标 $i(0\leqslant i<n)$，使得 $a[i]=i$，设计一个算法以 $O(\log_2 n)$ 时间找到这个下标 $i$。

15. 假设递增有序整数数组 $a$ 中的元素个数为 $3^m(m>0)$，模仿二分查找过程设计一个三分查找算法，分析其时间复杂度。

16. 给定一个整数序列 $a$，设计一个分治算法求最大连续子序列，当存在多个最大连续子序列时返回任意一个。

17. 寻找旋转排序数组中的最小值（LintCode159★★）。假设一个按升序排好序的数组在其某一未知点发生了旋转，称之为旋转排序数组，例如{0,1,2,4,5,6,7}可能变成{4,5,6,7,0,1,2}，假设数组中不存在重复元素，设计一个算法求其中最小的元素。例如，nums={3,5,8,1,2}，答案是 1。要求设计如下成员函数：

```
int findMin(vector<int> &nums) { }
```

18. 求逆序对（LintCode532★★）。在数组 $a$ 中的两个数字如果前面一个数字大于后面的数字，则这两个数字组成一个逆序对，即如果 $a[i]>a[j]$ 且 $i<j$，则 $a[i]$ 和 $a[j]$ 构成一个逆序对。给定一个数组 $A$，设计一个算法求出这个数组中逆序对的个数。例如，$A$={2,4,

1,3,5},答案是 3,对应的 3 个逆序对是(2,1)、(4,1)和(4,3)。要求设计如下成员函数:

```
long long reversePairs(vector<int> &A) { }
```

19. 二十四点游戏(LeetCode679★★★)。给定一个长度为 4 的整数数组 cards,其中有 4 张卡片,每张卡片上包含一个 1~9 的整数。设计一个算法使用运算符'+'、'-'、'*'、'/'和左、右圆括号将这些卡片上的数字排列成数学表达式,以获得值 24,如果可以得到值为 24 的表达式,返回 true,否则返回 false。数学表达式需要遵守以下规则:除法运算符'/'表示实数的除法,而不是整数的除法;每个运算都在两个数字之间,不能使用'-'作为一元运算符;不能把数字串在一起,如 cards={1,5,3,6},则表达式"15+3+6"是无效的。例如,cards={4,1,8,7},存在值为 24 的表达式"(8-4)*(7-1)",答案为 true;cards={1,2,1,2},不存在值为 24 的表达式,答案为 false。要求设计如下成员函数:

```
bool judgePoint24(vector<int>& cards) { }
```

20. 题目描述见第 3 章中 3.11 节的第 12 题,这里要求采用分治法求解。

## 4.10 在线编程实验题

1. LintCode1376——等价字符串★★
2. LintCode31——数组的划分★★
3. LintCode143 ——颜色的分类Ⅱ★★
4. LintCode628——最大子树★
5. LintCode900——二叉搜索树中最接近的值★
6. LintCode931—— $k$ 个有序数组的中位数★★★
7. LintCode1817——分享巧克力★★★
8. LintCode1753——写作业★★
9. LintCode460——在排序数组中找最接近的 $k$ 个数★★
10. LintCode75——寻找峰值★★
11. LeetCode912——排序数组★★
12. LeetCode241——为运算表达式设计优先级★★
13. LeetCode4——寻找两个正序数组的中位数★★★
14. LeetCode148——排序链表★★
15. LeetCode493——翻转对★★★
16. LeetCode1985——找出数组中第 $k$ 大的整数★★
17. POJ2299——Ultra-QuickSort
18. POJ2623——中位数
19. POJ3104——烘干
20. POJ3273——每月花费

# 第5章 回溯法

【案例引入】

求4皇后问题

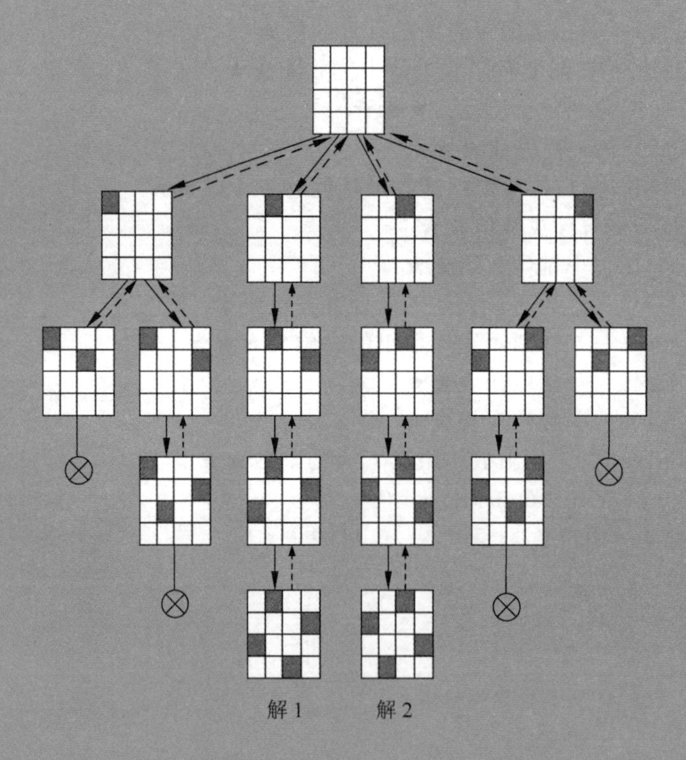

**本章学习目标：**

(1) 掌握解空间的概念、解空间的类型和回溯法的求解过程。

(2) 掌握子集树回溯算法框架以及构造表达式、图着色、子集和、0/1 背包和完全背包问题等经典回溯算法设计方法。

(3) 掌握排列树回溯算法框架以及 $n$ 皇后、任务分配和旅行商问题等经典回溯算法设计方法。

(4) 灵活运用回溯法算法策略解决复杂问题。

# 5.1 回溯法概述

## 5.1.1 问题的解空间

扫一扫

视频讲解

回溯法(backtracking)类似于穷举法，主要是在搜索尝试过程中寻找问题的解，当发现已不满足求解条件时就"回溯"(即回退)，尝试其他路径，所以回溯法有"通用的解题法"之称。一个复杂问题的解决方案是由若干个小的决策步骤组成的决策序列，其解可以表示成解向量 $\boldsymbol{x}=\{x_0,x_1,\cdots,x_{n-1}\}$，其中分量 $x_i$ 对应第 $i$ 步的选择，通常可以有两个或者多个取值，表示为 $x_i \in S_i$，$S_i$ 为 $x_i$ 的取值候选集。$\boldsymbol{x}$ 中各个分量 $x_i$ 的所有取值的组合构成问题的解向量空间，简称为**解空间**(solution space)，由于解空间一般是一棵树结构，所以也称为解空间树。解空间树中的每个结点确定了所求问题的一个**状态**(state)，因此解空间树也称为状态空间。求解问题的每一步决策对应于解空间树的一个分支结点，而一系列决策求解过程对应着解空间树的生长过程，在许多情况下问题的最终解都会呈现在这棵解空间树的叶子结点上，对应解的结点称为**解结点**，从根结点到解结点的路径称为**解路径**，解路径上所有 $x_i$ 分量的取值确定了问题的一个解。

例如，对于第 2 章中表 2.1 所示的 0/1 背包问题，状态为(cw,cv,$i$)，表示考虑物品 $i$ 时当前选择物品的总重量和总价值分别是 cw 和 cv，对应的解空间树如图 5.1 所示，根结点是(0,0)，$i$ 为结点的层次(这里层次从 0 开始)，为了简便，结点中没有标注 $i$ 值。解结点是叶子结点(6,8)，表示最大价值是 8，从根结点到解结点对应的解向量 $\boldsymbol{x}=\{0,1,1,1\}$，表示一个装入方案是选择物品 1、2 和 3。

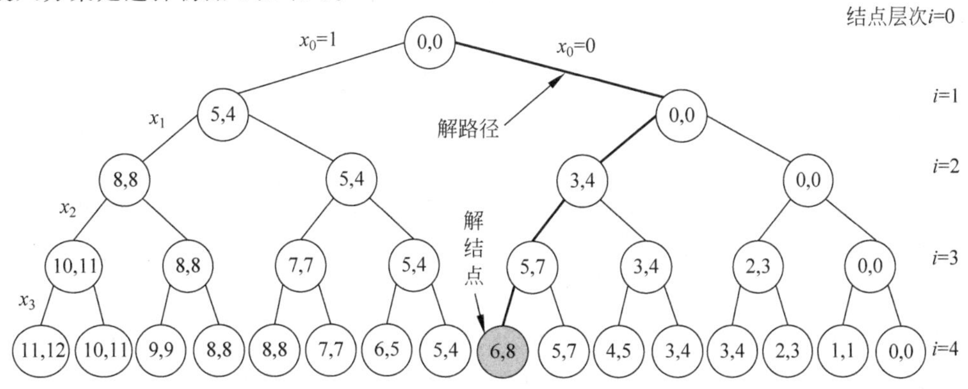


图 5.1 0/1 背包问题的解空间树

归纳起来，解空间树的一般结构如图 5.2 所示，根结点(为第 0 层)的每个分支对应分量 $x_0$ 的一个取值(或者说 $x_0$ 的一个决策)，若 $x_0$ 的候选集为 $S_0=\{v_{0,1},\cdots,v_{0,a}\}$，即根结点的子树个数为 $|S_0|$，例如 $x_0=v_{0,0}$ 时对应第 1 层的结点 $A_0$，$x_0=v_{0,1}$ 时对应第 1 层的结点 $A_1$，…。对于第 1 层的每个结点 $A_i$，$A_i$ 的每个分支对应分量 $x_1$ 的一个取值，若 $x_1$ 的取值候选集为 $S_1=\{v_{1,0},\cdots,v_{1,b}\}$，$A_i$ 的分支数为 $|S_1|$，例如对于结点 $A_0$，当 $x_1=v_{1,0}$ 时对应第 2 层的结点 $B_0$，…。以此类推，最底层是叶子结点层，叶子结点的层次为 $n$，解空间树的高度为 $n+1$。从中看出第 $i$ 层的结点对应 $x_i$ 的各种选择，从根结点到每个叶子结点有一条路径，路径上的每个分支对应一个分量的取值，这是理解解空间树的关键。

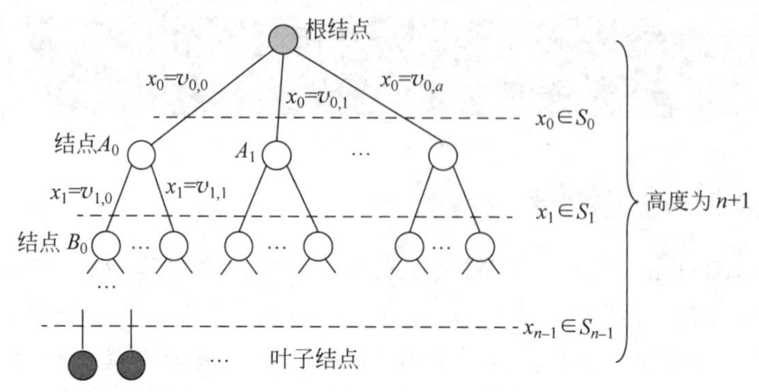


图 5.2　解空间树的一般结构

从形式化角度看，解空间树是 $S_0\times S_1\times\cdots\times S_{n-1}$ 的笛卡儿积，例如当 $|S_0|=|S_1|=\cdots|S_{n-1}|=2$ 时解空间是一棵高度为 $n+1$ 的满二叉树。需要注意的是，问题的解空间是虚拟的，并不需要在算法运行中真正地构造出整棵树结构，然后在该解空间中搜索问题的解。实际上，有些问题的解空间因为过于复杂或结点过多难以画出来。

## 5.1.2　什么是回溯法

用回溯法求解的问题通常分为两种类型，一种类型是给定一个约束函数，需要求所有满足约束条件的解，称为**求所有解类型**，例如求幂集问题中的每一个子集都是一个解；另外一种类型是除了约束条件以外还包含目标函数，最后是求使目标函数值最大或最小的最优解，称为求**最优解类型**(或优化问题)，例如 0/1 背包问题属于求最优解类型。这两类问题本质上是相同的，因为只有求出所有解再按目标函数进行比较才能求出最优解。

从前面的讨论看出问题的解包含在对应的解空间树中，剩下的事情就是在解空间树中搜索满足约束条件的解。所谓回溯法就是在解空间树中采用深度优先搜索方法从根结点出发搜索解，与树的先根遍历类似，当搜索到某个叶子结点时对应一个可能解，如果同时又满足约束条件，则该可能解是一个**可行解**。所以一个可行解就是从根结点到对应叶子结点的路径上所有分支的取值，例如一个可行解为$(a_0,a_1,\cdots,a_{n-1})$，其图示如图 5.3 所示，在解空间中搜索到可行解的部分称为搜索空间。简单地说，回溯法采用深度优先搜索方法寻找根结点到每个叶子结点的路径，判断对应的叶子结点是否满足约束条件，如果满足该路径就构成一个解(可行解)。

回溯法在搜索解时首先让根结点成为活结点，所谓**活结点**是指自身已生成但其孩子结点还没有全部生成的结点，同时也成为当前的扩展结点，所谓**扩展结点**(E-结点)是指正在产生孩子结点的结点。在当前的扩展结点处沿着纵深方向移至一个新结点，这个新结点又成为新的活结点，并成为当前的扩展结点。如果在当前的扩展结点处不能再向纵深方向移动，则当前的扩展结点就成为死结点，所谓**死结点**是指其所有孩子结点均已产生的结点，此时应往回移动（回溯）至最近的一个活结点处，并使这个活结点成为当前的扩展结点。

如图 5.4 所示，从结点 A 扩展出子结点 B（用实线箭头表示），从结点 B 继续扩展，当结点 B 的所有子结点扩展完毕，结点 B 变为死结点，从结点 B 回退到结点 A（即回溯，用虚线箭头表示），通过回溯使结点 A 恢复为扩展结点 B 之前的状态，再扩展出子结点 C，此时开始做结点 C 的扩展，结点 C 就是扩展结点，由于结点 A 可能还有尚未扩展的其他子结点，结点 A 仍是活结点。

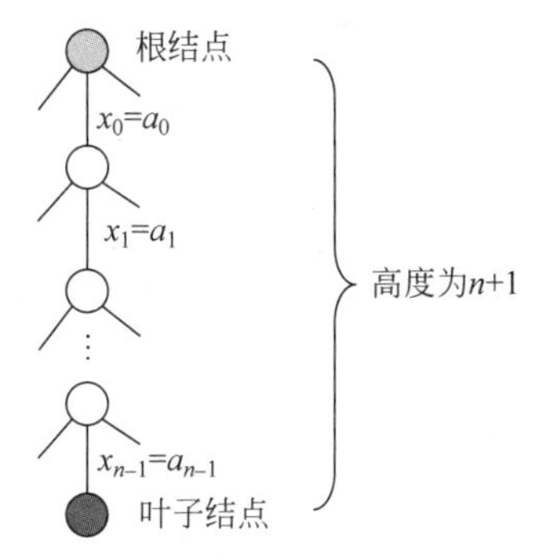


图 5.3 求解的搜索空间

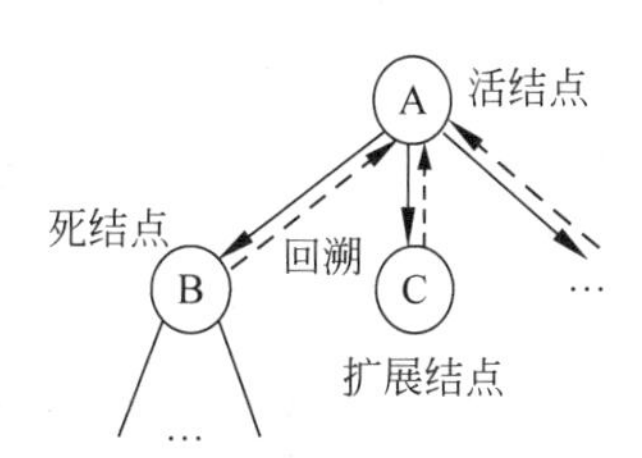


图 5.4 解空间树的搜索过程

简单地说，回溯法就是采用深度优先搜索方法搜索解空间树，并随时判定当前结点是否满足解题要求，满足要求时继续向下搜索，不满足要求时则回溯到树的上一层继续搜索另一棵子树，直到找到问题的解为止。采用回溯法的算法称为**回溯算法**。设计回溯算法的关键点有以下 3 个：

(1) 根据问题的特性确定结点是如何扩展的，不同的问题扩展方式是不同的。

(2) 在解空间中按什么方式搜索解，实际上树的遍历主要有先根遍历和层次遍历，前者就是深度优先搜索（DFS），后者就是广度优先搜索（BFS）。回溯法就是采用深度优先搜索解，第 6 章介绍的分支限界法则是采用广度优先搜索解。

(3) 解空间通常十分庞大，如果要高效地找到问题的解，通常采用一些剪支的方法实现。

所谓剪支就是在解空间中搜索时提早终止某些分支的无效搜索，减少搜索的结点个数但不影响最终结果，从而提高了算法的时间性能。常用的剪支策略如下。

(1) 可行性剪支：在扩展结点处剪去不满足约束条件的分支。例如，在 0/1 背包问题中，如果选择物品 $i$ 会导致总重量超过背包容量，则终止选择物品 $i$ 的分支的继续搜索。

(2) 最优性剪支：用限界函数剪去得不到最优解的分支。例如，在 0/1 背包问题中，如果沿着某个分支走下去无论如何都不可能得到比当前解 bestv 更大的价值，则终止该分支的继续搜索。

(3) 改变搜索的顺序：在搜索中改变搜索的顺序，比如原先是递减顺序，可以改为递增顺序，或者原先是无序，可以改为有序，这样可能会减少搜索的总结点。

严格来说改变搜索的顺序并不是一种剪支策略，而是一种对搜索方式的优化。前两种剪支策略采用的约束函数和限界函数统称为剪支函数。归纳起来，回溯法可以简单地理解为深度优先搜索加上剪支。因此用回溯法求解的一般步骤如下：

(1) 针对给定的问题确定其解空间，其中一定包含所求问题的解。

(2) 确定结点的扩展规则。

(3) 采用深度优先搜索方法搜索解空间树，并在搜索过程中尽可能采用剪支函数避免无效搜索。

### 5.1.3 回溯算法分析

通常以回溯法的解空间树中的结点个数作为算法的时间分析依据。假设解空间树共有 $n+1$ 层(根结点为第 0 层，叶子结点为第 $n$ 层)，第 1 层有 $m_0$ 个结点，每个结点有 $m_1$ 个子结点，则第 2 层有 $m_0m_1$ 个结点，同理，第 3 层有 $m_0m_1m_2$ 个结点，以此类推，第 $n$ 层有 $m_0m_1\cdots m_{n-1}$ 个结点，则采用回溯法求所有解的算法的执行时间为 $T(n)=m_0+m_0m_1+m_0m_1m_2+\cdots+m_0m_1m_2\cdots m_{n-1}$。这是一种最坏情况下的时间分析方法，在实际中可以通过剪支提高性能。为了使估算更精确，可以选取若干条不同的随机路径，分别对各随机路径估算结点总数，然后取这些结点总数的平均值。在通常情况下回溯法的效率高于穷举法。

## 5.2 基于子集树的回溯算法框架

### 5.2.1 解空间树的类型

解空间树通常有两种类型。当所给的问题是从 $n$ 个元素的集合 $S$ 中找出满足某种条件的子集时，相应的解空间树称为**子集树**(subset tree)，如图 5.1 所示的解空间树就是一棵子集树。当所给的问题是确定 $n$ 个元素满足某种性质的排列时，相应的解空间树称为**排列树**(permutation tree)，5.10 节中介绍的求全排列的解空间树就是排列树。

### 5.2.2 求幂集

求幂集问题的解空间树是最经典的子集树，由此导出子集树的回溯算法框架。为了通用，将求幂集问题改为求含不同整数的集合的所有子集。

**问题描述**：有一个含 $n$ 个不同整数的数组 $a$，设计一个算法求其所有子集(幂集)。例如，$a=\{1,2,3\}$，所有子集是 $\{\{1,2,3\},\{1,2\},\{1,3\},\{1\},\{2,3\},\{2\},\{3\},\{\}\}$(输出顺序任意)。

扫一扫

视频讲解

**解法 1**：设 $a=\{a_0,\cdots,a_i,\cdots,a_{n-1}\}$，解向量为 $\boldsymbol{x}=\{x_0,\cdots,x_i,\cdots,x_{n-1}\}$，其中 $x_i=0$ 表示不选择 $a[i]$，$x_i=1$ 表示选择 $a[i]$，这里 $x$ 的固定长度为 $n$。当已经生成解向量的 $\{x_0,\cdots,x_{i-1}\}$ 部分后，再由 $\{a_i,\cdots,a_{n-1}\}$ 产生解向量的 $\{x_i,\cdots,x_{n-1}\}$ 部分。这样用 $(i,x)$ 表示状态，解空间树的根结点对应状态($i=0$，$x$ 的元素均为 0)，目标状态是($i=n$，$x$ 为一个解)。从状态 $(i,x)$ 可以扩展出两个状态(即二选一)：

(1) 选择 $a[i]$ 元素⇨下一个状态为 $(i+1,x[i]=1)$。

(2) 不选择 $a[i]$ 元素⇨下一个状态为 $(i+1,x[i]=0)$。

在一条搜索路径上 $i$ 总是递增的，所以不会出现状态重复的情况。对应的回溯算法如下：

```
vector<int> x;                              //解向量
void disp(vector<int> &a) {                 //输出一个解
    printf(" {");
    for (int i=0;i<x.size();i++) {
        if (x[i]==1) printf("%d ",a[i]);
    }
    printf("}");
}
void dfs(vector<int> &a,int i) {            //回溯算法
    if (i>=a.size())                        //到达一个叶子结点
        disp(a);                            //输出对应的解
    else {
        x[i]=1; dfs(a,i+1);                 //选择 a[i]
        x[i]=0; dfs(a,i+1);                 //不选择 a[i]
    }
}
void pset1(vector<int> &a) {                //求幂集算法 1
    int n=a.size();
    x=vector<int>(n);
    dfs(a,0);
}
```

求解 $a=\{1,2,3\}$ 的解空间树如图 5.5 所示，图中方框旁边的"(数字)"表示递归调用次序，从中看出结点层次 $i$（从 0 开始）与当前考虑的元素 $a_i$（选择或者不选择 $a_i$）的下标是一致的，同时每个叶子结点对应一个解，而且每个解对应的解向量的长度相同。

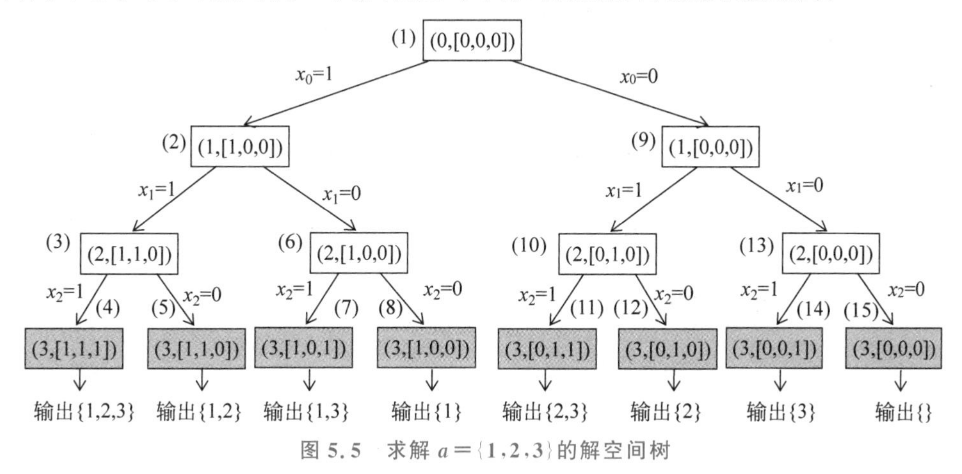


图 5.5 求解 $a=\{1,2,3\}$ 的解空间树

**pset1 算法分析**：在对应的解空间树中，每个层次为 $i$（$i$ 从 0 开始）的分支结点对应元素 $a[i]$ 的选择和不选择两种情况，所以解空间树是一棵高度为 $n+1$ 的满二叉树，叶子结点共有 $2^n$ 个，每个叶子结点对应一个解，输出一个解的时间为 $O(n)$，所以算法的最坏时间复杂度为 $O(n\times 2^n)$。

**解法 2**：设 $a=\{a_0,\cdots,a_i,\cdots,a_{n-1}\}$，解向量 $x=\{x_0,\cdots,x_i,\cdots,x_{m-1}\}$ 改为直接存放 $a$ 的一个子集（$m$ 为 $x$ 的长度，$0\leqslant m\leqslant n$），例如，$n=3$，$a=\{1,2,3\}$，$x=\{1\}$ 或者 $x=\{1,3\}$ 等都是该问题的解。从递归角度出发，设 $f(i)$ 表示求以 $a_i$ 开头的子集，首先空集{}肯定是一个子集。

扫一扫

视频讲解

(1) 求以 $a_0$ 开头的子集，$f(0)=\{a_0\}\cup\{a_0$ 合并 $f(1)$的每个元素$\}\cup\{a_0$ 合并 $f(2)$的每个元素$\}=\{\{1\},\{1,2\},\{1,2,3\},\{1,3\}\}$。

(2) 求以 $a_1$ 开头的子集，$f(1)=\{a_1\}\cup\{a_1$ 合并 $f(2)$的每个元素$\}=\{\{2\},\{2,3\}\}$。

(3) 求以 $a_2$ 开头的子集，$f(2)=\{a_2\}=\{\{3\}\}$。

也就是说求 $f(i)$的递推公式如下：

$$f(i)=\{a_i\}\bigcup_{i<j<n}\{a_i\ \text{合并}\ f(j)\ \text{的每个元素}\}$$

则 $a$ 的幂集为$\bigcup_{i=0}^{n-1}f(i)$。例如 $a=\{1,2,3\}$的全部子集就是如图 5.6 所示的递归树中的所有结点。

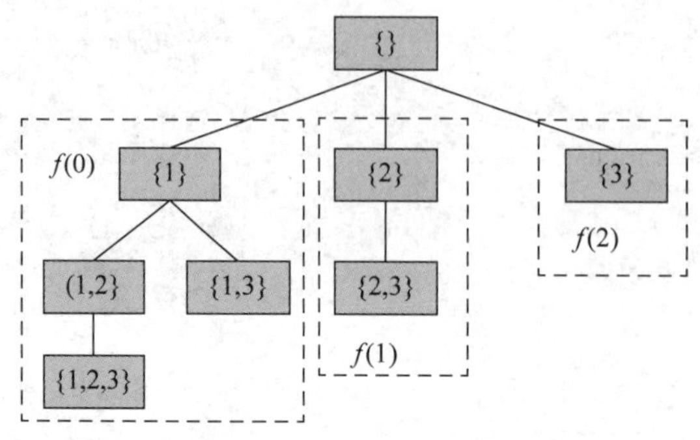


图 5.6 求 $a=\{1,2,3\}$的幂集

上述递推公式直接采用递归算法实现时性能较低(其中存在重复子问题的计算)，这里采用回溯算法，用$(i,j,x)$表示状态(其中 $x$ 为解向量)，解空间中根结点的状态为$(0,0,\{\})$，用 $j1$ 遍历 $a[j..n-1]$：置 $x[i]=a[j1]$，下一层的结点状态为$(i+1,j1+1,x)$。例如，$a=\{1,2,3\}$，求其幂集的解空间如图 5.7 所示。

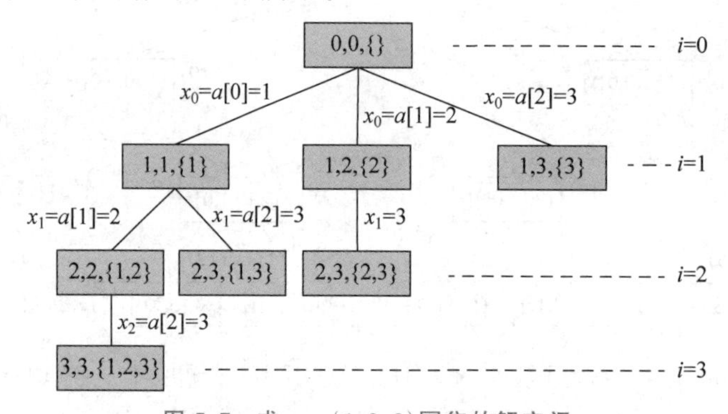


图 5.7 求 $a=\{1,2,3\}$幂集的解空间

对应的回溯算法如下：

```
int x[MAXN];                                  //解向量
void disp(int i) {                            //输出一个解
    printf(" {");
    for (int k=0;k<i;k++)
        printf("%d ",x[k]);
    printf("}");
}
void dfs(vector<int> &a,int i,int j) {        //回溯算法
    disp(i);                                  //输出一个解 x[0..i-1]
    for(int j1=j;j1<a.size();j1++) {
```

```
            x[i]=a[j1];
            dfs(a,i+1,j1+1);
            x[i]=-1;                                    //回溯
        }
    }
    void pset2(vector<int> &a) {                        //求幂集算法 2
        dfs(a,0,0);
    }
```

解空间中第 $i$ 层的结点$(i,j,x)$就是为 $x_i(i\leqslant j)$选择$\{a_j,\cdots,a_{n-1}\}$中的一个元素，即 $n-j$ 选一，如图 5.8 所示。

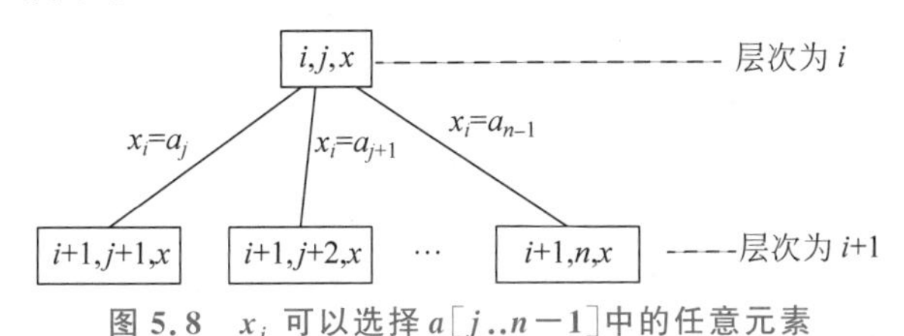


图 5.8　$x_i$ 可以选择 $a[j..n-1]$中的任意元素

解向量 $x$ 用 vector 向量表示，由于参数 $i$ 与解空间中对应结点的层次相同，所以可以省略参数 $i$，对应的回溯算法如下：

```
vector<int> x;                                  //解向量
void disp(vector<int> &x) {                     //输出一个解(子集)
    printf(" {");
    for (int k=0;k<x.size();k++)
        printf("%d ",x[k]);
    printf("}");
}
void dfs(vector<int> &a,int j) {                //回溯算法
    disp(x);                                    //输出对应的解
    for(int j1=j;j1<a.size();j1++) {            //j1≥j
        x.push_back(a[j1]);
        dfs(a,j1+1);
        x.pop_back();
    }
}
void pset2(vector<int> &a) {                    //求幂集算法 2
    dfs(a,0);
}
```

**pset2 算法分析**：在对应的解空间树中恰好有 $2^n$ 个结点，每个结点都是解结点，输出一个解的时间为 $O(n)$，所以算法的最坏时间复杂度为 $O(n\times 2^n)$。

说明：pset1 和 pset2 两个算法的差异如下。

(1) pset1 采用固定的二选一，结点层次 $i$ 与当前考虑元素 $a_i$ 的下标一致，算法简单，方便理解，而 pset2 采用多选一，算法设计相对复杂。

(2) pset1 解空间树中的结点个数几乎是 pset2 解空间树中结点个数的两倍，一般来说解空间树中的结点个数越少则算法的时空性能越好，所以 pset2 的性能好于 pset1。

(3) pset1 求出的全部子集是无序的，而 pset2 求出的全部子集是有序的，即除了第一个空集以外，首先输出以 $a[0]$为首元素的所有子集，接着是以 $a[1]$为首元素的所有子集，以此类推，如果求解问题要求有序性，应该采用以 pset2 为基础的回溯算法。

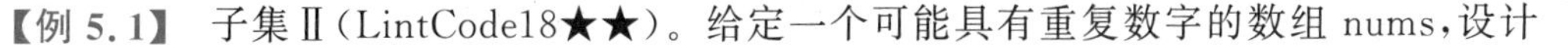
**【例 5.1】** 子集Ⅱ(LintCode18★★)。给定一个可能具有重复数字的数组 nums，设计

一个算法返回其所有可能的子集，子集中的每个元素都是非降序的，两个子集间的顺序是无关紧要的，解集中不能包含重复子集。例如，nums={1,2,2}，答案是{{2},{1},{1,2,2},{2,2},{1,2},{}}。要求设计如下成员函数：

```
vector<vector<int>> subsetsWithDup(vector<int> &nums) { }
```

扫一扫

源程序

解法1：利用5.2.2节中pset1算法的思路求解，先对nums递增排序，由于nums中存在重复元素，结果子集也一定重复，这里采用set容器实现去重，最后将set中的子集复制到vector<vector<int>>容器ans中，返回ans即可。

扫一扫

源程序

解法2：利用5.2.2节中pset2算法的思路求解，先对nums递增排序，在考虑求以nums[$i$]开头的子集时，用$j$遍历nums[$i..n-1$]，$x_i$取$a[j]$值，如果跳过nums[$j$]=nums[$j-1$]($j>i$)的nums[$j$]便可以实现去重。

### 5.2.3 子集树回溯算法框架

设问题的解是一个$n$维向量$\{x_0,x_1,\cdots,x_{n-1}\}$，约束函数表示每个分量$x_i$应满足的约束条件，记为constraint($x_i$)；限界函数记为bound($x_i$)，一般地，解空间为子集树的递归回溯框架如下：

```
int x[n];                                     //解向量,全局变量
void dfs(int i){                              //子集树的递归框架
    if(i>=n)                                  //搜索到叶子结点
        产生一个可能解;
    else {
        for (j=下界;j<=上界;j++){            //用j枚举x[i]所有可能的选择
            x[i]=j;                           //产生一个可能的解分量
            …                                 //其他操作
            if (constraint(i) && bound(i))
                dfs(i+1);                     //满足约束条件和限界函数,继续下一层
        }
    }
}
```

采用上述算法框架需要注意以下几点：

(1) $i$从0开始调用上述回溯算法框架，此时根结点为第0层，叶子结点为第$n$层。当然$i$也可以从1开始，这样根结点为第1层，叶子结点为第$n+1$层，需要将上述代码中的“if(i>=n)”改为“if (i>n)”。

(2) 在上述框架中通过for循环用$j$枚举$x[i]$所有可能的路径，如果扩展路径只有两条，可以改为两次递归调用(例如求解0/1背包问题、子集和问题等都是如此)。

(3) 这里回溯框架只有$i$一个参数，在实际应用中可以根据具体情况设置多个参数。

## 5.3 图的路径搜索

问题描述：给定一个含$n$个顶点的带权无向图以及图中两个顶点$s$和$t$，设计一个算法求$s$到$t$的所有路径及其路径长度。

**解** 假设带权无向图采用邻接矩阵存放。例如如图5.9(a)所示的带权无向图的邻

接矩阵如下：

$$
\boldsymbol{A}=\begin{bmatrix} 0 & 5 & \infty & 1 & \infty \\ 5 & 0 & \infty & \infty & \infty \\ \infty & \infty & 0 & 2 & 3 \\ 1 & \infty & 2 & 0 & 8 \\ \infty & \infty & 3 & 8 & 0 \end{bmatrix}
$$

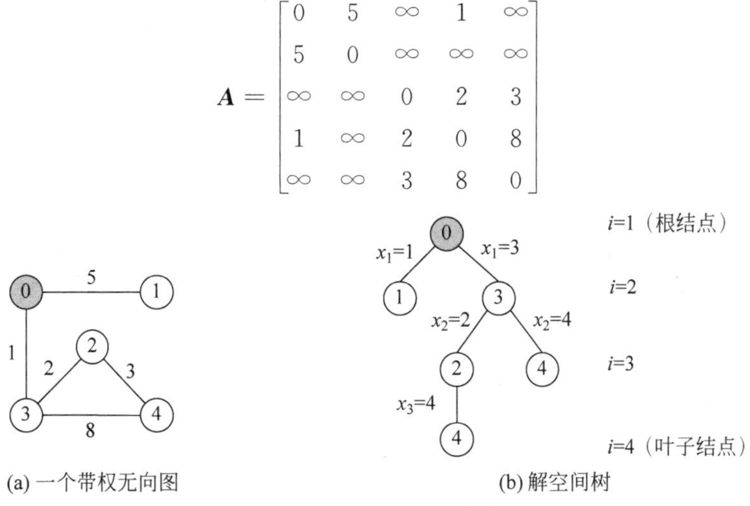


图 5.9　一个带权无向图及其解空间树

现在求从顶点 $s$ 到顶点 $t$ 的所有路径（默认为简单路径），这是一个求所有解的问题，约束条件就是 $s\rightarrow t$ 的路径，由于路径是一个顶点序列，所以对应的解向量 $\boldsymbol{x}=\{x_0,x_1,\cdots,x_{k-1}\}$表示一条路径。下面以 $s=0,t=4$ 为例进行讨论，$x_0=0$（没有其他选择），需要求出满足约束条件的其他 $x_i(i\geqslant 1)$，这里的路径有多条，每条路径对应一个解向量，对应的解空间树如图 5.9(b)所示，图中的 $i$ 表示结点的层次，由于 $x_0$ 是固定的，只需要从 $x_1$ 开始求，根结点的层次 $i=1$，从中看出 $S_1=\{1,3\},S_2=\{2,4\},S_3=\{4\}$，其中包含该问题的两个解 $\boldsymbol{x}=\{0,3,2,4\}$和 $\boldsymbol{x}=\{0,3,4\}$。

说明：在本问题中结点的扩展就是从对应的顶点找所有相邻顶点，即多选一，对应的解空间树属于子集树，由于找到的路径长度不一定相同，所以解向量并不是固定长度的。

为了避免路径中出现重复的顶点，采用 visited 数组判重，在邻接搜索中跳过当前路径中已经出现的顶点。这里还需要求路径长度，为了简单，将路径长度存放在 $x$ 的末尾。对应的回溯算法如下：

```
const int INF=0x3f3f3f3f;
int n=5;
vector<vector<int>> A={{0,5,INF,1,INF},{5,0,INF,INF,INF},      //邻接矩阵
                      {INF,INF,0,2,3},{1,INF,2,0,8},{INF,INF,3,8,0}};
vector<vector<int>> ans;                                        //存放答案
vector<int> x;                                                  //解向量
vector<int> visited;
void dfs(int i,int curlen,int t) {                         //回溯算法
    if (i==t) {                                            //找到终点
        ans.push_back(x);                                  //将 x 添加到 ans 中
        ans.back().push_back(curlen);                      //在路径的末尾添加路径长度
    }
    else {
        for (int j=0;j<n;j++) {
            if(i==j || A[i][j]==INF) continue;             //剪支：跳过没有边的顶点
            if (visited[j]) continue;                      //剪支：跳过在路径中的顶点
            visited[j]=1;                                  //x[i]选择顶点 j
            x.push_back(j);                                //置访问标记
            curlen+=A[i][j];                               //增加路径长度
            dfs(j,curlen,t);                               //继续搜索
```

```
                curlen-=A[i][j];                        //路径长度回溯
                x.pop_back();                           //路径回溯
                visited[j]=0;                           //访问标记回溯
            }
        }
    };
    void allpath(int s,int t) {                         //求解算法
        x.push_back(s);
        visited=vector<int>(n,0);
        visited[s]=1;
        dfs(s,0,t);                                     //i从0开始
        printf("从%d到%d的所有路径:\n");                  //输出结果
        for(int i=0;i<ans.size();i++) {
            printf(" 路径%d: 长度=%d, 路径:",i+1,ans[i].back());
            for(int j=0;j<ans[i].size()-1;j++)
                printf(" %d",ans[i][j]);
            printf("\n");
        }
    }
```

调用 allpath(0,4)的求解结果如下：

```
从0到4的所有路径:
    路径1: 长度=6, 路径: 0 3 2 4
    路径2: 长度=9, 路径: 0 3 4
```

扫一扫

视频讲解

**allpath 算法分析**：在算法中调用 dfs($s$,0,$t$)，考虑最坏情况，$s$ 到 $t$ 的路径为($s$,$x_1$,…,$x_{n-2}$,$t$)，$x_i$ 可以是除了 $s$ 和 $t$ 以外的任意不重复的顶点，所以最坏时间复杂度为 $O((n-2)!)$。

【例 5.2】 路径搜索(LintCode1647★★)。给定一个有 $n$($n\leqslant 10$)个顶点、$m$($m\leqslant 50$)条边的无向图，顶点的编号是 0～$n-1$，设计一个算法输出从 $s$ 点出发到达 $t$ 点的所有简单路径，输出的简单路径按字典序排序。当一条路径不会经过某个顶点超过一次时，称之为简单路径。例如，$n=4$，$g=\{\{0,1\},\{0,2\},\{1,2\},\{1,3\},\{3,2\}\}$，$s=0$，$t=2$，对应的图如图 5.10 所示，从 0 到 2 有 3 条路径，按字典序输出的结果是$\{\{0,1,2\},\{0,1,3,2\},\{0,2\}\}$。要求设计如下成员函数：

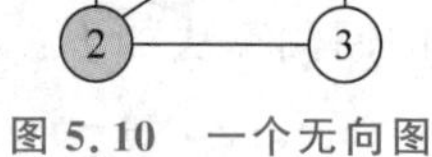


图 5.10 一个无向图

```
vector<vector<int>> getPath(int n, vector<vector<int>> &g, int s, int t) { }
```

扫一扫

源程序

**解法 1**：给定的无向图采用邻接矩阵 **A** 存放，采用本节前面讨论的路径搜索方法求解，在搜索顶点 $i$ 的相邻点 $j$ 时，$j$ 以从 0 到 $n-1$ 的顺序试探，所以当 $s$ 到 $t$ 有多条路径时会按照字典序找到这些路径。

扫一扫

源程序

| | | | | |
|---|---|---|---|---|
| 0 | 1 | 2 | | ← vector<int> |
| 1 | 0 | 3 | | |
| 2 | 0 | 1 | 3 | |
| 3 | 1 | 2 | | |

图 5.11 邻接表 $G$

**解法 2**：给定的无向图采用邻接表 $G$ 存放，$G$ 的类型为 vector<vector<int>>，$G[i]$表示顶点 $i$ 的所有出边邻接点，例如图 5.10 所示的无向图对应的邻接表 $G$ 如图 5.11 所示。

由于需要按字典序输出 $s$ 到 $t$ 的所有路径，所以要保证 $G[i]$中的元素按顶点编号递增排列，采用的方法是在创建 $G[i]$后调用 sort()实现排序，其他与解法 1 相同。

## 5.4 构造表达式

问题描述：设计一个算法在 1、2、……、9（顺序不能变）数字之间插入＋或－或什么都不插入，使得计算结果总是 100，并求所有的可能性。例如 1＋2＋34－5＋67－8＋9＝100。

**解** 用数组 $a$ 存放 1～9 的整数，设计解向量 $\boldsymbol{x}$，$x[i]$表示在 $a[i]$前面插入的运算符，其示意图如图 5.12 所示。$x[i]$只能取值'＋'、'－'或者空格（三选一）。设计回溯算法 dfs(sum，prev，$i$)，其中 sum 表示考虑 $x[i]$取值时前面表达式的计算结果（初始值为 $a[0]$），prev 表示考虑 $x[i]$取值时前面的运算数（初始值为 $a[0]$），$i$ 从 1 开始（$a[0]$前面没有运算符）：

```
i:  0   1   2   …
a:  1   2   3   …
x:      +   -   …
        ⇩
    1+2-3 …
```

图 5.12 表达式示意图

(1) 若 $x[i]$取值'＋'，sum＋＝$a[i]$，prev＝$a[i]$，继续搜索下一层，返回时恢复 sum 和 prev。

(2) 若 $x[i]$取值'－'，sum－＝$a[i]$，prev＝－$a[i]$，继续搜索下一层，返回时恢复 sum 和 prev。

(3) 若 $x[i]$取值' '，则需要合并整数，例如 prev＝2，$a[2]$＝3，若 $x[2]$取值' '，合并的整数是 23。如 prev＝－2，$a[2]$＝3，若 $x[2]$取值' '，合并的整数是－23，所以需要先执行 sum－＝prev 减去前面的元素值，再执行 tmp＝prev＊10±a[$i$]（±为原 prev 的符号）得到合并的整数，最后执行 sum＋＝tmp 得到合并结果（tmp 为新的前面的运算数），继续搜索下一层，返回时恢复 sum 和 prev。

当 $i$＝9 时到达一个叶子结点，若 sum＝100 对应一个解，构造对应的表达式并添加到 ans 中，最后输出 ans。对应的算法如下：

```
#define N 9
int a[N];
vector<string> ans;                          //存放答案
char x[N];                                   //解向量
void dfs(int sum,int prev,int i) {           //回溯算法
    if (i==N) {                              //到达一个叶子结点
        if (sum==100) {                      //找到一个解
            string s=to_string(a[0]);
            for (int j=1;j<N;j++) {
                if (x[j]!=' ') s+=x[j];
                s+=to_string(a[j]);
            }
            s+="=100";
            ans.push_back(s);
        }
    }
    else {
        x[i]='+';                            //在位置 i 插入'+'
        sum+=a[i];                           //计算当前表达式的值
        dfs(sum,a[i],i+1);
        sum-=a[i];                           //回溯
        x[i]='-';                            //在位置 i 插入'-'
```

```
            sum-=a[i];                                //计算当前表达式的值
            dfs(sum,-a[i],i+1);
            sum+=a[i];                                //回溯
            x[i]=' ';                                 //在位置i插入' '
            sum-=prev;                                //先减去前面的元素值
            int tmp;                                  //计算新合并值
            if (prev>0)
                tmp=prev*10+a[i];                     //如prev=2,a[i]=3,结果为23
            else
                tmp=prev*10-a[i];                     //如prev=-2,a[i]=3,结果为-23
            sum+=tmp;                                 //计算合并结果
            dfs(sum,tmp,i+1);
            sum-=tmp;                                 //回溯sum
            sum+=prev;
        }
    }
    void express() {
        for (int i=0;i<N;i++) a[i]=i+1;               //为a赋值1,2,…,9
        dfs(a[0],a[0],1);                             //插入位置i从1开始
        printf("求解结果\n");
        for(int i=0;i<ans.size();i++)
            cout << " (" << i+1 << ") " << ans[i] << endl;
    }
```

调用express算法的输出结果如下：

```
求解结果
    (1) 1+2+3-4+5+6+78+9=100
    (2) 1+2+34-5+67-8+9=100
    (3) 1+23-4+5+6+78-9=100
    ...
    (11) 123-45-67+89=100
```

**express算法分析**：在整数序列1～9中有8个位置，每个位置可以插入3个运算符之一，所以执行时间为$3^8$，如果给定整数是1～$n$，则时间复杂度为$O(3^n)$。

扫一扫

视频讲解

**【例5.3】** 目标和(LintCode1208★★)。给定一个含$n$个整数的数组nums($1 \leqslant n \leqslant 20, 0 \leqslant \text{nums}[i] \leqslant 1000$)和一个整数$s$($-1000 \leqslant s \leqslant 1000$)。在数组中的每个整数前添加'+'或'-'，然后串联起来所有整数，可以构造一个表达式，例如，nums={2,1}，可以在2之前添加'+'，在1之前添加'-'，然后串联起来得到表达式"+2-1"。设计一个算法求可以通过上述方法构造的运算结果等于$s$的不同表达式的数目。要求设计如下成员函数：

```
int findTargetSumWays(vector<int>& nums, int s) { }
```

**解** 用ans表示满足要求的解个数(初始为0)，设置解向量$x=\{x_0,x_1,\cdots,x_{n-1}\}$，$x_i$表示nums[$i$]($0 \leqslant i \leqslant n-1$)前面添加的符号，$x_i$只能在'+'和'-'符号中二选一，所以该问题的解空间为子集树。用expv表示当前运算结果(初始为0)。对于解空间中第$i$层的结点A，若$x_i$选择'+'，则expv+=nums[$i$]，若$x_i$选择'-'，则expv-=nums[$i$]，在回退到A时要恢复expv。当到达一个叶子结点时，如果expv=s，说明找到一个解，置ans++。

由于该问题只需要求最后的解个数，所以不必真正设计解向量$x$，仅设计expv即可。对应的程序如下：

```
class Solution {
    int ans;                                          //存放解个数
public:
```

```
    int findTargetSumWays(vector<int> & nums, int s) {
        ans=0;
        dfs(nums,s,0,0);
        return ans;
    }
    void dfs(vector<int> & nums, int s, int i, int expv) {     //回溯算法
        if (i==nums.size()) {                                //到达一个叶子结点
            if(expv==s) ans++;                               //找到一个解
        }
        else {
            expv+=nums[i];                                   //nums[i]前选择'+'
            dfs(nums,s,i+1,expv);
            expv-=nums[i];                                   //回溯:恢复 expv
            expv-=nums[i];                                   //nums[i]前选择'-'
            dfs(nums,s,i+1,expv);
            expv+=nums[i];                                   //回溯:恢复 expv
        }
    }
};
```

上述程序提交时通过,执行用时为 163ms,内存消耗为 5.59MB。

## 5.5 图的 $m$ 着色问题

扫一扫

视频讲解

问题描述:给定一个连通图 $G$ 和 $m$ 种不同的颜色,用这些颜色为图 $G$ 的各顶点着色,每个顶点着一种颜色。如果有一种着色法可以使 $G$ 中每条边的两个顶点着不同颜色,则称这个图是 $m$ 可着色的。图的 $m$ 着色问题是给定图 $G$ 和 $m$ 种颜色,找出所有不同的着色方案数。例如,如图 5.13 所示的无向连通图,$m=3$ 时不同的着色方案数为 12。

解 对于连通图 $G$,采用邻接矩阵 **A** 存放,这里的 **A** 是一个 0/1 矩阵。图中的顶点编号为 $0\sim n-1$,共 $m$ 种颜色,颜色编号为 $0\sim m-1$。设计解向量 $x=\{x_0,x_1,\cdots,x_{n-1}\}$,其中 $x[i]$表示顶点 $i$ 的着色,图中每个顶点可能的着色为 $0\sim m-1$(初始时 $x[i]$置为$-1$ 表示未着色),所以有 $0\leqslant x[i]\leqslant m-1$,相当于 $m$ 选一,对应的解空间是一棵 $m$ 叉树,高度为 $n+1$。$i$ 从 0 开始,当 $i=n$ 时对应一个叶子结点,表示找到一种着色方案,将着色方案数 ans 增 1,最后输出 ans 即可。对应的回溯算法如下:

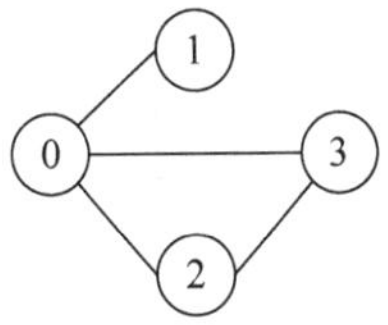

图 5.13 一个无向连通图

```
int n=4;
int A[MAXN][MAXN]={{0,1,1,1},{1,0,0,0},{1,0,0,1},{1,0,1,0}};
int ans=0;                                         //全局变量,累计解个数
int x[MAXN];                                       //全局变量,x[i]表示顶点 i 的着色
bool judge(int i,int j) {                          //判断顶点 i 是否可以着色 j
    for(int k=0;k<n;k++) {
        if(A[i][k]==1 && x[k]==j)                  //存在相同颜色的顶点
            return false;
    }
    return true;
}
void dfs(int m,int i) {                            //回溯算法
    if (i>=n)                                      //到达一个叶子结点
        ans++;                                     //着色方案数增 1
```

```
        else {
            for (int j=0;j<m;j++) {                    //试探每一种着色
                x[i]=j;
                if (judge(i,j))                         //可以着色j,进入下一个顶点着色
                    dfs(m,i+1);
                x[i]=-1;                                //回溯
            }
        }
}
void color(int m) {                                     //求解算法
        memset(x,0xff,sizeof(x));                       //x初始化所有元素为-1
        dfs(m,0);
        printf("着色方案数:%d\n",ans);
}
```

**color 算法分析**：算法中每个顶点试探 $m$ 种颜色，解空间树是一棵 $m$ 叉树（子集树），每个结点判断当前着色是否合适的时间为 $O(n)$，所以算法的时间复杂度为 $O(n\times m^n)$。

扫一扫

视频讲解

【例 5.4】 频道分配（POJ1129，时间限制为 1000ms，空间限制为 10 000KB）。在非常大的区域广播时需要利用中继器加强信号，每个中继器使用不同的频道，以便不会相互干扰，给定一个中继器网络的描述，求所需的最小频道数目。

输入格式：输入包含多个中继器网络描述，每个描述以包含中继器个数的行开头，个数介于 1 和 26 之间，中继器由以 A 开头的连续大写字母表示。例如，10 个中继器的名称为 A、B、C、……、I 和 J，输入 0 表示结束。在中继器个数之后是相邻关系列表，每行具有形如"A：BCDH"的格式，表示中继器 B、C、D 和 H 与中继器 A 相邻，第一行描述与中继器 A 相邻的中继器，第二行描述与 B 相邻的中继器，以此类推。如果一个中继器不与任何其他中继器相邻，则形如"A:"。中继器按字母顺序列出。注意相邻关系是对称的，如果 A 与 B 相邻，则 B 必然与 A 相邻。另外，由于中继器位于一个平面内，连接相邻中继器形成的图形没有任何相交的线段。

输出格式：对于每个中继器网络描述，输出一行包含所需的最小频道数。样例输出显示了这一行的格式，当只需要一个通道时，请注意通道是单数形式。

输入样例：

```
2
A:
B:
4
A:BC
B:ACD
C:ABD
D:BC
0
```

输出样例：

```
1 channel needed.
3 channels needed.
```

扫一扫

源程序

**解** 本题的每个中继器网络描述可以建立这样的无向图，每个中继器看成一个顶点，相邻关系用一条无向边表示，如果将边看成着色关系，同一条边的两个顶点不能着相同的元素，这样就转换为图着色问题，用 $m$ 表示当前颜色数目（颜色编号为 $0\sim m-1$），实际上是求 $m$ 可着色的最小 $m$，用 minm 表示（初始为∞，实际上 4 色定理表明最多 4 种颜色即

可,所以 minm 可以初始为 4)。

同样用 $x$ 作为解向量(所有元素初始化为 $-1$),$m$ 从 0 开始试探,与前面讨论的图 $m$ 着色问题的求解过程相比,在为顶点 $i$ 选择颜色 $j$ 时,$j$ 从 0 到 $m-1$ 循环试探,试探成功就继续走下去,否则回溯,除此之外增加另外一种选择,即增加一种颜色,置 $x[i]=m$,然后在颜色增加的情况下继续走下去,当 $i=n$ 时说明找到了一种 $m$ 着色方案,置 minm=min(minm,$m$),最后输出 minm 即可。例如,对于图 5.13 所示的连通图,求最少颜色数的过程如图 5.14 所示,图中方框为 dfs($m$,$i$),带阴影的结点为解结点,minm=min(3,3,4)=3,说明该图着色所需的颜色数最少为 3 种。

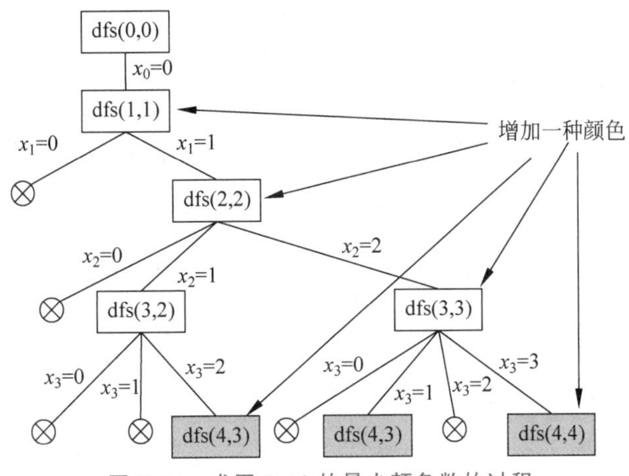

图 5.14 求图 5.13 的最少颜色数的过程

## 5.6 子集和问题

扫一扫

视频讲解

问题描述:给定 $n$ 个不同的正整数集合 $a=\{a_0,a_1,\cdots,a_{n-1}\}$ 和一个正整数 $t$,要求找出 $a$ 的子集 $s$,使该子集中所有元素的和为 $t$。例如,当 $n=4$ 时,$a=\{3,1,5,2\}$,$t=8$,则满足要求的子集 $s$ 为 {3,5} 和 {1,5,2}。

解 与求幂集问题一样,该问题的解空间是一棵子集树(因为每个整数要么选择,要么不选择),并且是求满足约束函数的所有解。

1) 无剪支

设解向量 $\boldsymbol{x}=\{x_0,x_1,\cdots,x_{n-1}\}$,$x_i=1$ 表示选择 $a_i$ 元素,$x_i=1$ 表示不选择 $a_i$ 元素。在解空间中按深度优先方式搜索所有结点,并用 cs 累计当前结点之前已经选择的所有整数和,一旦到达叶子结点(即 $i\geqslant n$),表示 $a$ 的所有元素处理完毕,如果相应的子集和为 $t$(即约束函数 cs=$t$ 成立),则根据解向量 $x$ 输出一个解。当解空间搜索完后便得到所有解。

例如 $a=\{3,1,5,2\}$,$t=8$,其解空间如图 5.15 所示,图中结点上的数字表示 cs,利用深度优先搜索得到两个解,解向量分别是 {1,0,1,0} 和 {0,1,1,1},对应图中两个带阴影的叶子结点,图中共 31 个结点,每个结点都要搜索。实际上,解空间是一棵高度为 5 的满二叉树,从根结点到每个叶子结点都有一条路径,每条路径是一个决策向量,满足约束函数的决策向量就是一个解向量。

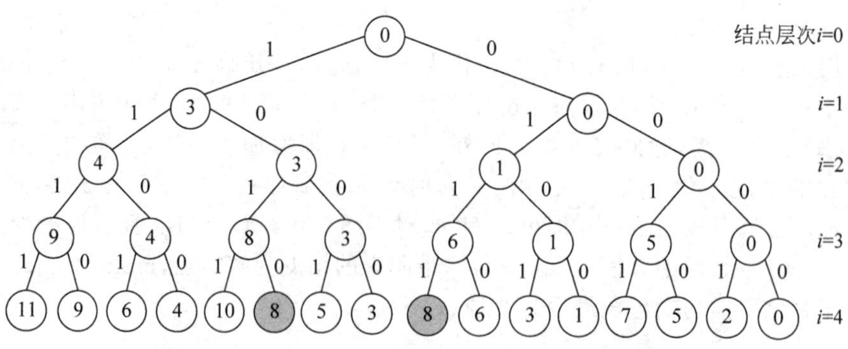


图 5.15 求 $a=\{3,1,5,2\}$，$t=8$ 时子集和的解空间

对应的回溯算法如下：

```
int n,t;
vector<int> a;                              //存放所有整数
int cnt=0;                                  //累计解个数
int tot=0;                                  //累计搜索的结点个数
vector<int> x;                              //解向量
void disp() {                               //输出一个解
    printf(" 第%d 个解,",++cnt);
    printf("选取的数为: ");
    for (int i=0;i<x.size();i++) {
        if (x[i]==1)
            printf("%d ",a[i]);
    }
    printf("\n");
}
void dfs(int cs,int i) {                    //回溯算法
    tot++;                                  //累计调用次数
    if (i>=n) {                             //到达一个叶子结点
        if (cs==t) disp();                  //找到一个满足条件的解,输出
    }
    else {                                  //没有到达叶子结点
        x[i]=1;                             //选取整数 a[i]
        dfs(cs+a[i],i+1);
        x[i]=0;                             //不选取整数 a[i]
        dfs(cs,i+1);
    }
}
void subs1(vector<int> &A,int T) {          //求解子集和问题
    n=A.size();
    a=A;
    t=T;
    x=vector<int>(n);
    printf("求解结果\n");
    dfs(0,0);                               //i 从 0 开始
    printf("tot=%d\n",tot);
}
```

对于子集和问题 $A=\{3,1,5,2\}$，$T=8$，调用 subs1($A$,$T$)时的输出结果如下：

```
求解结果
    第 1 个解,选取的数为: 3 5
    第 2 个解,选取的数为: 1 5 2
tot=31
```

**subs1** 算法分析：对于含 $n$ 个元素的数组 $a$ 和正整数 $t$，上述算法的解空间是一棵高

度为 $n+1$ 的满二叉树，共有 $2^{n+1}-1$ 个结点，递归调用 $2^{n+1}-1$ 次，每找到一个满足条件的解就调用 disp()输出，而执行 disp()的时间为 $O(n)$，所以 subs()算法的最坏时间复杂度为 $O(n\times 2^n)$。

2）左剪支

由于 $a$ 中的所有元素都是正整数，每次选择一个元素时 cs 都会变大，当 cs$>t$ 时沿着该路径继续找下去一定不可能得到解。利用这个特点减少搜索的结点个数。当搜索到第 $i$ $(0\leqslant i<n)$层的某个结点时，cs 表示当前已经选取的整数和(其中不包含 $a[i]$)，判断选择 $a[i]$是否合适：

① 若 cs$+a[i]>t$，表示选择 $a[i]$后子集和超过 $t$，不必继续沿着该路径求解，终止该路径的搜索，也就是左剪支。

② 若 cs$+a[i]\leqslant t$，沿着该路径继续下去可能会找到解，不能终止。

简单地说，仅扩展满足 cs$+a[i]\leqslant t$ 的左孩子结点。

例如 $a=\{3,1,5,2\}$，$t=8$，其搜索空间如图 5.16 所示，图中共 29 个结点，除去两个被剪支的结点(用虚框结点表示)，剩下 27 个结点，也就是说递归调用 27 次，性能得到了提高。对应的回溯算法如下：

```
void dfs(int cs,int i) {                     //回溯算法
    tot++;                                   //累计调用次数
    if (i>=n) {                              //到达一个叶子结点
        if (cs==t) disp();                   //找到一个满足条件的解,输出
    }
    else {                                   //没有到达叶子结点
        if (cs+a[i]<=t) {                    //左孩子结点剪支
            x[i]=1;                          //选取整数 a[i]
            dfs(cs+a[i],i+1);
        }
        x[i]=0;                              //不选取整数 a[i]
        dfs(cs,i+1);
    }
}
void subs2(vector<int> &A,int T) {           //求解子集和问题
    n=A.size();
    a=A;
    t=T;
    x=vector<int>(n);
    printf("求解结果\n");
    dfs(0,0);                                //i 从 0 开始
    printf("tot=%d\n",tot);
}
```

当 $A=\{3,1,5,2\}$，$T=8$ 时调用 subs2$(A,T)$算法的求解结果如下：

```
求解结果
    第 1 个解,选取的数为: 3 5
    第 2 个解,选取的数为: 1 5 2
tot=27
```

3）右剪支

左剪支仅考虑是否扩展左孩子结点，可以进一步考虑是否扩展右孩子结点。当搜索到第 $i$$(0\leqslant i<n)$层的某个结点时，用 rs 表示余下的整数的和，即 rs$=a[i]+\cdots+a[n-1]$(其中包含 $a[i]$)，因为右孩子结点对应不选择整数 $a[i]$的情况，如果不选择 $a[i]$，此时剩余的

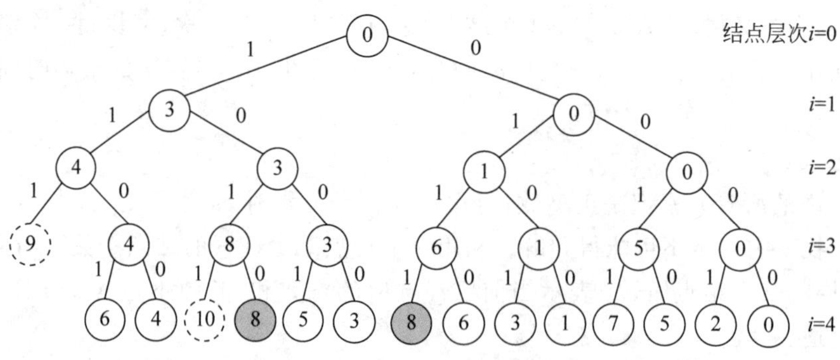


图 5.16 求 $a=\{3,1,5,2\}$，$t=8$ 时子集和的搜索空间

所有整数的和为 rs=rs−$a[i]$($a[i+1]+\cdots+a[n-1]$)，若 cs+rs<$t$ 成立，说明即使选择所有剩余整数，其和都不可能达到 $t$，所以右剪支就是仅扩展满足 cs+rs≥$t$ 的右孩子结点，注意在左、右分支处理完后需要恢复 rs，即执行 rs=+$a[i]$。

例如 $a=\{3,1,5,2\}$，$t=8$，其搜索过程如图 5.17 所示，图中共 17 个结点，除去 7 个被剪支的结点(用虚框结点表示)，剩下 10 个结点，也就是说递归调用 10 次，性能得到更有效的提高。

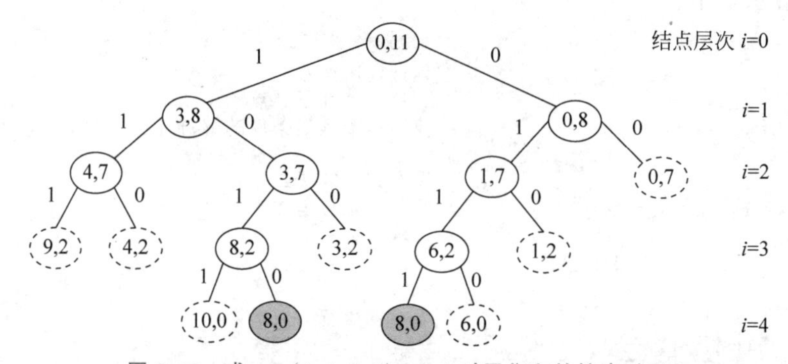


图 5.17 求 $a=\{3,1,5,2\}$，$t=8$ 时子集和的搜索过程

说明：本例给定 $a$ 中的所有整数为正整数，如果 $a$ 中有负整数，这样的左、右剪支是不成立的，因此无法剪支，算法退化为基本深度优先搜索。

对应的回溯算法如下：

```
void dfs(int cs,int rs,int i) {                    //回溯算法
    tot++;                                         //累计调用次数
    if (i>=n) {                                    //到达一个叶子结点
        if (cs==t) disp();                         //找到一个满足条件的解,输出
    }
    else {                                         //没有到达叶子结点
        rs-=a[i];                                  //求剩余整数的和
        if (cs+a[i]<=t) {                          //左孩子结点剪支
            x[i]=1;                                //选取整数 a[i]
            dfs(cs+a[i],rs,i+1);
        }
        if (cs+rs>=t) {                            //右孩子结点剪支
            x[i]=0;                                //不选取整数 a[i]
            dfs(cs,rs,i+1);
        }
        rs+=a[i];                                  //恢复剩余整数的和(回溯)
    }
```

```
}
void subs3(vector<int> &A,int T) {                //求解子集和问题
    n=A.size();
    a=A;
    t=T;
    x=vector<int>(n);
    int rs=0;                                      //表示所有整数的和
    for (int j=0;j<n;j++)                          //求 rs
        rs+=a[j];
    printf("求解结果\n");
    dfs(0,rs,0);                                   //i 从 0 开始
    printf("tot=%d\n",tot);
}
```

当 $a=\{3,1,5,2\}$，$T=8$ 时调用 subs3($a$，$T$)算法的求解结果如下：

```
求解结果
    第 1 个解,选取的数为: 3 5
    第 2 个解,选取的数为: 1 5 2
tot=10
```

**subs2 和 subs3 算法分析**：尽管通过剪支提高了算法的性能，但究竟剪去多少结点与具体的实例数据相关，所以这样的两个算法在最坏情况下的时间复杂度仍然为 $O(n\times 2^n)$。从上述实例可以看出剪支在回溯算法中的重要性。

**【例 5.5】** 目标和(LintCode1208★★)。问题描述参见例 5.3。

扫一扫

视频讲解

**解** 不妨用 $a$ 表示 nums 数组，先求出 $a$ 中所有整数的和 sum，显然 sum$<s$ 时即使全部加上'+'也不可能成立，此时返回 0(无解)，否则本问题就是求以下等式成立的不同表达式的数目(±表示取'+'或者'-'之一)。

$$\pm a[0]\pm a[1]\pm\cdots\pm a[n-1]=s$$

用 sum 减去两边后转换为：

$$(a[0]+a[1]+\cdots+a[n-1])-(\pm a[0]\pm a[1]\pm\cdots\pm a[n-1])=\text{sum}-s$$

扫一扫

源程序

等同于：

$$(a[0]\mp a[0])+(a[1]\mp a[1])+\cdots+(+a[n-1]\mp a[n-1])=\text{sum}-s$$

对于($a[i]\mp a[i]$)部分，如果取'-'(对应原来的'+')则为 0，如果取'+'(对应原来的'-')则为 $2a[i]$，考虑只取'+'的部分(其他取'-')，假设对应的下标为 $i_1,i_2,\cdots,i_k$，则为：

$$2a[i_1]+2a[i_2]+\cdots+2a[i_k]=\text{sum}-s,\quad 即\ a[i_1]+a[i_2]+\cdots+a[i_k]=(\text{sum}-s)/2$$

其中 $i_1,i_2,\cdots,i_k$ 是 $0,1,\cdots,n-1$ 的一个子序列，这样该问题等价于在原 $a$ 数组中选择添加'-'的元素的和等于(sum$-s$)/2 的组合总数，属于典型的子集和问题。由于(sum$-s$)/2 一定是整数，所以(sum$-s$)为奇数时无解，返回 0。采用左、右剪支的回溯算法求解。

## 5.7 简单装载问题

扫一扫

视频讲解

**问题描述**：有 $n$ 个集装箱要装上一艘载重量为 $t$ 的轮船，其中集装箱 $i(0\leqslant i\leqslant n-1)$ 的重量为 $w_i$。不考虑集装箱的体积限制，现要选出重量和小于或等于 $t$ 并且尽可能重的若干集装箱装上轮船。例如，$n=5$，$t=10$，$w=\{5,2,6,4,3\}$时，其最佳装载方案有两种，即{1,

1,0,0,1}和{0,0,1,1,0},对应集装箱的重量和达到最大值 $t$。

**解** 与求幂集问题一样,该问题的解空间树是一棵子集树(因为每个集装箱要么选择,要么不选择),但要求最佳装载方案,属于求最优解类型。设当前解向量 $\boldsymbol{x}=\{x_0,x_1,\cdots,x_{n-1}\}$,$x_i=1$ 表示选择集装箱 $i$,$x_i=1$ 表示不选择集装箱 $i$,最优解向量用 bestx 表示,最优重量和用 bestw 表示(初始为 0),为了简洁,将 bestx 和 bestw 设计为全局变量。

当搜索到第 $i(0\leqslant i<n)$层的某个结点时,cw 表示当前选择的集装箱重量和(其中不包含 $w[i]$),rw 表示余下集装箱的重量和,即 rw=$w[i]+\cdots+w[n-1]$(其中包含 $w[i]$),此时处理集装箱 $i$,先从 rw 中减去 $w[i]$,即置 rw$-=w[i]$,采用的剪支函数如下。

① 左剪支:判断选择集装箱 $i$ 是否合适。检查当前集装箱被选中后总重量是否超过 $t$,若是则剪支,即仅扩展满足 cw$+w[i]\leqslant t$ 的左孩子结点。

② 右剪支:判断不选择集装箱 $i$ 是否合适。如果不选择集装箱 $i$,此时剩余的所有整数和为 rw,若 cw+rw≤bestw 成立(bestw 是当前找到的最优解的重量和),说明即使选择所有剩余集装箱,其重量和都不可能达到 bestw,所以仅扩展满足 cw+rw>bestw 的右孩子结点。

说明:由于深度优先搜索是纵向搜索的,可以较快地找到一个解,以此作为 bestw,再对某个搜索结点(cw,rw)做 cw+rw>bestw 的右剪支,通常比广度优先搜索的性能更好。

当第 $i$ 层的这个结点扩展完成后需要恢复 rs,即置 rs$+=a[i]$(回溯)。如果搜索到某个叶子结点(即 $i\geqslant n$),得到一个可行解,其选择的集装箱重量和为 cw(由于左剪支的原因,cw 一定小于或等于 $t$),若 cw>bestw,说明找到一个满足条件的更优解,置 bestw=cw,bestx=x。全部搜索完毕,bestx 就是最优解向量。对应的递归算法如下:

```
vector<int> w;
int t;
int n;
vector<int> x;                          //解向量
vector<int> bestx;                      //存放最优解向量
int bestw=0;                            //存放最优解的总重量,初始化为 0
int tot=0;                              //累计搜索的结点个数
void dfs(int cw, int rw, int i) {       //回溯算法
    tot++;
    if (i>=n) {                         //到达一个叶子结点
        if (cw>bestw) {                 //找到一个满足条件的更优解
            bestw=cw;                   //保存更优解
            bestx=x;
        }
    }
    else {                              //尚未找完所有集装箱
        rw-=w[i];                       //求剩余集装箱的重量和
        if (cw+w[i]<=t) {               //左孩子结点剪支:选择满足条件的集装箱
            x[i]=1;                     //选取集装箱 i
            cw+=w[i];                   //累计当前所选集装箱的重量和
            dfs(cw,rw,i+1);
            cw-=w[i];                   //恢复当前所选集装箱的重量和(回溯)
        }
        if (cw+rw>bestw) {              //右孩子结点剪支
            x[i]=0;                     //不选择集装箱 i
            dfs(cw,rw,i+1);
        }
        rw+=w[i];                       //恢复剩余集装箱的重量和(回溯)
    }
}
```

```
void loading(vector<int> &W,int T) {                //求解简单装载问题
    w=W;
    t=T;
    n=w.size();
    int rw=0;
    for (int i=0;i<n;i++)                           //累计全部集装箱的重量和 rw
        rw+=w[i];
    x=vector<int>(n);
    dfs(0,rw,0);                                    //i 从 0 开始
    printf("求解结果\n");
    for (int i=0;i<n;i++) {                         //输出最优解
        if (bestx[i]==1)
            printf(" 选取第%d 个集装箱\n",i);
    }
    printf(" 总重量=%d\n",bestw);
    printf("tot=%d\n",tot);
}
```

当 $w=\{5,2,6,4,3\}$,$t=10$ 时调用上述算法的求解结果如下：

```
求解结果
    选取第 0 个集装箱
    选取第 1 个集装箱
    选取第 4 个集装箱
    总重量=10
tot=16
```

实际上还有另外一个最优解，即选择第 2 个和第 3 个集装箱，它们的重量和是相等的。

说明：在上述 dfs 算法的左结点扩展中，3 条语句 cw+=w[$i$]，dfs(cw,rw,$x$,$i$+1)和 cw-=$w$[$i$]可以用一条语句 dfs(cw+$w$[$i$],rw,$x$,$i$+1)等价地替换。

**loading 算法分析**：该算法的解空间树中有 $2^{n+1}-1$ 个结点，每找到一个更优解时需要将 $x$ 复制到 bestx(执行时间为 $O(n)$)，所以在最坏情况下算法的时间复杂度为 $O(n\times 2^n)$。在前面的实例中，$n=5$，解空间树中结点的个数应为 63，采用剪支后结点的个数为 16(不计虚框中被剪支的结点)，如图 5.18 所示。

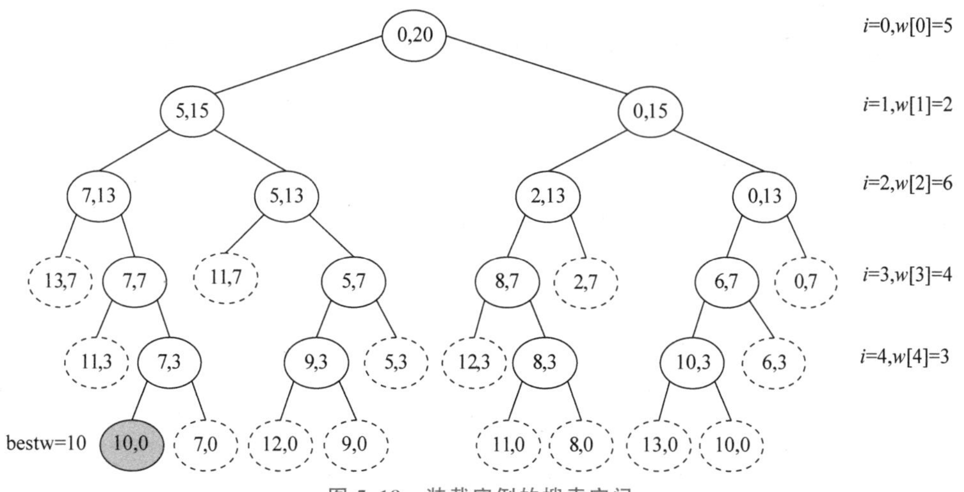


图 5.18 装载实例的搜索空间

# 5.8 0/1 背包问题

扫一扫

视频讲解

问题描述：问题描述见 2.4 节。

解 该问题的解空间树是一棵子集树(因为每个物品要么选择,要么不选择),要求价值最大的装入方案,属于求最优解类型。

每个物品包含编号、重量和价值,为此采用结构体数组存放所有物品,后面涉及按单位重量价值递减排序,存放物品的结构体类型如下：

```
struct Goods {                                    //物品类型
    int no;                                       //物品的编号
    int w;                                        //物品的重量
    int v;                                        //物品的价值
    Goods(int no,int w,int v) {                   //构造函数
        this->no=no;
        this->w=w;
        this->v=v;
    }
    bool operator<(const Goods&s) const {         //用于按 v/w 递减排序
        return (double)v/w>(double)s.v/s.w;
    }
};
```

例如,表 2.1 中的 4 个物品采用 g 容器存放：

```
vector<Goods> g={Goods(0,5,4),Goods(1,3,4),Goods(2,2,3),Goods(3,1,1)};
```

设当前解向量 $\boldsymbol{x}=\{x_0,x_1,\cdots,x_{n-1}\}$,$x_i=1$ 表示选择物品 $i$,$x_i=1$ 表示不选择物品 $i$,最优解向量用 bestx 表示,最大价值用 bestv 表示(初始为 0),为了简洁,将 $n$、$W$、bestx 和 bestv 均设计为全局变量。

1) 左剪支

由于所有物品的重量为正数,采用左剪支与子集和问题类似。当搜索到第 $i(0\leqslant i<n)$ 层的某个结点时,cw 表示当前选择的物品重量和(其中不包含 $w[i]$)。检查当前物品被选中后总重量是否超过 $W$,若超过则剪支,即仅扩展满足 cw$+w[i]\leqslant W$ 的左孩子结点。

2) 右剪支

这里右剪支相对复杂一些,题目求的是价值最大的装入方案,显然优先选择单位重量价值大的物品,为此将 g 中所有物品按单位重量价值递减排序,例如表 2.1 中物品排序后的结果如表 5.1 所示,序号 $i$ 发生了改变,后面改为按 $i$ 而不是按物品编号 no 的顺序依次搜索。

表 5.1 4 个物品按 $v/w$ 递减排序后的结果

| 序号 $i$ | 物品编号 no | 重量 $w$ | 价值 $v$ | $v/w$ |
|---|---|---|---|---|
| 0 | 2 | 2 | 3 | 1.5 |
| 1 | 1 | 3 | 4 | 1.3 |
| 2 | 3 | 1 | 1 | 1 |
| 3 | 0 | 5 | 4 | 0.8 |

先看这样的问题,对于第 $i$ 层的某个结点 A,cw 表示当前选择的物品重量和(其中不包

含 $w[i]$),cv 表示当前选择的物品价值和(其中不包含 $v[i]$),那么继续搜索下去能够得到的最大价值是多少?由于所有物品已按单位重量价值递减排序,显然在背包容量允许的前提下应该依次连续地选择物品 $i$、物品 $i+1$、……这样做直到物品 $k$ 装不进背包,假设再将物品 $k$ 的一部分装进背包直到背包装满,此时一定会得到最大价值。从中看出从物品 $i$ 开始选择的物品价值和的最大值为 $r(i)$:

$$r(i)=\sum_{j=i}^{k-1} v_j+\left(\mathrm{rw}-\sum_{j=i}^{k-1} w_j\right)(v_k/w_k)$$

也就是说,从结点 A 出发的所有路径中最大价值为 bound(cw,cv,$i$)=cv+$r(i)$,如图 5.19 所示。

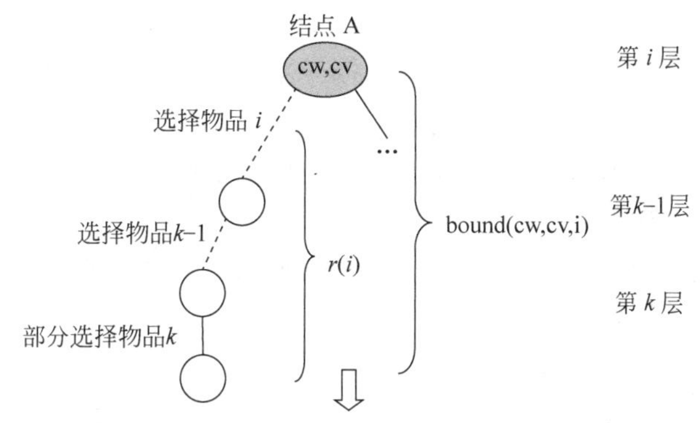


图 5.19 bound(cw,cv,$i$)

对应的求上界函数值的算法如下:

```
double bound(int cw,int cv,int i) {                //计算第 i 层结点的上界函数值
    int rw=W-cw;                                   //背包的剩余容量
    double b=cv;                                   //表示物品价值的上界值
    int j=i;
    while (j<n && g[j].w<=rw) {
        rw-=g[j].w;                                //选择物品 j
        b+=g[j].v;                                 //累计价值
        j++;
    }
    if (j<n)                                       //最后物品 k=j+1 只能部分装入
        b+=(double)g[j].v/g[j].w*rw;
    return b;
}
```

再回过来讨论右剪支,右剪支是判断不选择物品 $i$ 时是否能够找到更优解。如果不选择物品 $i$,按上述讨论可知在背包容量允许的前提下依次选择物品 $i+1$、物品 $i+2$、……可以得到最大价值,且从物品 $i+1$ 开始选择的物品价值和的最大值为 $r(i+1)$。如果之前已经求出一个最优解 bestv,当 cv+$r(i+1)$≤bestv 时说明不选择物品 $i$ 后面无论如何也不能够找到更优解。所以当搜索到第 $i$ 层的某个结点时,对应的右剪支就是仅扩展满足 bound(cw,cv,$i+1$)>bestv 的右孩子结点。

说明:上述 bound(cw,cv,$i+1$)算法中包含物品 $k$ 的一部分价值,这是不是与 0/1 背包问题矛盾呢?答案是不矛盾,这里的上界值表示沿着该路径走下去可能装入背包的最大价值,是一种启发搜索信息,并不是真的取物品 $k$ 的一部分。

例如，对于根结点，cw＝0，cv＝0，若不选择物品0(对应根结点的右孩子结点)，剩余背包容量rw＝W＝6，b＝cv＝0，考虑物品1，g[1].w＜rw，可以装入，b＝b＋g[1].v＝4，rw＝rw－g[1].w＝3；考虑物品2，g[2].w＜rw，可以装入，b＝b＋g[2].v＝5，rw＝rw－g[2].w＝2；考虑物品3，g[3].w＞rw，只能部分装入，b＝b＋rw×(g[3].v/g[3].w)＝6.6。

右剪支是求出第 $i$ 层的结点的b，b＝bound(cw，cv，i)，若b≤bestv则停止右分支的搜索，也就是仅扩展满足b＞bestv的右孩子结点。

对于表2.1所示的实例，$n=4$，按 $v/w$ 递减排序后如表5.1所示，初始时bestv＝0，求解过程如图5.20所示，图中两个数字的结点为(cw，cv)，只有右结点标记为(cw，v，ub)，虚框结点表示被剪支的结点，带阴影的结点是最优解结点，其求解结果与递归法和穷举法完全相同，图中结点的数字为(cw，cv)，求解步骤如下：

① $i=0$，根结点为(0，0)，cw＝0，cv＝0，cw＋$w$[0]≤$W$ 成立，扩展左孩子结点，cw＝cw＋w[0]＝2，cv＝cv＋v[0]＝3，对应结点(2，3)。

② $i=1$，当前结点为(2，3)，cw＋$w$[1](5)≤$W$ 成立，扩展左孩子结点，cw＝cw＋w[1]＝5，cv＝cv＋v[1]＝7，对应结点(5，7)。

③ $i=2$，当前结点为(5，7)，cw＋$w$[2](6)≤$W$ 成立，扩展左孩子结点，cw＝cw＋w[2]＝6，cv＝cv＋v[1]＝7，对应结点(6，8)。

④ $i=3$，当前结点为(6，8)，cw＋$w$[2](6)≤$W$ 不成立，不扩展左孩子结点。

⑤ $i=3$，当前结点为(6，8)，不选择物品3时计算出b＝cv＋0＝8，而b＞bestv(0)成立，扩展右孩子结点。

⑥ $i=4$，当前结点为(6，8)，由于 $i \geq n$ 成立，它是一个叶子结点，对应一个解bestv＝8。

⑦ 回溯到 $i=2$ 层次，当前结点为(5，7)，不选择物品2时计算出b＝7.8，b＞bestv不成立，不扩展右孩子结点。

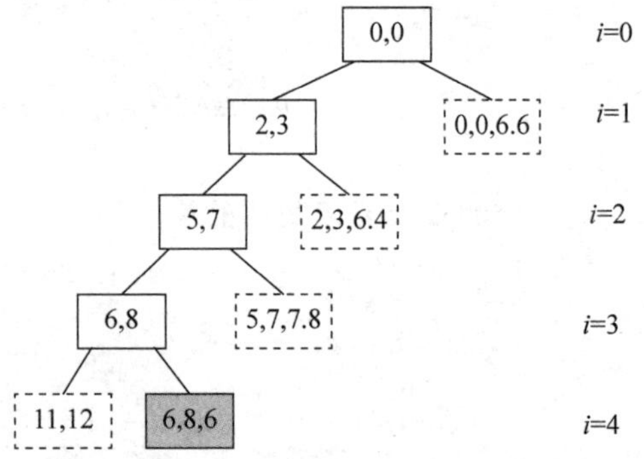

图5.20 0/1背包问题实例的搜索空间

⑧ 回溯到 $i=1$ 层次，当前结点为(2，3)，不选择物品1时计算出b＝6.4，b＞bestv不成立，不扩展右孩子结点。

⑨ 回溯到 $i=0$ 层次，当前结点为(0，0)，不选择物品0时计算出b＝6.6，b＞bestv不成立，不扩展右孩子结点。

解空间搜索完，最优解为bestv＝8，装入方案是选择编号为2、1、3的3个物品。从中看出如果不剪支搜索的结点个数为31，剪支后搜索的结点个数为5。

对应的递归算法如下：

```
vector<Goods> g;                        //存放全部物品
int W;                                  //背包的容量
int n;                                  //物品的个数
vector<int> x;                          //解向量
vector<int> bestx;                      //存放最优解向量
int bestv=0;                            //存放最大价值,初始为0
int tot=0;                              //累计搜索的结点个数
```

```
double bound(int cw,int cv,int i) {…}           //同前
void dfs(int cw,int cv,int i) {                  //回溯算法
    tot++;                                       //累计调用次数
    if (i>=n){                                   //到达一个叶子结点
        if (cw<=W && cv>bestv) {                 //找到一个满足条件的更优解,保存它
            bestv=cv;
            bestx=x;
        }
    }
    else {                                       //没有到达叶子结点
        if(cw+g[i].w<=W) {                       //左剪支
            x[i]=1;                              //选取物品 i
            dfs(cw+g[i].w,cv+g[i].v,i+1);
        }
        double b=bound(cw,cv,i+1);               //计算限界函数值
        if(b>bestv){                             //右剪支
            x[i]=0;                              //不选取物品 i
            dfs(cw,cv,i+1);
        }
    }
}
void knap(vector<Goods> g1,int W1) {             //求 0/1 背包问题
    g=g1;
    W=W1;
    n=g.size();
    sort(g.begin(),g.end());                     //按 v/w 递减排序
    x=vector<int>(n,0);
    dfs(0,0,0);                                  //i 从 0 开始
    printf("最佳装填方案\n");
    for (int i=0;i<n;i++) {
        if (bestx[i]==1)
            printf(" 选取第%d 个物品\n",g[i].no);
    }
    printf(" 总重量=%d,总价值=%d\n",W,bestv);
}
```

对于表 2.1 中的 4 个物品,$W=6$ 时调用上述 knap()算法的求解结果如下:

```
最佳装填方案
    选取第 2 个物品
    选取第 1 个物品
    选取第 3 个物品
    总重量=6,总价值=8
```

**knap 算法分析**:该算法在不考虑剪支时解空间树中有 $2^{n+1}-1$ 个结点,求上界函数值和保存最优解的时间为 $O(n)$,所以最坏情况下算法的时间复杂度为 $O(n\times 2^n)$。

## 5.9* 完全背包问题

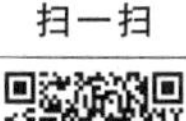

扫一扫

视频讲解

**问题描述**:有 $n$ 种重量和价值分别为 $w_i$、$v_i$($0\leqslant i<n$)的物品,从这些物品中挑选总重量不超过 $W$ 的物品,每种物品可以挑选任意多件,求挑选物品的最大价值。该问题称为完全背包问题。

**解法 1**:与 0/1 背包问题不同,完全背包问题中的物品 $i$ 指的是第 $i$ 种物品,每种物品可以取任意多件。对于解空间中第 $i$ 层的结点,用 cw、cv 表示选择物品的总重量和总价

值，这样处理物品 $i$ 的几种操作方式如下。

(1) 不选择物品 $i$。

(2) 当 $cw+w[i] \leqslant W$ 时，选择物品 $i$ 一件，下一步继续选择物品 $i$。

(3) 当 $cw+w[i] \leqslant W$ 时，选择物品 $i$ 一件，下一步开始选择物品 $i+1$。

实际上与5.2.2节中求幂集的标准子集树算法1相比，这里仅增加了(2)操作，由于该操作后面又可以选择物品 $i$，从而满足每种物品可以挑选任意多件的条件。正是由于后面的物品可以挑选任意多件，所以无法采用求解0/1背包问题中的右剪支的操作(右剪支是针对不选择当前物品的剪支操作)。

例如，$n=2$，$W=2$，$w=\{1,2\}$，$v=\{2,5\}$，对应的搜索空间如图5.21所示，结点对应的状态是"(cw,cv,$i$)"，每个分支结点的3个分支分别进行上述3种处理方式。所有阴影结点是叶子结点，其中深阴影结点是最优解结点，虚框结点为被剪支的结点。

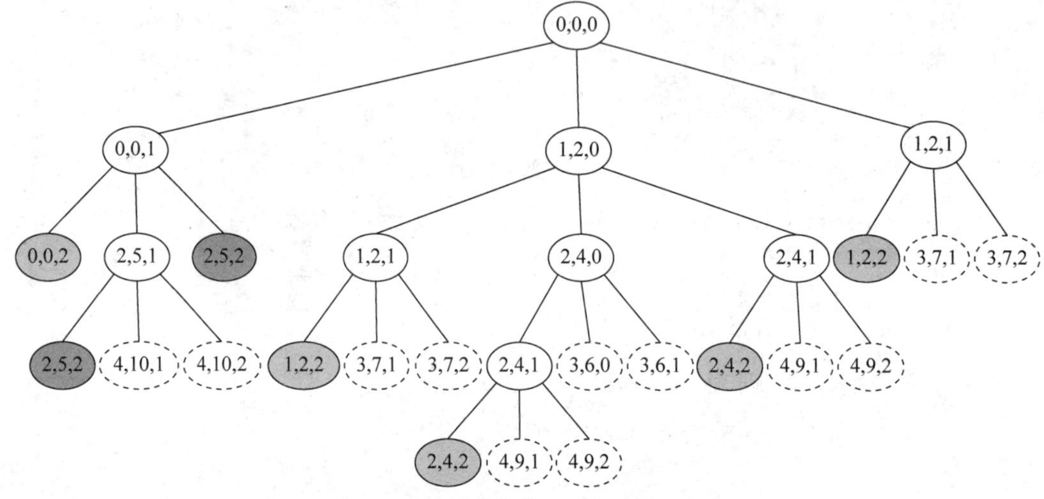


图5.21 完全背包问题实例的搜索空间(1)

将 $n$、$w$、$v$ 和 $W$ 等表示求解问题的变量设置为全局变量，利用上述思路设计的回溯法算法如下：

```
int bestv=0;                              //存放最大价值,初始为0
void dfs(int cw,int cv,int i) {           //回溯算法
    if(i>=n) {
        if(cw<=W && cv>bestv)             //找到一个更优解
            bestv=cv;
    }
    else {
        dfs(cw,cv,i+1);                   //不选择物品i
        if(cw+w[i]<=W)                    //剪支
            dfs(cw+w[i],cv+v[i],i);       //选择物品i,然后继续选择物品i
        if(cw+w[i]<=W)                    //剪支
            dfs(cw+w[i],cv+v[i],i+1);     //选择物品i,然后选下一件
    }
}
void completeknap1() {                    //求完全背包问题
    dfs(0,0,0);
    printf("最大价值=%d\n",bestv);
}
```

解法 2：利用 5.2.2 节中求幂集的标准子集树算法 2 的思路，设解向量 $\boldsymbol{x}=\{x_0, x_1, \cdots, x_{m-1}\}$，解空间树中的第 $i$ 层结点是为 $x_i$ 在物品 $j \sim n-1$ 中选择适合的物品 j1(即置 $x_i$=j1)，由于后面仍然可以选择物品 j1，所以置下一步(求 $x_{i+1}$)选择的物品仍然是 j1～$n-1$。这里只需要求最大价值，不必实际设计解向量 $\boldsymbol{x}$。对应的回溯算法如下：

```
int bestv=0;                                    //存放最大价值,初始为0
void dfs(int cw, int cv, int j) {               //回溯算法
    if(cw<=W && cv>bestv) {                     //找到一个更优解
        bestv=cv;
    }
    for (int j1=j;j1<n;j1++) {
        if(cw+w[j1]<=W) {                       //剪支
            dfs(cw+w[j1],cv+v[j1],j1);          //选择物品j1,然后可以继续选择物品j1
        }
    }
}
void completeknap2() {                          //求完全背包问题
    dfs(0,0,0);
    printf("最大价值=%d\n",bestv);
}
```

例如，$n=2, W=2, w=\{1,2\}, v=\{2,5\}$，对应的搜索空间如图 5.22 所示，结点对应的状态是"(cw,cv,$j$)"，其中深阴影结点是最优解结点，求出 bestv=5，对应的解向量 $\boldsymbol{x}=\{1\}$，表示选择物品 1 一次。

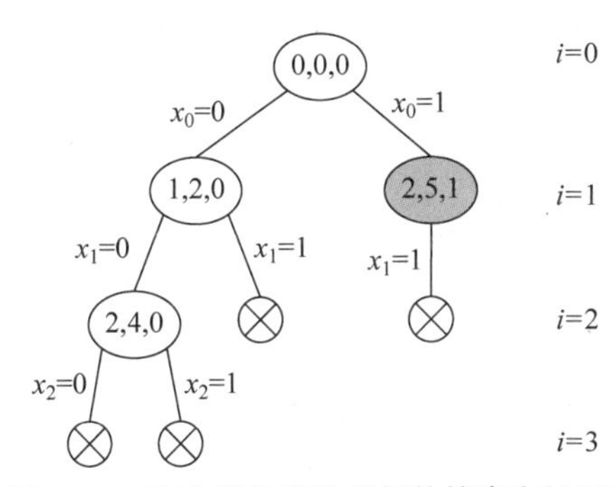


图 5.22 完全背包问题实例的搜索空间(2)

# 5.10 基于排列树的回溯算法框架

求全排列问题的解空间树是最典型的排列树，本节通过求全排列导出基于排列树的回溯算法框架，后面介绍相关算法设计示例。

## 5.10.1 求全排列

为了通用，将求全排列问题改为求含不同整数元素的数组的全排列。

问题描述：有一个含 $n$ 个不同整数的数组 $a$，设计一个算法求其所有元素的全排列。例如，$a=\{1,2,3\}$，其全排列是(1,2,3)、(1,3,2)、(2,3,1)、(2,1,3)、(3,1,2)、(3,2,1)(输出顺序任意)。

扫一扫

视频讲解

解法 1：设 $a=\{a_0, \cdots, a_i, \cdots, a_{n-1}\}$，解向量为 $\boldsymbol{x}=\{x_0, \cdots, x_i, \cdots, x_{n-1}\}$，每个解

向量对应 $a$ 的一个排列，显然 $x_i$ 可以是 $a[0..n-1]$ 中的任意元素，即 $n$ 选一，但所有 $x_i$ 不能重复，为此设计一个 used 数组，used[$i$]表示 $a_i$ 是否使用过。解空间树中的第 $i$ 层结点用于确定 $x_i$ 的值。对应的回溯算法如下：

```
vector<int> x;                                   //解向量
vector<int> used;                                //used[i]表示 a[i]是否使用过
int cnt=0;                                       //累计排列个数
void disp() {                                    //输出一个解
    printf(" %2d {",++cnt);
    for (int i=0;i<x.size()-1;i++)
        printf("%d,",x[i]);
    printf("%d}\n",x.back());
}
void dfs(vector<int> &a,int i) {                 //回溯算法
    int n=a.size();
    if (i>=n) {
        disp();
    }
    else {
        for(int j=0;j<n;j++) {
            if(used[j]) continue;                //剪支:跳过已经使用过的 a[j]
            x[i]=a[j];
            used[j]=1;                           //选择 a[j]
            dfs(a,i+1);                          //转向解空间树的下一层
            used[j]=0;                           //回溯
            x[i]=0;
        }
    }
}
void perm1(vector<int> &a) {                     //求全排列算法 1
    int n=a.size();
    x=vector<int>(n);
    used=vector<int>(n,0);
    dfs(a,0);
}
```

**perm1 算法分析**：从表面上看调用的 dfs 算法中每个结点是 $n$ 选一，实际上通过剪支操作使得解空间树中的根结点层($i=0$)有一个结点，$i=1$ 层有 $n$ 个结点，$i=2$ 层有 $n(n-1)$ 个结点，$i=3$ 层有 $n(n-1)(n-2)$ 个结点，以此类推，最后叶子结点层有 $n!$ 个结点，对应 $n!$ 个排列。设总结点个数为 $C(n)$，则：

$$
\begin{aligned}
C(n) &= 1+n+n(n-1)+n(n-1)(n-2)+\cdots+n! \\
&\approx n+n(n-1)+n(n-1)(n-2)+\cdots+n! \\
&= n!\left(1+\frac{1}{1!}+\frac{1}{2!}+\cdots+\frac{1}{(n-1)!}\right)=n!\left(\mathrm{e}-\frac{1}{n!}-\frac{1}{(n+1)!}-\cdots\right) \\
&= n!\mathrm{e}-1=O(n!)
\end{aligned}
$$

叶子结点个数为 $n!$，也就是 $C(n)$ 和叶子结点个数同级，而每个叶子结点对应一个解，输出一个解的时间是 $O(n)$，所以算法的时间复杂度为 $O(n\times n!)$。

**解法 2**：改进解法 1，首先将 $a$ 存放到 $x$ 中，通过交换方式避免使用 used 数组，简单地说，设解向量为 $\boldsymbol{x}=\{x_0,\cdots,x_i,\cdots,x_{n-1}\}$，当已经生成解向量的 $\{x_0,\cdots,x_{i-1}\}$ 部分后，现在产生解向量的 $\{x_i,\cdots,x_{n-1}\}$ 部分，将 $x_i$ 与其中的每一个元素交换，目的是让 $x_i$ 取所有可能的元素值(由于 $x_0,\cdots,x_{i-1}$ 元素已经使用过，所以 $x_i$ 不能取这些元素值)，采用交换的方式也保证了 $x_i$ 的所有元素不重复。对应的回溯算法如下：

```
vector<int> x;                                  //解向量
int cnt=0;                                      //累计排列个数
void disp() {                                   //输出一个解
    printf(" %2d {",++cnt);
    for (int i=0;i<x.size()-1;i++)
        printf("%d,",x[i]);
    printf("%d}\n",x.back());
}
void dfs(int i) {                               //回溯算法
    int n=x.size();
    if (i>=n) {
        disp();
    }
    else {
        for(int j=i;j<n;j++) {
            swap(x[i],x[j]);                    //交换 a[i]与 a[j]
            dfs(i+1);
            swap(x[i],x[j]);                    //回溯:交换 a[i]与 a[j]
        }
    }
}
void perm2(vector<int> &a) {                    //求全排列算法 2
    int n=a.size();
    x=vector<int>(n);
    for(int i=0;i<n;i++)x[i]=a[i];              //置 x=a
    dfs(0);
}
```

思考题：在 dfs()中如果不执行第二个交换语句(即 swap(x[i],x[j]))会出现什么问题呢？为什么？

例如 $a=\{1,2,3\}$时，求全排列的过程如图 5.23 所示，它就是该问题的解空间树，根结点的层次 $i$ 为 0，对于第 $i$ 层的结点，其子树分别对应 $x[i]$位置选择 $x[i]$、$x[i+1]$、……、$x[n-1]$元素。树的高度为 $n+1$，叶子结点的层次是 $n$。

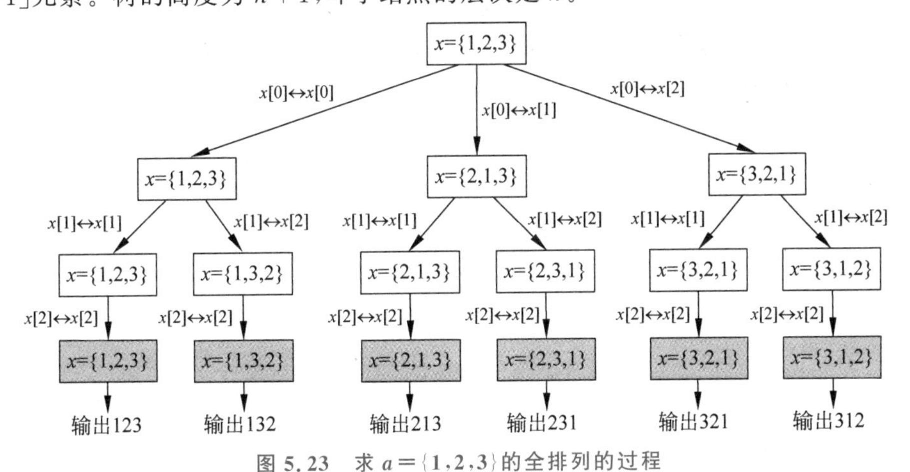


图 5.23 求 $a=\{1,2,3\}$的全排列的过程

**perm2 算法分析**：分析同 perm1 算法，算法的时间复杂度为 $O(n\times n!)$。

说明：perm1 算法按字典序依次生成全排列，而 perm2 算法产生的全排列是无序的。

## 5.10.2 排列树回溯算法框架

设问题的解是一个 $n$ 维向量$\{x_0,x_1,\cdots,x_{n-1}\}$，约束函数表示每个分量 $x_i$ 应满足的约束条件，记为 constraint($x_i$)；限界函数记为 bound($x_i$)。一般地，解空间为排列树的递归回溯框架如下：

```
int x[n];                                    //x 为解向量
void dfs(int i) {                            //求解排列树的递归框架
    if(i>=n)                                 //搜索到叶子结点
        产生一个可能的解;
    else {
        for (j=i;j<=n;j++) {                 //用 j 枚举 i 所有可能的路径
            …                                //x[i]选择 x[j]的操作
            swap(x[i],x[j]);
            if (constraint(i) && bound(i))
                dfs(i+1);                    //满足约束条件和限界函数，进入下一层
            swap(x[i],x[j]);                 //回溯：恢复状态
            …                                //回退到第 i 层结点的操作
        }
    }
}
```

同样的几点注意见解空间为子集树的回溯算法框架的说明。

## 5.11 *n* 皇后问题

扫一扫

视频讲解

问题描述：$n$ 皇后问题的描述参见第 3 章中的 3.8 节。这里采用回溯法求解。

**解** 同样用整数数组 $q$ 存放 $n$ 皇后问题的求解结果，即 $q[i]$($0 \leqslant i \leqslant n-1$)的值表示第 $i$ 个皇后所在的列号，即该皇后放在($i$,$q[i]$)的位置上。

这里 $q$ 相当于解向量，显然 $q[0..n-1]$的取值恰好是 $0 \sim n-1$ 的某个排列，所以该问题转换为求全排列问题，对于每个排列判断是否为一个解，在采用回溯法时对应的解空间树是一棵排列树，根结点的层次为 0，用于确定 $q[0]$（即皇后 0 的列号），层次为 $i$ 的结点用于确定 $q[i]$（即皇后 $i$ 的列号），叶子结点的层次为 $n$，每个叶子结点对应一个解。

对应的基于排列树的回溯算法如下：

```
int q[MAXN];                                 //存放 n 皇后问题的解(解向量)
int cnt=0;                                   //累计解个数
void disp(int n) {                           //输出一个解
    printf(" 第%d 个解:",++cnt);
    for (int i=0;i<n;i++)
        printf("(%d,%d) ",i,q[i]);
    printf("\n");
}
bool valid(int i,int j) {                    //测试(i,j)位置能否放置皇后
    if (i==0) return true;                   //皇后 0 总是可以放置的
    int k=0;
    while (k<i) {                            //k=1～i-1 是已放置了皇后的行
        if ((q[k]==j) || (abs(q[k]-j)==abs(i-k)))
            return false;
        k++;
    }
    return true;
}
void dfs(int n,int i) {                      //回溯算法
    if (i>=n)
        disp(n);                             //所有皇后放置结束，输出一个解
```

```
    else {
        for (int j=i;j<n;j++) {                        //在第 i 行上试探每一个列 j
            swap(q[i],q[j]);                            //皇后 i 放置在 q[j]列
            if(valid(i,q[i]))                           //剪支
                dfs(n,i+1);
            swap(q[i],q[j]);                            //回溯
        }
    }
}
void queen(int n) {                                     //求解 n 皇后问题
    for(int i=0;i<n;i++) q[i]=i;                        //初始化 q 为 0~n-1
    dfs(n,0);
}
```

**queen($n$)算法分析**：该算法对应的解空间树是一棵排列树，结点个数为 $O(n!)$，每个分支调用 place 算法的时间最多为 $O(n)$，所以算法的时间复杂度为 $O(n\times n!)$。

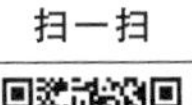

视频讲解

【例 5.6】 $n$ 皇后问题Ⅱ(LintCode34★★)。给定一个整数 $n(n\leqslant 10)$，设计一个算法求 $n$ 皇后问题的解的数量。要求设计如下成员函数：

```
int totalNQueens(int n) { }
```

源程序

**解** 与前面的求解 $n$ 皇后问题的思路完全相同，这里改为仅累计 $n$ 皇后问题的解个数。

## 5.12 任务分配问题

扫一扫

视频讲解

**问题描述**：问题描述见第 3 章中的 3.9 节，这里采用回溯法求解。

**解** $n$ 个人和 $n$ 个任务的编号均用 0～$n-1$ 表示，设计解向量 $\boldsymbol{x}=(x_0,x_1,\cdots,x_{n-1})$，以人为主进行搜索，即 $x_i$ 表示人员 $i$ 分配的任务编号($0\leqslant x_i\leqslant n-1$)，显然每个合适的分配方案 $x$ 一定是 0～$n-1$ 的一个排列，可以求出 0～$n-1$ 的全排列，将每个排列作为一个分配方案，求出其成本，通过比较找到一个最小成本 bestc 即可。

用 bestx 表示最优解向量，bestc 表示最优解的成本，$x$ 表示当前解向量，cost 表示当前解的总成本(初始为 0)，另外设计一个 used 数组，其中 used[$j$]表示任务 $j$ 是否已经分配(初始时所有元素均为 false)，为了简单，将这些变量均设计为全局变量。

根据排列树递归算法框架，当搜索到第 $i$ 层的某个结点时，第一个 swap($x[i]$,$x[j]$)表示为人员 $i$ 分配任务 $x[j]$(注意不是任务 $j$)，成本是 $c[i][x[i]]$(因为 $x[i]$就是交换前的 $x[j]$)，所以执行 used[$x[i]$]=true，cost+=$c[i][x[i]]$，调用 dfs($x$,cost,$i+1$)继续为人员 $i+1$ 分配任务，回溯操作是 cost−=$c[i][x[i]]$，used[$x[i]$]=false 和 swap($x[i]$,$x[j]$)(正好与调用 dfs($x$,cost,$i+1$)之前的语句顺序相反)。

现在考虑采用剪支提高性能，该问题是求最小值，所以设计下界函数。当搜索到第 $i$ 层的某个结点时，前面人员 0～人员 $i-1$ 已经分配好了各自的任务，已经累计的成本为 cost，现在要为人员 $i$ 分配任务，如果为其分配任务 $x[j]$(通过 swap($x[i]$,$x[j]$)语句实现)，即置 $x[i]=x[j]$，cost+=$c[i][x[i]]$，此时部分解向量为 $\mathrm{P}=(x_0,x_1,\cdots,x_i)$。那么沿着该路径走下去的最小成本是多少呢？后面人员 $i+1$～$n-1$ 尚未分配任务，如果为每个人员分

配一个尚未分配的最小成本的任务（其总成本为 minsum），则一定会构成该路径的总成本下界。minsum 的计算公式如下：

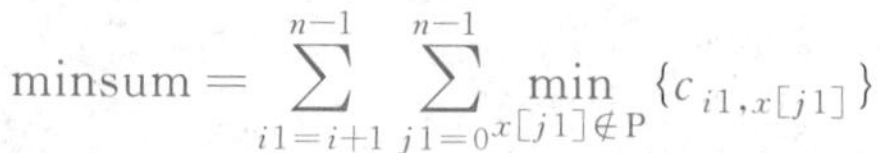

$$\text{minsum}=\sum_{i1=i+1}^{n-1}\sum_{j1=0}^{n-1}\min_{x[j1]\notin P}\{c_{i1,x[j1]}\}$$

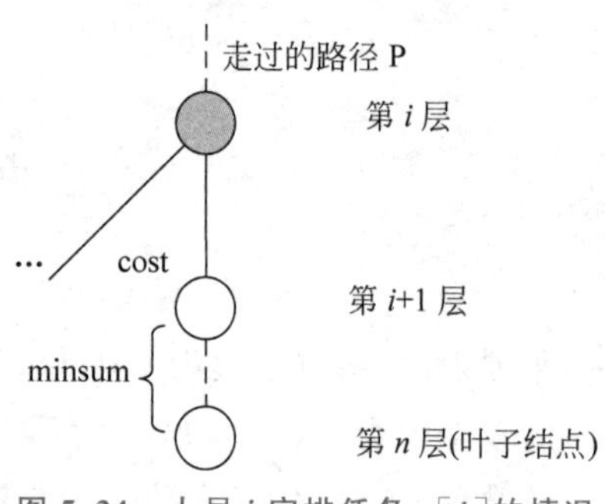

图 5.24　人员 $i$ 安排任务 $x[j]$ 的情况

说明：minsum 的含义是在 $c$ 中所有未分配任务的人员行（$i+1\sim n-1$ 行）和未分配的任务表（used[$x$[j1]]=false）中每行求一个最小值，然后相加得到 minsum。

总成本下界 b=cost+minsum，如图 5.24 所示。显然如果 b≥bestc（bestc 是当前已经求出的一个最优成本），说明 $x[i]=j$ 这条路径走下去一定不可能找到更优解，所以停止该分支的搜索。这里的剪支就是仅扩展 b<bestc 的孩子结点。带剪支的排列树回溯算法如下：

```
int n;
vector<vector<int>> c;
vector<int> x;                                  //解向量
vector<int> bestx;                              //最优解向量
int bestc;                                      //最小成本
vector<bool> used;
int bound(int cost,int i) {                     //求下界算法
    int minsum=0;
    for (int i1=i;i1<n;i1++) {                  //求 c[i..n-1]行中的最小元素和
        int minc=INF;
        for (int j1=0;j1<n;j1++) {
            if (used[x[j1]]==false && c[i1][x[j1]]<minc)
                minc=c[i1][x[j1]];
        }
        minsum+=minc;
    }
    return cost+minsum;
}
void dfs(int cost,int i) {                      //回溯算法
    if (i>=n) {                                 //到达一个叶子结点
        if (cost<bestc) {                       //比较求最优解
            bestc=cost;
            bestx=x;
        }
    }
    else {
        for (int j=i;j<n;j++) {                 //为人员 i 试探任务 x[j]
            swap(x[i],x[j]);                    //为人员 i 分配任务 x[j]
            used[x[i]]=true;
            cost+=c[i][x[i]];
            if(bound(cost,i+1)<bestc)           //剪支
                dfs(cost,i+1);                  //继续为人员 i+1 分配任务
            cost-=c[i][x[i]];                   //cost 回溯
            used[x[i]]=false;                   //used 回溯
            swap(x[i],x[j]);
        }
    }
}
```

```
void allocate(vector<vector<int>> &C) {           //求解任务分配问题
    c=C;
    n=c.size();
    x=vector<int>(n);
    for(int i=0;i<n;i++)                          //将 x[0..n-1]分别设置为 0 到 n-1
        x[i]=i;
    used=vector<bool>(n,false);
    bestc=INF;
    dfs(0,0);                                     //从人员 0 开始
    printf("最优分配方案\n");
    for (int k=0;k<n;k++)
        printf(" 人员%d 分配任务%d\n",k,bestx[k]);
    printf(" 总成本=%d\n",bestc);
}
```

对于表 3.2 所示的任务分配问题，调用上述算法的输出结果如下：

```
最优分配方案
    人员 0 分配任务 1
    人员 1 分配任务 0
    人员 2 分配任务 2
    人员 3 分配任务 3
    总成本=13
```

**allocate 算法分析**：该算法的解空间树是一棵排列树，结点个数为 $O(n!)$，剪支操作的时间为 $O(n^2)$，所以算法的时间复杂度为 $O(n^2 \times n!)$。

【例 5.7】 订单分配(LintCode1909★★)。问题描述参见例 3.8。这里采用回溯法求解。

扫一扫

视频讲解

**解** 与前面讨论的求解任务分配问题类似，仅将求最小成本改为求最大得分。

扫一扫

源程序

## 5.13 旅行商问题

扫一扫

视频讲解

**问题描述**：问题描述参见 3.10 节，这里采用回溯法求解。

**解** 同样城市道路图采用邻接矩阵 **A** 存储，起始点为 $s$，设 TSP 路径(即解向量) $\boldsymbol{x}=\{s,x_1,\cdots,x_{n-1},s\}$，如图 5.25 所示，$x_1 \sim x_{n-1}$ 只能是 $0\sim n-1$ 中非 $s$ 的顶点，对应的 TSP 路径长度 $=A[s][x_1]+A[x_1][x_2]+\cdots+A[x_{n-2}][x_{n-1}]+A[x_{n-1}][s]$。也就是说，$x_1 \sim x_{n-1}$ 是 $0\sim n-1$(除了 $s$ 顶点)的一个排列，从而该问题转换为解空间树为排列树的搜索问题。

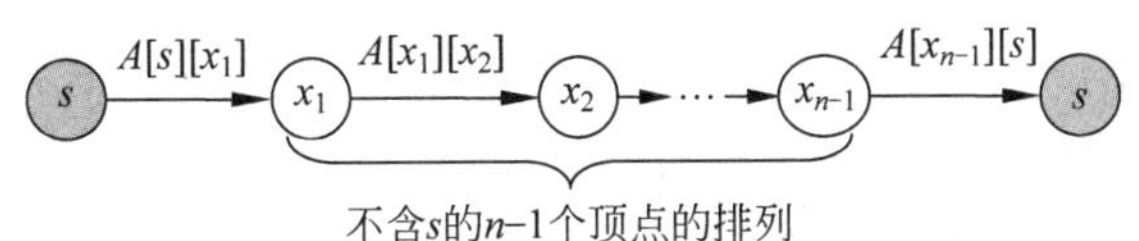


图 5.25 一条 TSP 路径

先将 $s$ 作为 $x_0$，这里假设 $s=0$，再将其他非 $s$ 的顶点的编号添加到 $x$ 中，从 $x_1$ 开始搜索，用 $d$ 记录当前的路径长度，对应的解空间树如图 5.26 所示，对于层次为 $i$ 的某个结点，$j$

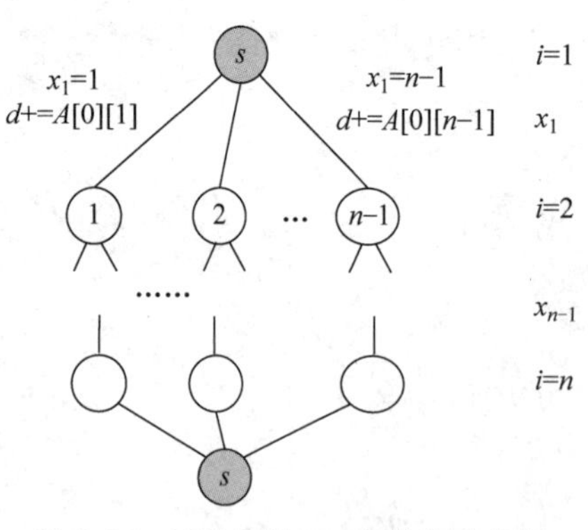


图 5.26 TSP 问题($s=0$)的解空间树

从 $i$ 到 $n-1$ 循环，尝试 $x[i]$ 取值 $x[j]$。

(1) 判断是否有边：若路径上前一个顶点 $x[i-1]$ 到顶点 $x[j]$ 没有边，则跳过该 $x[j]$。

(2) 剪支：如果 $x[i]$ 取值 $x[j]$，则当前路径长度 $d=d+A[x[i-1]][x[j]]$，假如已经求出一个最优路径长度是 bestd，当 $d\geqslant$bestd 时跳过该 $x[j]$。

通过上述条件后则 $x[i]$ 取值为 $x[j]$（通过 swap($x[i]$,$x[j]$)实现），然后继续搜索，当到达叶子结点时通过路径长度比较求最优路径 bestx 和长度 bestd，最后输出最优解。

对应的回溯算法如下：

```
vector<int> x;                                          //解向量(路径)
vector<int> bestx;                                      //保存最短路径
int d;                                                  //x 路径的长度
int bestd=INF;                                          //保存最短路径长度
void dfs(vector<vector<int>> &A, int s, int i) {        //回溯算法
    int n=A.size();
    if(i>=n) {                                          //到达一个叶子结点
        if(d+A[x[n-1]][s]<bestd) {                      //比较求最优解
            bestd=d+A[x[n-1]][s];                       //求 TSP 长度
            bestx=x;                                    //更新 bestx
            bestx.push_back(s);                         //末尾添加起始点
        }
    }
    else {
        for(int j=i;j<n;j++) {                          //试探 x[i]走到 x[j]的分支
            if (A[x[i-1]][x[j]]!=0 && A[x[i-1]][x[j]]!=INF) { //若 x[i-1]到 x[j]有边
                if(d+A[x[i-1]][x[j]]<bestd) {           //剪支
                    swap(x[i], x[j]);
                    d+=A[x[i-1]][x[i]];
                    dfs(A, s, i+1);
                    d-=A[x[i-1]][x[i]];
                    swap(x[i], x[j]);
                }
            }
        }
    }
}
void TSP(vector<vector<int>> &A, int s) {               //求解 TSP(起始点为 s)
    int n=A.size();
    x.push_back(s);                                     //添加起始点 s
    for(int i=0;i<n;i++) {                              //将非 s 的顶点添加到 x 中
        if(i!=s) x.push_back(i);
    }
    d=0;
    dfs(A, s, 1);                                       //从 x[1]开始求解
    printf(" 最短路径: ");                               //输出最短路径
    for (int j=0;j<bestx.size();j++) {
        if(j==0)
            printf("%d", bestx[j]);
        else
            printf("->%d", bestx[j]);
```

```
    }
    printf("\n 路径长度: %d\n", bestd);
}
```

针对第 3 章中的图 3.14，设置起始点 $s=0$，调用上述算法的求解结果如下：

```
最短路径: 0->2->3->1->0
路径长度: 23
```

思考题：为了提高回溯算法的时间性能，还可以采用哪些剪支方法？

**TSP 算法分析**：在算法中求 $x_1 \sim x_{n-1}$ 共 $n-1$ 个元素的全排列，解空间中的结点个数为 $O((n-1)!)$，叶子结点的个数同级，到达叶子结点时进行路径长度的比较并执行 bestx=$x$ 实现路径复制的时间为 $O(n)$，所以算法的时间复杂度为 $O(n\times(n-1)!)$，即 $O(n!)$。

扫一扫

视频讲解

**【例 5.8】** 旅行计划(LintCode1891★★)。问题描述参见第 3 章中的例 3.9，这里采用回溯法求解。

扫一扫

源程序

**解** 采用与前面用回溯法求解旅行商问题完全相同的思路，设置起始点 $s=0$。

## 5.14 练习题

扫一扫

自测题

1. 简述回溯算法中主要的剪支策略。

2. 简述回溯法中常见的两种类型的解空间树。

3. 鸡兔同笼问题是一个笼子里面有鸡和兔子若干只，数一数，共有 $a$ 个头、$b$ 条腿，求鸡和兔子各有多少只？假设 $a=3,b=8$，画出对应的解空间树。

4. 考虑子集和问题，$n=3,a=\{1,3,2\},t=3$，回答以下问题：

(1) 不考虑剪支，画出求解的搜索空间和解。

(2) 考虑左剪支(选择元素)，画出求解的搜索空间和解。

(3) 考虑左剪支(选择元素)和右剪支(不选择元素)，画出求解的搜索空间和解。

5. 考虑 $n$ 皇后问题，其解空间树为由 1、2、……、$n$ 构成的 $n!$ 种排列组成，现用回溯法求解，要求：

(1) 通过解搜索空间说明 $n=3$ 时是无解的。

(2) 给出剪支操作。

(3) 最坏情况下在解空间树上会生成多少个结点？分析算法的时间复杂度。

6. 二叉树的所有路径(LintCode480★)。给定一棵二叉树，设计一个算法求出从根结点到叶子结点的所有路径。例如，对于如图 5.27 所示的二叉树，答案是{"1->2->5", "1->3"}。要求设计如下成员函数：

```
vector<string> binaryTreePaths(TreeNode * root) { }
```

7. 二叉树的最大路径和Ⅱ(LintCode475★★)。给定一棵二叉树，设计一个算法找到二叉树的最大路径和，路径必须从根结点出发，路径可在任意结点结束，但至少包含一个结点(也就是根结点)。要求设计如下成员函数：

```
int maxPathSum2(TreeNode * root) {}
```

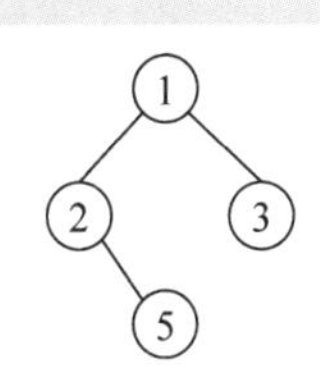


图 5.27 一棵二叉树

8. 求组合(LintCode152★★)。给定两个整数 $n$ 和 $k$,设计一个算法求从 $1\sim n$ 中选出 $k$ 个数的所有可能的组合,对返回组合的顺序没有要求,但一个组合内的所有数字需要是升序排列的。例如,$n=4,k=2$,答案是{{1,2},{1,3},{1,4},{2,3},{2,4},{3,4}}。要求设计如下成员函数:

```
vector<vector<int>> combine(int n, int k) { }
```

9. 最小路径和Ⅱ(LintCode1582★★)。给出一个 $m\times n$ 的矩阵,每个点有一个正整数的权值,设计一个算法从 $(m-1,0)$ 位置走到 $(0,n-1)$ 位置(可以走上、下、左、右 4 个方向),找到一条路径使得该路径所经过的权值和最小,返回最小权值和。要求设计如下成员函数:

```
int minPathSumII(vector<vector<int>> &matrix) {}
```

10. 递增子序列(LeetCode491★★)。给定一个含 $n(1\leqslant n\leqslant 15)$ 个整数的数组 nums $(100\leqslant \text{nums}[i]\leqslant 100)$,找出并返回所有该数组中不同的递增子序列,递增子序列中至少有两个元素,可以按任意顺序返回答案。数组中可能含有重复元素,如果出现两个整数相等,也可以视作递增序列的一种特殊情况。例如,nums={4,6,7,7},答案是{{4,6},{4,6,7},{4,6,7,7},{4,7},{4,7,7},{6,7},{6,7,7},{7,7}}。要求设计如下成员函数:

```
vector<vector<int>> findSubsequences(vector<int>& nums) {}
```

11. 给表达式添加运算符(LeetCode282★★★)。给定一个长度为 $n(1\leqslant n\leqslant 10)$ 的仅包含数字 0~9 的字符串 num 和一个目标值整数 target $(-2^{31}\leqslant \text{target}\leqslant 2^{31}-1)$,设计一个算法在 num 的数字之间添加二元运算符(不是一元)+、-或 *,返回所有能够得到 target 的表达式。注意所返回表达式中的运算数不应该包含前导零。例如,num="105",target=5,答案是{"1*0+5","10-5"}。要求设计如下成员函数:

```
vector<string> addOperators(string num, int target) { }
```

12. 求解马走棋问题。在 $m$ 行 $n$ 列的棋盘上有一个中国象棋中的马,马走"日"字且只能向右走。设计一个算法,求马从棋盘的左上角(1,1)走到右下角 $(m,n)$ 的可行路径的条数。例如,$m=4,n=4$ 的答案是 2。

13. 设计一个回溯算法求迷宫中从入口 $s$ 到出口 $t$ 的最短路径及其长度。

14. 设计一个求解 $n$ 皇后问题的所有解的迭代回溯算法。

15. 题目描述见第 3 章中 3.11 节的第 12 题,这里要求采用回溯法求解。

## 5.15 在线编程实验题

1. LintCode1353——根结点到叶子结点求和★★
2. LintCode802——数独★★★
3. LintCode135——数字组合★★
4. LintCode1915——举重★★★
5. LintCode680——分割字符串★★
6. LintCode136——分割回文串★★
7. LintCode816——旅行商问题★★★
8. LeetCode784——字母大小写全排列★★

9. LeetCode1079——活字印刷★★
10. LeetCode93——复原 IP 地址★★
11. LeetCode22——括号的生成★★
12. LeetCode89——格雷编码★★
13. LeetCode301——删除无效的括号★★★
14. POJ3050——跳房子
15. POJ1724——道路
16. POJ1699——最佳序列
17. POJ1564——求和
18. POJ2245——组合
19. POJ1321——棋盘问题
20. POJ2488——骑士之旅

# 第6章 分支限界法

【案例引入】

求迷宫问题：(0,0) ⇨ (0,2)

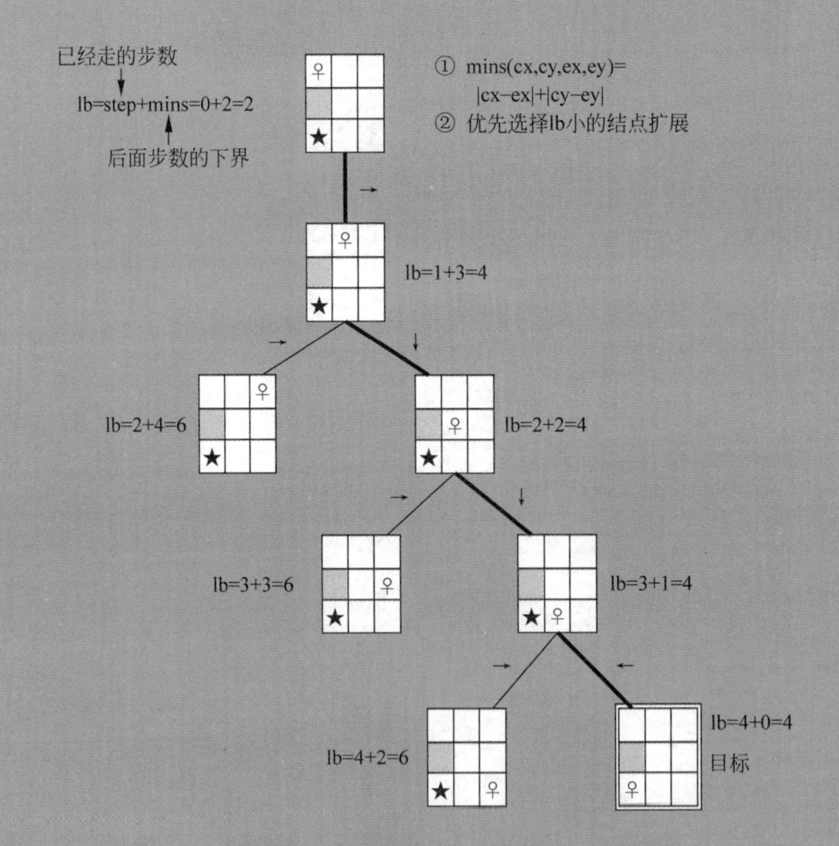

**本章学习目标：**

（1）理解分支限界法的原理和步骤。

（2）掌握广度优先搜索的特性及其应用。

（3）掌握队列式分支限界法和优先队列式分支限界法的异同。

（4）掌握采用分支限界法求解图的单源最短路径、0/1背包问题、任务分配问题和旅行商问题的过程与算法实现。

（5）了解A*算法的原理及其应用。

（6）灵活运用分支限界法和A*算法解决复杂问题。

# 6.1 分支限界法概述

## 6.1.1 什么是分支限界法

分支限界法(branch and bound method)与回溯法一样，也是在解空间中搜索问题的解。分支限界法与回溯法的主要区别如表6.1所示。回溯法的求解目标是找出解空间中满足约束条件的所有解，而分支限界法的求解目标是找出满足约束条件和目标函数的最优解，不具有回溯的特点，从搜索方式上看，回溯法采用深度优先搜索，而分支限界法采用广度优先搜索。例如，如果求迷宫问题的所有解，应该采用回溯法，不适合采用分支限界法，而求迷宫问题的一条最短路径，属于最优解问题，适合采用分支限界法，如果采用回溯法求出所有路径再通过比较找出一条最短路径，尽管可行，但性能低下。

表6.1 分支限界法和回溯法的区别

| 算法 | 解空间搜索方式 | 存储结点的数据结构 | 结点存储特性 | 常用应用 |
|---|---|---|---|---|
| 回溯法 | 深度优先搜索 | 栈 | 只保存从根结点到当前扩展结点的路径 | 能够找出满足约束条件的所有解 |
| 分支限界法 | 广度优先搜索 | 队列或者优先队列 | 每个结点只有一次成为活结点的机会 | 找出满足约束条件的一个解或者满足目标函数的最优解 |

分支限界法的解空间与回溯法中讨论的解空间是相同的，也主要分为子集树和排列树两种类型，但分支限界法是基于广度优先搜索的，如图6.1所示，一个结点扩展完毕就变为死结点。为了有效地选择下一个扩展结点以加速搜索速度，在每一个活结点处计算一个限界函数的值，并根据该值从当前活结点表中选择一个最有利的子结点作为扩展结点，使搜索朝着解空间上有最优解的分支推进，以便尽快地找出一个最优解。

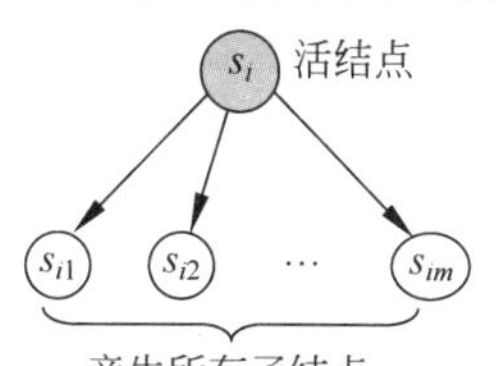


图6.1 扩展活结点的所有子结点

简单地说，分支限界法就是采用广度优先搜索方式加上剪支的搜索策略，如果不含剪支就退化为广度优先遍历，其剪支方式与回溯法类似，也是通过约束函数和限界函数实现的。由于分支限界法中不存在回溯，所以限界函数的合理性就十分重要，如果设计的限界函数不合适，可能会导致找不到最优解。

## 6.1.2 分支限界法的设计要点

采用分支限界法求解问题的要点如下：

(1) 如何设计合适的限界函数。

(2) 如何组织活结点表。

(3) 如何求最优解的解向量。

### 1. 设计合适的限界函数

在搜索解空间时，每个活结点可能有多个子结点，有些子结点搜索下去找不到最优解，可以设计好的限界函数在扩展时删除这些不必要的子结点，从而提高搜索效率。

好的限界函数不仅要求计算简单，还要保证能够找到最优解，也就是不能剪去包含最优解的分支，同时尽可能早地剪去不包含最优解的分支。限界函数设计难以找出通用的方法，需根据具体问题来分析。

一般地，先要确定问题的解的特性，假设解向量 $\boldsymbol{x}=(x_0,x_1,\cdots,x_{n-1})$，如果目标函数是求最大值，则设计上界限界函数 ub()。$\text{ub}(x_i)$是指沿着 $x_i$ 取值的分支一层一层地向下搜索所有可能取得的值最大不会大于 $\text{ub}(x_i)$，若从 $x_i$ 的分支向下搜索所得到的部分解是$(x_0,x_1,\cdots,x_i,\cdots,x_k)$，则应该满足：

$$\text{ub}(x_i)\geqslant \text{ub}(x_{i+1})\geqslant\cdots\geqslant \text{ub}(x_k)$$

也就是说 ub 值越来越小，如图 6.2 所示，最后接近最优值，所以根结点的 ub 值应该大于或等于最优解的 ub 值。如果从 $s_i$ 结点扩展到 $s_j$ 结点，应满足 $\text{ub}(s_i)\geqslant\text{ub}(s_j)$，将所有小于 $\text{ub}(s_i)$ 的结点剪支。

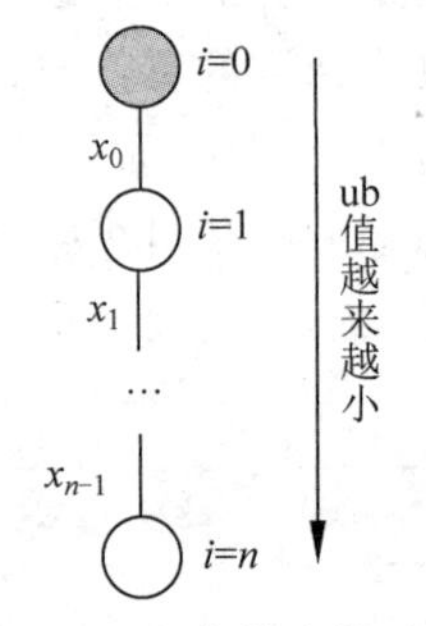


图 6.2 ub 值的变化过程

同样，如果目标函数是求最小值，则设计下界限界函数 lb()。$\text{lb}(x_i)$是指沿着 $x_i$ 取值的分支一层一层地向下搜索所有可能取得的值最小不会小于 $\text{lb}(x_i)$，若从 $x_i$ 的分支向下搜索所得到的部分解是$(x_0,x_1,\cdots,x_i,\cdots,x_k)$，则应该满足：

$$\text{lb}(x_i)\leqslant \text{lb}(x_{i+1})\leqslant\cdots\leqslant \text{lb}(x_k)$$

所以根结点的 lb 值应该小于或等于最优解的 lb 值。如果从 $s_i$ 结点扩展到 $s_j$ 结点，应满足 $\text{lb}(s_i)\leqslant\text{lb}(s_j)$，将所有大于 $\text{lb}(s_i)$的结点剪支。

### 2. 组织活结点表

根据选择下一个扩展结点的方式来组织活结点表，不同的活结点表对应不同的分支搜索方式，常见的有队列式分支限界法和优先队列式分支限界法两种。

1）队列式分支限界法

队列式分支限界法将活结点表组织成一个队列，并按照队列先进先出的原则选取下一个结点作为扩展结点，在扩展时采用限界函数剪支，直到找到一个解或活结点队列为空为止。从中看出除了剪支以外整个过程与广度优先搜索相同。

队列式分支限界法中的队列通常采用 queue 容器实现。

2）优先队列式分支限界法

优先队列式分支限界法将活结点表组织成一个优先队列，并选取优先级最高的活结点(目标函数值最大或者最小)作为当前扩展结点，在扩展时采用限界函数剪支，直到找到一个解或优先队列为空为止。从中看出结点的扩展是跳跃式的，在搜索中不断调整方向，以便尽快找到问题的解。

优先队列式分支限界法中的优先队列通常采用 priority_queue 容器实现。一般地，将每个结点的限界函数值存放在优先队列中。如果目标函数是求最大值，则设计大根堆的优先队列，限界函数值越大越优先出队（扩展）；如果目标函数是求最小值，则设计小根堆的优先队列，限界函数值越小越优先出队（扩展）。

## 3. 求最优解的解向量

分支限界法在采用广度优先遍历方式搜索解空间时，结点的处理可能是跳跃式的，当搜索到最优解对应的某个叶子结点时，如何求对应的解向量呢？这里的解向量就是从根结点到最优解所在的叶子结点的路径，主要有以下两种方法。

(1) 在每个结点中保存从根结点到该结点的路径，也就是说每个结点都带有一个路径变量，当找到最优解时，对应叶子结点中保存的路径就是最后的解向量。如图 6.3 所示，结点的编号为搜索顺序，每个结点包含一个解向量，带“×”的结点被剪支，带阴影的结点为最优解结点，对应的最优解向量为{0,1,1}。这种做法比较浪费空间，但实现起来简单，后面的大部分示例采用这种方法。

(2) 在每个结点中保存搜索路径中的前驱结点，当找到最优解时，通过对应叶子结点反推到根结点，求出的路径就是最后的解向量。如图 6.4 所示，结点的编号为搜索顺序，每个结点带有一个双亲结点指针 p(根结点的双亲结点指针为 0 或 −1，图中虚箭头连线表示指向双亲结点的指针)，带阴影的结点为最优解结点，当找到最优解时，通过双亲指针找到对应的最优解向量为{0,1,1}。这种方法节省空间，但实现起来相对复杂，因为扩展过的结点可能已经出队，需要采用另外的方法保存路径。

所以，采用分支限界法求解的 3 个关键问题如下：

(1) 如何确定合适的限界函数。

(2) 如何组织待处理结点的活结点表。

(3) 如何确定解向量的各个分量。

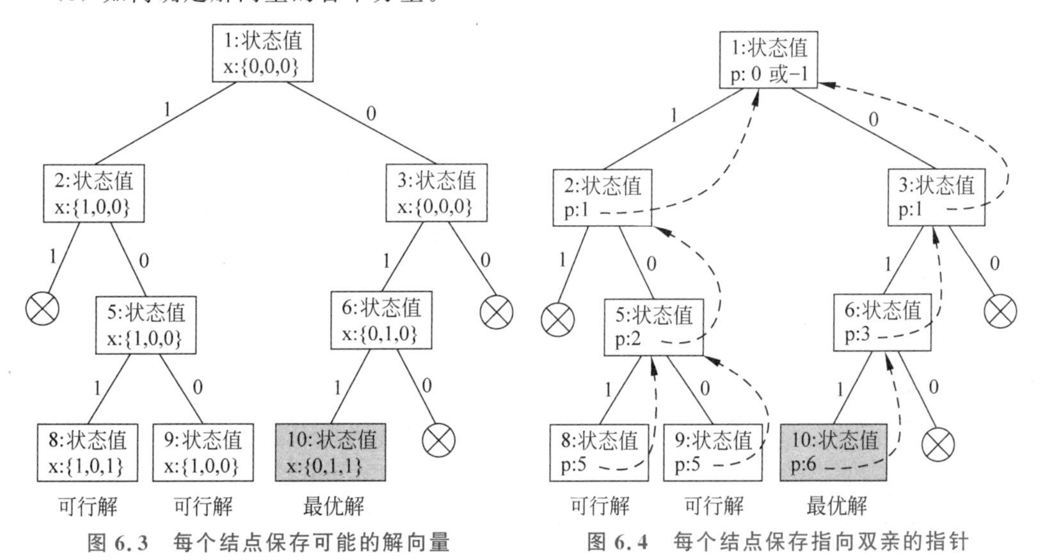


图 6.3 每个结点保存可能的解向量

图 6.4 每个结点保存指向双亲的指针

### 6.1.3 分支限界法的时间性能

一般情况下，在问题的解向量 $\boldsymbol{X}=(x_1,x_2,\cdots,x_n)$ 中，分量 $x_i(1\leqslant i\leqslant n)$ 的取值范围为某个有限集合 $S_i=(s_{i1},s_{i2},\cdots,s_{ir})$，根结点从 1 开始。因此，问题的解空间由笛卡儿积 $S_1\times S_2\times\cdots\times S_n$ 构成，第 1 层根结点有 $|S_1|$ 棵子树，第 2 层有 $|S_1|$ 个结点，第 2 层的每个结点有 $|S_2|$ 棵子树，则第 3 层有 $|S_1|\times|S_2|$ 个结点，以此类推，第 $n+1$ 层有 $|S_1|\times|S_2|\times\cdots\times|S_n|$ 个结点，它们都是叶子结点，代表问题的所有可能解。

分支限界法和回溯法实际上都属于穷举法，当然不能指望有很好的最坏时间复杂度，在最坏情况下，时间复杂性是指数阶。分支限界法的较高效率是以付出一定代价为基础的，其工作方式也造成了算法设计的复杂性。另外，算法要维护一个活结点表(队列)，并且需要在该表中快速查找取得极值的结点，这都需要较大的存储空间，在最坏情况下，分支限界法需要的空间复杂性是指数阶。

归纳起来，与回溯法相比，分支限界法算法的优点是可以更快地找到一个解或者最优解，其缺点是要存储结点的限界值等信息，占用的内存空间较多。另外，求解效率基本上由限界函数决定，若限界估计不好，在极端情况下与穷举法没有多大区别。

## 6.2 广度优先搜索

既然分支限界法以广度优先搜索为基础，本节先讨论广度优先搜索及其应用。广度优先搜索是在访问一个顶点 $v$ 之后横向搜索 $v$ 的所有相邻点，在解空间中搜索时类似树的层次遍历方式。

### 6.2.1 图的广度优先搜索

扫一扫

视频讲解

问题描述：给定一个不带权连通图 $G=(V,E)$ 和一个顶点 $s$，采用邻接矩阵 $\mathbf{A}$ 存储，利用广度优先搜索方法求出从顶点 $s$ 出发能够到达的每个顶点的最小距离(最小的边数)。例如，如图 6.5 所示的连通图的邻接矩阵如下：

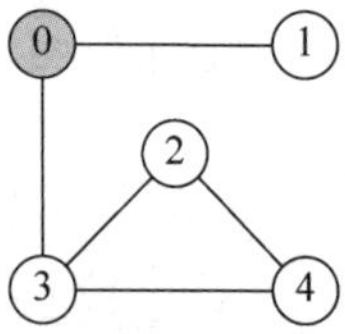

图 6.5　一个连通图

```
vector<vector<int>> A={{0,1,0,1,0},{1,0,0,0,0},{0,0,0,1,1},{1,0,1,0,1},{0,0,1,1,0}};
```

解 设计一个 dist 数组，其中 dist[$i$]表示从顶点 $s$ 到达顶点 $i$ 的最小边数(最小距离)，广度优先搜索的过程是从顶点 $s$ 出发，以横向方式一步一步沿着边访问各个顶点，当从顶点 $u$ 沿着 $<u,v>$ 边走到顶点 $v$ 时置 dist[$v$]=dist[$u$]+1。对应的 bfs(A,s)算法如下：

```
vector<int> bfs(vector<vector<int>> &A, int s) {          //广度优先搜索算法
    int n=A.size();
    vector<int> dist(n);
    vector<int> visited(n,0);                              //访问标记数组
    queue<int> qu;                                         //定义一个队列 qu
    qu.push(s);
    visited[s]=1;
    dist[s]=0;
```

```
        while(!qu.empty()) {
            int u=qu.front(); qu.pop();
            for(int v=0;v<n;v++) {
                if(A[u][v]==1) {                    //存在边<u,v>
                    if(!visited[v]) {               //顶点 v 未访问过
                        dist[v]=dist[u]+1;          //修改 dist[v]
                        qu.push(v);                 //顶点 v 进队
                        visited[v]=1;               //修改顶点 v 的访问标记
                    }
                }
            }
        }
        return dist;
    }
```

上述算法的求解结果是 dist[0]=0,dist[1]=1,dist[2]=2,dist[3]=1,dist[4]=2。

可以证明上述算法求出的 dist[$i$]一定是从顶点 $s$ 到达顶点 $i$ 的最小边数的距离。显然在一棵树中广度优先搜索也具有同样的特性。

## 6.2.2 广度优先搜索的应用

从前面图的广度优先搜索可以看出,在广度优先搜索中扩展结点时(可能有多种扩展方式,或者说当前结点可能有多个子结点),如果每次扩展的代价都是相同的,问题是求出顶点 $s$ 到 $t$ 的最小总代价,称该问题具有广搜特性。在求解时从顶点 $s$ 出发搜索,每次扩展结点对应一条边,将边的权值看成扩展代价,这样相当于在边长相同的图中从 $s$ 找出到达 $t$ 的最短路径,根据广度优先搜索的特点可以得到这样的结论:第一次找到顶点 $t$ 的总代价一定是最小总代价。反之,如果每次扩展的代价不同,则第一次找到目标点的代价不一定是最小总代价。在实际应用中可以利用广度优先搜索的这个特点提高求解性能。下面通过一个示例进行讨论。

**【例 6.1】** 传送门问题(LintCode750★★)。某一天 Chell 掉进了一个迷宫(maze),迷宫可以看作一个大小为 $n\times m(1\leqslant n,m\leqslant 200)$ 的二维字符数组。它有 4 种房间,'S'代表 Chell 从哪儿开始(只有一个起点),'E'代表迷宫的出口(当 Chell 抵达时,她将离开迷宫,该题目可能会有多个出口),'*'代表这个房间 Chell 可以经过,'#'代表一堵墙,Chell 不能经过墙。她可以每次上、下、左、右移动到达一个房间,花费一分钟时间,但是不能到达墙。请设计一个算法告诉她最少需要多少时间离开这个迷宫?如果她不能离开,返回-1。例如,maze={{'S','*','#','E'},{'#','*','#','#'},{'*','*','*','*'},{'E','*','#','E'}},对应的迷宫图如图 6.6 所示,答案是 5,Chell 从(0,0)走到(0,3)花费 5 分钟。要求设计如下成员函数:

```
int portal(vector<vector<char>> & maze) { }
```

解法 1:在该问题中 Chell 可以上、下、左、右移动,每移动一步花费的时间都是一分钟,求从'S'位置到某个'E'位置的最少时间,即每一步代价相同并且求最小总代价,所以满足利用广度优先搜索求最优解的条件。

扫一扫

视频讲解

采用基本广度优先搜索方法,定义队列中的结点类型为 QNode,不仅包含位置成员,还包含到达该位置的移动步数 steps,从 maze 值为'S'的位置出发搜索到第一个 maze 值为'E'的方格,返回对应的移动次数即可。如果整个广度优先搜索都没有遇到 maze 值为'E'的方格，则返回−1。对于图 6.6 所示的迷宫，其基本广度优先搜索的过程如图 6.7 所示，其中带圈的数字表示该位置的层次（起点的层次为 0）或者从起点到该位置的移动次数。对应的程序如下：

| S | * | # | E |
|---|---|---|---|
| # | * | # | # |
| * | * | * | * |
| E | * | # | E |

图 6.6 迷宫 maze

| S | ① | # | E |
|---|---|---|---|
| # | ② | # | # |
| ④ | ③ | ④ | * |
| ⑤E | ④ | # | E |

图 6.7 基本广度优先搜索的过程

```
struct QNode {                                          //队列中的结点类型
    int x,y;
    int steps;
};
class Solution {
public:
    int dx[4]={0,0,1,-1};                               //水平方向上的偏移量
    int dy[4]={1,-1,0,0};                               //垂直方向上的偏移量
    int portal(vector<vector<char>>& maze) {
        int n=maze.size();
        int m=maze[0].size();
        vector<vector<int>> visited(n,vector<int>(m,0));
        int sx,sy,ex,ey;
        for(int i=0;i<n;i++) {
            for(int j=0;j<m;j++) {
                if(maze[i][j]=='S') {                   //找起始位置(sx,sy)
                    sx=i; sy=j;
                    goto l;
                }
            }
        }
        l: queue<QNode> qu;                             //定义一个队列
        QNode e,e1;
        e.x=sx; e.y=sy;
        e.steps=0;
        visited[sx][sy]=1;
        qu.push(e);                                     //根结点进队
        while(!qu.empty()) {
            e=qu.front();qu.pop();                      //出队结点 e
            for (int di=0;di<4;di++) {                  //在四周找相邻位置(nx,ny)
                int nx=e.x+dx[di];
                int ny=e.y+dy[di];
                if(nx<0 || nx>=n || ny<0 || ny>=m)
                    continue;                           //跳过超界的位置
                if(visited[nx][ny]==1)
                    continue;                           //跳过已经访问过的位置
                if(maze[nx][ny]=='#')                   //跳过墙的位置
                    continue;
                e1.x=nx; e1.y=ny;
                e1.steps=e.steps+1;                     //累计步数
                visited[e1.x][e1.y]=1;                  //修改访问标记
                if(maze[e1.x][e1.y]=='E')               //第一次找到'E'位置,则返回
                    return e1.steps;
                qu.push(e1);                            //子结点进队
            }
        }
```

```
            return -1;
        }
};
```

上述程序提交时通过，执行用时为 81ms，内存消耗为 5.28MB。

解法 2：采用分层次的广度优先搜索方法。在进行广度优先搜索时队列中的结点是一层一层地处理的，首先队列中只有一个根结点，即第 1 层的结点个数为 1，循环一次处理完第 1 层的全部结点，同时队列中恰好包含第 2 层的全部结点，求出队列中的结点个数 cnt，循环 cnt 次处理完第 2 层的全部结点，同时队列中恰好包含第 3 层的全部结点，以此类推。

扫一扫

视频讲解

本题中设计队列结点类型为 pair<int,int>，用于保存迷宫中方格的位置，设置 ans 表示答案，初始值为 0，每搜索一层 ans 增 1，当第一次搜索到 maze 值为'E'的方格时返回 ans 即可。如果整个广度优先搜索都没有遇到 maze 值为'E'的方格，则返回-1。对于图 6.6 所示的迷宫，其分层次的广度优先搜索过程同图 6.7，只是标识层次的带圈数字用变量 ans 表示，而不是存放在队列中。对应的程序如下：

```
class Solution {
public:
    int dx[4]={0,0,1,-1};                          //水平方向上的偏移量
    int dy[4]={1,-1,0,0};                          //垂直方向上的偏移量
    int portal(vector<vector<char>>& maze) {
        int n=maze.size();
        int m=maze[0].size();
        vector<vector<int>> visited(n,vector<int>(m,0));
        int sx,sy,ex,ey;
        for(int i=0;i<n;i++) {
            for(int j=0;j<m;j++) {
                if(maze[i][j]=='S') {              //找起始位置(sx,sy)
                    sx=i; sy=j;
                    goto l;
                }
            }
        }
        l:pair<int,int> e,e1;
        queue<pair<int,int>> qu;
        e.first=sx; e.second=sy;
        qu.push(e);                                //根结点进队
        visited[sx][sy]=1;
        int ans=0;                                 //相当于起始位置的层次为0
        while(!qu.empty()) {
            ans++;                                 //加1表示当前结点的孩子的层次
            int cnt=qu.size();                     //求当前队列中的结点个数cnt
            for(int i=0;i<cnt;i++) {               //将cnt个结点出队，即处理当前层的全部结点
                e=qu.front();qu.pop();             //出队结点e
                int x=e.first;
                int y=e.second;
                for (int di=0;di<4;di++) {         //在四周找相邻位置(nx,ny)
                    int nx=x+dx[di];
                    int ny=y+dy[di];
                    if(nx<0 || nx>=n || ny<0 || ny>=m)
                        continue;                  //跳过超界的位置
                    if(visited[nx][ny]==1)
                        continue;                  //跳过已经访问过的位置
                    if(maze[nx][ny]=='#')
```

```
                continue;                          //跳过墙的位置
            if(maze[nx][ny]=='E')                  //第一次找到出口,返回 ans
                return ans;
            e1.first=nx; e1.second=ny;
            qu.push(e1);                           //子结点进队
            visited[nx][ny]=1;
        }
      }
    }
    return -1;
  }
};
```

上述程序提交时通过,执行用时为 81ms,内存消耗为 5.39MB。

扫一扫

视频讲解

解法 3:采用多起点分层次的广度优先搜索方法。所谓多起点广度优先搜索,就是先将多个起始点进队,然后按基本广度优先搜索找目标点。如果改为按分层次的广度优先搜索找目标点,就称之为多起点分层次的广度优先搜索。

本题中有多个 maze 值为'E'的方格,从其中任意一个方格出发最先找到'S'位置的步数也是离开迷宫需要的最少时间,所以先将所有'E'位置进队,ans 记录搜索的层次,当第一次搜索到 maze 值为'S'的方格时,返回 ans 即可。如果整个广度优先搜索都没有遇到 maze 值为'E'的方格,则返回−1。对于图 6.6 所示的迷宫,其分层次的广度优先搜索过程如图 6.8 所示,从每个'E'位置开始同步向外扩展。

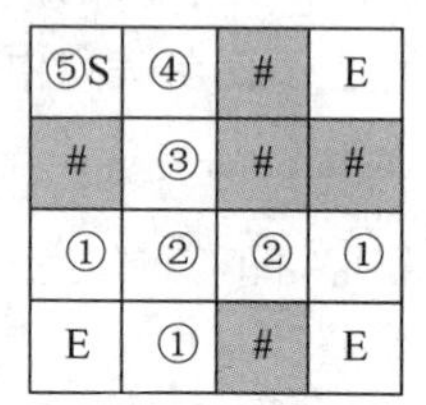

| ⑤S | ④ | # | E |
|---|---|---|---|
| # | ③ | # | # |
| ① | ② | ② | ① |
| E | ① | # | E |

图 6.8 多起点分层次的广度优先搜索过程

对应的程序如下:

```
class Solution {
public:
    int dx[4]={0,0,1,-1};                          //水平方向上的偏移量
    int dy[4]={1,-1,0,0};                          //垂直方向上的偏移量
    int portal(vector<vector<char>>& maze) {
        int n=maze.size();
        int m=maze[0].size();
        vector<vector<int>> visited(n,vector<int>(m,0));
        pair<int,int> e,e1;
        queue<pair<int,int>> qu;                   //定义一个队列 qu
        int sx,sy,ex,ey;
        for(int i=0;i<n;i++) {
            for(int j=0;j<m;j++) {
                if(maze[i][j]=='E') {              //将全部'E'位置进队
                    e.first=i; e.second=j;
                    qu.push(e);
                    visited[i][j]=1;
                }
            }
        }
        int ans=0;                                 //从 0 开始,相当于'E'位置的层次为 0
        while(!qu.empty()) {
            ans++;                                 //从 0 开始,相当于起始位置的层次为 0
            int cnt=qu.size();
            for(int i=0;i<cnt;i++) {
                e=qu.front();qu.pop();
                int x=e.first;
                int y=e.second;
```

```
                for (int di=0;di<4;di++) {              //在四周找相邻位置(nx,ny)
                    int nx=x+dx[di];
                    int ny=y+dy[di];
                    if(nx<0 || nx>=n || ny<0 || ny>=m)
                        continue;                       //跳过超界的位置
                    if(visited[nx][ny]==1)
                        continue;                       //跳过已经访问过的位置
                    if(maze[nx][ny]=='#')
                        continue;                       //跳过墙的位置
                    if(maze[nx][ny]=='S')               //第一次找到入口,返回 ans
                        return ans;
                    e1.first=nx; e1.second=ny;
                    qu.push(e1);                        //子结点进队
                    visited[nx][ny]=1;
                }
            }
        }
        return -1;
    }
};
```

上述程序提交时通过,执行用时为 81ms,内存消耗为 5.55MB。

## 6.3 队列式分支限界法的框架

在解空间中搜索解时,队列式分支限界法与广度优先搜索一样都是采用队列存储活结点,从根结点开始一层一层地扩展和搜索结点,同时利用剪支以提高搜索的时间性能。一般队列式分支限界法的框架如下:

```
void bfs() {                                   //队列式分支限界法的框架
    定义一个队列 qu;
    根结点进队;
    while(队不空时循环){
        出队结点 e;
        for(扩展结点 e 产生结点 e1) {
            if(e1 满足 constraint()) {
                if(e1 是叶子结点)
                    通过比较得到一个更优解;
                else {
                    if(e1 满足 bound()) //剪支
                        将结点 e1 进队;
                }
            }
        }
    }
}
```

在搜索中判断是否为叶子结点(对应可行解)通常有以下两种方式:

(1) 在出队结点 $e$ 时判断,即在结点 $e$ 扩展出子结点之前进行判断,如果 $e$ 是叶子结点,则通过比较得到一个更优解,不做扩展,否则对结点 $e$ 扩展。在该方式中所有叶子结点都需要进队。

(2) 在出队结点 $e$ 并且扩展出子结点 $e1$ 后对 $e1$ 进行判断,如果结点 $e1$ 是叶子结点,则通过比较得到一个更优解,不将其进队,否则将其进队,以便后面继续扩展。在该方式中所有叶子结点都不会进队。

显然两种方式得到的结果相同,但方式(2)因叶子结点不进队而节省队列空间,所以上述框架采用该方式。

从上述算法框架可以看出队列式分支限界法与广度优先搜索的差别,广度优先搜索通常在满足广度优先搜索特性的情况下使用,这样第一次搜索到的目标结点就对应最优解,而队列式分支限界法需要搜索所有的可行解,通过比较找到最优解。

## 6.4 图的单源最短路径 

扫一扫

视频讲解

问题描述:给定一个带权有向图 $G=(V,E)$,其中每条边的权是一个正整数。另外给定 $V$ 中的一个顶点 $s$,称之为源点。计算从源点到其他所有各顶点的最短路径及其长度。这里的路径长度是指路径上各边的权之和。

**解** 给定的是带权图,路径长度为路径上边的权之和,所有边的权不一定相同,所以不满足广度优先搜索特性,不能简单地采用广度优先遍历求最短路径,这里采用队列式分支限界法求解。图 $G$ 采用邻接矩阵 $\mathbf{A}$ 存储,顶点个数为 $n$,顶点编号为 $0\sim n-1$。

定义队列 qu,用于存放进队顶点的编号,用 dist 数组存放从源点 $s$ 出发的最短路径的长度,其中 dist[$i$]表示源点 $s$ 到顶点 $i$ 的最短路径长度,初始时将所有 dist[$i$]值置为∞,用 pre 数组存放最短路径,其中 pre[$i$]表示源点 $s$ 到顶点 $i$ 的最短路径中顶点 $i$ 的前驱顶点。

队列式分支限界法的求解过程是先将源点 $s$ 进队,队不空时出队顶点 $u$,假设顶点 $u$ 存在出边邻接点 $v$,如图 6.9 所示,源点 $s$ 到顶点 $v$ 有两条路径,此时的剪枝操作是:如果经过 $u$ 到 $v$ 的边到达顶点 $v$ 的路径长度更短(即 $\text{dist}[u]+w<\text{dist}[v]$),则修改 dist[$v$]为 dist[$u$]$+w$ 并将顶点 $v$ 进队,否则终止该路径的搜索,这称为<$u$,$v$>边的松弛操作。

简单地说,把源点 $s$ 作为解空间的根结点开始搜索,对源点 $s$ 的所有邻接点都产生一个分支结点,通过松弛操作选择路径长度最小的相邻顶点,对该顶点继续进行上述的搜索,直到队空为止。

对于如图 6.10 所示的带权图,假设源点 $s=0$,初始化 dist 数组中的所有元素为∞,先将源点 0 进队,置 dist[0]=0。求解过程如下:

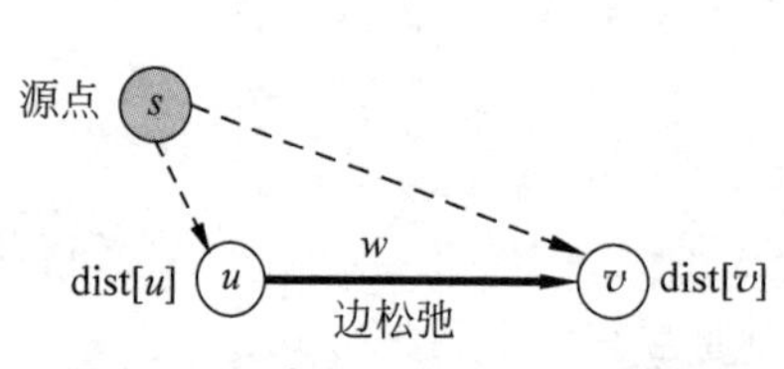


图 6.9　源点到顶点 $v$ 的两条路径

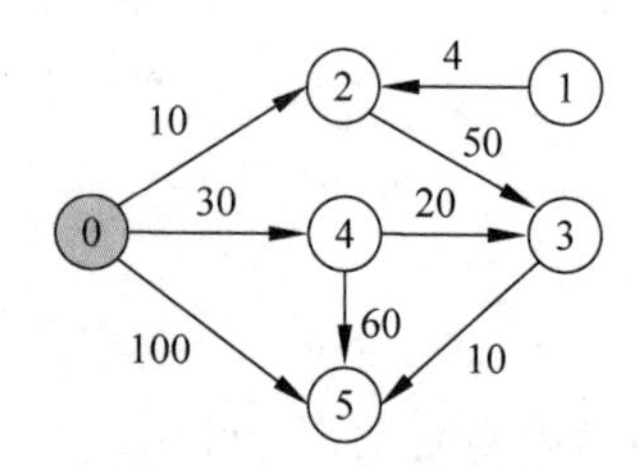


图 6.10　一个带权图

① 出队结点(0),考虑相邻点 2,dist[0](0)+10<dist[2](∞),边松弛结果是 dist[2]=10,pre[2]=0,将(2)进队。考虑相邻点 4,dist[0](0)+30<dist[4](∞),边松弛结果是 dist[4]=30,pre[4]=0,将(4)进队。考虑相邻点 5,dist[0](0)+100<dist[5](∞),边松弛结果是 dist[5]=100,pre[5]=0,将(5)进队。

② 出队结点(2),考虑相邻点 3,dist[2](10)+50<dist[3](∞),边松弛结果是 dist[3]=60,pre[3]=2,将(3)进队。

③ 出队结点(4),考虑相邻点 3,dist[4](30)+20<dist[3](60),边松弛结果是 dist[3]=50,pre[3]=4,将(3)第 2 次进队。考虑相邻点 5,dist[4](30)+60<dist[5](100),边松弛结果是 dist[5]=90,pre[5]=4,将(5)第 2 次进队。

④ 出队结点(5),没有出边,只出不进。

⑤ 出队结点 3,考虑相邻点 5,dist[3](50)+10<dist[5](90),边松弛结果是 dist[5]=60,pre[5]=3,将(5)第 3 次进队。

⑥ 出队结点 3,考虑其相邻点 5,dist[3](50)+10<dist[5](60)不成立,没有修改,不进队。

⑦ 出队结点 5,没有出边,只出不进。

⑧ 出队结点 5,没有出边,只出不进。

此时队列为空,求出的 dist 就是从源点到各个顶点的最短路径的长度,如图 6.11 所示,图中结点旁的数字表示结点出队的序号(或者扩展结点的顺序)。可以通过 pre 推出反向路径。例如对于顶点 5,有 pre[5]=3,pre[3]=4,pre[4]=0,则(5,3,4,0)就是反向路径,或者说顶点 0 到顶点 5 的正向最短路径为 0→4→3→5。从中看出搜索的结点个数为 8。

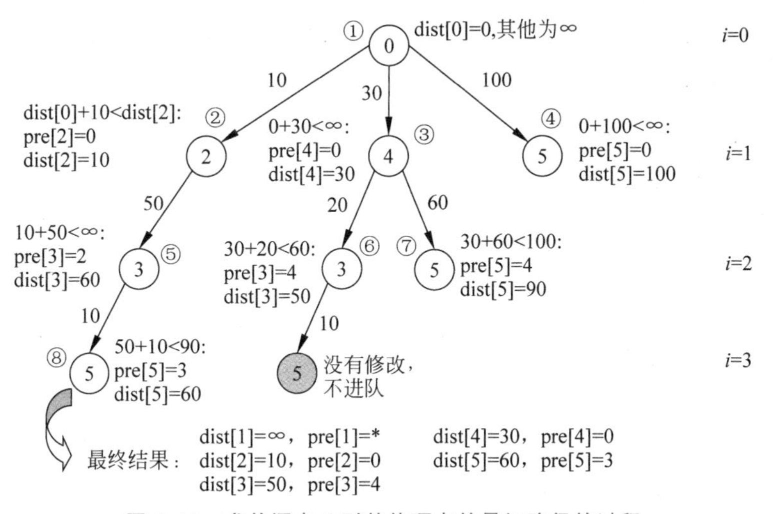


图 6.11 求从源点 0 到其他顶点的最短路径的过程

对应的队列式分支限界法算法如下:

```
int n;
vector<vector<int>> A;                              //图的邻接矩阵
vector<int> dist;                                   //定义 dist
vector<int> pre;                                    //定义 pre
int sum=0;                                          //累计搜索的结点个数
void bfs(int s){                                    //队列式分支限界法算法
    dist=vector<int>(n,INF);                        //dist 初始化所有元素为∞
    pre=vector<int>(n);
    dist[s]=0;
    queue<int> qu;                                  //定义一个队列 qu
    qu.push(s);                                     //源点进队
    while(!qu.empty()) {                            //队列不空时循环
        int u=qu.front(); qu.pop();                 //出队顶点 u
```

```
        sum++;
        for(int v=0;v<n;v++) {
            if(A[u][v]!=0 && A[u][v]!=INF) {        //相邻顶点为 v
                if(dist[u]+A[u][v]<dist[v]) {       //边松弛:u 到 v 有边且路径长度更短
                    dist[v]=dist[u]+A[u][v];
                    pre[v]=u;
                    qu.push(v);                     //顶点 v 进队
                }
            }
        }
    }
}
void dispapath(int s,int i){                        //输出 s 到 i 的一条最短路径
    vector<int> path;
    if (s==i) return;
    if (dist[i]==INF)
        printf("源点%d 到顶点%d 没有路径\n",s,i);
    else {
        int k=pre[i];
        path.push_back(i);                          //添加目标顶点
        while (k!=s) {                              //添加中间顶点
            path.push_back(k);
            k=pre[k];
        }
        path.push_back(s);                          //添加源点
        printf("源点%d 到顶点%d 的最短路径长度: %d, 路径: ",s,i,dist[i]);
        for (int j=path.size()-1;j>=0;j--)          //反向输出构成正向路径
            printf("%d ",path[j]);
        printf("\n");
    }
}
void solve(vector<vector<int>> &a,int s) {          //求从源点 s 出发的所有最短路径
    A=a;
    n=A.size();
    bfs(s);
    for (int i=0;i<n;i++)
        dispapath(s,i);
    printf("sum=%d\n",sum);
}
```

对于图 6.10，$n=6$，$s=0$，调用上述算法 solve(A,s)的输出结果如下：

```
源点 0 到顶点 1 没有路径
源点 0 到顶点 2 的最短路径长度: 10, 路径: 0 2
源点 0 到顶点 3 的最短路径长度: 50, 路径: 0 4 3
源点 0 到顶点 4 的最短路径长度: 30, 路径: 0 4
源点 0 到顶点 5 的最短路径长度: 60, 路径: 0 4 3 5
sum=8
```

**bfs 算法分析**：在该算法中每条边都至少做一次松弛操作(有些边可能多次重复松弛)，算法的时间复杂度为 $O(e)$，其中 $e$ 为图的边数。

思考题：上述算法适合含负权的图求单源最短路径吗？为什么？

扫一扫

视频讲解

【例 6.2】 网络延迟时间(LeetCode743★★)。有 $n$ 个网络结点($1\leqslant n\leqslant 100$)，标记为 1 到 $n$。给定一个列表 times(1≤times.length≤6000)，表示信号经过有向边的传递时间，times[$i$]=(ui,vi,wi)，其中 ui 是源结点，vi 是目标结点，wi 是一个信号从源结点传递到目标结点的时间(1≤ui,vi≤$n$,0≤wi≤100)。现在从某个结点 $k$($1\leqslant k\leqslant n$)发出一个信号，设计一个算法求需要多久才能使所有结点都收到信号？如果不能使所有结点都收到信号，返

回－1。例如，times＝{{2,1,1},{2,3,1},{3,4,1}}，$n$＝4，$k$＝2，结果为 2。要求设计如下成员函数：

```
int networkDelayTime(vector<vector<int>>& times, int n, int k) { }
```

扫一扫

源程序

**解** 依题意，从结点 $k$ 传递信号到某个结点 $v$ 的时间就是从 $k$ 到 $v$ 的最短路径长度，这样该问题转换为求单源最短路径问题，在所有的最短连接长度中求最大值就是题目的答案。先由 times 建立图的邻接表 $G$，每个网络结点对应图中的一个顶点，$G[i]$存放顶点 $i$ 的所有出边邻接点的结点，出边结点的类型为 Edge，包含出边邻接点 vno 和该出边的权值 wt。为了简便，通过减 1 将顶点编号改为 0～$n-1$。

采用本节前面求图单源最短路径的队列式分支限界法，先求出源点 $k-1$ 到其他所有顶点的最短路径长度数组 dist，然后在 dist 数组中求最大值 ans，若 ans＝INF，说明不能使所有结点都收到信号，返回－1，否则返回 ans。

## 6.5 0/1 背包问题(1) 

扫一扫

视频讲解

**问题描述**：问题描述见 2.4 节。这里采用队列式分支限界法求解。

**解** 求最优解（满足背包容量要求并且总价值最大的解）的过程是在解空间中搜索得到的，解空间与用回溯法求解的解空间相同，根结点层次 $i$＝0，第 $i$ 层表示对物品 $i$ 的决策，只有选择和不选择两种情况，每次二选一，叶子结点的层次是 $n$，用 $x$ 表示解向量，cv 表示对应的总价值，如图 6.12 所示。

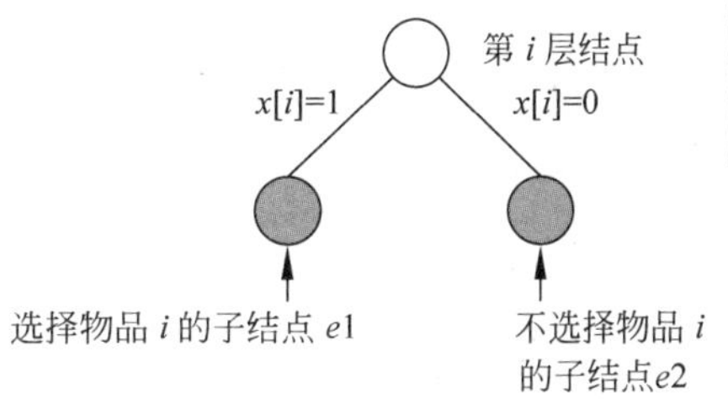


图 6.12　第 $i$ 层结点的扩展方式

另外，用 bestx 和 bestv（初始设置为 0）分别表示最优解向量和最大总价值。设计队列结点类型如下：

```
struct QNode {                    //队列结点类型
    int i;                        //当前层次(物品序号)
    int cw;                       //当前总重量
    int cv;                       //当前总价值
    vector<int> x;                //当前解向量
    double ub;                    //上界
};
```

限界函数设计与 5.8 节的相同（先按单位重量价值递减排序），只是这里改为对扩展结点 $e$ 求上界函数值。对于第 $i$ 层的结点 $e$，求出结点 $e$ 的上界函数值 ub，其剪支如下。

① 左剪支：终止选择物品 $i$ 超重的分支，也就是仅扩展满足 $e.\text{cw}+w[i]\leqslant W$ 条件的子结点 $e1$，即满足该条件时将 $e1$ 进队。

② 右剪支：终止在不选择物品 $i$ 时即使选择剩余所有满足限重的物品有不可能得到更优解的分支，也就是仅扩展满足 $e.\text{ub}>\text{bestv}$ 条件的子结点 $e2$，即满足该条件时将 $e2$ 进队。

对于表 5.1 中 4 个物品的求解过程如图 6.13 所示，图中结点数字为(cw,cv,ub)，带“×”的虚结点表示被剪支的结点，带阴影的结点是最优解结点，其求解结果与回溯法的求解结果完全相同。从中看到由于采用队列，结点的扩展是一层一层地顺序展开的，实际扩展的结点个数为15(叶子结点不进队也不可能扩展),由于物品个数较少,没有明显体现出限界函数的作用,当物品个数较多时,使用限界函数的效率会得到较大的提高。

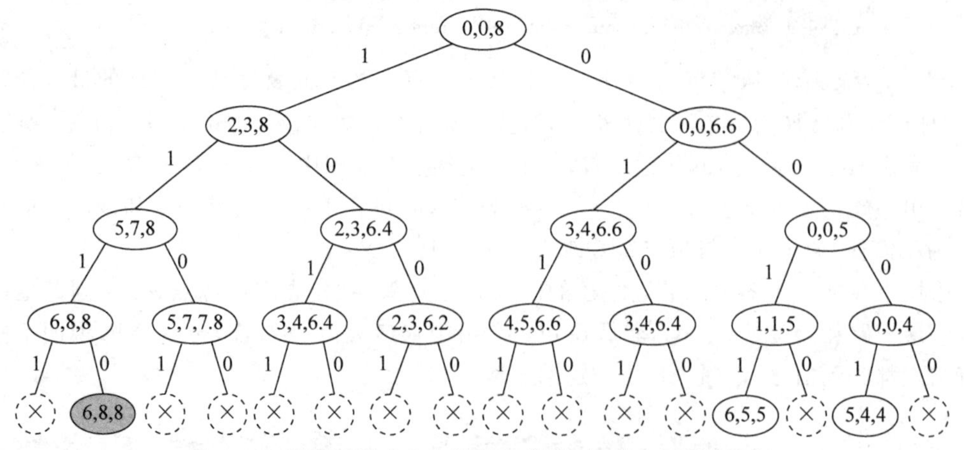


图 6.13 采用队列式分支限界法求解 0/1 背包问题的过程

对应的队列式分支限界法算法如下:

```
vector<Goods> g;                                    //全部物品
int W;                                              //背包容量
int n;                                              //物品个数
vector<int> bestx;                                  //存放最优解向量
int bestv=0;                                        //存放最大价值,初始为 0
int bestw;                                          //最优解总重量
int sum=0;                                          //累计搜索的结点个数
void bound(QNode&e){                                //求结点 e 的上界函数值
    int rw=W-e.cw;                                  //背包的剩余容量
    double b=e.cv;                                  //表示物品价值的上界值
    int j=e.i;
    while (j<n && g[j].w<=rw) {
        rw-=g[j].w;                                 //选择物品 j
        b+=g[j].v;                                  //累计价值
        j++;
    }
    if (j<n)                                        //最后物品只能部分装入
        b+=(double)g[j].v/g[j].w * rw;
    e.ub=b;
}
void EnQueue(QNode e,queue<QNode> &qu) {            //结点 e 进队的操作
    if (e.i==n) {                                   //到达叶子结点
        if (e.cv>bestv) {                           //通过比较更新最优解
            bestv=e.cv;
            bestx=e.x;
            bestw=e.cw;
        }
    }
    else qu.push(e);                                //非叶子结点进队
}
void bfs() {                                        //求 0/1 背包问题最优解的算法
    QNode e,e1,e2;
    queue<QNode> qu;                                //定义一个队列
    e.i=0;                                          //根结点的层次为 0
    e.x=vector<int>(n,0);
    e.cw=0; e.cv=0;
```

```
    qu.push(e);                                   //根结点进队
    while (!qu.empty()) {                         //队不空时循环
        e=qu.front();qu.pop();                    //出队结点 e
        sum++;
        if (e.cw+g[e.i].w<=W) {                   //左剪支
            e1.cw=e.cw+g[e.i].w;                  //选择物品 e.i
            e1.cv=e.cv+g[e.i].v;
            e1.x=e.x; e1.x[e.i]=1;
            e1.i=e.i+1;                           //左子结点的层次加 1
            EnQueue(e1,qu);
        }
        e2.cw=e.cw; e2.cv=e.cv;                   //不选择物品 e.i
        e2.x=e.x; e2.x[e.i]=0;
        e2.i=e.i+1;                               //右子结点的层次加 1
        bound(e2);                                //求出不选择物品 i 的价值的上界
        if (e2.ub>bestv)                          //右剪支
            EnQueue(e2,qu);
    }
}
void knap(vector<Goods> g1,int W1) {              //求 0/1 背包问题
    g=g1;
    W=W1;
    n=g.size();
    sort(g.begin(),g.end());                      //按 v/w 递减排序
    bfs();                                        //i 从 0 开始
    printf("最佳装填方案\n");
    for (int i=0;i<n;i++) {
        if (bestx[i]==1)
            printf("  选取第%d 个物品\n",g[i].no);
    }
    printf("  总重量=%d,总价值=%d\n",bestw,bestv);
    printf("sum=%d\n",sum);
}
```

对于表 5.1 中的 4 个物品，$W=6$ 时调用上述 knap()算法的求解结果如下：

```
最佳装填方案
    选取第 2 个物品
    选取第 1 个物品
    选取第 3 个物品
    总重量=6,总价值=8
sum=15
```

**knap 算法分析**：求解 0/1 背包问题的解空间是一棵高度为 $n+1$ 的满二叉树，bound()算法的时间复杂度为 $O(n)$，由于剪支提高的性能难以估算，所以上述算法的最坏时间复杂度仍然为 $O(n\times 2^n)$。

用回溯法和分支限界法都可以求解 0/1 背包问题，两种方法的思路相同，都是在解空间中搜索解，但在具体的算法设计上两者的侧重点有所不同，如图 6.14 所示，回溯法侧重于结点的扩展和回退，保证结点 A 从每个有效的子结点返回的状态相同，其状态用递归算法的参数或者全局变量保存；而分支限界法侧重于结点的扩展，将每个扩展的有效子结点进队，其状态保存在队列中。所谓有效子结点是指剪支后满足约束条件和限界函数的结点。

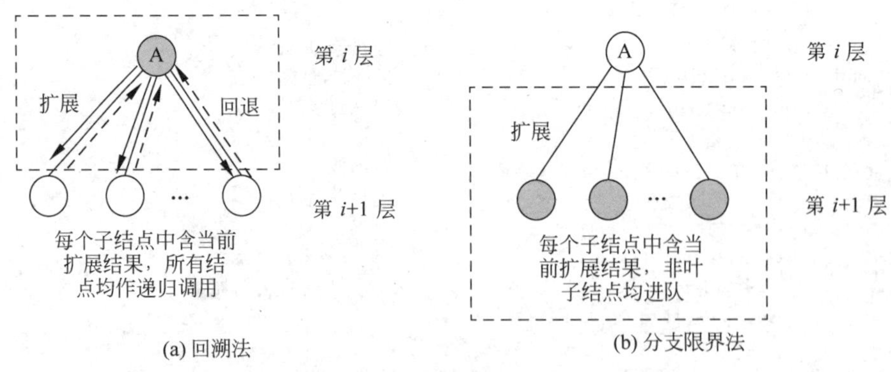


图 6.14 两种算法设计的侧重点

## 6.6 优先队列式分支限界法的框架

扫一扫

视频讲解

优先队列式分支限界法采用优先队列存储活结点。优先队列用 priority_queue 容器实现，根据需要设计相应的限界函数，求最大值问题设计上界函数，求最小值问题设计下界函数，一般情况下队中的每个结点包含限界函数值(ub/lb)，优先队列通过关系比较器确定结点出队的优先级。不同于队列式分支限界法中结点一层一层地出队，优先队列式分支限界法中结点出队(扩展结点)是跳跃式的，这样有助于快速地找到一个解，并以此为基础进行剪支，所以通常算法的时间性能更好。

在具体执行时，优先队列式分支限界法把全部可行的解空间不断分割为越来越小的子集(称为分支)，并为每个子集内的解计算一个上界(或者下界)，对凡是界限超出已知可行解值的子集不再做进一步分支，这样解的许多子集(即搜索树上的许多结点)就可以不予考虑，从而缩小了搜索范围。这一过程一直进行，直到找出可行解为止，该可行解的值不大于(或者不小于)任何子集的界限。分支限界法算法是不可回溯的一种算法，但是同时它也减去了不可能组成最优解的解，所以可以产生最优解。

一般优先队列式分支限界法的框架如下：

```
void bfs() {                                //优先队列式分支限界法的框架
    定义一个优先队列 pq;
    根结点进队;
    while(队不空时循环) {
        出队结点 e;
        for(扩展结点 e 产生结点 e1) {
            if(e1 满足 constraint()) {
                if(e1 是叶子结点)
                    通过比较得到一个更优解或者直接返回最优解;
                else if(e1 满足 bound()) {
                    将结点 e1 进队;
                }
            }
        }
    }
}
```

同样判断是否为叶子结点分为两种方式，一是在结点 $e$ 出队时判断，二是在出队的结点 $e$ 扩展出子结点 $e1$ 后再对 $e1$ 进行判断。

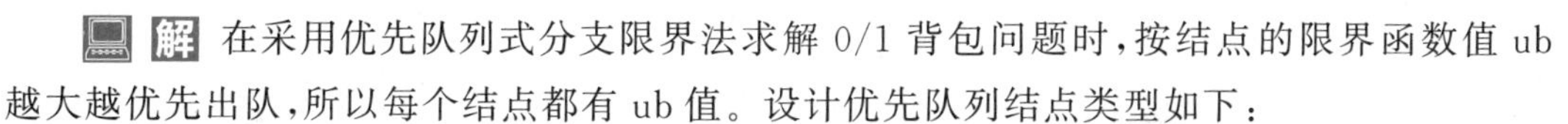

## 6.7 0/1 背包问题(2)

扫一扫
视频讲解

问题描述：问题描述见 2.4 节。这里采用优先队列式分支限界法求解。

**解** 在采用优先队列式分支限界法求解 0/1 背包问题时，按结点的限界函数值 ub 越大越优先出队，所以每个结点都有 ub 值。设计优先队列结点类型如下：

```
struct QNode {                              //优先队列结点类型
    int i;                                  //当前层次(物品序号)
    int cw;                                 //当前总重量
    int cv;                                 //当前总价值
    vector<int> x;                          //当前解向量
    double ub;                              //上界
    bool operator<(const QNode&s) const {
        return ub<s.ub;                     //按 ub 越大越优先出队
    }
};
```

上述限界函数值 ub 与队列式分支限界法求解中的完全一样，只是在使用上略有不同，队列式分支限界法求解时限界函数值主要用于右分支的剪支，左剪支不使用该值，所以不必为队列中的每个结点都计算 ub，只有在出队时计算 ub(理论上计算 ub 的最坏时间复杂度为 $O(n)$)，而优先队列式分支限界法中必须为每个结点都计算出 ub，因为 ub 是出队的依据。第 $i$ 层结点 $e$ 的 ub 值为已经选择的物品价值加上在物品 $i$ 及后面物品中选择满足背包容量限制的最大物品价值的上界。

例如，对于根结点 $e$，$W=6$ 时最大价值是选择物品 0～物品 2，对应的价值是 $3+4+1=8$，所以根结点的 ub=8。

左、右剪支的思路以及相关变量的含义与采用队列式分支限界法求解相同。对于表 5.1 中 4 个物品的求解过程如图 6.15 所示，图中带阴影的结点是最优解结点，与回溯法的求解结果相同，结点旁的数字表示结点出队的序号(或者扩展结点的顺序)，实际扩展的结点个数为 10(不计叶子结点，叶子结点不进队)，算法的性能得到进一步提高。

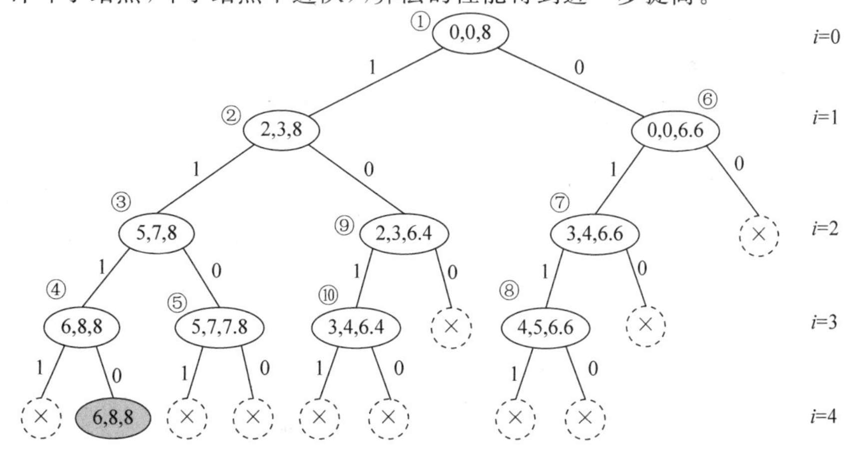


图 6.15 采用优先队列式分支限界法求解 0/1 背包问题的过程

对应的优先队列式分支限界法算法如下：

```
void EnQueue(QNode e, priority_queue<QNode> &pq) {     //结点 e 进队操作
    if (e.i==n) {                                      //到达叶子结点
        if (e.cv>bestv) {                              //通过比较更新最优解
            bestv=e.cv;
            bestx=e.x;
            bestw=e.cw;
        }
    }
    else pq.push(e);                                   //非叶子结点进队
}
void bfs() {                                           //求 0/1 背包问题最优解的算法
    QNode e,e1,e2;
    priority_queue<QNode> pq;                          //定义一个优先队列
    e.i=0;                                             //根结点的层次为 0
    e.x=vector<int>(n,0);
    e.cw=0; e.cv=0;
    bound(e);                                          //求 e.ub
    pq.push(e);                                        //根结点进队
    while (!pq.empty()) {                              //队不空时循环
        e=pq.top();pq.pop();                           //出队结点 e
        sum++;
        if (e.cw+g[e.i].w<=W) {                        //左剪支
            e1.cw=e.cw+g[e.i].w;                       //选择物品 e.i
            e1.cv=e.cv+g[e.i].v;
            e1.x=e.x; e1.x[e.i]=1;
            e1.i=e.i+1;                                //左子结点的层次加 1
            bound(e1);                                 //求出 e1.ub
            EnQueue(e1,pq);
        }
        e2.cw=e.cw; e2.cv=e.cv;                        //不选择物品 e.i
        e2.x=e.x; e2.x[e.i]=0;
        e2.i=e.i+1;                                    //右子结点的层次加 1
        bound(e2);                                     //求出不选择物品 i 的价值的上界
        if (e2.ub>bestv)                               //右剪支
            EnQueue(e2,pq);
    }
}
```

**bfs 算法分析**：无论是采用队列式分支限界法还是采用优先队列式分支限界法求解 0/1 背包问题，在最坏情况下都要搜索整个解空间树，所以最坏时间复杂度均为 $O(n\times 2^n)$。

## 6.8 任务分配问题

**问题描述**：问题描述见第 3 章中的 3.9 节，这里采用优先队列式分支限界法求解。

**解** $n$ 个人员和 $n$ 个任务的编号均为 $0\sim n-1$，解空间中的每一层对应一个人员的任务分配，根结点的分支对应人员 0 的各种任务分配，其他依次为人员 1、2、……、$n-1$ 分配任务，叶子结点的层次为 $n$。设计优先队列结点类型如下：

```
struct QNode {                  //优先队列结点类型
    int i;                      //人员的编号(解空间中结点的层次)
    vector<int> x;              //当前解向量
    vector<int> used;           //used[i]=1 表示任务 i 已经分配
```

```
        int cost;                                              //已经分配任务的总成本
        int lb;                                                //下界
        bool operator<(const QNode& b) const {                 //重载<关系函数
            return lb > b.lb;                                  //lb越小越优先出队
        }
};
```

其中,lb 为当前结点对应分配方案的成本下界,例如,对于第 $i$ 层的某个结点 $e$,当搜索到该结点时表示已经为人员 $0\sim i-1$ 分配好了任务(人员 $i$ 尚未分配任务),余下分配的成本下界是 $c$ 数组中第 $i$ 行~第 $n-1$ 行各行的最小元素和 minsum,显然这样的分配方案的最小成本为 e.cost+minsum。对应的算法如下:

```
void bound(QNode& e) {                          //求结点e的下界值
    int minsum=0;
    for (int i1=e.i;i1<n;i1++) {                //求c[e.i..n-1]行中的最小成本(未分配任务)之和
        int minc=INF;
        for (int j1=0;j1<n;j1++) {
            if (e.used[j1]==false && c[i1][j1]<minc)
                minc=c[i1][j1];
        }
        minsum+=minc;
    }
    e.lb=e.cost+minsum;
}
```

用 bestx 数组存放最优分配方案,bestc(初始值为∞)存放最优成本。若一个结点的 lb 满足 lb≥bestc,则该路径走下去不可能找到最优解,将其剪支,也就是仅扩展满足 lb<bestc 的结点。

例如,对于表 3.2,$n=4$,求解过程如图 6.16 所示(解向量 $x$ 的所有元素初始化为-1,图中用"-"表示为-1 的元素),搜索的结点共 10 个,图中结点旁的数字表示结点扩展的顺序(为了简便,用该数字标识结点),所有没有到达叶子结点的分支均被剪支(被剪支的结点未画出)。

先将结点 1($i=0$,cost=0,$\boldsymbol{x}=\{-1,-1,-1,-1\}$,used={0,0,0,0},lb=10)进队,求解过程如下:

(1) 出队结点 1,依次扩展出结点 7、2、9、8,将它们进队。

(2) 出队结点 2,依次扩展出结点 3、5、6,将它们进队。

(3) 出队结点 3,依次扩展出结点 4、10,将它们进队。

(4) 出队结点 4,只能扩展一个子结点,该子结点是叶子结点,得到一个解($i=4$,cost=13,$x=\{1,0,2,3\}$,used={1,1,1,1},lb=13),则最优解为 bestx={1,0,2,3},bestc=13,该子结点不进队。

(5) 出队结点 5,两个子结点被剪支,均不进队。

(6) 出队结点 6,两个子结点被剪支,均不进队。

(7) 出队结点 7,两个子结点被剪支,均不进队。

(8) 出队结点 8,两个子结点被剪支,均不进队。

(9) 出队结点 9,两个子结点被剪支,均不进队。

(10) 出队结点 10,两个子结点被剪支,均不进队。

队空得到最优解 bestx={1,0,2,3},bestc=13,即人员 0 分配任务 1,人员 1 分配任务

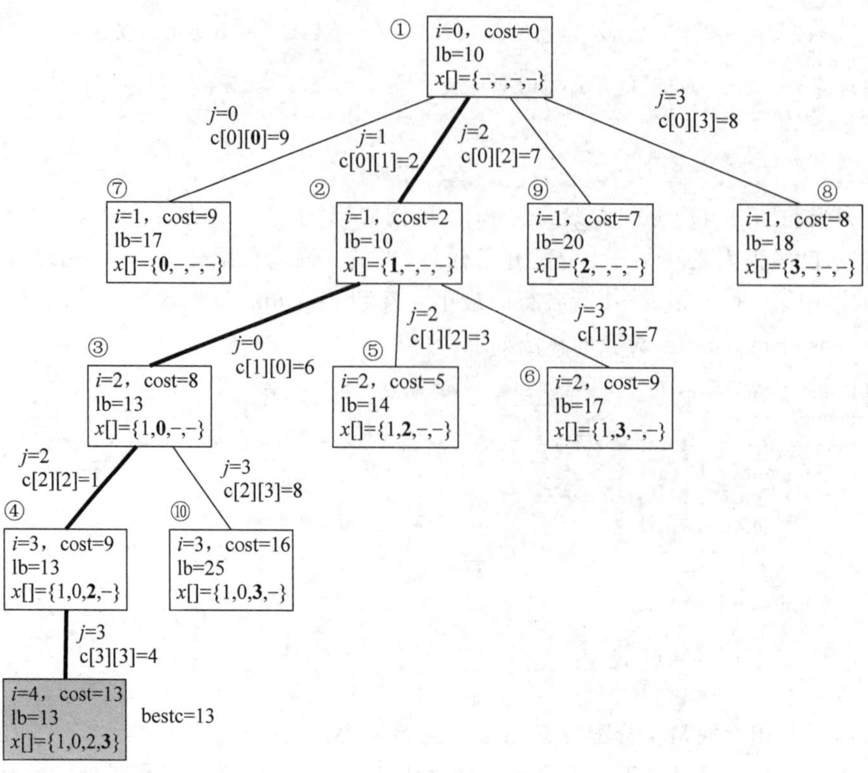

图 6.16　采用优先队列式分支限界法求解任务分配问题的过程

0，人员 2 分配任务 2，人员 3 分配任务 3，总成本为 13。

对应的优先队列式分支限界法算法如下：

```
int n;                                              //人员或者任务数
vector<vector<int>> c;                              //成本数组
vector<int> bestx;                                  //最优分配方案
int bestc=INF;                                      //最小成本
int sum=0;                                          //累计搜索的结点个数
void EnQueue(QNode&e,priority_queue<QNode> &pq) {   //结点 e 进队
    if (e.i==n){                                    //到达叶子结点
        if (e.cost<bestc) {                         //通过比较更新最优解
            bestc=e.cost;
            bestx=e.x;
        }
    }
    else pq.push(e);                                //非叶子结点进队
}
void bfs() {                                        //求解任务分配
    QNode e,e1;
    priority_queue<QNode> pq;
    e.i=0;                                          //根结点,指定人员为 0
    e.cost=0;
    e.x=vector<int>(n,-1);                          //所有元素初始化为-1
    e.used.resize(n);
    bound(e);                                       //求根结点的 lb
    pq.push(e);                                     //根结点进队
    while (!pq.empty()) {
        e=pq.top(); pq.pop();                       //出队结点 e,考虑为人员 e.i 分配任务
        for (int j=0;j<n;j++) {                     //共 n 个任务
            if (e.used[j]) continue;                //任务 j 已分配时跳过
```

```
            e1.i=e.i+1;                          //子结点 e1 的层次加 1
            e1.x=e.x;
            e1.x[e.i]=j;                         //为人员 e.i 分配任务 j
            e1.used=e.used;
            e1.used[j]=1;                        //标识任务 j 已经分配
            e1.cost=e.cost+c[e.i][j];
            bound(e1);                           //求 e1 的 lb
            if (e1.lb < bestc) {                 //剪支
                EnQueue(e1,pq);
            }
        }
    }
}
void allocate(vector < vector < int >> &C) {     //求解算法
    c=C;
    n=c.size();
    bfs();
    for (int k=0;k < n;k++)
        printf("第%d 个人员分配第%d 个任务\n",k,bestx[k]);
    printf("总成本=%d\n",bestc);
    printf("sum=%d\n",sum);
}
```

**bfs 算法分析**：算法的解空间是排列树，bound()算法的时间复杂度为 $O(n^2)$，所以最坏情况下的时间复杂度为 $O(n^2 \times n!)$。

## 6.9 旅行商问题

问题描述：问题描述参见 3.10 节，这里采用优先队列式分支限界法求解。

**解** 同样城市道路图采用邻接矩阵 **A** 存储，起始点为 $s$，设 TSP 路径(即解向量 $\boldsymbol{x}$)为$\{s,x_1,\cdots,x_{n-1},s\}$，采用优先队列式分支限界法求解。设计优先队列的结点类型如下：

```
struct QNode {                                   //优先队列的结点类型
    int i;                                       //解空间的层次
    int vno;                                     //当前顶点
    vector < int > used;                         //用于路径中顶点的判重
    int length;                                  //当前路径的长度
    vector < int > path;                         //当前路径
    bool operator <(const QNode&b) const {
        return length > b.length;                //按 length 越小越优先出队
    }
};
```

设计全局变量 minpath 存放一条最短路径，minpathlen 存放最短路径长度(初始时置为∞)。用起始点 $s$ 建立解空间中的根结点(对应的层次 $i=0$)，将其进队，队不空时循环：出队 length 值最小的结点 $e$，考虑 $e$.vno 的所有相邻点 $j$，由 $e$ 扩展出有效结点 $e1$，即选择< e.vno, $j$ >边时路径中的顶点不重复，通过 used 数组实现，结点 $e$ 到结点 $e1$ 的扩展操作如下：

$e1$.vno=$j$，$e1$.path=$e$.path$\cup\{j\}$，used[$j$]=1，$e1$.length=$e$.length+$A$[$e$.vno][$e1$.vno]。对应的解空间如图 6.17 所示。

(1) 若 $e1.i=n-1$，说明 $e1$ 是叶子结点，求出一条路径长度 $e1$.length+$A$[$e1$.vno][$s$]，若它比 minpathlen 小，说明找到一条更短路径，则置 minpathlen=$e1$.length+$A$[$e1$.vno][$s$]，

minpath$=e1$.path。

(2) 若 $e1$ 不是叶子结点,采用的剪支是仅扩展满足 $e1$.length<minpathlen 的路径,即当该条件成立时将 $e1$ 进队。

当上述搜索过程结束时,minpath 就是一条 TSP 路径,minpathlen 是其长度。

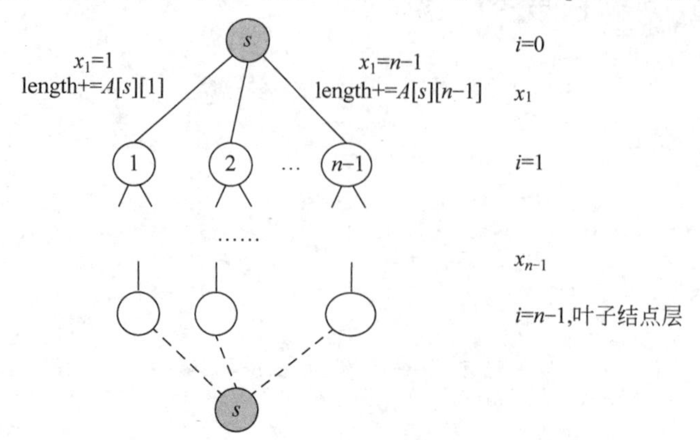


图 6.17 TSP 问题的解空间树

当优先队列中用 used 数组表示路径上经过了哪些顶点时,其空间为 $O(n)$,当队列中的结点个数较多时需要消耗大量的空间,为此可以采用状态压缩方式。

假设 $n$ 个顶点的编号是 $0\sim n-1$,used 数组的元素为 1 或者 0,used[$i$]=1 表示路径上包含顶点 $i$,否则表示路径上不包含顶点 $i$。当 $n<32$ 时将 used 改为单个整数变量,这样 used 可以看成一个二进制数,每个顶点的状态(路径上是否包含该顶点)用一个二进制位值表示。例如 used=11,对应的二进制数是$[1011]_2$,其位序 0 的位值是 1 说明包含顶点 0,位序 1 的位值是 1 说明包含顶点 1,位序 3 的位值是 1 说明包含顶点 3,或者说若 used 的二进制位序 $j$ 的位值是 1(对应十进制数 $2^j$)说明包含顶点 $j$,若 used 的二进制位序 $j$ 的位值是 0 说明不包含顶点 $j$,如图 6.18 所示,used 表示路径上包含的顶点集合是{0,1,3},这种表示方式称为**状态压缩**。状态压缩中几个基本的位操作如下。

| | | | | |
|---|---|---|---|---|
| used 的二进制位序: | 3 | 2 | 1 | 0 |
| used 的二进制位权: | $2^3$ | $2^2$ | $2^1$ | $2^0$ |
| used 的二进制位值: | 1 | 0 | 1 | 1 |
| used 中包含的顶点: | 3 | | 1 | 0 |

图 6.18 used=11 表示的路径上包含的顶点集合为{0,1,3}

(1) 置 used 包含 $0\sim n-1$ 中的全部顶点:也就是将 used 的全部二进制位序的位值均置为 1,其操作是 used=(1<<$n$)−1。例如 $n=4$,used=7=$[111]_2$,表示 used 包含顶点 0、1、2。

(2) 判断 used 中是否包含顶点 $j$:若 used 的二进制位序 $j$ 的位值为 1,说明 used 中包含顶点 $j$,否则说明不包含顶点 $j$,采用与运算实现,其操作是若(used&(1<<$j$))!=0 返回 true,否则返回 false。

(3) 将顶点 $j$ 添加到 used 中:也就是置 used 的二进制位序 $j$ 的位值为 1(无论原来的值是 1 还是 0),采用或运算实现,其操作是 used=used | (1<<$j$)。

(4) 从 used 中删除顶点 $j$ 得到 used1:也就是将 used 的二进制位序 $j$ 的位值由 1 改为 0,采用异或运算实现,其操作是 used1=used^(1<<$j$)。

为此设计 inset(used,j)和 addj(used,j)两个函数用于判断 used 中包含顶点 $j$ 和将顶点 $j$ 添加到 used 中。采用状态压缩的优先队列式分支限界算法如下:

```
const int INF=0x3f3f3f3f;
vector<int> minpath;                                    //存放最短路径
int minpathlen=INF;                                     //存放最短路径长度
struct QNode {                                          //优先队列的结点类型
    int i;                                              //解空间的层次
    int vno;                                            //当前顶点
    int used;                                           //用于路径中顶点的判重
    int length;                                         //当前路径的长度
    vector<int> path;
    bool operator<(const QNode&b) const {
        return length>b.length;                         //按 length 越小越优先出队
    }
};
bool inset(int used,int j) {                            //判断顶点 j 是否在 used 中
    return (used&(1<<j))!=0;
}
int addj(int used,int j) {                              //在 used 中添加顶点 j
    return used | (1<<j);
}
void bfs(vector<vector<int>> &A,int n,int s) {          //状态压缩的分支限界法算法
    QNode e,e1;
    priority_queue<QNode> qu;
    e.i=0;                                              //根结点的层次为 0
    e.vno=s;                                            //起始点为 s
    e.path.push_back(s);                                //将起点添加到 path 中
    e.length=0;
    e.used=0;
    e.used=addj(e.used,s);                              //表示顶点 s 已经访问
    qu.push(e);
    while(!qu.empty()) {
        e=qu.top(); qu.pop();                           //出队一个结点 e
        e1.i=e.i+1;                                     //扩展下一层
        for(int j=0;j<n;j++) {                          //试探 0~n-1 的顶点
            if(inset(e.used,j)) continue;               //顶点 j 在路径中出现时跳过
            e1.vno=j;                                   //e1.i 层选择顶点 j
            e1.path=e.path; e1.path.push_back(j);
            e1.used=addj(e.used,j);                     //在路径中添加顶点 j
            e1.length=e.length+A[e.vno][e1.vno];        //累计路径长度
            if(e1.i==n-1) {                             //e1 为叶子结点
                if(e1.length+A[e1.vno][s]<minpathlen) { //找到一个更短路径
                    minpathlen=e1.length+A[e1.vno][s];
                    minpath=e1.path;
                }
            }
            if(e1.i<n-1) {                              //e1 为非叶子结点
                if(e1.length<minpathlen)                //剪支
                    qu.push(e1);                        //e1 进队
            }
        }
    }
}
void TSP(vector<vector<int>> &A,int n,int s) {          //求解 TSP(起始点为 s)
    bfs(A,n,s);
    printf("从%d 出发的 TSP 路径长度=%d\n",s,minpathlen);
    printf("路径: ");
    for(int i=0;i<minpath.size();i++)
        printf("%d->",minpath[i]);
    printf("%d\n",s);
}
```

在上述算法中限界函数值为 length 即已经走过的路径长度，并没有考虑未来到达顶点 $s$ 的路径长度，显然性能不会理想。那么如何求未来到达顶点 $s$ 的路径长度呢？这里采用一种十分简单的方法，即利用队列式分支限界法求单源最短路径长度的算法，将邻接矩阵逆置（实际上只需要将算法中的 $A[i][j]$ 改为 $A[j][i]$ 即可）后求 $s$ 到其他顶点的最短路径长度 dist，dist[$i$]就是顶点 $i$ 到顶点 $s$ 的最短路径长度。

假设结点 $e$ 扩展到子结点 $e1$，当搜索到结点 $e1$ 时，置 $e1$.length=$e$.length+$A$[$e$.vno][$e1$.vno]，用 $x$ 表示从根结点到达结点 $e1$ 的路径中包含的顶点序列，设 $p$ 为从顶点 $e1$.vno 出发到达顶点 $s$ 并且不包含 $x$ 中顶点的一条路径，显然 $p$ 的路径长度大于或等于 dist[$e1$.vno]。置结点 $e1$ 的限界值为 lb=$e1$.length+dist[$e1$.vno]，也就是说沿着 $e1$.vno 走到顶点 $s$ 的任何路径的长度大于或等于 lb，为此剪支操作是仅扩展 $e1$.lb<minpathlen 的结点 $e1$。

例如，对于图 3.14 所示的城市图，假设 $s$ 为 0，置 minpathlen=∞。先求出 dist[0]=0，dist[1]=6，dist[2]=8，dist[3]=7。用($e$.vno，$e$.length，$e$.lb)表示结点，将(0,0,0)结点进队，操作如下：

(1) 出队结点(0,0,0)。

考虑边<0,1>，子结点为(1,8,14)，将其进队。

考虑边<0,2>，子结点为(2,5,13)，将其进队。

考虑边<0,3>，子结点为(3,36,43)，将其进队。

(2) 出队结点(2,5,13)。

考虑边<2,1>，子结点为(1,14,20)，将其进队。

考虑边<2,3>，子结点为(2,10,17)，将其进队。

(3) 出队结点(1,8,14)。

考虑边<1,2>，子结点为(2,16,24)，将其进队。

考虑边<1,3>，子结点为(3,13,20)，将其进队。

(4) 出队结点(3,10,17)。

考虑边<3,1>，子结点为(1,17,23)，该结点为叶子结点，求出 minpath=23。

(5) 出队结点(1,14,20)。

考虑边<1,3>，子结点为(3,19,26)，被剪支。

(6) 出队结点(3,13,20)。

考虑边<3,2>，子结点为(2,21,29)，被剪支。

(7) 出队结点(2,16,24)。

考虑边<2,3>，子结点为(3,21,28)，被剪支。

(8) 出队结点(3,36,43)。

考虑边<3,1>，子结点为(1,43,49)，被剪支。

考虑边<3,2>，子结点为(2,44,52)，被剪支。

最后求出从 0 出发的 TSP 路径的长度为 23，路径为 0→2→3→1→0。对应的优先队列式分支限界法算法如下：

```
vector<int> dist;                                  //每个顶点到顶点 s 的最短路径长度
struct QNode {                                     //优先队列的结点类型
```

```
    int i;                                                //解空间的层次
    int vno;                                              //当前顶点
    int used;                                             //用于路径中顶点的判重
    int length;                                           //当前路径的长度
    vector<int> path;
    int lb;
    bool operator<(const QNode&b) const {
        return lb>b.lb;                                   //按 lb 越小越优先出队
    }
};
bool inset(int used,int j) {…}                            //判断顶点 j 是否在 used 中
int addj(int used,int j) {…}                              //在 used 中添加顶点 j
void mindists(vector<vector<int>> &A,int n,int s) { //求其他顶点到顶点 s 的最短路径长度
    dist=vector<int>(n,INF);
    queue<int> qu;
    qu.push(s);                                           //结点 e 进队
    dist[s]=0;
    while(!qu.empty()) {                                  //队列不空时循环
        int u=qu.front(); qu.pop();                       //出队顶点 u
        for (int v=0;v<n;v++) {                           //找相邻点 v
            if(A[v][u]!=0 && A[v][u]!=INF) {              //更改 A[v][u]
                if(dist[u]+A[v][u]<dist[v]) {             //剪支(边松弛)
                    dist[v]=dist[u]+A[v][u];
                    qu.push(v);                           //顶点 v 进队
                }
            }
        }
    }
}
void bfs(vector<vector<int>> &A,int n,int s){             //优化限界函数值的算法
    mindists(A,n,s);                                      //求 dist 数组
    QNode e,e1;
    priority_queue<QNode> qu;
    e.i=0;                                                //根结点的层次为 0
    e.vno=s;                                              //起始点为 s
    e.path.push_back(s);                                  //将起点添加到 path 中
    e.length=0;
    e.lb=e.length+dist[s];
    e.used=0;
    e.used=addj(e.used,s);                                //在路径中添加顶点 s
    qu.push(e);
    while(!qu.empty()) {
        e=qu.top(); qu.pop();                             //出队一个结点 e
        e1.i=e.i+1;                                       //扩展下一层
        for(int j=0;j<n;j++) {                            //试探 0~n-1 的顶点
            if(inset(e.used,j)) continue;                 //顶点 j 在路径中出现时跳过
            e1.vno=j;                                     //e1.i 层选择顶点 j
            e1.path=e.path; e1.path.push_back(j);
            e1.used=addj(e.used,j);                       //在路径中添加顶点 j
            e1.length=e.length+A[e.vno][e1.vno];          //累计路径长度
            e1.lb=e1.length+dist[e1.vno];
            if(e1.i==n-1) {                               //e1 为叶子结点
                if(e1.length+A[e1.vno][s]<minpathlen) {        //找到一个更短路径
                    minpathlen=e1.length+A[e1.vno][s];
                    minpath=e1.path;
                }
            }
            if(e1.i<n-1) {                                //e1 为非叶子结点
                if(e1.lb<minpathlen)                      //剪支
                    qu.push(e1);                          //e1 进队
```

```
                }
            }
        }
    }
```

扫一扫

视频讲解

**TSP 算法分析**：与回溯算法一样，其解空间树是一棵排列树，尽管通过剪支可以提高时间性能，但具体与实例相关，所以算法的最坏时间复杂度为 $O((n-1)!)$。

**【例 6.3】** 旅行计划(LintCode1891★★)。问题描述参见例 3.9，这里采用分支限界法求解。

扫一扫

源程序

**解** 采用与前面求解旅行商问题完全相同的思路，设置起始点 $s=0$，不必求 TSP 路径，对应的状态压缩和优化限界函数值的分支限界法算法见源程序。

# 6.10* A* 算法及其应用

## 6.10.1 A* 算法概述

扫一扫

视频讲解

A*(A-Star)算法是一种启发式搜索算法，可以高效地搜索从一个初始状态到达一个目标状态的最小代价的路径。类似于优先队列式分支限界法，当从一个结点扩展出多个子结点时，A* 算法给每个可选的子结点设置一个代价值，然后选择代价最小的子结点尝试。

A* 算法在搜索过程中设置两个表，即 OPEN 表和 CLOSED 表，OPEN 表中保存了所有已生成而未考察的结点，CLOSED 表中记录已访问过的结点。采用 A* 算法从起点 $s$ 搜索到目标 goal 的步骤如下：

(1) 把起点 $s$ 放入 OPEN 表，CLOSED 表为空。

(2) 如果 OPEN 表为空，说明 $s$ 到 goal 没有路径，则失败退出。

(3) 选择 OPEN 表的第一个结点 $u$，把它从 OPEN 表移入 CLOSED 表中，并在 CLOSED 表中建立 $v$ 到 $u$ 的双亲指针关系。

(4) 若 $u$=goal，则找到 $s$ 到 goal 的一条代价最小的路径(可以利用 CLOSED 表中的双亲指针关系输出该路径)，成功退出。

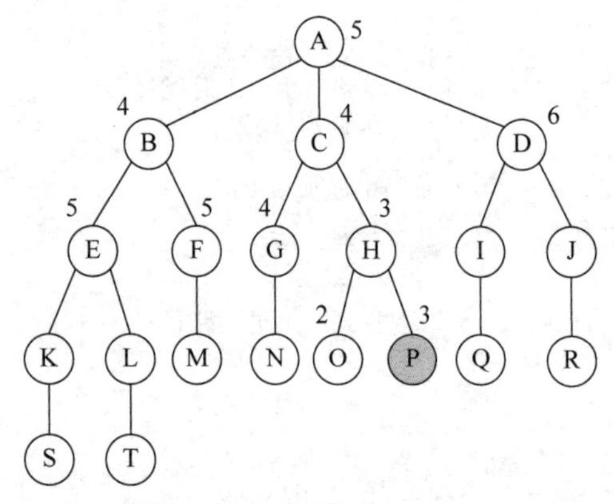


图 6.19 采用 A* 算法搜索 A 到 P 的最短路径

(5) 扩展结点 $u$，将 $u$ 的所有非祖先的子结点 $v$ 添加到 OPEN 表中，同时计算出这些子结点 $v$ 的代价值。

(6) 按代价值递增重排 OPEN 表，转向(2)。

例如，如图 6.19 所示为采用 A* 算法搜索从 A 到 P($s$=A，goal=P)的最小代价路径的示例，图中结点旁的数字表示代价值。具体过程如下：

(1) 初始时 OPEN={A[5]}，CLOSED={}。

(2) 从 OPEN 表中取第一个结点 A[5]，将其放入 CLOSED 表中，CLOSED={A}。扩展结点 A 得到 3 个子结点，求出它们的代价值并放入

OPEN 表中,OPEN={B[4],C[4],D[6]}。按代价值递增排序,OPEN={B[4],C[4],D[6]}。

(3) 从 OPEN 表中取第一个结点 B[4],将其放入 CLOSED 表中,CLOSED={A,B}。扩展结点 B 得到两个子结点,求出它们的代价值并放入 OPEN 表中,OPEN={C[4],D[6],E[5],F[5]}。按代价值递增排序,OPEN={C[4],E[5],F[5],D[6]}。

(4) 从 OPEN 表中取第一个结点 C[4],将其放入 CLOSED 表中,CLOSED={A,B,C}。扩展结点 C 得到两个子结点,求出它们的代价值并放入 OPEN 表中,OPEN={E[5],F[5],D[6],G[4],H[3]}。按代价值递增排序,OPEN={H[3],G[4],E[5],F[5],D[6]}。

(5) 从 OPEN 表中取第一个结点 H[3],将其放入 CLOSED 表中,CLOSED={A,B,C,H}。扩展结点 H 得到两个子结点,求出它们的代价值并放入 OPEN 表中,OPEN={G[4],E[5],F[5],D[6],O[2],P[3]}。按代价值递增排序,OPEN={O[2],P[3],G[4],E[5],F[5],D[6]}。

(6) 从 OPEN 表中取第一个结点 O[2],将其放入 CLOSED 表中,CLOSED={A,B,C,H,O}。结点 O 没有子结点,OPEN={P[3],G[4],E[5],F[5],D[6]}。按代价值递增排序,OPEN={P[3],G[4],E[5],F[5],D[6]}。

(7) 从 OPEN 表中取第一个结点 P[3],将其放入 CLOSED 表中,CLOSED={A,B,C,H,O,P}。P 结点为目标 O,通过 CLOSED 找到一条最小代价路径是 A→C→H→P,成功返回。

## 6.10.2 启发式函数

### 1. 启发式函数的性质

在 $A^*$ 算法中如何计算出子结点的代价值呢?假设从起点 $s$ 搜索到达目标 goal 的最小代价路径,当搜索到结点 $n$ 时,用以下符号表示。

$H(n)$:结点 $n$ 和目标 goal 之间最小代价路径的实际代价。

$G(n)$:从起点 $s$ 到结点 $n$ 的最小代价路径的代价。

那么 $F(n)=G(n)+H(n)$就是从起点 $s$ 到目标 goal 并且经过结点 $n$ 的最小代价路径的代价。

对于每个结点 $n$,设 $h(n)$是 $H(n)$的一个估计,称为启发式函数。$g(n)$是用 $A^*$ 算法找到的从 $s$ 到结点 $n$ 的最小代价路径的代价,即用 $g(n)$近似 $G(n)$。在 $A^*$ 算法中用 $f=g+h$ 表示代价值。

由于从起点 $s$ 到当前结点 $n$ 是已知的,$g(n)$的计算相对简单,而从当前结点 $n$ 到目标 goal 的路径是未知的,所以 $h(n)$的计算是关键。为了使 $A^*$ 算法能够找到最短路径,$h(n)$必须具有两个性质:

(1) 对于路径上的任意结点 $n$,若满足 $h(n)\leqslant H(n)$,也就是估计出的从结点 $n$ 到目标 goal 的最小代价路径的代价总是不超过实际最小代价路径的代价,称启发式函数 $h(n)$是可接纳的。

(2) 对于路径上的任意两个结点 $n_i$ 和 $n_j$,$n_i$ 到 $n_j$($n_j$ 是 $n_i$ 的子结点)的代价为 $c(n_i,n_j)$,若满足 $h(n_i)\leqslant c(n_i,n_j)+h(n_j)$,称启发式函数 $h(n)$是一致的(或单调的),如图 6.20 所示。

可以证明,一致的启发式函数一定也是可接纳的。另外,如果启发式函数 $h(n)$是一致的,那么总共代价估值 $f(n)$一定是单调非递减的,这样 $A^*$ 算法最先生成的路径一定是最小代价路径,此时就不再需要维持一个 CLOSED 表,只需维护一个已访问结点的 OPEN 表即可。

一般地,如果启发式函数 $h(n)$的值始终小于或等于结点 $n$ 到目标 goal 的代价,即满足

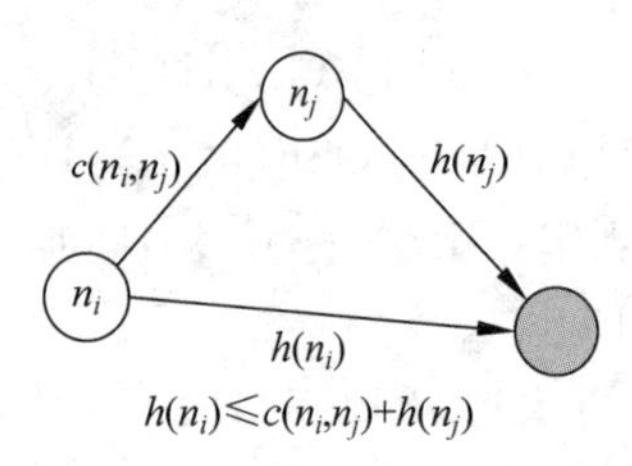

图 6.20　$h(n)$的一致性条件

可接纳性，则 A* 算法可以保证一定能够找到最小代价路径。但是 $h(n)$的值越小，算法将访问的结点越多，也就导致执行速度越慢。如果启发式函数 $h(n)$的值完全等于结点 $n$ 到目标 goal 的代价，则 A* 算法将找到最佳路径，并且速度很快。可惜的是并非在所有场景下都能做到这一点。如果启发式函数 $h(n)$的值比结点 $n$ 到目标 goal 的代价大，则 A* 算法不能保证找到最短路径，不过此时搜索范围小，执行速度快。

另外，如果取 $h(n)=0$，有 $f(n)=g(n)$（假设代价为路径上的边数），此时 A* 算法就变为普通的广度优先搜索算法。如果 $g(n)=0$，有 $f(n)=h(n)$，此时 A* 算法就变为贪心算法。

## 2. 设计启发式函数常用的距离

A* 算法是基于网格的搜索算法，常用于求最小距离的路径，在启发式函数中主要采用的距离有曼哈顿距离、对角线距离和欧几里得距离等。

1）曼哈顿距离

曼哈顿距离常用于在一个网格中可以上、下、左、右移动的情形，曼哈顿距离为两结点之间 $y$ 方向上的距离加上在 $x$ 方向上的距离，即：

$$D(i,j)=|x_i-x_j|+|y_i-y_j|$$

假定直线行走一个网格的曼哈顿距离为 $d$，则启发式函数为：

$$h(n)=d\cdot(|n.x-\text{goal}.x|+|n.y-\text{goal}.y|)$$

2）对角线距离

对角线距离常用于在一个网格中可以四面八方移动的情形，两结点之间的对角线距离为当前结点与目标点在 $x$ 方向和 $y$ 方向上距离的最大值，即：

$$D(i,j)=\max\{|x_i-x_j|,|y_i-y_j|\}$$

假定直线行走和对角线行走的代价都为 $d$，则启发式函数为：

$$h(n)=d\cdot\max\{|n.x-\text{goal}.x|,|n.y-\text{goal}.y|\}$$

3）欧几里得距离

欧几里得距离常用于在一个网格中可以沿着任意角度移动的情形，欧几里得距离也称为直线距离，两点之间的直线距离为：

$$D(i,j)=\sqrt{(x_i-x_j)^2+(y_i-y_j)^2}$$

假设直线行走和对角线行走的代价都为 $d$，则启发式函数为：

$$h(n)=d\cdot\sqrt{(n.x-\text{goal}.x)^2+(n.y-\text{goal}.y)^2}$$

因为欧几里得距离比曼哈顿距离和对角线距离都短，所以使用欧几里得距离仍可以得到最短路径，不过 A* 算法执行的时间更长一些。

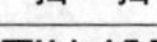
扫一扫

视频讲解

**【例 6.4】**　八数码(LintCode176★★★)。现有一个 3×3 的矩阵，其中填了 1～8 和一个空白位置，空白位置用 0 来表示。玩家可以将与填充 0 的格子相邻的格子移动到这个位置，原来的位置变成空，即原来的位置变成了 0。设计一个算法求最少移动几次使得最后的矩阵变成{{1,2,3},{4,5,6},{7,8,0}}，如果得到的最小移动次数小于或等于 $k$，则返回"true"，否则返回"false"。保证给定输入一定有解。例如，arr={{1,0,3},{4,2,6},{7,5,8}}，$k=3$，答案是"true"。要求设计如下成员函数：

```
string digitalHuarongRoad(vector<vector<int>> &arr, int k) {}
```

**解** 采用 A* 算法，这里仅求最小移动次数而不必求移动的路径，所以不用 CLOSED 表，将 OPEN 表用优先队列实现，优先队列的结点类型为 QNode。启发式函数 $f=g+h$，其中 $g$ 为从初始状态到当前位置的最小移动次数，$h$ 为当前棋盘状态 str 与目标状态(不计目标状态 0 位置)对应位置不同元素的个数。定义优先队列按 $f$ 越小越优先出队扩展，当扩展的子结点 $e1$ 的棋盘状态与 goal 相同时，若 $e1.\mathrm{g}\leqslant k$，返回"true"，否则返回"false"。

题目中的状态为 3×3 的棋盘，在搜索中需要将该状态进队，如果用数组表示，可能会占用较多的空间，为此将 3×3 的棋盘中的数字转换为数字符并按行、列顺序连起来构成棋盘字符串，用 string 类型表示。目标状态 goal 对应的字符串为"123456780"。用 unordered_set<string>类型的容器 visited 记录访问过的棋盘状态，避免访问重复的状态，进入优先队列的每个结点包含棋盘字符串 grid 和其中 0 的二维位置$(x,y)$。扩展方式是将 0 与相邻位置的数字交换。对应的程序如下：

```
struct QNode {                                      //优先队列的结点类型
    int x,y;                                        //0 的位置
    string grid;                                    //棋盘字符串
    int f,g,h;                                      //启发式函数
    bool operator<(const QNode &s) const {          //重载<关系函数
        return f>s.f;                               //f 越小越优先出队
    }
};
class Solution {
    int dx[4]={0,0,1,-1};                           //水平方向上的偏移量
    int dy[4]={1,-1,0,0};                           //垂直方向上的偏移量
    string goal="123456780";
public:
    string digitalHuarongRoad(vector<vector<int>> &arr, int k) {
        int n=arr.size();
        if (n==0) return "true";
        if (k==0) return "false";
        string str;
        int x,y;
        for (int i=0;i<n;i++) {                     //将 arr 转换为 str 并找到 0 的位置
            for (int j=0;j<n;j++) {
                str.push_back(arr[i][j]+'0');
                if (arr[i][j]==0) {
                    x=i; y=j;
                }
            }
        }
        if (goal==str) return "true";
        unordered_set<string> visited;
        priority_queue<QNode> pq;
        QNode e,e1;
        e.x=x; e.y=y;
        e.grid=str;
        e.g=0; e.h=geth(str);
        e.f=e.g+e.h;
        pq.push(e);                                 //初始状态进队
        visited.insert(e.grid);                     //标记初始状态已访问
        while (!pq.empty()) {
            e=pq.top(); pq.pop();
            x=e.x;y=e.y;str=e.grid;
```

```
            int p0=x * n+y;
            for (int di=0;di<4;di++) {
                int nx=x+dx[di];
                int ny=y+dy[di];
                if (nx>=0 && nx<3 && ny>=0 && ny<3) {
                    int p1=nx * n+ny;
                    swap(str[p0],str[p1]);
                    if (goal==str) {
                        if(e.g+1<=k) return "true";    //子结点与目标状态相同返回 true
                        else return "false";
                    }
                    if (!visited.count(str)) {             //str 状态不重复
                        visited.insert(str);
                        e1.x=nx; e1.y=ny; e1.grid=str;
                        e1.g=e.g+1;
                        e1.h=geth(str);
                        e1.f=e1.g+e1.h;
                        pq.push(e1);
                    }
                    swap(str[p0],str[p1]);                 //恢复 str
                }
            }
        }
        return "false";                                    //没有找到返回 false
    }
    int geth(string &str) {                                //计算启发式函数值
        int h=0;
        for(int i=0;i<9;i++) {
            if(goal[i]!='0' && goal[i]!=str[i])
                h++;
        }
        return h;
    }
};
```

上述程序提交时通过,执行用时为 305ms,内存消耗为 5.7MB。

扫一扫

自测题

## 6.11 练习题

1. 简述什么是广搜特性,具有广搜特性的问题如何高效求解?举一个例子进行说明。

2. 简述分支限界法和回溯法的差异。

3. 针对采用队列式分支限界法求解图单源最短路径的算法回答如下问题:

(1) 该算法适合含负权的图求单源最短路径吗?

(2) 该算法适合含回路(回路上边的权值和为正数)的图求单源最短路径吗?

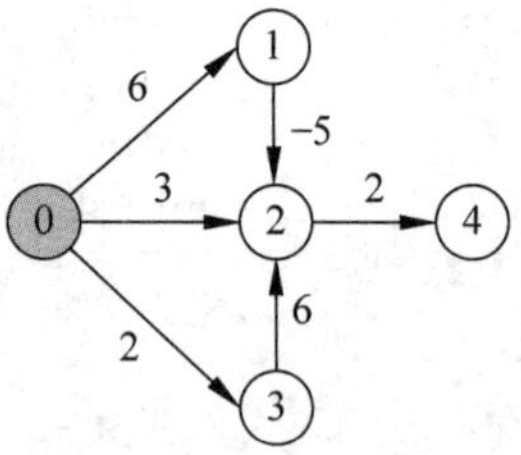

图 6.21 一个带权有向图

4. 给定如图 6.21 所示的带权有向图,采用队列式分支限界法求解图单源最短路径的算法求起点 0 到其他顶点的最短路径长度和最短路径。

5. 简述 $A^*$ 算法与广度优先搜索的关系。

6. 给定一个含 $n$ 个顶点的带权连通图,顶点的编号为 $0\sim n-1$,所有权值为正整数,采

用邻接矩阵 **A** 存储，求顶点集 $s$ 到顶点 $t$ 的最短路径长度及其最短路径，顶点集 $s$ 可能包含图中多个顶点，路径长度指路径上经过边的权之和。

(1) 采用队列式分支限界法求解。

(2) 采用优先队列式分支限界法求解。

7. 给定一个带权有向图，采用邻接矩阵 **A** 存储，设计一个采用优先队列式分支限界法求单源最短路径长度的算法。

8. 采用优先队列式分支限界法求解最优装载问题。有 $n$ 个集装箱，重量分别为 $w_i(0\leqslant i<n)$，轮船的限重为 $W$，设计一个算法在不考虑体积限制的情况下将重量和尽可能大的集装箱装上轮船，并且在装载重量相同时最优装载集装箱个数最少的方案。例如 $n=5$，集装箱重量为 $w=(5,2,6,4,3)$，限重为 $W=10$，最优装载方案是选择重量分别为 6 和 4 的集装箱，集装箱个数为 2。

9. 在 $n\times n$ 的棋盘上有一个中国象棋中的马，马走“日”字且只能向右走，求马从棋盘的左上角(1,1)走到右下角$(n,n)$的最少移动步数和对应的移动路径，如果无法到达则返回$-1$。例如，$n=5$ 时，最少移动步数为 4，对应的移动路径为(1,1)→(2,3)→(3,1)→(4,3)→(5,5)或者其他。

(1) 采用分层次的广度优先搜索算法求解。

(2) 采用 $A^*$ 算法求解。

10. 题目描述见 3.11 节的第 12 题，这里要求采用分支限界法求解。

11. 最短路径(LintCode1364★★)。给定一个二维的表格图 mazeMap，其中每个格子上有一个数字 num。如果 num 是$-2$ 表示这个点是起点，num 是$-3$ 表示这个点是终点，num 是$-1$ 表示这个点是障碍物，不能行走，num 为 0 表示这个点是道路，可以正常行走。如果 num 是正数，表示这个点是传送门，则这个点可以花费 1 的代价到达有着相同数字的传送门格子中。每次可以花费 1 的代价向上、下、左、右 4 个方向之一行走一格，传送门格子也可以往 4 个方向走求出从起点到终点的最小花费，如果不能到达返回$-1$。图的最大大小为 400×400，传送门的种类不会超过 50，即图中的最大正数不会超过 50。例如，mazeMap={{1,0,−1,1},{−2,0,−1,−3},{2,2,0,0}}，答案是 3，从$-2$ 起点先向上走到 1，然后通过传送门到达最右上角的 1 位置，再往下走到达$-3$ 终点。要求设计如下成员函数：

```
int getMinDistance(vector<vector<int>> &mazeMap) { }
```

12. 最少步数(LintCode1832★★)。有一个 $1\times n(2\leqslant n\leqslant 10^5)$ 的棋盘，格子的编号为 $0\sim n-1$，每个格子都有一种颜色，格子 $i$ 的颜色的编号是 $colors_i(1\leqslant colors_i\leqslant n)$。现在在 0 号位置有一枚棋子，设计一个算法求出最少移动几步能到达最后一格。棋子有 3 种移动的方法，且棋子不能移动到棋盘外：

(1) 棋子从位置 $i$ 移动到位置 $i+1$。

(2) 棋子从位置 $i$ 移动到位置 $i-1$。

(3) 如果位置 $i$ 和位置 $j$ 的颜色相同，那么棋子可以直接从位置 $i$ 移动到位置 $j$。

例如，colors={1,2,3,3,2,5}，答案是 3，移动方式是第一步从位置 0 走到位置 1，由于位置 1 和位置 4 的颜色相同，第二步从位置 1 走到位置 4，第三步从位置 4 走到位置 5。要求设计如下成员函数：

```
int minimumStep(vector<int> &colors) { }
```

13. 地图分析(LintCode1911★★)。现在有一个大小为 $n\times n(1\leqslant n\leqslant 100)$ 的网格 grid,上面的每个单元格都用 0 和 1 标记好了,其中 0 代表海洋,1 代表陆地,设计一个算法求海洋单元格到离它最近的陆地单元格的距离的最大值,这里说的距离是曼哈顿距离,两个单元格 $(x_0,y_0)$ 和 $(x_1,y_1)$ 之间的曼哈顿距离定义为 $|x_0-x_1|+|y_0-y_1|$。如果网格上只有陆地或者海洋则返回-1。例如,grid={{[1,0,1},{0,0,0},{1,0,1}},答案是 2,其中海洋单元格(1,1)和所有陆地单元格之间的距离都达到最大,最大距离为 2。要求设计如下成员函数:

```
int maxDistance(vector<vector<int>> &grid) { }
```

14. 网格中的最短路径(LintCode1723★★)。给定一个 $m\times n(1\leqslant m,n\leqslant 40)$ 的网格 grid,其中每个单元格不是 0(空)就是 1(障碍物)。每一步都可以在空白单元格中上、下、左、右移动。如果最多可以消除 $k(1\leqslant k\leqslant m\times n)$ 个障碍物,设计一个算法求出从左上角(0,0)到右下角 $(m-1,n-1)$ 的最短路径,并返回通过该路径所需的步数。如果找不到这样的路径,则返回-1。例如,grid={{0,0,0},{1,1,0},{0,0,0},{0,1,1},{0,0,0}},$k=1$,答案为 6,消除位置(3,2)处的障碍后最短路径是 6,该路径是(0,0)→(0,1)→(0,2)→(1,2)→(2,2)→(3,2)→(4,2)。要求设计如下成员函数:

```
int shortestPath(vector<vector<int>> &grid, int k) { }
```

15. 地图跳跃(LintCode258★★★)。给定 $n\times n(n\leqslant 100)$ 的地图 arr(0≤arr[$i$][$j$]≤100 000),每个单元都有一个高度,每次只能够往上、下、左、右相邻的单元格移动,并且要求这两个单元格的高度差不超过 height,不能走出地图之外。设计一个算法求出满足从左上角(0,0)走到右下角 $(n-1,n-1)$ 最小的 height。例如,arr={{1,5},{6,2}},从(0,0)走到(1,1)有两条路线,1→5→2 路线上 height 为 4,1→6→2 路线上 height 为 5,所以答案为 4。要求设计如下成员函数:

```
int mapJump(vector<vector<int>> &arr) { }
```

16. 迷宫中离入口最近的出口(LeetCode1926★★)。给定一个 $m\times n(1\leqslant m,n\leqslant 100)$ 的迷宫矩阵 maze(下标从 0 开始),矩阵中有空格子(用'.'表示)和墙(用'+'表示),同时给定迷宫的入口 entrance,用 entrance=[entrancerow,entrancecol]表示开始所在格子的行和列。注意,可以上、下、左或者右移动一个格子,但不能进入墙所在的格子,也不能离开迷宫。设计一个算法找到离 entrance 最近的出口,出口的含义是 maze 边界上的空格子,entrance 格子不算出口,返回从 entrance 到最近出口的最短路径的步数,如果不存在这样的路径,则返回-1。要求设计如下成员函数:

```
int nearestExit(vector<vector<char>> & maze, vector<int> & entrance) { }
```

17. 骑士移动(POJ2243,时间限制为 1000ms,空间限制为 65 536KB)。骑士问题是骑士在 8×8 棋盘上的某个位置只能向 8 个方向走"日"字,而且不能重复。现在给定两个位置 $a$ 和 $b$,求 $a$ 到 $b$ 的最少移动步数。

输入格式:输入包含一个或多个测试用例。每个测试用例由一行组成,其中包含两个由一个空格分隔的字符串,每个字符串由一个表示棋盘列的字母($a\sim h$)和一个表示棋盘行的数字(1~8)组成。

输出格式：对于每个测试用例，输出一行"To get from xx to yy takes n knight moves."。

输入样例：

```
e2 e4
a1 b2
b2 c3
a1 h8
a1 h7
h8 a1
b1 c3
f6 f6
```

输出样例：

```
To get from e2 to e4 takes 2 knight moves.
To get from a1 to b2 takes 4 knight moves.
To get from b2 to c3 takes 2 knight moves.
To get from a1 to h8 takes 6 knight moves.
To get from a1 to h7 takes 5 knight moves.
To get from h8 to a1 takes 6 knight moves.
To get from b1 to c3 takes 1 knight moves.
To get from f6 to f6 takes 0 knight moves.
```

## 6.12 在线编程实验题

1. LintCode1376——通知所有员工所需的时间★★
2. LintCode1504——获取所有钥匙的最短路径★★★
3. LintCode1685——迷宫Ⅳ★★
4. LintCode1428——钥匙和房间★★
5. LintCode531——六度问题★★
6. LintCode120——单词接龙★★★
7. LintCode1888——矩阵中的最短路径★★
8. LintCode803——建筑物之间的最短距离★★★
9. LeetCode1020——飞地的数量★★
10. LeetCode752——打开转盘锁★★
11. LeetCode773——滑动谜题★★★
12. POJ1724——道路
13. POJ2449——第 $K$ 条最短路径长度
14. POJ1376——机器人

# 第7章 动态规划

【案例引入】

数塔问题：从顶部出发，每个位置可以选择向左下或者向右下走，求到达底部的最大路径和（一条路径上经过的所有数字之和称为路径和）。

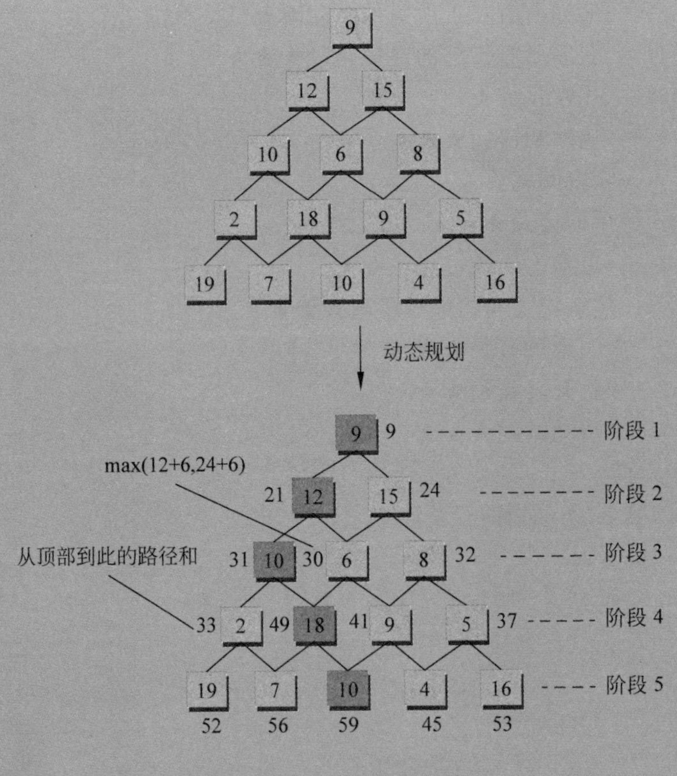

**本章学习目标：**

(1) 理解动态规划的原理和步骤。

(2) 掌握用动态规划求解的问题应具有的性质。

(3) 掌握动态规划与分治法和回溯法等算法策略的差别。

(4) 掌握采用动态规划求解最大连续子序列和、最长递增子序列、三角形的最小路径和、最长公共子序列、编辑距离、0/1背包、完全背包、扔鸡蛋、资源分配、旅行商、最少士兵数和矩阵连乘等经典问题的过程和算法实现。

(5) 了解滚动数组在动态规划中的优化作用。

(6) 灵活运用动态规划解决计算机科学中较复杂的问题。

# 7.1 动态规划概述

动态规划(Dynamic Programming,DP)是一种求解优化问题的有效方法,其思想是将要解决的问题转化为一系列逐步求解的子问题并且逐步加以解决,并且让之前解决的结果作为后续解决问题的条件,以避免重复求解相同的子问题。

## 7.1.1 从一个简单的示例入门

【例7.1】 分析例2.3求斐波那契数列递归算法的缺点,改进其时间性能。

**解** Fib($n$)算法非常低效,每次将问题Fib($n$)转换为两个子问题Fib($n-2$)和Fib($n-1$),然后单独求解这两个子问题,实际上求解Fib($n-1$)中又包含求解Fib($n-2$),也就是说求解Fib($n$)中存在大量重复的子问题,例如求Fib(5)的过程如图7.1所示,Fib(3)被重复计算了两次,称之为重叠子问题,当$n$较大时,这样的重叠子问题会更多。

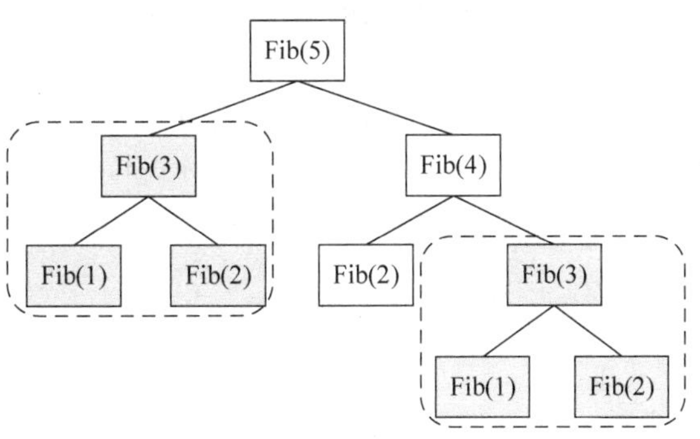


图7.1 求Fib(5)的过程

如何避免重叠子问题的重复计算呢？可以设计一个一维dp数组,用dp[$i$]存放Fib($i$)的值,首先将dp的所有元素置为0,一旦求出Fib($i$)就将其结果保存在dp[$i$]中(此时dp[$i$]>0),所以在计算Fib($i$)时先查看dp[$i$],若dp[$i$]≠0,说明Fib($i$)是一个重叠子问题,前面已经求出结果,此时只需要返回dp[$i$]即可,这样就避免了重叠子问题的重复计算。对应的算法如下：

```
int dp[MAXN];                              //全局变量
int Fib11(int n) {                         //递归算法：被 Fib1 调用
    if(dp[n]!=0) return dp[n];
    if(n==1) dp[n]=1;
    else if(n==2) dp[n]=1;
    else dp[n]=Fib11(n-2)+Fib11(n-1);
    return dp[n];
}
int Fib1(int n) {                          //求斐波那契数列
    memset(dp,0,sizeof(dp));               //初始化元素为 0
    return Fib11(n);
}
```

上述 Fib11($n$)算法采用递归实现，求解过程仍然是自顶向下，只是在求值过程中利用子问题的解(避免了重复计算)得到大问题的解。可以直接采用迭代实现，仍然设计一维 dp 数组，用 dp[$i$]存放 Fib($i$)的值，对应的迭代算法如下：

```
int Fib2(int n) {                          //迭代算法：求斐波那契数列
    int dp[MAXN];
    dp[1]=1; dp[2]=1;
    for (int i=3;i<=n;i++)
        dp[i]=dp[i-2]+dp[i-1];
    return dp[n];
}
```

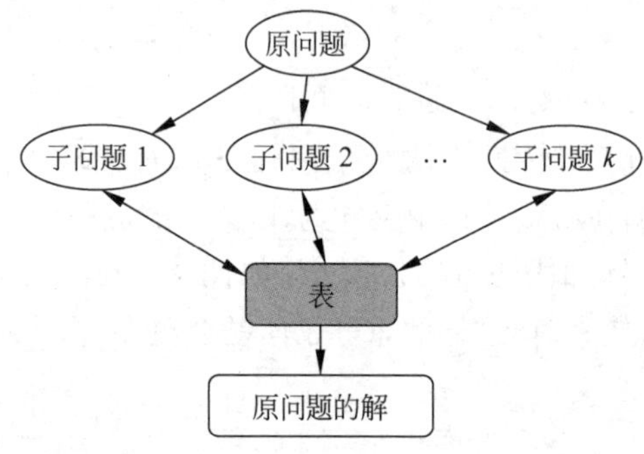

图 7.2　动态规划的求解过程

上述 Fib2($n$)算法就是动态规划算法，其中数组 dp(表)称为动态规划数组，从中看出动态规划就是保存子问题的解再利用的方法，如图 7.2 所示，求解过程为自底向上，即先求出子问题的解并且保存在表中，当求大问题的解遇到子问题时直接查表。相对应的 Fib11($n$)算法是动态规划的变形，称为**备忘录方法**。

在 Fib2($n$)算法中，由于 Fib($n$)仅与 Fib($n-2$)和 Fib($n-1$)相关，而与 Fib($n-2$)之前的结果无关，如图 7.3 所示，可以将 dp 数组的长度改为 3，即只用 dp[0]、dp[1]和 dp[2]元素，其中 Fib($i$)的值存放在 dp[($i-1$)%3]中，采用求模来实现。对应的算法如下：

```
int Fib3(int n) {                          //求斐波那契数列
    int dp[3];
    dp[0]=1; dp[1]=1;
    for (int i=2;i<n;i++)
        dp[i%3]=dp[(i-1)%3]+dp[(i-2)%3];
    return dp[(n-1)%3];
}
```

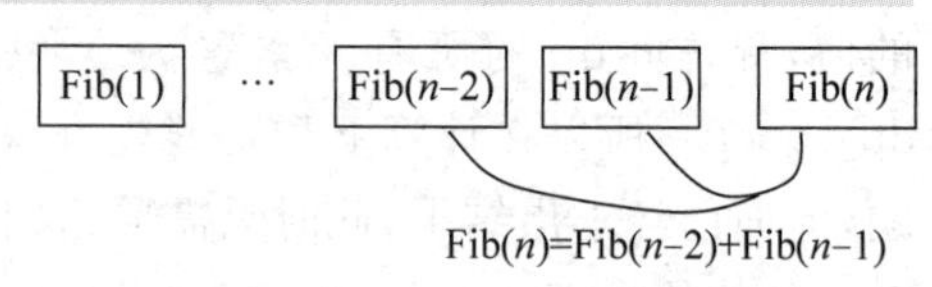

图 7.3　Fib($n$)仅与 Fib($n-2$)和 Fib($n-1$)相关

在动态规划算法中，动态规划数组 dp 用于存放子问题的解，一般是存放连续的解，如果对 dp 的下标进行特殊处理，使每次操作仅保留若干有用信息，新的元素不断循环刷新，这样数组的空间被滚动地利用，称为滚动数组，Fib3($n$)算法中的 dp 就是滚动数组。滚动数组有时候涉及降维，例如将三维数组降为二维数组，将二维数组降为一维数组等，其主要目的是压缩存储空间的作用。在 Fib3($n$)算法中可以直接用 3 个变量代替 dp[3]滚动数组，以达到降维的目的。

## 7.1.2 动态规划的原理

从本质上讲动态规划是一种解决多阶段最优决策问题的方法，把多阶段过程转化为一系列单阶段问题，利用各阶段之间的关系逐个求解。

### 1. 动态规划的相关概念

扫一扫

视频讲解

这里以一个多段图为示例进行说明，多段图是一个带权有向无环图，有且仅有一个起始点(源点)和一个终止点(汇点)，它有若干个阶段，每个阶段由特定的几个结点构成，每个阶段的所有结点都只能指向下一个阶段的结点，阶段之间不能越界。如图 7.4 所示为一个多段图 $G$，$G=(V,E)$，在 A 处有一个水库，现需要从 A 铺设一条管道到 E，边上的数字表示对应两个顶点之间的距离，用 $c$ 数组表示，现要求一条从 A 到 E 的线路，使得铺设的管道长度最短。

1）阶段和阶段变量

一个多段图分成若干个阶段，每个阶段用阶段变量 $k$ 标识。图 7.4 分为 5 个阶段，阶段变量 $k$ 的取值为 1～5。

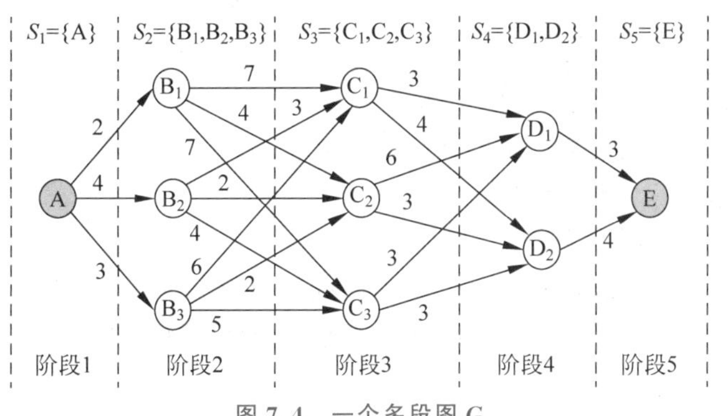


图 7.4 一个多段图 $G$

2）状态和状态变量

描述决策过程当前特征的量称为**状态**，每一个状态可以取不同值，状态变量记为 $s_k$，各阶段的所有状态组成的集合称为**状态集**，用 $S_k$ 表示，有 $s_k \in S_k$。在决策过程中每个阶段只选取一个状态，$s_k$ 表示阶段 $k$ 所取的状态。在图 7.4 中，阶段 1 的状态只有 A，阶段 2 的状态有 $B_1$、$B_2$、$B_3$，阶段 3 的状态有 $C_1$、$C_2$、$C_3$，阶段 4 的状态有 $D_1$、$D_2$，阶段 5 的状态只有 E，所以有 $S_1=\{A\}$，$S_2=\{B_1,B_2,B_3\}$，$S_3=\{C_1,C_2,C_3\}$，$S_4=\{D_1,D_2\}$，$S_5=\{E\}$。简单地说，一个状态就是图中的一个顶点。

3）决策和策略

**决策**就是决策者在过程处于某一阶段的某一状态时，面对下一阶段的状态做出的选择或决定。在图 7.4 中，若 $s_2=B_2$，如果决策者所做的决策为 $B_2C_1$，则下一阶段的状态为 $C_1$，也可以做 $B_2C_2$ 或者 $B_2C_3$ 的决策，用 $D_k(s_k)$表示阶段 $k$ 中 $s_k$ 状态可以到达的状态集合，例如 $D_2(B_2)=\{C_1,C_2,C_3\}$。

**策略**就是策略者从阶段 1 到最后阶段全过程的决策构成的决策序列。阶段 $k$ 到最后阶段的决策序列称为子策略。在图 7.4 中，$A \to B_2 \to C_3 \to D_1 \to E$ 就是从起点状态 A 开始的一个策略，而 $C_2 \to D_1 \to E$ 是从阶段 3 中的 $C_2$ 状态开始的一个子策略。

4）状态转移方程

某一状态以及该状态下的决策与下一状态的指标函数之间的关系称为**状态转移方程**，其中指标函数是衡量对决策过程进行控制的数量指标，可以是收益、成本或距离等。一般地，在求最优解时指标函数对应的是最优指标值。

例如在图 7.4 中，设最优指标函数 $f(s)$ 表示状态 $s$ 到终点 E 的最短路径长度，用 $k$ 表示阶段，对应的状态转移方程如下：

$$f_5(\mathrm{E})=0$$
$$f_k(s_k)=\min_{x_k \in D_k(s_k)}\{c(s_k,x_k)+f_{k+1}(s_{k+1})\}$$

或者简写为：

$$f(\mathrm{E})=0$$
$$f(s)=\min_{<s,t>\in \mathrm{E}}\{c(s,t)+f(t)\}$$

该问题是求最小路径长度，所以用“min”，在有些情况下需要用 max 代替 min，表示决策是求最大值而非最小值，或者采用其他求值函数。

所以动态规划算法通常基于一个递推公式及一个或多个初始状态。当前子问题的解将由上一次子问题的解推出，这里是由子问题 $f(t)$ 的解推出 $f(s)$ 的解。

## 2. 动态规划问题的解法

对于有 $k$ 个阶段的动态规划问题，从阶段 $k$ 到阶段 1 的求解过程称为逆序解法，从阶段 1 到阶段 $k$ 的求解过程称为顺序解法。

1）动态规划问题的逆序解法

前面给出图 7.4 的状态转移方程 $f(s)$ 的递推顺序是从后向前，即 $\mathrm{E} \to \mathrm{A}$，对应逆序解法。设置 next 数组，其中 next$\{i\}$ 表示路径上顶点 $i$ 的后继顶点，其求解 A 到 E 的最短路径的过程如下。

① 第 5 阶段：

$$f(\mathrm{E})=0$$

② 第 4 阶段：

$$f(\mathrm{D_1})=\min\{c(\mathrm{D_1},\mathrm{E})+f(\mathrm{E})\}=3,\mathrm{next}(\mathrm{D_1})=\mathrm{E}$$
$$f(\mathrm{D_2})=\min\{c(\mathrm{D_2},\mathrm{E})+f(\mathrm{E})\}=4,\mathrm{next}(\mathrm{D_2})=\mathrm{E}$$

③ 第 3 阶段：

$$f(\mathrm{C_1})=\min\begin{Bmatrix}c(\mathrm{C_1},\mathrm{D_1})+f(\mathbf{D_1})=6\\ c(\mathrm{C_1},\mathrm{D_2})+f(\mathrm{D_2})=8\end{Bmatrix}=6,\mathrm{next}(\mathrm{C_1})=\mathrm{D_1}$$

$$f(\mathrm{C_2})=\min\begin{Bmatrix}c(\mathrm{C_2},\mathrm{D_1})+f(\mathrm{D_1})=9\\ c(\mathrm{C_2},\mathrm{D_2})+f(\mathbf{D_2})=7\end{Bmatrix}=7,\mathrm{next}(\mathrm{C_2})=\mathrm{D_2}$$

$$f(\mathrm{C_3})=\min\begin{Bmatrix}c(\mathrm{C_3},\mathrm{D_1})+f(\mathbf{D_1})=6\\ c(\mathrm{C_3},\mathrm{D_2})+f(\mathrm{D_2})=7\end{Bmatrix}=6,\mathrm{next}(\mathrm{C_3})=\mathrm{D_1}$$

④ 第 2 阶段：

$$f(B_1)=\min\begin{cases}c(B_1,C_1)+f(C_1)=13\\ \mathbf{c(B_1,C_2)+f(C_2)=11}\\ c(B_1,C_3)+f(C_3)=13\end{cases}=11,\text{next}(B_1)=C_2$$

$$f(B_2)=\min\begin{cases}\mathbf{c(B_2,C_1)+f(C_1)=9}\\ c(B_2,C_2)+f(C_2)=9\\ c(B_2,C_3)+f(C_3)=10\end{cases}=9,\text{next}(B_2)=C_1$$

$$f(B_3)=\min\begin{cases}c(B_3,C_1)+f(C_1)=12\\ \mathbf{c(B_3,C_2)+f(C_2)=9}\\ c(B_3,C_3)+f(C_3)=11\end{cases}=9,\text{next}(B_3)=C_2$$

⑤ 第 1 阶段：

$$f(A)=M=\min\begin{cases}c(A,B_1)+f(B_1)=13\\ c(A,B_2)+f(B_2)=13\\ \mathbf{c(A,B_3)+f(B_3)=12}\end{cases}=12,\text{next}(A)=B_3$$

由 $f(A)=12$ 得出最短路径长度为 12，由 $\text{next}(A)=B_3$、$\text{next}(B_3)=C_2$、$\text{next}(C_2)=D_2$、$\text{next}(D_2)=E$ 推出最短路径为 $A\to B_3\to C_2\to D_2\to E$。

2）动态规划问题的顺序解法

对于图 7.4，顺序解法是从源点 A 出发，求出到达当前状态 $t$ 的最短路径 $f(t)$，再考虑下一个阶段，直到终点 E。对应的状态转移方程如下：

$$f(A)=0$$
$$f(t)=\min_{<s,t>\in E}\{f(s)+c(s,t)\}$$

设置一个 pre 数组，其中 pre($i$)表示路径上顶点 $i$ 的前驱顶点，其求解 A 到 E 的最短路径的过程如下。

① 第 1 阶段：

$$f(A)=0$$

② 第 2 阶段：

$$f(B_1)=\min\{f(A)+c(A,B_1)\}=2,\text{pre}(B_1)=A$$
$$f(B_2)=\min\{f(A)+c(A,B_2)\}=4,\text{pre}(B_2)=A$$
$$f(B_3)=\min\{f(A)+c(A,B_3)\}=3,\text{pre}(B_3)=A$$

③ 第 3 阶段：

$$f(C_1)=\min\begin{cases}f(B_1)+c(B_1,C_1)=9\\ \mathbf{f(B_2)+c(B_2,C_1)=7}\\ f(B_3)+c(B_3,C_1)=9\end{cases}=7,\text{pre}(C_1)=B_2$$

$$f(C_2)=\min\begin{cases}f(B_1)+c(B_1,C_2)=6\\ f(B_2)+c(B_2,C_2)=6\\ \mathbf{f(B_3)+c(B_3,C_2)=5}\end{cases}=5,\text{pre}(C_2)=B_3$$

$$f(C_3)=\min\begin{Bmatrix} f(B_1)+c(B_1,C_3)=9 \\ f(\mathbf{B_2})+c(B_2,C_3)=8 \\ f(B_3)+c(B_3,C_3)=8 \end{Bmatrix}=8,\mathrm{pre}(C_3)=B_2$$

④ 第4阶段：

$$f(D_1)=\min\begin{Bmatrix} f(\mathbf{C_1})+c(C_1,D_1)=10 \\ f(C_2)+c(C_2,D_1)=11 \\ f(C_3)+c(C_3,D_1)=11 \end{Bmatrix}=10,\mathrm{pre}(D_1)=C_1$$

$$f(D_2)=\min\begin{Bmatrix} f(C_1)+c(C_1,D_2)=11 \\ f(\mathbf{C_2})+c(C_2,D_2)=8 \\ f(C_3)+c(C_3,D_2)=11 \end{Bmatrix}=8,\mathrm{pre}(D_2)=C_2$$

⑤ 第5阶段：

$$f(E)=\min\begin{Bmatrix} f(D_1)+c(D_1,E)=13 \\ f(\mathbf{D_2})+c(D_2,E)=12 \end{Bmatrix}=12,\mathrm{pre}(E)=D_2$$

由 $f(E)=12$ 得出最短路径长度为12，由 $\mathrm{pre}(E)=D_2$、$\mathrm{pre}(D_2)=C_2$、$\mathrm{pre}(C_2)=B_3$、$\mathrm{pre}(B_3)=A$ 推出最短路径为 $A\to B_3\to C_2\to D_2\to E$。

### 7.1.3 动态规划求解问题的类型、性质和步骤

#### 1. 动态规划求解问题的类型

通常采用动态规划求解以下类型的问题：

(1) 求目标函数指定的最大值或最小值。

(2) 判断某个条件是否可行。

(3) 统计满足某个条件的方案数。

#### 2. 动态规划求解问题具有的性质

采用动态规划求解的问题一般要具有以下性质。

1）最优子结构性质

最优性原理是指多阶段决策过程的最优决策序列具有这样的性质：不论初始状态和初始决策如何，对于前面决策中的某一状态而言，其后各阶段的决策序列必须构成最优策略。例如，在图7.4中求出的最优路径为 $A\to B_3\to C_2\to D_2\to E$，则A到 $C_2$ 的最优路径一定是 $A\to B_3\to C_2$，$B_3$ 到E的最优路径一定是 $B_3\to C_2\to D_2\to E$。最优性原理是动态规划的基础。

如果一个问题满足最优性原理，称此问题具有最优子结构性质，即各子问题的解只与它前面子问题的解相关，而且各子问题的解都是相对于当前状态的最优解，整个问题的最优解是由各个子问题的最优解构成的。简单地说，如果问题的最优解所包含的子问题的解也是最优的，则称该问题具有最优子结构性质。

利用问题的最优子结构性质，动态规划法可以以自底向上的方式从子问题的最优解逐步构造出整个问题的最优解，所以说具有最优子结构性质是能够采用动态规划法求解此问题的前提。

通常采用反证法来证明一个问题具有最优子结构性质。先假设出问题的最优解导出的

子问题的解不是最优的，然后在这个假设下可构造出比原问题的最优解更好的解，从而导致矛盾。例如，类似图7.4的多段图问题具有最优子结构性质，其证明如下。

设$(s,s_1,s_2,\cdots,s_p,t)$是从$s$到$t$的一条最优(最短)路径，如果从$s$到下一段的顶点$s_1$已经求出，则问题转化为求从$s_1$到$t$的最短路径，显然$(s_1,s_2,\cdots,s_p,t)$一定能构成一条从$s_1$到$t$的最短路径，否则设$(s_1,r_1,\cdots,r_q,t)$是一条从$s_1$到$t$的最短路径，则$(s,s_1,r_1,\cdots,r_q,t)$将是一条从$s$到$t$的路径且比$(s,s_1,s_2,\cdots,s_p,t)$的路径长度要短，从而导致矛盾。

2）无后效性

无后效性指的是这样一种性质：某阶段的状态一旦确定，则此后过程的演变不再受此前各状态及决策的影响。也就是说“未来与过去无关”，当前的状态是此前历史的一个完整总结，此前的历史只能通过当前的状态去影响过程未来的演变。具体来说，如果一个问题被划分为各个阶段，阶段$k$中的状态只能由阶段$k+1$中的状态通过状态转移方程得到，与其他状态没有关系，特别是与未发生的状态没有关系。从图论的角度去考虑，如果把这个问题中的状态定义成图中的顶点，两个状态之间的转移定义为边，转移过程中的权值增量定义为边的权值，则构成一个有向无环图，因此这个图可以进行拓扑排序，至少可以按拓扑排序的顺序去划分阶段。

3）重叠子问题

所谓重叠子问题是指一个问题分解的若干子问题之间是不独立的，其中一些子问题在后面的决策中可能被多次重复使用。

最优子结构性质和无后效性是动态规划算法必须具有的性质，重叠子问题并不是动态规划算法的必备条件，但是如果不具备这个条件，动态规划算法与其他算法相比就不具有优势。

#### 3. 动态规划求解问题的步骤

动态规划是求解优化问题的一种途径或者一种方法，不像回溯法那样具有一个标准的数学表达式和明确清晰的框架。动态规划对不同的问题有各具特色的解决方法，不存在一种万能的动态规划算法可以解决各类优化问题。一般来说动态规划算法设计要经历以下几个步骤。

(1) 确定状态：将问题求解中各个阶段所处的各种情况用不同的状态表示出来。

(2) 确定状态转移方程：描述求解中各个阶段的状态转移和指标函数的关系。

(3) 确定初始条件和边界情况：状态转移方程通常是一个递推式，初始条件通常指定递推的起点，在递推中需要考虑一些特殊情况，称为边界情况。

(4) 确定计算顺序：也就是指定求状态转移方程的顺序，是顺序求解还是逆序求解。

(5) 消除冗余：例如采用滚动数组进一步提高时空性能。

实际上，当求解的问题符合最优子结构性质时就证明了状态转移方程的正确性，这样就可以从初始条件出发向后推导，采用穷举法求解状态转移方程，同时利用动态规划数组避免了重叠子问题。

### 7.1.4 动态规划与其他方法的比较

动态规划可以看成穷举法的优化，因为穷举法需要枚举所有可能的解，搜索空间巨大，所以性能低下。例如对于图7.4所示的多段图问题，采用穷举法时需要枚举从顶点A到E

的所有线路长度(共有 1×3×3×2×1=18 条线路),再通过比较找到最短线路长度,而采用动态规划时会舍弃不可能得到最优解的线路,从而优化性能,因此可以认为动态规划自带剪支。这里以图 7.4 的逆序解法为例,当求出 $f(C_2)$后(对应的最优路径是 $C_2 \to D_2 \to E$),在从顶点 A 到 E 经过顶点 $C_2$ 的全部线路中只考虑 $C_2 \to D_2 \to E$ 线路,而舍弃顶点 $C_2$ 到 E 的其他非最优解的线路。另外,采用穷举法仅求出顶点 A 到 E 的最短线路长度,而采用动态规划会得到所有中间顶点到终点 E 的最短线路长度,也就是说求出的不只是一个最优解,而是一组最优解。

动态规划的基本思想与分治法类似,也是将求解的问题分解为若干个子问题(阶段),按照一定的顺序求解子问题,前一个子问题的解有助于后一个子问题的求解。分治法中各个子问题是独立的,而动态规划适用于子问题重叠的情况,也就是各子问题包含公共的子问题,如果这类问题采用分治法求解,则分解得到的子问题太多,有些子问题被重复计算很多次,会导致算法的性能低下。

动态规划与回溯法相比,回溯法在搜索解空间时同样可能存在重叠子问题,而动态规划消除了重叠子问题的重复计算,因此一般情况下动态规划算法的时间性能好于回溯法算法。

正是因为动态规划中用表存储子问题的解提高了时间性能,而表需要占用较多的内存空间,所以一般动态规划算法的空间复杂度都比较差。

## 7.2 求最大连续子序列和

扫一扫

视频讲解

问题描述:见第 3 章中的 3.4 节,这里采用动态规划法求解。

解 含 $n$ 个整数的序列 $a=(a_0,a_1,\cdots,a_i,\cdots,a_{n-1})$,先采用递归求解,设 $f(i)$表示以元素 $a_i$ 结尾的最大连续子序列和,为大问题,则 $f(i-1)$表示以元素 $a_{i-1}$ 结尾的最大连续子序列和,为小问题,如图 7.5 所示。

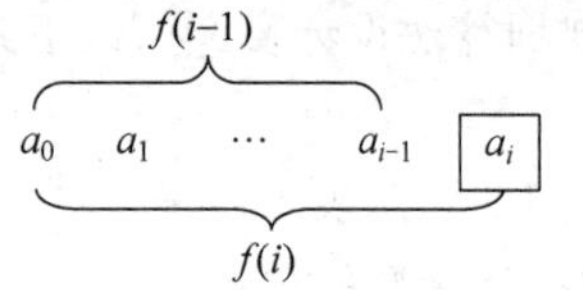


图 7.5 $f(i)$和 $f(i-1)$的含义

考虑 $a_i$ 的两种情况:

(1) 将 $a_i$ 合并到前面以元素 $a_{i-1}$ 结尾的最大连续子序列中,此时有 $f(i)=f(i-1)+a_i$。

(2) 不将 $a_i$ 合并到前面以元素 $a_{i-1}$ 结尾的最大连续子序列中,即以 $a_i$ 结尾的最大连续子序列为$\{a_i\}$,此时有 $f(i)=a_i$。

上述两种情况用 max 函数合并起来为 $f(i)=\max(f(i-1)+a_i,a_i)$,对应的递归模型如下:

$f(0)=a_0$ 递归出口

$f(i)=\max(f(i-1)+a_i,a_i)$ 当 $i>0$ 时

显然最大连续子序列和 ans$=\max\limits_{0\leqslant i\leqslant n-1} f(i)$,由于本题中最大连续子序列和至少为 0(或者说最大连续子序列可以为空序列),所以最后的最大连续子序列和应该为 max(ans,0)。如果采用递归算法实现,其中存在大量的重叠子问题,改为采用动态规划算法,设置一维动态规划数组 dp,用 dp[$i$]存放 $f(i)$的值,这样得到如下状态转移方程:

dp[0]=$a$[0] 初始条件

$dp[i]=\max\{dp[i-1]+a_i, a_i\} \quad i>0$

从上述状态转移方程看出，在求 dp[$i$]时，其中的 dp[$i-1$]一定是对应子问题的最优解，所以具有最优子结构性质。另外，dp[$i$]仅与 dp[$i-1$]相关，而与 dp[$i-1$]之前的值(例如 dp[$i-2$]、dp[$i-3$]等)无关，所以具有无后效性。

通过状态转移方程推导出 dp 数组，再求出其中的最大元素 ans，最后的最大连续子序列和为 max(ans,0)。例如，$a=(-2,11,-4,13,-5,-2)$，求其最大连续子序列和的过程如图 7.6 所示，结果为 20。

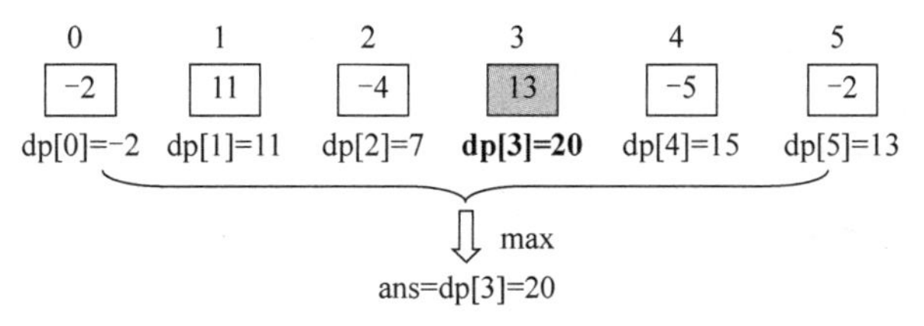


图 7.6　求 $a$ 的最大连续子序列和的过程

对应的动态规划算法如下：

```
vector<int> dp;                              //一维动态规划数组
int maxsubsum(int a[],int n) {               //求最大连续子序列和
    dp=vector<int>(n,0);
    dp[0]=a[0];
    for(int i=1;i<n;i++) {
        dp[i]=max(dp[i-1]+a[i],a[i]);
    }
    int ans=dp[0];
    for(int i=1;i<n;i++)                     //求最大 dp 元素 ans
        ans=max(ans,dp[i]);
    return max(ans,0);
}
```

**maxsubsum()**算法分析：在该算法中含两个 for 循环(实际上第二个 for 循环可以合并到第一个 for 循环中)，对应的时间复杂度均为 $O(n)$。在该算法中应用了 dp 数组，对应的空间复杂度为 $O(n)$。

当求出 dp 后可以推导出一个最大连续子序列(实际上这样的最大连续子序列可能有多个，这里仅求出其中的一个)。先在 dp 数组中求出最大元素的序号 maxi，$i$ 从 maxi 序号开始在 $a$ 中向前查找，rsum 从 dp[maxi]开始递减 $a[i]$，直到 rsum 为 0，对应的 $a$ 中子序列就是一个最大连续子序列。

例如，$a=(-2,11,-4,13,-5,-2)$，求一个最大连续子序列的过程如图 7.7 所示，结果为{11，-4，13}。

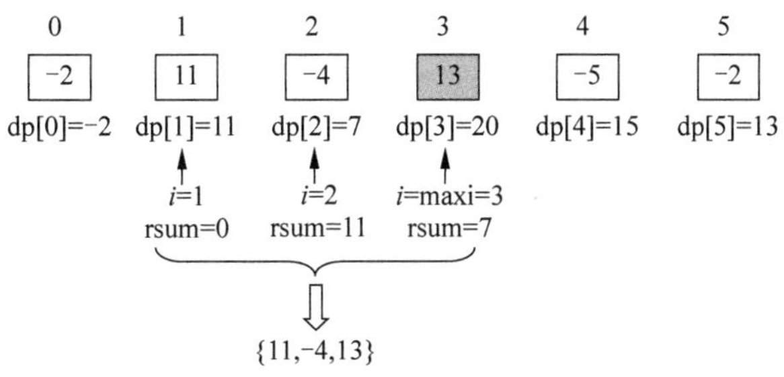


图 7.7　求 $a$ 的一个最大连续子序列的过程

对应的算法如下：

```
vector<int> maxsub(int a[],int n) {                //求一个最大连续子序列
    vector<int> x;
    int maxi=0;
    for(int i=1;i<n;i++) {
        if(dp[i]>dp[maxi]) maxi=i;
    }
    int rsum=dp[maxi];
    int i=maxi;
    while(i>=0 && rsum!=0) {
        rsum-=a[i];
        x.push_back(a[i]);
        i--;
    }
    reverse(x.begin(),x.end());                    //逆置 x
    return x;
}
```

扫一扫

视频讲解

【例 7.2】 求连续子数组的和(LintCode402★★)。给定一个整数数组 A，求出一个连续子数组(至少含一个元素)，使得该子数组的和最大，在输出答案时，请分别返回第一个数字和最后一个数字的下标，如果存在多个答案，请返回字典序最小的。例如，A={0,1,0,1}，答案为{0,3}。要求设计如下成员函数：

```
vector<int> continuousSubarraySum(vector<int> &A) {}
```

**解** 这里最大子数组就是数组 A 的最大连续子序列。采用上述 maxsubsum+maxsub 算法的思路，用 maxi 和 maxj 表示最大子数组的第一个数字和最后一个数字的下标，设置一维动态规划数组 dp，其中 dp[$i$]表示以元素 A[$i$]结尾的最大连续子序列和。在求 dp 数组时用 maxj 记录第一个最大 dp 元素的下标，然后从 maxj 位置向前推导出 maxi。注意，由于所求答案是字典序最小的，也就是说要求的 maxi 是最小的，所以在推导时若 A[maxi]为 0 需要继续向前找 maxi。

扫一扫

源程序

**算法的空间优化**：如果只需要求最大连续子序列和，可以采用滚动数组优化空间。在 maxsubsum 算法中用 $j$ 标识阶段，由于 dp[$j$]仅与 dp[$j-1$]相关，所以将一维 dp 数组改为单个变量 dp，对应的优化算法如下：

```
int maxsubsum1(int a[],int n) {                  //求最大连续子序列和
    if(n==1) return a[0];
    int dp=a[0];
    int ans=dp;
    for(int j=1;j<n;j++) {
        dp=max(dp+a[j],a[j]);
        ans=max(ans,dp);
    }
    return max(ans,0);
}
```

**maxsubsum1()算法分析**：该算法的时间复杂度为 $O(n)$，空间复杂度为 $O(1)$。

思考题：例 7.2 可以进一步采用滚动数组优化空间吗？

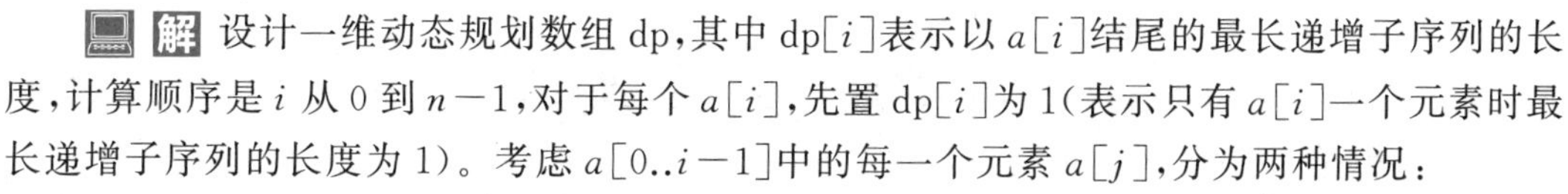

# 7.3 最长递增子序列

扫一扫

视频讲解

问题描述：给定一个无序的整数序列 $a[0..n-1]$，求其中最长递增子序列的长度。例如，$a=\{2,1,5,3,6,4,8,9,7\}$，$n=9$，其最长递增子序列为$\{1,3,4,8,9\}$，结果为5。

解 设计一维动态规划数组dp，其中dp[$i$]表示以 $a[i]$结尾的最长递增子序列的长度，计算顺序是 $i$ 从0到 $n-1$，对于每个 $a[i]$，先置dp[$i$]为1(表示只有 $a[i]$一个元素时最长递增子序列的长度为1)。考虑 $a[0..i-1]$中的每一个元素 $a[j]$，分为两种情况：

① 若 $a[j]<a[i]$，则以 $a_j$ 结尾的最长递增子序列加上 $a_i$ 可能构成一个更长的递增子序列，如图7.8所示，此时更长的递增子序列的长度为dp[$j$]+1。

② 否则最长递增子序列没有改变。

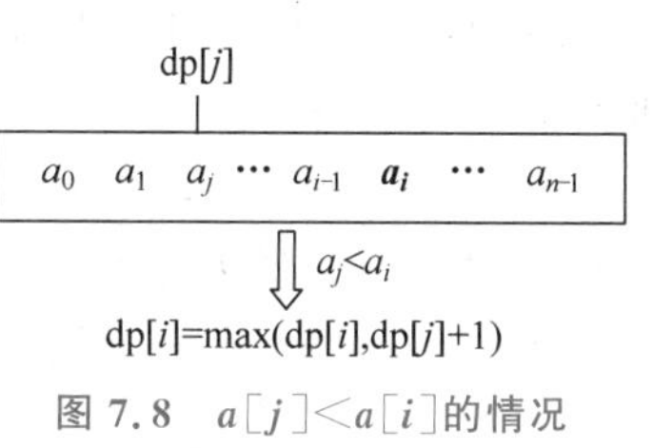


图7.8 $a[j]<a[i]$的情况

最后dp[$i$]取所有情况的最大值。对应的状态转移方程如下：

$$dp[i]=1 \qquad 0\leqslant i\leqslant n-1(\text{初始条件})$$

$$dp[i]=\max_{a[j]<a[i](j<i)}\{dp[j]+1\} \qquad 0\leqslant i\leqslant n-1$$

在求出dp数组后，通过顺序遍历dp求出其中的最大值ans，则ans就是最长递增(严格)子序列的长度。

对应的动态规划算法如下：

```
vector<int> dp;                          //一维动态规划数组
int maxinclen(int a[],int n) {           //求最长递增子序列的长度
    dp=vector<int>(n,0);
    for(int i=0;i<n;i++) {
        dp[i]=1;
        for(int j=0;j<i;j++) {
            if (a[i]>a[j]) dp[i]=max(dp[i],dp[j]+1);
        }
    }
    int ans=dp[0];
    for(int i=1;i<n;i++)                 //求dp中的最大元素ans
        ans=max(ans,dp[i]);
    return ans;
}
```

**maxinclen()**算法分析：在该算法中含两重for循环，时间复杂度为 $O(n^2)$，空间复杂度为 $O(n)$。

当求出dp后可以推导出一个最长递增子序列 $x$。先在dp数组中求出最大元素的序号maxj，置最长递增子序列中剩余元素个数的rnum为dp[maxj]，$j$=maxj，将 $a[j]$添加到 $x$ 中，同时rnum减1，prej=maxj−1，在prej≥0并且rnum≠0时循环：

① 若 $a$[prej]<$a[j]$并且dp[prej]=rnum，将 $a$[prej]添加到 $x$ 中，置 $j$=prej，rnum−−，prej−−。

② 否则仅执行prej−−。

循环结束后逆置 $x$ 就得到一个最大连续子序列。例如，$a=\{2,1,5,3,6,4,8,9,7\}$时，

求出 dp 为{1,1,2,2,3,3,4,5,4}，其中最大元素序号 maxj=7，置 rnum=dp[7]=5，从$a$[7]开始向前找出 5 个元素：

(1) 将 $a$[7]=9 添加到 $x$ 中，$x$={9}，rnum=5−1=4。

(2) 从 $a$[7]开始向前找到 $a$[6]，满足 $a$[6]<$a$[7]并且 dp[6]=rnum，将 $a$[6]=8 添加到 $x$ 中，$x$={9,8}，rnum=4−1=3。

(3) 从 $a$[6]开始向前找到 $a$[5]，满足 $a$[5]<$a$[6]并且 dp[5]=rnum，将 $a$[5]=4 添加到 $x$ 中，$x$={9,8,4}，rnum=3−1=2。

(4) 从 $a$[5]开始向前找到 $a$[3]，满足 $a$[3]<$a$[5]并且 dp[3]=rnum，将 $a$[3]=3 添加到 $x$ 中，$x$={9,8,4,3}，rnum=2−1=1。

(5) 从 $a$[3]开始向前找到 $a$[1]，满足 $a$[1]<$a$[3]并且 dp[1]=rnum，将 $a$[1]=1 添加到 $x$ 中，$x$={9,8,4,3,1}，rnum=1−1=0。

逆置 $x$ 得到 $x$={1,3,4,8,9}为 $a$ 的一个最长递增子序列（由于 dp 中最大值元素可能有多个，从每一个最大元素出发可以推导出一个最长递增子序列，所以最长递增子序列的长度一定是唯一的，但最长递增子序列可能不唯一）。对应的算法如下：

```
vector<int> maxincseq(int a[],int n) {               //求一个最长递增子序列
    vector<int> x;
    int maxj=0;
    for(int j=1;j<n;j++) {
        if(dp[j]>dp[maxj]) maxj=j;                    //求最大元素 dp[minj]
    }
    int rnum=dp[maxj];                                //剩余的元素个数
    int j=maxj;                                       //j 指向当前最长递增子序列的一个元素
    x.push_back(a[j]);
rmum--;
    int prej=maxj-1;                                  //prej 查找的前一个元素
    while(prej>=0 && rnum!=0) {
        if(a[prej]<a[j] && dp[prej]==rnum) {          //找到 x 中的一个元素 a[prej]
            x.push_back(a[prej]);
            j=prej;                                   //从 prej 位置继续向前查找
            rnum--;
        }
        prej--;
    }
    reverse(x.begin(),x.end());                       //逆置 x
    return x;
}
```

由于 dp[$i$]可能与 dp[0..$i$−1]中的每个元素相关，所以无法将 dp 数组改为单个变量，即不能采用滚动数组优化空间。

## 7.4 三角形的最小路径和

扫一扫

视频讲解

问题描述：给定一个高度为 $n$ 的整数三角形，求从顶部到底部的最小路径和，注意从每个整数出发只能向下移动到相邻的整数。例如，如图 7.9 所示为一个 $n$=4 的三角形，最小路径和为 13，对应的路径序列是 2,3,5,3。

解法 1：采用自顶向下的顺序求解。将三角形用 vector<vector<int>>容器 $a$ 存

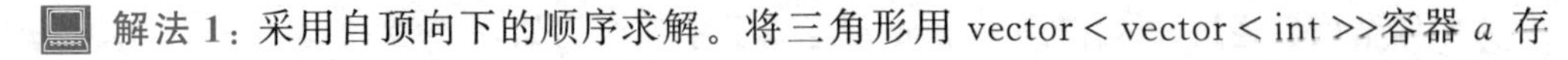

储，图 7.9 所示的三角形对应 $a$ 的表示如图 7.10 所示，从顶部到底部查找最小路径，在路径上位置$(i,j)$有两个前驱位置，即$(i-1,j-1)$和$(i-1,j)$，分别是左斜方向和垂直方向到达的路径，如图 7.11 所示。

图 7.9 一个 $n=4$ 的三角形　　图 7.10 二维数组表示　　图 7.11 位置$(i,j)$的前驱位置(1)

设计二维动态规划数组 dp，其中 dp[$i$][$j$]表示从顶部 $a$[0][0]到达$(i,j)$位置的最小路径和。起始位置只有(0,0)，所以初始化为 dp[0][0]=$a$[0][0]。这里有如下两个边界：

① 对于 $j=0$，即第 0 列的任意位置$(i,0)$，只有垂直方向到达的一条路径，此时有 dp[$i$][0]=dp[$i-1$][0]+$a$[$i$][0]。

② 对于 $i=j$，即对角线上的任意位置$(i,i)$，只有左斜方向到达的一条路径，此时有 dp[$i$][$i$]=dp[$i-1$][$i-1$]+$a$[$i$][$i$]。

其他情况有两条到达$(i,j)$位置的路径，最小路径和 dp[$i$][$j$]=min(dp[$i-1$][$j-1$], dp[$i-1$][$j$])+$a$[$i$][$j$]。所以状态转移方程如下：

dp[0][0]=$a$[0][0]　　初始条件
dp[$i$][0]=dp[$i-1$][0]+$a$[$i$][0]　　第 0 列的边界情况，$1\leqslant i\leqslant n-1$
dp[$i$][$i$]=dp[$i-1$][$i-1$]+$a$[$i$][$i$]　　对角线的边界情况，$1\leqslant i\leqslant n-1$
dp[$i$][$j$]=min(dp[$i-1$][$j-1$],dp[$i-1$][$j$])+$a$[$i$][$j$]　　$i>1$ 的其他情况，有两条到达路径

最后在 dp 数组的第 $n-1$ 行中求出的最小元素 ans=dp[$n-1$][minj]，它就是最小路径和。对应的动态规划算法如下：

```
int minpathsum(vector<vector<int>> &a) {                    //自顶向下求最小路径和
    int n=a.size();
    int dp[n][n];                                           //二维动态规划数组
    dp[0][0]=a[0][0];
    for(int i=1;i<n;i++)                                    //考虑第 0 列的边界
        dp[i][0]=dp[i-1][0]+a[i][0];
    for (int i=1;i<n;i++)                                   //考虑对角线的边界
        dp[i][i]=a[i][i]+dp[i-1][i-1];
    for(int i=2;i<n;i++) {                                  //考虑其他有两条到达路径
        for(int j=1;j<i;j++)
            dp[i][j]=min(dp[i-1][j-1],dp[i-1][j])+a[i][j];
    }
    int ans=dp[n-1][0];
    for (int j=1;j<n;j++)                                   //求出最小 ans
        ans=min(ans,dp[n-1][j]);
    return ans;
}
```

那么如何找到一条和最小的路径呢？设计一个二维数组 pre，pre[$i$][$j$]表示到达$(i,j)$位置时最小路径上的前驱位置，由于前驱位置只有两个，即$(i-1,j-1)$和$(i-1,j)$，用 pre[$i$][$j$]记录前驱位置的列号即可。在求出 ans 后，通过 pre[$n-1$][minj]推导求出反向路径 path，逆向输出得到一条和最小的路径。对应的算法如下：

```
void minpathsum1(vector<vector<int>> &a) {          //求最小路径和及一条最小和路径
    int n=a.size();
    int dp[n][n];                                    //二维动态规划数组
    int pre[n][n];                                   //二维路径数组
    dp[0][0]=a[0][0];
    for(int i=1;i<n;i++) {                           //考虑第0列的边界
        dp[i][0]=dp[i-1][0]+a[i][0];
        pre[i][0]=0;
    }
    for (int i=1;i<n;i++){                           //考虑对角线的边界
        dp[i][i]=a[i][i]+dp[i-1][i-1];
        pre[i][i]=i-1;
    }
    for(int i=2;i<n;i++) {                           //考虑其他有两条到达路径
        for(int j=1;j<i;j++) {
            if(dp[i-1][j-1]<dp[i-1][j]) {
                pre[i][j]=j-1;
                dp[i][j]=a[i][j]+dp[i-1][j-1];
            }
            else {
                pre[i][j]=j;
                dp[i][j]=a[i][j]+dp[i-1][j];
            }
        }
    }
    int ans=dp[n-1][0];
    int minj=0;
    for (int j=1;j<n;j++) {                          //求出最小ans和对应的列号minj
        if (ans>dp[n-1][j]) {
            ans=dp[n-1][j];
            minj=j;
        }
    }
    printf("求解结果\n");
    printf("  最小路径和=%d\n",ans);
    int i=n-1;
    vector<int> path;                                //存放一条路径
    while (i>=0) {                                   //从(n-1,minj)位置反推求出反向路径
        path.push_back(a[i][minj]);
        minj=pre[i][minj];                           //最小路径在前一行中的列号
        i--;                                         //在前一行中查找
    }
    reverse(path.begin(),path.end());                //逆置path
    printf("  一条最小路径: ");
    for(int i=0;i<path.size();i++)
        printf(" %d",path[i]);
    printf("\n");
}
```

扫一扫

视频讲解

图 7.12 位置$(i,j)$的前驱位置(2)

解法 2：采用自底向上的顺序求解。从底部到顶部查找最小路径，在路径上位置$(i,j)$有两个前驱位置，即$(i+1,j)$和$(i+1,j+1)$，分别是垂直方向和右斜方向到达的路径，如图 7.12 所示。

设计二维动态规划数组 dp，其中 dp$[i][j]$表示从底部到达$(i,j)$位置的最小路径和。起始位置只有$(n-1,*)$，所以初始化为 dp$[n-1][j]=a[n-1][j]$。这里同样有如下两个边界：

① 对于 $j=0$，即第 0 列的任意位置 $(i,0)$，只有垂直方向到达的一条路径，此时有 $dp[i][0]=dp[i+1][0]+a[i][0]$。

② 对于 $i=j$，即对角线上的任意位置 $(i,i)$，只有左斜方向到达的一条路径，因此有 $dp[i][i]=dp[i+1][i+1]+a[i][i]$。

其他情况有两条到达 $(i,j)$ 位置的路径，最小路径和 $dp[i][j]=\min(dp[i+1][j+1], dp[i+1][j])+a[i][j]$。所以状态转移方程如下：

$dp[n-1][j]=a[n-1][j]$　　初始条件

$dp[i][0]=dp[i+1][0]+a[i][0]$　　第 0 列的边界情况，$0\leqslant i\leqslant n-2$

$dp[i][i]=dp[i+1][i+1]+a[i][i]$　　对角线的边界情况，$0\leqslant i\leqslant n-2$

$dp[i][j]=\min(dp[i+1][j], dp[i+1][j+1])+a[i][j]$　　$i<n-1$ 的其他情况，有两条到达路径

由于第 0 行只有一个元素，所以 dp[0][0]就是最终的最小路径和。对应的动态规划算法如下：

```
int minpathsum2(vector<vector<int>> &a){                //自底向上求最小路径和
    int n=a.size();
    int dp[n][n];                                       //二维动态规划数组
    for(int j=0;j<n;j++)
        dp[n-1][j]=a[n-1][j];                           //第 n-1 行
    for(int i=n-2;i>=0;i--)                             //考虑第 0 列的边界
            dp[i][0]=dp[i+1][0]+a[i][0];
        for (int i=n-2;i>=0;i--)                        //考虑对角线的边界
            dp[i][i]=a[i][i]+dp[i+1][i+1];
        for(int i=n-2;i>=0;i--){                        //考虑其他有两条到达路径
            for(int j=0;j<a[i].size();j++)
                dp[i][j]=min(dp[i+1][j+1],dp[i+1][j])+a[i][j];
    }
    return dp[0][0];
}
```

算法的空间优化：在自底向上算法中阶段 $i$（指求第 $i$ 行的 dp）仅与阶段 $i+1$ 相关，采用降维滚动数组方式，将 dp 由二维数组改为一维数组。对应的改进算法如下：

```
int minpathsum3(vector<vector<int>> &a) {               //自底向上的优化算法
    int n=a.size();
    int dp[n];                                          //一维动态规划数组
    memset(dp,0,sizeof(dp));
    for(int i=n-1;i>=0;i--) {
        for(int j=0;j<a[i].size();j++) {
            if(j<a[i].size()-1) dp[j]=min(dp[j],dp[j+1])+a[i][j];
            else dp[j]+=a[i][j];
        }
    }
    return dp[0];
}
```

算法分析：上述所有算法中均含两重 for 循环，时间复杂度都是 $O(n^2)$，改进算法的空间复杂度为 $O(n)$，其他算法为 $O(n^2)$。

# 7.5 最长公共子序列

扫一扫
视频讲解

问题描述：一个字符串的子序列是指从该字符串中随意地(不一定连续)去掉若干个字符(可能一个也不去掉)后得到的字符序列。例如"ace"是"abcde"的子序列，但"aec"不是"abcde"的子序列。给定两个字符串 $a$ 和 $b$，称字符串 $c$ 是 $a$ 和 $b$ 的公共子序列是指 $c$ 同是 $a$ 和 $b$ 的子序列。该问题是求两个字符串 $a$ 和 $b$ 的最长公共子序列(LCS)。

解 考虑最长公共子序列问题如何分解成子问题，设 $a=$"$a_0a_1\cdots a_{m-1}$"，$b=$"$b_0b_1\cdots b_{n-1}$"，设 $c=$"$c_0c_1\cdots c_{k-1}$"为它们的最长公共子序列。不难证明有以下性质：

① 若 $a_{m-1}=b_{n-1}$，则 $c_{k-1}=a_{m-1}=b_{n-1}$，且"$c_0c_1\cdots c_{k-2}$"是"$a_0a_1\cdots a_{m-2}$"和"$b_0b_1\cdots b_{n-2}$"的一个最长公共子序列。

② 若 $a_{m-1}\neq b_{n-1}$ 且 $c_{k-1}\neq a_{m-1}$，则"$c_0c_1\cdots c_{k-1}$"是"$a_0a_1\cdots a_{m-2}$"和"$b_0b_1\cdots b_{n-1}$"的一个最长公共子序列。

③ 若 $a_{m-1}\neq b_{n-1}$ 且 $c_{k-1}\neq b_{n-1}$，则"$c_0c_1\cdots c_{k-1}$"是"$a_0a_1\cdots a_{m-1}$"和"$b_0b_1\cdots b_{n-2}$"的一个最长公共子序列。

上述性质说明 LCS 问题具有最优子结构，采用动态规划求解，设计二维动态规划数组 dp，其中 dp[$i$][$j$]为"$a_0a_1\cdots a_{i-1}$"和"$b_0b_1\cdots b_{j-1}$"的最长公共子序列的长度。求 dp[$i$][$j$]时分为以下两种情况：

(1) 若 $a_{i-1}=b_{j-1}$，如图 7.13(a)所示，对应子问题"$a_0a_1\cdots a_{i-2}$"和"$b_0b_1\cdots b_{j-2}$"的 LCS 长度为 dp[$i-1$][$j-1$]，则有 dp[$i$][$j$]=dp[$i-1$][$j-1$]+1。

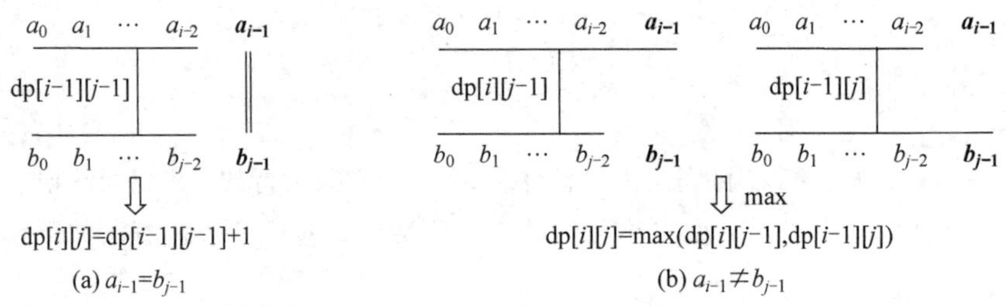


图 7.13 求 dp[$i$][$j$]的两种情况

(2) 若 $a_{i-1}\neq b_{j-1}$，又分为两个子情况：

① "$a_0a_1\cdots a_{i-2}$"和"$b_0b_1\cdots b_{j-1}$"的 LCS 长度为 dp[$i-1$][$j$]。

② "$a_0a_1\cdots a_{i-1}$"和"$b_0b_1\cdots b_{j-2}$"的 LCS 长度为 dp[$i$][$j-1$]。

显然 dp[$i$][$j$]应该取两者中的较长者，如图 7.13(b)所示，即有 dp[$i$][$j$]=max{dp[$i$][$j-1$], dp[$i-1$][$j$]}。

合并起来，对应的状态转移方程如下：

| | |
|---|---|
| dp[0][0]=0 | 初始条件 |
| dp[$i$][0]=0 | 边界情况($0\leqslant i\leqslant m$) |
| dp[0][$j$]=0 | 边界情况($0\leqslant j\leqslant n$) |
| dp[$i$][$j$]=dp[$i-1$][$j-1$]+1 | $a[i-1]=b[j-1]$ |
| dp[$i$][$j$]=max{dp[$i$][$j-1$],dp[$i-1$][$j$]} | $a[i-1]\neq b[j-1]$ |

在求出 dp 数组后，最后的 dp[$m$][$n$]元素就是 $a$ 和 $b$ 的最长公共子序列长度。对应的算法如下：

```
vector<vector<int>> dp;                          //二维动态规划数组
int LCSlength(string&a,string&b) {               //求 dp 和 LCS 的长度
    int m=a.size();                              //m 为 a 的长度
    int n=b.size();                              //n 为 b 的长度
    dp=vector<vector<int>>(m+1,vector<int>(n+1,0));
    dp[0][0]=0;
    for (int i=0;i<=m;i++)                       //将 dp[i][0]置为 0,边界条件
        dp[i][0]=0;
    for (int j=0;j<=n;j++)                       //将 dp[0][j]置为 0,边界条件
        dp[0][j]=0;
    for (int i=1;i<=m;i++) {
        for (int j=1;j<=n;j++) {                 //两重 for 循环处理 a、b 的所有字符
            if (a[i-1]==b[j-1])                  //情况(1)
                dp[i][j]=dp[i-1][j-1]+1;
            else                                 //情况(2)
                dp[i][j]=max(dp[i][j-1],dp[i-1][j]);
        }
    }
    return dp[m][n];
}
```

**LCSlength 算法分析**：在该算法中包含两重 for 循环，对应的时间复杂度为 $O(mn)$，空间复杂度为 $O(mn)$。

在求出 dp 数组后如何利用 dp 求一个最长公共子序列呢？分析状态转移方程最后两行的计算过程可以看出：

(1) 若 dp[$i$][$j$]=dp[$i-1$][$j-1$]+1，说明考虑 $a$[$i-1$]/$b$[$j-1$]字符对时 LCS 长度增加了，显然有 $a$[$i-1$]=$b$[$j-1$]，也就是说 $a$[$i-1$]/$b$[$j-1$]是 LCS 中的字符。

(2) 若 dp[$i$][$j$]=dp[$i$][$j-1$]，说明考虑 $a$[$i-1$]/$b$[$j-1$]字符对时 LCS 长度没有增加，显然有 $a$[$i-1$]≠$b$[$j-1$]，也就是说 $a$[$i-1$]/$b$[$j-1$]不是 LCS 中的字符。

(3) 若 dp[$i$][$j$]=dp[$i-1$][$j$]，同样说明考虑 $a$[$i-1$]/$b$[$j-1$]字符对时 LCS 长度没有增加，显然有 $a$[$i-1$]≠$b$[$j-1$]，即 $a$[$i-1$]/$b$[$j-1$]不是 LCS 中的字符。

用 string 容器 subs 存放一个 LCS，考虑如图 7.14 所示的($i$,$j$)位置，$i=m$，$j=n$，开始向 subs 中添加 $k=$ dp[$m$][$n$]个字符，归纳为如下 3 种情况：

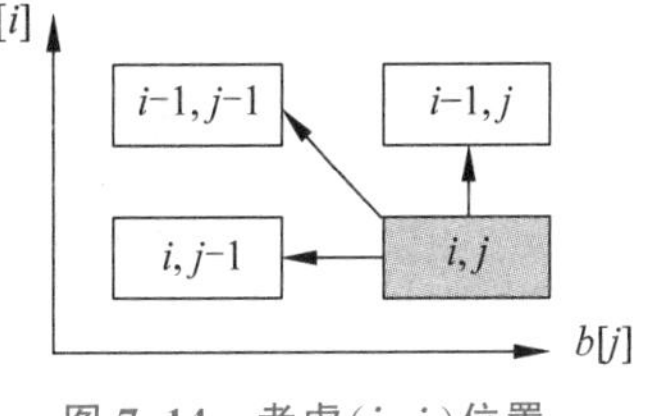

图 7.14 考虑($i$,$j$)位置

(1) 若 dp[$i$][$j$]=dp[$i-1$][$j$](即当前 dp 元素值等于上方相邻元素值)，LCS 长度不变，此时 $a$[$i-1$]/$b$[$j-1$]不是 LCS 字符，由于和 dp[$i$][$j$]比较的是 dp[$i-1$][$j$]，所以下一步 $i$ 递减 1，移动到上方位置继续判断。

(2) 若 dp[$i$][$j$]=dp[$i$][$j-1$](即当前 dp 元素值等于左边相邻元素值)，LCS 长度不变，此时 $a$[$i-1$]/$b$[$j-1$]不是 LCS 字符，由于和 dp[$i$][$j$]比较的是 dp[$i$][$j-1$]，所以下一步 $j$ 递减 1，移动到左边位置继续判断。

(3) 其他情况一定是 dp[$i$][$j$]=dp[$i-1$][$j-1$]+1，说明 $a$[$i-1$]/$b$[$j-1$]是 LCS 的字符，将 $a$[$i-1$]或者 $b$[$j-1$]添加到 subs 中，下一步 $i$ 和 $j$ 均递减 1，移动到上对角线位置继续判断。

例如，$a$＝"abcbdb"，$m$＝6，$b$＝"acbbabdbb"，$n$＝9。求出的 dp 数组以及从 $k$＝dp[6][9]＝5 开始求 subs 的过程如图 7.15 所示。每次 dp[$i$][$j$]与左边元素 dp[$i-1$][$j$]比较，若相同则跳到左边，否则 dp[$i$][$j$]与上方元素 dp[$i$][$j-1$]比较，若相同则跳到上方，再否则说明左上角位置对应 $a$ 或者 $b$ 中的 $a$[$i-1$]/$b$[$j-1$]字符是 LCS 中的字符，将其添加到 subs 中，$k$－－，直到 $k$＝0 为止。图中阴影部分表示 LCS 中元素对应的位置，最后将 subs 中的所有元素逆序得到最长公共子序列为"acbdb"。

| $b$ \ $a$ | | $a$ | $c$ | $b$ | $b$ | $a$ | $b$ | $d$ | $b$ | $b$ | |
|---|---|---|---|---|---|---|---|---|---|---|---|
| | | 0 | 1 | 2 | 3 | 4 | 5 | 6 | 7 | 8 | 9 |
| $a$ | 0 | 0 | 0 | 0 | 0 | 0 | 0 | 0 | 0 | 0 | 0 |
| $b$ | 1 | 0 | 1 | 1 | 1 | 1 | 1 | 1 | 1 | 1 | 1 |
| $c$ | 2 | 0 | 1 | 1 | 2 | 2 | 2 | 2 | 2 | 2 | 2 |
| $b$ | 3 | 0 | 1 | 2 | 2 | 2 | 2 | 2 | 2 | 2 | 2 |
| $d$ | 4 | 0 | 1 | 2 | 3 | 3 | 3 | 3 | 3 | 3 | 3 |
| $b$ | 5 | 0 | 1 | 2 | 3 | 3 | 3 | 3 | 4 | 4 | 4 |
| | 6 | 0 | 1 | 2 | 3 | 4 | 4 | 4 | 4 | 5 | 5 |

图 7.15 求出的 dp 数组及求 LCS 的过程

求一个 LCS 的算法如下：

```
string getasubs(string& a,string& b) {                 //由 dp 构造 subs
    string subs="";                                    //存放一个 LCS
    int m=a.size();                                    //m 为 a 的长度
    int n=b.size();                                    //n 为 b 的长度
    int k=dp[m][n];                                    //k 为 a 和 b 的最长公共子序列的长度
    int i=m,j=n;
    while (k>0) {                                      //在 subs 中放入最长公共子序列(反向)
        if (dp[i][j]==dp[i-1][j])
            i--;
        else if (dp[i][j]==dp[i][j-1])
            j--;
        else {
            subs+=a[i-1];                              //在 subs 中添加 a[i-1]
            i--; j--; k--;
        }
    }
    reverse(subs.begin(),subs.end());
    return subs;                                       //返回逆置 subs 的字符串
}
```

扫一扫

视频讲解

**算法的空间优化**：现在考虑仅求 $a$ 和 $b$ 最长公共子序列长度(不必求一个最长公共子序列)的空间优化，采用滚动数组方法，将 dp 改为一维数组，如图 7.16 所示，在阶段 $i-1$(指考虑 $a$[$i-1$]字符的阶段)将 dp[$i-1$][$j-1$]存放在 dp[$j-1$]中，将 dp[$i-1$][$j$]存放在 dp[$j$]中，这两个状态是可以区分的。在阶段 $i$ 将 dp[$i$][$j$]存放在 dp[$j$]中，这样需要修改 dp[$j$]。

一个关键的问题是在阶段 $i$ 中求 dp[$j+1$]时也与阶段 $i-1$ 的 dp[$j$]相关，此时已经在阶段 $i$ 中修改了 dp[$j$](用 tmp 变量保存 dp[$j$]修改之前的值)，为此用 upleft 变量记录 dp[$j$]修改之前的值 tmp，以便在阶段 $i$ 中求出 dp[$j$]后能够正确地求 dp[$j+1$]。从中看出 upleft 是记录阶段 $i$ 中每个位置的左上角元素，每个阶段 $i$ 都是从 $j=1$ 开始的，当 $j=1$ 时

其左上角元素的 $j=0$，所以初始置左上角元素 upleft=dp[0]，如图 7.17 所示。

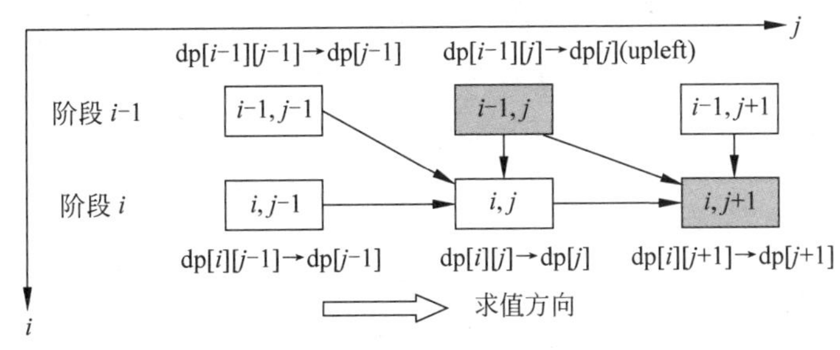


图 7.16　滚动数组的表示

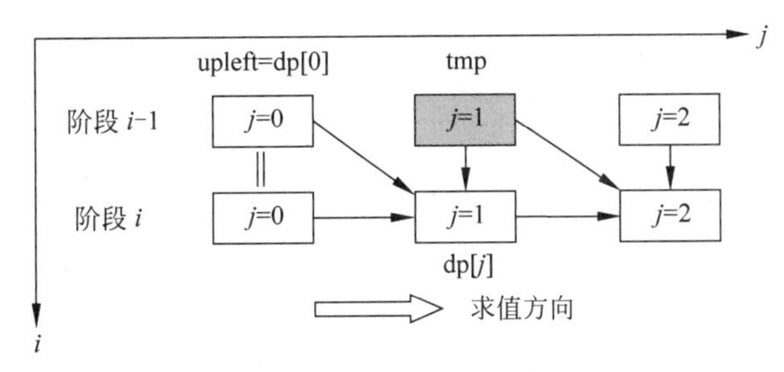


图 7.17　upleft 和 tmp 表示

对应的算法如下：

```
int LCSlength1(string&a,string&b) {            //求 LCS 的改进算法
    int m=a.size();                            //m 为 a 的长度
    int n=b.size();                            //n 为 b 的长度
    int dp[n+1];                               //一维动态规划数组
    memset(dp,0,sizeof(dp));
    for (int i=1;i<=m;i++) {
        int upleft=dp[0];                      //阶段 i 初始化 upleft
        for (int j=1;j<=n;j++) {
            int tmp=dp[j];                     //临时保存 dp[j]
            if (a[i-1]==b[j-1])
                dp[j]=upleft+1;                //修改 dp[j]
            else
                dp[j]=max(dp[j-1],dp[j]);
            upleft=tmp;                        //更新 upleft 为 dp[j]修改之前的值
        }
    }
    return dp[n];
}
```

上述空间优化算法的时间复杂度不变，空间复杂度由 $O(mn)$ 降为 $O(n)$。

## 7.6 编辑距离

 问题描述：设 $a$ 和 $b$ 是两个字符串，现在要用最少的字符操作次数将字符串 $a$ 编辑为字符串 $b$。这里的字符编辑操作共有 3 种，即删除一个字符、插入一个字符和将一个字符替换为另一个字符。例如，$a$="sfdqxbw"，$b$="gfdgw"，由 $a$ 到 $b$ 的一种最少操作是's'替换为'g'，'q'替换为'g'，删除 $a$ 中的'x'和'b'，对应的编辑距离为 4。

扫一扫

视频讲解

**解** 设字符串 $a$、$b$ 的长度分别为 $m$ 和 $n$。设计二维动态规划数组 dp，其中 dp[$i$][$j$]表示将 $a$[0..$i-1$]（含 $i$ 个字符，$1\leqslant i\leqslant m$）编辑为 $b$[0..$j-1$]（含 $j$ 个字符，$1\leqslant j\leqslant n$）的最优编辑距离（即最少编辑操作次数）。

显然，当 $b$ 为空串时，要删除 $a$ 中的全部字符得到 $b$，即 dp[$i$][0]$=i$（删除 $a$ 中的 $i$ 个字符，共操作 $i$ 次）。当 $a$ 为空串时，要在 $a$ 中插入 $b$ 的全部字符得到 $b$，即 dp[0][$j$]$=j$（向 $a$ 中插入 $b$ 的 $j$ 个字符，共操作 $j$ 次）。

当两个字符串 $a$、$b$ 均不空时，若 $a$[$i-1$]$=b$[$j-1$]，这两个字符不需要任何操作，即 dp[$i$][$j$]=dp[$i-1$][$j-1$]。当 $a$[$i-1$]$\neq b$[$j-1$]时，以下 3 种操作都可以达到目的：

(1) 将 $a$[$i-1$]替换为 $b$[$j-1$]，如图 7.18(a)所示，有 dp[$i$][$j$]=dp[$i-1$][$j-1$]+1（一次替换操作的次数计为 1）。

(2) 在 $a$[$i-1$]字符的后面插入 $b$[$j-1$]字符，如图 7.18(b)所示，有 dp[$i$][$j$]=dp[$i$][$j-1$]+1（一次插入操作的次数计为 1）。

(3) 删除 $a$[$i-1$]字符，如图 7.18(c)所示，有 dp[$i$][$j$]=dp[$i-1$][$j$]+1（一次删除操作的次数计为 1）。

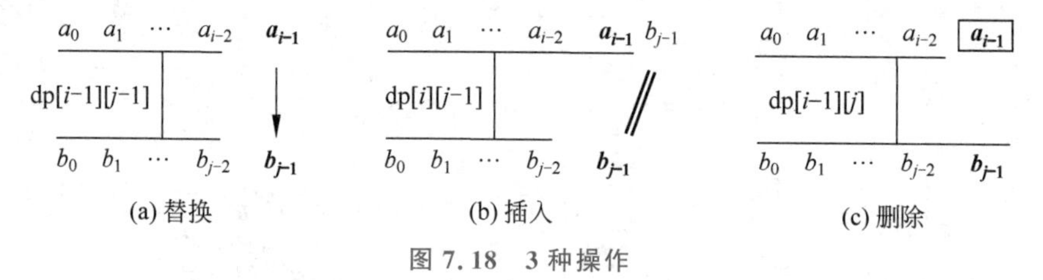


图 7.18　3 种操作

此时 dp[$i$][$j$]取上述 3 种操作的最小值，所以得到的状态转移方程如下：

dp[$i$][0]$=i$　　边界情况

dp[0][$j$]$=j$　　边界情况

dp[$i$][$j$]=dp[$i-1$][$j-1$]　　当 $a$[$i-1$]$=b$[$j-1$]时

dp[$i$][$j$]=min{dp[$i-1$][$j-1$]+1，dp[$i$][$j-1$]+1，dp[$i-1$][$j$]+1}　　当 $a$[$i-1$]$\neq b$[$j-1$]时

最后得到的 dp[$m$][$n$]即为所求。对应的算法如下：

```
int editdist(string&a,string&b) {                    //求 a 到 b 的编辑距离
    int m=a.size();
    int n=b.size();
    int dp[m+1][n+1];                                //二维动态规划数组
    memset(dp,0,sizeof(dp));
    for (int i=1;i<=m;i++)
        dp[i][0]=i;                                  //把 a 的 i 个字符全部删除转换为 b
    for (int j=1; j<=n;j++)
        dp[0][j]=j;                                  //在 a 中插入 b 的全部字符转换为 b
    for(int i=1;i<=m;i++) {
        for(int j=1;j<=n;j++) {
            if (a[i-1]==b[j-1])
                dp[i][j]=dp[i-1][j-1];
            else
                dp[i][j]=min(min(dp[i-1][j-1],dp[i][j-1]),dp[i-1][j])+1;
        }
```

```
        }
        return dp[m][n];
}
```

 editdist 算法分析：在该算法中包含两重 for 循环，对应的时间复杂度为 $O(mn)$，空间复杂度为 $O(mn)$。

## 7.7 0/1 背包问题

问题描述：见 2.4 节，这里采用动态规划法求解。

解 设置二维动态规划数组 dp，dp[$i$][$r$]表示在物品 0～$i-1$（共 $i$ 个物品）中选择物品并且背包容量为 $r$（$0 \leqslant r \leqslant W$）时的最大价值，或者说只考虑前 $i$ 个物品并且背包容量为 $r$ 时的最大价值。在考虑物品 0～物品 $i-2$ 之后，已经求出相应的 dp 数组元素，现在考虑物品 $i-1$，分为两种情况：

(1) 若 $r < w[i-1]$，说明物品 $i-1$ 放不下，此时等效于只考虑前 $i-1$ 个物品并且背包容量为 $r$ 时的最大价值，所以有 dp[$i$][$r$]=dp[$i-1$][$r$]。

(2) 若 $r \geqslant w[i-1]$，说明物品 $i-1$ 能够放入背包，又有两种子情况：

① 不选择物品 $i-1$，即不将物品 $i-1$ 放入背包，等同于情况(1)。

② 选择物品 $i-1$，即将物品 $i-1$ 放入背包，这样消耗了 $w[i-1]$ 的背包容量，获取了 $v[i-1]$ 的价值，那么留给前 $i-1$ 个物品的背包容量就只有 $r-w[i-1]$ 了，此时的最大价值为 dp[$i-1$][$r-w[i-1]$]+$v[i-1]$。

对应的状态转移图如图 7.19 所示。因为需要在两种子情况中取最大值，所以有 dp[$i$][$r$]=max(dp[$i-1$][$r$],dp[$i-1$][$r-w[i-1]$]+$v[i-1]$)。

由上述分析得到的状态转移方程如下：

dp[$i$][0]=0（没有装入任何物品，总价值为 0）　边界情况
dp[0][$r$]=0（没有考虑任何物品，总价值为 0）　边界情况
dp[$i$][$r$]=dp[$i-1$][$r$]　当 $r < w[i-1]$ 时，物品 $i-1$ 放不下
dp[$i$][$r$]=max{dp[$i-1$][$r$],　否则在不放入和放入物品 $i-1$ 之间
　　dp[$i-1$][$r-w[i-1]$]+$v[i-1]$}　取最大价值

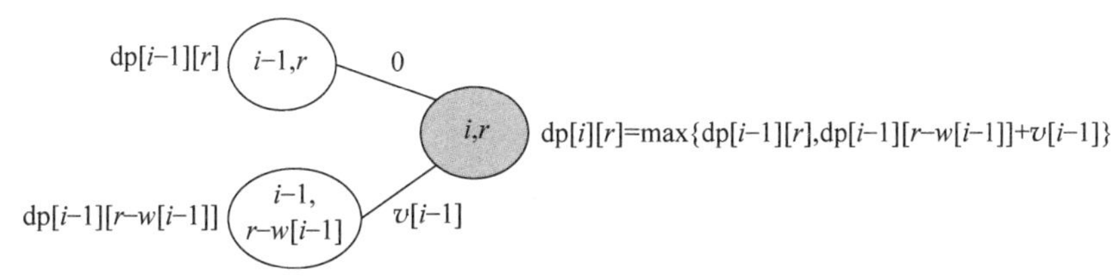


图 7.19　0/1 背包问题的状态转移图

0/1 背包问题是求 $n$ 个物品、背包容器为 $W$ 时的最大价值，所以在求出 dp 数组后 dp[$n$][$W$]元素就是答案。对应的算法如下：

```
vector<vector<int>> dp;                                  //二维动态规划数组
int knap(int w[],int v[],int n,int W) {                  //用动态规划法求0/1背包问题
    dp=vector<vector<int>>(n+1,vector<int>(W+1));
    for (int i=0;i<=n;i++) dp[i][0]=0;                   //置边界条件dp[i][0]=0
    for (int r=0;r<=W;r++)dp[0][r]=0;                    //置边界条件dp[0][r]=0
    for (int i=1;i<=n;i++) {
        for (int r=0;r<=W;r++) {
            if (r<w[i-1])
                dp[i][r]=dp[i-1][r];
            else
                dp[i][r]=max(dp[i-1][r],dp[i-1][r-w[i-1]]+v[i-1]);
        }
    }
    return dp[n][W];
}
```

**knap 算法分析**：在该算法中包含两重 for 循环，所以时间复杂度为 $O(nW)$，空间复杂度为 $O(nW)$。从表面上看其时间函数是 $n$ 的多项式，但该算法实际上并不是真正的多项式级的算法。如果 $W$ 不是太大，则 $nW$ 要远好于一个 $n$ 的指数级。如果 $W$ 非常大，或者为很大的实数，则该动态规划方法不可行，所以说这样的算法是伪多项式时间的算法。

在求出 dp 数组后，如何推导出一个解向量 $\boldsymbol{x}=(x_0,x_1,\cdots,x_{n-1})$？其中 $x_i=0$ 表示不选择物品 $i$，$x_i=1$ 表示选择物品 $i$。从前面状态转移方程的后两行看出：

(1) 若 dp[$i$][$r$]=dp[$i-1$][$r$]，说明考虑物品 $i-1$ 时最大价值不变，即没有选择物品 $i-1$(无论是物品 $i-1$ 放不下还是可以放下而不放入)，置 $x_{i-1}=0$。也就是说当前 dp 元素等于上方元素，不选择对应的物品(物品 $i-1$)，并跳到上方的位置继续判断。

(2) 否则一定有 dp[$i$][$r$]≠dp[$i-1$][$r$]成立，说明考虑物品 $i-1$ 时最大价值发生变化，即选择了物品 $i-1$，置 $x_{i-1}=1$。也就是说当前 dp 元素不等于上方元素，选择对应的物品，并跳到左上角 dp[$i-1$][$r-w$[$i-1$]]的位置继续判断。

这样从 $i=n$，$r=W$ 开始($i$ 为剩余物品数量，$r$ 为剩余背包容量)，若 dp[$i$][$r$]≠dp[$i-1$][$r$]成立，则选择物品 $i-1$，置 $x_{i-1}=1$，$r=r-w$[$i-1$]，递减 $i$ 继续判断；否则不选择物品 $i-1$，置 $x_{i-1}=0$，同样递减 $i$ 继续判断。持续这个过程，直到 $i=0$ 为止。对应的算法如下：

```
void getx(int w[],int n,int W) {                         //回推求一个最优方案
    vector<int> x(n,0);                                  //解向量
    int i=n,r=W;
    while (i>=1) {
        if (dp[i][r]!=dp[i-1][r]) {
            x[i-1]=1;                                    //选取物品i-1
            r=r-w[i-1];
        }
        else x[i-1]=0;                                   //不选取物品i-1
        i--;
    }
    printf(" 选择的物品:");
    for(int i=0;i<n;i++) {
        if(x[i]==1) printf(" 物品%d",i);
    }
    printf("\n");
}
```

例如，$n=5$，$w=\{2,2,6,5,4\}$，$v=\{6,3,5,4,6\}$，$W=10$。先将 dp[$i$][0]和 dp[0][$r$]均

置为 0,求出的 dp 数组以及求解向量 $\boldsymbol{x}$ 的过程如图 7.20 所示,最后得到 $\boldsymbol{x}$ 为(1,1,0,0,1),表示最优解是选择物品 0、1 和 4,总价值为 dp[5][10]=15,图中深阴影部分表示满足 dp[$i$][$r$]≠dp[$i$-1][$r$]条件选择对应物品 $i$-1 的情况。

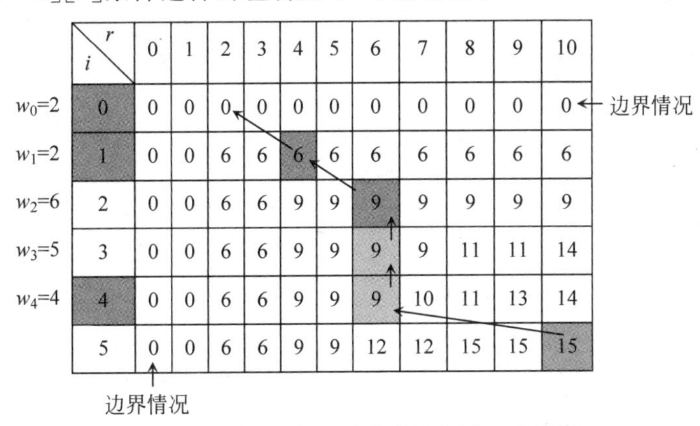

| $i$ \ $r$ | 0 | 1 | 2 | 3 | 4 | 5 | 6 | 7 | 8 | 9 | 10 |
|---|---|---|---|---|---|---|---|---|---|---|---|
| 0 | 0 | 0 | 0 | 0 | 0 | 0 | 0 | 0 | 0 | 0 | 0 |
| 1 | 0 | 0 | 6 | 6 | 6 | 6 | 6 | 6 | 6 | 6 | 6 |
| 2 | 0 | 0 | 6 | 6 | 9 | 9 | 9 | 9 | 9 | 9 | 9 |
| 3 | 0 | 0 | 6 | 6 | 9 | 9 | 9 | 9 | 11 | 11 | 14 |
| 4 | 0 | 0 | 6 | 6 | 9 | 9 | 9 | 10 | 11 | 13 | 14 |
| 5 | 0 | 0 | 6 | 6 | 9 | 9 | 12 | 12 | 15 | 15 | 15 |



图 7.20 求 dp 数组以及求解向量 $x$ 的过程

算法的空间优化:如果仅求 0/1 背包问题的最大价值,可以进一步优化 knap 算法的空间,将 dp[$n$+1][$W$+1]改为一维数组 dp[$w$+1],如图 7.21 所示,在阶段 $i$-1 中将 dp[$i$-1][$r$]存放在 dp[$r$]中,dp[$i$-1][$r$-$w$[$i$-1]]存放在 dp[$r$-$w$[$i$-1]]中,这两个状态是可区分的,在阶段 $i$ 中也用 dp[$r$]存放 dp[$i$][$r$]。

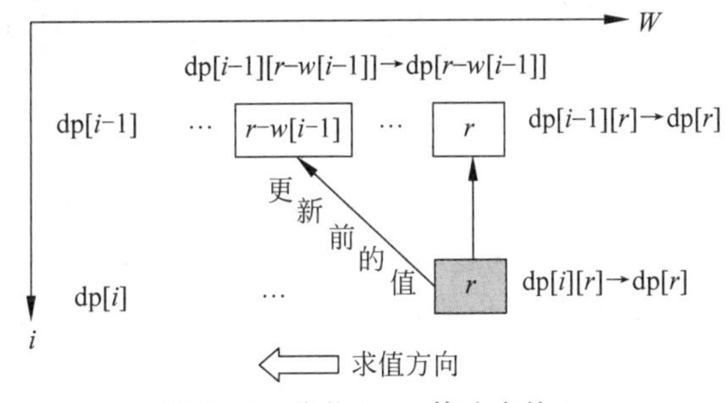


图 7.21 优化 knap 算法中的 dp

结合前面的 dp[$i$][$r$]=max(dp[$i$-1][$r$],dp[$i$-1][$r$-$w$[$i$-1]]+$v$[$i$-1])看出,这样优化后的 dp[$r$]应该只与上一个阶段中的 dp 元素相关(通过这种限定保证每个物品最多选择一次)。现在求优化后的 dp 数组,显然 $i$ 从 1 到 $n$ 遍历,那么 $r$ 是否也是从 0 到 $W$ 正向遍历呢?

当 $i$ 取某个值(阶段 $i$),如果 $r$ 是从 0 到 $W$ 遍历,假设 $r$=r1 时选择物品 $i$-1 并且有 dp[r1]=dp[r1-$w$[$i$-1]]+$v$[$i$-1],即 dp[r1]发生了修改(不再是上一个阶段的 dp[r1]值)。然后递增 $r$,假设 $r$=r2 满足 r2-r1=$w$[$i$-1]时再次选择物品 $i$-1,dp[r2]=dp[r2-$w$[$i$-1]]+$v$[$i$-1]=dp[r1]+$v$[$i$-1],从中看出求 dp[r2]时对应的这个 dp[r1]是在阶段 $i$ 中改变的结果,不再是上一个阶段的 dp[r1]值,从而导致物品 $i$-1 可能选择两次或更多次所以求出的结果是错误的。

为了避免出现这种情况,将 $r$ 改为从 $W$ 到 0 反向遍历,同样假设 $r$=r1 时选择物品 $i$-1 并且有 dp[r1]=dp[r1-$w$[$i$-1]]+$v$[$i$-1],显然 r1-$w$[$i$-1]<r1,由于 dp[r2](r2<r1)均是上一个阶段的元素,物品 $i$-1 最多选择一次,所以这样求出的 dp 是正确的结果。对应的

改进算法如下：

```
int knap1(int w[],int v[],int n,int W){                    //改进算法
    vector<int> dp(W+1,0);                                  //一维动态规划数组
    for (int i=1;i<=n;i++) {
        for (int r=W;r>=0;r--) {                            //r按0到W的逆序(重点)
            if (r<w[i-1])
                dp[r]=dp[r];
            else
                dp[r]=max(dp[r],dp[r-w[i-1]]+v[i-1]);
        }
    }
    return dp[W];
}
```

上述算法可以等价地改为如下算法：

```
int knap2(int w[],int v[],int n,int W){                    //改进算法
    vector<int> dp(W+1,0);                                  //一维动态规划数组
    for (int i=1;i<=n;i++) {
        for (int r=W;r>=w[i-1];r--)                         //r按w[i-1]到W的逆序(重点)
            dp[r]=max(dp[r],dp[r-w[i-1]]+v[i-1]);
    }
    return dp[W];
}
```

# 7.8* 完全背包问题和多重背包问题

## 7.8.1 完全背包问题

扫一扫

视频讲解

不同于0/1背包问题，完全背包问题给定的是 $n$ 种物品，每种物品可以取任意多件，求满足背包容量限制的装入物品的最大价值，详细描述见第5章中的5.9节，这里采用动态规划方法求解。

**解** 设置二维动态规划数组dp，其中dp[$i$][$r$]表示从物品0～$i-1$(共 $i$ 个物品)中选出重量不超过 $r$ 的物品的最大总价值。显然有dp[$i$][0]=0(背包不能装入任何物品时，总价值为0)，dp[0][$j$]=0(没有任何物品可装入时，总价值为0)，将它们作为边界情况，为此将dp数组中的所有元素初始化为0。另外设置二维数组fk，其中fk[$i$][$r$]存放dp[$i$][$r$]得到最大值时物品 $i-1$ 挑选的件数，同样将fk数组中的所有元素初始化为0。现在通过考虑物品 $i-1$ 的各种选择求dp[$i$][$r$]：

(1) 不选择物品 $i-1$(或者物品 $i-1$ 挑选0件)，则有dp[$i$][$r$]=dp[$i-1$][$r$]。

(2) 选择一件物品 $i-1$(必须满足条件 $w[i-1]\leqslant r$)，则有dp[$i$][$r$]=dp[$i-1$][$r-w[i-1]$]+$v[i-1]$。

(3) 选择两件物品 $i-1$(必须满足条件 $2w[i-1]\leqslant r$)，则有dp[$i$][$r$]=dp[$i-1$][$r-2\times w[i-1]$]+ $2\times v[i-1]$。

(4) 选择 $k$ 件物品 $i-1$(必须满足条件 $k\times w[i-1]\leqslant r$)，则有dp[$i$][$r$]=dp[$i-1$][$r-k\times w[i-1]$]+ $k\times v[i-1]$。

在上述所有的选项中取最大价值，状态转移图如图7.22所示。

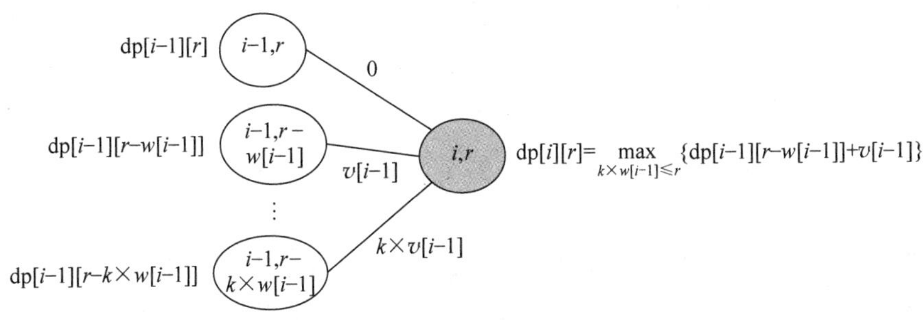


图 7.22　完全背包问题的状态转移图

对应的状态转移方程如下：

$$dp[i][r]=\max_{k\times w[i-1]\leqslant r}\{dp[i-1][r-k\times w[i-1]]+k\times v[i-1]\}$$

$fk[i][r]=k$　物品 $i-1$ 取 $k$ 件

在求出 dp 数组后，dp[$n$][$W$]便是完全背包问题的最大价值。例如，$n=3$，$W=7$，$w=(3,4,2)$，$v=(4,5,3)$，其求解结果如表 7.1 所示，表中元素为“dp[$i$][$r$] [fk[$i$][$r$]]”，其中 $f(n,W)$为最终结果，即最大价值总和为 10，推导一种最优方案的过程是找到 f[3][7]=10，fk[3][7]=2，物品 2 挑选两件，fk[2][W−2×2]=fk[2][3]=0，物品 1 挑选 0 件，fk[1][3]=1，物品 0 挑选一件。

表 7.1　完全背包问题的求解结果

| | j | 0 | 1 | 2 | 3 | 4 | 5 | 6 | 7 |
|---|---|---|---|---|---|---|---|---|---|
| i | 0 | 0[0] | 0[0] | 0[0] | 0[0] | 0[0] | 0[0] | 0[0] | 0[0] |
| | 1 | 0[0] | 0[0] | 0[0] | 4[1] | 4[1] | 4[1] | 8[2] | 8[2] |
| | 2 | 0[0] | 0[0] | 0[0] | 4[0] | 5[1] | 5[1] | 8[0] | 9[1] |
| | 3 | 0[0] | 0[0] | 3[1] | 4[0] | 6[2] | 7[1] | 9[3] | 10[2] |

对应的算法如下：

```
vector<vector<int>> dp;                                    //二维动态规划数组
vector<vector<int>> fk;                                    //物品的件数
int completeknap(int w[],int v[],int n,int W) {            //求解完全背包问题
    dp=vector<vector<int>>(n+1,vector<int>(W+1,0));
    fk=vector<vector<int>>(n+1,vector<int>(W+1,0));
    for (int i=1;i<=n;i++) {
        for (int r=0;r<=W;r++) {
            for (int k=0;k*w[i-1]<=r;k++) {
                if (dp[i][r]<dp[i-1][r-k*w[i-1]]+k*v[i-1]) {
                    dp[i][r]=dp[i-1][r-k*w[i-1]]+k*v[i-1];
                    fk[i][r]=k;                            //物品 i-1 取 k 件
                }
            }
        }
    }
    return dp[n][W];
}
void getx(int w[],int n,int W) {                           //回推求一个最优方案
    int i=n,r=W;
    while (i>=1) {
        printf(" 选择物品%d 共%d 件\n",i-1,fk[i][r]);
        r-=fk[i][r]*w[i-1];                                //剩余重量
```

```
        i--;
    }
    printf("\n");
}
```

**completeknap 算法分析**：该算法中包含 3 重循环，$k$ 的循环最坏可能从 0 到 $W$，所以算法的时间复杂度为 $O(nW^2)$。

扫一扫

视频讲解

**算法的时间优化**：可以改进前面的算法，现在仅考虑求最大价值，将完全背包问题转换为这样的 0/1 背包问题，物品 $i$ 出现 $\lfloor W/w[i] \rfloor$ 次，例如对于完全背包问题 $n=3, W=7, w=(3,4,2), v=(4,5,3)$，物品 0 最多取 $W/3=2$ 次，物品 1 最多取 $W/4=1$ 次，物品 2 最多取 $W/2=3$ 次，对应的 0/1 背包问题是 $W=7, n=6, w=(3,3,4,2,2,2), v=(4,4,5,3,3,3)$，后者的最大价值与前者是相同的。

实际上没有必要预先做这样的转换，在求 dp[$i$][$r$]时（此时考虑物品 $i-1$ 的选择），选择几件物品 $i-1$ 对应的 $r$ 是不同的，也就是说选择不同件数的物品 $i-1$ 的各种状态是可以区分的，为此让 $i$ 不变，$r$ 从 0 到 $W$ 循环，若 $r<w[i-1]$说明物品 $i-1$ 放不下，一定不能选择；否则在不选择和选择一次之间求最大值，由于 $r$ 是循环递增的，这样可能会导致多次选择物品 $i-1$。对应的改进算法如下：

```
int completeknap1(int w[],int v[],int n,int W){                    //时间改进算法
    dp=vector<vector<int>>(n+1,vector<int>(W+1,0));
    for (int i=1;i<=n;i++) {
        for (int r=0;r<=W;r++) {
            if (r<w[i-1])                                         //物品 i-1 放不下
                dp[i][r]=dp[i-1][r];
            else                                   //在不选择和选择物品 i-1(多次)中求最大值
                dp[i][r]=max(dp[i-1][r],dp[i][r-w[i-1]]+v[i-1]);
        }
    }
    return dp[n][W];                                              //返回总价值
}
```

**completeknap1 算法分析**：该算法中包含两重循环，所以算法的时间复杂度为 $O(nW)$。

**算法的空间优化**：在 7.7 节 0/1 背包的空间优化算法中，将 dp[$n+1$][$W+1$]优化为 dp[$W+1$]，需要限定 dp[$r$]只与上一个阶段中的 dp 元素相关来保证每个物品最多选择一次，为此 $r$ 从 $W$ 到 0 反向遍历（保证 dp[$r-w[i-1]$]为更新前的值）。这里正好相反，每个物品可以选择多次，所以只需要将 $r$ 从 0 到 $W$ 正向遍历就得到了完全背包问题的改进算法，如图 7.23 所示，这样可以保证求 dp[$r$]时 dp[$r-w[i-1]$]为更新后的值（每次这样的更新表示物品 $i-1$ 被选择一次）。对应的算法如下：

```
int completeknap2(int w[],int v[],int n,int W) {                   //空间改进算法
    vector<int> dp(W+1,0);                                        //一维动态规划数组
    for (int i=1;i<=n;i++) {
        for (int r=w[i-1];r<=W;r++)                               //r 从 w[i-1]到 W 遍历
            dp[r]=max(dp[r],dp[r-w[i-1]]+v[i-1]);
    }
    return dp[W];
}
```

【例 7.3】 零钱兑换（LeetCode322★★）。给定一个含 $n(1 \leqslant n \leqslant 12)$ 个整数的数组

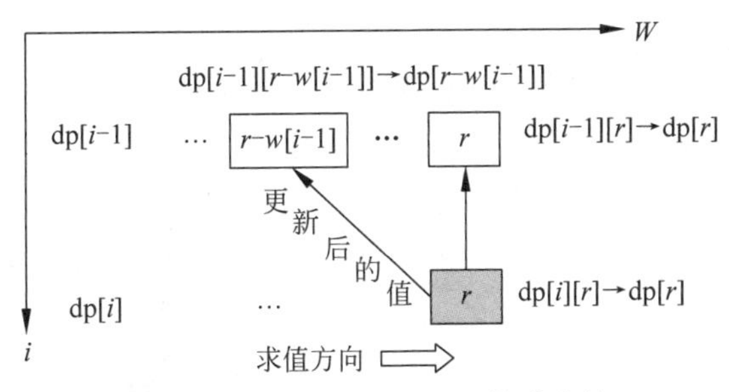


图 7.23 优化 completeknap1 算法中的 dp

扫一扫

视频讲解

扫一扫

源程序

coins，表示不同面额的硬币（$1 \leqslant \text{coins}[i] \leqslant 2^{31}-1$），以及一个表示总金额的整数 amount（$0 \leqslant \text{amount} \leqslant 10^4$），设计一个算法求可以凑成总金额所需的最少的硬币个数，如果没有任何一种硬币组合能组成总金额则返回－1，可以认为每种硬币的数量是无限的。例如，coins＝{1,2,5}，amount＝11，对应的硬币组合是1,5,5，答案为3。要求设计如下成员函数：

```
int coinChange(vector<int>& coins, int amount) {}
```

**解** 由于每种硬币的数量是无限的，该问题转换为完全背包问题，只是这里求最少的硬币个数，相当于每个硬币的价值为1，并且将 max 改为 min。采用求解完全背包问题的空间优化动态规划算法，设置一维动态规划数组 dp，dp[r]表示总金额为 $r$ 的最少的硬币个数。另外考虑特殊情况，将 dp 中的所有元素初始化为∞，当最后出现 dp[amount]为∞时，说明没有任何一种硬币组合能组成 amount 金额，返回－1。

## 7.8.2 多重背包问题

多重背包问题是在完全背包问题的基础上增加了每种物品的数量限制，有 $n$ 种重量和价值分别为 $w_i$、$v_i$（$0 \leqslant i < n$）的物品，每种物品的数目为 $s_i$，从这些物品中挑选总重量不超过 $W$ 的物品，求挑选物品的最大价值。同样可以将多重背包问题转换为0/1背包问题，例如对于多重背包问题 $n=3$，$W=7$，$w=(3,4,2)$，$v=(4,5,3)$，$s=(2,2,1)$，对应的0/1背包问题是 $W=7$，$n=5$，$w=(3,3,4,4,2)$，$v=(4,4,5,5,3)$，后者的最大价值与前者是相同的。下面通过一个示例讨论多重背包问题的求解过程。

扫一扫

视频讲解

【例7.4】 为了庆祝某班在学校运动会上取得第一名成绩，班主任决定开一场庆功会，为此拨款购买奖品，期望拨款金额能够购买最大价值的奖品。给定希望购买奖品的种数 $n$ 和拨款金额 $W$，每种奖品的价格数组 $w$、价值数组 $v$ 和能够购买的最大数目数组 $s$（注意这里价格和价值是不同的概念）。设计一个算法求购买奖品的最大价值。例如，$n=3$，$W=7$，$w=\{3,4,2\}$，$v=\{4,5,3\}$，$s=\{2,2,1\}$，答案是9，购买物品0和物品1各一件。

**解** 设置二维动态规划数组 dp，其中 dp[$i$][$r$]表示从物品 $0 \sim i-1$（共 $i$ 个物品）中选出价格不超过 $r$ 并且满足物品数量限制的最大总价值，将 dp 数组中的所有元素初始化为0。对应的状态转移方程如下：

$$\text{dp}[i][r] = \max_{0 \leqslant k \leqslant s[i-1] \,\&\&\, k \times w[i-1] \leqslant r} \{\text{dp}[i-1][r-k \times w[i-1]] + k \times v[i-1]\}$$

在求出 dp 数组后，dp[$n$][$W$]便是最大价值。对应的动态规划算法如下：

```
int solve(int n, int W, vector<int> &w, vector<int> &v, vector<int> &s) {
    vector<vector<int>> dp(n+1, vector<int>(W+1,0));        //二维动态规划数组
```

```
        for (int i=1;i<=n;i++) {
            for (int r=0;r<=W;r++) {
                for (int k=0;k<=s[i-1];k++) {
                    if(k * w[i-1]<=r)
                        dp[i][r]=max(dp[i][r],dp[i-1][r-k * w[i-1]]+k * v[i-1]);
                }
            }
        }
        return dp[n][W];
    }
```

采用滚动数组方式，将 dp[$i$][$r$]改为 dp[$r$]，对应的空间优化动态规划算法如下：

```
int solve1(int n,int W,vector<int> &w,vector<int> &v,vector<int> &s) {
    vector<int> dp(W+1,0);
    for(int i=1;i<=n;i++) {
        for(int r=W;r>=0;r--) {                              //r从W到0循环
            for(int k=0;k<=s[i-1] && k * w[i-1]<=r;k++) {
                dp[r]=max(dp[r],dp[r-k * w[i-1]]+k * v[i-1]);
            }
        }
    }
    return dp[W];
}
```

## 7.9 扔鸡蛋问题

扫一扫 视频讲解

问题描述：扔鸡蛋问题(LeetCode1884★★)。给定两枚相同的鸡蛋和一栋 $n$($1\leqslant n\leqslant1000$)层楼的建筑(楼层编号为 1～$n$)。已知存在楼层 $f$($0\leqslant f\leqslant n$)，任何从高于 $f$ 的楼层落下的鸡蛋都会碎，从 $f$ 楼层或比它低的楼层落下的鸡蛋都不会碎。每次操作是取一枚没有碎的鸡蛋并把它从任一楼层 $x$ 扔下(满足 $1\leqslant x\leqslant n$)，如果鸡蛋碎了就不能再次使用它，如果某枚鸡蛋扔下后没有摔碎则可以在之后的操作中重复使用这枚鸡蛋。求要确定 $f$ 确切的值的最小操作次数是多少？例如，$n=10$，一种最优的策略是将第一枚鸡蛋从 4 楼扔下，如果碎了，那么 $f$ 在 0 和 4 之间，将第二枚从 1 楼扔下，然后每扔一次上一层楼，在 3 次内找到 $f$，总操作次数为 1+3=4。如果第一枚鸡蛋没有碎，相当于在楼层 5～10 共 6 层的楼中用两枚鸡蛋找到 $f$，将第一枚鸡蛋从 7 楼扔下，如果碎了，那么 $f$ 在 5 和 7 之间，将第二枚从 5 楼扔下，然后每扔一次上一层楼，在两次内找到 $f$，总操作次数为 1+1+2=4。如果从 7 楼扔下第一枚鸡蛋没有碎，相当于在楼层 8～10 共 3 层的楼中用两枚鸡蛋找到 $f$，其结果为两次，总操作次数为 1(4 层扔一次)+1(7 层扔一次)+2=4，所以答案为 4。要求设计如下成员函数：

```
int twoEggDrop(int n) { }
```

解 设置二维动态规划数组 dp，其中 dp[$i$][$j$]表示有 $i+1$ 枚鸡蛋时验证楼层 $j$ 需要的最少操作次数，分为 $i=0$ 和 $i=1$ 的情况。

(1) 当 $i=0$ 时表示只剩一枚鸡蛋，此时需要从楼层 1 开始逐层验证才能确保获取确切的 $f$ 值，因此对于任意的 $j$($1\leqslant j\leqslant n$)都有 dp[0][$j$]=$j$，如图 7.24(a)所示。

(2) 当 $i=1$ 时表示剩两枚鸡蛋，对于任意 $j$($1\leqslant j\leqslant n$)，第一次操作可以选择在 1～$j$ 范

围内的任一楼层 $k$，如果鸡蛋在楼层 $k$ 丢下后破碎，接下来问题转化成 $i=0$ 时验证楼层 1～$k-1$ 共 $k-1$ 层需要的次数，即 dp[0][$k-1$]，如图 7.24(b)所示，总操作次数为 dp[0][$k-1$]+1。如果鸡蛋在楼层 $k$ 丢下后没有碎，接下来问题转化成 $i=1$ 时验证楼层 $k+1$～$j$ 共 $j-k$ 层需要的次数，即 dp[1][$j-k$]，如图 7.24(c)所示，总操作次数为 dp[1][$j-k$]+1。考虑最坏的情况是两者取最大值，同时 dp 元素取所有情况下的最小值，即：

$$dp[1][j]=\min\{\max_{1\leqslant k\leqslant j} dp[0][k-1]+1, dp[1][j-k]+1\}$$

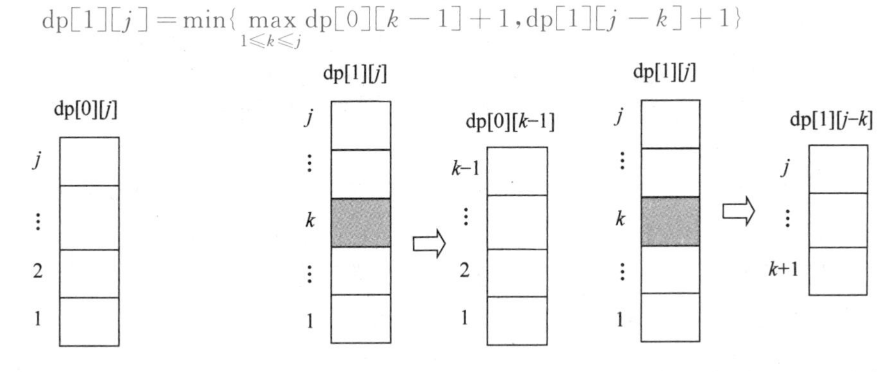


图 7.24 扔鸡蛋的各种情况

在求出 dp 数组后，显然 dp[1][$n$]就是找到 1～$n$ 中某个楼层 $f$ 的最少操作次数，返回该元素即可。对应的程序如下：

```
class Solution {
    const int INF=0x3f3f3f3f;                              //表示∞
public:
    int twoEggDrop(int n) {
        int dp[2][n+1];
        memset(dp,0x3f,sizeof(dp));                        //将 dp 元素初始化为∞
        dp[0][0]=dp[1][0]=0;
        for (int j=1;j<=n;j++)
            dp[0][j]=j;
        for (int j=1;j<=n;j++) {
            for (int k=1;k<=j;k++)
                dp[1][j]=min(dp[1][j],max(dp[0][k-1]+1,dp[1][j-k]+1));
        }
        return dp[1][n];
    }
};
```

上述程序提交时通过，执行用时为 60ms，内存消耗为 5.8MB。可以进一步优化空间，将 dp[0][$k$]表示为 $k$（因为只剩一枚鸡蛋时总有 dp[0][$k$]=$k$），这样有 dp[0][$k-1$]+1=$k-1+1=k$，同时将 dp[1][$j$]表示为 dp[$j$]，从而将二维数组 dp 优化为一维数组。对应的程序如下：

```
class Solution {
    const int INF=0x3f3f3f3f;                              //表示∞
public:
    int twoEggDrop(int n) {
        int dp[n+1];
        memset(dp,0x3f,sizeof(dp));                        //将 dp 元素初始化为∞
        dp[0]=0;
        for (int j=1;j<=n;j++) {
            for (int k=1;k<=j;k++)
```

```
            dp[j]=min(dp[j],max(k,dp[j-k]+1));
        }
        return dp[n];
    }
};
```

上述程序提交时通过，执行用时为 28ms，内存消耗为 5.7MB。

## 7.10 资源分配问题

扫一扫

视频讲解

问题描述：某公司有 $m$ 个商店，商店的编号为 $0\sim m-1$，拟将新招聘 $n$ 名员工，员工的编号为 $0\sim n-1$，将全部新员工分配到这 $m$ 个商店工作，各商店分配若干新员工后对应一个增收情况表，例如，$m=3,n=5$ 时的一个增收情况如表 7.2 所示，求分配给各商店多少新员工才能使公司的增收最大？

表 7.2 分配员工数和增收情况 （单位：万元）

| 员工数 | | 0 人 | 1 人 | 2 人 | 3 人 | 4 人 | 5 人 |
|---|---|---|---|---|---|---|---|
| 商店 | A | 0 | 3 | 7 | 9 | 12 | 13 |
| | B | 0 | 5 | 10 | 11 | 11 | 11 |
| | C | 0 | 4 | 6 | 11 | 12 | 12 |

解 采用动态规划法求解该问题。设置二维动态规划数组 dp，其中 dp[$i$][$s$]表示前 $i$ 个商店（商店的编号为 $0\sim i-1$）共分配 $s(0\leqslant s\leqslant n)$名新员工的最优增收。另外设置二维数组 pnum，其中 pnum[$i$][$s$]表示求出 dp[$i$][$s$]时对应商店 $i-1$ 的分配人数。显然如果商店的个数为 0，无论增加多少员工，总增收一定为 0，即 dp[0][$j$]=0($0\leqslant j\leqslant n$)。

现在考虑求 dp[$i$][$s$]，商店 0～商店 $i-1$ 共分配 $s$ 名新员工，显然商店 $i-1$ 在理论上讲可以分配 $j(0\leqslant j\leqslant s)$名新员工，商店 $i-1$ 分配 $j$ 名新员工时的增收为 $v[i-1][j]+$ dp[$i-1$][$s-j$]，则最大增收为 $\max\limits_{0\leqslant s\leqslant n,\ 0\leqslant j\leqslant s}\{v[i-1][j]+\text{dp}[i-1][s-j]\}$。对应的状态转移方程如下：

$$\text{dp}[0][j]=0 \qquad \text{边界条件}(0\leqslant j\leqslant n)$$

$$\text{dp}[i][s]=\max_{0\leqslant s\leqslant n,\ 0\leqslant j\leqslant s}\{v[i-1][j]+\text{dp}[i-1][s-j]\} \qquad \text{其他}$$

$$\text{pnum}[i][s]=\text{dp}[i][s]\text{取最大值的 } j$$

在求出 dp 数组后，dp[$m$][$n$]就是最终的最优增收。将 dp 和 pnum 数组设置为全局变量，对应的算法如下：

```
vector<vector<int>> dp;                            //二维动态规划数组
vector<vector<int>> pnum;                          //分配人数
int plan(int m, int n, vector<vector<int>> &v) {   //求 dp 和 pnum
    dp=vector<vector<int>>(m+1, vector<int>(n+1,0));
    pnum=vector<vector<int>>(m+1, vector<int>(n+1,0));
    for (int j=0;j<=n;j++)                         //置边界条件
        dp[0][j]=0;
    for (int i=1;i<=m;i++) {
```

```
        for (int s=0;s<=n;s++) {
            int maxf=0,maxj=0;
            for (int j=0;j<=s;j++) {
                if ((v[i-1][j]+dp[i-1][s-j])> maxf) {
                    maxf=v[i-1][j]+dp[i-1][s-j];
                    maxj=j;
                }
            }
            dp[i][s]=maxf;
            pnum[i][s]=maxj;
        }
    }
    return dp[m][n];
}
```

可以从 pnum[$m$][$n$]开始推导出各个商店分配的人数,用 vector<int>容器 $x$ 存放各个商店分配的人数。对应的算法如下:

```
vector<int> getx(int m, int n) {                  //求一个最优分配方案
    vector<int> x;                                //存放一个最优分配方案
    int s=pnum[m][n];
    x.push_back(s);
    int r=n-s;                                    //r 为余下的人数
    for (int k=m;k>1;k--) {
        s=pnum[k-1][r];                           //求下一个阶段分配的人数
        x.push_back(s);
        r=r-s;                                    //余下的人数递减
    }
    reverse(x.begin(),x.end());                   //逆置 x
    return x;
}
```

求解资源分配问题的算法如下:

```
void solve(int m, int n, vector<vector<int>> &v) {
    int ans=plan(m,n,v);
    vector<int> x=getx(m,n);
    printf("求解结果\n");
    printf(" 分配方案:\n");
    for(int i=0;i<x.size();i++)
    printf("商店%d 分配%d 人\n",i,x[i]);
    printf(" 总增收%d\n",dp[m][n]);
}
```

针对表 7.2 所示的实例,上述算法的执行结果如下:

```
求解结果
分配方案:
    商店 0 分配 2 人
    商店 1 分配 2 人
    商店 2 分配 1 人
总增收 21
```

**plan 算法分析**:该算法包含 3 重 for 循环,对应的时间复杂度为 $O(m\times n^2)$,空间复杂度为 $O(m\times n)$。

扫一扫

视频讲解

【例 7.5】 盈利计划(LintCode1607★★★)。共有 $g$ ($1\leqslant g\leqslant 100$)名人员计划完成 $m$($1\leqslant m\leqslant 100$)个活动,给出两个长度均为 $m$ 的数组 groups ($1\leqslant$group[$i$]$\leqslant 100$)和 profit($0\leqslant$ profit[$i$]$\leqslant 100$),它们的含义是活动 $i$ 需要投入 groups[$i$]个人员可以获得 profit[$i$]的盈利。

每个人只能参加一个活动。为了获得至少 $p$ 的盈利，求有多少种方案可以选择。因为答案很大，所以答案要对 $10^9+7$ 取模。例如，$g=5$，$p=3$，group=\{2,2\}，profit=\{2,3\}，答案为 2，解释如下，共有两个活动，5 个人，要产生至少 3 的盈利，方案 1 是参加全部活动(需要的人数为 4)，盈利为 5；方案 2 是参加活动 1(需要的人数为 2)，盈利为 3。要求设计如下成员函数：

```
int profitableSchemes(int g, int p, vector<int> &group, vector<int> &profit) { }
```

**解** 假设 $m$ 个活动的编号为 $0\sim m-1$，设置一个三维动态规划数组 dp，其中 dp[$i$][$s$][$j$] 表示在前 $i$ 个活动中选择了 $s$ 个人并且盈利至少为 $j$ 的方案总数。在不考虑取模运算的情况下，满足要求的方案数 ans 为 $\sum_{s=0}^{g}\text{dp}[m][s][p]$。

初始化 dp 数组的元素为 0，显然有 dp[0][0][0]=1。现在求 dp[$i$][$s$][$j$]。

(1) 若 $s<$group[$i-1$]，说明人员数目不够，不能做活动 $i-1$，则有 dp[$i$][$s$][$j$]=dp[$i-1$][$s$][$j$]。

(2) 若 $s\geqslant$group[$i-1$]，有两种子情况：

① 不做活动 $i-1$，与(1)相同，dp[$i$][$s$][$j$]=dp[$i-1$][$s$][$j$]。

② 做活动 $i-1$，dp[$i$][$s$][$j$]=dp[$i-1$][$s-$group[$i-1$]][$j-$profit[$i-1$]]。考虑边界条件，当 $j-$profit[$i-1$]$<0$ 时出现下标的溢出，而 $j-$profit[$i-1$]$<0$ 说明目标盈利为负数，或者说明当前盈利超过了 $j$，题目中要求目标盈利至少为 $k$，当然包含目标盈利大于 $k$ 的情况，也就是说 $j-$profit[$i-1$]$<0$ 的情况是合法的，只需要将其看成 0 即可(相当于负数平移到 0 的位置，假设 k1=|$j-$profit[$i-1$]|，对应的目标盈利至少为 k1+$k$，满足题目的条件)，采用的操作是将第 3 维由 $j-$profit[$i-1$]改为 max(0,$j-$profit[$i-1$])。

上述两种子情况都是针对条件为 $s\geqslant$group[$i-1$]，采用加法原理合并起来得到 dp[$i$][$s$][$j$]=dp[$i-1$][$s$][$j$]+dp[$i-1$][$s-$group[$i$]][max(0,$j-$profit[$i-1$])]。对应的状态转移方程如下：

dp[$i$][$s$][$j$]=dp[$i-1$][$s$][$j$]　　　　当 $s<$group[$i-1$]时

dp[$i$][$s$][$j$]=dp[$i-1$][$s$][$j$]+dp[$i-1$][$s-$group[$i$]][max(0,$j-$profit[$i-1$])]　　　　其他

在求出 dp 数组后，由其计算出 ans 并且返回 ans 即可，在计算中考虑对 $10^9+7$ 取模的情况。

扫一扫

源程序

由于 dp[$i$][ * ][ * ]仅与 dp[$i-1$][ * ][ * ]有关，所以本题可以用二维动态规划解决，如图 7.25 所示，对于最小盈利为 0 的情况，无论在当前活动中投入多少人员总能提供一种方案，所以初始化 dp[$i$][0]=1。此外，降维之后 dp 数组的遍历顺序应为逆序，与 0/1 背包

dp[$i-1$][$s-$group[$i-1$]][max(0, $j-$profit[$i-1$])]→dp[$s-$group[$i-1$]][max(0, $j-$profit[$i-1$])]

dp[$i-1$]　…　　…　$s,j$　dp[$i-1$][$s$][$j$]→dp[$s$][$j$]

更新前的值

dp[$i$]　…　$s,j$　dp[$i-1$][$s$][$j$]→dp[$s$][$j$]

⇦ $s$ 求值方向

图 7.25　优化算法中的 dp

扫一扫

源程序

问题降维的解法类似，因为这样才能保证求 dp[$s$][$j$] 时用到的 dp[$s-$group[$i-1$]][max(0,$j-$profit[$i-1$])]是本阶段的初始值(确保每个人只能参加一个活动)，而正序遍历则会改写该值。

## 7.11 旅行商问题

问题描述：问题描述参见 3.10 节，这里采用动态规划法求解。

扫一扫

视频讲解

**解** 该问题的递归模型见 4.8 节，其中 $f(V,i)$ 表示从起点 $s$ 出发经过 $V$ 中全部顶点到达顶点 $i(i\notin V)$ 的最短路径长度，所以递归出口是 $f(\{\},i)=A[s][i]$。这里假设起点 $s=0$，操作过程改为从 $V$ 中取出顶点 $i$，置 $V1=V-\{i\}$，尝试以 $V1$ 中的每个顶点 $j$ 作为一个子问题，所以递归出口是 $V$ 中只有一个顶点 $i$ 时对应的路径长度，即 $A[0][i]$。

设置二维动态规划数组 dp，其中 dp[$V$][$i$]表示从起点 0 出发经过 $V$ 中的全部顶点到达顶点 $i(i\in V)$ 的最短路径长度。首先将 dp 中的所有元素初始化为∞，当 $V$ 中只有一个顶点 $i$ 时置 dp[$V$][$i$]$=A[0][i]$。对应的状态转移方程如下：

$$\mathrm{dp}[V][i]=A[0][i] \qquad \text{当 } V=\{i\} \text{ 时}(1\leqslant i<n)$$

$$\mathrm{dp}[V][i]=\min_{i\in V\text{且}j\in V}\{\mathrm{dp}[V-\{i\}][j]+A[j][i]\} \qquad \text{其他}$$

由于 $V$ 是一个顶点集合(可能包含 $1\sim n-1$ 中的若干顶点)，不能直接作为数组的下标，所以采用状态压缩方式，将 $V$ 改为十进制数，在对应的二进制数中用位序 $i$ 的值表示是否包含顶点 $i+1$。例如，$V=11$，对应的二进制数是$[1011]_2$，位序 0 的位值是 1 说明包含顶点 1，位序 1 的位值是 1 说明包含顶点 2，位序 3 的位值是 1 说明包含顶点 4，如图 7.26 所示，$V$ 表示的顶点集合是{1,2,4}。

| $V$ 的二进制位序： | 3 | 2 | 1 | 0 |
|---|---|---|---|---|
| $V$ 的二进制位值： | **1** | 0 | **1** | **1** |
| $V$ 中的顶点： | 4 | | 2 | 1 |

图 7.26 $V=11$ 表示的顶点集合为{1,2,4}

在这样的表示方式中几个基本的位操作如下。

(1) 置 $V$ 为包含 $1\sim n-1$ 中的全部顶点：$V=(1<<(n-1))-1$。例如 $n=4$，$V=7=[111]_2$，表示 $V$ 包含顶点 1、2、3。

(2) 判断 $V$ 中是否包含顶点 $j$：若$(V\ \&\ (1<<(j-1)))!=0$，说明 $V$ 的二进制位序 $j-1$ 的位值为 1，即 $V$ 中包含顶点 $j$，否则不包含顶点 $j$。

(3) 从 $V$ 中删除顶点 $j$ 得到 $V1$：$V1=V\hat{}(1<<(j-1))$，即将 $V$ 的二进制位序 $j-1$ 的位值由 1 改为 0。

通过 $V$ 枚举所有的顶点集，即 $V$ 从 0 到 $2^{n-1}-1$，从而求出 dp 数组，那么 min{dp[{1,2,…,$n-1$}][$i$]$+A[i][0]$}即为所求。对于图 3.14 所示的 4 城市的道路图，起点和终点均为 0 的求解过程如下：

① $V=0=[000]_2$，即 $V=\{\}$，没有考虑任何顶点。

② $V=1=[001]_2$，即 $V=\{1\}$

　$i=1$⇨$V1=\{\}$，dp[$V1$][1]$=A[0][1]=8$

③ $V=2=[010]_2$，即 $V=\{2\}$

　$i=2$⇨$V1=\{\}$，dp[$V1$][2]$=A[0][2]=5$

④ $V=3=[011]_2$，即 $V=\{1,2\}$

$i=1$⇨$V1=\{2\}$：$j=2$，$dp[V1][1]=min\{dp[2][2]+A[2][1]\}=14$

$i=2$⇨$V1=\{1\}$，$j=1$，$dp[V1][2]=min\{dp[1][1]+A[1][2]\}=16$

⑤ $V=4=[100]_2$，即 $V=\{3\}$

$i=3$⇨$V1=\{\}$，$dp[V1][3]=A[0][3]=36$

⑥ $V=5=[101]_2$，即 $V=\{1,3\}$

$i=1$⇨$V1=\{3\}$，$j=3$，$dp[V1][1]=min\{dp[4][3]+A[3][1]\}=43$

$i=3$⇨$V1=\{1\}$，$j=1$，$dp[V1][3]=min\{dp[1][1]+A[1][3]\}=13$

⑦ $V=6=[110]_2$，即 $V=\{2,3\}$

$i=2$⇨$V1=\{3\}$，$j=3$，$dp[V1][2]=min\{dp[4][3]+A[3][2]\}=44$

$i=3$⇨$V1=\{2\}$，$j=2$，$dp[V1][3]=min\{dp[2][2]+A[2][3]\}=10$

⑧ $V=7=[111]_2$，即 $V=\{1,2,3\}$

$i=1$⇨$V1=\{2,3\}$，$j=2$，$dp[V1][1]=min\{dp[6][2]+A[2][1]\}=53$

$i=1$⇨$V1=\{2,3\}$，$j=3$，$dp[V1][1]=min\{dp[6][3]+A[3][1]\}=17$

$i=2$⇨$V1=\{1,3\}$，$j=1$，$dp[V1][2]=min\{dp[5][1]+A[1][2]\}=51$

$i=2$⇨$V1=\{1,3\}$，$j=3$，$dp[V1][2]=min\{dp[5][3]+A[3][2]\}=21$

$i=3$⇨$V1=\{1,2\}$，$j=1$，$dp[V1][3]=min\{dp[3][1]+A[1][3]\}=19$

$i=3$⇨$V1=\{1,2\}$，$j=2$，$dp[V1][3]=min\{dp[3][2]+A[2][3]\}=19$

算法执行的最终结果($V=[111]_2=7$)为 $ans=min\{dp[7][1]+A[1][0], dp[7][2]+A[2][0], dp[7][3]+A[3][0]\}=\{23,29,26\}=23$。

由 dp 推导最短路径 minpath 的过程：$V=(1<<(n-1))-1$(含除了 0 以外的其他顶点)，找到最小的 dp[$V$][minj]，将 minj 添加到 minpath 中；从 $V$ 中删除顶点 minj，查找不为 0 的最小 dp[$V$][minj]，将 minj 添加到 minpath 中。这样重复执行，直到 $V=0$。minpath 中存放的是一条逆路径，逆置后得到一条正向最短路径(不含起点和终点 $s$)。

当起点 $s$ 不是顶点 0 时，可以先将顶点 0 与顶点 $s$ 交换(在邻接矩阵 **A** 中将第 $s$ 行与第 0 行交换，第 $s$ 列与第 0 列交换)，然后按照起点为 0 的方式求解。对应的动态规划算法如下：

```
bool inset(int V, int j) {                              //判断顶点 j 是否在 used 中
    return (V & (1<<(j-1)))!=0;
}
int delj(int V, int j) {                                //从 V 中删除顶点 i 得到 V1
    return V^(1<<(j-1));
}
vector<vector<int>> dp;                                 //二维动态规划数组
int TSP(vector<vector<int>> &A) {                       //求 TSP 所有解的路径长度
    int n=A.size();                                     //n 为顶点个数减 1(除了起点 0)
    dp=vector<vector<int>>(1<<n, vector<int>(n, INF));
    dp[0][0]=0;
    for(int V=1;V<(1<<(n-1));V++) {
        for(int i=1;i<n;i++) {                          //顶点 i 从 1 到 n-1 循环
            if(inset(V,i)) {                            //顶点 i 在 V 中
                if(V==(1<<(i-1))) {                     //V 中只有一个顶点 i
                    dp[V][i]=min(dp[V][i], A[0][i]);
                }
                else {                                  //V 中有多个顶点
                    int V1=delj(V,i);                   //从 V 中删除顶点 i 得到 V1
```

```
                    for(int j=1;j<n;j++) {
                        if(inset(V1,j)){              //处理 V1 中的每一个顶点 j
                            dp[V][i]=min(dp[V][i],dp[V1][j]+A[j][i]);
                        }
                    }
                }
            }
        }
    }
    int ans=INF;
    for(int i=1;i<n;i++)                              //求 TSP 路径长度
        ans=min(ans,dp[(1<<(n-1))-1][i]+A[i][0]);
    return ans;
}
vector<int> getx(vector<vector<int>> &A) {            //求一条最短路径
    int n=A.size();
    int minpathlen=INF;                               //存放最短路径长度
    vector<int> minpath;                              //存放最短路径(逆向)
    int V=(1<<(n-1))-1,minj;
    for(int j=1;j<n;j++) {                            //求最短路径长度
        if (minpathlen>dp[V][j]+A[j][0]) {
            minpathlen=dp[V][j]+A[j][0];
            minj=j;
        }
    }
    while (V!=0) {                                    //求最短路径
        minpath.push_back(minj);
        V=delj(V,minj);                               //从 V 中删除顶点 minj
        int mindp=INF;
        for (int i=1;i<n;i++) {                       //求 dp[V]中不为 0 的最小 dp[V][minj]
            if (dp[V][i]!=0 && dp[V][i]<mindp) {
                mindp=dp[V][i];
                minj=i;
            }
        }
    }
    reverse(minpath.begin(),minpath.end());
    return minpath;
}
void solve(vector<vector<int>> &A,int s) {            //求解算法
    int n=A.size();
    printf("起始点终点为%d 的求解结果\n",s);
    if(s!=0) {                                        //若起始点不是 0
        for(int j=0;j<n;j++)                          //第 s 行与第 0 行交换
            swap(A[s][j],A[0][j]);
        for(int i=0;i<n;i++)                          //第 s 列与第 0 列交换
            swap(A[i][s],A[i][0]);
        printf("  路径长度: %d\n",TSP(A));
        vector<int> minpath=getx(A);
        printf("  路 径: %d",s);
        for(int i=0;i<minpath.size();i++) {
            if(minpath[i]==s) printf("->0");
            else printf("->%d",minpath[i]);
        }
        printf("->%d\n",s);
    }
    else {                                            //起始点为 0 的情况
        printf("  路径长度: %d\n",TSP(A));
        vector<int> minpath=getx(A);
        printf("  路 径: 0");
```

```
            for(int i=0;i<minpath.size();i++)
                printf("->%d",minpath[i]);
            printf("->0\n");
        }
    }
```

扫一扫

视频讲解

TSP 算法分析：若图中有 $n$ 个顶点，该算法主要含 3 重循环，第一重循环需要操作 $\{1,2,\cdots,n-1\}$ 的每个子集，执行时间为 $O(2^{n-1})$，后面两重循环的执行时间为 $O(n^2)$，所以算法的时间复杂度为 $O(n^2\times 2^n)$。

【例 7.6】 旅行计划(LintCode1891★★)。问题描述参见第 3 章中的例 3.9，这里采用动态规划法求解。

扫一扫

源程序

解 采用与前面用动态规划法求解旅行商问题完全相同的思路，这里设置起始顶点 $s=0$。

## 7.12 最少士兵数问题

本节通过最少士兵数示例讨论树形动态规划问题及其求解方法，所谓树形动态规划是指动态规划中各个阶段之间的关系形成一棵树。利用各阶段之间的关系，从叶子结点开始逐步向上一层推进直到根结点，从而求出问题的最优解。树结构通常由根结点标识，所以一般采用递归深度优先搜索方式，先从根结点递推到叶子结点得到其解，然后在回退时求出各个分支结点对应的解。

扫一扫

视频讲解

问题描述：(POJ1463，时间限制为 2000ms，空间限制为 10 000KB)：有一座中世纪的城市，其道路构成一棵树，为了保卫城市，必须在道路结点上放置一定数量的士兵(每个结点处最多只能放置一个士兵)，以便他们可以观察所有边缘。给定一棵树，求需要放置的最少士兵数。例如，对于如图 7.27 所示的一棵树，答案为 1，即最少在结点 1 放置一个士兵，这样可以观察所有边缘。

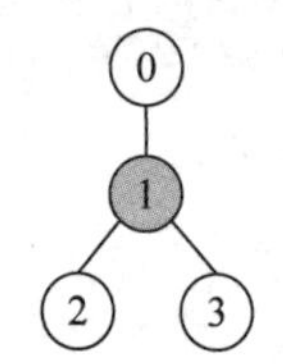

图 7.27 一棵树

输入格式：输入包含多个测试用例。每个测试用例代表一棵树，其描述如下：第一行是结点个数 $n$($0<n\leqslant 1500$，$n$ 个结点编号为 $0\sim n-1$)，接下来 $n$ 行，每行的格式为“结点编号(子结点个数 $m$) 子结点 1 编号 子结点 2 编号… 子结点 $m$ 编号”或者“结点编号(子结点个数 0)”。每行输入中的子结点个数不会超过 10，每条边在输入数据中只出现一次。

输出格式：对于每个测试用例输出一行，其中包含一个表示最少士兵数的整数。

输入样例：

```
4
0:(1) 1
1:(2) 2 3
2:(0)
3:(0)
5
3:(3) 1 4 2
```

```
1:(1) 0
2:(0)
0:(0)
4:(0)
```

输出样例：

```
1
2
```

**解** 这里的城市由 $n$ 个结点构成，编号分别为 $0\sim n-1$，给出若干连接结点的道路，整个城市构成一棵树结构（有根树）。城市图采用邻接表 $G$ 存储，即 $G[i](0\leqslant i\leqslant n-1)$存放顶点 $i$ 的全部子结点的编号。为了求出哪个结点是根结点，设置一个 parent 数组，其中 parent[$i$]=$j$ 表示结点 $i$ 的双亲为 $j$，初始时 parent 数组的元素均置为 $-1$，当输入结束后，从任意一个结点出发找到双亲，直到 parent[root]为 $-1$，则 root 就是根结点。

设置二维动态规划数组 dp，其中 dp[$i$][1]表示在结点 $i$ 上放置一个士兵时以该结点为根的子树所需的最少士兵数，dp[$i$][0]表示在结点 $i$ 上不放置士兵时以该结点为根的子树所需的最少士兵数。对于以 root 为根的树，采用深度优先搜索方式，先求出其所有子树的 dp，现在考虑根结点 root 的两种情况。

(1) 若在根结点 root 上放置一个士兵，该士兵可以观察到根结点 root 到每个子结点的边缘，如图 7.28(a)所示，则它的每一个子结点可以放置一个士兵，也可以不放置士兵，在两种子情况中取最小值，即：

$$\mathrm{dp}[\mathrm{root}][1]=1+\sum_{\mathrm{son}\in G[\mathrm{root}]}\min\{\mathrm{dp}[\mathrm{son}][1],\mathrm{dp}[\mathrm{son}][0]\}$$

(2) 若在根结点 root 上不放置士兵，则它的每一个子结点必须放置一个士兵，这样才能从每个子结点位置的士兵观察到该子结点到根结点 root 的边缘，如图 7.28(b)所示，即：

$$\mathrm{dp}[\mathrm{root}][0]=0+\sum_{\mathrm{son}\in G[\mathrm{root}]}\mathrm{dp}[\mathrm{son}][1]$$

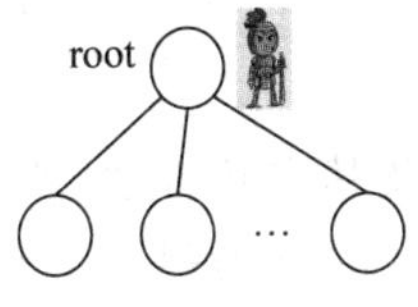


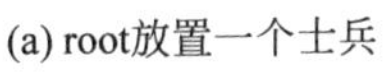
(a) root放置一个士兵

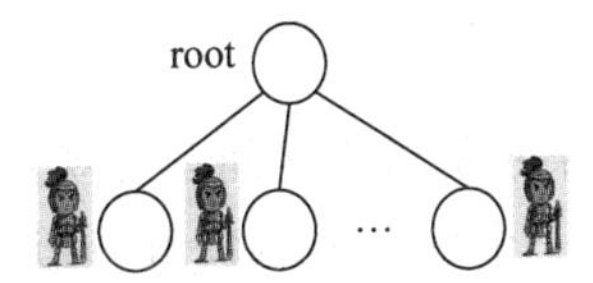


(b) root不放置士兵

图 7.28 root 位置的两种情况

在求出 dp 数组后，min(dp[root][0],dp[root][1])就是以 root 结点为根的树中的最少士兵数，返回该结果即可。对应的程序如下：

```
#include<iostream>
#include<vector>
#include<cstring>
using namespace std;
const int MAXN=1510;
vector<int> G[MAXN];                    //邻接表
int parent[MAXN];                       //双亲数组
int dp[MAXN][2];                        //二维动态规划数组
void dfs(int root) {                    //深度优先搜索
    int m=G[root].size();
    for(int i=0;i<m;i++) {
```

```
        dfs(G[root][i]);
    }
    dp[root][0]=0;
    dp[root][1]=1;
    for(int i=0;i<m;i++) {
        dp[root][1]+=min(dp[G[root][i]][1],dp[G[root][i]][0]);
        dp[root][0]+=dp[G[root][i]][1];
    }
}
int main() {
    int n,m,fa,son;
    while(scanf("%d",&n)!=EOF) {
        memset(parent,0xff,sizeof(parent));                //初始化为-1
        for(int i=1;i<=n;i++) {
            scanf("%d:(%d)",&fa,&m);
            G[fa].clear();
            while(m--) {
                scanf("%d",&son);
                G[fa].push_back(son) ;
                parent[son]=fa;                             //置 son 的双亲为 fa
            }
        }
        int root=1;
        while(parent[root]!=-1)                             //找到根结点的编号 root
            root=parent[root];
        dfs(root);
        int ans=min(dp[root][0],dp[root][1]);
        printf("%d\n",ans);
    }
    return 0;
}
```

上述程序提交时通过，执行用时为 375ms，内存消耗为 272KB。

## 7.13 矩阵连乘问题

本节通过矩阵连乘示例讨论区间动态规划问题及其求解方法，所谓区间动态规划就是采用动态规划方法求一个区间的最优解，通过将大区间分为很多个小区间，先求小区间的解，然后合并成大区间的解，继而得出最终的最优解。

扫一扫

视频讲解

**问题描述**：假设 $\boldsymbol{A}$ 是 $p\times q$ 矩阵，$\boldsymbol{B}$ 是 $q\times r$ 矩阵，在计算 $\boldsymbol{C}=\boldsymbol{A}\times\boldsymbol{B}$ 的标准算法中需要做 $pqr$ 次数乘。给定 $n(n>2)$ 个矩阵 $\boldsymbol{A}_1$、$\boldsymbol{A}_2$、……、$\boldsymbol{A}_n$，其中 $\boldsymbol{A}_i$ 和 $\boldsymbol{A}_{i+1}(1\leqslant i\leqslant n-1)$ 是可乘的，求这 $n$ 个矩阵的乘积 $\boldsymbol{A}_1\times\boldsymbol{A}_2\times\cdots\times\boldsymbol{A}_n$ 时最少的数乘次数是多少？

**解** 由于矩阵乘法满足结合律，所以计算 $\boldsymbol{A}_1\times\boldsymbol{A}_2\times\cdots\times\boldsymbol{A}_n$ 时有许多不同的计算次序，这种计算次序可以通过加括号来表示，若一个矩阵连乘的计算次序完全确定，也就是说该连乘已经完全加括号，则可以依此次序反复调用两个矩阵相乘的标准算法计算出矩阵连乘的结果。例如，$n=3$ 时，$\boldsymbol{A}_1$、$\boldsymbol{A}_2$ 和 $\boldsymbol{A}_3$ 的大小分别为 $10\times100$、$100\times50$ 和 $50\times5$，计算 $\boldsymbol{A}_1\times\boldsymbol{A}_2\times\boldsymbol{A}_3$ 有两种不同的完全加括号(计算次序)方式。

方式 1：$((\boldsymbol{A}_1\times\boldsymbol{A}_2)\times\boldsymbol{A}_3)$

方式 2：$(\boldsymbol{A}_1\times(\boldsymbol{A}_2\times\boldsymbol{A}_3))$

不同的计算次序对应的数乘次数可能不同，在方式 1 中，首先计算 $\boldsymbol{A}_{12}=\boldsymbol{A}_1\times\boldsymbol{A}_2$，数乘次数为 10×100×50=50 000，$\boldsymbol{A}_{12}$ 的大小为 10×50，再计算 $\boldsymbol{A}_{12}\times\boldsymbol{A}_3$，数乘次数为 10×50×5=2500，总数乘次数为 52 500。而在方式 2 中，首先计算 $\boldsymbol{A}_{23}=\boldsymbol{A}_2\times\boldsymbol{A}_3$，数乘次数为 100×50×5=25 000，$\boldsymbol{A}_{23}$ 的大小为 100×5，再计算 $\boldsymbol{A}_1\times\boldsymbol{A}_{23}$，数乘次数为 10×100×5=5000，总数乘次数为 30 000。从中看出方式 2 的数乘次数仅是方式 1 的数乘次数的 57%，所以方式 2 比方式 1 更优。为了简单，用一维数组 $p[0..n]$(共 $n+1$ 个元素)表示 $n$ 个矩阵的大小，其中 $p[0]$表示 $\boldsymbol{A}_1$ 的行数，$p[i]$表示 $\boldsymbol{A}_i(1\leqslant i\leqslant n)$的列数，例如前面 3 个矩阵对应的 $p[0..3]=\{10,100,50,5\}$。实际上每加上一个括号就是做一次两个矩阵相乘的标准算法，用 $A[i..j]$ 表示 $\boldsymbol{A}_i\times\cdots\times\boldsymbol{A}_j$ 的连乘结果(例如 $A[2..2]$表示矩阵 $\boldsymbol{A}[2]$，$A[2..3]$表示$\boldsymbol{A}[2]\times\boldsymbol{A}[3]$的结果)，显然 $A[i..j]$是一个 $p[i-1]\times p[j]$大小的矩阵。

采用区间动态规划方法求解，设计二维动态规划数组 dp$[n+1][n+1]$，其中 dp$[i][j]$ 表示计算 $A[i..j]$(或者说是矩阵 $i$ 到矩阵 $j$ 区间内的若干矩阵相乘)需要的最少数乘次数，初始时设置 dp 的所有元素为 0。

用区间长度 len 枚举所有的区间$[i..j]$(len 从 2 开始逐步递增，不同的 len 对应的区间一定是不同的)，如图 7.29 所示，再枚举该区间中的每个位置 $m$ ($m$ 称为分隔点，$i\leqslant m<j-1$)，即在 $A_m$ 之后做一次矩阵相乘，其中 $A[i..m]$是一个 $p[i-1]\times p[m]$ 大小的矩阵，对应的最少数乘次数为 dp$[i][m]$，$A[m+1..j]$是一个 $p[m]\times p[j]$大小的矩阵，对应的最少数乘次数为 dp$[m+1][j]$，而本次矩阵相乘的数乘次数为 $p[i-1]\times p[m]\times p[j]$，所以在分隔点为 $m$ 时的最少数乘次数为 dp$[i][m]+$ dp$[m+1][j]+$ $p[i-1]\times p[m]\times p[j]$，然后在所有分隔点得到的结果中取最小值得到 dp$[i][j]$，因此有：

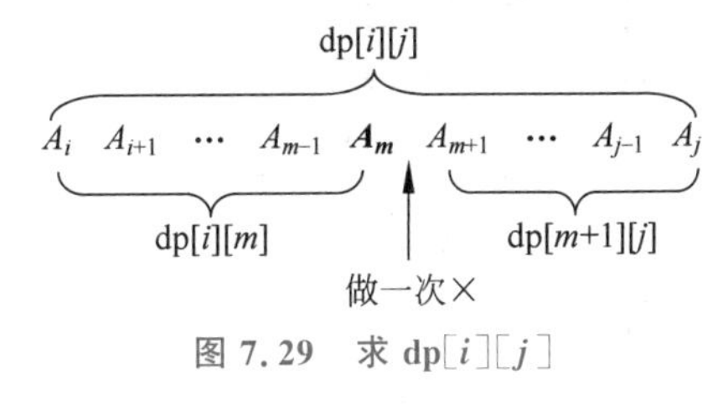


图 7.29　求 dp$[i][j]$

$$\mathrm{dp}[i][j]=\min_{i\leqslant m<j}\{\mathrm{dp}[i][m]+\mathrm{dp}[m+1][j]+p[i-1]\times p[m]\times p[j]\}$$

另外设计一个二维数组 $s[n+1][n+1]$，其中 $s[i][j]$表示 dp$[i][j]$取最小值时的分隔点。在求出 dp 数组后，dp$[1][n]$就是最少数乘次数。对应的求最少数乘次数和计算次序的算法如下：

```
vector<vector<int>> dp;                              //二维动态规划数组
vector<vector<int>> s;                               //存放最优分隔点
void matrixchain(int p[],int n) {                    //求 dp 和 s
    for (int len=2;len<=n;len++) {                   //按长度 len 枚举区间[i,j]
        for (int i=1;i+len-1<=n;i++) {
            int j=i+len-1;
            dp[i][j]=dp[i+1][j]+p[i-1] * p[i] * p[j];
            s[i][j]=i;
            for (int m=i+1;m<j;m++) {                //枚举分隔点 m(不包含 i 和 j)
                int tmp=dp[i][m]+dp[m+1][j]+p[i-1] * p[m] * p[j];
                if(tmp<dp[i][j]) {
                    dp[i][j]=tmp;
                    s[i][j]=m;
                }
            }
        }
    }
}
```

```
}
void getx(int i,int j) {                    //构造一个最优解
    if(i==j) return;
    getx(i,s[i][j]);
    getx(s[i][j]+1,j);
    printf(" A[%d..%d] × A[%d..%d]\n",i,s[i][j],s[i][j]+1,j);
}
void solve(int p[],int n) {                 //求解算法
    dp=vector<vector<int>>(n+1,vector<int>(n+1,0));
    s=vector<vector<int>>(n+1,vector<int>(n+1));
    matrixchain(p,n);
    printf("矩阵最优计算次序:\n");
    getx(1,n);
    printf("最少数乘次数=%d\n",dp[1][n]);
}
```

例如，$n=6$，矩阵分别是 $A_1[30\times35]$、$A_2[35\times15]$、$A_3[15\times5]$、$A_4[5\times10]$、$A_5[10\times20]$、$A_6[20\times25]$，即 $p=\{30,35,15,5,10,20,25\}$，调用 solve(p,n)的输出结果如下：

```
矩阵最优计算次序:
    A[2..2] × A[3..3]
    A[1..1] × A[2..3]
    A[4..4] × A[5..5]
    A[4..5] × A[6..6]
    A[1..3] × A[4..6]
最少数乘次数=15125
```

其中 dp 的计算顺序如图 7.30(a)所示，该顺序称为**对角线枚举**，求出数组 dp 的结果如图 7.30(b)所示，dp[1][6]=15 125，则最少数乘次数是 15 125。求出数组 $s$ 的结果如图 7.30(c)所示，由于 $s[1][6]=3$，说明最后一步的计算是 $A[1..3]\times A[4..6]$，考虑 $A[1..3]$，由于 $s[1][3]=1$，说明计算 $A[1..3]$的最后一步是 $A[1..1]\times A[2..3]$，所以计算 $A[1..3]$的顺序是 $\boldsymbol{A}_1\times(\boldsymbol{A}_2\times\boldsymbol{A}_3)$。再考虑 $A[4..6]$，由于 $s[4][6]=5$，说明计算 $A[4..6]$的最后一步是 $A[4..5]\times A[6..6]$，所以计算 $A[4..6]$的顺序是$(\boldsymbol{A}_4\times\boldsymbol{A}_5)\times\boldsymbol{A}_6$。再加上最后一步得到对应的一种计算次序是$((\boldsymbol{A}_1\times(\boldsymbol{A}_2\times\boldsymbol{A}_3))\times((\boldsymbol{A}_4\times\boldsymbol{A}_5)\times\boldsymbol{A}_6))$。

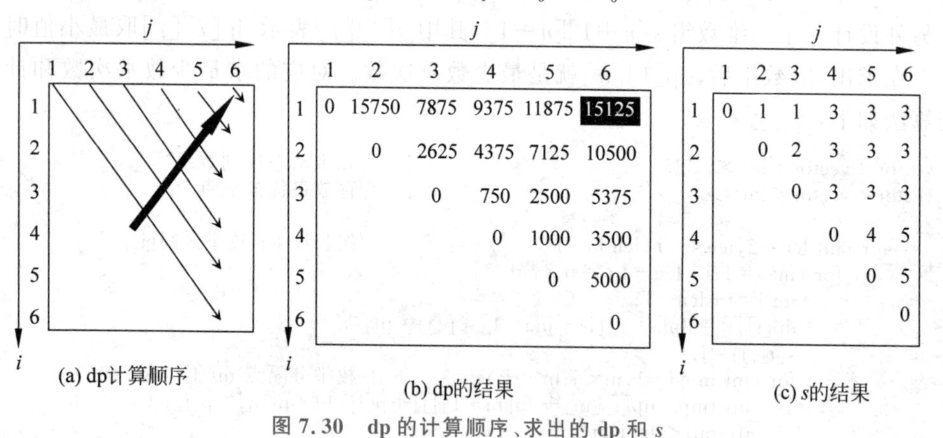


图 7.30　dp 的计算顺序、求出的 dp 和 $s$

**matrixchain 算法分析**：该算法中包含三重循环，时间复杂度为 $O(n^3)$，空间复杂度为 $O(n^2)$。

思考题：按以下两种方式修改 matrixchain 算法是否能得到正确的结果？

(1) 将区间枚举改为按行从上到下、每行从左到右的顺序求值，对应的算法如下：

```
void matrixchain(int p[],int n) {                         //求 dp 和 s
    for(int i=1;i<=n;i++) {
        for(int j=i+1;j<=n;j++) {
            dp[i][j]=dp[i+1][j]+p[i-1]*p[i]*p[j];
                s[i][j]=i;
                for (int m=i+1;m<j;m++) {             //枚举分隔点 m
                int tmp=dp[i][m]+dp[m+1][j]+p[i-1]*p[m]*p[j];
                if(tmp<dp[i][j]) {
                    dp[i][j]=tmp;
                    s[i][j]=m;
                }
            }
        }
    }
}
```

(2) 将区间枚举改为按行自下而上、每行从左到右的顺序求值，对应的算法如下：

```
void matrixchain(int p[],int n) {                         //求 dp 和 s
    for(int i=n;i>=1;i--) {
        for(int j=i+1;j<=n;j++) {
            if(j>=i+1) {                                  //区间长度至少为 2
                dp[i][j]=dp[i+1][j]+p[i-1]*p[i]*p[j];
                s[i][j]=i;
                for (int m=i+1;m<j;m++) {             //枚举分隔点 m
                    int tmp=dp[i][m]+dp[m+1][j]+p[i-1]*p[m]*p[j];
                    if(tmp<dp[i][j]) {
                        dp[i][j]=tmp;
                        s[i][j]=m;
                    }
                }
            }
        }
    }
}
```

## 7.14 练 习 题

1. 简述动态规划法的应用场景。

2. 什么是最优性原理？举一个最优性原理成立的例子和一个最优性原理不成立的例子。

3. 说明动态规划求解的问题必须具有最优子结构性质。

4. 什么是无后效性？举一个无后效性成立的例子和一个无后效性不成立的例子。

5. 简述动态规划法和分治法的异同。

6. 简述动态规划法和备忘录方法的不同。

7. 证明0/1背包问题具有最优子结构性质。

8. 给定一个整数序列 $a=\{2,-5,6,-3,5,6,-2\}$，求最大连续子序列和及其一个最大连续子序列。

9. 简要说明矩阵连乘问题具有最优子结构性质。

10. 一只袋鼠要从河这边跳到河对岸，河很宽，但是河中间打了很多桩子，每隔一米就有一个,每个桩子上都有一个弹簧,袋鼠跳到弹簧上就可以跳得更远,每个弹簧的力量不同,用一个数字代表它的力量,如果弹簧的力量为5,就代表袋鼠下一跳最多能够跳5米,如果为0,袋鼠就会陷进去无法继续跳跃。河流一共有 $n$ 米宽,袋鼠的初始位置就在第一个弹簧的上面,要跳到最后一个弹簧之后才算过河,给定每个弹簧的力量,用数组 $a$ 表示,求袋鼠最少需要多少跳才能够到达对岸。如果无法到达,输出-1。例如,$n=5$,$a=\{2,0,1,1,1\}$,答案为4。

11. 有一个小球掉落在一串连续的弹簧板上,小球落到某一个弹簧板上后会被弹到某一个地点,直到小球被弹到弹簧板以外的地方。假设有 $n$ 个连续的弹簧板,每个弹簧板占一个单位的距离,$a[i]$代表第 $i$ 个弹簧板会把小球向前弹 $a[i]$个距离,比如位置1的弹簧能让小球前进两个距离到达位置3。如果小球落到某个弹簧板上后,经过一系列弹跳会被弹出弹簧板,那么小球就能从这个弹簧板弹出来。设计一个算法求小球从任意一个弹簧板落下,最多被弹多少次后才会被弹出弹簧板。例如,$n=5$,$a=\{2,2,3,1,2\}$,答案为3。

12. 涂色问题。A觉得白色的墙面单调,决定给房间的墙面涂上颜色。A买了3种颜料,分别是红、黄、蓝,然后把房间的墙壁竖直地划分成 $n$ 个部分,A希望每个相邻的部分颜色不同,给定整数 $n$,设计一个算法,求一共有多少种给房间上色的方案。例如,$n=5$,则"蓝红黄红黄"就是一种合适的方案,由于墙壁是一个环形,所以"蓝红黄红蓝"是不合适的。

13. 拦截导弹问题。某国为了防御敌国的导弹袭击,开发出一种导弹拦截系统。这种导弹拦截系统有一个缺陷:虽然它的第一发炮弹能够到达任意高度,但是以后每一发炮弹都不能高于前一发的高度。某一天,雷达捕捉到有敌国的导弹来袭。由于该系统还在试用阶段,只有一套系统,因此不可能拦截所有的导弹。给定 $n$ 和导弹依次飞来的高度数组 $a$,设计一个算法求这套系统最多能拦截的导弹数和拦截所有导弹所需套数最少的拦截系统。例如,$n=8$,$a=\{389,207,155,300,299,170,158,65\}$,答案为6和2,第一次最多能拦截的导弹是{389,300,299,170,158,65},第二次拦截的导弹是{207,155}。

14. 给定两个字符串 $a$ 和 $b$,设计一个算法求它们的最长公共子串的长度。例如,$a=$"ababc",$b=$"cbaab",答案为2。

15. 结合7.6节的编辑距离问题,对于给定的两个字符串 $a$ 和 $b$,设计一个算法求将 $a$ 编辑为 $b$ 的编辑步骤。例如,$a=$"aabbcccd",$b=$"abcd",求解结果如下:

```
最少的字符操作次数: 4
操作步骤
    (1): 删除 a[0](a)
    (2): 删除 a[2](b)
    (3): 删除 a[4](c)
    (4): 删除 a[5](c)
```

16. 给出 $n$ 个任务的数据量 $a$,一种双核CPU的两个核能够同时处理任务,假设CPU的每个核一秒可以处理1KB数据,每个核同时只能处理一项任务,设计一个算法求让双核CPU处理完这批任务所需的最少时间。例如,$n=5$,$a=\{3,3,7,3,1\}$,答案为9。

17. 题目描述见3.11节的第12题,这里要求采用动态规划法求解。

18. 周年庆祝会问题。某大学举行一个庆祝会,该大学的员工呈现一个层次结构,这意味着构成一棵从校长A开始的主管关系树。为了让聚会的每个人都快乐,校长不希望员工及其直属主管同时出席,人事办公室给每个员工评估出一个快乐指数。给定人数为 $n$(人的编号为 1～$n$)，快乐指数用数组 $a$ 表示，人员关系用数组 leader={{$a$,$b$}}表示，其中 $b$ 是 $a$ 的直接主管，设计一个算法求出参加庆祝会的最大快乐指数和。例如，$n$=7，$a$={0,1,1,1,1,1,1,1}，leader={{1,3},{2,3},{6,4},{7,4},{4,5},{3,5}}，答案为 5。

19. 石子合并问题。有 $n$ 堆石子排成一排，每堆石子有一定的数量，用数组 $a$ 表示。现在要将 $n$ 堆石子合并成为一堆，在合并的过程中只能每次将相邻的两堆石子堆成一堆，每次合并花费的代价为这两堆石子的和，经过 $n-1$ 次合并后石子成为一堆。设计一个算法求总代价的最小值。例如，$n$=5，$a$={7,6,5,7,100}，答案是 175。

20. 有效括号字符串(LeetCode678★★)。给定一个只包含 3 种字符(即'('、')'和'*')的字符串 $s$($s$ 的长度在[1,100]内)，检验这个字符串是否为有效字符串。有效字符串具有如下规则：任何左括号必须有相应的右括号，任何右括号必须有相应的左括号，左括号必须在对应的右括号之前，'*'可以被视为单个右括号或单个左括号或一个空字符串。一个空字符串也被视为有效字符串。例如，$s$ 输入"(*)"，答案为 true。要求设计如下成员函数：

```
bool checkValidString(string s) { }
```

## 7.15 在线编程实验题

1. LintCode41——最大子数组★
2. LintCode110——最小路径和★
3. LintCode118——不同的子序列★★
4. LintCode1147——工作安排★★
5. LintCode553——炸弹袭击★★
6. LintCode107——单词拆分Ⅰ★★
7. LintCode436——最大正方形★★
8. LintCode394——硬币排成线★★
9. LintCode125——背包问题Ⅱ★★
10. LintCode440——背包问题 Ⅲ★★
11. LintCode563——背包问题Ⅴ★★
12. LintCode669——换硬币★★
13. LintCode94——二叉树中的最大路径和★★
14. LintCode1306——旅行计划Ⅱ★★★
15. LeetCode121——买卖股票的最佳时机★
16. LeetCode122——买卖股票的最佳时机Ⅱ★★
17. LeetCode123——买卖股票的最佳时机Ⅲ★★★
18. LeetCode188——买卖股票的最佳时机Ⅳ★★★
19. LeetCode309——买卖股票的最佳时机(含冷冻期)★★
20. LeetCode714——买卖股票的最佳时机(含手续费)★★
21. LeetCode91——解码方法★★
22. LeetCode650——只有两个键的键盘★★

23. LeetCode44——通配符的匹配★★★
24. LeetCode10——正则表达式的匹配★★★
25. LeetCode5——最长回文子串★★
26. LeetCode516——最长回文子序列★★
27. POJ2533——最长递增子序列
28. POJ1458——公共子序列
29. POJ1837——平衡
30. POJ3624——手链
31. POJ1276——取款机
32. POJ1947——重建道路
33. POJ2904——邮箱制造商问题

# 第8章 贪心法

【案例引入】

**股票买卖**：给出某股票 10 天的价格（每天一个价格），求每次买卖一股最大的盈利是多少？

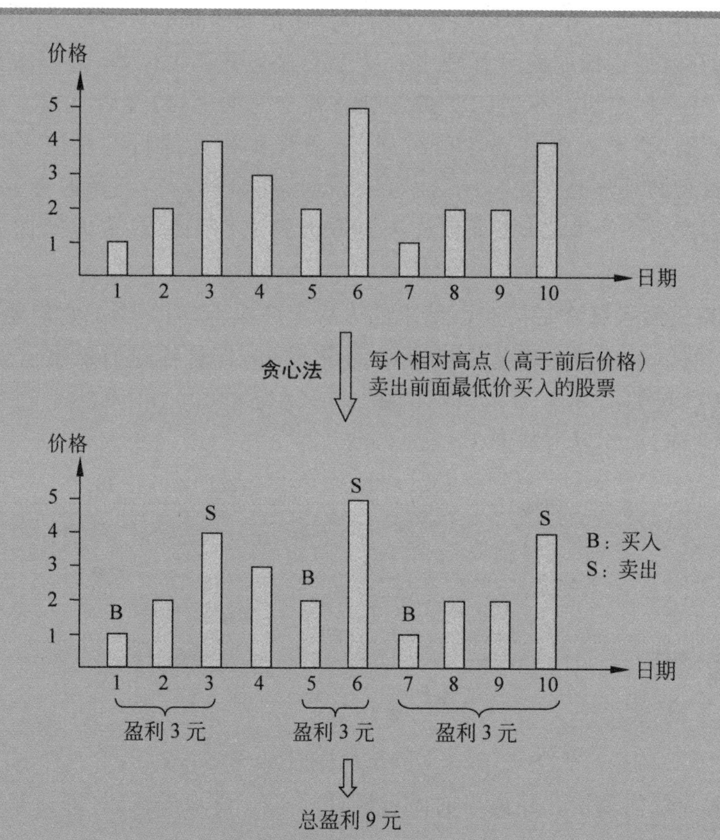

**本章学习目标：**

(1) 理解用贪心法求解问题的基本过程。

(2) 掌握用贪心法求解的问题应该具有的性质。

(3) 掌握采用贪心法求解区间问题、背包问题、田忌赛马问题、零钱兑换问题和哈夫曼编码的过程和算法设计。

(4) 了解拟阵的概念，掌握带期限和惩罚的任务调度问题的求解过程。

(5) 灵活地运用贪心法解决复杂的问题。

# 8.1 贪心法概述

## 8.1.1 什么是贪心法

贪心法(greedy algorithms)是一种重要的算法设计策略，用于求解优化问题。贪心法是从问题的某一个初始状态出发，通过逐步构造最优解的方法向给定的目标前进，并期望通过这种方法产生出一个全局最优解的方法。做出贪心决策的依据称为贪心准则(策略)，并且决策一旦做出就不可再更改。贪心与递推不同的是，在贪心法推进中每一步不是依据某一固定的递推式，而是做一个当时看似最佳的贪心选择，不断地将问题实例归纳为更小的相似子问题。总之，贪心法总是作出在当前看来最好的选择，这个局部最优选择仅依赖以前的决策，不依赖以后的决策。在计算机科学中很多算法都属于贪心法。

【例 8.1】 在操作系统的磁盘管理中有一个磁盘移臂调度问题，进程按访问磁盘的次序构成一个 I/O 序列，访问的数据存放在磁盘的各个柱面上，磁盘臂通过在这些柱面之间移动磁头查找数据，移动磁盘臂要花费时间，磁盘移臂调度的目的是使平均访问时间最少。例如某个磁盘访问序列为 98,183,37,122,14,124,65,67，开始时磁头位于 53 柱面上。磁盘移臂调度有多种算法，下面以先来先服务算法和最短寻道时间优先算法为例来求解。

解 **先来先服务算法**是按 I/O 请求的先后次序执行，而不考虑它们要访问的物理位置。先来先服务算法的执行过程是将磁头从 53 移到 98，接着移到 183、37、122、14、124、65，最后移到 67，其过程如图 8.1 所示。总的磁头移动为 640×(45＋85＋146＋85＋108＋110＋59＋2)个柱面，平均寻道长度为 640/8＝80。

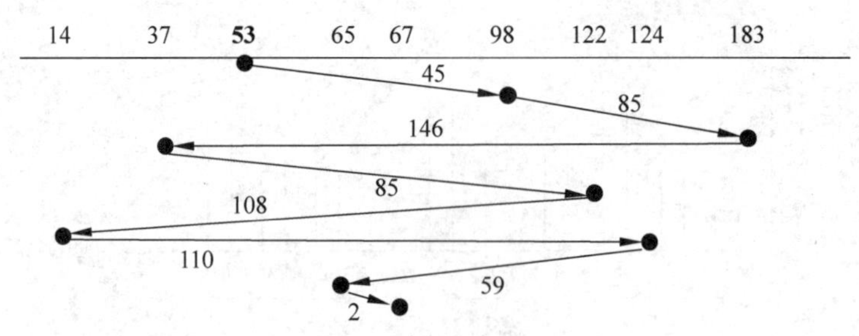


图 8.1 先来先服务算法的磁盘调度过程

**最短寻道时间优先算法**让距离当前磁道最近的 I/O 请求先执行，即让移动磁头时间最短的 I/O 请求先执行，而不考虑 I/O 请求的先后次序。最短寻道时间优先算法的执行过程是与开始磁头位置(53)最近的请求位于柱面 65，先执行位于柱面 65 的请求，将磁头移动到该位置，当位于柱面 65，下一个最近的请求位于柱面 67，执行位于柱面 67 的请求，将磁头移动到该位置，如此这样，其过程如图 8.2 所示。总的磁头移动为 236(12＋2＋30＋23＋84＋24＋2＋59)个柱面，平均寻道长度为 236/8＝29.5。

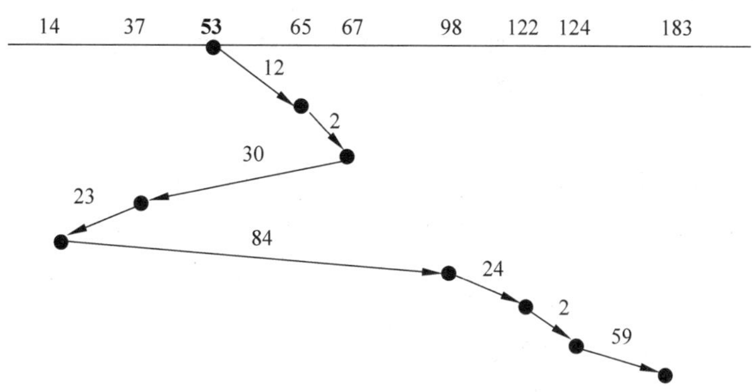


图 8.2　最短寻道时间优先算法的磁盘调度过程

不考虑其他因素，从中看出最短寻道时间优先算法好于先来先服务算法，实际上最短寻道时间优先算法是一种贪心法。

## 8.1.2　用贪心法求解的问题具有的性质

由于贪心法一般不会测试所有可能路径，而且容易过早做决定，所以有些问题可能不会找到最优解，能够采用贪心法求解的问题一般具有两个性质——最优子结构性质和贪心选择性质，因此贪心算法一般需要证明满足这两个性质。

### 1. 最优子结构性质

如果一个问题的最优解包含其子问题的最优解，则称此问题具有最优子结构性质。可以简单地理解为子问题的局部最优解将导致整个问题的全局最优，也可以说一个问题的最优解只取决于其子问题的最优解，子问题的非最优解对问题的求解没有影响。

例如有这样两个问题，问题 A 是某年级共 5 个班，需要求该年级中 OS 课程的最高分，采用的方法是先计算出每个班 OS 课程的最高分，然后在这 5 个最高分中取最高分得到答案；问题 B 同样是某年级共 5 个班，改为求该年级中 OS 课程的最高分和最低分的差，采用的方法是先计算出每个班 OS 课程的最高分和最低分的差，然后在这 5 个差中取最高值得到答案。显然问题 A 符合最优子结构性质，将求每个班 OS 课程的最高分看成子问题，可以从子问题的最优解推导出大问题的最优解；而问题 B 不符合最优子结构性质，因为这 5 个班 OS 课程的最高分和最低分的差不一定包含该年级最高分和最低分的差，例如该年级的最高分可能在 1 班，最低分可能在 5 班。

也就是说不符合最优子结构性质的问题是无法用贪心法求解的，实际上最优子结构性质是贪心法和第 7 章介绍的动态规划算法求解的关键特征。

在证明问题是否具有最优子结构性质时，通常采用反证法，先假设由问题的最优解导出的子问题的解不是最优的，然后证明在这个假设下可以构造出比原问题的最优解更好的解，从而导致矛盾。

### 2. 贪心选择性质

所谓贪心选择性质是指整体最优解可以通过一系列局部最优选择(即贪心选择)来得到。也就是说,贪心法仅在当前状态下做出最好选择(即局部最优选择),然后再去求解做出这个选择后产生的相应子问题的解。它是贪心法可行的第一个基本要素,也是贪心算法与动态规划算法的主要区别。

在证明问题是否具有贪心选择性质时,通常采用数学归纳法,先证明第一步贪心选择能够得到整体最优解,再通过归纳步的证明保证每一步贪心选择都能够得到问题的整体最优解。

所以一个正确的贪心算法拥有很多优点,比如时间复杂度和空间复杂度低、算法的运行效率高等。贪心法的缺点主要是很难找到一个简单可行并且保证正确的贪心策略。

## 8.1.3 用贪心法求解问题的一般过程

用贪心法求解问题的一般过程如下:

(1) 建立数学模型来描述问题。

(2) 把求解的问题分成若干个子问题。

(3) 对每一个子问题求解,得到子问题的局部最优解。

(4) 把子问题的局部最优解合成原问题的最优解。

贪心算法的基本框架如下:

```
SolutionType greedy(SType a[], int n) {
    SolutionType x={};                      //解向量,初始时为空
    for (int i=0;i<n;i++){                  //执行 n 步操作
        xi=Select(a);                       //从输入 a 中选择一个当前最好的分量
        if (Feasible(xi))                   //判断 xi 是否包含在当前解中
            solution=Union(x, xi);          //将 xi 分量合并形成 x
    }
    return x;                               //返回生成的最优解
}
```

# 8.2 区间问题

## 8.2.1 最大兼容区间个数

最大区间调度问题是指有 $n$ 个区间,每个区间形如$[s_i,e_i)$,其中 $s_i$ 称为左端点,$e_i$ 称为右端点,满足 $s_i<e_i$,要求选出最多的兼容区间个数。如果两个区间$[s_i,e_i)$和$[s_j,e_j)$满足如图 8.3 所示的两种情况之一,则称它们为兼容区间(不相交)。

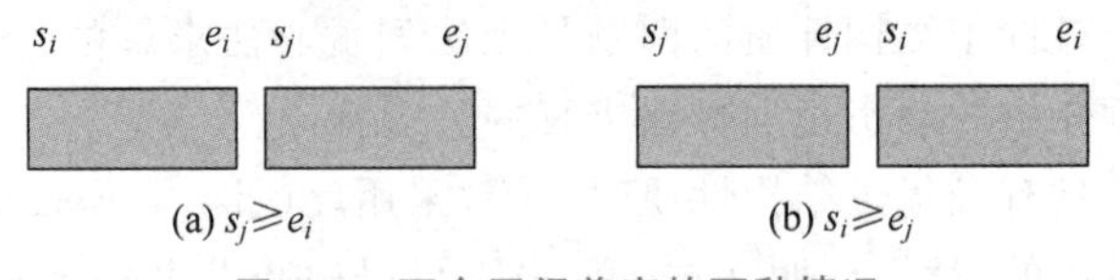


图 8.3 两个区间兼容的两种情况

活动安排问题属于典型的最大区间调度问题，这里以活动安排问题的求解过程说明最大区间调度问题的一般求解方法。

问题描述：活动安排问题是假设有 $n$ 个活动，有一个资源，每个活动执行时都要占用该资源，并且该资源在任何时刻只能被一个活动所占用，一旦某个活动开始执行，中间不能被打断，直到其执行完毕。每个活动 $i$ 有一个开始时间 $s_i$ 和结束时间 $e_i(s_i<e_i)$，它是一个半开时间区间 $[s_i,e_i)$，假设最早活动执行时间为 0。求一种最优活动安排方案，使得安排的活动个数最多。

扫一扫

视频讲解

**解** 这里每个活动相当于一个区间，采用的贪心策略是每一步总是选择分配这样的一个活动，它能够使余下活动的时间最大化，即余下活动中的兼容活动尽可能得多。为此先按活动结束时间递增排序，再从头依次选择兼容活动（用集合 $B$ 表示），用 preend 表示当前兼容区段（由若干个兼容活动构成）的右端点（初始为 $e_1$），$i$ 从 2 开始遍历其他活动，对于活动 $i$，有以下两种情况。

(1) $s_i \geqslant$ preend：说明当前活动 $i$ 与前面的区段没有交集（兼容活动），如图 8.4(a)所示，可以将活动 $i$ 加入 $B$ 中。

(2) $s_i<$ preend：说明当前区间与前面有交集（不兼容活动），如图 8.4(b)所示，不能将活动 $i$ 加入 $B$ 中。

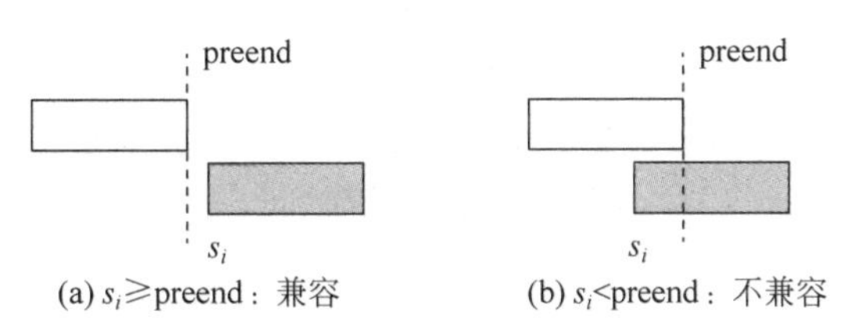


图 8.4 两种区间位置情况示意图

由于所有活动按结束时间递增排序，每次总是选择具有最早结束时间的兼容活动加入集合 $B$ 中，所以为余下的活动留下尽可能多的时间，这样使得余下活动的可安排时间极大化，以便从中选择尽可能多的兼容活动，故得到的 $B$ 是包含兼容活动个数最多的子集。

例如，对于表 8.1 所示的 11 个活动（已按结束时间递增排序），$A=\{[1,4),[3,5),[0,6),[5,7),[3,8),[5,9),[6,10),[8,11),[8,12),[2,13),[12,14)\}$。

表 8.1 11 个活动按结束时间递增排列

| $i$ | 1 | 2 | 3 | 4 | 5 | 6 | 7 | 8 | 9 | 10 | 11 |
|---|---|---|---|---|---|---|---|---|---|---|---|
| 开始时间 | 1 | 3 | 0 | 5 | 3 | 5 | 6 | 8 | 8 | 2 | 12 |
| 结束时间 | 4 | 5 | 6 | 7 | 8 | 9 | 10 | 11 | 12 | 13 | 15 |

设 preend 为活动 1 的结束时间，$i$ 从 2 开始遍历 $A$（前面的兼容活动看成活动 $j$，求兼容活动仅考虑图 8.2(b)的情况），求最大兼容活动集 $B$ 的过程如图 8.5 所示。

置 preend=4（活动 1 的结束时间），选择活动 1，即 $B=\{1\}$，$i$ 从 2 到 11 循环处理如下。

$i=2$：活动 2[3,5)的开始时间小于 preend，不选取。

$i=3$：活动 3[0,6)的开始时间小于 preend，不选取。

$i=4$：活动 4[5,7)的开始时间大于 preend，选取它，preend=7，$B=\{1,4\}$。

$i=5$：活动 5[3,8)的开始时间小于 preend，不选取。

$i=6$：活动 6[5,9)的开始时间小于 preend，不选取。

$i=7$：活动 7[6,10)的开始时间小于 preend,不选取。

$i=8$：活动 8[8,11)的开始时间大于 preend,选取它,preend=11,$B=\{1,4,8\}$。

$i=9$：活动 9[8,12)的开始时间小于 preend,不选取。

$i=10$：活动 10[2,13)的开始时间小于 preend,不选取。

$i=11$：活动 11[12,14) 的开始时间大于 preend,选取它,preend=14,$B=\{1,4,8,11\}$。

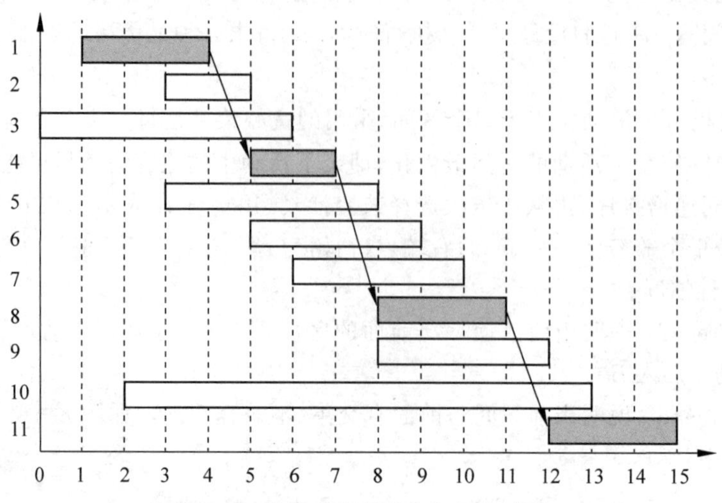


图 8.5　求最大兼容活动集 $B$ 的过程

所以最后选择的最大兼容活动集为 $B=\{1,4,5,11\}$。用数组 $A[0..n-1]$存放全部活动($A[i]$存放活动 $i+1$),$A[i].s$ 存放活动的起始时间,$A[i].e$ 存放活动的结束时间。对应的贪心算法如下：

```
struct Action{                                    //活动的类型
    int s;                                        //活动的起始时间
    int e;                                        //活动的结束时间
    Action(int s,int e):s(s),e(e) {}
    bool operator<(const Action &o) const {       //重载<关系函数
        return e<=o.e;                            //用于按活动结束时间递增排序
    }
};
void greedy(vector<Action> &A) {                  //求解最大兼容活动子集
    int n=A.size();
    vector<bool> flag(n,false);                   //标记选取的活动
    sort(A.begin(),A.end());                      //将 A 按活动结束时间递增排序
    int preend=A[0].e;                            //前一个兼容活动的结束时间
    flag[0]=true;
    int ans=1;                                    //选择的活动个数
    for (int i=1;i<n;i++) {
        if (A[i].s>=preend){                      //A[i]与当前区段兼容
            flag[i]=true;                         //选择 A[i]
            ans++; preend=A[i].e;
        }
    }
    printf("求解结果\n");                          //输出求解结果
    printf(" 选取的活动:");
    for (int i=0;i<n;i++) {
        if (flag[i]) printf("[%d,%d) ",A[i].s,A[i].e);
    }
    printf("\n 共%d 个活动\n",ans);
}
```

greedy算法分析：该算法的时间主要花费在排序上，排序时间为$O(n\log_2 n)$，所以整个算法的时间复杂度为$O(n\log_2 n)$。

算法证明：证明活动安排问题$A$(已按结束时间递增排序)满足最优子结构性质，即若$X$是活动安排问题$A$的最优解，$X=X'\cup\{1\}$，则$X'$必是$A'=\{i\in A: s_i\geqslant e_1\}$的活动安排问题的最优解。

首先证明总存在一个以活动1开始的最优解。如果最优解$X$第一个选中的是活动$k$($k\neq 1$)，$X$中的活动是兼容的，即$\forall j\in X$有$e_k\leqslant s_j$，又因为$e_1<e_2<\cdots<e_n$，所以$e_1\leqslant e_k\leqslant s_j$，设$Y=X-[s_k,e_k)\cup[s_1,e_1)$，则$Y$也一定是$A$的一个最优解。这就说明总存在一个以活动1开始的最优解。

如果$X$是$A$的以活动1开始的最优解，设$A'=\{i\in A \mid s_i\geqslant e_1\}$，则$X'=X-\{1\}$也是$A'$的最优解。由于$X$是一个最优解，$X$中的活动一定是兼容的，则$X'=X-\{1\}$中的活动也一定是兼容的，所以只需要证明$X'$是$A'$的最大兼容活动子集即可。采用反证法，如果$X'$不是$A'$的最大兼容活动子集，则一定有$Y'$是$A'$的兼容活动子集，同时$|Y'|>|X'|$。而$Y'$中一定不含活动1，令$Y=Y'\cup\{1\}$，则$Y$一定是$A$的一个兼容子集，并且$|Y|>|X|$，这样与$X$是$A$的最优解矛盾。最优子结构性质即证。

采用数学归纳法证明满足贪心选择性质。设preend$=e_1$，$l_i$是$A_i=\{j\in A \mid s_j\geqslant e_{i-1}\}(i\geqslant 2)$中具有最小结束时间$e_{l_i}$的活动，$X$是$A$的包含活动1的最优解，则$X=\bigcup_{i=1}^{k} l_i$(假设最优解$X$中包含$k$个兼容活动)。假设$|X|<k$时均成立，当$|X|=k$时，$X=X'\cup\{1\}$，$X'$是$A'=\{i\in A \mid s_i\geqslant e_1\}$的最优解，加上活动1就是$A$的最优解了。贪心选择性质即证。

【例8.2】 无重叠区间(LintCode1242★★)。给定一个含有$n$个区间的集合intervals，其中intervals[$i$]=[si,ei)，每个区间的类型如下：

```
class Interval {                          //区间的类型
public:
    int start, end;                       //会议开始时间和结束时间
    Interval(int start, int end) {        //构造函数
        this->start = start;
        this->end = end;
    }
};
```

可以假设每个区间的右端点一定比左端点大，另外尽管区间[1,2)和[2,3)边缘重合，但是它们并未重叠。求需要移除区间的最小数量，使剩余区间互不重叠。例如，intervals={[1,2),[2,3),[3,4),[1,3)}，答案是1，移除[1,3)后剩下的区间没有重叠。要求设计如下成员函数：

```
int eraseOverlapIntervals(vector<Interval> &intervals) { }
```

**解** 两个互不相交的区间就是兼容区间，采用前面活动安排问题的贪心法求出intervals中最多兼容区间的个数ans，那么$n-$ans就是使剩余区间互不重叠需要移除区间的最小数量。

当然也可以用ans表示需要移除区间的最小数量(初始为0)，若当前区间intervals[$i$]与前面以preend结尾的区段相交(intervals[$i$].start<preend)，则删除之，置ans++；否

则表示不相交，置 preend=intervals[$i$].end。对应的程序如下：

```
struct Cmp {
    bool operator()(const Interval &a, const Interval &b) {
        return a.end < b.end;                               //用于按右端点递增排序
    }
};
class Solution {
public:
    int eraseOverlapIntervals(vector < Interval > &intervals) {
        int n=intervals.size();
        if(n<=1) return 0;
        sort(intervals.begin(),intervals.end(),Cmp());
        int ans=0;                                          //存放答案
        int preend=intervals[0].end;                        //存放区间 0 的右端点
        for(int i=1;i<n;i++) {                              //遍历 intervals
            if(intervals[i].start < preend)ans++;           //当前区间不是兼容区间
            else preend=intervals[i].end;                   //当前区间是兼容区间
        }
        return ans;
    }
};
```

上述程序提交时通过，执行用时为 41ms，内存消耗为 5.42MB。

## 8.2.2 区间合并

本节通过例 8.3 讨论采用贪心法求解区间合并问题的过程。

扫一扫

视频讲解

【例 8.3】 合并区间(LintCode156★)。给出若干闭合区间 intervals(其类型 Interval 的声明见例 8.2)，合并所有重叠的部分，注意[1,2]和[2,3]可以合并为[1,3]。例如，intervals={[1,3],[2,6],[8,10],[15,18]}，输出结果是{[1,6],[8,10],[15,18]}。要求设计如下成员函数：

```
vector < Interval > merge(vector < Interval > &intervals) { }
```

**解** 用 ans 存放最终合并的结果(初始为空)，先将全部区间按照左端点递增排序，并且将区间 0 添加到 ans 中，用 $i$ 从 1 开始遍历 intervals。假设当前区间 $i$ 为[curs,cure]，而当前的合并区间为 ans 中的末尾区间，即 ans.back()，分为如下两种情况：

(1) 若 ans.back().end<curs，说明当前区间 $i$ 与当前合并区间不相交，如图 8.6(a)所示，则从当前区间 $i$ 开始一个新的合并区间，即将区间 $i$ 添加到 ans 中。

(2) 若 ans.back().end≥curs，说明当前区间 $i$ 与当前合并区间相交，如图 8.6(b)所示，则将当前区间 $i$ 合并到当前合并区间中，同时更新当前合并区间的右端点为最大值，即 max(ans.back().end,cure)。所以对应的贪心策略是每次合并时取最大的右端点，这样就可以合并更多的区间，从而达到整体最优的目的。

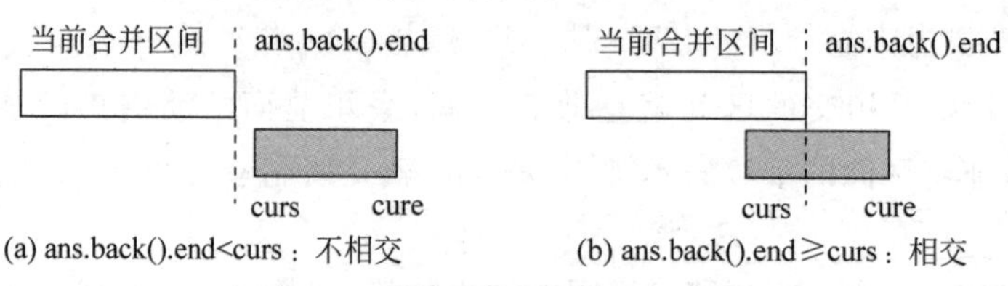


图 8.6 两种区间位置情况示意图

例如,intervals={[5,6],[8,9],[0,3],[4,7],[5,7],[9,10],[1,2]},按区间左端点递增排序后的结果为 intervals={[0,3],[1,2],[4,7],[5,6],[5,7],[8,9],[9,10]},按上述过程得到的合并区间是{[0,3],[4,7],[9,10]},如图 8.7 所示。

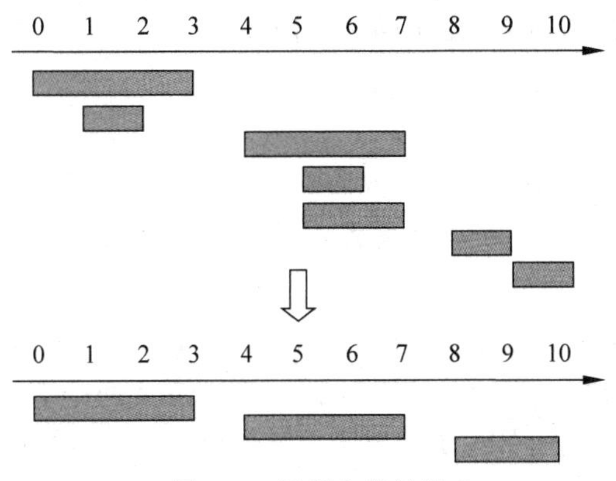


图 8.7 区间合并结果

对应的贪心算法如下:

```
struct Cmp {
    bool operator()(const Interval &a, const Interval &b) {
        return a.start < b.start;                    //用于按左端点递增排序
    }
};
class Solution {
public:
    vector<Interval> merge(vector<Interval> &intervals) {
        int n=intervals.size();
        if (n<=1) return intervals;
        sort(intervals.begin(),intervals.end(),Cmp());
        vector<Interval> ans;
        ans.push_back(intervals[0]);
        for (int i=1;i<n;i++) {                      //用 i 遍历 intervals
            int curs=intervals[i].start;             //求当前区间[curs, cure)
            int cure=intervals[i].end;
            if (ans.back().end < curs)               //不相交
                ans.push_back({curs,cure});
            else                                     //相交:合并
                ans.back().end=max(ans.back().end,cure);
        }
        return ans;
    }
};
```

上述程序提交时通过,执行用时为 61ms,内存消耗为 5.42MB。

**merge 算法分析**:该算法的时间主要花费在排序上,排序时间为 $O(n\log_2 n)$,所以整个算法的时间复杂度为 $O(n\log_2 n)$。

**算法证明**:采用反证法证明,为了简单,将 intervals 区间集合用 $a$ 表示。假设上述算法执行后两个本应合并的区间没能被合并,即存在这样的三元组$(i,j,k)$以及 $a$ 中的 3 个区间 $a[i]$、$a[j]$、$a[k]$满足 $i<j<k$,并且 $a[i]$和 $a[k]$可以合并,但 $a[i]$和 $a[j]$、$a[j]$和 $a[k]$不能合并。这说明它们满足下面的不等式:

① $a[i]$.end$<a[j]$.start($a[i]$和 $a[j]$不能合并)

② $a[j]$.end<$a[k]$.start($a[j]$和$a[k]$不能合并)

③ $a[i]$.end≥$a[k]$.start($a[i]$和$a[k]$可以合并)

由①和②可以推出$a[i]$.end<$a[j]$.start<$a[j]$.end<$a[k]$.start，与③矛盾，这说明假设是不成立的。因此所有重叠的区间都得到了合并。

## 8.2.3* 最少资源问题

本节通过例8.4讨论采用贪心法求解最少资源问题的过程。

扫一扫

视频讲解

【例8.4】 会议室Ⅱ(LintCode919★★)。给定一系列的会议时间间隔intervals(其类型Interval的声明见例8.2)，每个会议包括起始和结束时间{$[s_1,e_1)$,$[s_2,e_2)$,…}($s_i<e_i$)，求所需的最少的会议室数量。注意[0,8)和[8,10)在8时刻是不冲突的。例如，intervals={[0,30),[5,10),[15,20)}，答案是2，最少需要两个会议室，[0,30)占用一个会议室，[5,10)和[15,20)占用另外一个会议室。要求设计如下成员函数：

```
int minMeetingRooms(vector<Interval> &intervals) { }
```

**解** 每个会议时间间隔对应一个区间。采用的贪心策略是优先选择最早开始的会议，同时将尽可能多的与其兼容的会议安排在一个会议室中。先将所有会议按开始时间(左端点)递增排序，用flag数组标识会议是否已经安排(初始时所有元素为false)，顺序处理每个区间。对于尚未安排的最早开始的会议$i$，将其后所有与会议$i$兼容并且未安排的会议$j$安排在一个会议室中，置flag[$j$]为true。

例如，intervals={[1,2),[2,5),[2,6),[6,10)}，按start递增排序的结果不变，置表示最少会议室个数的ans为0：

(1) 处理[1,2)，它没有分配会议室，为其安排一个会议室1，ans++，preend=2。

① 考虑[2,5)，2≥preend成立(兼容)，将其安排在会议室1，置preend=5。

② 考虑[2,6)，2≥preend不成立(不兼容)，暂时不安排。

③ 考虑[6,10)，6≥preend成立(兼容)，将其安排在会议室1，置preend=10。

(2) 处理[2,5)，已经分配会议室。

(3) 处理[2,6)，它没有分配会议室，为其安排一个会议室2，ans++，preend=6。其后没有未分配的会议。

(4) 处理[6,10)，已经分配会议室。

此时ans=2，返回2即可。对应的程序如下：

```
struct Cmp {
    bool operator()(const Interval &a, const Interval &b) {
        return a.start<b.start;                    //用于按start递增排序
    }
};
class Solution {
public:
    int minMeetingRooms(vector<Interval> &intervals) {
        int n=intervals.size();
        vector<bool> flag(n,false);
        sort(intervals.begin(),intervals.end(),Cmp());
        int ans=0;
        for(int i=0;i<n;i++) {
```

```
                if(!flag[i]) {                                        //会议 i 安排在一个新会议室中
                    ans++;                                            //会议室个数增加 1
                    int preend=intervals[i].end;
                    for(int j=i+1;j<n;j++) {
                        if(!flag[j] && intervals[j].start>=preend) {
                            preend=intervals[j].end;                  //会议 j 安排在会议 i 的会议室中
                            flag[j]=true;
                        }
                    }
                }
            }
            return ans;
        }
    };
```

上述程序提交时通过,执行用时为 41ms,内存消耗为 5.62MB。该算法的时间复杂度为 $O(n^2)$,可以利用优先队列(小根堆)提高性能,因为一旦某个会议安排会议室后就不必再处理,所以用优先队列 minpq 保存每个会议室的最大会议结束时间。对于当前会议 intervals[$i$]:

(1) 若 intervals[$i$]. start≥minpq. top(),说明会议 $i$ 与堆顶的会议兼容,将会议 $i$ 安排在对应的会议室中,并用会议 $i$ 的结束时间替代之。

(2) 若 intervals[$i$]. start<minpq. top(),说明会议 $i$ 与优先队列中的任何会议都不兼容,只能安排一个新会议室,将会议 $i$ 的结束时间进队。

最后 minpq 中的元素个数即为安排的会议室个数。例如,intervals={[1,2),[2,5),[2,6),[6,10)},按 start 递增排序的结果不变,先将[1,2)的结束时间 2 进队:

(1) 处理[2,5),2≥堆顶 2 成立(兼容),出队 2,将[2,5)的结束时间 5 进队。

(2) 处理[2,6),2≥堆顶 5 不成立(不兼容),将[2,6)的结束时间 6 进队。

(3) 处理[6,10),6≥堆顶 5 成立(兼容),出队 5,将[6,10)的结束时间 10 进队。

此时优先队列中有两个元素,返回 2 即可,对应的两个会议室安排的会议分别是{[1,2),[2,5),[6,10)}和{[2,6)}。对应的程序如下:

```
struct Cmp {
    bool operator()(const Interval &a, const Interval &b) {
        return a.start<b.start;                               //按 start 递增排序
    }
};
class Solution {
public:
    int minMeetingRooms(vector<Interval> &intervals) {
        priority_queue<int,vector<int>,greater<int>> minpq;
        sort(intervals.begin(),intervals.end(),Cmp());
        minpq.push(intervals[0].end);
        for (int i=1;i<intervals.size();i++) {
            if (intervals[i].start>=minpq.top())              //兼容时出队
                minpq.pop();
            minpq.push(intervals[i].end);
        }
        return minpq.size();
    }
};
```

上述程序提交时通过,执行用时为 40ms,内存消耗为 5.45MB。

# 8.3 背包问题

扫一扫

视频讲解

问题描述：有 $n$ 个编号为 $0\sim n-1$ 的物品，重量为 $w=\{w_0,w_1,\cdots,w_{n-1}\}$，价值为 $v=\{v_0,v_1,\cdots,v_{n-1}\}$，给定一个容量为 $W$ 的背包。从这些物品中选取全部或者部分物品装入该背包中，找到选中物品不仅能够放到背包中而且价值最大的方案(该问题称为背包问题或者部分背包问题，背包问题与0/1背包问题的区别是在背包问题中每个物品可以取一部分装入背包)，并对如表8.2所示的5个物品、背包限重 $W=100$ 的背包问题求一个最优解。

表 8.2 一个背包问题

| 物品编号 no | 0 | 1 | 2 | 3 | 4 |
|---|---|---|---|---|---|
| $w$ | 10 | 20 | 30 | 40 | 50 |
| $v$ | 20 | 30 | 66 | 40 | 60 |

解 这里采用贪心法求解。设 $x_i$ 表示物品 $i$ 装入背包的情况，$0\leqslant x_i\leqslant 1$。关键是如何选定贪心策略，使得按照一定的顺序选定每个物品，并尽可能地装入背包，直到背包装满。至少有3种看似合理的贪心策略：

① 每次选择价值最大的物品，因为这可以尽可能快地增加背包的总价值。虽然每一步选择获得了背包价值的极大增长，但背包容量可能消耗得太快，使得装入背包的物品个数减少，从而不能保证得到最优解。

② 每次选择重量最轻的物品，因为这可以装入尽可能多的物品，从而增加背包的总价值。虽然每一步选择使背包的容量消耗得慢了，但背包的价值却没能保证迅速增长，从而不能保证得到最优解。

③ 每次选择单位重量价值最大的物品，在背包价值增长和背包容量消耗两者之间寻找平衡。

采用第3种贪心策略，每次从物品集合中选择单位重量价值最大的物品，如果其重量小于背包容量，就可以把它装入，并将背包容量减去该物品的重量。为此先将物品按单位重量价值递减排序，选择前 $k(0\leqslant k<n)$ 个物品，除最后的物品 $k$ 可能只取其一部分以外，其他物品要么不拿，要么拿走全部。

对于表8.2所示的背包问题，按单位重量价值(即 $v/w$)递减排序，其结果如表8.3所示(序号 $i$ 指排序后的顺序)。设背包余下的容量为rw(初值为 $W$)，bestv表示最大价值(初始为0)。求解过程如下：

① $i=0$，$w[0]<\text{rw}$ 成立，则物品0能够装入，将其装入背包中，bestv=66，置 $x[0]=1$，rw=rw−$w[0]$=70。

② $i=1$，$w[1]<\text{rw}$ 成立，则物品1能够装入，将其装入背包中，bestv=66+20=86，置 $x[1]=1$，rw=rw−$w[1]$=60。

③ $i=2$，$w[2]<\text{rw}$ 成立，则物品2能够装入，将其装入背包中，bestv=86+30=116，置 $x[2]=1$，rw=rw−$w[2]$=40。

④ $i=3$，$w[3]<\text{rw}$ 不成立，且rw>0，则只能将物品3部分装入，装入比例为rw/$w[3]$=

40/50=0.8,bestv=116+0.8*60=164,置 $x[4]=0.8$。

表 8.3 按 $v/w$ 递减排序

| 序号 $i$ | 0 | 1 | 2 | 3 | 4 |
|---|---|---|---|---|---|
| 物品编号 no | 2 | 0 | 1 | 4 | 3 |
| $w$ | 30 | 10 | 20 | 50 | 40 |
| $v$ | 66 | 20 | 30 | 60 | 40 |
| $v/w$ | 2.2 | 2.0 | 1.5 | 1.2 | 1.0 |

此时 rw=0,算法结束,得到最优解 $x=(1,1,1,0.8,0)$,最大价值 bestv=164。所有物品用第5章5.8节中 Goods 类型的容器 g 存储,对应的贪心算法如下:

```
void knap(vector<Goods> &g, int W) {                    //求解背包问题
    sort(g.begin(),g.end());                            //按 v/w 递减排序
    int n=g.size();
    vector<double> x(n,0.0);                            //存放最优解向量
    int bestv=0;                                        //存放最大价值,初始为0
    double rw=W;                                        //背包中能装入的余下重量
    int i=0;
    while (i<n && g[i].w<rw) {                          //物品i能够全部装入时循环
        x[i]=1;                                         //装入物品i
        rw-=g[i].w;                                     //减少背包中能装入的余下重量
        bestv+=g[i].v;                                  //累计总价值
        i++;                                            //继续循环
    }
    if (i<n && rw>0) {                                  //当余下重量大于0时
        x[i]=rw/g[i].w;                                 //将物品i的一部分装入
        bestv+=x[i]*g[i].v;                             //累计总价值
    }
    printf("最优解\n");                                 //输出结果
    for (int j=0;j<n;j++) {
        if(x[j]==1)
            printf(" 选择物品%d[%d,%d]百分之百\n",g[j].no,g[j].w,g[j].v);
        else if(x[j]>0)
            printf(" 选择物品%d[%d,%d]为百分之%.1f\n",g[j].no,g[j].w,g[j].v,x[j]*100);
    }
    printf(" 总价值=%d\n",bestv);
}
```

**knap 算法分析**:排序算法 sort()的时间复杂度为 $O(n\log_2 n)$,while 循环的时间为 $O(n)$,所以算法的时间复杂度为 $O(n\log_2 n)$。

**算法证明**:由于每个物品可以只取一部分,所以一定可以让总重量恰好为 $W$。当物品按价值递减排序后,除最后一个所取的物品可能只取其一部分以外,其他物品要么不拿,要么拿走全部,这就面临了一个最优子问题——它同样是背包问题,因此具有最优子结构性质。将 $n$ 个物品按单位重量价值递减排序有 $v_0/w_0 \geqslant v_1/w_1 \geqslant \cdots \geqslant v_{n-1}/w_{n-1}$,设解向量 $x=(x_0,x_1,\cdots,x_{n-1})$是本算法找到的解,如果所有的 $x_i$ 都等于1,这个解显然是最优解,否则设 $k$ 是满足 $x_k<1$ 的最小下标,考虑算法的工作方式,显然当 $i<k$ 时有 $x_i=1$,当 $i>k$ 时有 $x_i=0$,设 $x$ 的总价值为 $V(x)$,则:

$$\sum_{i=0}^{n-1} w_i x_i = W,\quad V(x)=\sum_{i=0}^{n-1} v_i x_i$$

当 $i<k$ 时,$x_i=1$,所以 $x_i-y_i \geqslant 0$,且 $v_i/w_i \geqslant v_k/w_k$;

当 $i>k$ 时，$x_i=0$，所以 $x_i-y_i\leqslant 0$，且 $v_i/w_i\leqslant v_k/w_k$；

当 $i=k$ 时，$v_i/w_i=v_k/w_k$。

假设 $x$ 不是最优解，则存在另外一个更优解 $y=(y_0,y_1,\cdots,y_{n-1})$，其总价值为 $\mathrm{V}(y)$，则：

$$\sum_{i=0}^{n-1}w_iy_i\leqslant W,\quad \mathrm{V}(y)=\sum_{i=0}^{n-1}v_iy_i$$

这样有：

$$\sum_{i=0}^{n-1}w_i(x_i-y_i)=\sum_{i=0}^{n-1}w_ix_i-\sum_{i=0}^{n-1}w_iy_i\geqslant 0$$

则：

$$\begin{aligned}\mathrm{V}(x)-\mathrm{V}(y)&=\sum_{i=0}^{n-1}v_i(x_i-y_i)=\sum_{i=0}^{n-1}w_i\frac{v_i}{w_i}(x_i-y_i)\\&=\sum_{i=0}^{k-1}w_i\frac{v_i}{w_i}(x_i-y_i)+\sum_{i=k}^{k}w_i\frac{v_i}{w_i}(x_i-y_i)+\sum_{i=k+1}^{n-1}w_i\frac{v_i}{w_i}(x_i-y_i)\\&\geqslant\sum_{i=0}^{k-1}w_i\frac{v_k}{w_k}(x_i-y_i)+\sum_{i=k}^{k}w_i\frac{v_k}{w_k}(x_i-y_i)+\sum_{i=k+1}^{n-1}w_i\frac{v_k}{w_k}(x_i-y_i)\\&=\frac{v_k}{w_k}\sum_{i=0}^{n-1}w_i(x_i-y_i)\geqslant 0\end{aligned}$$

这样与 $y$ 是最优解的假设矛盾，因此解 $x$ 是最优解。

说明：尽管背包问题和0/1背包问题类似，但属于两种不同的问题，背包问题可以用贪心法求解，而0/1背包问题却不能用贪心法求解。以表8.2所示的背包问题为例，如果作为0/1背包问题，则重量为60的物品放不下(此时背包剩余容量为50)，只能舍弃它，选择重量为40的物品，显然不是最优解。也就是说，求解背包问题的贪心选择策略不适合0/1背包问题。

扫一扫

视频讲解

【例8.5】 分饼干(LintCode1230★)。假设有 $n(1\leqslant n\leqslant 30\,000)$ 个孩子，现在给孩子们发一些小饼干，每个孩子最多只能给一块饼干。每个孩子 $i$ 有一个胃口值 g[$i$]$(1\leqslant$ g[$i$]$\leqslant 2^{31}-1)$，这是能满足胃口的最小饼干尺寸，共有 $m(1\leqslant m\leqslant 30\,000)$ 块饼干，每块饼干 $j$ 有一个尺寸 s[$j$] $(1\leqslant$ s[$j$]$\leqslant 2^{31}-1)$。如果 g[$i$]$\leqslant$s[$j$]，那么将饼干 $j$ 分发给孩子 $i$ 时该孩子会得到满足。分发的目标是尽可能满足最多数量的孩子，设计一个算法求这个最大数值。例如，g={1,2,3}，s={1,1}，尽管有两块小饼干，由于尺寸都是1，只能让胃口值是1的孩子满足，所以结果是1。要求设计如下成员函数：

```
int findContentChildren(vector<int> &g, vector<int> &s) { }
```

解 题目是求得到满足的最多孩子数量，所以是一个求最优解问题。大家很容易想到对于胃口为 g[$i$]的孩子 $i$，为其分发恰好满足的最小尺寸的饼干 $j$，即 min{$j$ | g[$i$]$\leqslant$ s[$j$]}，不妨分发过程从最小胃口的孩子开始，为此将 g 递增排序，对于每个 s[$i$]，先在 g 中查找刚好满足 g[$i$]$\leqslant$s[$j$]的 $j$，再将饼干 $j$ 分发给孩子 $i$。为了提高 g 中的查找性能，将 s 也递增排序。

用 ans 表示得到满足的最多孩子数量(初始为0)，即最优解，$i$ 从0开始遍历 s，$j$ 从0

开始在 s 中查找：

(1) g[$i$]≤s[$j$]，说明为孩子 $i$ 分发饼干 $j$ 得到满足，则将饼干 $j$ 分发给孩子 $i$，执行 ans++，同时执行 $i$++，$j$++，继续为下一个孩子分发合适的饼干。

(2) 否则孩子 $i$ 得不到满足，执行 $j$++继续为其查找更大尺寸的饼干。

最后的 ans 就是答案。例如，g={3,1,5,3,8}，s={6,1,3,2}，排序后 g={1,3,3,5,8}，s={1,2,3,6}，分发饼干的过程如图 8.8 所示，结果 ans=3。

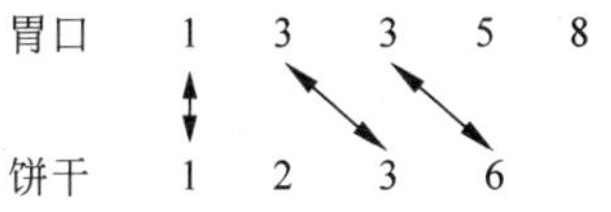

胃口 1 3 3 5 8

饼干 1 2 3 6

图 8.8 分发饼干的过程

本问题中的贪心选择策略就是为每个孩子 $i$ 分发得到满足的最小尺寸的饼干 $j$，容易证明该贪心选择策略满足贪心选择性质。用 $f(i,j)$表示原问题 g[$i..n-1$]和 s[$j..m-1$]的最优解，则：

(1) 如果 g[$i$]≤s[$j$]，为孩子 $i$ 分发饼干 $j$，对应的子问题是 $f(i+1,j+1)$，显然有 $f(i,j)=f(i+1,j+1)+1$。

(2) 否则对应的子问题是 $f(i,j+1)$，显然有 $f(i,j)=f(i,j+1)$。

从中看出 $f(i+1,j+1)$和 $f(i,j+1)$一定是对应子问题的最优解，否则 $f(i,j)$不可能是原问题的最优解。对应的程序如下：

```
class Solution {
public:
    int findContentChildren(vector<int> &g, vector<int> &s) {
        int m=g.size(), n=s.size();
        sort(g.begin(),g.end());                    //默认为递增排序
        sort(s.begin(),s.end());
        int ans=0;
        for (int i=0,j=0; i<m && j<n;j++) {
            if (g[i]<=s[j]) {
                i++; ans++;
            }
        }
        return ans;
    }
};
```

上述程序提交时通过，执行用时为 104ms，内存消耗为 5.48MB。

## 8.4 田忌赛马问题

问题描述(POJ2287)：两千多年前的战国时期，齐威王与大将田忌赛马。双方约定每人各出 300 匹马，并且在上、中、下 3 个等级中各选一匹进行比赛，由于齐威王每个等级的马都比田忌的马略强，比赛的结果可想而知。现在双方各出 $n$ 匹马，依次派出一匹马进行比赛，每一轮获胜的一方将从输的一方得到 200 银币，平局则不用出钱，田忌已知所有马的速度值，问他如何安排比赛才能获得的银币最多。

扫一扫

视频讲解

输入格式：输入包含多个测试用例，每个测试用例的第一行正整数 $n(n\leqslant1000)$为马的数量，后两行分别是 $n$ 个整数，表示田忌和齐威王的马的速度值。输入 $n=0$ 结束。

输出格式：每个测试用例输出一行，表示田忌获得的最多银币数。

输入样例：

```
3
92 83 71
95 87 74
2
20 20
20 20
2
20 19
22 18
0
```

输出样例：

```
200
0
0
```

扫一扫

源程序

解 田忌的马的速度用数组 $a$ 表示，齐威王的马的速度用数组 $b$ 表示，将 $a$、$b$ 数组递增排序。采用常识性的贪心思路，分为以下几种情况：

(1) 田忌最快的马比齐威王最快的马快，即 $a[\text{righta}]>b[\text{rightb}]$，则两者比赛（两个最快的马比赛），田忌赢。因为此时田忌最快的马一定赢，而选择与齐威王最快的马比赛对于田忌来说是最优的，如图 8.9(a)所示，图中"■"代表已经比赛的马，"□"代表尚未比赛的马，箭头指向的马的速度更快。

(2) 田忌最快的马比齐威王最快的马慢，即 $a[\text{righta}]<b[\text{rightb}]$，则选择田忌最慢的马与齐威王最快的马比赛，田忌输。因为齐威王最快的马一定赢，而选择与田忌最慢的马比赛对于田忌来说是最优的，如图 8.9(b)所示。

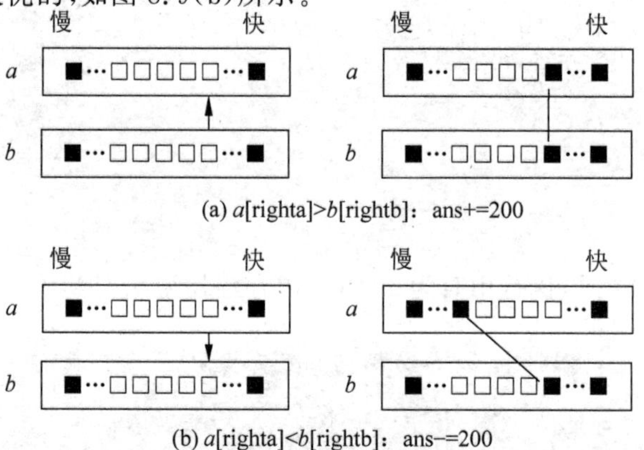


图 8.9 两者最快的马的速度不相同

(3) 若田忌最快的马与齐威王最快的马的速度相同，即 $a[\text{righta}]=b[\text{rightb}]$，又分为以下 3 种情况：

① 田忌最慢的马比齐威王最慢的马快，即 $a[\text{lefta}]>b[\text{leftb}]$，则两者比赛（两个最慢的马比赛），田忌赢。因为此时齐威王最慢的马一定输，而选择与田忌最慢的马比赛对于田忌来说是最优的，如图 8.10(a)所示。

② 田忌最慢的马比齐威王最慢的马慢，并且田忌最慢的马比齐威王最快的马慢，即 $a[\text{lefta}]\leqslant b[\text{leftb}]$ 且 $a[\text{lefta}]<b[\text{rightb}]$，则选择田忌最慢的马与齐威王最快的马比赛，田忌输。因为此时田忌最慢的马一定输，而选择与齐威王最快的马比赛对于田忌来说是最优

的，如图 8.10(b)所示。

③ 其他情况，即 $a$[righta]=$b$[rightb]且 $a$[lefta]≤$b$[leftb]且 $a$[lefta]≥$b$[rightb]，则 $a$[lefta]≥$b$[rightb]=$a$[righta]，即 $a$[lefta]=$a$[righta]，$b$[leftb]≥$a$[lefta]=$b$[rightb]，即 $b$[leftb]=$b$[rightb]，说明比赛区间的所有马的速度相同，任何两匹马比赛都没有输赢。

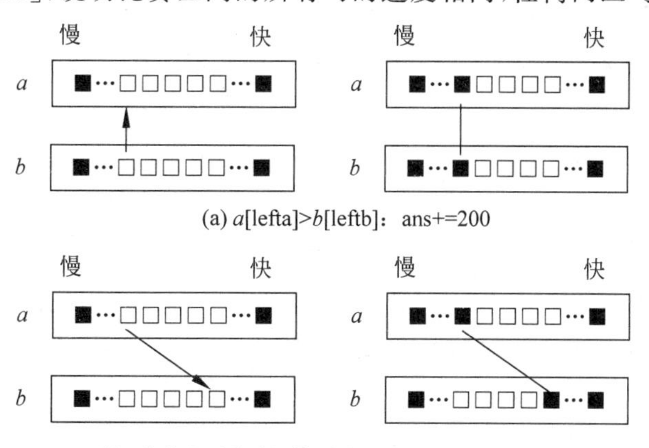


(a) $a$[lefta]>$b$[leftb]：ans+=200

(b) $a$[lefta]≤$b$[leftb]且$a$[lefta]<$b$[rightb]：ans−=200

图 8.10　两者最快的马的速度相同

从上述过程看出每种情况对于田忌来说都是最优的，因此最终获得的比赛方案也一定是最优的。

## 8.5　零钱兑换问题

问题描述：有面额分别是 $c^0$、$c^1$、……、$c^k$（$c$≥2，$k$ 为非负整数）的 $k$+1 种硬币，每种硬币的个数可以看成无限多，求兑换 A 金额的最少硬币个数。

扫一扫
视频讲解

**解** 采用贪心法，贪心策略是尽可能选择面额大的硬币进行兑换。例如，$c$=2，$k$=3，面额分别是 1、2、4 和 8，$A$=23 的兑换过程如下：

(1) 选择面额为 8 的硬币，兑换的硬币个数为 $A$/8=2，剩余金额为 23−2×8=7。

(2) 选择面额为 4 的硬币，兑换的硬币个数为 $A$/4=1，剩余金额为 7−4×1=3。

(3) 选择面额为 2 的硬币，兑换的硬币个数为 $A$/2=1，剩余金额为 3−2×1=1。

(4) 选择面额为 1 的硬币，兑换的硬币个数为 $A$/1=1，剩余金额为 1−1×1=0。

对应的贪心算法如下：

```
int greedy(int c,int k,int A) {                //求解算法
    int ans=0;
    int curm=(int)Math.pow(c,k);               //初始取面额最大的硬币
    while(A>0) {
        int curs=A/curm;                       //求面额为 curm 的硬币的个数 curs
        ans+=curs;                             //累计硬币的个数
        A-=curs * curm;                        //剩余金额为 A
        curm/=c;                               //试探其他硬币
    }
    return ans;
}
```

**greedy 算法证明**：假设采用上述贪心法求出的零钱兑换方案是 $N=(n_0,n_1,\cdots,$

$n_k$)，即$\sum_{i=0}^{k} n_i c^i = A$，其中$n_i (0 \leqslant i \leqslant k)$表示面额为$c^i$的硬币的个数。

采用反证法，如果有一种非贪心算法求出的最优零钱兑换方案是$M=(m_0, m_1, \cdots, m_k)$，即兑换的金额是$\sum_{i=0}^{k} m_i c^i = A$，并且$M \neq N$。

注意在最优解中，除了$m_k$可能大于$c$，其他$m_i(0 \leqslant i \leqslant k-1)$一定小于$c$，即$m_i \leqslant c-1$，因为当$m_i > c$时，选择将$c$个$m_i$兑换成一个面额更大的硬币，总硬币个数会更少。

假设从$k$开始比较直到$j(j \leqslant k)$有$m_j \neq n_j$，并且$m_i = n_i (j+1 \leqslant i \leqslant k)$，则：

$$\sum_{i=0}^{j-1} m_i c^i \leqslant \sum_{i=0}^{j-1} (c-1) c^i = (c-1) \sum_{i=0}^{j-1} c^i = (c-1) \frac{c^j - 1}{c-1} = c^j - 1 < c^j$$

这说明非贪心法求最优解的算法从面额$c^0$到$c^{j-1}$的硬币中无论怎么选择总金额都是小于$c^j$。另外由于贪心算法每次尽可能选择面额大的硬币进行兑换，所以一定有$n_j > m_j$，不妨取最小差，即$n_j = m_j + 1$，这样：

$$\sum_{i=0}^{k} n_i c^i - \sum_{i=0}^{k} m_i c^i = \sum_{i=0}^{j-1} n_i c^i - \sum_{i=0}^{j-1} m_i c^i + n_j c^j - m_j c^j + \sum_{i=j+1}^{k} n_i c^i - \sum_{i=j+1}^{k} m_i c^i = 0$$

即：

$$\sum_{i=0}^{j-1} n_i c^i - \sum_{i=0}^{j-1} m_i c^i + c^j = 0$$

也就是说：

$$\sum_{i=0}^{j-1} n_i c^i = \sum_{i=0}^{j-1} m_i c^i - c^j < 0$$

按照贪心算法的过程可知$\sum_{i=0}^{j-1} n_i c^i$的最小值为0，与上式矛盾，说明不存在这样的非贪心最优解。问题即证。

从以上证明看出，并非任何面额的零钱兑换问题都可以用上述贪心法求最少的硬币个数。例如，硬币面额分别为1、4、5和10时，$A=18$，采用贪心法求出的硬币兑换个数为5(一个面额为10、一个面额为5和3个面额为1的硬币)，而实际最优解是3(一个面额为10和两个面额为4的硬币)。一般来说，面额分别为$c_0$、$c_1$、……、$c_{n-1}$的$n$种硬币，满足$c_0=1$，并且$c_{i+1}/c_i \geqslant 2$时可以采用贪心法求最优解。

## 8.6 哈夫曼编码

问题描述：设需要编码的字符集为$\{d_0, d_1, \cdots, d_{n-1}\}$，它们出现的频率为$\{w_0, w_1, \cdots, w_{n-1}\}$，应用哈夫曼树构造最优的不等长的由0、1构成的编码方案。

**解** 先构建以这$n$个结点为叶子结点的哈夫曼树，然后由哈夫曼树产生各叶子结点对应字符的哈夫曼编码。

设二叉树具有$n$个带权值的叶子结点，从根结点到每个叶子结点都有一个路径长度。从根结点到各个叶子结点的路径长度与相应结点权值的乘积的和称为该二叉树的带权路径长度(WPL),具有最小带权路径长度的二叉树称为哈夫曼树(也称最优树)。

根据哈夫曼树的定义,一棵二叉树要使其 WPL 值最小,必须使权值越大的叶子结点越靠近根结点,而使权值越小的叶子结点越远离根结点。因此构造哈夫曼树的过程如下:

① 由给定的 $n$ 个权值$\{w_0, w_1, \cdots, w_{n-1}\}$构造 $n$ 棵只有一个叶子结点的二叉树,从而得到一个二叉树的集合 $F=\{T_0, T_1, \cdots, T_{n-1}\}$。

② 在 F 中选取根结点的权值最小和次小的两棵二叉树作为左、右子树构造一棵新的二叉树,这棵新的二叉树的根结点的权值为其左、右子树根结点的权值之和,即合并两棵二叉树为一棵二叉树。

③ 重复步骤②,当 F 中只剩下一棵二叉树时,这棵二叉树便是所要建立的哈夫曼树。

例如,给定 $a \sim e$ 共 5 个字符,它们的权值集为 $w=\{4,2,1,7,3\}$,构造哈夫曼树的过程如图 8.11(a)～(e)所示(图中带阴影的结点表示所属二叉树的根结点)。

利用哈夫曼树构造的用于通信的二进制编码称为哈夫曼编码。在哈夫曼树中从根结点到每个叶子结点都有一条路径,对路径上的各分支约定指向左子树的分支表示"0"码,指向右子树的分支表示"1"码,取每条路径上"0"或"1"的序列作为和各个叶子对应的字符的编码,这就是哈夫曼编码。这样产生的哈夫曼编码如图 8.17(f)所示。

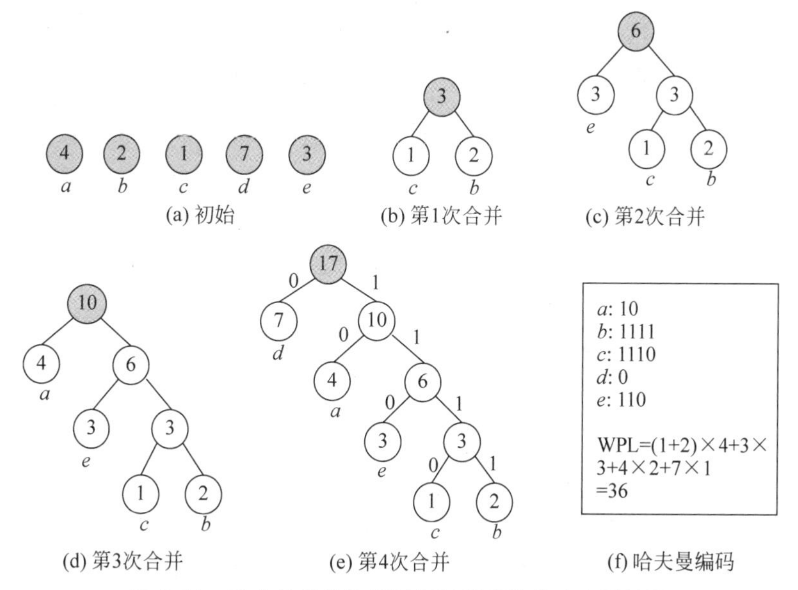


图 8.11 哈夫曼树的构造过程及其产生的哈夫曼编码

每个字符编码由 0、1 构成,并且没有一个字符编码是另一个字符编码的前缀,这种编码称为**前缀码**,哈夫曼编码就是一种最优前缀码。前缀码可以使译码过程变得十分简单,由于任一字符的编码都不是其他字符的前缀,从编码文件中不断取出代表某一字符的前缀码,转换为原字符,即可逐个译出文件中的所有字符。

在哈夫曼树的构造过程中,每次都合并两棵根结点权值最小的二叉树,这体现出贪心策略。那么是否可以像前面介绍的算法一样,先按权值递增排序,然后依次构造哈夫曼树呢?由于每次合并两棵二叉树时都要找最小和次小的根结点,而且新构造的二叉树也参加这一过程,如果每次都排序,这样花费的时间更多,所以采用优先队列(小根堆)来实现。

由 $n$ 个权值构造的哈夫曼树的总结点个数为 $2n-1$,每个结点的二进制编码长度不会超过树高，可以推出这样的哈夫曼树的高度最多为 $n$。所以用一个数组 ht[0..2$n$−2]存放哈夫曼树，其中 ht[0..$n$−1]存放叶子结点，ht[$n$..$n$−2]存放其他需要构造的结点，ht[$i$].parent 为该结点的双亲在 ht 数组中的下标，ht[$i$].parent=−1 表示该结点为根结点，ht[$i$].lchild、ht[$i$].rchild 分别为该结点的左、右孩子的位置。

当一棵哈夫曼树被创建后，ht[0..$n$−1]中的每个叶子结点对应一个哈夫曼编码，用 unordered_map<char,string>容器 htcode 存放所有叶子结点的哈夫曼编码，例如 htcode['a']="10"表示字符'a'的哈夫曼编码为 10。

算法分析：由于采用小根堆，从堆中出队两个结点(权值最小的两个二叉树根结点)和加入一个新结点的时间复杂度都是 $O(\log_2 n)$，所以构造哈夫曼树算法的时间复杂度为 $O(n\log_2 n)$。生成哈夫曼编码的算法循环 $n$ 次，每次查找的路径恰好是根结点到一个叶子结点的路径，平均高度为 $O(\log_2 n)$，所以由哈夫曼树生成哈夫曼编码的算法的时间复杂度也为 $O(n\log_2 n)$。

算法证明：证明上述算法的正确性转换为证明如下两个引理是成立的。

**引理 8.1** 两个最小权值字符对应的结点 $x$ 和 $y$ 必须是哈夫曼树中最深的两个结点且它们互为兄弟。

证明：假设 $x$ 结点在哈夫曼树(最优树)中不是最深的，那么存在一个结点 $z$，有 $w_z>w_x$，但它比 $x$ 深，即 $l_z>l_x$。此时结点 $x$ 和 $z$ 的带权和为 $w_x\times l_x+w_z\times l_z$。

如果交换 $x$ 和 $z$ 结点的位置，其他不变，如图 8.12 所示，则交换后的带权和为 $w_x\times l_z+w_z\times l_x$，则有 $w_x\times l_z+w_z\times l_x< w_x\times l_x+w_z\times l_z$。

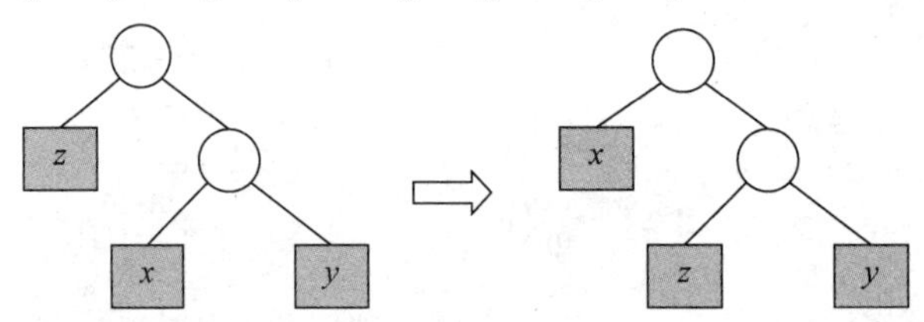


图 8.12 交换 $x$、$z$ 结点

这是因为 $w_x\times l_z+w_z\times l_x-(w_x\times l_x+w_z\times l_z)=w_x(l_z-l_x)-w_z(l_z-l_x)=(w_x-w_z)(l_z-l_x)<0$(由前面所设有 $w_z>w_x$ 和 $l_z>l_x$)。

这就与交换前的树是最优树的假设矛盾。所以该命题成立。

**引理 8.2** 设 $T$ 是字符集 $C$ 对应的一棵哈夫曼树，结点 $x$ 和 $y$ 是兄弟，它们的双亲为 $z$，如图 8.13 所示，显然有 $w_z=w_x+w_y$，现删除结点 $x$ 和 $y$，让 $z$ 变为叶子结点，那么这棵新树 $T_1$ 一定是字符集 $C_1=C-\{x,y\}\cup\{z\}$的最优树。

证明：设 $T$ 和 $T_1$ 的带权路径长度分别为 WPL($T$)和 WPL($T_1$)，则有 WPL($T$)=WPL($T_1$)+$w_x$+$w_y$。这是因为 WPL($T_1$)含有 $T$ 中除 $x$、$y$ 以外的所有叶子结点的带权路径长度和，另加上 $z$ 的带权路径长度。

假设 $T_1$ 不是最优的，则存在另一棵树 $T_2$，有 WPL($T_2$)<WPL($T_1$)。由于结点 $z\in C_1$，则 $z$ 在 $T_2$ 中一定是一个叶子结点。若将 $x$ 和 $y$ 加入 $T_2$ 中作为结点 $z$ 的左、右孩子，则得到表示字符集 $C$ 的前缀树 $T_3$，如图 8.14 所示，则有 WPL($T_3$)=WPL($T_2$)+$w_x$+$w_y$。

由前面几个式子看到 WPL($T_3$)=WPL($T_2$)+$w_x$+$w_y$<WPL($T_1$)+$w_x$+$w_y$=WPL($T$)。

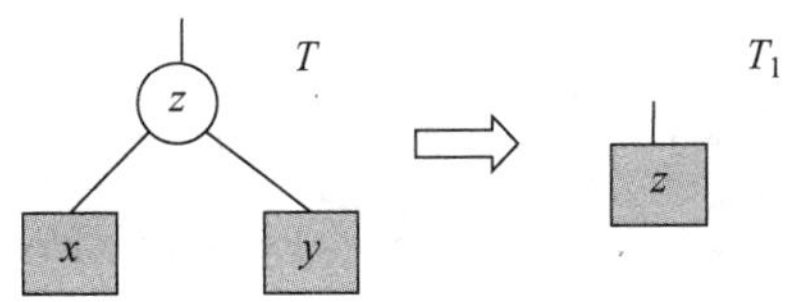

图 8.13　由 $T$ 删除 $x$、$y$ 结点得到 $T_1$

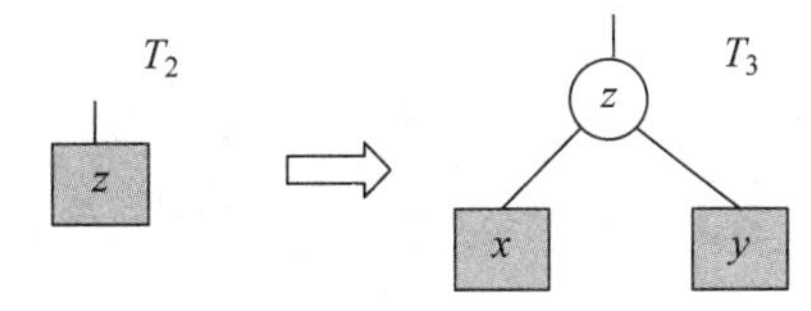


图 8.14　由 $T_2$ 添加 $x$、$y$ 结点得到 $T_3$

这与 $T$ 为 $C$ 的哈夫曼树的假设矛盾。本命题即证。

引理 8.1 说明该算法满足贪心选择性质，即通过合并来构造一棵哈夫曼树的过程可以从合并两个权值最小的字符开始。引理 8.2 说明该算法满足最优子结构性质，即该问题的最优解包含其子问题的最优解。所以采用哈夫曼树算法产生的树一定是一棵最优树。

扫一扫
视频讲解

**【例 8.6】** 最后一块石头的重量(LeetCode1046★)。有 $n(1\leqslant n\leqslant 30)$ 块石头，每块石头的重量都是正整数(重量为 1～1000)。每一回合从中选出两块最重的石头，然后将它们一起粉碎。假设石头的重量分别为 $x$ 和 $y$，且 $x\geqslant y$。那么粉碎的可能结果如下：

① 如果 $x=y$，那么两块石头都会被完全粉碎。

② 如果 $x\neq y$，那么重量为 $y$ 的石头将会被完全粉碎，而重量为 $x$ 的石头的新重量为 $x-y$。

最后最多只会剩下一块石头，求此石头的重量，如果没有石头剩下，结果为 0。要求设计如下方法：

```
int lastStoneWeight(vector<int>& stones) {}
```

扫一扫
源程序

扫一扫
源程序

**解** 本题选石头的过程与构造哈夫曼树的过程类似，只是这里选的是两块最重的石头，用优先队列(大根堆)求解，每次出队两块最重的石头 $x$ 和 $y$，然后将 $x-y$ 进队，直到仅有一块石头为止。对应的程序如下：

```
class Solution {
public:
    int lastStoneWeight(vector<int>& stones) {
        int n=stones.size();
        if(n==1) return stones[0];
        priority_queue<int> maxpq;                    //定义大根堆 maxpq
        for(int i=0;i<n;i++)
            maxpq.push(stones[i]);                    //所有石头进队
        int x=0,y=0;
        while(!maxpq.empty()) {
            x=maxpq.top(); maxpq.pop();
            if(maxpq.empty())                         //若 x 是最后的石头,返回 x
                return x;
            y=maxpq.top(); maxpq.pop();               //若 x 不是最后的石头,则再出队 y
            maxpq.push(x-y);                          //粉碎后新重量为 x-y(x≥y)
        }
        return x;
    }
};
```

上述程序提交时通过，执行时间为 4ms，内存消耗为 7.4MB。

# 8.7* 拟阵

本节介绍一种能确定贪心法何时产生最优解的理论，即拟阵(matroid)，凡是符合该结构的模型均可采用贪心法求解，尽管该理论并不能完全覆盖贪心法所适用的全部范围。

## 8.7.1 拟阵概述

拟阵 $M$ 是一个满足如下条件的有序对，$M=(S,I)$：

(1) $S$ 是一个有限集合。

(2) $I$ 是 $S$ 的一个具有遗传性质的非空子集族(集合的集合)。遗传性质是指如果 $B\in I$ 且 $A\subseteq B$，则 $A\in I$，即若 $B\in I$，则 $B$ 是 $S$ 的独立子集，且 $B$ 的任意子集也是 $S$ 的独立子集。空集必是 $I$ 的成员。

说明：这里的独立性跟 $I$ 的定义有关系，比如 $S$ 定义为无向图中的边集，$I$ 定义为所有无环边集的集合，这里的独立性就是无环性，即所有的无环边集 $A$ 都是独立的，称 $A$ 为 $S$ 的独立子集。

(3) $I$ 具有交换性质。交换性质是指如果 $A\in I$，$B\in I$ 且 $|A|<|B|$，则存在某个元素 $x\in B-A$，使得 $A\cup\{x\}\in I$。

其中(2)提示了已知集合 $B$ 找到其子集的办法，(3)提示了已知集合 $B$ 构造集合 $A$ 的办法。

**【例 8.7】** 对于非空无向图 $G=(V,E)$，定义 $M[G]=(S[G],I[G])$，其中 $S[G]$ 为 $E$，即 $G$ 的边集，如果 $A\subseteq E$ 且 $A$ 是无环的，则 $A\in I[G]$，也就是说一组边 $A$ 是独立的当且仅当子图 $G[A]=(V,A)$ 构成一个森林。证明 $M[G]$ 是一个拟阵。

证明：(1) 显然 $S[G]=E$ 是一个有限集合。

(2) $I[G]$ 具有遗传性质。对于任意 $B\in I[G]$，$A\subseteq B$，则 $A\in I[G]$，因为从一组无环的边中删除一些边不会出现任何环。

(3) $I[G]$ 具有交换性质。有 $k$ 条边的森林恰好包含 $|V|-k$ 棵树，若 $G[A]=(V,A)$ 和 $G[B]=(V,B)$ 是 $G$ 的森林，且 $|B|>|A|$，则 $G[A]$ 中含 $|V|-|A|$ 棵树，$G[B]$ 中含 $|V|-|B|$ 棵树。由于 $G[B]$ 中的树比 $G[A]$ 中的树要少，必有边 $e\in G[B]$ 且 $e\notin G[A]$，而且连接 $G[A]$ 中的两棵树，将 $e$ 添加到 $A$ 中不会产生环，即 $A\cup\{e\}\in I[G]$。

命题即证。

**【例 8.8】** 对于 8.2.1 节中的活动安排问题，设 $M=(S,I)$，$S$ 是活动的有限集合，$I$ 是所有兼容活动子集的集合，证明 $M$ 不是拟阵。

证明：(1) $S$ 是活动的有限集合。

(2) $I$ 具有遗传性质。对于任意 $B\in I$，$A\subseteq B$，则 $A\in I$，因为从一组兼容活动中删除一些活动后的剩余活动一定是兼容的。

(3) $I$ 不具有交换性质。例如，$A=\{[1,2),[4,12)\}$，$B=\{[3,5),[6,7),[9,10)\}$，这里 $|A|=2$，$|B|=3$，对于 $B-A$ 中的任何一个元素 $x$，$A\cup\{x\}$ 都不是独立的，即不是兼容的。

由于 $I$ 不具有交换性质，所以 $M$ 不是拟阵。

给定一个拟阵 $M=(S,I)$，称元素 $x\notin A$ 为 $A\in I$ 的一个**扩张**，如果能在保持独立性的

同时将 $x$ 加到 $A$ 中,即如果 $A\cup\{x\}\in I$,$x$ 是 $A$ 的一个扩张。例如,对于例 8.7 中的拟阵 $M[G]$,如果 $A$ 是一个独立边集,则边 $e$ 是 $A$ 的一个扩张当且仅当 $e$ 不在 $A$ 中,且将 $x$ 加到 $A$ 中后不产生回路。

如果 $A$ 是拟阵 $M$ 的一个独立子集,且它没有任何扩张,则称之为**最大独立子集**。也就是说如果 $A$ 不被 $M$ 中比它更大的独立子集所包含,则它是最大的。

**引理 8.3** 一个拟阵 $M=(S,I)$ 中所有最大独立子集的大小都是相同的。

证明:假设 $A$ 是 $M$ 的一个最大独立子集,并且存在 $M$ 的另外一个更大的最大独立子集 $B$。由交换性质可知,$A$ 可以扩张到一个更大的独立子集,$A\cup\{x\}$,$x\in B-A$,这与 $A$ 是最大独立子集的假设矛盾。定理即证。

例如,考虑某个连通图 $G=(V,E)$ 的一个拟阵 $M=(S,I)$,$S$ 是 $G$ 的边集,$I$ 是无环边集的集合,则每个最大独立子集都对应一棵树,该树中的顶点个数为 $|V|$、边数为 $|V|-1$,实际上该树就是图 $G$ 的生成树。

对于拟阵 $M=(S,I)$,$S$ 中的每个元素 $x$ 都有一个权值 $w(x)$(权函数为 $w$),一个独立子集 $A$ 的权是它的所有元素的权之和,即 $w(A)=\sum_{x\in A}w(x)$,则称拟阵 $M$ 为**加权拟阵**。例如,在带权连通图的拟阵中,独立子集为无环边集,权为边的长度(正数),则一个独立子集的权就是包含的所有边的长度之和,那么权最小的最大独立子集就是一棵最小生成树。

## 8.7.2 求加权拟阵最优子集的贪心算法

适合采用贪心法获得最优解的许多问题都可以归结为在加权拟阵中找到一个具有最大(或最小)权值的独立子集的问题。求加权(权值为 $w$)拟阵 $M=(S,I)$ 的最优子集 $A$ 的贪心算法框架如下:

```
Set greedy(M,w) {                          //M=(S,I)
    A=∅;                                   //∅表示空集{}
    将 S 中的元素依权值 w(大者优先)组成优先队列;
    while (S!=∅) {
        S.removeMax(x);                    //出队 x
        if (A∪{x}∈I) A=A∪{x};
    }
    return A
}
```

上述算法是先将独立子集 $A$ 初始化为空集,把 $S[M]$ 中的所有元素按权值递减排序,然后从头到尾遍历一遍,如果 $A$ 加上当前元素 $x$ 还是独立子集,则将 $x$ 添加到 $A$ 中,否则不将 $x$ 添加到 $A$ 中。遍历完毕,$A$ 就是最优子集。

设 $n=|S|$,算法中排序的时间复杂度为 $O(n\log_2 n)$,for 循环 $n$ 次,假设检测 $A\cup\{x\}$ 是否独立的时间复杂度为 $O(f(n))$,则整个算法的时间复杂度为 $O(n\log_2 n+nf(n))$。

**引理 8.4**(拟阵具有贪心选择性质) 假设 $M=(S,I)$ 是一个具有权函数 $w$ 的加权拟阵,且 $S$ 被按权值的单调递减顺序排列。设 $x$ 是 $S$ 的第一个使 $\{x\}$ 独立的元素,如果 $x$ 存在,则存在 $S$ 的一个包含 $x$ 的最优子集 $A$。

证明:如果这样的 $x$ 不存在,则唯一的独立子集为空集,证明结束。否则存在这样的 $x$,设 $B$ 为任意非空的最优子集。假设 $x\notin B$,否则让 $A=B$(证明结束)。

$B$ 中没有一个元素的权值大于 $w(x)$。为了说明这一点,注意 $y\in B$ 意味着 $\{y\}$ 是独立的，因为 $B\in I$ 并且 $I$ 是遗传的，而选择的 $x$ 保证了对于任意 $y\in B$ 有 $w(x)\geqslant w(y)$ 成立。

按照如下步骤来构造集合 $A$。开始时 $A=\{x\}$，根据所选择的 $x$，$A$ 是独立的。利用交换性质，重复地在 $B$ 中找新的可以加到 $A$ 中且同时保持 $A$ 的独立性的元素，直到 $|A|=|B|$ 为止。这样 $A=B-\{y\}\cup\{x\}$，其中 $y\in B$，故有：

$$w(A)=w(B)-w(y)+w(x)\geqslant w(B)$$

因为 $B$ 是最优子集，则 $A$ 也是最优子集，又因为 $x\in A$，引理得证。

下面要证明一个元素如果开始不被选中，以后也不会被选中。

**引理 8.5** 设 $M=(S,I)$ 为任意一个拟阵。如果 $x$ 是 $S$ 的任意元素，$x$ 是 $S$ 的独立子集 $A$ 的一个扩张，那么 $x$ 也必然是空集 $\varnothing$ 的一个扩张。

证明：因为 $x$ 是 $A$ 的一个扩张，则 $A\cup\{x\}$ 是独立的。又因为 $I$ 是遗传的，那么 $\{x\}$ 必定独立。所以 $x$ 是 $\varnothing$ 的一个扩张。

由引理 8.5 得到这样的推论：设 $M=(S,I)$ 为任意一个拟阵。如果集合 $S$ 中的元素 $x$ 不是空集 $\varnothing$ 的扩张，那么 $x$ 也不会是 $S$ 的任意独立子集 $A$ 的一个扩张。

这个推论说明了任何元素如果不能立即被选中，则以后也绝不会被选中。所以，在开始时对 $S$ 中的非空集合的扩张元素不予选中不会漏掉最优解，因为它们以后也不会被选中。

**引理 8.6**（拟阵具有最优子结构性质） 设 $x$ 为 $S$ 中被作用于加权拟阵 $M=(S,I)$ 的 greedy 算法第一个选择的元素。找一个包含 $x$ 的具有最大权值的独立子集的问题，可以归结为找出加权矩阵 $M'=(S',I')$ 的一个具有最大权值的独立子集问题，此处

$$S'=\{y\in S\mid\{x,y\}\in I\},\quad I'=\{B\subseteq S-\{x\}\mid B\cup\{x\}\in I\}$$

其中，$M'$ 权函数为（受限于 $S'$ 的）$M$ 的权函数（称 $M'$ 为 $M$ 的由 $x$ 引起的收缩）。

证明：如果 $A$ 为任意包含 $x$ 的 $M$ 的具有最大权值的独立子集，那么 $A'=A-\{x\}$ 就是 $M'$ 的一个独立子集。反之，由 $M'$ 的任意独立子集 $A'$ 可以得到 $M$ 的一个独立子集 $A=A'\cup\{x\}$。因为在两种情况下都有 $w(A)=w(A')+w(x)$，所以由 $M$ 中包含的 $x$ 的一个最大权值解可以得到 $M'$ 中的一个最大权值解，反之亦然。

由引理 8.4 的拟阵具有贪心选择性质和引理 8.6 的拟阵具有最优子结构性质可以推出如下定理。

**定理 8.1**（拟阵上贪心算法的正确性） 如果给定 $M=(S,I)$ 为一个具有权函数 $w$ 的加权拟阵，则调用本节前面的 greedy$(M,w)$ 算法返回一个最优子集。

## 8.7.3 带期限和惩罚的任务调度问题

这里讨论单处理器上具有期限和惩罚的单位时间任务调度问题。

问题描述：所谓单位时间任务是一个作业（例如在计算机上执行的程序）恰好需要一个单位的时间来执行，为了简单，时间用从 0 开始的整数表示。该问题的描述如下：

(1) $n$ 个单位时间任务的集合 $S=\{a_1,a_2,\cdots,a_n\}$。

(2) $n$ 个整数值的期限集合 $D=\{d_1,d_2,\cdots,d_n\}$，即任务 $a_i(1\leqslant i\leqslant n)$ 要求在 $d_i$ 之前完成。

(3) $n$ 个非负的权值（惩罚代价）集合 $W=\{w_1,w_2,\cdots,w_n\}$。如果 $a_i$ 在 $d_i$ 之前没有完成，就会有惩罚 $w_i$，否则没有惩罚。

目标是找出一个 $S$ 的调度，使得总惩罚最小。

解 考虑一个给定的调度(即 $n$ 个任务的一种执行顺序),该调度中若一个任务在限期之后完成称其为迟任务,一个任务在限期之前完成称其为早任务。一个任意的任务调度总可以安排成早任务优先的形式,其中早任务总是在迟任务之前完成,如果某个早任务 $a_i$ 在迟任务 $a_j$ 之后,那么交换 $a_i$ 和 $a_j$ 的次序并不会影响 $a_i$ 是早任务和 $a_j$ 是迟任务。

类似地,任意一个调度总是可以安排成这样一个范式,其中早任务先于迟任务,并且按照期限的单调递增顺序对早任务进行调度。在实际操作中,将调度安排成早任务优先的形式,然后只要在该调度中有两个分别完成于时间 $k$ 和 $k+1$ 的早任务 $a_i$ 和 $a_j$,如果 $d_j<d_i$,就交换 $a_i$ 和 $a_j$ 的位置,因为交换前 $a_j$ 是早任务,则 $k+1\leqslant d_j<d_i$,所以 $k+1<d_i$ 成立,说明 $a_i$ 在交换后仍然是早任务,任务 $a_j$ 被移到调度中更前的位置,故它在交换后仍然是早任务。

如此,寻找最优调度问题变成了一个寻找由最优调度中的早任务构成的集合 $A$ 的问题,一旦 $A$ 被确定之后,就可以按照期限的单调递增顺序列出 $A$ 中的所有元素,从而得到实际的调度(因为 $A$ 中的都是早任务优先,即截止期限早的任务先被调度,所以以单调递增顺序列出 $A$ 中的元素,结果就是实际调度)。然后按任意顺序列出迟任务(即 $S-A$),合并起来得到一个最优调度的执行次序。

如果存在关于 $A$ 中任务的一个调度,使得没有一个任务是迟的,称一个任务的集合 $A$ 是独立的。显然,某个调度中的早任务的集合构成了一个独立的任务集。

**引理 8.7** 设 $t=0,1,2,\cdots,n$,$N_t(A)$表示 $A$ 中期限为 $t$ 或者更早的任务的个数(对于任意集合 $A$,有 $N_0(A)=0$ 成立),如果 $N_t(A)\leqslant t$,则 $A$ 是独立的。

证明:如果对某个 $t$ 有 $N_t(A)>t$,则有多于 $t$ 个任务要在时间 $t$ 之前完成,这样至少有一个任务不能按期完成,也就是说无法为集合 $A$ 做出一个没有迟任务的调度。如果 $N_t(A)\leqslant t$ 成立,可以对 $A$ 中的任务按期限单调递增的顺序进行调度,则没有一个任务是迟的,即 $A$ 是独立的。

最小化迟任务的惩罚之和的问题与最大化早任务的奖励之和的问题是一样的。下面的定理保证了可以用贪心法来找出具有最大总惩罚的独立任务集 $A$。

**定理 8.2** 如果 $S$ 是一个带期限的单位时间任务的集合,并且 $I$ 是所有独立的任务集构成的集合,则对应的系统$(S,I)$是一个拟阵。

证明:一个独立的任务集的每个子集一定是独立的。为了证明具有交换性质,假设 $B$ 和 $A$ 是独立任务集,且$|B|>|A|$。设 $k$ 为使 $N_t(B)\leqslant N_t(A)$成立的最大 $t$(这样的 $t$ 一定存在,因为 $N_0(A)=N_0(B)=0$)。因为 $N_n(B)=|B|$,$N_n(A)=|A|$,但是$|B|>|A|$,故必有 $k<n$,且对 $k+1\leqslant j\leqslant n$ 中的所有 $j$,有 $N_j(B)>N_j(A)$,所以 $B$ 中包含了比 $A$ 中更多的具有期限 $k+1$ 的任务。设 $a_i$ 为 $B-A$ 中具有期限 $k+1$ 的一个任务。另外设 $A'=A\cup\{a_i\}$。

现在利用引理 8.7 证明 $A'$是独立的。对 $0\leqslant t\leqslant k$,有 $N_t(A')=N_t(A)\leqslant t$,因为 $A$ 是独立的。对 $0<t\leqslant n$,有 $N_t(A')=N_t(B)\leqslant t$,因为 $B$ 是独立的。所以 $A'$是独立的。从而证明了$(S,I)$是一个拟阵。

既然 $M=(S,I)$是一个拟阵,根据定理 8.1 可以采用 8.7.2 节中的 greedy$(M,w)$贪心算法找出一个具有最大权值的独立任务集 $A$,然后设计出一个以 $A$ 中的任务作为其早任务的最优调度。

【例 8.9】 对于如表 8.4 所示的 7 个作业，假设每个作业需要一个时间单位加工，采用贪心法求最小惩罚数。

扫一扫

视频讲解

解法 1：采用前面基于拟阵的贪心算法框架 greedy($M$,$w$)求解，对应的加权拟阵 $M=(S,I)$，其中 $S$ 是所有作业的集合，$I$ 是早作业集合的集合，权值 $w$ 为作业的惩罚值，该问题是最小化迟作业的惩罚之和问题(或者最大化早作业的奖励之和问题)。用 ans 表示最小惩罚数(初始为 0)，按惩罚值 $w_i$ 递减排序(完成惩罚值越大的作业相当于奖励越多)，排序结果为[4,70]，[2,60]，[4,50]，[3,40]，[1,30]，[4,20]，[6,10](表 8.4 已按惩罚值递减排序)。$i$ 从 0 到 6 循环，对于每个任务 $a_i$ 查找其截止日期之前的最晚空时间，如果找到则在该空时间完成这个任务，否则说明不能完成该任务，将其惩罚值累计到 ans 中。

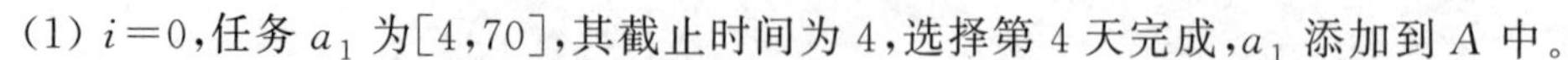

(1) $i=0$，任务 $a_1$ 为[4,70]，其截止时间为 4，选择第 4 天完成，$a_1$ 添加到 $A$ 中。

(2) $i=1$，任务 $a_2$ 为[2,60]，其截止时间为 2，选择第 2 天完成，$a_2$ 添加到 $A$ 中。

(3) $i=2$，任务 $a_3$ 为[4,50]，其截止时间为 4，选择第 3 天完成，$a_3$ 添加到 $A$ 中。

(4) $i=3$，任务 $a_4$ 为[3,40]，其截止时间为 3，选择第 1 天完成，$a_4$ 添加到 $A$ 中。

(5) $i=4$，任务 $a_5$ 为[1,30]，其截止时间为 1，第 1 天被占用，不能完成该任务，需要惩罚，ans=30。

(6) $i=5$，任务 $a_6$ 为[4,20]，其截止时间为 4，第 1～4 天均被占用，不能完成该任务，需要惩罚，ans=30+20=50。

(7) $i=6$，任务 $a_7$ 为[6,10]，其截止时间为 6，选择第 6 天完成，$a_7$ 添加到 $A$ 中。

求出的最小惩罚数 ans=50，对应的独立任务集 $A=\{a_1,a_2,a_3,a_4,a_7\}$，最终的一个最优调度是$\{a_1,a_2,a_3,a_4,a_7,a_5,a_6\}$。

表 8.4 7 个作业

| 作业编号 $a_i$ | 截止时间 $d_i$ | 惩罚值 $w_i$ |
|---|---|---|
| 1 | 4 | 70 |
| 2 | 2 | 60 |
| 3 | 4 | 50 |
| 4 | 3 | 40 |
| 5 | 1 | 30 |
| 6 | 4 | 20 |
| 7 | 6 | 10 |

解法 2：用户也可以采用这样的贪心解法，将全部作业按截止时间 $d$ 递减排序，排序结果为[6,10]，[4,70]，[4,50]，[4,20]，[3,40]，[2,60]，[1,30]。用 ans 表示最小惩罚数(初始为 0)，最大的截止时间为 6，day 从 6 到 1 循环，每一天选择早任务(截止时间≥day)中惩罚值最大的任务来完成。

(1) day=6：截止时间大于或等于 6 的任务为[6,10]，在第 6 天完成作业[6,10]。

(2) day=5：截止时间大于或等于 5 的任务为空。

(3) day=4：截止时间大于或等于 4 的任务为[4,70]、[4,50]和[4,20]，在第 4 天完成惩罚值最大的作业[4,70]。

(4) day=3：截止时间大于或等于 3 的任务为[4,50]、[4,20]和[3,40]，在第 3 天完成惩罚值最大的作业[4,50]。

(5) day=2：截止时间大于或等于 2 的任务为[4,20]、[3,40]和[2,60]，在第 2 天完成惩罚值最大的作业[2,60]。

(6) day=1：截止时间大于或等于 1 的任务为[4,20]、[3,40]和[1,30]，在第 1 天完成惩罚值最大的作业[3,40]。

不能完成的任务是[4,20]和[1,30]，对应的最小惩罚数 ans 为 20+30=50，一个最优调度是$\{a_4,a_2,a_3,a_1,a_7,a_5,a_6\}$。

**【例 8.10】** 超市问题(POJ1456，时间限制为 2000ms，空间限制为 65 536KB)。一家超市有一组商品 Prod 在售，每件商品有一个截止时间 $d_x$ 和销售利润 $p_x$，该商品在截止时间 $d_x$ 之前售出时会获得利润 $p_x$，截止时间 $d_x$ 是从销售开始的那一刻起的整数个时间单位。每件商品的销售时间恰好是一个单位。计划销售的商品 Sell 是 Prod 的有序子集，根据 Sell 的排列，在截止时间 $d_x$ 之前或恰好在 $d_x$ 到期时完成的销售利润是 $\text{Profit(Sell)} = \sum_{x \in \text{Sell}} \{p_x\}$。最优销售调度是具有最大利润的调度。

例如，Prod={a,b,c,d}，$(p_a,d_a)=(50,2)$，$(p_b,d_b)=(10,1)$，$(p_c,d_c)=(20,2)$和$(p_d,d_d)=(30,1)$。所有可能的销售调度如表 8.5 所示，例如 Sell={d,a}表示商品 d 的销售从时间 0 开始到时间 1 结束(销售时间为 1)，商品 a 的销售从时间 1 开始到时间 2 结束(销售时间为 2)，每一个商品都在其截止时间前售出，是最优销售调度，其利润为 80。请编写一个程序，从输入文件中读取各组商品，并计算每组商品的最优销售利润。

表 8.5 可能的销售调度

| 销售调度 | 利润 |
|---|---|
| {a} | 50 |
| {b} | 10 |
| {c} | 20 |
| {d} | 30 |
| {b,a} | 60 |
| {a,c} | 70 |
| {c,a} | 70 |
| {b,c} | 30 |
| {d,a} | 80 |
| {d,c} | 50 |

输入格式：以整数 $n(0 \leqslant n \leqslant 10\,000)$开始，表示商品数量，接下来是 $n$ 个 $p_i$ $d_i$ $(1 \leqslant p_i \leqslant 10\,000$ 和 $1 \leqslant d_i \leqslant 10\,000)$整数对，每对表示第 $i$ 个商品的利润和销售期限，中间可能有一个或者多个空格。输入数据以文件结尾结束并保证正确。

输出格式：对于每组商品，在一行中输出一个整数表示最优销售利润。

输入样例：

```
4  50  2  10  1  20  2  30  1

7  20  1  2   1  10  3  100  2  8  2
   5   20 50  10
```

输出样例：

```
80
185
```

解法 1：利用例 8.9 中解法 1 的思路，其贪心策略是优先选择利润大的商品，在空时间中选择尽可能晚的时间。同样用 prod 数组存放全部商品的数据，将 prod 按利润递减排序，用 days[0..maxd]数组标记 0～maxd 时间的占用情况（销售商品的有效时间是 1～maxd），初始时将全部元素置为 false。$i$ 从 0 到 $n-1$ 遍历 prod，对于商品 $i$，$j$ 按从其最后截止时间 prod[$i$].d 到 0 的顺序找 days[$j$]为 false 的空时间，若找到了，则在时间 $j$ 销售商品 $i$，将其利润累计到 ans 中，同时置 days[$j$]为 true（表示时间 $j$ 被占用）。最后返回 ans 即可。对应的程序如下：

```
#include<iostream>
#include<queue>
#include<vector>
#include<algorithm>
using namespace std;
#define MAXN 10005
struct Products {                                   //商品的类型
    int d;                                          //截止时间
    int p;                                          //利润
    bool operator<(const Products&o) const {
        return p>o.p;                               //用于按 p 递减排序
    }
};
Products prod[MAXN];                                //存放全部商品
int schedule(int n,int maxd) {                      //贪心算法
    sort(prod,prod+n);                              //按 p 递减排序
    int ans=0;                                      //答案
    vector<bool> days(maxd+1,false);                //标识时间是否已经被占用
    for(int i=0;i<n;i++) {                          //遍历商品
        int j=prod[i].d;
        for(;j>0;j--) {                             //查找截止时间之前的最晚空时间
            if(!days[j]) {                          //找到空时间
                days[j]=true;                       //在时间 j 销售商品 i
                ans+=prod[i].p;                     //累计利润
                break;
            }
        }
    }
    return ans;
}
int main() {
    int n;
    while(~scanf("%d",&n)) {
        if(n==0) {
            printf("0\n");
            continue;
        }
        int maxd=0;
        for(int i=0;i<n;i++) {
            scanf("%d%d",&prod[i].p,&prod[i].d);
            maxd=max(maxd,prod[i].d);
        }
        printf("%d\n",schedule(n,maxd));
    }
    return 0;
}
```

上述程序提交时通过，执行用时为297ms，内存消耗为180KB。由于采用days[0..maxd]数组实现查找空时间的过程，所以整个算法的时间复杂度为$O(n \times \text{maxd})$。可以采用并查集提高性能，设置并查集数组为parent[0..maxd]，其中parent[$i$]表示截止时间$i$前面最晚的空时间，初始时置parent[$i$]=$i$，当在时间$j$销售一个商品时置parent[$j$]=$j-1$。对应的程序如下：

```
#include<iostream>
#include<queue>
#include<vector>
#include<algorithm>
using namespace std;
#define MAXN 10005
struct Products {                              //商品的类型
    int d;                                     //截止时间
    int p;                                     //利润
    bool operator<(const Products&o) const {
        return p>o.p;                          //用于按p递减排序
    }
};
Products prod[MAXN];                           //存放全部商品
int parent[MAXN];                              //并查集存储结构
int Find(int x) {                              //在并查集中查找x结点的根结点
    if (x!=parent[x])
        parent[x]=Find(parent[x]);             //路径压缩
    return parent[x];
}
int schedule(int n,int maxd) {                 //贪心算法
    for(int i=0;i<=maxd;i++)                   //初始化并查集
        parent[i]=i;
    sort(prod,prod+n);                         //按p递减排序
    int ans=0;                                 //存放答案
    for(int i=0;i<n;i++) {
        int di=Find(prod[i].d);
        if(di>0) {                             //能够销售
            ans+=prod[i].p;
            parent[di]=di-1;                   //合并
        }
    }
    return ans;
}
int main() {
    int n;
    while(~scanf("%d",&n)) {
        if(n==0) {
            printf("0\n");
            continue;
        }
        int maxd=0;
        for(int i=0;i<n;i++) {
            scanf("%d%d",&prod[i].p,&prod[i].d);
            maxd=max(maxd,prod[i].d);
        }
        printf("%d\n",schedule(n,maxd));
    }
}
```

上述程序提交时通过，执行时间为63ms，内存消耗为212KB。

**解法2**：利用例8.9中解法2的思路，其贪心策略是优先考虑晚的截止时间，在所

有能够销售的商品中选择利润最大的商品进行销售。用 prod 数组存放全部商品的数据，将 prod 按截止日期递减排序，maxd 从最大截止日期 prod[0].d 到 0 循环：将截止日期大于或者等于 maxd 的所有商品的利润值进入大根堆 pq 中，然后出队最大利润值并累计到 ans 中，最后返回 ans 即可。

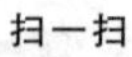

## 8.8 练 习 题

1. 简述贪心法求解问题的思路。

2. 简述动态规划法与贪心法的异同。

3. 简述活动安排问题中的贪心策略。

4. 举一个反例说明若 0/1 背包问题采用背包问题的贪心方法去做不一定能得到最优解。

5. 说明为什么旅行商问题不适合采用贪心法求解。

6. 有 4 个字符 a～d，它们的频度分别是 8、1、4、6。回答以下问题：

(1) 构造其哈夫曼编码，求出对应的 WPL。

(2) 说明将"aabcbd"字符串编码的结果。

(3) 说明 s="0010010110011"的解码过程及其结果。

7. 说明 8.5 节零钱兑换问题的贪心算法是不是适合任意零钱兑换问题的求解。

8. 设有一条道路 AB，A 是起始点，B 是终止顶点，沿着道路 AB 分布着 $n$ 个房子，假设 A 为坐标原点 0，这些房子的坐标依次为 $d_1$、$d_2$、……、$d_n$（$d_i < d_{i+1}$，$1 \leqslant i \leqslant n-1$）。为了给所有房子提供移动电话服务，需要在这条道路上设置一些基站。为了保证通信质量，每个房子应该位于距离某个基站 $r$ 米范围内。回答以下问题：

(1) 给出求解该问题的思路。

(2) 证明正确性。

9. 给定如表 8.6 所示的 5 个作业，假设每个作业需要一个时间单位加工，采用贪心法求最小惩罚数。

表 8.6　5 个作业

| 作业编号 $a_i$ | 截止时间 $d_i$ | 惩罚值 $w_i$ |
|---|---|---|
| 1 | 3 | 20 |
| 2 | 1 | 40 |
| 3 | 2 | 50 |
| 4 | 3 | 40 |
| 5 | 5 | 10 |

10. 给定 $n$ 个区间的集合 $A$，每个区间 $[s_i, e_i)$（$s_i < e_i$）用 vector<int>表示，设计一个算法求从中选择的最多兼容区间的个数。例如 $A$ 为{[1,3),[2,6),[3,5),[4,7),[5,8)}，答案是 3，对应的区间是{[1,3),[3,5),[5,8)}。

11. 给定 $n$ 个会议的集合 $A$，每个会议 $[s_i, e_i)$（$s_i < e_i$）用 vector<int>表示，设计一个算法求安排全部会议所需要的最少会议室的个数。例如 $A$ 为{[1,3),[2,6),[3,5),[4,7),

[5,8)},答案是3,一种会议安排方案是会议室1安排会议{[1,3),[3,5),[5,8)},会议室2安排会议{[2,6)},会议室3安排会议{[4,7)}。

12. 求解会议安排问题。有一组会议$A$和一组会议室$B$,$A[i]$表示第$i$个会议的参加人数,$B[j]$表示第$j$个会议室最多可以容纳的人数。当且仅当$A[i]\leqslant B[j]$时第$j$个会议室可以用于举办第$i$个会议。给定数组$A$和数组$B$,试问最多可以同时举办多少个会议?例如,$A=\{1,2,3\}$,$B=\{3,2,4\}$,结果为3;若$A=\{3,4,3,1\}$,$B=\{1,2,2,6\}$,结果为2。

13. 求解硬币兑换问题。有1分、2分、5分和10分的硬币(每种硬币可以看成无限枚),现在要用这些硬币来支付$n$元,设计一个算法求需要的最少硬币数。例如,$n=22$时最少兑换的硬币数为3,即$2\times10+1\times2=22$。

14. 乘船问题。有$n$个人,第$i$个人的体重为$w_i(0\leqslant i<n)$。每艘船的最大载重量均为$C$,且最多只能乘两个人。设计一个算法求用最少的船装载所有人的方案。

15. 汽车加油问题。已知一辆汽车加满油后可以行驶$d$(例如$d=7$)km,而旅途中有若干个加油站。设计一个算法求在哪些加油站停靠加油可以使加油次数最少。用$a$数组存放各加油站之间的距离,例如$a=\{2,7,3,6\}$,表示共有$n=4$个加油站(加油站的编号是0~3),起点到0号加油站的距离为2km,以此类推。

16. 赶作业(HDU1789,时间限制为1000ms,空间限制为32 768KB)。A刚从第30届ACM/ICPC回来,现在他有很多功课要做,每个老师都给他一个交作业的截止日期,如果在截止日期后交作业,老师会在期末考试中扣除相应分数。现在假设每个作业需要一天的时间完成,A希望你帮助他安排做作业的顺序,以尽量减少扣分。

输入格式:输入包含几个测试用例。输入的第一行是一个整数$T$,表示测试用例的数量。每个测试用例都以一个正整数$N(1\leqslant N\leqslant1000)$开头,表示作业的数量,然后是两行,第一行包含$N$个整数,表示作业的截止日期,下一行包含$N$个整数,表示相应的扣分。

输出格式:对于每个测试用例,输出一行包含最少扣分的整数。

输入样例:

```
3
3
3 3 3
10 5 1
3
1 3 1
6 2 3
7
1 4 6 4 2 4 3
3 2 1 7 6 5 4
```

输出样例:

```
0
3
5
```

## 8.9 在线编程实验题

1. LintCode920——会议室★

2. LintCode919——会议室Ⅱ★★
3. LintCode184——最大数★★
4. LintCode187——加油站★★
5. LintCode304——最大乘积★★
6. LintCode358——树木规划★
7. LintCode719——计算最大值★★
8. LintCode761——最小子集★★
9. LintCode891——有效回文Ⅱ★★
10. LeetCode122——买卖股票的最佳时机Ⅱ★★
11. LeetCode11——盛水最多的容器★★
12. LeetCode881——救生艇★★
13. LeetCode1029——两地调度★★
14. LeetCode402——移掉 $k$ 位数字★★
15. LeetCode763——划分字母区间★★
16. LeetCode630——课程表Ⅲ★★★
17. LeetCode1353——最多可以参加的会议数目★★
18. POJ2782——装箱
19. POJ3069——标记
20. POJ1017——产品包装
21. POJ1862 ——Stripies
22. POJ3262——保护花朵
23. POJ2970——懒惰的程序员
24. POJ1065——加工木棍

# 第9章 图算法

【案例引入】

国家高铁线路规划

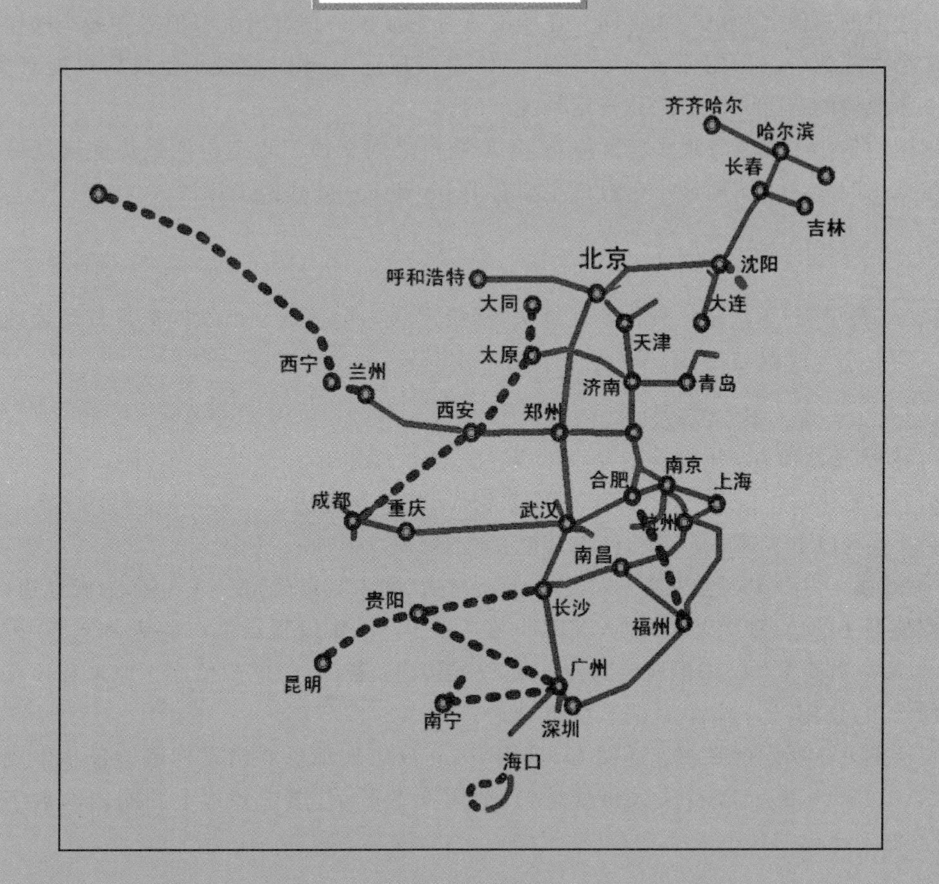

**本章学习目标：**

(1) 掌握构造图最小生成树的几种经典算法(Prim 和 Kruskal 算法)及其应用。

(2) 掌握构造图最短路径的几种经典算法(Dijkstra、SPFA、Bellman-Ford 和 Floyd 算法)及其应用。

(3) 掌握网络流的概念和最大流的应用算法设计。

# 9.1 图的最小生成树

图是一种十分常见的数据结构,可以通过其包含的顶点集和边集合来描述。在实际应用中常将某些对象抽象为顶点,将对象之间的关系抽象为边。正因为如此,图的应用非常广泛,构造最小生成树是图的基本应用之一。

## 9.1.1 什么是最小生成树

设 $G$ 是一个含 $n$ 个顶点的连通图,$G$ 的生成树(spanning tree)$T$ 是它的一个极小连通子图。$T$ 含有 $G$ 中的全部顶点和 $n-1$ 条边。若 $e$ 是 $G$ 的一条边并且 $e$ 不属于 $T$,则 $T \cup \{e\}$ 一定含有回路。图 $G$ 的生成树可能有多棵。

对于一个带权(假定每条边上的权均为大于 0 的数)连通图 $G$ 的不同生成树,其每棵树的所有边上的权值之和也可能不同。在图的所有生成树中具有边上权值之和最小的树称为图的**最小生成树**(minimal spanning tree)。一个带权连通图 $G$ 的最小生成树可能有多棵,但最小生成树的边上的权值之和一定是唯一的。

求图的最小生成树有很多实际应用,例如城市之间交通工程造价的最优问题就是一个最小生成树问题。求图的最小生成树主要有 Prim 和 Kruskal 两个算法。

## 9.1.2 Prim 算法

Prim(普里姆)算法是一种构造性算法,从给定的一个顶点 $s$ 出发构造带权连通图 $G=(V,E)$的最小生成树 $T=(U,\mathrm{TE})$。

### 1. Prim 算法构造最小生成树的过程

由 $G$ 从起始顶点 $s$ 出发构造最小生成树 $T$ 的步骤如下:

(1) 初始化 $U=\{s\}$。以 $s$ 到其他顶点的所有边为候选边。

(2) 重复以下步骤 $n-1$ 次,使得其他 $n-1$ 个顶点被加入 $U$ 中。

① 以顶点集 $U$ 和顶点集 $V-U$ 之间的所有边(称为割集$(U,V-U)$)作为候选边,从中挑选权值最小的边(称为轻边)加入 TE,设该边在 $V-U$ 中的顶点是 $k$,将 $k$ 加入 $U$ 中。

② 考察当前 $V-U$ 中的所有顶点 $j$,修改候选边:若$(k,j)$的权值小于原来和顶点 $j$ 关联的候选边,则用$(k,j)$取代后者作为候选边。

对于图 9.1 所示的带权连通图 $G$,采用 Prim 算法从顶点 0 出发构造的最小生成树为(0,5),(0,1),(1,6),(1,2),(2,3),(3,4),如图 9.2 所示,图中各边上圆圈内的数字表示 Prim 算法输出边的顺序。

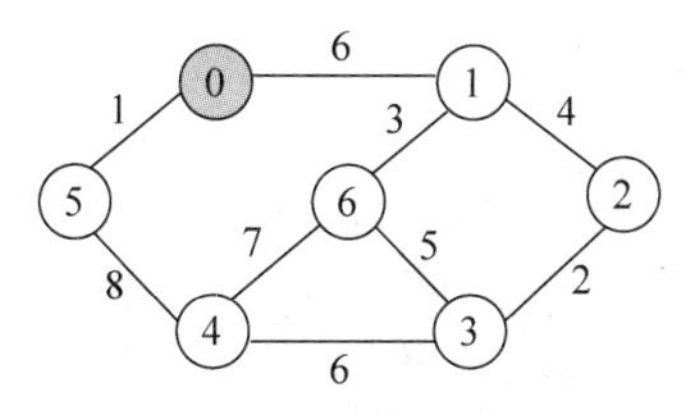


图 9.1 一个带权连通图 $G$

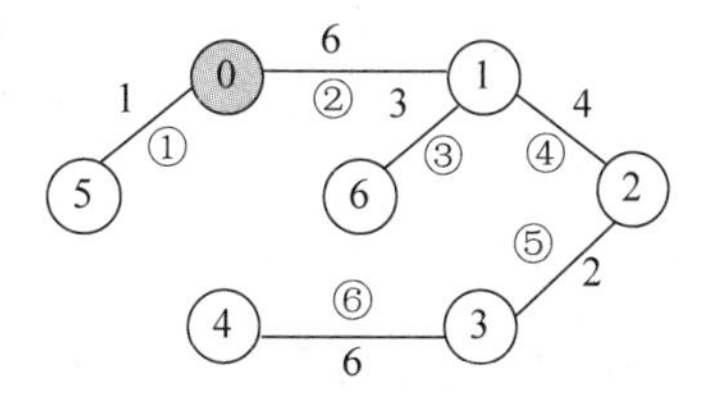


图 9.2 $G$ 的一棵最小生成树

## 2. Prim 算法设计

假设图采用邻接矩阵 **A** 存储，设计 Prim 算法的关键是在两个顶点集 $U$ 和 $V-U$ 之间选择权最小的边，为此建立两个一维数组 closest 和 lowcost，用于记录这两个顶点集之间具有最小权值的边。

(1) 通过 lowcost 数组标识一个顶点属于 $U$ 还是属于 $V-U$ 集合。属于 $U$ 集合的顶点 $i$ 满足 lowcost[$i$]=0，属于 $V-U$ 集合的顶点 $j$ 满足 lowcost[$j$]≠0。

(2) 对于 $V-U$ 集合的某个顶点 $j$，它到 $U$ 集合可能有多条边，其中最小的边为($k$,$j$)，那么用 lowcost[$j$]记录这条最小边的权值，用 closest[$j$]记录 $U$ 中的这个顶点 $j$，如图 9.3 所示。若 lowcost[$j$]=∞，表示顶点 $j$ 到 $U$ 没有边。

(3) Prim 算法首先假设 $U$ 仅包含一个起始顶点 $s$，并初始化 lowcost 和 closest 数组：lowcost[$j$]=$A$[$s$][$j$]，closest[$j$]=$s$，即将($s$,$j$)作为最小边。

(4) 然后循环 $n-1$ 次将 $V-U$ 中的所有顶点添加到 $U$ 中：在 $V-U$ 中找 lowcost 值最小的边($k$,$j$)，输出该边作为最小生成树的一条边，将顶点 $k$ 添加到 $U$ 中，此时 $V-U$ 中减少了一个顶点。因为 $U$ 发生改变需要修改 $V-U$ 中每个顶点 $j$ 的 lowcost[$j$]和 closest[$j$]值，实际上只需要将 lowcost[$j$]($U$ 中没有添加 $k$ 之前的最小边权值)与 $A$[$k$][$j$]比较，若前者较小，不做修改；若后者较小，将($k$,$j$)作为顶点 $j$ 的最小边，即置 lowcost[$j$]=$A$[$k$][$j$]，closest[$j$]=$k$。

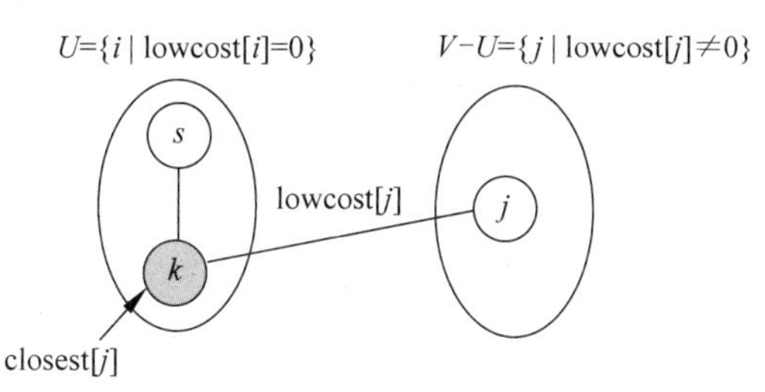


图 9.3 顶点集合 $U$ 和 $V-U$

以顶点 $s$ 为起点构造一棵最小生成树的 Prim 算法如下：

```
void Prim(vector<vector<int>> &A, int s) {
    int lowcost[MAXN];
    int closest[MAXN];
    int n=A.size();
    for (int j=0;j<n;j++) {                    //初始化 lowcost 和 closest 数组
        lowcost[j]=A[s][j];
        closest[j]=s;
    }
    for (int i=1;i<n;i++) {                    //找出(n-1)个顶点
        int mincost=INF, k;
```

```
            for (int j=0;j<n;j++) {                    //在(V-U)中找出离U最近的顶点k
                if (lowcost[j]!=0 && lowcost[j]< mincost) {
                    mincost=lowcost[j];
                    k=j;                                //k记录最近顶点的编号
                }
            }
            printf(" 边(%d,%d)权为:%d\n",closest[k],k,mincost);
            lowcost[k]=0;                               //标识k已经加入U
            for (int j=0;j<n;j++) {                    //修改数组lowcost和closest
                if (A[k][j]!=0 && A[k][j]<lowcost[j]) {
                    lowcost[j]=A[k][j];
                    closest[j]=k;
                }
            }
        }
    }
```

**Prim 算法分析**：在该算法中有两重 for 循环，所以时间复杂度为 $O(n^2)$，其中 $n$ 为图的顶点个数。从中看出执行时间与图边数 $e$ 无关，所以适合稠密图构造最小生成树。

### 3. Prim 算法的正确性证明

Prim 算法是一种贪心算法。对于带权连通无向图 $G=(V,E)$，采用通过对算法步骤的归纳来证明 Prim 算法的正确性。

**定理 9.1** 对于任意正整数 $k<n$，存在一棵最小生成树 $T$ 包含 Prim 算法前 $k$ 步选择的边。

证明：(1) $k=1$ 时，用反证法证明存在一棵最小生成树 $T$ 包含 $e=(0,i)$，其中$(0,i)$是所有关联顶点 0 的边中权最小的(当顶点个数 $n\geqslant 1$ 时，顶点编号为 $0\sim n-1$，所以顶点 0 总是存在的)。

令 $T$ 为一棵最小生成树，假如 $T$ 不包含$(0,i)$，那么 $T\cup\{(0,i)\}$含有一个回路，设这个回路中关联顶点 0 的边是$(0,j)$，令：

$$T'=(T-\{(0,j)\})\cup\{(0,i)\}$$

则 $T'$也是一棵生成树，并且所有边的权值之和更小(除非$(0,i)$和$(0,j)$的权相同)，与 $T$ 为一棵最小生成树矛盾。

(2) 假设算法进行了 $k-1$ 步，生成树的边为 $e_1,e_2,\cdots,e_{k-1}$，这些边的 $k$ 个端点构成集合 $U$，并且存在 $G$ 的一棵最小生成树 $T$ 包含这些边。

(3) 算法第 $k$ 步选择了顶点 $i_k$，则 $i_k$ 到 $U$ 中顶点的边的权值最小，设这条边为 $e_k=(i_k,i_l)$。假设最小生成树 $T$ 不含有边 $e_k$，则将 $e_k$ 添加到 $T$ 中形成一个回路，如图 9.4 所示，这个回路一定有连接 $U$ 与 $V-U$ 中顶点的边 $e'$，用 $e_k$ 替换 $e'$得到树 $T'$，即：

$$T'=(T-\{e'\})\cup\{e_k\}$$

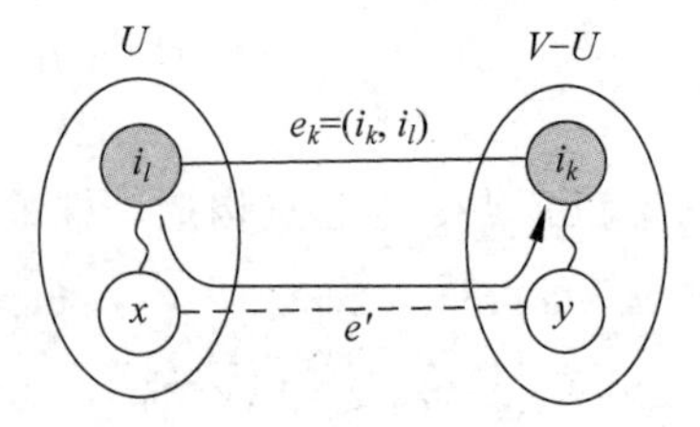

图 9.4 证明 Prim 算法的正确性

则 $T'$也是一棵生成树，包含边 $e_1,e_2,\cdots,e_{k-1},e_k$，并且 $T'$的所有边的权值之和更小(除非 $e'$和 $e_k$ 的权相同)，与 $T$ 为一棵最小生成树矛盾。定理即证。

当 $k=n$ 时，$U$ 包含 $G$ 中的所有顶点，由 Prim 算法构造的 $T=(U,\mathrm{TE})$就是 $G$ 的最小生成树。

## 9.1.3 Kruskal 算法

Kruskal(克鲁斯卡尔)算法也是一种构造性算法,但不需要给定起点 $s$ 就可以构造带权连通图 $G=(V,E)$ 的最小生成树 $T=(U,\mathrm{TE})$。

### 1. Kruskal 算法构造最小生成树的过程

Kruskal 算法构造最小生成树 $T$ 的步骤如下:

(1) 置 $U$ 的初值等于 $V$(即包含 $G$ 中的全部顶点),TE 的初值为空集(即 $T$ 中的每一个顶点都构成一个分量)。

(2) 将图 $G$ 中的边按权值从小到大的顺序依次选取:若选取的边未使生成树 $T$ 形成回路,则加入 TE;否则舍弃,直到 TE 中包含 $n-1$ 条边为止。

对于图 9.1 所示的带权连通图 $G$,采用 Kruskal 算法构造的最小生成树为(5,0),(3,2),(6,1),(2,1),(1,0),(4,3),如图 9.5 所示,图中各边上圆圈内的数字表示 Kruskal 算法输出边的顺序。

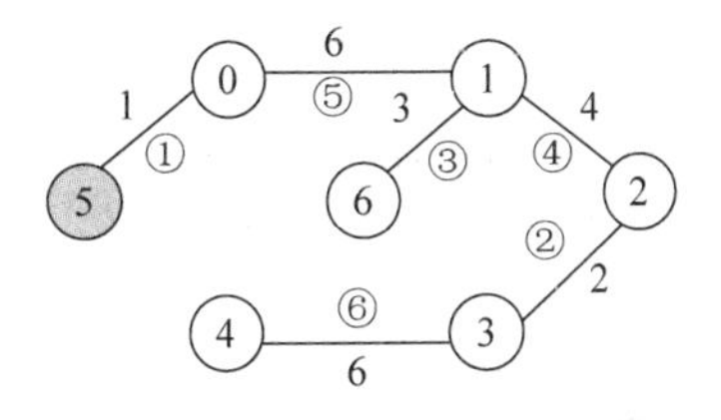

图 9.5 $G$ 的一棵最小生成树

### 2. Kruskal 算法设计

同样假设图 $G$ 采用邻接矩阵 **A** 存储。实现 Kruskal 算法的关键是如何判断选取的边是否与生成树中已有的边形成回路,显然如果所选取边的两个顶点 $u$ 和 $v$ 分别属于两个不同的连通分量,则添加后不会出现回路,反之,如果 $u$ 和 $v$ 属于同一个连通分量,则添加后一定会出现回路。从连通性看同属一个连通分量的所有顶点具有连通性,连通性是一个等价关系,可以通过并查集来判定(对于并查集更详细的讨论见第 3 章中的 3.2.2 节),每个连通分量对应并查集的一个子集树,用根结点标识。

在设计 Kruskal 算法时,用一个数组 $E$ 存放图 $G$ 中的所有边,先按权值从小到大的顺序排序,用 $j$ 遍历 $E$,考虑边 $E[j]$,取出该边的两个顶点为 $u_1$、$u_2$,在并查集中找出它们的连通分量子集树的根结点编号 $\mathrm{sn}_1$ 和 $\mathrm{sn}_2$,若 $\mathrm{sn}_1 \neq \mathrm{sn}_2$,表示添加该边不会构成回路,则该边作为最小生成树的一条边;否则表示添加该边会构成回路,不能添加该边,应选取下一条边。对应的 Kruskal 算法如下:

```
int parent[MAXN];                              //并查集的存储结构
int rnk[MAXN];                                 //存储结点的秩(近似于高度)
void Init(int n) {                             //并查集的初始化
    for (int i=0;i<n;i++) {
        parent[i]=i;
        rnk[i]=0;
    }
}
int Find(int x) {                              //递归算法:在并查集中查找 x 结点的根结点
    if (x!=parent[x])
        parent[x]=Find(parent[x]);             //路径压缩
    return parent[x];
}
void Union(int x,int y) {                      //并查集中 x 和 y 的两个集合的合并
    int rx=Find(x);
```

```
        int ry=Find(y);
        if (rx==ry)                              //x 和 y 属于同一棵树的情况
            return;
        if (rnk[rx]<rnk[ry])
            parent[rx]=ry;                       //rx 结点作为 ry 的孩子
        else {
            if (rnk[rx]==rnk[ry])                //秩相同,合并后 rx 的秩增 1
                rnk[rx]++;
            parent[ry]=rx;                       //ry 结点作为 rx 的孩子
        }
    }
    struct Edge {                                //边的类型
        int u;                                   //边的起点
        int v;                                   //边的终点
        int w;                                   //边的权值
        bool operator<(const Edge &e) const{
            return w<e.w;                        //用于按 w 递增排序
        }
    };
    void Kruskal(vector<vector<int>> &A) {       //Kruskal 算法
        int n=A.size();
        Edge E[10 * MAXN];
        int k=0;
        for (int i=0;i<n;i++) {                  //由 A 的下三角部分产生的边集 E
            for (int j=0;j<i;j++) {
                if (A[i][j]!=0 && A[i][j]!=INF){
                    E[k].u=i;E[k].v=j;E[k].w=A[i][j];
                    k++;
                }
            }
        }
        sort(E,E+k);                             //按 w 递增排序
        Init(n);                                 //初始化并查集
        k=1;                                     //k 为当前构造生成树的第几条边
        int j=0;                                 //j 为 E 中边的下标,初值为 0
        while (k<n) {                            //生成的边数小于 n 时循环
            int u1=E[j].u;
            int v1=E[j].v;                       //取一条边的头、尾顶点编号 u1 和 v1
            int sn1=Find(u1);
            int sn2=Find(v1);                    //分别得到两个顶点所属子集树的编号
            if (sn1!=sn2) {                      //添加该边不会构成回路
                printf(" (%d,%d):%d\n",u1,v1,E[j].w);
                k++;                             //生成的边数增 1
                Union(sn1,sn2);                  //将 sn1 和 sn2 两个顶点合并
            }
            j++;                                 //遍历下一条边
        }
    }
```

**Kruskal 算法分析**:若带权连通图 $G$ 中有 $n$ 个顶点和 $e$ 条边,在 Kruskal()算法中不考虑生成边数组 E 的过程,其排序时间为 $O(e\log_2 e)$,while 循环是在 $e$ 条边中选取 $n-1$ 条边,在最坏情况下执行 $e$ 次,而其中的 Union()的执行时间接近 $O(1)$,所以上述 Kruskal 算法的时间复杂度为 $O(e\log_2 e)$。从中看出执行时间与图顶点数 $n$ 无关而与边数 $e$ 相关,所以适合稀疏图构造最小生成树。

### 3. Kruskal 算法的正确性证明

Kruskal 算法的正确性证明与 Prim 算法类似,这里不再讨论。

【例 9.1】 连接所有点的最小费用(LeetCode1584★★)。给定一个 points 数组($1 \leqslant$ points.length$\leqslant 1000$),表示二维平面上的一些点,其中 points$[i]=\{x_i, y_i\}$($-10^6 \leqslant x_i, y_i \leqslant 10^6$)。连接两个点$\{x_i, y_i\}$和$\{x_j, y_j\}$的费用为它们之间的曼哈顿距离,即$|x_i - x_j| + |y_i - y_j|$。求将所有点连接的最小总费用,只有当任意两点之间有且仅有一条简单路径时才认为所有点都已连接。例如,points={{0,0},{2,2},{3,10},{5,2},{7,0}},答案为 20。要求设计如下成员函数:

扫一扫

视频讲解

扫一扫

源程序

扫一扫

源程序

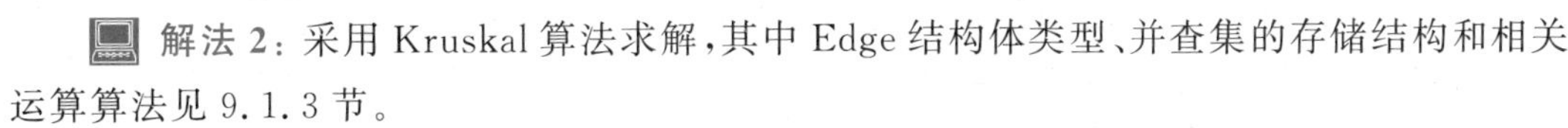

```
int minCostConnectPoints(vector<vector<int>>& points) {}
```

解法 1:将本题给定的 $n$ 个点看成一个完全无向图,边的权值为对应两个点的曼哈顿距离,问题转化为求最小生成树的长度(最小生成树中所有边的权值之和)。本解法采用 Prim 算法求解,为了简单,用一个 $U$ 数组记录一个顶点 $i$ 属于 $U$ 集合($U[i]=1$)还是属于 $V-U$ 集合($U[i]=0$)。

解法 2:采用 Kruskal 算法求解,其中 Edge 结构体类型、并查集的存储结构和相关运算算法见 9.1.3 节。

# 9.2 图的最短路径

对于带权图,考虑路径上各边的权值,把一条路径上所经边的权值之和定义为该路径的路径长度或称带权路径长度。从源点到终点可能有不止一条路径,把带权路径长度最短的路径称为最短路径,其路径长度(权值之和)称为最短路径长度或者最短距离。

## 9.2.1 Dijkstra 算法

求一个源点 $s$ 到其余各顶点的最短路径问题也称为单源最短路径问题,可以采用 Dijkstra(狄克斯特拉)算法来求解。

### 1. Dijkstra 算法的求解步骤

Dijkstra 算法的基本思想为设 $G=(V,E)$是一个带权有向图,把图中的顶点集合 $V$ 分成两组,第 1 组为已求出最短路径的顶点集合(用 $S$ 表示,初始时 $S$ 中只有一个源点 $s$,以后每求得一条最短路径 $s,\cdots,u$,就将 $u$ 加入集合 $S$ 中,直到全部顶点都加入 $S$ 中,算法就结束了),第 2 组为其余未确定最短路径的顶点集合(用 $U$ 表示),按最短路径长度的递增次序依次把第 2 组的顶点加入 $S$ 中。

在向 $S$ 中添加顶点时,总保持从源点 $s$ 到 $S$ 中各顶点的最短路径长度不大于从源点 $s$ 到 $U$ 中任何顶点的最短路径长度。例如,若刚向 $S$ 中添加的是顶点 $u$,对于 $U$ 中的每个顶点 $j$,如果顶点 $u$ 到顶点 $j$ 有边(权值为 $w_{uj}$),且原来从源点 $s$ 到顶点 $j$ 的路径长度($c_{sj}$)大于从源点 $s$ 到顶点 $u$ 的路径长度($c_{su}$)与 $w_{uj}$ 之和,即 $c_{sj} > c_{su} + w_{uj}$,如图 9.6 所示,则将 $s \Rightarrow u \rightarrow j$ 的路径作为新的最短路径。

图 9.6 从源点 $s$ 到顶点 $j$ 的路径比较

实际上从源点 $s$ 到顶点 $j$ 的最短路径最多只包括 $S$ 中的顶点为中间顶点,随着 $S$ 中的顶点不断增加，当 $S$ 包含全部顶点时，从源点 $s$ 到顶点 $j$ 的最短路径就是最终的最短路径。

Dijkstra 算法的具体步骤如下：

(1) 初始时，$S$ 只包含源点，即 $S=\{s\}$，从源点 $s$ 到自己的最短路径长度为 0。$U$ 包含除 $s$ 以外的其他顶点，从源点 $s$ 到 $U$ 中顶点 $i$ 的最短路径长度为边上的权(若存在 $s$ 到 $i$ 的边)或∞(若不存在 $s$ 到 $i$ 的边)。

(2) 从 $U$ 中选取源点 $s$ 到达的最短路径长度最小的顶点 $u$，然后把顶点 $u$ 加入 $S$ 中。

(3) 以顶点 $u$ 为中间点，考虑顶点 $u$ 的所有出边邻接点 $j(j\in U)$：若源点 $s$ 到顶点 $j$ 经过顶点 $u$ 的最短路径长度比原来不经过顶点 $u$ 的最短路径长度更短，则将源点 $s$ 到顶点 $j$ 的最短路径长度修改为前者。

(4) 重复步骤(2)和步骤(3)，直到 $S$ 中包含所有的顶点。

## 2. Dijkstra 算法设计

设置一个数组 dist[0..$n-1$]，其中 dist[$i$]表示源点 $s$ 到顶点 $i$ 的最短路径长度，它的初值为 $<s,i>$ 边上的权值，若源点 $s$ 到顶点 $i$ 没有边，则将 dist[$i$]置为∞。另设置一个数组 path[0..$n-1$]用于保存最短路径，其中 path[$j$]表示源点 $s$ 到顶点 $j$ 的最短路径中顶点 $j$ 的前一个顶点，它的初值为源点 $s$(若存在 $s$ 到 $i$ 的边)或$-1$(若不存在 $s$ 到 $i$ 的边)。

例如，对于如图 9.7 所示的带权有向图，采用 Dijkstra 算法求源点 0($s=0$)到其他顶点的最短路径，其中 S、U、dist 和 path 的变化如下，数组 dist 中加框者表示修改后的最短路径长度值，path 中加框者表示修改后的最短路径。

| S | U | dist | path |
|---|---|---|---|
| {0} | {1,2,3,4,5,6} | {0,4,6,6,∞,∞,∞} | {0,0,0,0,−1,−1,−1} |
| {0,1} | {2,3,4,5,6} | {0,4,$\boxed{5}$,6,$\boxed{11}$,∞,∞} | {0,0,$\boxed{1}$,0,$\boxed{1}$,−1,−1} |
| {0,1,2} | {3,4,5,6} | {0,4,5,6,11,$\boxed{9}$, ∞} | {0,0,1,0, 1, $\boxed{2}$,−1} |
| {0,1,2,3} | {4,5,6} | {0,4,5,6,11,9, ∞} | {0,0,1,0, 1, 2,−1} |
| {0,1,2,3,5} | {4,6} | {0,4,5,6,$\boxed{10}$,9, $\boxed{17}$} | {0,0,1,0, $\boxed{5}$, 2, $\boxed{5}$} |
| {0,1,2,3,5,4} | {6} | {0,4,5,6,10,9, $\boxed{16}$} | {0,0,1,0, 5, 2, $\boxed{4}$} |
| {0,1,2,3,5,4,6} | {} | {0,4,5,6,10,9, 16} | {0,0,1,0, 5, 2, 4} |

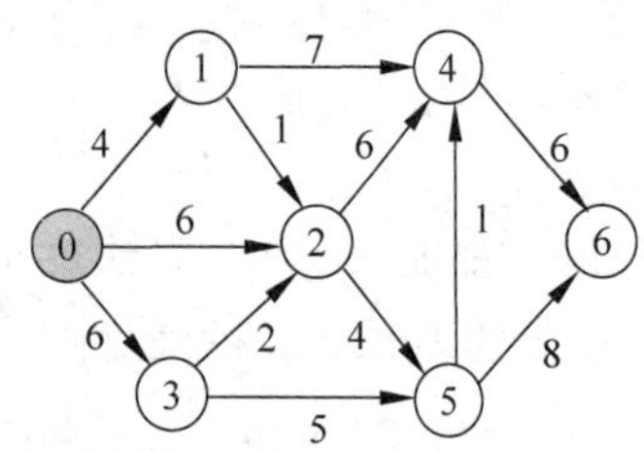

图 9.7 一个带权有向图

最后求出 dist[]={0,4,5,6,10,9,16}，则源点 0 到 1～6 各顶点的最短距离分别为 4、5、6、10、9 和 16。

求出 path[]={0,0,1,0,5,2,4}。可以通过 path[$i$]向前推导直到源点 0 为止，求出源点 $s$ 到顶点 $i$ 的最短路径。例如，求源点 0 到顶点 6 的最短路径：path[6]=4，说明路径上顶点 6 之前的一个顶点是 4；path[4]=5，说明路径上顶点 4 之前的一个顶点是 5；path[5]=2，说明路径上顶点 5 之前的一个顶点是 2；path[2]=1，说明路径上顶点 2 之前的一个顶点是 1；path[1]=0，说明路径上顶点 1 之前的一个顶点是 0，则源点 0 到顶点 6 的路径为 0,1,2,5,4,6。

从中看出 Dijkstra 算法采用的是贪心法，其贪心策略是每次选取一个从源点 $s$ 到达的最短路径长度最小的顶点 $u$，将 $u$ 加入集合 $S$ 中，然后调整顶点 $u$ 的所有出边邻接点的最大路径长度。若 $S$ 中依次加入的顶点序列为 $u_1,u_2,\cdots,u_k$(除源点 $s$ 以外)，则后加入的最短路径长度一定不小于前面加入的最短路径长度。另外，一旦顶点 $u$ 加入 $S$ 中，它的最短路径长度不会发生调整，所以 Dijkstra 算法不适合含有负权的图求最短路径。

采用邻接矩阵存放图的 Dijkstra 算法如下（$s$ 为源点编号）：

```
void Dijkstra(vector<vector<int>> &A,int s) {   //Dijkstra 算法
    int n=A.size();
    int dist[MAXN];
    int path[MAXN];
    int S[MAXN];
    for (int i=0;i<n;i++) {
        dist[i]=A[s][i];                         //距离的初始化
        S[i]=0;                                  //S[]置空
        if (A[s][i]!=0 && A[s][i]<INF)           //路径的初始化
            path[i]=s;                           //顶点 s 到顶点 i 有边时,置 path[i]为 s
        else
            path[i]=-1;                          //顶点 s 到顶点 i 没有边时,置 path[i]为-1
    }
    S[s]=1;                                      //源点编号 s 放入 S 中
    path[s]=-1;
    for (int i=1;i<n;i++) {                      //循环 n-1 次向 S 中添加 n-1 个顶点
        int mindis=INF,u=-1;                     //mindis 求最小路径长度
        for (int j=0;j<n;j++) {                  //选取不在 S 中的最小距离的顶点 u
            if (S[j]==0 && dist[j]<mindis) {
                u=j;
                mindis=dist[j];
            }
        }
        S[u]=1;                                  //顶点 u 加入 S 中
        for (int j=0;j<n;j++) {                  //修改不在 S 中的顶点的距离
            if (S[j]==0) {
                if (A[u][j]<INF && dist[u]+A[u][j]<dist[j]) {
                    dist[j]=dist[u]+A[u][j];     //边松弛
                    path[j]=u;
                }
            }
        }
    }
}
```

**Dijkstra 算法分析**：在该算法中包含两重循环，所以时间复杂度为 $O(n^2)$，其中 $n$ 为图中顶点的个数。

### 3. Dijkstra 算法的正确性证明

Dijkstra 算法也是一种贪心算法。算法的证明就是要证明 Dijkstra 算法可以找到图中从源点 $s$ 到其他所有顶点的最短路径长度。用数学归纳法证明如下：

(1) 如果顶点 $j$ 在 $S$ 中，则 dist[$i$]给出了从源点 $s$ 到顶点 $i$ 的最短路径长度。

(2) 如果顶点 $j$ 不在 $S$ 中，则 dist[$j$]给出了从源点 $s$ 到顶点 $j$ 的最短特殊路径长度，即该路径上的所有中间顶点都属于 $S$。

其证明过程如下：

初始时 $S$ 中只有一个源点 $s$，到其他顶点的路径就是从源点到相应顶点的边，显然(1)、(2)是成立的。

假设向 $S$ 中添加一个新顶点 $u$ 之前条件(1)、(2)都成立。

条件(1)的归纳步骤：对于每个在添加之前已经存在于 $S$ 中的顶点 $u$，不会有任何变化，该条件依然成立。在顶点 $u$ 加入 $S$ 之前，必须检查 dist[$u$]是否为源点 $s$ 到顶点 $u$ 的最

短路径长度，由假设可知 dist[$u$]是源点 $s$ 到 $u$ 的最短路径长度，另外还要验证从源点 $s$ 到顶点 $u$ 的最短路径没有经过任何不在 $S$ 中的顶点。

假设存在这种情况，即沿着从源点 $s$ 到顶点 $u$ 的最短路径前进时会遇到一个或多个不属于 $S$ 的顶点(不含顶点 $u$ 自己)，设 $x$ 是第一个这样的顶点，如图 9.8 所示，该路径的初始部分(即从源点 $s$ 到顶点 $x$ 的部分)是一条特殊路径，由假设的条件(2)，dist[$x$]是源点 $s$ 到顶点 $x$ 的最短特殊路径长度，由于边非负，因此经过 $x$ 到 $u$ 的距离肯定不短于到 $x$ 的距离。又因为算法在 $x$ 之前选择顶点 $u$，故 dist[$x$]不小于 dist[$u$]，这样经过 $x$ 到 $u$ 的距离至少是 dist[$u$]，所以经过 $x$ 到 $u$ 的最短路径不短于到 $u$ 的最短特殊路径。现在验证了当 $u$ 加入 $S$ 中时，dist[$u$]确定给出源点 $s$ 到顶点 $u$ 的最短路径长度，即条件(1)是成立的。

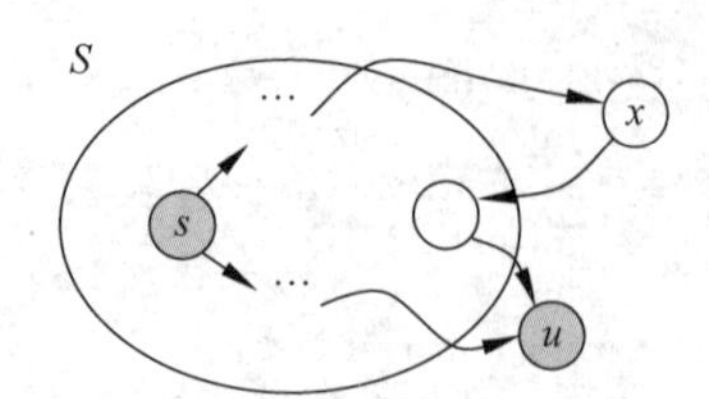

图 9.8　从源点 $s$ 到顶点 $u$ 的最短路径不经过顶点 $x$

条件(2)的归纳步骤：考虑不属于 $S$ 且不同于 $u$ 的一个顶点 $w$，当 $u$ 加入 $S$ 中时，从源点 $s$ 到 $w$ 的最短特殊路径有两种可能，即或者不会变化，或者现在经过顶点 $u$(也可能经过 $S$ 中的其他顶点)。

对于第 2 种情况，设 $x$ 是到达 $w$ 之前经过的 $S$ 的最后一个顶点，因此这条路径的长度就是 dist[$x$]$+L(x,w)$($L(x,w)$为顶点 $x$ 到顶点 $w$ 的路径长度)。对于任意 $S$ 中的顶点 $x$(包括 $u$)，要计算 dist[$w$]的值，就必须比较 dist[$w$]原先的值和 dist[$x$]$+L(x,w)$的大小。因为算法明确地进行这种比较以计算新的 dist[$w$]值，所以在往 $S$ 中加入新顶点 $u$ 时，dist[$w$]仍然给出源点 $s$ 到顶点 $w$ 的最短特殊路径的长度，因此条件(2)也是成立的。问题即证。

扫一扫

视频讲解

【例 9.2】 最短路径问题(HDU3790，时间限制为 1000ms，内存限制为 32 768KB)。有 $n$ 个点、$m$ 条无向边的图，每条边都有长度 $d$ 和花费 $p$，再给一个起点 $s$ 和一个终点 $t$，要求输出起点到终点的最短距离及其花费，如果最短距离有多条路线，则输出花费最少的。

输入格式：输入 $n$、$m$，顶点的编号是 $1\sim n$，然后是 $m$ 行，每行 4 个数 $a$、$b$、$d$、$p$，表示顶点 $a$ 和 $b$ 之间有一条边，且其长度为 $d$、花费为 $p$。最后一行是两个数 $s$、$t$，表示起点 $s$ 和终点 $t$。$n$ 和 $m$ 为 0 时输入结束($1<n\leqslant 1000, 0<m<100\,000, s\neq t$)。

输出格式：输出一行，有两个数，分别表示最短距离及其花费。

输入样例：

```
3 2
1 2 5 6
2 3 4 5
1 3
0 0
```

输出样例：

```
9 11
```

扫一扫

源程序

**解** 利用 Dijkstra 算法求顶点 $s$ 到顶点 $t$ 的花费最小的最短路径需要做两点修改，一是增加记录路径最小花费的数组 cost，cost[$j$]表示从顶点 $s$ 到顶点 $j$ 的最短路径的最小花费，当存在多条最短路径时，需要通过比较路径花费求 cost[$j$]；二是一旦顶点 $t$ 的最短路径已经求出，就不需要考虑其他顶点，输出结果并退出 Dijkstra 算法。

## 9.2.2 Bellman-Ford 算法

Bellman-Ford(贝尔曼-福特)算法也是求带权图中单源最短路径的一种常用算法,它允许图中存在负权边。

### 1. Bellman-Ford 算法的求解思路

为了能够求解含负权的单源最短路径问题,Bellman-Ford 算法从源点开始通过边松弛操作来缩短到达终点的最短路径长度,有关边松弛操作见第 6 章中的 6.4 节。

如果图 $G$ 采用边数组 E 存储。Bellman-Ford 算法构造一个最短路径长度数组序列 $dist^0[y]$,$dist^1[y]$,$dist^2[y]$,…,$dist^{n-1}[y]$,其中 $dist^k[y]$($1 \leqslant k \leqslant n-1$)表示第 $k$ 次松弛操作得到的源点 $s$ 到顶点 $y$ 的最短路径长度,或者说源点 $s$ 到顶点 $y$ 的最多经过 $k$ 条边的最短路径长度。

$dist^0[y]$初始化为除了 $dist^0[s]$置为 0 以外其他元素置为∞。当 $k>0$ 时,用 $i$ 遍历 E 中的边,若当前是一条权为 $w$ 的边$<x,y>$,其边松弛操作是:若 $dist[x]+w<dist[x]$,则置 $dist[y]=dist[x]+w$,遍历完毕得到 $dist^k[u]$。

由于从源点 $s$ 到任意顶点 $u$ 的最短路径最多经过 $n-1$ 条边,所以经过 $n-1$ 次松弛操作得到的 $dist^{n-1}[u]$就是最终的从源点 $s$ 到顶点 $u$ 的最短路径长度。

为了求最短路径,另外设置一个一维数组 path,与 Dijkstra 算法中的一样,$path^k[y]$表示第 $k$ 次松弛操作后得到的源点 $s$ 到顶点 $y$ 的最短路径上顶点 $y$ 的前驱顶点。

设已经求出 $dist^{k-1}[y]$($1 \leqslant k < n-1$),即第 $k-1$ 次松弛操作后得到的从源点 $s$ 到顶点 $y$ 的最短路径长度,求 $dist^k[y]$的递推关系式如下:

$$dist^0[v]=0, \quad dist^0[y]=\infty (y \neq v)$$

$$dist^k[y]=\min_{存在权为w的边<x,y>}\{dist^k[y], dist^{k-1}[x]+w\}$$

对于如图 9.9 所示的带负权值的有向图 $G$,$s=0$,在采用 Bellman-Ford 算法求源点 0 到其他顶点的最短路径时,dist 数组的变化过程如表 9.1 所示,path 数组的变化过程如表 9.2 所示。

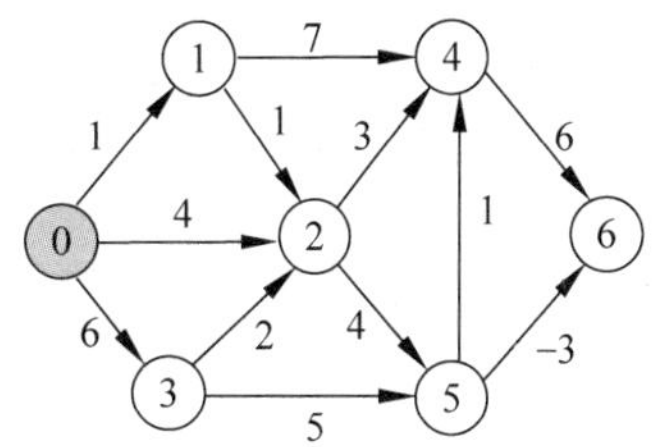


图 9.9 一个带负权的有向图

表 9.1 dist 数组的变化过程

| $k$ | $dist^k[0]$ | $dist^k[1]$ | $dist^k[2]$ | $dist^k[3]$ | $dist^k[4]$ | $dist^k[5]$ | $dist^k[6]$ |
|---|---|---|---|---|---|---|---|
| 0 | 0 | ∞ | ∞ | ∞ | ∞ | ∞ | ∞ |
| 1 | 0 | 1 | 2 | 6 | 5 | 6 | 3 |
| 2 | 0 | 1 | 2 | 6 | 5 | 6 | 3 |
| 3 | 0 | 1 | 2 | 6 | 5 | 6 | 3 |
| 4 | 0 | 1 | 2 | 6 | 5 | 6 | 3 |
| 5 | 0 | 1 | 2 | 6 | 5 | 6 | 3 |
| 6 | 0 | 1 | 2 | 6 | 5 | 6 | 3 |

表 9.2 path 数组的变化过程

| $k$ | $path^k[0]$ | $path^k[1]$ | $path^k[2]$ | $path^k[3]$ | $path^k[4]$ | $path^k[5]$ | $path^k[6]$ |
|---|---|---|---|---|---|---|---|
| 0 | −1 | −1 | −1 | −1 | −1 | −1 | −1 |
| 1 | −1 | 0 | 1 | 0 | 2 | 2 | 5 |

续表

| k | path$^k$[0] | path$^k$[1] | path$^k$[2] | path$^k$[3] | path$^k$[4] | path$^k$[5] | path$^k$[6] |
|---|---|---|---|---|---|---|---|
| 2 | −1 | 0 | 1 | 0 | 2 | 2 | 5 |
| 3 | −1 | 0 | 1 | 0 | 2 | 2 | 5 |
| 4 | −1 | 0 | 1 | 0 | 2 | 2 | 5 |
| 5 | −1 | 0 | 1 | 0 | 2 | 2 | 5 |
| 6 | −1 | 0 | 1 | 0 | 2 | 2 | 5 |

最后求得的从源点 0 到其他顶点的最短路径长度和路径如下：

```
从顶点 0 到顶点 1 的路径长度为:1   路径为: 0 1
从顶点 0 到顶点 2 的路径长度为:2   路径为: 0 1 2
从顶点 0 到顶点 3 的路径长度为:6   路径为: 0 3
从顶点 0 到顶点 4 的路径长度为:5   路径为: 0 1 2 4
从顶点 0 到顶点 5 的路径长度为:6   路径为: 0 1 2 5
从顶点 0 到顶点 6 的路径长度为:3   路径为: 0 1 2 5 6
```

## 2. Bellman-Ford 算法设计

以 $s$ 为源点的 Bellman-Ford 算法如下：

```
struct Edge {                                          //边的类型
    int u;                                             //边的起点
    int v;                                             //边的终点
    int w;                                             //边的权值
    Edge(int u,int v,int w):u(u),v(v),w(w) {}          //构造函数
};
void BellmanFord(vector<Edge> &E,int n,int s) {
    int dist[MAXN],path[MAXN];
    memset(dist,0x3f,sizeof(dist));
    memset(path,-1,sizeof(path));
    dist[s]=0;
    for (int k=1;k<n;k++) {                            //循环 n-1 次
        for (int i=0;i<E.size();i++) {                 //遍历所有边
            int x=E[i].u;
            int y=E[i].v;
            int w=E[i].w;
            if (dist[x]+w<dist[y]) {
                dist[y]=dist[x]+w;                     //边松弛
                path[y]=x;
            }
        }
    }
}
```

**BellmanFord 算法分析**：对于含有 $n$ 个顶点、$e$ 条边的带权有向图，该算法的时间复杂度为 $O(ne)$，尽管从时间复杂度来看，Bellman-Ford 算法的时间性能低于 Dijkstra 算法，但在实际应用中两种算法的执行时间差别不大。对于其正确性证明，这里不再讨论。

### 9.2.3 SPFA 算法

SPFA 算法也是一个求单源最短路径的算法，全称是 Shortest Path Faster Algorithm (SPFA)，它是由西南交通大学的段凡丁老师在 1994 年发明的(见《西南交通大学学报》，1994，29(2)，p207～212)。SPFA 算法与 Bellman-Ford 算法一样适合含负权的图。

## 1. SPFA 算法的求解思路

与 6.4 节采用队列式分支限界法求图的单源最短路径的算法类似，这里同样采用的层次遍历方式，当出队一个顶点 $x$ 时，考虑权值为 $w$ 的出边 $<x,y>$，若满足条件 dist[$x$]+$w$< dist[$y$]，则修改 dist[$y$]=dist[$x$]+$w$（边松弛），如果顶点 $y$ 已经在队列中，后面会出队 $y$ 并对其所有出边松弛，此时再将 $y$ 进队就重复了，所以改为仅将不在队列中的 $y$ 进队。这就是 SPFA 算法的主要思路，从中看出 SPFA 算法实际上是求图的单源最短路径的分支限界法的改进。

设置一维数组 visited，visited[$i$]元素表示顶点 $i$ 是否在队列 qu 中，初始时将 visited 的所有元素设置为 0，仅将 visited[$i$]=0 的顶点 $i$ 进队，一旦顶点 $i$ 进队，置 visited[$i$]=1。但顶点 $y$ 出队后，有可能修改 dist[$y$]，一旦 dist[$y$]改变则相邻点需要重新松弛，所以出队的顶点 $y$ 需要重新设置 visited[$y$]=0，以便可以再次进队进行其相邻点松弛。重复这样的操作，直到队列为空。

## 2. SPFA 算法设计

假设图采用邻接表 G 存储，源点为 $s$，设置 dist 和 path 数组（含义同 Dijkstra 算法）。对应的 SPFA 算法如下：

```
struct Edge {                                   //邻接表中边结点的类型
    int vno;                                    //邻接点
    int wt;                                     //边的权
    Edge(int v,int w):vno(v),wt(w) {}
};
void SPFA(vector<vector<Edge>> &G,int s) {      //SPFA 算法
    int n=G.size();
    int dist[MAXN];
    int path[MAXN];
    int visited[MAXN];
    memset(dist,0x3f,sizeof(dist));
    memset(path,-1,sizeof(path));
    memset(visited,0,sizeof(visited));
    queue<int> qu;                              //定义一个队列 qu
    dist[s]=0;                                  //将源点的 dist 设为 0
    qu.push(s);                                 //源点 s 进队
    visited[s]=1;                               //表示源点 s 在队列中
    while (!qu.empty()){                        //队不空时循环
        int x=qu.front(); qu.pop();             //出队顶点 x
        visited[x]=0;                           //表示顶点 x 不在队列中
        for(int i=0;i<G[x].size();i++) {
            int y=G[x][i].vno;                  //存在权为 w 的边<x,y>
            int w=G[x][i].wt;
            if (dist[x]+w<dist[y]) {            //边松弛
                dist[y]=dist[x]+w;
                path[y]=x;
                if (visited[y]==0) {            //顶点 y 不在队列中
                    qu.push(y);                 //将顶点 y 进队
                    visited[y]=1;               //表示顶点 y 在队列中
                }
            }
        }
    }
}
```

例如，对于如图 9.10 所示的带权有向图，假设 $s=0$，求最短路径的过程如下：

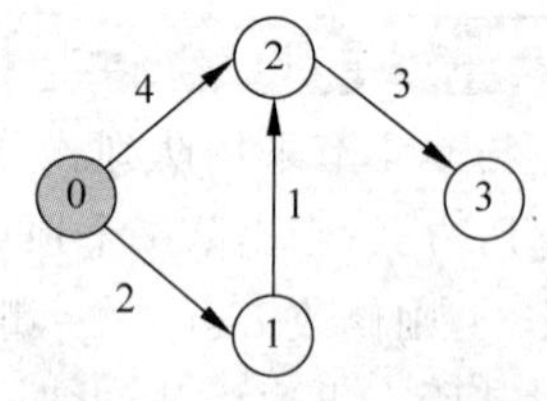

图 9.10 一个带权有向图

(1) 源点 0 进队，结果如下：

| qu | 0 | | | |
|---|---|---|---|---|
| $i$ | 0 | 1 | 2 | 3 |
| visited | 1 | 0 | 0 | 0 |
| dist | 0 | ∞ | ∞ | ∞ |

(2) 出队顶点 0，做其出边的松弛操作，假设相邻点进队的顺序是 2、1，结果如下：

| qu | 2 | 1 | | |
|---|---|---|---|---|
| $i$ | 0 | 1 | 2 | 3 |
| visited | 0 | 1 | 1 | 0 |
| dist | 0 | 2 | 4 | ∞ |

(3) 出队顶点 2，做其出边的松弛操作，将 dist[3]修改为 7，顶点 3 进队，结果如下：

| qu | 1 | 3 | | |
|---|---|---|---|---|
| $i$ | 0 | 1 | 2 | 3 |
| visited | 0 | 1 | 0 | 1 |
| dist | 0 | 2 | 4 | 7 |

(4) 出队顶点 1，做其出边的松弛操作，将 dist[2]修改为 3，再次将顶点 2 进队，其相邻点进队，结果如下：

| qu | 3 | 2 | | |
|---|---|---|---|---|
| $i$ | 0 | 1 | 2 | 3 |
| visited | 0 | 0 | 1 | 1 |
| dist | 0 | 2 | 3 | 7 |

(5) 出队顶点 3，做其出边的松弛操作，结果如下：

| qu | 2 | | | |
|---|---|---|---|---|
| $i$ | 0 | 1 | 2 | 3 |
| visited | 0 | 0 | 1 | 0 |
| dist | 0 | 2 | 3 | 7 |

(6) 出队顶点 2，做其出边的松弛操作，将 dist[3]由 7 修改为 6，顶点 3 需要重新进队，结果如下：

| qu | 3 | | | |
|---|---|---|---|---|
| $i$ | 0 | 1 | 2 | 3 |
| visited | 0 | 0 | 0 | 1 |
| dist | 0 | 2 | 3 | 6 |

(7) 出队顶点 3，没有修改，结果如下：

| qu | | | | |
|---|---|---|---|---|
| $i$ | 0 | 1 | 2 | 3 |

续表

| qu | | | | |
|---|---|---|---|---|
| visited | 0 | 0 | 0 | 0 |
| dist | 0 | 2 | 3 | 6 |

队列空,结束。求解结果如下:

```
从顶点 0 到 1 的最短路径长度: 2, 路径: 0 1
从顶点 0 到 2 的最短路径长度: 3, 路径: 0 1 2
从顶点 0 到 3 的最短路径长度: 6, 路径: 0 1 2 3
```

从中看出,SPFA 算法在形式上和广度优先遍历非常类似,不同的是在广度优先遍历中一个顶点出队之后不可能重新进队,而在 SPFA 算法中一个顶点出队之后可能再次进队。

**SPFA 算法分析**:在该算法中 while 循环的执行次数大致为图中边数 $e$,算法的时间复杂度为 $O(e)$。当 $e$ 远远小于 $n(n+1)/2$ 时,该算法好于 Dijkstra 算法。

## 9.2.4 Floyd 算法

求图中所有两个顶点之间的最短路径问题也称为多源最短路径问题,可以采用 Floyd(弗洛伊德)算法来求解。

### 1. Floyd 算法的求解思路

假设带权图 $G$ 采用邻接矩阵 **A** 存储,Floyd 算法基于动态规划方法。设计一个三维动态规划数组 dp,其中 dp[$k$][$i$][$j$]表示考虑编号不大于 $k$ 的顶点为中间顶点后顶点 $i$ 到 $j$ 的最短路径长度(或者说仅考虑以 0~$k$ 为路径上的中间顶点后顶点 $i$ 到 $j$ 的最短路径长度),显然 dp[−1][$i$][$j$]=$A$[$i$][$j$](未考虑任何顶点为中间顶点时顶点 $i$ 到 $j$ 的最短路径就是它们之间的边)。当 $k \geqslant 0$ 时,顶点 $i$ 到 $j$ 有如下两条路径:

(1) 从顶点 $i$ 到 $j$ 不经过顶点 $k$ 的路径,该路径的长度为 dp[$k$−1][$i$][$j$]。

(2) 从顶点 $i$ 到 $j$ 经过顶点 $k$ 的路径,如图 9.11 所示,该路径由两部分构成,其长度为 dp[$k$−1][$i$][$k$]+dp[$k$−1][$k$][$j$]。

在两条路径中取最短长度,即 dp[$k$][$i$][$j$]=min{dp[$k$−1][$i$][$j$],dp[$k$−1][$i$][$k$]+dp[$k$−1][$k$][$j$]}。

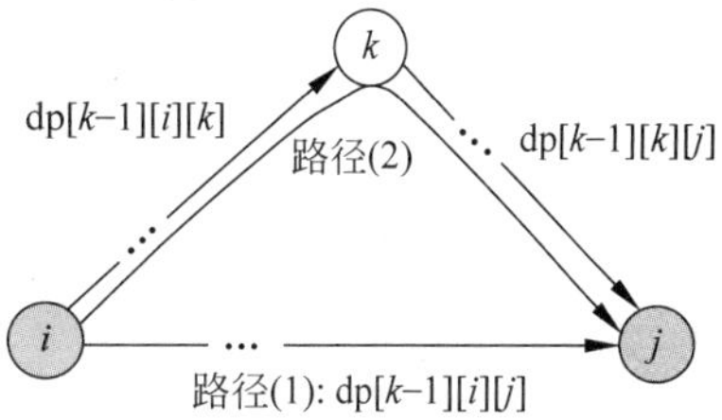

图 9.11 考虑顶点 $k$ 时的两条路径

对应的状态转移方程如下:

dp[−1][$i$][$j$]=$A$[$i$][$j$]

dp[$k$][$i$][$j$]=min{dp[$k$−1][$i$][$j$],dp[$k$−1][$i$][$k$]+dp[$k$−1][$k$][$j$]}  $0 \leqslant k \leqslant n-1$

从上述方程可以推出如下关系(其中 dp[*][$k$][$k$]=0):

dp[$k$][$i$][$k$]=min{dp[$k$−1][$i$][$k$],dp[$k$−1][$i$][$k$]+dp[$k$−1][$k$][$k$]}=dp[$k$−1][$i$][$k$],也就是说考虑中间顶点 $k$ 时,顶点 $i$ 到顶点 $k$ 的路径长度不变。

dp[$k$][$k$][$j$]=min{dp[$k$−1][$k$][$j$],dp[$k$−1][$k$][$k$]+dp[$k$−1][$k$][$j$]}=dp[$k$−1][$k$][$j$],也就是说考虑中间顶点 $k$ 时,顶点 $k$ 到顶点 $j$ 的路径长度不变。

从中看出,在考虑顶点 $k$ 时 dp[$k$][$i$][$j$]仅与 dp[$k$−1][$i$][$j$]、dp[$k$−1][$i$][$k$]和 dp[$k$−1][$k$][$j$]相关,而 dp[$k$][$i$][$k$]和 dp[$k$][$k$][$j$]分别等于前一个阶段的结果,为此将 dp[$k$][$i$][$j$]直接滚动为 dp[$i$][$j$],从而将 dp 数组由三维降为二维。

和 Bellman-Ford 算法一样，Floyd 算法在考察顶点 $k$ 时可能修正所有两个顶点 $i$、$j$ 之间的最短路径，所以适合于带有负权值的图，但不适合于含有负权回路的图求最短路径。

### 2. Floyd 算法设计

用二维数组 A 存放最短路径长度，相应地设计二维路径数组 path，其中 path[$i$][$j$]表示顶点 $i$ 到 $j$ 的最短路径中顶点 $j$ 的前驱顶点。在考虑顶点 $k$ 为路径上的中间顶点时，path[$k$][$j$]表示顶点 $k$ 到 $j$ 的最短路径中顶点 $j$ 的前驱顶点，分为两种情况：

(1) 若 dp[$i$][$j$]≤dp[$i$][$k$]+dp[$k$][$j$]，说明不经过顶点 $k$ 的路径更短，则 path[$i$][$j$]不变。

(2) 若 dp[$i$][$j$]>dp[$i$][$k$]+dp[$k$][$j$]，说明经过顶点 $k$ 的路径更短，顶点 $i$ 到 $j$ 的路径修改为 $i \to k \to j$，则 path[$i$][$j$]修改为 path[$k$][$j$]。

对应的 Floyd 算法如下：

```
void Floyd(vector<vector<int>> &A) {
    int path[MAXN][MAXN];
    int n=A.size();
    for (int i=0;i<n;i++) {
        for (int j=0;j<n;j++) {
            if (i!=j && A[i][j]<INF)
                path[i][j]=i;                    //顶点 i 到 j 有边时
            else
                path[i][j]=-1;                   //顶点 i 到 j 没有边时
        }
    }
    for (int k=0;k<n;k++) {
        for (int i=0;i<n;i++) {
            for (int j=0;j<n;j++) {
                if (A[i][j]>A[i][k]+A[k][j]) {
                    A[i][j]=A[i][k]+A[k][j];
                    path[i][j]=path[k][j];       //修改最短路径
                }
            }
        }
    }
}
```

**Floyd 算法分析**：该算法中主要包含 3 重循环，时间复杂度为 $O(n^3)$，其中 $n$ 为图中顶点的个数。

## 9.3 网络流

在日常生活中有大量的网络，例如水网、电网、交通运输网和通信网等。近三十年来，在解决网络方面的有关问题时网络流理论起了很大的作用。本节主要讨论最大流问题。

扫一扫

视频讲解

### 9.3.1 问题的引入

用带权有向图 $G=(V,E)$表示一个**网络**(network)，其中包含一个源点 S 和一个汇点 T，源点的入度为零，汇点的出度为零，其余顶点称为中间点，有向边<$u$,$v$>上的权值 $c(u,v)$表示从顶点 $u$ 到 $v$ 的容量，没有反向平行边。

例如,如图 9.12 所示就是一个网络,假设该网络表示一个水网,水从源点 0 流向汇点 5(S=0,T=5),容量表示水管在单位时间内的最大流水量。那么从源点 0 流向汇点 5 的最大流量是多少?这就是最大流问题。

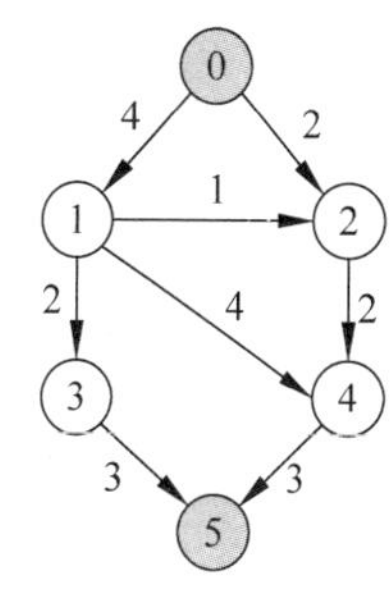

图 9.12 一个网络

可以这样求最大流,先构造一个与原网络一模一样的网络图,以此为基础找最大流,先找到从源点 0 到汇点 5 的任意一条增广路径,也就是网络中从源点 S 到汇点 T 的一条简单路径,求出该路径上的最小容量 delta(也称为瓶颈容量),将该路径上所有边的容量减去 delta,剩下的容量称为剩余容量,剩余容量为 0 的边称为饱和边,移去所有的饱和边。重复该过程,直到找不到任何增广路径为止,再将初始网络的每一条边的容量减去剩余容量得到一个网络流,它就是最大流,可以从中求出最大流量,即从源点 0 到汇点 5 的最大流水量。

以图 9.12 所示的网络为例,先构造一个与图 9.12 一模一样的网络图,在该图上求最大流的步骤如下:

(1) 第一轮循环如图 9.13 所示,假设找到的一条从源点 0 到汇点 5 的简单路径是 0→2→4→5(图中用粗线表示,下同),即一条增广路径,该路径中边的最小容量为 2,将该路径上所有边的容量减去 2,得到对应边的剩余容量,其中两条边的剩余容量为 0,即为饱和边,将饱和边移去。

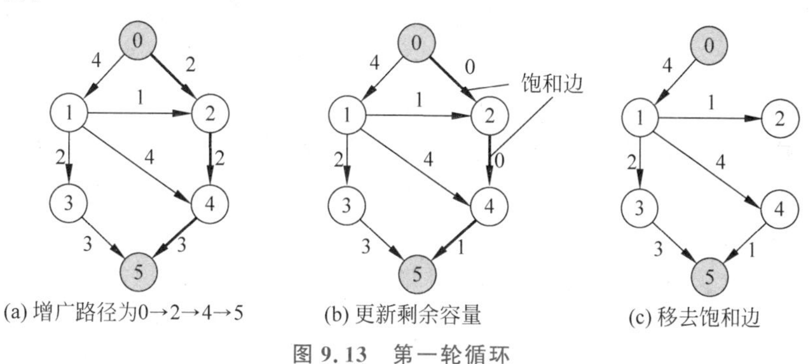

图 9.13 第一轮循环

(2) 第二轮循环如图 9.14 所示,假设找到的一条从源点 0 到汇点 5 的简单路径是 0→1→3→5,其中边的最小容量为 2,将该路径上所有边的容量减去 2,再移去饱和边。

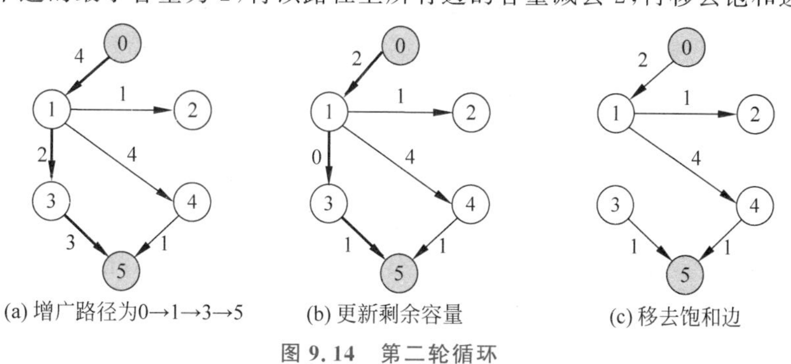

图 9.14 第二轮循环

(3) 第三轮循环如图 9.15 所示,假设找到的一条从源点 0 到汇点 5 的简单路径是 0→1→4→5,其中边的最小容量为 1,将该路径上所有边的容量减去 1,再移去饱和边。

(4) 找不到源点 0 到汇点 5 的增广路径,结果如图 9.15(c)所示。回到初始网络图 9.12,将每一条边的容量减去图 9.15(c)中对应的剩余容量得到流量 $f$,将边标记为"$f/c$",其中 $c$

为初始容量，$f$ 为初始容量减去剩余容量，结果如图 9.16 所示。

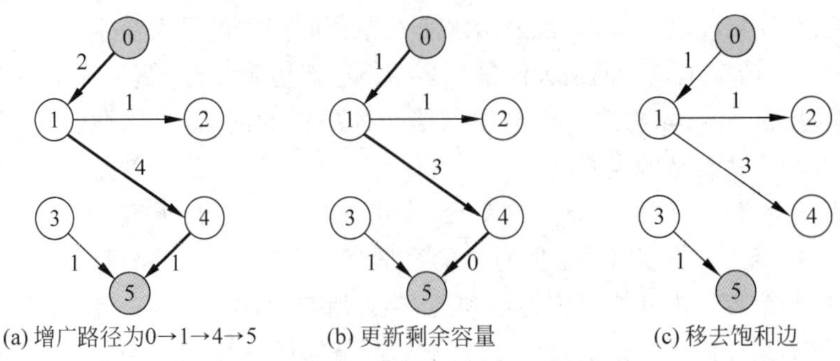


图 9.15　第三轮循环

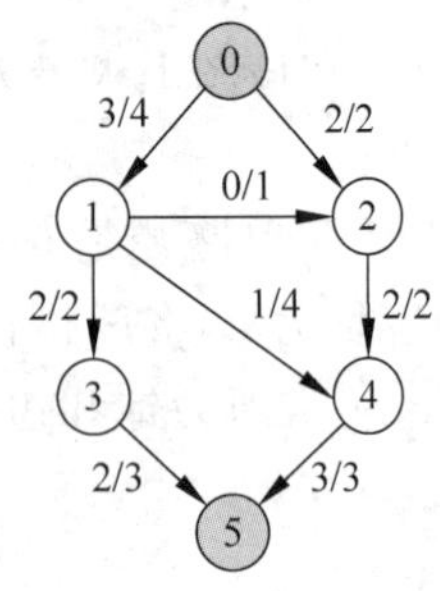


图 9.16　网络流

在图 9.16 中，从源点 0 流出的所有流量之和为 5，流进汇点 5 的所有流量之和也是 5，说明初始网络的最大流量是 5，也就是说，尽管从源点 0 可以流出 6 的水，但汇点只能流入 5 的水，不可能得到更大的流量，所以称之为最大流。

那么上述过程是否能够求出任意网络的最大流呢？答案是否定的，仍然考虑如图 9.12 所示的网络，按这样步骤求解：假设第一轮循环找到的一条从源点 0 到汇点 5 的简单路径是 0→1→4→5，如图 9.17(a)所示，其中边的最小容量为 3，将该路径上所有边的剩余容量减去 3，再将饱和边移去，如图 9.17(b)所示。

第二轮循环找到的一条从源点 0 到汇点 5 的简单路径是 0→1→3→5，如图 9.17(c)所示，其中边的最小容量为 1，将该路径上所有边的剩余容量减去 1，再将饱和边移去，如图 9.17(d)所示。如果再找不到源点 0 到汇点 5 的增广路径，循环结束，将初始网络的每一条边的容量减去图 9.17(d)中对应的剩余容量得到流量 $f$，如图 9.17(e)所示，对应的最大流量是 4 而不是 5，但此时无法再提高流量了，这样的流称为阻塞流。

从上例看出这样求最大流的方法是不完全正确的，关键的问题是可能出现阻塞流，如图 9.17(e)所示就是一个阻塞流。尽管最大流一定是阻塞流，但阻塞流不一定是最大流。

Ford-Fulkerson（福特-富尔克逊）提出一种方法解决了这个问题，即添加反向边，也就是说在找到一条增广路径后，求出该路径上的最小容量 delta，当将该路径上所有边的剩余容量减去 delta 时，同时添加相应的反向边，对应的权值（流量）为 delta（如果该反向边已经存在，则将其权值加上 delta），增加反向边的目的是便于前面操作的“反悔”或者“撤销”。这便是 Ford-Fulkerson 算法的核心。接着前面的示例，增加反向边的求解步骤如下：

(1) 假设第一轮循环找到的一条从源点 0 到汇点 5 的简单路径是 0→1→4→5，如图 9.18(a)所示，其中边的最小容量为 3，将该路径上所有边的剩余容量减去 3，移去饱和边，同时添加相应的反向边，其流量均为 3，如图 9.18(b)所示，反向边均用虚箭头线表示。

(2) 第二轮循环找到的一条从源点 0 到汇点 5 的简单路径是 0→1→3→5，如图 9.18(c)所示，其中边的最小容量为 1，将该路径上所有边的剩余容量减去 1，移去饱和边，同时添加相应的反向边，其流量均为 3，如图 9.18(d)所示。

(3) 第三轮循环找到的一条从源点 0 到汇点 5 的简单路径是 0→2→4→1→3→5（含反向边），如图 9.18(e)所示，其中边的最小容量为 1，将该路径上所有边的剩余容量减去 1，移

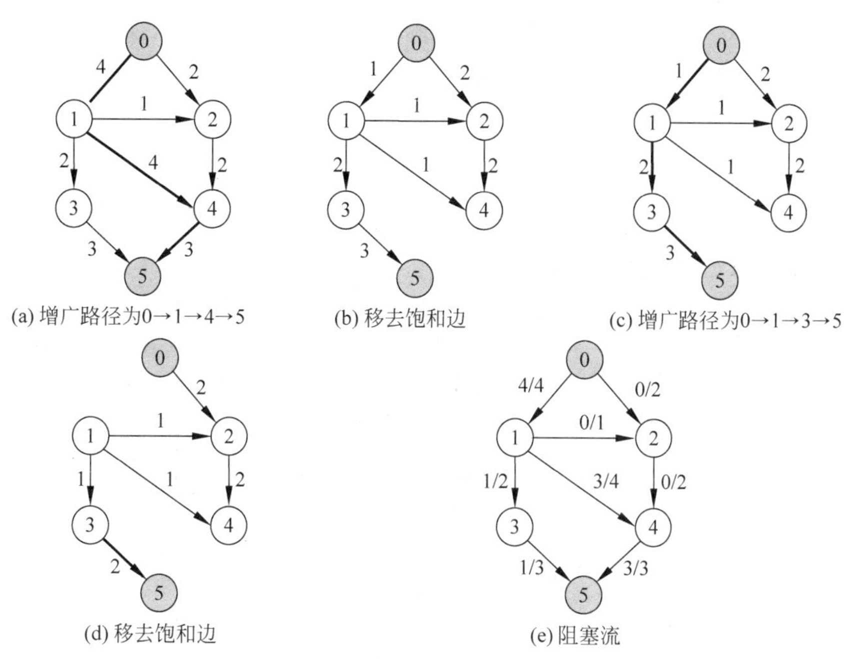

(a) 增广路径为0→1→4→5
(b) 移去饱和边
(c) 增广路径为0→1→3→5
(d) 移去饱和边
(e) 阻塞流


图 9.17 求最大流的另外一种顺序

去饱和边，同时添加相应的反向边，其流量均为 1，如图 9.18(f)所示。

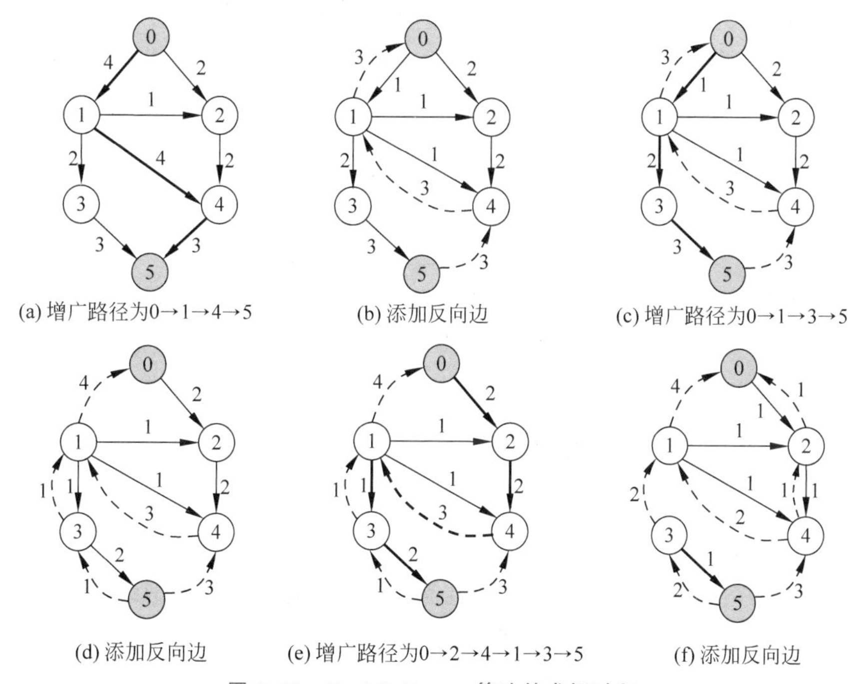

(a) 增广路径为0→1→4→5
(b) 添加反向边
(c) 增广路径为0→1→3→5
(d) 添加反向边
(e) 增广路径为0→2→4→1→3→5
(f) 添加反向边


图 9.18 Ford-Fulkerson 算法的求解过程

(4) 再也找不到源点 0 到汇点 5 的增广路径，循环结束，可以构造出流量为 5 的最大流。

为了方便进一步讨论，先介绍如下基本概念。

(1) **流或者网络流**：定义在一个网络边集合 $E$ 上的流(flow)函数 $f(u,v)$，满足以下条件。

① 容量限制：$V$ 中的任意两个顶点 $u$、$v$，满足 $f(u,v)\leqslant c(u,v)$，即一条边的流量不能超过它的容量。

② 斜对称：$V$ 中的任意两个顶点 $u$、$v$，满足 $f(u,v)=-f(v,u)$，即 $u$ 到 $v$ 的流量必须是 $v$ 到 $u$ 的流量的相反值。

③ 流守恒：$V$ 中的非 $s$、$t$ 的其他任意两个顶点 $u$、$v$，满足 $\sum_{v\in V} f(u,v)=0$，即顶点的净流量(出去的总流量减去进来的总流量)是零。

由于流过网络的流量具有一定的方向，边的方向就是流量流过的方向，每一条边上的流量应小于其容量，中间点的流入量总和等于其流出量总和，对于起点和终点，总输出流量等于总输入流量。满足这些条件的流 $f$ 称为**可行流**，可行流总是存在的。

如果所有的边的流量均为 0，即对于所有的顶点 $u$ 和 $v$，$f(u,v)=0$，称此可行流为**零流**(zero flow)，这样的零流一定是可行流。如果某一条边的流量 $f(u,v)=c(u,v)$，则称流 $f(u,v)$ 是**饱和流**，否则为**非饱和流**。最大网络流问题就是求这样的可行流 $f$，其流量达到最大。一个网络流 $f$ 的流量定义为 $\sum_{v\in V} f(s,v)$，即从源点 $S$ 出发的总流量。

(2) **剩余网络**或者**残留网络**：给定一个网络 $G=(V,E)$，其流函数为 $f$，由 $f$ 对应的剩余网络或者残留网络(residual network) $G_f=(V,E_f)$，$G_f$ 中的边称为剩余边(residual edge)，若 $G$ 中有边 $<u,v>$ 且 $f(u,v)<c(u,v)$，则对应的剩余边 $<u,v>$ 的流量为 $c(u,v)-f(u,v)$(表示从顶点 $u$ 到 $v$ 还可以增加的最大网络流量)，若 $G$ 中有边 $<u,v>$ 且 $f(u,v)>0$，则对应的剩余边 $<v,u>$ 的流量为 $f(u,v)$(表示从顶点 $u$ 到 $v$ 可以减少的最大网络流量)。

这样，如果 $f(u,v)<c(u,v)$，则 $<u,v>$ 和 $<v,u>$ 均在 $E_f$ 中，如果在 $G$ 中 $u$、$v$ 之间没有边，则 $<u,v>$ 和 $<v,u>$ 均不在 $E_f$ 中，这样 $E_f$ 的边数小于 $E$ 中边数的两倍。

若 $f$ 是 $G$ 中的一个流，$G_f$ 是由 $G$ 导出的剩余网络，$f'$ 是 $G_f$ 中的一个流，则 $f+f'$ 是 $G$ 中的一个流，且其值 $|f+f'|=|f|+|f'|$。

(3) **增广路径**：设 $f(u,v)$ 为网络 $G$ 上的一个可行流，$\mu$ 是从源点 S 到汇点 T 的一条简单路径，若该路径上边的流满足条件"当 $<u,v>\in\mu^+$，则 $f(u,v)<c(u,v)$(其剩余容量为正)，当 $<u,v>\in\mu^-$，则 $f(u,v)>0$"，称 $\mu$ 是一条关于可行流 $f$ 的增广路径(augmenting path)，记为 $\mu(f)$。其中 $\mu^+$ 表示增广路径中与路径方向一致的边的集合，这样的边也称为**正向边**或者**前向边**(即可以增加流量的边)，$\mu^-$ 表示增广路径中与路径方向相反的边的集合，这样的边也称为**反向边**或者**后向边**(即可以减少流量的边)。

如果该增广路径上的流量大于某条边上的剩余容量，必定会在这条边上出现流聚集的情况，所以沿着增广路径 $\mu(f)$ 去调整路径上各边的剩余容量可以使网络的流量增大，即得到一个比 $f$ 的流量更大的可行流。求网络最大流的方法正是基于这种增广路径的。

扫一扫

视频讲解

## 9.3.2 Ford-Fulkerson 算法

前面介绍了 Ford-Fulkerson 算法的思路，它是一种在剩余网络 $G_f$ 上迭代计算的方法，首先给出一个初始可行流(通常是零流)，找出一条增广路径，然后调整增广路径上的流量以得到更大的流量。Ford-Fulkerson 算法的具体步骤如下：

(1) 根据给定的网络 $G$ 从零流开始构建一个剩余网络 $G_f$，其初始边上的剩余容量等于

G 中对应边的初始容量。

(2) 若在 $G_f$ 中能够找到从源点 S 到汇点 T 的增广路径 $\mu(f)$，重复以下过程。

① 在增广路径 $\mu(f)$ 中找到最小容量 delta。

② 调整增广路径 $\mu(f)$：若 $<u,v> \in \mu^+$ 或者说 $<u,v>$ 是一条正向边，则将其剩余容量减去 delta；若 $<u,v> \in \mu^-$ 或者说 $<u,v>$ 是一条反向边，则将其流量加上 delta。这个步骤称为增广操作。

重复上述过程，直到找不到增广路径为止，此时的可行流就是最大流。

*说明：在剩余网络 $G_f$ 中，正向边的权值为剩余容量，反向边的权值为流量。当 $G_f$ 中不存在增广路径时，每条正向边对应的流量为初始容量减去剩余容量。*

那么如何在 $G_f$ 中求一条增广路径呢？可以采用改进的深度优先搜索算法，将 $G_f$ 看成一个不带权的图，调用 DFS(S) 从源点 S 出发查找源点 S 的所有正向边对应的顶点 $v$，再递归调用 DFS($v$) 从顶点 $v$ 出发查找 $v$ 的所有正向边和反向边对应的其他顶点，以此类推，直到找到汇点 T 为止。所有顶点不重复访问，用 path 数组存放找到的一条路径（path[$v$]表示路径上到达顶点 $v$ 的边）。

**【例 9.3】** 对于如图 9.19(a)所示的网络，假设源点 S=0，汇点 T=5，采用 Ford-Fulkerson 算法求其最大流。

**解** 由于 Ford-Fulkerson 算法中每一条正向边都对应一条反向边，可以这样由初始网络 $G$ 构造剩余网络 $G_f$，保留 $G$ 中的所有边作为正向边，它们的剩余容量等于初始容量，然后每条正向边添加一条反向边，其流量均为 0（对应零流）。求最大流的过程如下：

(1) 第 1 次迭代：采用 DFS(S) 求出的一条增广路径是 0→1→4→5，路径上的最小容量 delta1=2，将路径上的正向边的剩余容量减去 2，反向边的流量加上 2，并移去剩余容量为 0 的饱和边，结果如图 9.19(b)所示，反向边用虚箭头线表示，图中所有流量为 0 的反向边未画出（下同）。

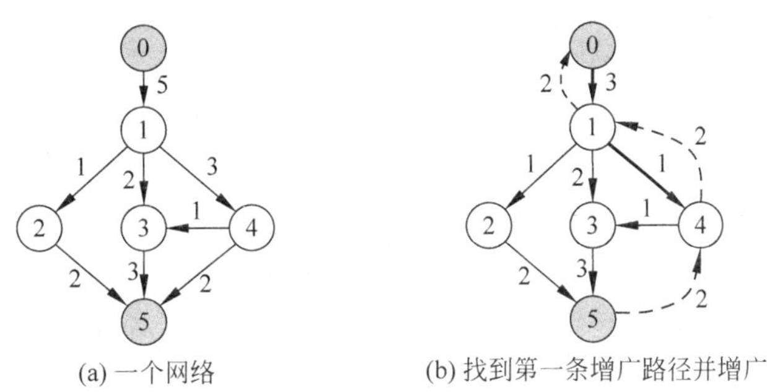


**图 9.19 Ford-Fulkerson 算法的求解过程(1)**

(2) 第 2 次迭代：采用 DFS(S) 求出的一条增广路径是 0→1→4→3→5，路径上的最小容量 delta2=1，将路径上的正向边的剩余容量减去 1，反向边的流量加上 1，并移去饱和边，结果如图 9.20(a)所示。

(3) 第 3 次迭代：采用 DFS(S) 求出的一条增广路径是 0→1→3→5，路径上的最小容量 delta3=2，将路径上的正向边的剩余容量减去 2，反向边的流量加上 2，并移去饱和边，结果如图 9.20(b)所示。

(4) 再也找不到增广路径，从图 9.20(b)中除去所有反向边，再将图 9.19(a)中每一条边的容量减去对应的剩余容量得到如图 9.20(c)所示的最大流。

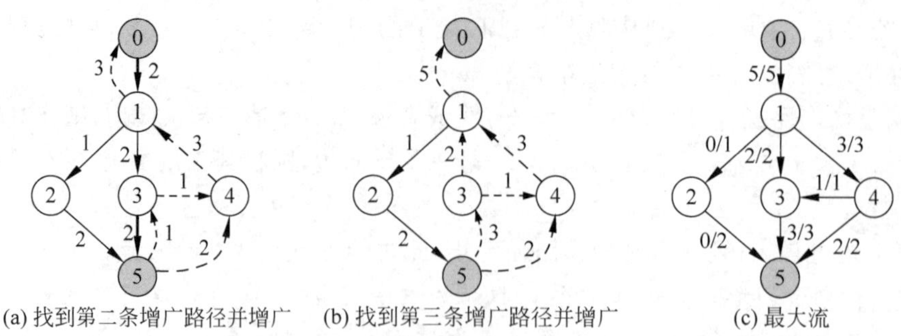


图 9.20 Ford-Fulkerson 算法的求解过程(2)

求最大流量的几种方式如下：

(1) 最大流量为上述过程中所有增广路径求出的最小容量 delta 之和,本例中最大流量等于 delta1+delta2+delta3=5。

(2) 最大流量为最大流中源点 S 的流出量之和,图 9.20(c)中源点 0 的流出量之和为 5。

(3) 最大流量为最大流中汇点 S 的流入量之和,图 9.20(c)中汇点 0 的流入量之和为 5。

**Ford-Fulkerson 算法分析**：若网络 $G$ 中有 $n$ 个顶点和 $e$ 条边,找一条增广路径的时间为 $O(e)$,调整流量的时间为 $O(e)$,设 $f^*$ 表示算法找到的最大流量,迭代次数最多为 $f^*$,则该算法的时间复杂度为 $O(ef^*)$。

扫一扫

视频讲解

## 9.3.3 Edmonds-Krap 算法

当一个网络中的最大流量很大时用 Ford-Fulkerson 算法十分耗时,Edmonds-Krap 算法做了这样的改进,每次在 $G_f$ 中找增广路径时总是找一条边数最少的增广路径进行增广。Edmonds-Krap 算法的具体步骤如下：

(1) 根据给定的网络 $G$ 从零流开始建立一个剩余网络 $G_f$,其初始边上的剩余容量等于 $G$ 中对应边的初始容量。

(2) 若 $G_f$ 中存在从源点 S 到汇点 T 的增广路径 $\mu(f)$,重复以下过程。

① 采用 BFS 算法找到一条增广路径 $\mu(f)$,同时求出路径上的最小容量 delta。

② 调整增广路径 $\mu(f)$：若 $<u,v>\in\mu^+$ 或者说 $<u,v>$ 是一条正向边,则将其剩余容量减去 delta；若 $<u,v>\in\mu^-$ 或者说 $<u,v>$ 是一条反向边,则将其流量加上 delta。

重复上述过程,直到找不到增广路径为止,此时的可行流就是最大流。由于 Edmonds-Krap 算法采用 BFS 寻找增广路径,所以找到的路径一定是边数最少的增广路径,这是 Edmonds-Krap 算法与 Ford-Fulkerson 算法的主要差别。

**【例 9.4】** 对于如图 9.19(a)所示的网络,假设源点 S=0,汇点 T=5,采用 Edmonds-Krap 算法求其最大流。

**解** 构造 $G_f$ 空闲网络的过程见例 9.3,采用 Edmonds-Krap 算法求最大流的过程如下。

(1) 第 1 次迭代：采用 BFS(S)求出的一条增广路径是 0→1→4→5,路径上的最小剩余容量 delta1=2,将路径上的正向边的剩余容量减去 2,反向边的流量加上 2,并移去饱和边,结果如图 9.19(b)所示。

(2) 第 2 次迭代：采用 BFS(S)求出的一条增广路径是 0→1→3→5，路径上的最小容量 delta2=2，将路径上的正向边的剩余容量减去 2，反向边的流量加上 2，并移去饱和边，结果如图 9.21(a)所示。

(3) 第 3 次迭代：采用 BFS(S)求出的一条增广路径是 0→1→2→5，路径上的最小容量 delta3=1，将路径上的正向边的剩余容量减去 1，反向边的流量加上 1，并移去饱和边，结果如图 9.21(b)所示。

现在不存在增广路径，对应的最大流量为 delta1+delta2+delta3=5。

**Edmonds-Krap 算法分析**：若网络 $G$ 中有 $n$ 个顶点和 $e$ 条边，$G_f$ 中的边数为 $2e$，该算法中利用 BFS 找一条增广路径的时间为 $O(e)$，对流进行增加的全部次数或者 BFS 寻找增广路径的次数为 $O(ne)$，所以 Edmonds-Krap 算法的时间复杂度为 $O(ne^2)$。

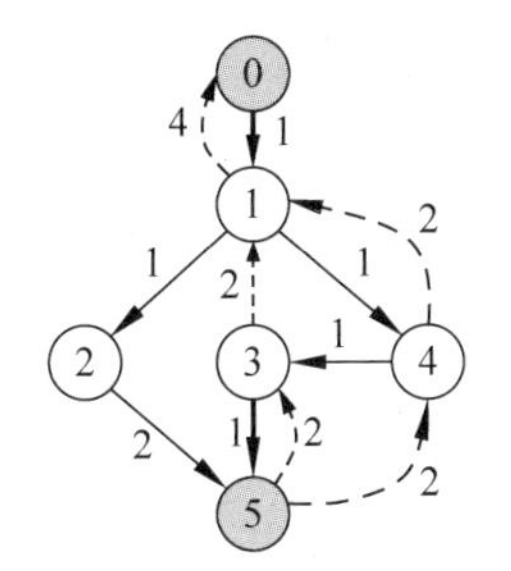

(a) 找到第二条增广路径并增广　　(b) 找到第三条增广路径并增广

图 9.21 Edmonds-Krap 算法的求解过程

## 9.3.4 Dinic 算法

扫一扫

视频讲解

Dinic 算法与 Edmonds-Krap 算法一样也是找边数最少的增广路径进行增广，不同之处是 Edmonds-Krap 算法的每个阶段执行完一次 BFS 增广后都要重新启动 BFS 从源点 S 开始寻找另一条到 T 的增广路径，而 Dinic 算法中只需一次 DFS 过程就可以实现多次增广。Dinic 算法的具体步骤如下：

(1) 根据给定的网络 $G$ 从零流开始建立一个剩余网络 $G_f$，其初始边上的剩余容量等于 $G$ 中对应边的初始容量。

(2) 若 $G_f$ 中存在从源点 S 到汇点 T 的增广路径 $\mu(f)$，重复以下过程。

① 采用 BFS 算法构建层次网络，用 level 数组表示，其中 level[S]=0，level[$v$]表示结点 $v$ 的以源顶点 S 为根的层次。

② 在层次网络中用一次 DFS 过程(以 limit 为当前流量限制)进行增广，DFS 的终止条件是找到汇点 T 或 limit 为 0。当 DFS 执行完毕，该阶段的增广也执行完毕，不同于 Edmonds-Krap 算法，这里的增广是多路增广。

重复上述过程，直到找不到增广路径为止，此时的可行流就是最大流。

**【例 9.5】** 对于如图 9.19(a)所示的网络，假设源点 S=0，汇点 T=5，采用 Dinic 算法求其最大流。

**解** 构造 $G_f$ 空闲网络的过程见例 9.3，采用 Dinic 算法求最大流的过程如下。

第 1 次迭代：采用 BFS(S)求出层次网络如图 9.22(a)所示，图中顶点旁边圆括号中的数字表示结点的层次，用 level 数组表示。

采用深度优先搜索，limit=∞，调用 DFS(S,limit)，用 flow 表示本次调用 DFS 增加的总流量(初始为 0)，找到一条增广路径 0→1→4→5，路径上的最小容量 $f_1=2$(在路径搜索中 $f_1$ 是非递增的)，flow 增加 2(flow=2)，将正向边<4,5>的剩余容量减去 2(变为饱和边，移去)，将反向边<5,4>的流量加上 2；回退到顶点 4，没有未访问的层次大于 2 的相邻点，继续回退到顶点 1，将正向边<1,4>的剩余容量减去 2，将反向边<4,1>的流量加上 2，如图 9.22(b)所示。

再从顶点 1 找到一条增广路径 0→1→3→5，路径上的最小容量 $f_2=2$，flow 增加 2(flow=4)，将正向边<3,5>的剩余容量减去 2，将反向边<5,3>的流量加上 2，将正向边<1,3>的剩余容量减去 2，将反向边<3,1>的流量加上 2，如图 9.22(c)所示。

再从顶点 1 找到一条增广路径 0→1→2→5，路径上的最小容量 $f_3=1$，flow 增加 1(flow=5)，将正向边<2,5>的剩余容量减去 1，将反向边<5,2>的流量加上 1，将正向边<1,2>的剩余容量减去 1，将反向边<2,1>的流量加上 1，如图 9.22(d)所示。

此时从顶点 1 出发的所有路径搜索完毕，回退到顶点 0，对应的最小容量 flow=5，将正向边<0,1>的剩余容量减去 flow(变为饱和边)，将反向边<1,0>的流量加上 flow，结果如图 9.22(e)所示，该结果就是最终的最大流。

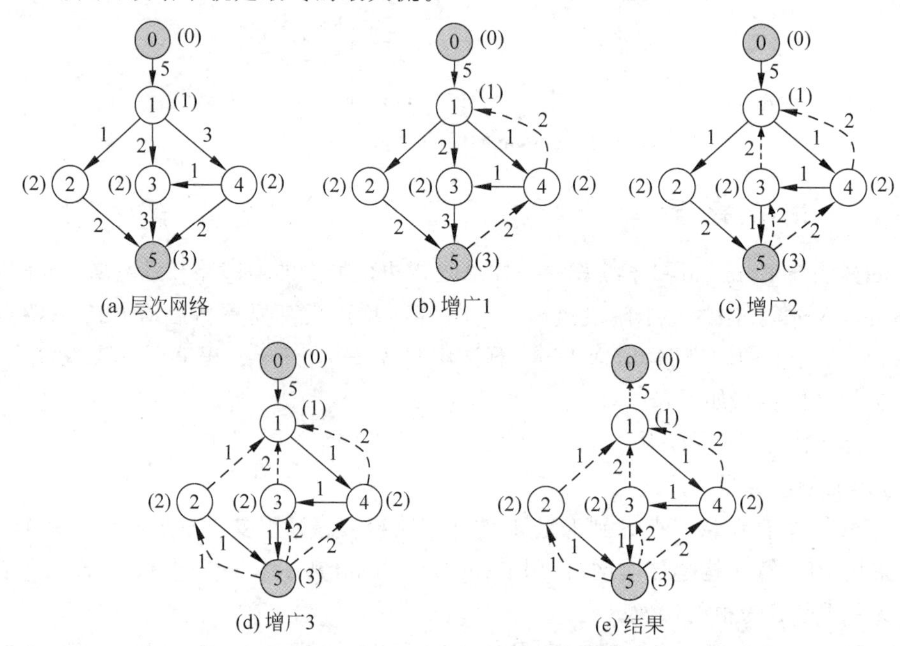


**图 9.22　Dinic 算法的求解过程**

从以上看出，Dinic 算法仅需要一次迭代或者调用一次 BFS，在 DFS 中通过 3 次增广实现，而 Edmonds-Krap 算法需要 3 次迭代，每次都需要调用一次 BFS 算法，所以 Dinic 算法的性能更好。

**Dinic 算法分析**：若网络 $G$ 中有 $n$ 个顶点和 $e$ 条边，在 Dinic 算法中用 BFS 建立一次分层网络的时间为 $O(e)$，在分层网络中单次 DFS 的时间为 $O(n)$，这里因为 DFS 只能沿着高度递增的方向从 S 推进到 T，所以单次 DFS 推进次数最多不超过 $n-1$ 次。因此构建一次分层网络并且在其中执行 DFS 的总时间为 $O(ne)$。可以证明每次在分层网络中找到的最短路径长度是严格递增的，所以建立分层网络的次数最多为 $n-1$ 次，这样 Dinic 算法的时间复杂度为 $O(n^2e)$。通常 $e>n$，所以 Dinic 算法的时间性能优于 Edmonds-Krap 算法。

在实际中许多问题都可以转换为求最大流，关键是根据问题描述建立适合的网络模型，即建模，常用的建模方法如下。

(1) 若存在多个源点和汇点，设置超级源点和超级汇点，使得超级源点连向各个源点，各个汇点连向超级汇点，边的容量由问题本身确定。

(2) 若顶点存在限制的情况（即顶点含权值），可以考虑拆点，即将一个顶点拆成两个点，中间连一条容量为顶点权值的边。

(3) 若顶点与顶点之间的边为无向边，将其看成两条有向边，即各自方向建一条边，各自的容量都等于无向图边的容量。

**【例 9.6】** 饮料(POJ3281，时间限制为 2000ms，空间限制为 65 536KB)。John 的奶牛十分挑食，每头奶牛只偏好某些食物和饮料，不会吃其他的。John 烹制了 $F(1\leqslant F\leqslant 100)$ 种食物并准备了 $D(1\leqslant D\leqslant 100)$ 种饮料，他的 $N(1\leqslant N\leqslant 100)$ 头奶牛中每一头都喜欢一些食物和一些饮料。如果一头奶牛分配到了一种喜欢的食物和一种喜欢的饮料，则该奶牛是满意的，求奶牛满意的最大数目。

输入格式：输入的第 1 行是 3 个以空格分隔的整数 $N$、$F$ 和 $D$，第 2 行到第 $N+1$ 行共 $N$ 行，每行以两个整数 $F_i$ 和 $D_i$ 开头，即奶牛 $i$ 喜欢的食物数量和饮料数量，接下来 $F_i$ 个整数表示奶牛 $i$ 喜欢的食物，最后 $D_i$ 个整数表示奶牛 $i$ 喜欢的饮料。

输出格式：输出一行，包含一个整数，表示奶牛满意的最大数目。

输入样例：

```
4 3 3
2 2 1 2 3 1
2 2 2 3 1 2
2 2 1 3 1 2
2 1 1 3 3
```

输出样例：

```
3
```

扫一扫

视频讲解

扫一扫

源程序

解法 1：首先建模，按如下方式建立初始网络。

(1) 建立一个源点 0，跟每种食物之间连一条容量为 1 的边。

(2) 建立一个汇点 T，跟每种饮料之间连一条容量为 1 的边。

(3) 一头满意的奶牛会分配到一种喜欢的食物和一种喜欢的饮料，为此每头奶牛对应两个顶点 $C_1$ 和 $C_2$，中间连接一条边，容量为 1。

(4) 若一头奶牛喜欢食物 $f$，就将其对应的 $C_1$ 点与 $f$ 连接起来，容量为 1，若一头奶牛喜欢饮料 $d$，同理将 $C_2$ 与 $d$ 连接起来。

对于题目中的样例，$N=4$，$F=3$，$D=3$，对应的网络如图 9.23 所示，所有边的容量为 1（图中省略）。显然题目就是求从源点 S(S=0)到汇点 T(T=15)的最大流量。

网络采用邻接表存储，其中 head 为头结点数组（最多的顶点数为 $F+2N+D\leqslant 400$），edge 为边结点数组，tot 为 edge 数组的下标（为了处理方便，edge 从下标 2 开始存放边），将每一条正向边存放在偶数下标位置 $i$，奇数下标位置 $i+1$ 存放其反向边，这样做的好处是对

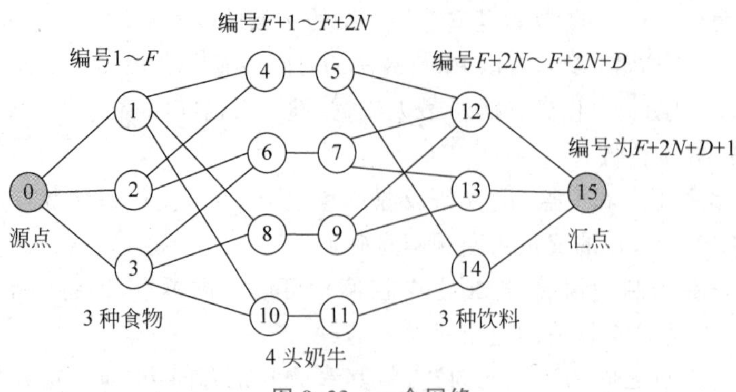


图 9.23　一个网络

扫一扫

视频讲解

于位置 $i$ 的边 edge[$i$]（无论该边是正向边还是反向边均可），其反向边恰好是 edge[$i$^1]。

本解法采用 Ford-Fulkerson 算法求解。在用 DFS 求一条增广路径时，用 path 数组存放找到的路径，其中 path[$v$]记录最短路径上到达顶点 $v$ 的边在 edge 数组中的下标，当求出 path 数组后，可以从 T 开始反向遍历该路径，例如以下语句通过反向遍历求出路径上的最小容量 delta：

扫一扫

源程序

```
int delta=INF;
for (int i=T;i!=S;i=edge[path[i]^1].vno)                //求路径上的最小容量
    delta=min(delta,edge[path[i]].flow);
```

以下语句通过反向遍历实现该路径的增广操作：

扫一扫

视频讲解

```
for (int i=T;i!=S;i=edge[path[i]^1].vno) {             //增广
    edge[path[i]].flow-=delta;                          //正向边-delta
    edge[path[i]^1].flow+=delta;                        //反向边+delta
}
```

解法 2：建模和剩余网络 $G_f$ 的存储方式与解法 1 完全相同，这里采用 Edmonds-Krap 算法求解。

扫一扫

源程序

解法 3：建模和剩余网络 $G_f$ 的存储方式与解法 1 完全相同，这里采用 Dinic 算法求解，在 BFS 算法中，仅构建 $G_f$ 的层次网络，用 level[$v$]表示顶点 $v$ 的层次（源点 S 的层次为 0，其相邻顶点的层次为 1，以此类推）。

扫一扫

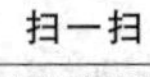

自测题

## 9.4　练　习　题

1. 给出采用 Prim 算法（起点为 0）和 Kruskal 算法求如图 9.24(a)所示的带权连通图 $G_1$ 的一棵最小生成树的过程，在选边 $<u,v>$（$u<v$）时相同权值优先选择 $u$ 较小的，$u$ 相同时优先选择 $v$ 较小的。

2. Kruskal 算法用于求一个带权连通图的最小生成树，将生成树的权值和改为最大，则为最大生成树，请模仿 Kruskal 算法求如图 9.24(b)所示的带权连通图 $G_2$ 的一棵最大生成树。

3. Dijkstra、Bellman-Ford 和 SPFA 算法适合含负权的图（不含负权回路）求单源最短路径吗？请说明理由。

4. 给出采用 Floyd 算法求如图 9.25 所示的带权有向图中最短路径的过程和结果。

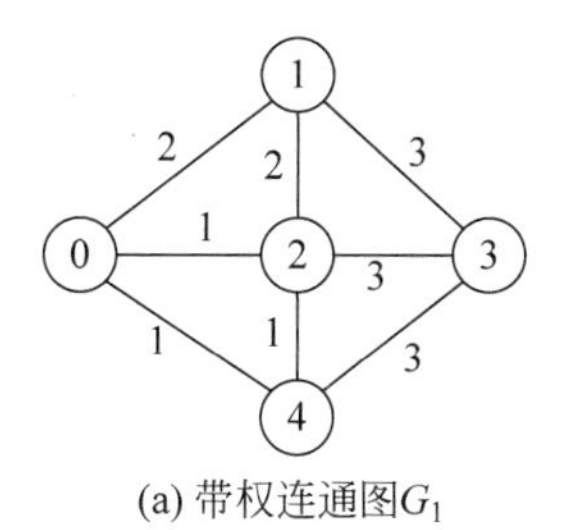

(a) 带权连通图$G_1$

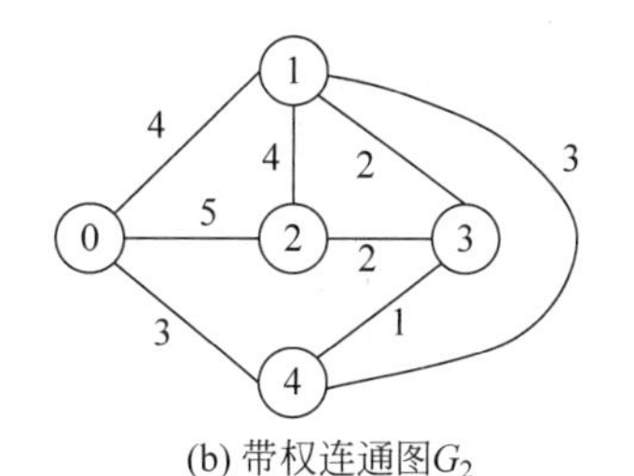

(b) 带权连通图$G_2$

图 9.24　两个带权连通图

5. 简述为什么在 $G_f$ 中建立反向边？

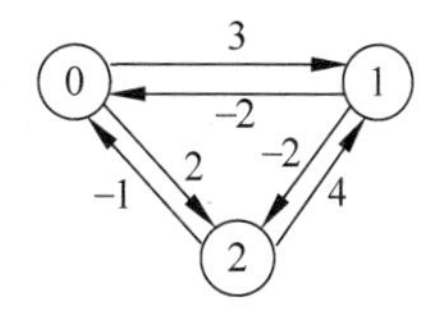

图 9.25　一个带权有向图

6. 求解帮助 Magicpig 问题。在金字塔中有一个叫作"Room-of-No-Return"的大房间。非常不幸的是，Magicpig 现在被困在这个房间里，房间的地板上有一些钩子。在房间的墙上有一些古老的埃及文字："如果你想逃离这里，你必须用绳索连接所有钩子，然后一个秘密的门将打开，你将获得自由。如果你不能这样做，你将永远被困在这里"。幸运的是，Magicpig 有一条长度为 L 的绳索，他可以把它切成段，每段可以连接两个钩子，只要它们的距离小于或等于这条绳子的长度。如果绳子不够长，他将不能逃脱。要求设计如下算法：

```
judge(int n, double L, vector < vector < in >> &a) {}
```

其中 $n$ 是钩子的数量，L 是绳索的长度。$a$ 表示 $n$ 个钩子的二维坐标。如果 Magicpig 能够逃跑，返回 true，否则返回 false。

7. 给定一个带权有向图的邻接矩阵，设计一个算法返回顶点 $s$ 到 $t$ 的最短路径长度，$s$ 和 $t$ 一定是图中的两个顶点，若没有这样的路径，返回－1。

8. 给定一个带权有向图，所有权为正整数，采用邻接矩阵 $g$ 存储，设计一个算法求其中的一个最小环。若存在边 $<a,b>$ 和 $<b,a>$，则 $a \to b \to a$ 构成一个环。

9. 给定一个网络 $G$ 采用边数组 E 存放，其元素类型为 $<a,b,w>$，表示顶点 $a$ 到顶点 $b$ 的容量为 $w$，另外给定一个源点 S 和一个汇点 T，采用 Ford-Fulkerson 算法求最大流量。

10. 排水沟(POJ1273，时间限制为 5000ms，空间限制为 10 000KB)。John 建造了一套排水沟，水被排到附近的溪流中，他在每条沟渠的开始处安装了调节器，可以控制水流入该沟渠的速度。John 知道每条沟渠每分钟可以输送多少加仑的水，还知道沟渠的布局，这些沟渠从池塘中流出并相互流入，在一个复杂的网络中流动。根据所有这些信息确定水可以从池塘输送到溪流中的最大速率。对于任何给定的沟渠，水只能沿一个方向流动，但可以让水绕着一个圆圈流动。

输入格式：输入包括多个测试用例。每个测试用例的第一行包含两个以空格分隔的整数 $N(0 \leqslant N \leqslant 2000)$ 和 $M(2 \leqslant M \leqslant 2000)$，$N$ 是沟渠的数量，$M$ 是这些沟渠的交叉点数。交叉点 1 是池塘，交叉点 $M$ 是溪流，以下 $N$ 行中的每一行都包含 3 个整数 $S_i$、$E_i$ 和 $C_i$，其中 $S_i$ 和 $E_i(1 \leqslant S_i, E_i \leqslant M)$ 表示该沟渠流经的交叉点，水将从 $S_i$ 流经此沟至 $E_i$，$C_i(0 \leqslant C_i \leqslant 10\ 000\ 000)$ 是水流过沟渠的最大速率。

输出格式：对于每个测试用例，输出一个整数，即水可以从池塘中排空的最大速率。

输入样例：

```
5 4
1 2 40
1 4 20
2 4 20
2 3 30
3 4 10
```

输出样例：

```
50
```

## 9.5 在线编程实验题

1. LintCode1565——飞行棋 I★★
2. LeetCode1368——至少有一条有效路径的最小代价★★★
3. POJ1751——高速公路问题
4. POJ1287——网络
5. POJ1251——维护村庄之路
6. POJ2349——北极网络
7. POJ2387——贝西回家
8. POJ1125——股票经纪人的小道消息
9. POJ1724——道路
10. POJ1087——插头
11. HDU1535——最小总费用
12. HDU1874——畅通工程
13. HDU3572——任务调度

# 第10章 计算几何

【案例引入】

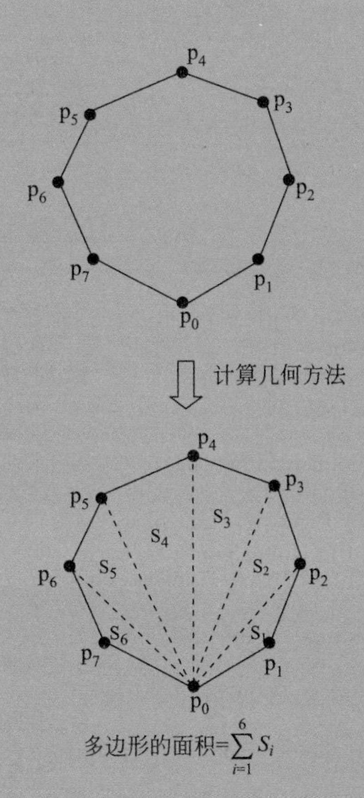

**本章学习目标：**

(1) 掌握向量的定义及其基本运算算法的实现原理。

(2) 掌握求凸包的经典算法(礼品包裹算法和 Graham 算法)及其应用。

(3) 掌握求最近点对的经典算法及其应用。

(4) 掌握求最远点对的经典算法(旋转卡壳算法)及其应用。

(5) 灵活运用计算几何原理和方法解决实际应用中的复杂问题。

## 10.1 向量运算

计算几何作为计算机科学中的一个分支，主要研究解决几何问题的算法，在计算机图形学、科学计算可视化和图形用户界面等领域都有广泛的应用。本章以二维空间为例讨论在计算几何中常用的算法设计方法。

在二维空间(即平面上)中一个复杂的对象可以用一组点$\{\boldsymbol{p}_1,\boldsymbol{p}_2,\cdots,\boldsymbol{p}_n\}$来表示，其中每个$\boldsymbol{p}_i=(x_i,y_i)$，$x_i$、$y_i$分别是点$\boldsymbol{p}_i$的行、列坐标，用实数表示。设计点类 Point，后面分别讨论这些友元函数的设计：

```
class Point{                                          //点类
public:
    double x;                                         //行坐标
    double y;                                         //列坐标
    Point() {}                                        //默认构造函数
    Point(double x1,double y1) {                      //重载构造函数
        x=x1;
        y=y1;
    }
    void disp(){                                      //输出向量
        printf("(%g,%g) ",x,y);
    }
    friend bool operator ==(Point &p1,Point &p2);     //重载==运算符
    friend Point operator +(Point &p1,Point &p2);     //重载+运算符
    friend Point operator -(Point &p1,Point &p2);     //重载-运算符
    friend double Dot(Point p1,Point p2);             //两个向量的点积
    friend double Length(Point p);                    //求向量的长度
    friend int Angle(Point p0,Point p1,Point p2);     //求两线段 p0p1 和 p0p2 的夹角
    friend double Det(Point p1,Point p2);             //两个向量的叉积
    friend int Direction(Point p0,Point p1,Point p2); //判断两线段 p0p1 和 p0p2 的方向
    friend double Distance(Point p1,Point p2);        //求两个点的距离
    friend double DistPtoSegment(Point p0,Point p1,Point p2);
                                                      //求 p0 到 p1p2 线段的距离
    friend bool InRectAngle(Point p0,Point p1,Point p2);
                                                      //判断 p0 是否在 p1 和 p2 表示的矩形内
    friend bool OnSegment(Point p0,Point p1,Point p2);
                                                      //判断 p0 是否在 p1p2 线段上
    friend bool Parallel(Point p1,Point p2,Point p3,Point p4);
                                                      //判断 p1p2 和 p3p4 线段是否平行
    friend bool SegIntersect(Point p1,Point p2,Point p3,Point p4);
                                                      //判断 p1p2 和 p3p4 两线段是否相交
    friend bool PointInPolygon(Point p0,vector<Point> a);
                                                      //判断 p0 是否在点集 a 的多边形内
};
```

线段是直线在两个定点之间(包含这两个点)的部分,线段可以通过两个点 $\boldsymbol{p}_1$、$\boldsymbol{p}_2$ 来表示,通常线段是有向的,有向线段 $\boldsymbol{p}_1\boldsymbol{p}_2$ 是从起点 $\boldsymbol{p}_1$ 到终点 $\boldsymbol{p}_2$,将这种既有大小又有方向的量看成向量(vector),即起点为 $\boldsymbol{p}_1$、终点为 $\boldsymbol{p}_2$ 的向量。$\boldsymbol{p}_1\boldsymbol{p}_2$ 向量的长度或模为点 $\boldsymbol{p}_1$ 到点 $\boldsymbol{p}_2$ 的距离记为 $|\boldsymbol{p}_1\boldsymbol{p}_2|$。

在本章中默认将一个点 $\boldsymbol{p}$ 看成起点为(0,0)的向量 $\boldsymbol{p}$。

## 10.1.1 向量的基本运算

### 1. 向量的加减运算

对于两个点表示的向量 $\boldsymbol{p}_1$ 和 $\boldsymbol{p}_2$(起点均为原点(0,0)),向量的加法定义为 $\boldsymbol{p}_1+\boldsymbol{p}_2=(\boldsymbol{p}_1.x+\boldsymbol{p}_2.x,\boldsymbol{p}_1.y+\boldsymbol{p}_2.y)$,其结果仍为一个向量。

向量的加法一般可用平行四边形法则,如图 10.1 所示,两个向量为 $\boldsymbol{p}_1(2,-1)$、$\boldsymbol{p}_2(3,3)$,则 $\boldsymbol{p}_3=\boldsymbol{p}_1+\boldsymbol{p}_2=(5,2)$。

求两个向量 $\boldsymbol{p}_1$ 和 $\boldsymbol{p}_2$ 的加法运算的算法如下:

```
Point operator +(const Point &p1,const Point &p2) {                    //重载+运算符
    return Point(p1.x+p2.x,p1.y+p2.y);
}
```

向量的减法是向量加法的逆运算,一个向量减去另一个向量,等于加上那个向量的负向量,即 $\boldsymbol{p}_1-\boldsymbol{p}_2=\boldsymbol{p}_1+(-\boldsymbol{p}_2)=(\boldsymbol{p}_1.x-\boldsymbol{p}_2.x,\boldsymbol{p}_1.y-\boldsymbol{p}_2.y)$,其结果仍为一个向量。

求两个向量 $\boldsymbol{p}_1$ 和 $\boldsymbol{p}_2$ 的减法运算的算法如下:

```
Point operator -(const Point &p1,const Point &p2) {                    //重载-运算符
    return Point(p1.x-p2.x,p1.y-p2.y);
}
```

显然有性质 $\boldsymbol{p}_1+\boldsymbol{p}_2=\boldsymbol{p}_2+\boldsymbol{p}_1$,$\boldsymbol{p}_1-\boldsymbol{p}_2=-(\boldsymbol{p}_2-\boldsymbol{p}_1)$。

如图 10.2 所示,两个向量为 $\boldsymbol{p}_1(2,-1)$、$\boldsymbol{p}_2(5,4)$,则 $\boldsymbol{p}_3=\boldsymbol{p}_2-\boldsymbol{p}_1=(3,5)$,将 $\boldsymbol{p}_3$ 平移到 $\boldsymbol{p}_1-\boldsymbol{p}_2$ 处(图中虚线),会看出 $\boldsymbol{p}_3$ 的长度和 $\boldsymbol{p}_1$ 与 $\boldsymbol{p}_2$ 连接线的长度相同、方向相同。用 $|\boldsymbol{p}|$ 表示向量 $\boldsymbol{p}$ 的长度,有 $|\boldsymbol{p}_2-\boldsymbol{p}_1|$ = 点 $\boldsymbol{p}_1$ 与 $\boldsymbol{p}_2$ 的长度。

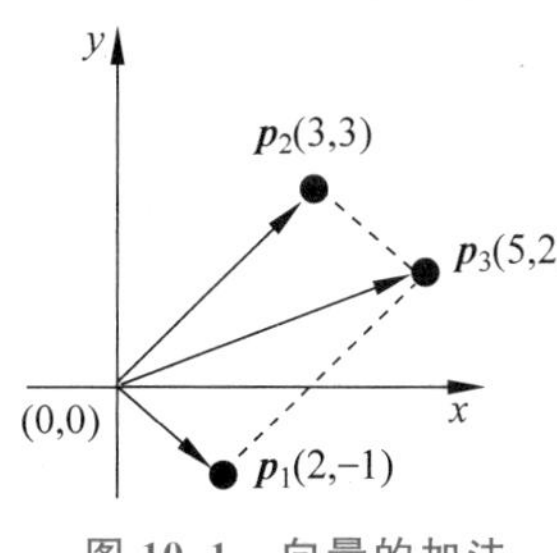

图 10.1 向量的加法

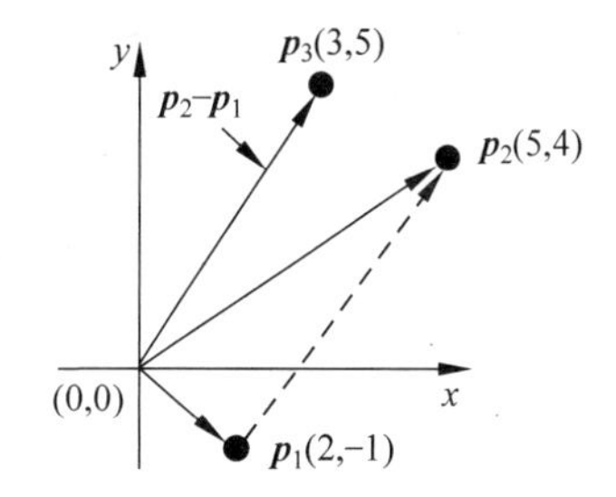

图 10.2 向量的减法

实际上,$\boldsymbol{p}_2-\boldsymbol{p}_1$ 向量可以看成以 $\boldsymbol{p}_1$ 为原点的 $\boldsymbol{p}_2$ 向量。

### 2. 向量的点积运算

两个向量 $\boldsymbol{p}_1$ 和 $\boldsymbol{p}_2$ 的点积(或内积)定义为 $\boldsymbol{p}_1\cdot\boldsymbol{p}_2=|\boldsymbol{p}_1|\times|\boldsymbol{p}_2|\times\cos\theta=\boldsymbol{p}_1.x\times\boldsymbol{p}_2.x+\boldsymbol{p}_1.y\times\boldsymbol{p}_2.y$,其结果是一个标量,其中向量 $\boldsymbol{p}$ 的长度 $|\boldsymbol{p}|=\sqrt{\boldsymbol{p}.x^2+\boldsymbol{p}.y^2}$,$\theta$ 表示两个向量的夹角,如图 10.3 所示。或者说两个向量的点积为一个向量与另一向量在这个向量的方向

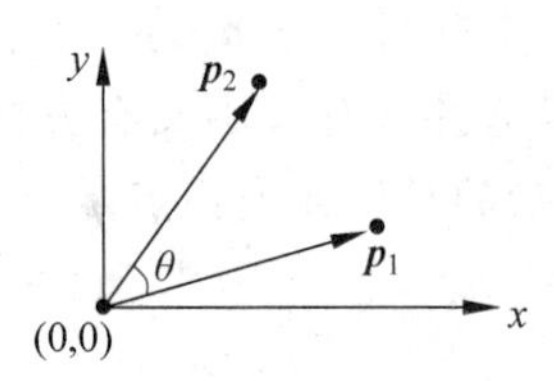

图 10.3 两个向量的点积

上的投影的乘积。显然有性质 $\boldsymbol{p}_1 \cdot \boldsymbol{p}_2 = \boldsymbol{p}_2 \cdot \boldsymbol{p}_1$。

求两个向量 $\boldsymbol{p}_1$ 和 $\boldsymbol{p}_2$ 的点积的算法如下：

```
double Dot(Point p1, Point p2) {                    //两个向量的点积
    return p1.x * p2.x+p1.y * p2.y;
}
```

可以通过点积的符号判断两个向量之间夹角的关系：

- 若 $\boldsymbol{p}_1 \cdot \boldsymbol{p}_2 = 0$，向量 $\boldsymbol{p}_1$ 和 $\boldsymbol{p}_2$ 垂直，即夹角为直角。
- 若 $\boldsymbol{p}_1 \cdot \boldsymbol{p}_2 > 0$，向量 $\boldsymbol{p}_1$ 和 $\boldsymbol{p}_2$ 之间的夹角为锐角。
- 若 $\boldsymbol{p}_1 \cdot \boldsymbol{p}_2 < 0$，向量 $\boldsymbol{p}_1$ 和 $\boldsymbol{p}_2$ 之间的夹角为钝角。

利用点积求一个向量 $\boldsymbol{p}$ 的长度的算法如下：

```
double Length(Point &p) {                    //求向量的长度
    return sqrt(Dot(p, p));
}
```

对于具有公共起点 $\boldsymbol{p}_0$ 的两个线段 $\boldsymbol{p}_0\boldsymbol{p}_1$ 和 $\boldsymbol{p}_0\boldsymbol{p}_2$，只需要把 $\boldsymbol{p}_0$ 作为原点就可以看成 $\boldsymbol{p}_1 - \boldsymbol{p}_0$ 和 $\boldsymbol{p}_2 - \boldsymbol{p}_0$ 两个向量，它们的点积为 $r = (\boldsymbol{p}_1 - \boldsymbol{p}_0) \cdot (\boldsymbol{p}_2 - \boldsymbol{p}_0)$，则：

- 若 $r > 0$，两线段 $\boldsymbol{p}_1\boldsymbol{p}_0$ 和 $\boldsymbol{p}_2\boldsymbol{p}_0$ 的夹角为锐角。
- 若 $r = 0$，两线段 $\boldsymbol{p}_1\boldsymbol{p}_0$ 和 $\boldsymbol{p}_2\boldsymbol{p}_0$ 的夹角为直角。
- 若 $r < 0$，两线段 $\boldsymbol{p}_1\boldsymbol{p}_0$ 和 $\boldsymbol{p}_2\boldsymbol{p}_0$ 的夹角为钝角。

求两条线段 $\boldsymbol{p}_0\boldsymbol{p}_1$ 和 $\boldsymbol{p}_0\boldsymbol{p}_2$ 的夹角的算法如下：

```
int Angle(Point p0, Point p1, Point p2) {                    //求夹角
    double d=Dot((p1-p0), (p2-p0));
    if (d==0) return 0;                    //两线段 p1p0 和 p2p0 的夹角为直角
    else if (d>0) return 1;                    //两线段 p1p0 和 p2p0 的夹角为锐角
    else return -1;                    //两线段 p1p0 和 p2p0 的夹角为钝角
}
```

说明：线段和直线是不同的，一条直线可以用该直线经过的两个点表示。例如 $\boldsymbol{p}_1\boldsymbol{p}_2$ 线段指的是点 $\boldsymbol{p}_1$ 到点 $\boldsymbol{p}_2$ 的那一段，而 $\boldsymbol{p}_1\boldsymbol{p}_2$ 直线可以看成经过点 $\boldsymbol{p}_1$ 和点 $\boldsymbol{p}_2$ 的无限长的线段。

扫一扫

视频讲解

### 3. 向量的叉积运算

两个向量 $\boldsymbol{p}_1$ 和 $\boldsymbol{p}_2$ 的叉积（外积）$\boldsymbol{p}_1 \times \boldsymbol{p}_2 = |\boldsymbol{p}_1| \times |\boldsymbol{p}_2| \times \sin\theta = \boldsymbol{p}_1.x \times \boldsymbol{p}_2.y - \boldsymbol{p}_2.x \times \boldsymbol{p}_1.y$，其结果是一个标量，其中 $\theta$ 表示两个向量的夹角。显然有性质 $\boldsymbol{p}_1 \times \boldsymbol{p}_2 = -\boldsymbol{p}_2 \times \boldsymbol{p}_1$。求两个向量 $\boldsymbol{p}_1$ 和 $\boldsymbol{p}_2$ 的叉积的算法如下：

```
double Det(Point p1, Point p2){                    //两个向量的叉积
    return p1.x * p2.y-p1.y * p2.x;
}
```

向量叉积的计算是关于线段算法的核心。如图 10.4 所示，叉积 $\boldsymbol{p}_1 \times \boldsymbol{p}_2$ 可以看作由 (0,0)、$\boldsymbol{p}_1$、$\boldsymbol{p}_2$ 和 $\boldsymbol{p}_1 + \boldsymbol{p}_2$ 所组成的平行四边形的带符号的面积，当 $\boldsymbol{p}_1 \times \boldsymbol{p}_2$ 值为正时，向量 $\boldsymbol{p}_1$ 可沿着平行四边形内部逆时针旋转到达 $\boldsymbol{p}_2$；当 $\boldsymbol{p}_1 \times \boldsymbol{p}_2$ 值为负时，向量 $\boldsymbol{p}_1$ 可沿着平行四边形内部顺时针旋转到达 $\boldsymbol{p}_2$。

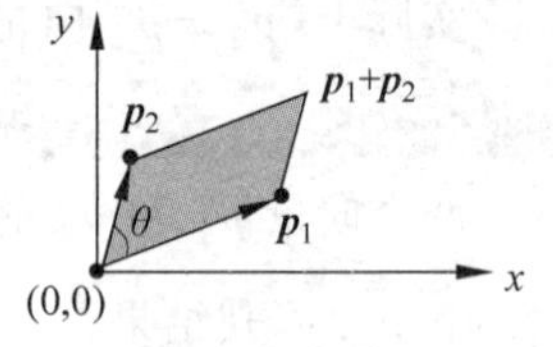

图 10.4 两个向量的叉积

用户可以通过叉积的符号判断两向量之间的顺或逆时针

关系：

- 若 $\boldsymbol{p}_1 \times \boldsymbol{p}_2 > 0$，则 $\boldsymbol{p}_1$ 在 $\boldsymbol{p}_2$ 的顺时针方向(如图 10.4 所示就是这种情况)。
- 若 $\boldsymbol{p}_1 \times \boldsymbol{p}_2 < 0$，则 $\boldsymbol{p}_1$ 在 $\boldsymbol{p}_2$ 的逆时针方向。
- 若 $\boldsymbol{p}_1 \times \boldsymbol{p}_2 = 0$，则 $\boldsymbol{p}_1$ 与 $\boldsymbol{p}_2$ 共线，但可能同向也可能反向。

对于具有公共起点 $\boldsymbol{p}_0$ 的两条线段 $\boldsymbol{p}_0\boldsymbol{p}_1$ 和 $\boldsymbol{p}_0\boldsymbol{p}_2$，只需要把 $\boldsymbol{p}_0$ 作为原点就可以进行向量的叉积运算，两个向量的减运算的结果 $\boldsymbol{p}_1-\boldsymbol{p}_0$ 和 $\boldsymbol{p}_2-\boldsymbol{p}_0$ 都是向量，它们的叉积为标量，即 $d=(\boldsymbol{p}_1-\boldsymbol{p}_0)\times(\boldsymbol{p}_2-\boldsymbol{p}_0)=(\boldsymbol{p}_1.x-\boldsymbol{p}_0.x)\times(\boldsymbol{p}_2.y-\boldsymbol{p}_0.y)-(\boldsymbol{p}_2.x-\boldsymbol{p}_0.x)\times(\boldsymbol{p}_1.y-\boldsymbol{p}_0.y)$，可以通过该叉积的符号判断两线段之间的顺或逆时针关系。

(1) 若 $\boldsymbol{p}_1-\boldsymbol{p}_0$ 和 $\boldsymbol{p}_2-\boldsymbol{p}_0$ 的叉积等于 0，则 $\boldsymbol{p}_0$、$\boldsymbol{p}_1$ 和 $\boldsymbol{p}_2$ 三点共线。在有些情况下还要考虑 $\boldsymbol{p}_1-\boldsymbol{p}_0$ 和 $\boldsymbol{p}_2-\boldsymbol{p}_0$ 向量的长短。

(2) 若 $\boldsymbol{p}_1-\boldsymbol{p}_0$ 和 $\boldsymbol{p}_2-\boldsymbol{p}_0$ 的叉积大于 0，有以下 3 种解释：

- $\boldsymbol{p}_0\boldsymbol{p}_1$ 在 $\boldsymbol{p}_0\boldsymbol{p}_2$ 的顺时针方向上，如图 10.5(a)所示。
- $\boldsymbol{p}_0$、$\boldsymbol{p}_1$、$\boldsymbol{p}_2$ 三点在右手螺旋方向上，如图 10.5(b)所示。
- $\boldsymbol{p}_0$、$\boldsymbol{p}_1$、$\boldsymbol{p}_2$ 三点呈现左拐关系，如图 10.5(c)所示。

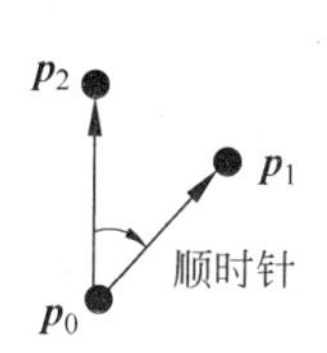


(a) $p_0p_1$在$p_0p_2$的顺时针方向上

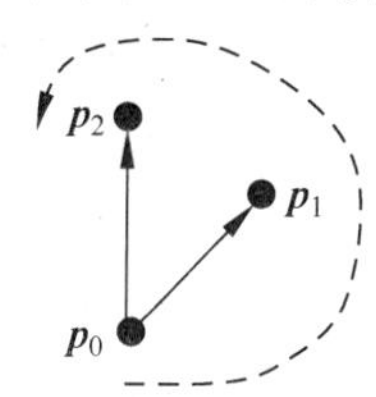


(b) $p_0$、$p_1$、$p_2$在右手螺旋方向上

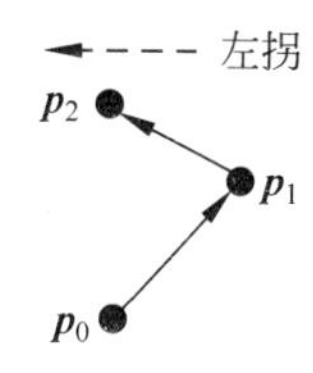


(c) $p_0$、$p_1$、$p_2$呈现左拐关系

图 10.5 叉积大于 0 的情况

(3) 若 $\boldsymbol{p}_1-\boldsymbol{p}_0$ 和 $\boldsymbol{p}_2-\boldsymbol{p}_0$ 的叉积小于 0，有以下 3 种解释：

- $\boldsymbol{p}_0\boldsymbol{p}_1$ 在 $\boldsymbol{p}_0\boldsymbol{p}_2$ 的逆时针方向上，如图 10.6(a)所示。
- $\boldsymbol{p}_0$、$\boldsymbol{p}_1$、$\boldsymbol{p}_2$ 三点在左手螺旋方向上，如图 10.6(b)所示。
- $\boldsymbol{p}_0$、$\boldsymbol{p}_1$、$\boldsymbol{p}_2$ 三点呈现右拐关系，如图 10.6(c)所示。

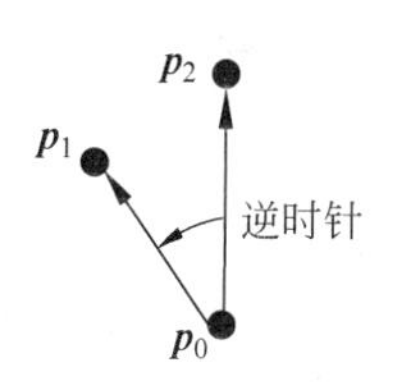


(a) $p_0p_1$在$p_0p_2$的逆时针方向上

(b) $p_0$、$p_1$、$p_2$在左手螺旋方向上

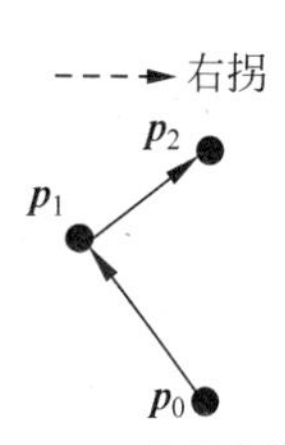


(c) $p_0$、$p_1$、$p_2$呈现右拐关系

图 10.6 叉积小于 0 的情况

判断两条线段 $\boldsymbol{p}_0\boldsymbol{p}_1$ 和 $\boldsymbol{p}_0\boldsymbol{p}_2$ 的方向的算法如下：

```
int Direction(Point p0,Point p1,Point p2) {                //判断两条线段 p0p1 和 p0p2 的方向
    double d=Det((p1-p0),(p2-p0));
    //或者 double d=(p0.x-p2.x)*(p1.y-p2.y)-(p1.x-p2.x)*(p0.y-p2.y);
    if (d==0) return 0;                                    //三点共线
    else if (d>0) return 1;                                //p0p1 在 p0p2 的顺时针方向上
    else return -1;                                        //p0p1 在 p0p2 的逆时针方向上
}
```

**【例 10.1】** HDU 的形状(HDU2108，时间限制为 1000ms，空间限制为 32 768KB)。

HDU 向高新技术开发区申请一块用地,很快得到了批复,政府划拨的这块用地是一个多边形,为了描述它,用逆时针方向的顶点序列来表示。现在请编程判断 HDU 的用地是凸多边形还是凹多边形。

扫一扫

视频讲解

输入格式:输入包含多个测试用例,每组数据占两行,首先一行是一个整数 $n$,表示多边形顶点的个数,然后一行是 $2n$ 个整数,表示逆时针顺序的 $n$ 个顶点的坐标($xi$,$yi$),当 $n$ 为 0 的时候结束输入。

输出格式:对于每个测试用例,如果地块的形状为凸多边形,输出"convex",否则输出"concave",每个测试用例的输出占一行。

输入样例:

```
4
0 0 1 0 1 1 0 1
0
```

输出样例:

```
convex
```

扫一扫

源程序

**解** 采用 Point 类型的 p 数组存放逆时针顺序输入的 $n$ 个点(包含 0～$n-1$),以 $\boldsymbol{p}_0$、$\boldsymbol{p}_1$ 和 $\boldsymbol{p}_2$ 3 个点构成一个三角形,设计方向算法 Direction($\boldsymbol{p}_0,\boldsymbol{p}_1,\boldsymbol{p}_2$)。

(1) 若 $\boldsymbol{p}_1-\boldsymbol{p}_0$ 和 $\boldsymbol{p}_2-\boldsymbol{p}_0$ 的叉积等于 0,则 $\boldsymbol{p}_0$、$\boldsymbol{p}_1$ 和 $\boldsymbol{p}_2$ 三点共线,返回 0。

(2) 若 $\boldsymbol{p}_1-\boldsymbol{p}_0$ 和 $\boldsymbol{p}_2-\boldsymbol{p}_0$ 的叉积大于 0,则 $\boldsymbol{p}_0$、$\boldsymbol{p}_1$、$\boldsymbol{p}_2$ 在右手螺旋方向上,返回 1。

(3) 若 $\boldsymbol{p}_1-\boldsymbol{p}_0$ 和 $\boldsymbol{p}_2-\boldsymbol{p}_0$ 的叉积小于 0,则 $\boldsymbol{p}_0$、$\boldsymbol{p}_1$、$\boldsymbol{p}_2$ 在左手螺旋方向上,返回−1。

依次考虑多边形 p 的每一个点起始的三角形,如果某个多边形的 Direction 值为−1,说明该多边形是凹的,如果不存在这样的情况,说明多边形是凸的。

### 4. 两个点的距离

两个点 $\boldsymbol{p}_1$、$\boldsymbol{p}_2$ 之间的距离可以采用欧几里得公式计算,即为 $\sqrt{(\boldsymbol{p}_1.x-\boldsymbol{p}_2.x)^2+(\boldsymbol{p}_1.y-\boldsymbol{p}_2.y)^2}$。对应的算法如下:

```
double Distance(Point p1,Point p2) {                    //求距离
    return sqrt((p1.x-p2.x)*(p1.x-p2.x)+(p1.y-p2.y)*(p1.y-p2.y));
}
```

### 5. 点到线段的距离

求点 $\boldsymbol{p}_0$ 到线段 $\boldsymbol{p}_1\boldsymbol{p}_2$ 的距离。设 $\boldsymbol{p}_0$ 在线段 $\boldsymbol{p}_1\boldsymbol{p}_2$ 上的投影点为 $q$,设向量 $\boldsymbol{v}_1=\boldsymbol{p}_2-\boldsymbol{p}_1$,$\boldsymbol{v}_2=\boldsymbol{p}_1-\boldsymbol{p}_2$,$\boldsymbol{v}_3=\boldsymbol{p}_0-\boldsymbol{p}_1$,$\boldsymbol{v}_4=\boldsymbol{p}_0-\boldsymbol{p}_2$。点 $\boldsymbol{q}$ 的 3 种可能情况如图 10.7 所示。

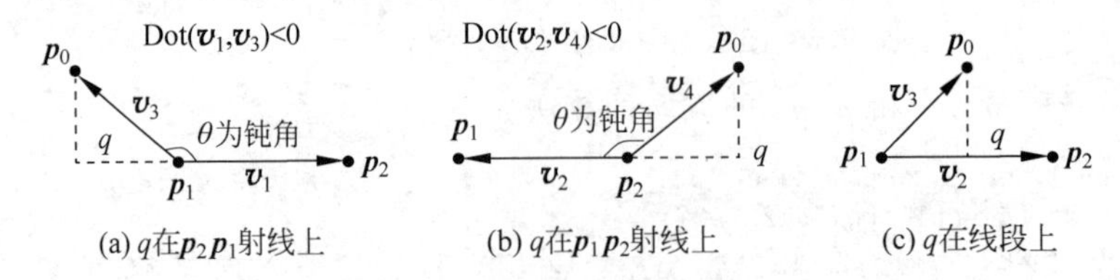


图 10.7 投影点 $q$ 的 3 种情况

若满足如图 10.7(a)所示的情况,$\boldsymbol{p}_0$ 到线段 $\boldsymbol{p}_1\boldsymbol{p}_2$ 的距离为向量 $\boldsymbol{v}_3$ 的长度;若满足如图 10.7(b)所示的情况,$\boldsymbol{p}_0$ 到线段 $\boldsymbol{p}_1\boldsymbol{p}_2$ 的距离为向量 $\boldsymbol{v}_4$ 的长度;若满足如图 10.7(c)所

示的情况，$\boldsymbol{p}_0$ 到线段 $\boldsymbol{p}_1\boldsymbol{p}_2$ 的距离为向量 $\boldsymbol{v}_1$ 和 $\boldsymbol{v}_3$ 叉积的绝对值(平行四边形的面积)除以底长。对应的算法如下：

```
double DistPtoSegment(Point p0, Point p1, Point p2) {          //求 p0 到 p1p2 线段的距离
    Point v1=p2-p1, v2=p1-p2, v3=p0-p1, v4=p0-p2;
    if (p1==p2)                                                 //两点重合
        return Length(p0-p1);
    if (Dot(v1, v3)<0)                                          //满足图 10.7(a)所示的条件
        return Length(v3);
    else if (Dot(v2, v4)<0)                                     //满足图 10.7(b)所示的条件
        return Length(v4);
    else                                                        //满足图 10.7(c)所示的条件
        return fabs(Det(v1, v3))/Length(v1);
}
```

## 10.1.2 判断点是否在矩形内

设一个矩形的左上角为点 $\boldsymbol{p}_1$、右下角为点 $\boldsymbol{p}_2$，另有一个点 $\boldsymbol{p}_0$，现要判断该点是否在指定的矩形内。

将 $\boldsymbol{p}_0\boldsymbol{p}_1$ 和 $\boldsymbol{p}_0\boldsymbol{p}_2$ 看成具有公共起点的两个线段，把 $\boldsymbol{p}_0$ 作为原点，显然 $\boldsymbol{p}_0\boldsymbol{p}_1$ 和 $\boldsymbol{p}_0\boldsymbol{p}_2$ 两线段的夹角 $\theta$ 为直角或钝角时，点 $\boldsymbol{p}_0$ 便落在该矩形内(含点 $\boldsymbol{p}_1$、$\boldsymbol{p}_2$)，如图 10.8 所示。所以点 $\boldsymbol{p}_0$ 在该矩形内应满足以下条件：$(\boldsymbol{p}_1-\boldsymbol{p}_0)\cdot(\boldsymbol{p}_2-\boldsymbol{p}_0)\leqslant 0$。对应的判断算法如下：

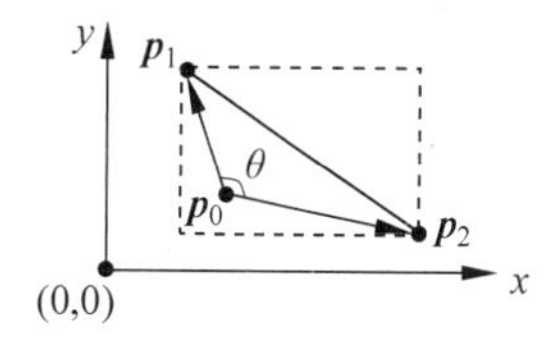


图 10.8　判断点 $p$ 是否在矩形内

```
bool InRectangle(Point p0, Point p1, Point p2) {          //判断点 p0 是否在 p1 和 p2 表示的矩形内
    return Dot(p1-p0, p2-p0)<=0;
    //或者 return (p1.x-p0.x) * (p1.x-p0.x)+(p1.y-p0.y) * (p2.y-p0.y)<=0;
}
```

另一种更直观的判断方法是，$\boldsymbol{p}_0$ 在该矩形内应满足以下条件：

$$\min(\boldsymbol{p}_1.x, \boldsymbol{p}_2.x) \leqslant \boldsymbol{p}_0.x \leqslant \max(\boldsymbol{p}_1.x, \boldsymbol{p}_2.x)\ \&\&$$
$$\min(\boldsymbol{p}_1.y, \boldsymbol{p}_2.y) \leqslant \boldsymbol{p}_0.y \leqslant \max(\boldsymbol{p}_1.y, \boldsymbol{p}_2.y)$$

## 10.1.3 判断点是否在线段上

设点为 $\boldsymbol{p}_0$，线段为 $\boldsymbol{p}_1\boldsymbol{p}_2$，若点 $\boldsymbol{p}_0$ 在该线段上(含点 $\boldsymbol{p}_1$、$\boldsymbol{p}_2$)，应同时满足以下两个条件：

(1) 点 $\boldsymbol{p}_0$ 在线段 $\boldsymbol{p}_1\boldsymbol{p}_2$ 所在的直线上，即保证点 $\boldsymbol{p}_0$ 在直线 $\boldsymbol{p}_1\boldsymbol{p}_2$ 上，应满足的条件是 $(\boldsymbol{p}_1-\boldsymbol{p}_0)\times(\boldsymbol{p}_2-\boldsymbol{p}_0)=0$。

(2) $\boldsymbol{p}_0$ 在以 $\boldsymbol{p}_1$、$\boldsymbol{p}_2$ 为对角顶点的矩形内，即保证点 $\boldsymbol{p}_0$ 不在线段 $\boldsymbol{p}_1\boldsymbol{p}_2$ 的延长线或反向延长线上，应满足的条件是 $(\boldsymbol{p}_1-\boldsymbol{p}_0)\cdot(\boldsymbol{p}_2-\boldsymbol{p}_0)\leqslant 0$，或者 $\min(\boldsymbol{p}_1.x, \boldsymbol{p}_2.x)\leqslant\boldsymbol{p}_0.x\leqslant\max(\boldsymbol{p}_1.x, \boldsymbol{p}_2.x)$ 且 $\min(\boldsymbol{p}_1.y, \boldsymbol{p}_2.y)\leqslant\boldsymbol{p}_0.y\leqslant\max(\boldsymbol{p}_1.y, \boldsymbol{p}_2.y)$。

对应的判断算法如下：

```
bool OnSegment(Point p0, Point p1, Point p2) {          //判断点 p0 是否在线段 p1p2 上
    return Det(p1-p0, p2-p0)==0 && Dot(p1-p0, p2-p0)<=0;
}
```

## 10.1.4 判断两条线段是否平行

设两条线段为 $\boldsymbol{p}_1\boldsymbol{p}_2$ 和 $\boldsymbol{p}_3\boldsymbol{p}_4$，如果它们的夹角为零，则是平行的。所以两条线段 $\boldsymbol{p}_1\boldsymbol{p}_2$ 和 $\boldsymbol{p}_3\boldsymbol{p}_4$ 平行应满足的条件是 $(\boldsymbol{p}_2-\boldsymbol{p}_1)\times(\boldsymbol{p}_4-\boldsymbol{p}_3)=0$。对应的算法如下：

```
bool Parallel(Point p1, Point p2, Point p3, Point p4) {        //判定两条线段平行
    return Det(p2-p1, p4-p3)==0;
}
```

扫一扫
视频讲解

## 10.1.5 判断两条线段是否相交

设两条线段为 $\boldsymbol{p}_1\boldsymbol{p}_2$ 和 $\boldsymbol{p}_3\boldsymbol{p}_4$，要判断它们是否相交(包含端点)，只要点 $\boldsymbol{p}_1$、$\boldsymbol{p}_2$ 在线段 $\boldsymbol{p}_3\boldsymbol{p}_4$ 的两边且点 $\boldsymbol{p}_3$、$\boldsymbol{p}_4$ 在线段 $\boldsymbol{p}_1\boldsymbol{p}_2$ 的两边，这两条线段必然相交。那么如何判断两点是否在一条线段的两边呢？令：

$d_1=\boldsymbol{p}_3\boldsymbol{p}_1\times\boldsymbol{p}_3\boldsymbol{p}_4=\text{Direction}(\boldsymbol{p}_3,\boldsymbol{p}_1,\boldsymbol{p}_4)$　　//求 $\boldsymbol{p}_3\boldsymbol{p}_1$ 在 $\boldsymbol{p}_3\boldsymbol{p}_4$ 的哪个方向上

$d_2=\boldsymbol{p}_3\boldsymbol{p}_2\times\boldsymbol{p}_3\boldsymbol{p}_4=\text{Direction}(\boldsymbol{p}_3,\boldsymbol{p}_2,\boldsymbol{p}_4)$　　//求 $\boldsymbol{p}_3\boldsymbol{p}_2$ 在 $\boldsymbol{p}_3\boldsymbol{p}_4$ 的哪个方向上

$d_3=\boldsymbol{p}_1\boldsymbol{p}_3\times\boldsymbol{p}_1\boldsymbol{p}_2=\text{Direction}(\boldsymbol{p}_1,\boldsymbol{p}_3,\boldsymbol{p}_2)$　　//求 $\boldsymbol{p}_1\boldsymbol{p}_3$ 在 $\boldsymbol{p}_1\boldsymbol{p}_2$ 的哪个方向上

$d_4=\boldsymbol{p}_1\boldsymbol{p}_4\times\boldsymbol{p}_1\boldsymbol{p}_2=\text{Direction}(\boldsymbol{p}_1,\boldsymbol{p}_4,\boldsymbol{p}_2)$　　//求 $\boldsymbol{p}_1\boldsymbol{p}_4$ 在 $\boldsymbol{p}_1\boldsymbol{p}_2$ 的哪个方向上

这两条线段相交的情况如下：

(1) $d_1<0$($\boldsymbol{p}_3\boldsymbol{p}_1$ 在 $\boldsymbol{p}_3\boldsymbol{p}_4$ 的逆时针方向上，或者说 $\boldsymbol{p}_3$、$\boldsymbol{p}_1$、$\boldsymbol{p}_4$ 在左手螺旋方向上)且 $d_2>0$($\boldsymbol{p}_3\boldsymbol{p}_2$ 在 $\boldsymbol{p}_3\boldsymbol{p}_4$ 的顺时针方向上，或者说 $\boldsymbol{p}_3$、$\boldsymbol{p}_2$、$\boldsymbol{p}_4$ 在右手螺旋方向上)，如图 10.9 所示就是这种情况。

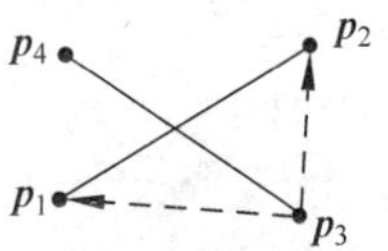

图 10.9　判断两条线段是否相交

(2) $d_1>0$($\boldsymbol{p}_3\boldsymbol{p}_1$ 在 $\boldsymbol{p}_3\boldsymbol{p}_4$ 的顺时针方向上)且 $d_2<0$($\boldsymbol{p}_3\boldsymbol{p}_2$ 在 $\boldsymbol{p}_3\boldsymbol{p}_4$ 的逆时针方向上)，将图 10.9 中的 $\boldsymbol{p}_1$、$\boldsymbol{p}_2$ 交换后就是这种情况。

上述两种情况表示 $\boldsymbol{p}_1$、$\boldsymbol{p}_2$ 两个点在 $\boldsymbol{p}_3\boldsymbol{p}_4$ 线段的两边，即条件为 $d_1\times d_2<0$。

同理，若有 $d_3\times d_4<0$，则 $\boldsymbol{p}_3$、$\boldsymbol{p}_4$ 两个点在 $\boldsymbol{p}_1\boldsymbol{p}_2$ 线段的两边。

若 $d_i=0(1\leqslant i\leqslant 4)$，还需要判断对应的点是否在线段上。例如，若 $d_1=0$，表示 $\boldsymbol{p}_1$、$\boldsymbol{p}_3$、$\boldsymbol{p}_4$ 三点共线。另外还需要判断点 $\boldsymbol{p}_1$ 在 $\boldsymbol{p}_3\boldsymbol{p}_4$ 线段上的情况，以此类推。对应的判断算法如下：

```
bool SegIntersect(Point p1, Point p2, Point p3, Point p4) {    //判断两线段是否相交
    int d1, d2, d3, d4;
    d1=Direction(p3, p1, p4);                                   //求 p3p1 在 p3p4 的哪个方向上
    d2=Direction(p3, p2, p4);                                   //求 p3p2 在 p3p4 的哪个方向上
    d3=Direction(p1, p3, p2);                                   //求 p1p3 在 p1p2 的哪个方向上
    d4=Direction(p1, p4, p2);                                   //求 p1p4 在 p1p2 的哪个方向上
    if (d1 * d2 < 0 && d3 * d4 < 0)
        return true;
    if (d1==0 && OnSegment(p1, p3, p4))                         //若 d1 为 0 且 p1 在 p3p4 线段上
        return true;
    else if (d2==0 && OnSegment(p2, p3, p4))                    //若 d2 为 0 且 p2 在 p3p4 线段上
        return true;
    else if (d3==0 && OnSegment(p3, p1, p2))                    //若 d3 为 0 且 p3 在 p1p2 线段上
        return true;
    else if (d4==0 && OnSegment(p4, p1, p2))                    //若 d4 为 0 且 p4 在 p1p2 线段上
```

```
            return true;
    else
            return false;
}
```

如果用 $\boldsymbol{p}_1$ 和 $\boldsymbol{p}_2$ 表示一条直线 $L_1$，$\boldsymbol{p}_3$ 和 $\boldsymbol{p}_4$ 表示另外一条直线 $L_2$，判断直线 $L_1$ 和 $L_2$ 是否相交的算法如下：

```
bool LineIntersect(Point p1, Point p2, Point p3, Point p4) {        //判断两直线是否相交
    return sgn(Direction(p3, p1, p2)) * sgn(Direction(p4, p1, p2)<=0;
}
```

其中 sgn($x$)是符号函数，$x=0$ 返回 0，$x>0$ 返回 1，$x<0$ 返回 $-1$。

**【例 10.2】** 简单几何问题(HDU1086，时间限制为 1000ms，空间限制为 32 768KB)。给定 $N$ 条线段，求它们的交点的个数。如果 $M(M>2)$ 条线段在同一点相交，则应重复计数。

扫一扫

视频讲解

输入格式：输入包含多个测试用例。每个测试用例的第一行是整数 $N(1 \leqslant N \leqslant 100)$，然后是 $N$ 行，每行描述一个线段，有 4 个浮点值 $x_1$、$y_1$、$x_2$、$y_2$，分别表示线段的起始和结束坐标。以 0 开头的测试用例终止输入，并且该测试用例不被处理。

输出格式：对于每个测试用例，在一行中输出一个整数表示交点的数量。

输入样例：

```
2
0.00 0.00 1.00 1.00
0.00 1.00 1.00 0.00
3
0.00 0.00 1.00 1.00
0.00 1.00 1.00 0.000
0.00 0.00 1.00 0.00
0
```

输出样例：

```
1
3
```

**解** 题目就是给定 $n$ 条线段，求它们的交点的个数(含重复交点)，直接利用上述判断两线段是否相交且不必考虑点在线段上的特殊情况。

扫一扫

源程序

## 10.1.6 判断点是否在多边形内

一个多边形由 $n$ 个顶点 $a[0..n]$ 构成($a[n]=a[0]$)，假设其所有的边都不相交，称之为简单多边形，这里讨论的默认都是简单多边形。现有一个点 $\boldsymbol{p}_0$，要判断点 $\boldsymbol{p}_0$ 是否在该多边形内(含边界)。

其基本思想是从点 $\boldsymbol{p}_0$ 引一条水平向右的射线，统计该射线与多边形相交的情况，如果相交的次数是奇数，那么就在多边形内，否则在多边形外。例如，如图 10.10 所示，多边形由 8 个顶点构成，从点 $\boldsymbol{p}_0$ 引出的射线与多边形相交的交点的个数为 3，它在多边形内，而从点 $\boldsymbol{p}_1$ 引出的射线与多边形相交的交点的个数为 2，它在多边形外。

图 10.10 判断点 $p$ 是否在一个多边形内

对于多边形的一条边 $\boldsymbol{p}_1\boldsymbol{p}_2$，它构成的直线的方程为 $y-\boldsymbol{p}_1.y=k(x-\boldsymbol{p}_1.x)$，其中斜率 $k=\dfrac{\boldsymbol{p}_2.y-\boldsymbol{p}_1.y}{\boldsymbol{p}_2.x-\boldsymbol{p}_1.x}$，所以有 $x=\dfrac{y-\boldsymbol{p}_1.x}{k}-\boldsymbol{p}_1.x=\dfrac{(y-\boldsymbol{p}_1.x)(\boldsymbol{p}_2.x-\boldsymbol{p}_1.x)}{\boldsymbol{p}_2.y-\boldsymbol{p}_1.y}+\boldsymbol{p}_1.x$。从点 $\boldsymbol{p}_0$ 引一条水平向右的射线的方程为 $y=\boldsymbol{p}_0.y$。如果这两条直线有交点，则交点为 $(x,\boldsymbol{p}_0.y)$，其中 $x=\dfrac{(\boldsymbol{p}_0.y-\boldsymbol{p}_1.x)(\boldsymbol{p}_2.x-\boldsymbol{p}_1.x)}{\boldsymbol{p}_2.y-\boldsymbol{p}_1.y}+\boldsymbol{p}_1.x$。

判断点 $\boldsymbol{p}_0$ 是否在多边形 $a[0..n-1]$ 中的步骤如下：

(1) 置 cnt=0，$i$ 从 0 到 $n-2$ 循环

(2) $\boldsymbol{p}_1=a[i]$，$\boldsymbol{p}_2=a[i+1]$，若 $\boldsymbol{p}_0$ 在 $\boldsymbol{p}_1\boldsymbol{p}_2$ 线段上，返回 true。

(3) 若 $\boldsymbol{p}_1\boldsymbol{p}_2$ 是一条水平线，或者 $\boldsymbol{p}_0$ 在 $\boldsymbol{p}_1\boldsymbol{p}_2$ 线段的上方或下方，则没有交点，转向下一条线段进行求解。

(4) 求出射线与线段 $\boldsymbol{p}_1\boldsymbol{p}_2$ 的交点的 $x$。

(5) 若 $x>\boldsymbol{p}_0.x$，则交点个数 cnt 增 1。

(6) 循环结束后返回 cnt%2==1 的值。

对应的判断算法如下：

```
bool PointInPolygon(Point p0, vector<Point> a) {            //判断点 p0 是否在点集 a 的多边形内
    int cnt=0;                                              //cnt 累加交点个数
    double x;
    Point p1,p2;
    for (int i=0;i<a.size();i++) {
        p1=a[i]; p2=a[i+1];                                 //取多边形的一条边
        if (OnSegment(p0,p1,p2)) return true;         //如果点 p0 在多边形边 p1p2 上，返回 true
        //以下求解 y=p0.y 与 p1p2 的交点
        if (p1.y==p2.y) continue;                           //如果 p1p2 是水平线，直接跳过
        //以下两种情况是交点在 p1p2 的延长线上
        if (p0.y<p1.y && p0.y<p2.y) continue;               //p0 在 p1p2 线段的下方，直接跳过
        if (p0.y>=p1.y && p0.y>=p2.y) continue;             //p0 在 p1p2 线段的上方，直接跳过
        x=(p0.y-p1.y)*(p2.x-p1.x)/(p2.y-p1.y)+p1.x;         //求交点坐标的 x 值
        if (x>p0.x) cnt++;                                  //只统计射线的一边
    }
    return (cnt%2==1);
}
```

## 10.1.7 求 3 个点构成的三角形的面积

对于由 3 个顶点 $\boldsymbol{p}_0$、$\boldsymbol{p}_1$、$\boldsymbol{p}_2$ 构成的三角形，求面积有多种计算公式。从向量的角度看，3 个向量构成的三角形如图 10.11(a)所示，可以将其两条边看成以 $\boldsymbol{p}_0$ 为原点的三角形，这两条边分别是 $\boldsymbol{p}_1-\boldsymbol{p}_0$ 和 $\boldsymbol{p}_2-\boldsymbol{p}_0$，如图 10.11(b)所示，则该三角形的面积 $S(\boldsymbol{p}_0,\boldsymbol{p}_1,\boldsymbol{p}_2)$ 等于以 $\boldsymbol{p}_1-\boldsymbol{p}_0$ 和 $\boldsymbol{p}_2-\boldsymbol{p}_0$ 向量构成的平行四边形的面积的一半，即 $(\boldsymbol{p}_1-\boldsymbol{p}_0)\times(\boldsymbol{p}_2-\boldsymbol{p}_0)/2$。

$(\boldsymbol{p}_1-\boldsymbol{p}_0)\times(\boldsymbol{p}_2-\boldsymbol{p}_0)$ 的结果有正有负，所以 $S(\boldsymbol{p}_0,\boldsymbol{p}_1,\boldsymbol{p}_2)=(\boldsymbol{p}_1-\boldsymbol{p}_0)\times(\boldsymbol{p}_2-\boldsymbol{p}_0)/2$ 称为有向面积，实际面积为其绝对值。对应的算法如下：

```
double triangleArea(Point p0,Point p1,Point p2) { //求三角形的面积
    return fabs(Det(p1-p0,p2-p0))/2;
}
```

根据向量叉积运算规则有：

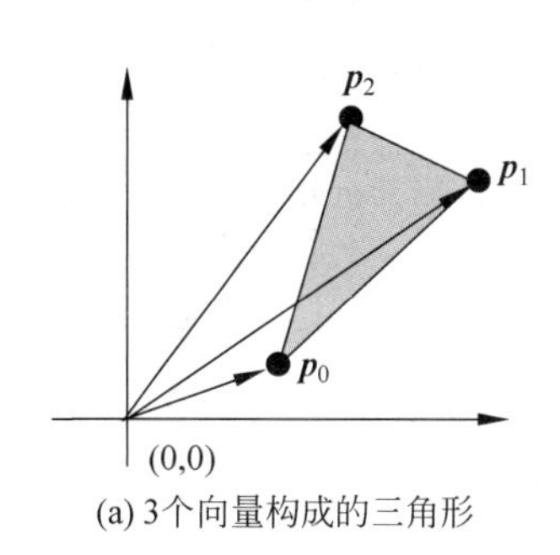

(a) 3个向量构成的三角形

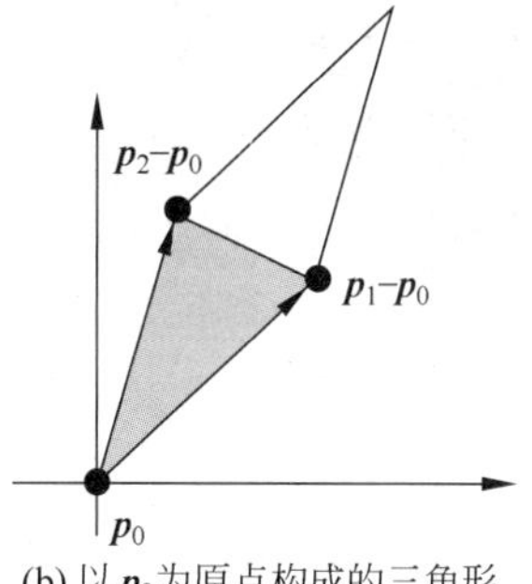

(b) 以$p_0$为原点构成的三角形

图 10.11　求三角形的面积

- 若$(\boldsymbol{p}_1-\boldsymbol{p}_0)$在$(\boldsymbol{p}_2-\boldsymbol{p}_0)$的顺时针方向，或者说$\boldsymbol{p}_0$、$\boldsymbol{p}_1$、$\boldsymbol{p}_2$在右手螺旋方向上，则$(\boldsymbol{p}_1-\boldsymbol{p}_0)\times(\boldsymbol{p}_2-\boldsymbol{p}_0)>0$。图 10.11 中就是这种情况。
- 若$(\boldsymbol{p}_1-\boldsymbol{p}_0)$在$(\boldsymbol{p}_2-\boldsymbol{p}_0)$的逆时针方向，或者说$\boldsymbol{p}_0$、$\boldsymbol{p}_1$、$\boldsymbol{p}_2$在左手螺旋方向上，则$(\boldsymbol{p}_1-\boldsymbol{p}_0)\times(\boldsymbol{p}_2-\boldsymbol{p}_0)<0$。

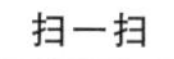

视频讲解

## 10.1.8　求多边形的面积

若一个多边形由 $n$ 个顶点构成，采用 vector < Point > p 存储（所有点按逆时针顺序排列），求其面积的方法有多种。常用的是采用三角形剖分方法，取一个顶点作为剖分出的三角形的顶点，三角形的其他顶点为多边形上相邻的点，如图 10.12 所示。

已知三角形的 3 个顶点，通过向量叉积运算求出面积。另外可以通过向量叉积运算解决凹多边形中重复面积的计算问题。在图 10.12 中 7 个顶点分别是$\boldsymbol{p}_0(5,0)$、$\boldsymbol{p}_1(9,3)$、$\boldsymbol{p}_2(10,7)$、$\boldsymbol{p}_3(4,9)$、$\boldsymbol{p}_4(0,6)$、$\boldsymbol{p}_5(3,5)$、$\boldsymbol{p}_6(0,2)$，以$\boldsymbol{p}_0$为剖分点，求解过程如下：

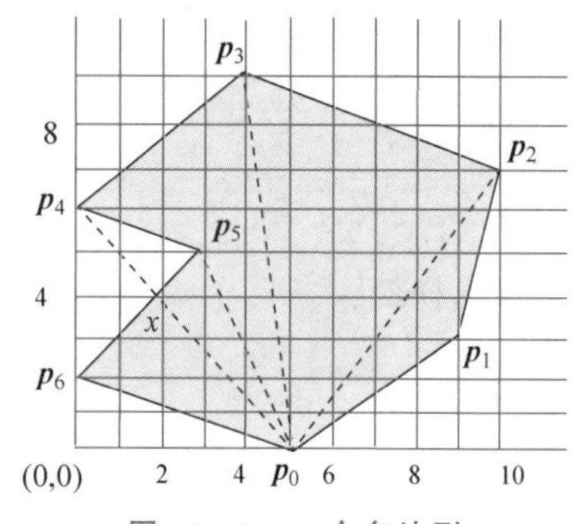

图 10.12　一个多边形

(1) $(\boldsymbol{p}_1-\boldsymbol{p}_0)\times(\boldsymbol{p}_2-\boldsymbol{p}_0)/2=6.5$（叉积结果大于 0，说明$\boldsymbol{p}_0$、$\boldsymbol{p}_1$、$\boldsymbol{p}_2$在右手螺旋方向上），即$S(\boldsymbol{p}_0,\boldsymbol{p}_1,\boldsymbol{p}_2)=6.5$。

(2) $(\boldsymbol{p}_2-\boldsymbol{p}_0)\times(\boldsymbol{p}_3-\boldsymbol{p}_0)/2=26$（$\boldsymbol{p}_0$、$\boldsymbol{p}_2$、$\boldsymbol{p}_3$在右手螺旋方向上），即$S(\boldsymbol{p}_0,\boldsymbol{p}_2,\boldsymbol{p}_3)=26$。

(3) $(\boldsymbol{p}_3-\boldsymbol{p}_0)\times(\boldsymbol{p}_4-\boldsymbol{p}_0)/2=19.5$（$\boldsymbol{p}_0$、$\boldsymbol{p}_3$、$\boldsymbol{p}_4$在右手螺旋方向上），即$S(\boldsymbol{p}_0,\boldsymbol{p}_3,\boldsymbol{p}_4)=19.5$，含$\boldsymbol{p}_4-\boldsymbol{p}_5-x$部分面积（不应该包括在多边形面积中）和$\boldsymbol{p}_0-\boldsymbol{p}_5-x$部分面积。

(4) $(\boldsymbol{p}_4-\boldsymbol{p}_0)\times(\boldsymbol{p}_5-\boldsymbol{p}_0)/2=-6.5$（叉积结果小于 0，说明$\boldsymbol{p}_0$、$\boldsymbol{p}_4$、$\boldsymbol{p}_5$在左手螺旋方向上），即$S(\boldsymbol{p}_0,\boldsymbol{p}_4,\boldsymbol{p}_5)=-6.5$，其绝对值含$\boldsymbol{p}_4-\boldsymbol{p}_5-x$部分面积和$\boldsymbol{p}_0-\boldsymbol{p}_5-x$部分面积。由于为负数，$S(\boldsymbol{p}_0,\boldsymbol{p}_3,\boldsymbol{p}_4)+S(\boldsymbol{p}_0,\boldsymbol{p}_4,\boldsymbol{p}_5)$恰好得到$\boldsymbol{p}_0-\boldsymbol{p}_3-\boldsymbol{p}_4-\boldsymbol{p}_5$部分的面积。

(5) $(\boldsymbol{p}_5-\boldsymbol{p}_0)\times(\boldsymbol{p}_6-\boldsymbol{p}_0)/2=10.5$（$\boldsymbol{p}_0$、$\boldsymbol{p}_5$、$\boldsymbol{p}_6$在右手螺旋方向上），即$S(\boldsymbol{p}_0,\boldsymbol{p}_5,\boldsymbol{p}_6)=10.5$。

(6) 上述全部有向面积相加得到多边形的面积 56。

对应的算法如下：

```
double polyArea(vector<Point> p){                                    //求多边形的面积
    double ans=0.0;
    for (int i=1;i<p.size()-1;i++)
        ans+=Det(p[i]-p[0],p[i+1]-p[0]);                            //累计有向面积
    return fabs(ans)/2;                                             //累计有向面积结果的绝对值
}
```

扫一扫

视频讲解

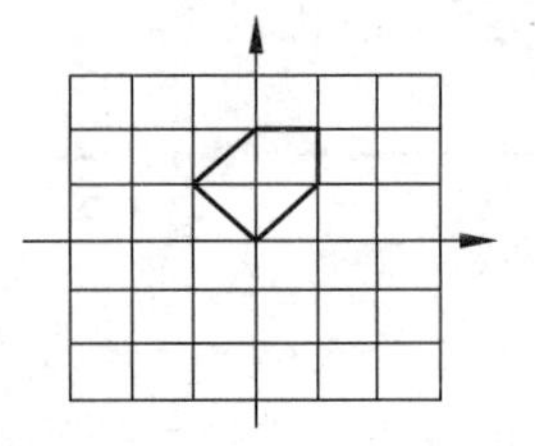

图 10.13　一个合法的多边形

【例 10.3】　面积(POJ1654,时间限制为 1000ms,空间限制为 10 000KB)。本例计算一种特殊多边形的面积。多边形的一个顶点是正交坐标系的原点,从这个顶点可以一步一步地走到多边形的后续顶点直到回到最初的顶点。每一步可以以一个单位的步长向北、向西、向南或向东移动,或者以 2 的平方根步长向西北、东北、西南或东南方向移动。例如,如图 10.13 所示的合法多边形的面积为 2.5。

输入格式:输入的第一行是一个整数 $t(1\leqslant t\leqslant 20)$,表示测试多边形的数量。每个测试用例对应一行,每行包含一个由数字 1～9 组成的字符串,描述如何从原点步行形成多边形。这里的 8、2、6 和 4 分别代表北、南、东、西,而 9、7、3 和 1 分别代表东北、西北、东南和西南。数字 5 仅出现在序列的末尾,表示停止行走。可以假设输入的多边形是有效的,这意味着端点始终是起点并且多边形的边不相互交叉,每行最多包含 1 000 000 个数字。

输出格式:对于每个多边形,在一行中输出其面积。

输入样例:

```
4
5
825
6725
6244865
```

输出样例:

```
0
0
0.5
2
```

扫一扫

源程序

**解** 题目中的方位图如图 10.14 所示,用 d$x$ 和 d$y$ 数组表示 $x$ 和 $y$ 方向上的偏移量。多边形的起始点是 $\boldsymbol{p}_0(0,0)$,若当前点为 $\boldsymbol{p}_1(\mathrm{p}x,\mathrm{p}y)$,沿着方位 di 一步一步到达 $\boldsymbol{p}_2(\mathrm{n}x,\mathrm{n}y)$,这样由 $\boldsymbol{p}_0$、$\boldsymbol{p}_1$ 和 $\boldsymbol{p}_2$ 构成的三角形的有向面积 $S$ 为 $(\boldsymbol{p}_1-\boldsymbol{p}_0)\times(\boldsymbol{p}_2-\boldsymbol{p}_0)/2$,由于 $\boldsymbol{p}_0$ 为原点(0,0),则 $S=(\boldsymbol{p}_1\times\boldsymbol{p}_2)/2=(\mathrm{p}x\times\mathrm{n}y-\mathrm{p}y\times\mathrm{n}x)/2$。

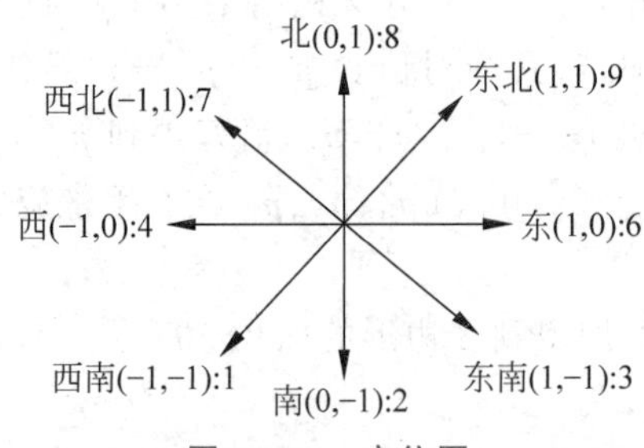


图 10.14　方位图

# 10.2 凸包问题

简单多边形分凸多边形和凹多边形两类。在直观上,凸多边形是没有任何“凹陷处”的,而凹多边形至少有一个顶点处于“凹陷处”(称为凹点)。凸多边形上任意两个顶点的连线都包含在多边形中,在凹多边形中总能找到一对顶点,它们的连线有一部分在多边形外。如图 10.15 所示的多边形是一个凸多边形,而如图 10.12 所示的多边形是一个凹多边形。

在沿凸多边形周边移动时,在每个顶点的转向都是相同的。对于凹多边形,一些是向右转,一些是向左转,在凹点的转向是相反的。

点集 $A$ 的凸包(Convex Hull)是指一个最小凸多边形,满足 $A$ 中的点或者在多边形边上或者在其内,也就是说任意两点的连线都在 $A$ 点集内的点集是一个凸包。

在如图 10.16 所示的二维平面上有 10 个点,即 $\boldsymbol{a}_0(4,10)$、$\boldsymbol{a}_1(3,7)$、$\boldsymbol{a}_2(9,7)$、$\boldsymbol{a}_3(3,4)$、$\boldsymbol{a}_4(5,6)$、$\boldsymbol{a}_5(5,4)$、$\boldsymbol{a}_6(6,3)$、$\boldsymbol{a}_7(8,1)$、$\boldsymbol{a}_8(3,0)$和 $\boldsymbol{a}_9(1,6)$,其凸包是由点 $\boldsymbol{a}_0$、$\boldsymbol{a}_2$、$\boldsymbol{a}_7$、$\boldsymbol{a}_8$ 和 $\boldsymbol{a}_9$ 构成的。

求一个点集的凸包是计算几何中的一个基本问题,目前有多种求解算法,本节主要介绍两种找凸包的算法。

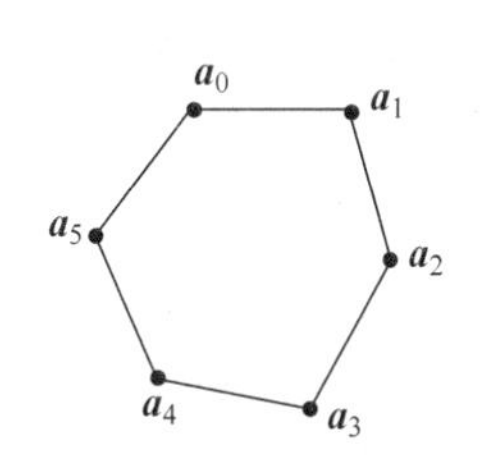

图 10.15 一个凸多边形

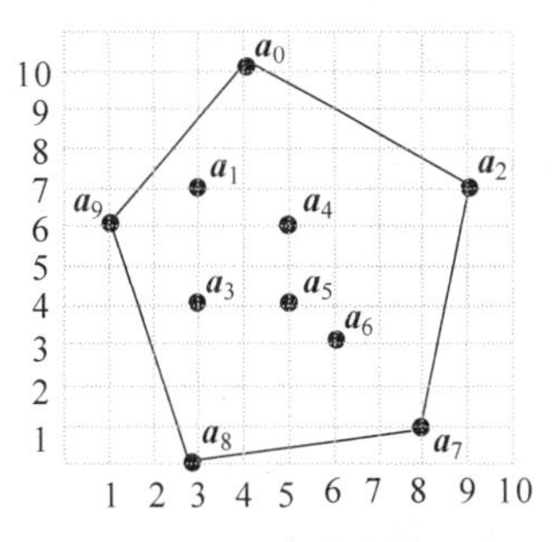

图 10.16 一个点集的凸包

扫一扫

视频讲解

## 10.2.1 礼品包裹算法

礼品包裹算法也称为卷包裹算法,其原理比较简单,先找一个基准点(一般是最左下点,在如图 10.16 所示的凸多边形中最左下点是 $a_9$)。假设有一条绳子,以该点为端点向右边逆时针旋转直到碰到另一个点为止,此时找出凸包的一条边;然后用新找到的点作为端点,继续旋转绳子,找到下一个端点;重复这一步骤,直到回到最初的点,此时围成一个凸多边形,所选出的点集就是所要求的凸包。

对于给定的 $n$ 个点 $a[0..n-1]$,求解的凸包是按逆时针顺序的点序列,将这些点在 $a$ 中的下标存放在数组 ch 中,其步骤如下:

(1) 在所有点中求出最左下点 $a_j$($x$ 坐标最小者,若有多个这样的点,选其中 $y$ 坐标最小者)作为基准点,置 tmp$=j$。

(2) 重复这样的过程,将 $a_j$ 作为凸包中的一个顶点,即将 $j$ 存放到 ch 中。

(3) 对于点 $a_j$,找一个点 $a_k$,使得 $a_ja_k$ 与以 $a_j$ 为起点的水平方向的射线的角度最小。

找点 $a_k$ 的过程是先初始化 $k$ 为 $-1$，$i$ 从 0 到 $n-1$ 循环，当 $i \neq j$ 并且 $k \neq -1$（保证 $i$、$j$、$k$ 为 3 个不同点的有效下标）时分为以下 3 种情况。

① 若 Direction($a_j$,$a_i$,$a_k$)>0，如图 10.17 所示，说明 $a_ja_i$ 与以 $a_j$ 为起点的水平方向的射线的角度更小，置 $k=i$，$i$++继续查找。

② 若 Direction($a_j$,$a_i$,$a_k$)<0，如图 10.18 所示，说明 $a_ja_k$ 与以 $a_j$ 为起点的水平方向的射线的角度更小，不需要改变 $k$，置 $i$++继续查找。

③ 若 Direction($a_j$,$a_i$,$a_k$)=0，如果需要保留所有共线的点就选取离 $a_j$ 最近的点，如果仅需要凸包极点就选取离 $a_j$ 最远的点。这里采用后一种方式，如图 10.19 所示，置 $i$++继续查找。

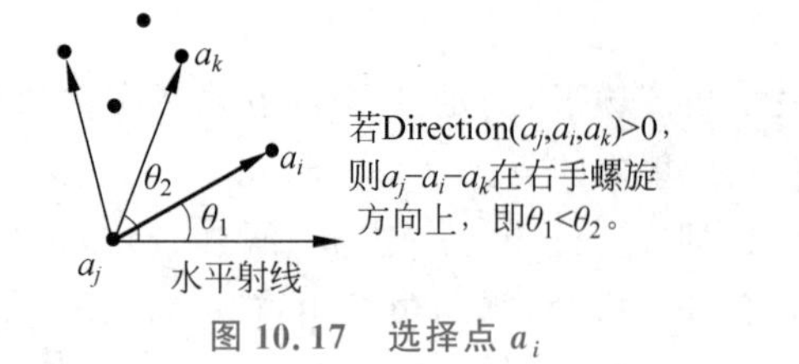


图 10.17　选择点 $a_i$

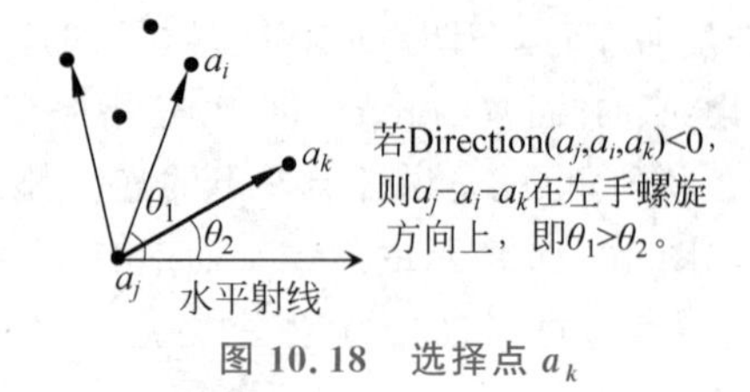


图 10.18　选择点 $a_k$

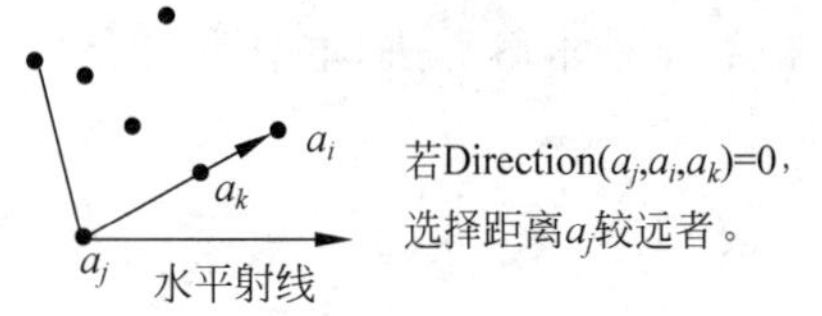


图 10.19　共线时选择距离 $a_j$ 较远者

(4) 对于步骤(3)找到的 $a_k$，如果 $k=$tmp，表示已求出凸包顶点序列 ch，算法结束，否则置 $j=k$，转(2)。

对于如图 10.16 所示的点集 $a$，采用礼品包裹算法求凸包的过程如下：

(1) 选取最左下点 $a_9$ 作为基准点。

(2) 当前点为 $a_9$，从 $a_9$ 出发在其余所有点中找到角度最小的点 $a_8$。

(3) 当前点为 $a_8$，从 $a_8$ 出发在其余所有点中找到角度最小的点 $a_7$。

(4) 当前点为 $a_7$，从 $a_7$ 出发在其余所有点中找到角度最小的点 $a_2$。

(5) 当前点为 $a_2$，从 $a_2$ 出发在其余所有点中找到角度最小的点 $a_0$。

(6) 当前点为 $a_0$，从 $a_0$ 出发在其余所有点中找到角度最小的点 $a_9$。

(7) 回到起点，算法结束。

最后得到的凸包顶点序列是 $a_9$,$a_8$,$a_7$,$a_2$,$a_0$。求解点集 $a$ 的凸包 ch 的礼品包裹算法如下：

```
bool cmp(Point aj, Point ai, Point ak) {                    //比较两个向量方向的函数
    int d=Direction(aj,ai,ak);
    if (d==0)                                               //共线时，若 ajai 更长，返回 true
        return Distance(aj,ak)< Distance(aj,ai);
    else if (d>0)                                           //ajai 在 ajak 的顺时针方向上，返回 true
        return true;
    else                                                    //否则返回 false
        return false;
}
void Package(vector<Point> &a, vector<int> &ch) {           //礼品包裹算法
    int j=0;
    for (int i=1;i<a.size();i++) {                          //找最左下基准点 aj
        if (a[i].x<a[j].x || (a[i].x==a[j].x && a[i].y<a[j].y)) j=i;
    }
    int tmp=j;                                              //tmp 保存起点
    while(true){
```

```
        ch.push_back(j);                          //顶点 aj 作为凸包上的一个点
        int k=-1;
        for (int i=0;i<a.size();i++) {
            if (i!=j && (k==-1 || cmp(a[j],a[i],a[k]))) {
                k=i;                              //找与 aj 水平射线角度最小的点 ak
            }
        }
        if (k==tmp) break;                        //找到起点时结束
        j=k;
    }
}
```

**Package 算法分析**：该算法的时间复杂度为 $O(nm)$ 或 $O(n^2)$，其中 $n$ 为所有点的个数，$m$ 为求得的凸包中的点数。

## 10.2.2 Graham 算法

扫一扫

视频讲解

Graham(葛立恒)算法也是求凸包的一种有效算法，其原理是采用扫描方式沿逆时针方向扫描点集 $a$，在每个点处应该向左拐，为此删除出现右拐的点。设置一个候选点的栈 ch 来存放凸包，点集 $a$ 中的每个点都进栈一次，非凸包中的顶点最终将出栈，当算法终止时，栈 ch 中仅包含凸包中的点，其顺序为各点在边界上出现的逆时针方向排列的顺序，由于算法中需要取栈顶和次栈顶元素，后面直接用 ch 数组模拟栈。

对于给定的 $n$ 个点 $a[0..n-1]$，Graham 扫描法求凸包 ch(从栈底到栈顶为凸包的按逆时针顺序排列的点序列)的步骤如下：

(1) 从点集 $a$ 的全部点中找到最下且偏左的点 $a[k]$(即 $y$ 坐标最小者，若有多个这样的点，选其中 $x$ 坐标最小者)。通过交换将 $a[k]$放到 $a[0]$中，并置全局变量 $p_0=a[0]$。

(2) 将 $a$ 中的所有点按以 $\boldsymbol{p}_0$ 为中心的极角从小到大排序。对于两个点 $x$ 和 $y$ 在排序中的比较方式(用 cmp 函数实现)如下：

① 若 Direction($\boldsymbol{p}_0,x,y$)>0，如图 10.20 所示，将点 $x$ 排在点 $y$ 的前面，即返回 true。

② 若 Direction($\boldsymbol{p}_0,x,y$)=0，表示三点共线，若 $y$ 距离 $\boldsymbol{p}_0$ 更长，则将点 $x$ 排在点 $y$ 的前面(这里在共线时优先选择与 $\boldsymbol{p}_0$ 接近的点)，即返回 true。

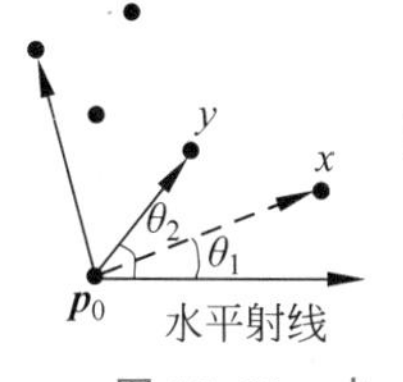


若Direction($p_0,x,y$)>0，则$p_0$-$x$-$y$在右手螺旋方向上，即极角关系为$\theta_1<\theta_2$，则$x$排在$y$的前面。

图 10.20 点 $x$ 排在点 $y$ 前面的情况

③ 其他情况点 $y$ 排在点 $x$ 的前面，即返回 false。

(3) 将 $a[0]$、$a[1]$和 $a[2]$3 个点进栈到 ch 中，因为一个凸包至少含有 3 个点。

(4) 用 $i$ 遍历点集 $a$ 中余下的所有点($i$ 从 3 开始)。对于当前点 $a[i]$，栈顶点为 ch[top]，次栈顶点为 ch[top−1]，分为如下两种情况：

① 若 Direction(ch[top−1],$a[i]$,ch[top])>0，如图 10.21 所示，ch[top−1]−$a[i]$−ch[top]在右手螺旋方向上，即对于 ch[top]而言存在着右拐，则栈顶点 ch[top]一定不是凸包中的点，将其退栈(即删除点 ch[top])，如此循环，直到该条件不成立或者栈中少于两个元素为止，然后将当前点 $a[i]$进栈。

② 若 Direction(ch[top−1],$a[i]$,ch[top])≤0，如图 10.22 所示，ch[top−1]−$a[i]$−ch[top]在左手螺旋方向上，即对于 ch[top]而言存在着左拐，则栈顶点 ch[top]可能是凸包

中的点，不退栈，然后将当前点 $a[i]$ 进栈。

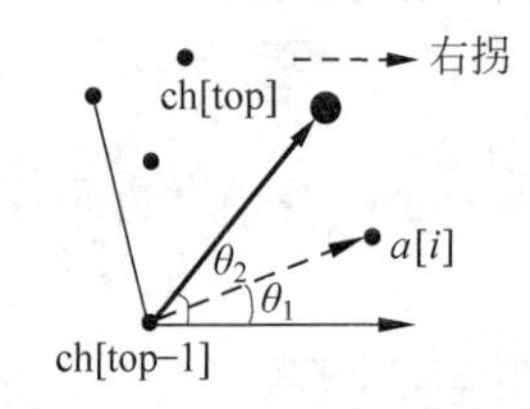


图 10.21 遍历时遇到右拐情况

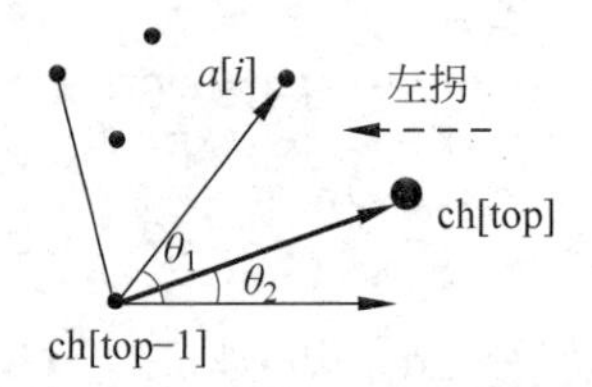


图 10.22 遍历时遇到左拐情况

注意：在右拐删除点 ch[top]时，由于删除一个点后先前拐点的性质会发生变化，必须对栈顶的点继续判断。

对于如图 10.16 所示的点集 $a$，采用 Graham 扫描法求凸包的过程如下：

(1) 先求出起点为 $a_8(3,0)$。

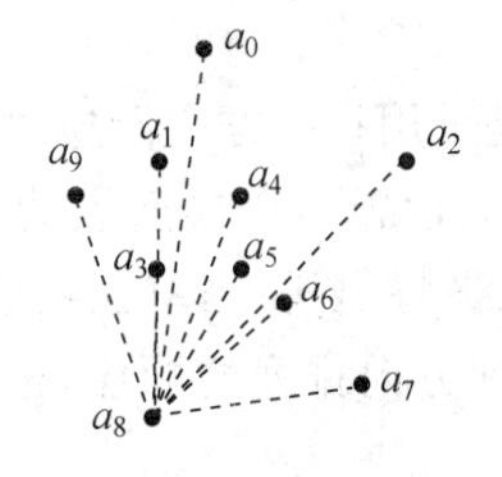

图 10.23 以 $a_8$ 为源点，按极角从小到大排列

(2) 按极角从小到大的顺序排序后得到 $a_8(3,0)$，$a_7(8,1)$，$a_6(6,3)$，$a_2(9,7)$，$a_5(5,4)$，$a_4(5,6)$，$a_0(4,10)$，$a_1(3,7)$，$a_3(3,4)$，$a_9(1,6)$，如图 10.23 所示。

(3) 将 3 个点 $a_8$、$a_7$ 和 $a_6$ 进栈。栈中元素从栈底到栈顶为 $a_8$，$a_7$，$a_6$。

(4) 处理点 $a_2$：点 $a_6$ 存在右拐关系（$a_7$、$a_2$、$a_6$ 在右手螺旋方向上），将其退栈，如图 10.24(a)所示，点 $a_2$ 进栈。栈中元素从栈底到栈顶为 $a_8$，$a_7$，$a_2$。

(5) 处理点 $a_5$：$a_7$、$a_5$、$a_2$ 在左手螺旋方向上，不存在右拐关系，如图 10.24(b)所示，点 $a_5$ 进栈。栈中元素从栈底到栈顶为 $a_8$，$a_7$，$a_2$，$a_5$。

(6) 处理点 $a_4$：点 $a_5$ 存在右拐关系（$a_2$、$a_4$、$a_5$ 在右手螺旋方向上），将其退栈，如图 10.24(c)所示，$a_4$ 进栈。栈中元素从栈底到栈顶为 $a_8$，$a_7$，$a_2$，$a_4$。

(7) 处理点 $a_0$：点 $a_4$ 存在右拐关系（$a_2$、$a_0$、$a_4$ 在右手螺旋方向上），如图 10.24(d)所示，将其退栈，$a_0$ 进栈。栈中元素从栈底到栈顶为 $a_8$，$a_7$，$a_2$，$a_0$。

(8) 处理点 $a_1$：$a_2$、$a_1$、$a_0$ 在左手螺旋方向上，不存在右拐关系，如图 10.24(e)所示，$a_1$ 进栈。栈中元素从栈底到栈顶为 $a_8$，$a_7$，$a_2$，$a_0$，$a_1$。

(9) 处理点 $a_3$：$a_0$、$a_3$、$a_1$ 在左手螺旋方向上，不存在右拐关系，如图 10.24(f)所示，$a_3$ 进栈。栈中元素从栈底到栈顶为 $a_8$，$a_7$，$a_2$，$a_0$，$a_1$，$a_3$。

(10) 处理点 $a_9$：点 $a_3$ 存在右拐关系（$a_1$、$a_9$、$a_3$ 在右手螺旋方向上），如图 10.24(g)所示，将其退栈；点 $a_1$ 存在右拐关系（$a_0$、$a_9$、$a_1$ 在右手螺旋方向上），如图 10.24(h)所示，将其退栈；点 $a_9$ 进栈。栈中元素从栈底到栈顶为 $a_8$，$a_7$，$a_2$，$a_0$，$a_9$。

最后求出按逆时针方向的凸包为 $a_8(3,0)$，$a_7(8,1)$，$a_2(9,7)$，$a_0(4,10)$，$a_9(1,6)$。

求解点集 $a$ 的凸包的 Graham 算法如下：

```
Point p0;                                        //存放起点,全局变量
bool cmp(Point &x, Point &y) {                   //排序比较关系函数
    double d=Direction(p0, x, y);
    if (d==0)                                    //共线时,若 x 距离 p0 更短,返回 true
        return Distance(p0, x)<Distance(p0, y);
    else if (d>0)                                //ajai 在 ajak 的顺时针方向上,返回 true
        return true;
```

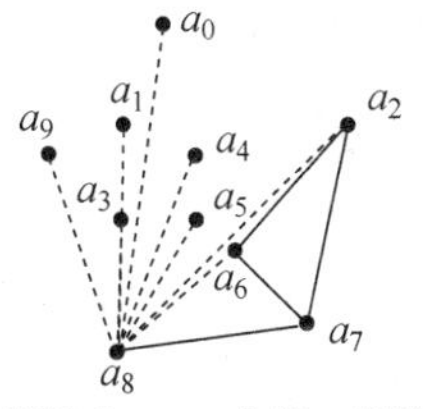


(a) 处理点$a_2$，$a_6$右拐，删除之

(b) 处理点$a_5$，没有右拐

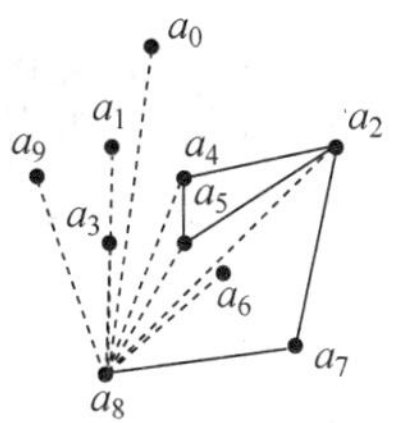


(c) 处理点$a_4$，$a_5$右拐，删除之

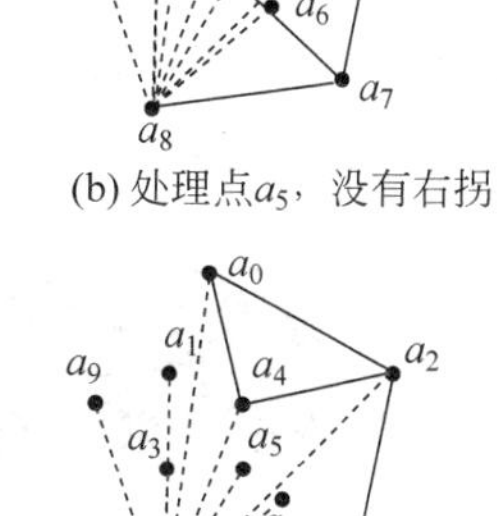


(d) 处理点$a_0$，$a_4$右拐，删除之

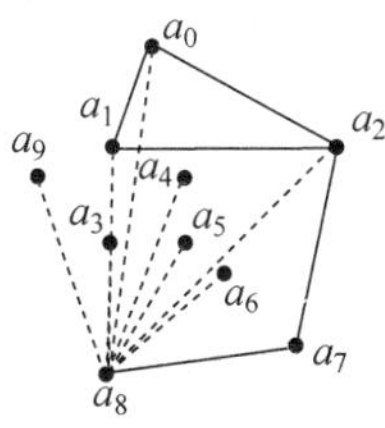


(e) 处理点$a_1$，没有右拐

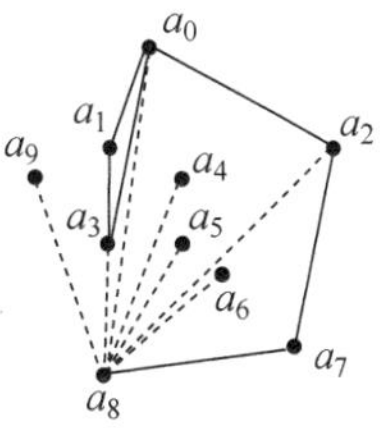


(f) 处理点$a_3$，没有右拐

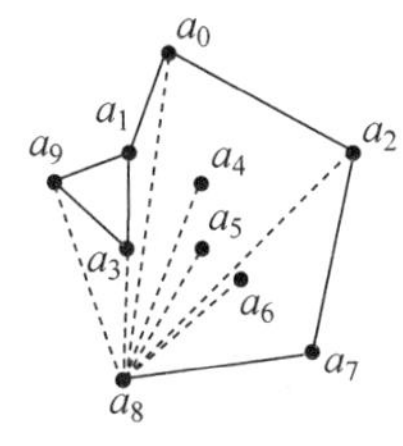


(g) 处理点$a_9$，$a_3$右拐，删除之

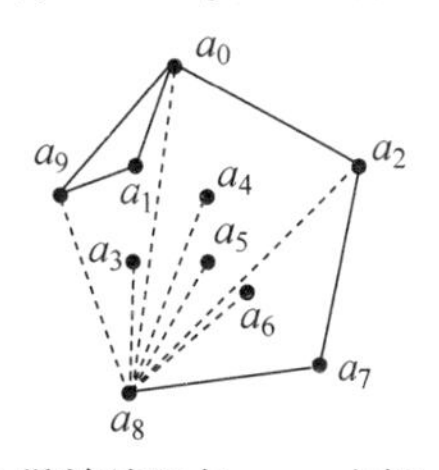


(h) 继续处理点$a_9$，$a_1$右拐，删除之

图 10.24　求凸包的过程

```
    else                                              //否则返回 false
        return false;
}
int Graham(vector<Point> &a, Point ch[]) {            //求凸包的 Graham 算法
    int top=-1, k=0;                                  //top 为栈顶指针
    Point tmp;
    for (int i=1;i<a.size();i++){                     //找最下且偏左的点 a[k]
        if ((a[i].y<a[k].y) || (a[i].y==a[k].y && a[i].x<a[k].x))
            k=i;
    }
    swap(a[0],a[k]);                                  //通过交换将 a[k]点指定为起点 a[0]
    p0=a[0];                                          //将起点 a[0]放入 p0 中
    sort(a.begin()+1,a.end(),cmp);                    //按极角从小到大排序
    top++;ch[0]=a[0];                                 //前 3 个点先进栈
    top++;ch[1]=a[1];
    top++;ch[2]=a[2];
    for (int i=3;i<a.size();i++) {                    //判断与其余所有点的关系
        while (top>=0 && Direction(ch[top-1],a[i],ch[top])>0) {
            top--;            //存在右拐关系，出栈栈顶元素(即从凸包中删除之)
        }
        top++; ch[top]=a[i];                          //当前点进栈
```

```
    }
    return top+1;                          //返回栈中元素的个数,即凸包的顶点个数
}
```

**Graham 算法分析**：对于 $n$ 个点，该算法中排序过程的时间复杂度为 $O(n\log_2 n)$，for 循环的次数少于 $n$，所以整个算法的时间复杂度为 $O(n\log_2 n)$。

# 10.3 最近点对问题

二维空间中最近点对问题是给定平面上 $n$ 个点找其中的一对点，使得在 $n$ 个点的所有点对中该点对的距离最小。这类问题在实际中有广泛的应用。例如，在空中交通控制问题中，若将飞机作为空间中移动的一个点来看待，则具有最大碰撞危险的两架飞机就是这个空间中最接近的一对点。本节介绍求解最近点对的两种算法。

## 10.3.1 用穷举法求最近点对

用穷举法求点集 $a$ 中的最近点对距离，其过程是分别计算每一对点之间的距离，然后找出距离最小者。对应的算法如下：

```
double ClosestPoints1(vector<Point> &a) {              //用穷举法求 a 中的最近点对距离
    int n=a.size();
    double d,mindist=INF;
    for (int i=0;i<n-1;i++) {
        for (int j=i+1;j<n;j++) {
            d=Distance(a[i],a[j]);
            mindist=min(mindist,d);
        }
    }
    return mindist;
}
```

**ClosestPoints1 算法分析**：在该算法中有两层 for 循环，当求 $a[0..n-1]$ 中 $n$ 个点的最近点对时，算法的时间复杂度为 $O(n^2)$。

扫一扫

视频讲解

## 10.3.2 用分治法求最近点对

采用分治法求点集 $a$ 中的最近点对距离，为了通用，先考虑点集 $a[1..r]$，首先对 $a$ 中的所有点按 $x$ 坐标递增排序，分治策略如下。

(1) **分解**：求出 $a$ 的中间位置 mid=(1+$r$)/2，以 $a$[mid]点画一条 Y 方向的中轴线 $l$（对应的 $x$ 坐标为 $a$[mid].$x$），将 $a$ 中所有点分割为点数大致相同的两个子集，左部分 $S_1$ 包含 $a$[1..mid]的点，右部分 $S_2$ 包含 $a$[mid+1..$r$]的点，如图 10.25 所示。

(2) **求解子问题**：对 $S_1$ 的点集 $a$[1..mid]递归求出最近点对距离 $d_1$，如果其中只有一个点，则返回∞；如果其中只有两个点，则直接求出这两个点之间的距离并返回。同样对 $S_2$ 的点集 $a$[mid+1..$r$]递归求出最近点对距离 $d_2$。再求出 $d_1$ 和 $d_2$ 的最小值，$d=\min(d_1,d_2)$。

(3) **合并**：显然 $S_1$ 和 $S_2$ 中任意点对之间的距离小于或等于 $d$，但 $S_1$、$S_2$ 交界的垂直带形区（由所有与中轴线 $l$ 的 $x$ 坐标值相差不超过 $d$ 的点构成）中的点对之间的距离可能小于

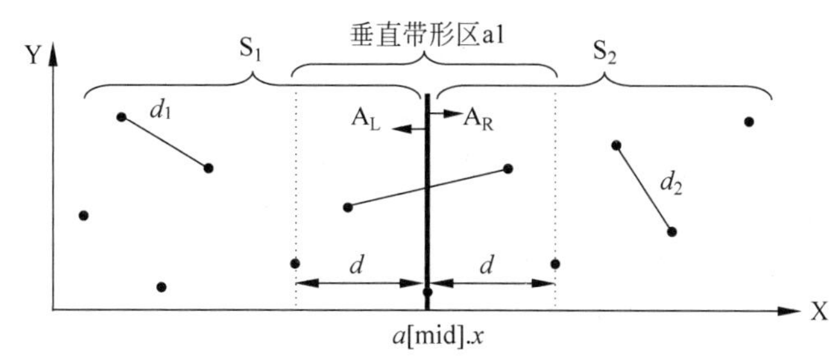


图 10.25 采用分治法求最近点对

$d$。现在考虑垂直带形区，将 $a$ 中与中轴线在 X 方向距离小于 $d$ 的所有点复制到点集 a1 中，a1 点集包含了垂直带形区中的所有点，对 a1 中所有点按 $y$ 坐标递增排序。

对于 a1 中的任意一点 $a_i$，仅需要考虑紧随 $a_i$ 后最多 7 个点，计算出从 $a_i$ 到这 7 个点的距离，并和 $d$ 进行比较，将最小的距离存放在 $d$ 中，最后求得的 $d$ 即为 $a$ 中所有点的最近点对距离。为什么只需要考虑紧随 $a_i$ 后最多 7 个点呢？如图 10.26 所示，如果 $a_L \in A_L$，$a_R \in A_R$，且 $a_L$ 和 $a_R$ 的距离小于 $d$，则它们必定位于以 $l$ 为中轴线的 $d \times 2d$ 的矩形区内，该区内最多有 8 个点（左、右阴影正方形中最多有 4 个点，否则如果它们的距离小于 $d$，与 $A_L$、$A_R$ 中所有点的最小距离大于或等于 $d$ 矛盾）。

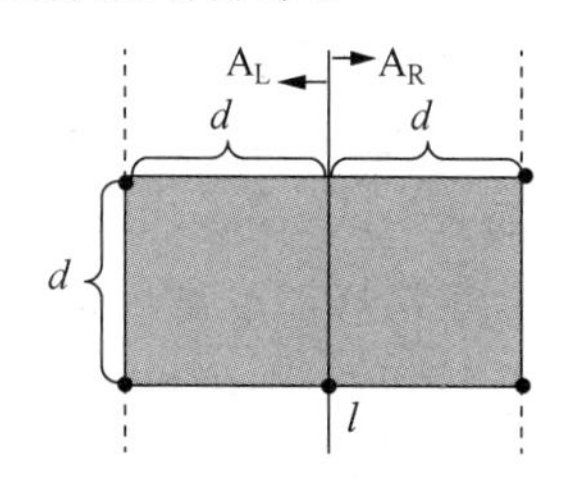


图 10.26 以 $l$ 为中轴线的 $d \times 2d$ 的矩形区

最后返回 $d$ 即可。采用分治法求最近点对距离的算法如下：

```
int cmpx(Point&a, Point&b) {                          //用于按 x 递增排序
    return a.x<b.x;
}
int cmpy(Point&a, Point&b) {                          //用于按 y 递增排序
    return a.y<b.y;
}
double ClosestPoints21(vector<Point> &a, int l, int r){   //分治法算法
    if(l>=r)                                          //区间中只有一个点
        return INF;
    if(l+1==r)                                        //区间中只有两个点
        return Distance(a[l],a[r]);
    int mid=(l+r)/2;                                  //求中点位置
    double d1=ClosestPoints21(a,l,mid);
    double d2=ClosestPoints21(a,mid+1,r);
    double d=min(d1,d2);
    vector<Point> a1;
    for(int i=l;i<=r;i++){                        //与中点 X 方向距离小于 d 的点存放在 a1 中
        if(fabs(a[i].x-a[mid].x)<d)
            a1.push_back(a[i]);
    }
    sort(a1.begin(),a1.end(),cmpy);                   //a1 中所有点按 y 递增排序
        for(int i=0;i<a1.size();i++) {               //两重 for 循环的时间为 O(n)
            for(int j=i+1,k=0;k<7 && j<a1.size() && a1[j].y-a1[i].y<d;j++,k++)
                d=min(d,Distance(a1[i],a1[j]));       //最多考查 a[i]后面的 7 个点
    }
    return d;
}
double ClosestPoints2(vector<Point> &a) {             //求 a 中最近点对距离
    int n=a.size();
    sort(a.begin(),a.end(),cmpx);                     //全部点按 x 递增排序
```

```
    return ClosestPoints21(a,0,n-1);
}
```

**ClosestPoints2 算法分析**：设算法的执行时间为 $T(n)$，求左、右部分中最近点对的时间为 $T(n/2)$，求垂直带形区中的最近点对距离时复制产生 a1 的时间为 $O(n)$。由于 a1 中的点数 $m \ll n$，可以将处理整个垂直带形区的时间看成 $O(n)$，这样的时间递推式如下：

$T(n)=O(1)$ 当 $n<3$ 时

$T(n)=2T(n/2)+O(n)$ 其他情况

容易推出 $T(n)=O(n\log_2 n)$。

扫一扫

视频讲解

【例 10.4】 求两组点之间的最近点对(POJ3714，时间限制为 5000ms，空间限制为 65 536KB)。给定二维空间中的若干个点，全部点分为 $A$ 和 $B$ 两组，每组均包含 $N$ 个点，求 $A$ 和 $B$ 中直线距离最近的两个点的距离。

输入格式：第一行是一个整数 $T$，表示测试用例的数量。每个测试用例都以整数 $N$ 开头($1 \leqslant N \leqslant 10^5$)；接下来的 $N$ 对整数描述了 $A$ 中每个点的位置，每对整数由 $X$ 和 $Y(0 \leqslant X,Y \leqslant 10^9)$ 组成，表示一个点的位置；接下来的 $N$ 对整数描述了 $B$ 中每个点的位置，输入方式与 A 中的点相同。

输出格式：对于每个测试用例，在一行中输出精度为 3 位小数的最小距离。

输入样例：

```
2
4
0 0 0 1 1 0 1 1
2 2 2 3 3 2 3 3
4
0 0 0 0 0 0 0 0
0 0 0 0 0 0 0 0
```

输出样例：

```
1.414
0.000
```

扫一扫

源程序

**解** 采用 10.3.2 节求最近点对距离的分治法思路，需要做以下 3 点修改。

(1) 由于题目给出了最多的点数，故采用数组存放点集。

(2) 尽管每个点的坐标为整数，但整数的最大值可达 $10^9$，另外需要求点之间的距离，由于距离值为 double 类型，所以改为用 double 类型存放点坐标。

(3) 全部点有 $2n$ 个，分为 $A$ 和 $B$ 两组，题目不是求这 $2n$ 个点中的最近点对距离，而是求最近点对$(p_1,p_2)$的距离，$p_1 \in A$，$p_2 \in B$。为此每个点增加 flag 成员，取值为'A'表示属于 $A$ 组的点，取值为'B'表示属于 $B$ 组的点，在求两个点 $p_1$ 和 $p_2$ 的距离时，当它们的 flag 值不同时按常规方法求距离。当它们的 flag 值相同时认为距离为∞，这样就将求两组点之间的最近点对距离转换为求 $2n$ 个点中的最近点对距离。

## 10.4 最远点对问题

在二维空间中求最远点对问题与求最近点对问题相似，也具有许多实际应用价值。本节介绍求解最远点对的两种算法。

## 10.4.1 用穷举法求最远点对

用穷举法求点集 $a$ 中的最远点对距离，其过程是分别计算每一对点之间的距离，然后找出距离最大者。对应的算法如下：

```
double Mostdist1(vector<Point> &a) {                    //用穷举法求 a 中的最远点对距离
    int n=a.size();
    double d,maxdist=0.0;
    for (int i=0;i<n-1;i++) {
        for (int j=i+1;j<n;j++) {
            d=Distance(a[i],a[j]);
            maxdist=max(maxdist,d);
        }
    }
    return maxdist;
}
```

**Mostdist1 算法分析：**该算法的时间复杂度为 $O(n^2)$。

## 10.4.2 用旋转卡壳法求最远点对

扫一扫
视频讲解

用旋转卡壳法求点集 $a$ 中的最远点对距离，其基本思想是对于给定的点集，先采用 Graham 算法求出一个凸包 $a$，然后根据凸包上的每条边找到离它最远的一个点，即卡着外壳转一圈，这便是旋转卡壳法名称的由来。

例如，假设采用 Graham 算法求出的一个凸包如图 10.27(a)所示，6 个顶点分别为 $a_0(2,1)$、$a_1(4,1)$、$a_2(5,3)$、$a_3(4,4.5)$、$a_4(2,5)$和 $a_5(1,3)$。用旋转卡壳法求最远点对距离 maxdist(初始置为 0)，先置 $j=1$(用 $a_ja_{j+1}$ 表示粗边)。

(1) $i=0$，当前处理边为 $a_0a_1$(图中虚线指示当前处理的边)，沿着 $a_1a_2 \to a_2a_3 \to a_3a_4 \to a_4a_5$ 找到粗边 $a_4a_5(j=4)$，这里的粗边是离当前处理边最远的点所在的边，如图 10.27(b)所示。求出 $a_4$ 与 $a_0$ 的距离为 4，$a_4$ 与 $a_1$ 的距离为 4.472 14，将最大值存放到 maxdist 中，maxdist=4.472 14。

(2) $i=1$，处理边 $a_1a_2$，找到粗边为 $a_4a_5$，$j=4$，如图 10.27(c)所示。求出 $a_4$ 到 $a_1$ 的距离为 4.472 14，$a_4$ 到 $a_2$ 的距离为 3.605 55，maxdist 不变。

(3) $i=2$，处理边 $a_2a_3$，找到粗边为 $a_0a_1$，$j=0$，如图 10.27(d)所示。求出 $a_0$ 到 $a_2$ 的距离为 3.605 55，$a_0$ 到 $a_3$ 的距离为 4.031 13，maxdist 不变。

(4) $i=3$，处理边 $a_3a_4$，找到粗边为 $a_0a_1$，$j=0$，如图 10.27(e)所示。求出 $a_0$ 到 $a_3$ 的距离为 4.031 13，$a_0$ 到 $a_4$ 的距离为 4，maxdist 不变。

(5) $i=4$，处理边 $a_4a_5$，找到粗边为 $a_1a_2$，$j=1$，如图 10.27(f)所示。求出 $a_1$ 到 $a_4$ 的距离为 4.472 14，$a_1$ 到 $a_5$ 的距离为 3.605 55，maxdist 不变。

(6) $i=5$，处理边 $a_5a_0$，找到粗边为 $a_2a_3$，$j=2$，如图 10.27(g)所示。求出 $a_2$ 到 $a_5$ 的距离为 4，$a_2$ 到 $a_0$ 的距离为 3.605 55，maxdist 不变。

最后求出的最远距离 maxdist=4.472 14，对应的两个点是 $a_0$ 和 $a_4$。

从上看出，虚线恰好绕凸包转了一圈，而粗线也只绕凸包转了一圈。在每次处理一条边 $a_ia_{i+1}$ 时，若对应的粗线为 $a_ja_{j+1}$，求出点 $a_i$ 和 $a_j$ 以及点 $a_{i+1}$ 和 $a_j$ 两对点之间的距离，通

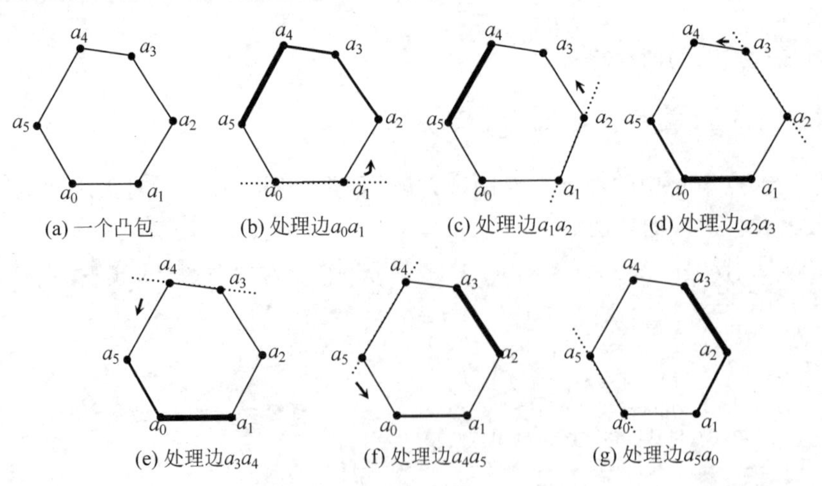


图 10.27 用旋转卡壳法求最远点对的过程

过比较求出较大距离存放到 maxdist 中。当所有边处理完毕，maxdist 即为最大点对的距离。

现在需要解决两个问题：

(1) 如何求当前处理的边对应的粗边。以当前处理的边为 $a_0a_1$ 为例，如图 10.28 所示，先从 $j=1$ 开始，即看 $a_1a_2$ 是否为粗边，显然它不是。那么如何判断呢？对于边 $a_ja_{j+1}$（图中 $j=2$），由向量 $a_1a_0$ 和 $a_1a_2$ 构成一个平行四边形，其面积为 $S_2$，由向量 $a_1a_0$ 和 $a_1a_3$ 构成一个平行四边形，其面积为 $S_1$，由于这两个平行四边形的底相同，如果 $S_1>S_2$，说明 $a_3$ 离当前处理边越远，表示边 $a_2a_3$ 不是粗边，需要将 $j$ 增 1 继续判断下一条边，直到这样的平行四边形的面积出现 $S_1\leqslant S_2$ 为止，此时边 $a_ja_{j+1}$ 才是粗边，在图 10.28 中从当前边 $a_0a_1$ 找到的粗边为 $a_4a_5$，较大距离的点为 $a_1$ 和 $a_4$。

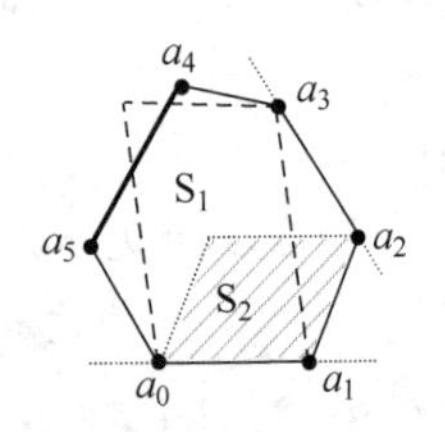


图 10.28 找粗边的过程

(2) 如何求平行四边形的面积。两个向量的叉积为对应平行四边形的有向面积（可能为负），通过求绝对值得到其面积。在图 10.28 中，$S_1=\text{fabs}(\text{Det}(a_0,a_1,a_3))$，$S_2=\text{fabs}(\text{Det}(a_0,a_1,a_2))$，其中 Det 是求叉积。

求凸包 $a$ 中最远点对距离的旋转卡壳法算法如下：

```
double RotatingCalipers(vector<Point> &a) {        //用旋转卡壳法求凸包 a 中的最远点对距离
    int n=a.size();
    double maxdist=0.0,d1,d2;
    a.push_back(a[0]);                              //a 的末尾添加 a[0]
    int j=1;
    for (int i=0;i<n;i++) {
        while (fabs(Det(a[i]-a[i+1],a[j+1]-a[i+1]))>
                    fabs(Det(a[i]-a[i+1],a[j]-a[i+1]))) {
            j=(j+1)%n;          //以面积来判断,面积大说明要离平行线远一些
        }
        d1=Distance(a[i],a[j]);
        d2=Distance(a[i+1],a[j]);
        maxdist=max(maxdist,max(d1,d2));
    }
    return maxdist;
}
```

**RotatingCalipers 算法分析**：对于含 $n$ 个点的点集，调用 Graham 算法产生凸包的

时间为 $O(n\log_2 n)$，若求出的凸包中含有 $m(m\leqslant n)$ 个点，则该算法的执行时间为 $O(m)$，所以整个算法的时间复杂度为 $O(n\log_2 n)$，显然优于穷举法算法。

## 10.5 练习题

扫一扫
自测题

1. 有 3 个点 $\boldsymbol{p}_0$、$\boldsymbol{p}_1$ 和 $\boldsymbol{p}_2$，如何判断点 $\boldsymbol{p}_2$ 相对 $\boldsymbol{p}_0\boldsymbol{p}_1$ 线段是左拐还是右拐？

2. 给出判断一个多边形 $P_1$ 是否在另外多边形 $P_2$ 内的过程，说明其时间复杂度。

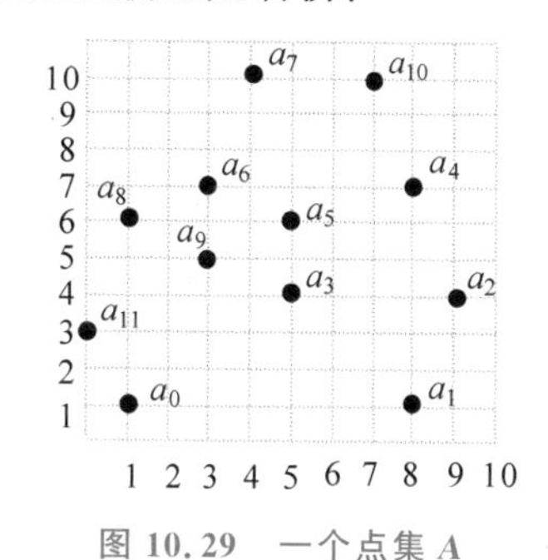

图 10.29　一个点集 $A$

3. 对于如图 10.29 所示的点集 $A$，给出采用 Graham 算法求凸包的过程及结果。

4. 对于如图 10.29 所示的点集 $A$，给出采用分治法求最近点对的过程及结果。

5. 对于如图 10.29 所示的点集 $A$，给出采用旋转卡壳法求最远点对的过程及结果。

6. 给定平面上的一个点 $\boldsymbol{p}$ 和一个三角形 $\boldsymbol{p}_1-\boldsymbol{p}_2-\boldsymbol{p}_3$（逆时针顺序），设计一个算法判断 $\boldsymbol{p}$ 在该三角形的内部。

7. 矩形重叠（LeetCode836★）。矩形以列表 $\{x_1,y_1,x_2,y_2\}$ 的形式表示，其中 $(x_1,y_1)$ 为左下角的坐标，$(x_2,y_2)$ 是右上角的坐标。矩形的上、下边平行于 $x$ 轴，左、右边平行于 $y$ 轴。如果相交的面积为正，则称两矩形重叠。需要明确的是，只有角或边接触的两个矩形不构成重叠。给出两个矩形 rec1 和 rec2，如果它们重叠，返回 true，否则返回 false。例如，rec1＝{0,0,2,2}，rec2＝{1,1,3,3}，答案为 true。要求设计如下成员函数：

```
bool isRectangleOverlap(vector<int> &rec1, vector<int> &rec2) { }
```

8. 田的面积（HDU2036，时间限制为 1000ms，空间限制为 32 768KB）。给定多边形表示的田，求田的面积。

输入格式：输入数据包含多个测试用例，每个测试用例占一行，每行的开始是一个整数 $n(3\leqslant n\leqslant 100)$，它表示多边形的边数（当然也是顶点数），然后是按照逆时针顺序给出的 $n$ 个顶点的坐标 $(x_1,y_1,x_2,y_2,\cdots,x_n,y_n)$，为了简化问题，这里的所有坐标都用整数表示。在输入数据中所有的整数都在 32 位整数范围内，$n=0$ 表示数据的结束，不做处理。

输出格式：对于每个测试用例，输出对应多边形的面积，结果精确到小数点后一位小数。每个测试用例的输出占一行。

输入样例：

```
3 0 0 1 0 0 1
4 1 0 0 1 -1 0 0 -1
0
```

输出样例：

```
0.5
2.0
```

9. 牧场（POJ3348，时间限制为 2000ms，空间限制为 65 536KB）。给定一些树木的位置，请帮助农民用树木作为栅栏柱建立一个尽可能最大的牧场，注意并非所有的树都要使用。农民想知道他们可以在牧场中放多少头奶牛。已知一头奶牛至少需要 50 平方米的牧场才能生存。

输入格式：输入的第一行包含一个整数 $n(1\leqslant n\leqslant 10\,000)$，表示土地上生长的树木数量。接下来的 $n$ 行给出每棵树的整数坐标，以两个整数 $x$ 和 $y$ 的形式给出，用一个空格分隔(其中$-1000\leqslant x,y\leqslant 1000$)。整数坐标与以米为单位的距离精确相关(例如，坐标(10,11)和(11,11)之间的距离是一米)。

输出格式：输出一个整数值，表示可以建立的牧场能够生存的最多奶牛数量。

输入样例：

```
4
0 0
0 101
75 0
75 101
```

输出样例：

```
151
```

10. 环绕树木(HDU1392，时间限制为 1000ms，空间限制为 32 768KB)。一个地区有一些树(不超过 100 棵树)，一个农民想买一根绳子把这些树都围起来，所以他必须知道绳索的最小长度，但是他不知道如何计算。请设计一个算法帮助他，忽略树的直径和长度，这意味着可以将一棵树视为一个点，绳子的粗细也忽略，这意味着绳子可以被看作一条线。

输入格式：输入数据集中的树数量，后面是树的一系列坐标，每个坐标是一个正整数对，每个整数小于 32 767，用空格隔开。以输入树数量为 0 结束。

输出格式：每个数据集对应一行包含需要绳索的最小长度，精度应为 $10^{-2}$。

输入样例：

```
9
12 7
24 9
30 5
41 9
80 7
50 87
22 9
45 1
50 7
0
```

输出样例：

```
243.06
```

11. 套圈游戏(HDU1007，时间限制为 5000ms，空间限制为 32 768KB)。现在做一个套圈游戏，有若干玩具，将每个玩具看成平面上的一个点。玩家可以扔一个圆环套住玩具，也就是说如果某个玩具与圆环中心之间的距离严格小于环的半径，则该玩具被套住了。组织者想让玩家最多只能套住一个玩具，问圆环的最大半径是多少？如果两个玩具放在同一点，圆环的半径被认为是 0。

输入格式：输入由几个测试用例组成，每个测试用例的第一行包含一个整数 $N(2\leqslant$

$N \leqslant 100\ 000$)，表示玩具的总数，然后是 $N$ 行，每行包含一对$(x, y)$表示玩具的坐标。输入以 $N=0$ 结束。

输出格式：对于每个测试用例，在一行中输出满足要求的最大半径，精确到小数点后两位。

输入样例：

```
2
0 0
1 1
2
1 1
1 1
3
-1.5 0
0 0
0 1.5
0
```

输出样例：

```
0.71
0.00
0.75
```

## 10.6 在线编程实验题

1. LeetCode223——矩形面积★★
2. LeetCode963——最小面积矩形Ⅱ★★
3. LeetCode149——直线上最多的点数★★★
4. POJ1269——线段交点
5. POJ2653——捡棍子
6. POJ2318——玩具
7. POJ1696——太空蚂蚁
8. POJ2187——选美比赛
9. HDU1115——抬起石头
10. HDU4643——GSM
11. HDU1348——墙
12. HDU5721——宫殿
13. HDU3007——导弹

# 第11章 计算复杂性

【案例引入】

当今计算机科学领域的最大难题之一

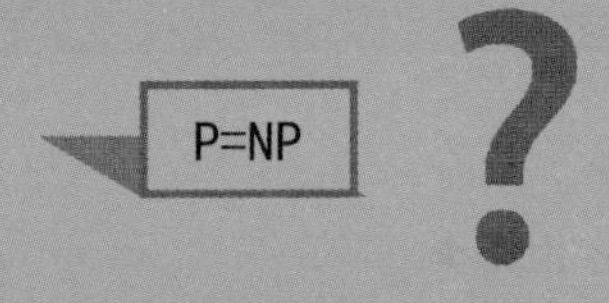


如果最终证明 P=NP 成立，会发生很多“有趣”的事情，比如当下流行的密码理论将不再安全。

**本章学习目标：**

(1) 理解易解问题和难解问题。

(2) 了解图灵机计算模型。

(3) 掌握 P 类、NP 类和 NP 完全问题的基本概念。

(4) 掌握 P 类和 NP 类问题的证明过程。

(5) 了解 NP 完全问题的证明过程。

# 11.1 P类和NP类

## 11.1.1 易解问题和难解问题

算法呈现不同的时间复杂度,有的属于多项式级时间复杂度算法,有的属于指数级时间复杂度算法,指数函数是典型的非多项式函数。通常将存在多项式时间算法的问题看作易解问题,将不存在多项式时间算法的问题看作难解问题,也就是说把多项式时间复杂性作为易解问题与难解问题的分界线。例如,快速排序算法的时间复杂度为 $O(n^2)$,求 TSP(旅行商问题)算法的时间复杂度为 $O(n!)$,可以简单地认为前者属于易解问题,后者属于难解问题。

下面从时间复杂度角度更严格地定义易解问题和难解问题。

**定义 11.1** 设 A 是求解问题 $\pi$(可以是任意问题)的算法,在用 A 求解问题 $\pi$ 的实例 I 时,首先要把 I 编码成二进制的字符串作为 A 的输入,称 I 的二进制编码的长度为 I 的规模,记为|I|,如果存在函数 $f$: $\mathbf{N}\rightarrow\mathbf{N}$($\mathbf{N}$ 为自然数集合)使得对于任意规模为 $n$ 的实例 I,A 对 I 的运算在 $f(n)$步内停止,则称算法 A 的时间复杂度为 $f(n)$。以多项式为时间复杂度的算法称为多项式时间算法。有多项式时间算法的问题称为易解问题,不存在多项式时间算法的问题称为难解问题。

从上述定义看出,采用动态规划算法求解 0/1 背包问题的时间复杂度为 $O(nW)$,表面上看起来这是 $n$ 的多项式函数,实际上这里|I|是 $n$ 和 $W$ 的二进制位数和,当 $W$ 很大时,仍然是一个非多项式时间的算法。

目前已证明的难解问题分为如下几类。

(1) 不可计算的问题:即根本不存在求解的算法,例如希尔伯特第十问题——丢番图方程(有一个或几个变量的整系数方程)是否有整数解。

(2) 有算法但至少需要指数或更多的时间或空间的问题:例如求幂集和全排列。

(3) 有算法但既没有找到多项式时间算法又没能证明是难解的问题:例如哈密顿回路问题、TSP 问题和 0/1 背包问题等。

扫一扫

视频讲解

## 11.1.2 判定问题和优化问题

现实中的许多问题都是优化问题 $\pi'$(optimization problem),问题的每个可行解都对应一个目标函数值,求解这类问题的目的是希望得到一个具有最优目标函数值的可行解。判定问题 $\pi$(decision problem)则是回答是否存在一个满足问题要求的解,即解只是简单地回答 yes(1)或 no(0)。例如,TSP 问题是求旅行商从某个城市出发拜访 $n$ 个城市、每个城市拜访一次回到起始城市的最短路径长度,将其看成最小值优化问题 $\pi'$,对应的 TSP 判定问题 $\pi$ 是这样的:给定一个正整数 $k$,问有一条从某个城市出发拜访 $n$ 个城市、每个城市拜访一次回到起始城市并且路径长度不超过 $k$ 的路径吗?如果有则回答 yes,如果没有则回答 no。从中看出优化问题与它相应的判定问题具有密切的联系,通过限界优化问题中要优化的目标函数值,通常可以把一个优化问题转化为一个判定问题。

【例 11.1】 最短路径问题是一个优化问题，其目标是找有向图 $G$ 中一条从 $u$ 到 $v$ 的最短路径，优化的目标函数值是路径中的边数。给出对应的判定问题。

解 相应的判定问题 PATH 可以描述为给定一个有向图 $G$、顶点 $u$ 和 $v$ 以及整数 $k$，问图 $G$ 中从 $u$ 到 $v$ 是否存在一条最多 $k$ 条边的路径？

因此，优化问题转化为相应的判定问题，主要看优化问题的目标是求最大值还是求最小值，从而来决定判定问题的描述。如果目标是求最大值，则引进一个整数 $k$ 来限界目标函数值，相应的判定问题可以描述为是否存在一个解，使其目标函数值至少为 $k$。如果目标是求最小值，同样引进一个整数 $k$ 来限界目标函数值，相应的判定问题可以描述为是否存在一个解，使其目标函数值最多为 $k$。

实际上一个更一般的问题也可以阐述为判定问题和优化问题，下面通过一个示例说明这种阐述过程。

【例 11.2】 图 $m$ 着色问题是给定一个无向图 $G=(V,E)$，对于 $V$ 中的每一个顶点用 $m$ 种颜色中的一种对它进行着色，使图中没有两个邻接顶点有相同的颜色。给出该问题的判定问题和优化问题。

解 图 $m$ 着色问题的优化问题和判定问题如下。

优化问题：给定一个无向图 $G=(V,E)$，求图着色使图中没有两个邻接顶点有相同的颜色所需要的最少颜色数目。

判定问题 COLORING：给定一个无向图 $G=(V,E)$ 和一个正整数 $k(k\geqslant 1)$，$G$ 最多可以用 $k$ 种颜色着色吗？

为什么讨论判定问题呢？这是因为判定问题的解只有两个，即 yes 和 no，验证起来十分容易，而且优化问题和对应的判定问题在难易程度上是相同的。以 TSP 问题为例，如果其判定问题存在有效的求解算法 A，那么很容易设计出对应的优化问题的求解算法 B，算法 B 先求出图中最大的边的权值 $w$，置 $M=n\times w$（$M$ 可以看成最大的 TSP 路径长度），然后采用二分查找仅调用 $O(\log_2 M)$ 次算法 A 就可以找到 $G$ 的起点为 $u$ 的 TSP 路径长度，算法 B 如下：

```
int low=0, high=M;
while(low<=high) {
    int mid=(low+high)/2;
    if(A(u,mid))                    //调用判定问题的求解算法 A
        low=mid;                    //存在路径长度不超过 mid 的 TSP 路径
    else
        high=mid;
}
return low+1;                       //找到的 TSP 路径长度为 low+1
```

如果算法 A 是多项式时间，则算法 B 也是多项式时间；如果算法 A 是指数时间，则算法 B 也是指数时间。也就是说如果存在求解判定问题的有效算法，那么很容易把它变成相应的优化问题的算法。因此，可以从判定问题的角度对问题的难易程度进行分类，所以后面主要讨论判定问题。

## 11.1.3 计算模型

计算模型是刻画计算的一种抽象形式系统或数学系统，而算法是对计算过程的描述，是计算方法的一种实现方式。由于观察计算的角度不同，产生了各种不同的计算模型，主要的计算模型有图灵机、λ演算和递归函数等。有趣的是这些模型都和图灵机的计算能力等价，并且普遍认为“任何在算法上可计算的问题同样可由图灵机计算”。图灵机的优点是模拟人类的纸和笔的功能，比较符合人类对于“何为计算”的直观理解，另外图灵机的简洁的构造和运行原理隐含了存储程序的原始思想，深刻地揭示了现代通用数字计算机最核心的内容，因此本节主要介绍图灵机。

图灵机（Turing Machine）是于1936年由英国数学家图灵（A. M. Turing）提出的一种计算模型。图灵机模型的基本结构包括一条向右无限延伸的工作带（可读、可写），一个有限状态控制器和连接控制器与工作带的读写头，图灵机的工作带由一个个格子组成，每一格子可以存放一个字符，如图11.1所示。

当图灵机的读写头扫描到一个格子的字符时，根据控制器的当前状态和扫描到的字符决定图灵机的动作，包括3个方面：控制器进行状态转换（决定下一状态）、读写头上当前格子写新的字符、决定读写头向左或向右移动一格或者停留在原处。

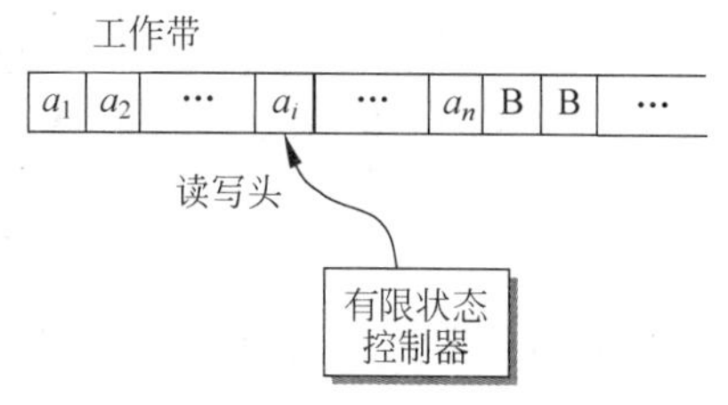

图11.1 图灵机的基本结构

图灵机运行前工作带上的内容就是输入，当图灵机运行后进入结束状态，图灵机停机，此时工作带上的内容就是计算的输出结果。

图灵机又分为确定型图灵机和非确定型图灵机两种。

### 1. 确定型图灵机

确定型图灵机（Deterministic Turing Machine，简称DTM）的定义如下：图灵机是一个七元组 $M=(Q,\sum,\Gamma,\delta,q_0,B,F)$，其中 $Q$ 是有限状态集，$q_0(q_0\in Q)$ 是初始状态，$F(F\subseteq Q)$ 是终止状态集，$\Gamma$ 是工作带的符号集，$B(B\in\Gamma)$ 是空白符，$\sum$ 是 $\Gamma$ 中除B以外的输入字母表。$\delta: Q\times\Gamma\to Q\times\Gamma\times\{L,R,N\}$ 是动作函数，其中L表示左移一格，R表示右移一格，N表示停留在原处，对于某些 $q\in Q$ 和 $a\in\Gamma$，$\delta(q,a)$ 可以无定义。

与人在日常中用笔和纸计算以及计算机进行类比，工作带起着纸的作用，相当于计算机中存储器的角色，读写头起着人的眼和手的作用，也起着计算机中运算器、寄存器和输出设备所起的作用，控制器和人的大脑、计算机的CPU有着相似的地位。

图灵机M的工作过程是这样的：把输入串 $a_1a_2\cdots a_n(a_i\in\sum)$ 放置在工作带上，开始时读写头注视工作带上的某一个格子，例如注视最左端的第一个格子，M的初始状态为 $q_0$。在每一步，读写头把扫描到的字符（设为 $x_i$）传送到有限状态控制器，有限状态控制器根据当前状态 $q$ 和动作函数 $\delta(q,x_i)$ 确定状态的变化，在当前格子写上新字符以及移动读写头。当进入某个终止状态或 $\delta(q,x_i)$ 无定义时，图灵机M停机。

对于图灵机M，能够从初始状态出发，最终到达某个终止状态的输入串为该图灵机所接受的符号串，所有这样的符号串构成的集合称为该图灵机所接受的语言。

**【例11.3】** 设计一个图灵机M用于计算 $m+n$（$m$ 和 $n$ 均为正整数），并给出该图灵机计算3+2的过程。

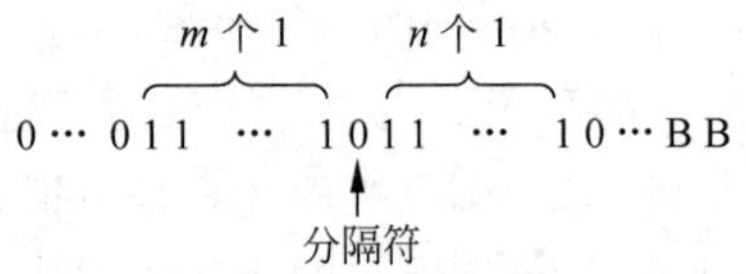

$m$ 个 1　　$n$ 个 1

0 ⋯ 0 1 1 ⋯ 1 0 1 1 ⋯ 1 0 ⋯ B B

分隔符

图 11.2　图灵机工作带上的初始输入

**解** 工作带上的初始输入用连续 $m$ 个 1 表示整数 $m$，用连续 $n$ 个 1 表示整数 $n$，两个数之间用一个 0 隔开，如图 11.2 所示。

当图灵机停机后工作带上连续 1 的个数表示计算结果。设计图灵机的思路是遇到 $m$ 表示的 1 时右移一格，1 不变，遇到 0(分隔符)时右移一格，0 变为 1，遇到 $n$ 表示的 1 时右移一格，1 不变，遇到 0($n$ 之后的 0)时左移一格，0 不变，再遇到 1($n$ 最后的 1)时左移一格，1 变为 0(这样的动作仅做一次)，然后停机(可以理解为将 $n$ 表示的 $n$ 个 1 均向左移动一个格子)。对应的状态转换图如图 11.3 所示，其中"$x,y$,R"表示在该状态遇到 $x$ 时将 $x$ 改为 $y$，并且向右遇到一格，双线圆圈表示终止状态。

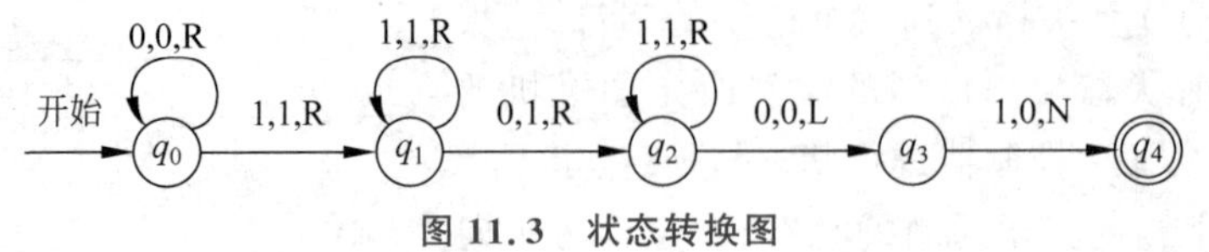


图 11.3　状态转换图

实现该计算的图灵机为 $M=(Q,\{0,1\},\{0,1,B\},\delta,q_0,B,\varnothing)$，其中 $Q=\{q_0,q_1,q_2,q_3,q_4\}$，$F=\{q_4\}$，动作函数 $\delta$ 如下：

$\delta(q_0,0)=(q_0,0,R)$　$\delta(q_0,1)=(q_1,1,R)$

$\delta(q_1,0)=(q_2,1,R)$　$\delta(q_1,1)=(q_1,1,R)$

$\delta(q_2,0)=(q_3,0,L)$　$\delta(q_2,1)=(q_2,1,R)$

$\delta(q_3,1)=(q_4,0,N)$

为了计算 3+2，将初始工作带上的数字串置为 0000001110110000，其计算过程如表 11.1 所示，数字串中的粗体数字表示当前读写头注视的数字，最后工作带上连续 1 的个数为 5，所以计算结果为 5。

表 11.1　实现 3+2 的计算过程

| 步　骤 | 状　态 | 工　作　带 | 步　骤 | 状　态 | 工　作　带 |
|---|---|---|---|---|---|
| 1 | $q_0$ | **0**000001110110000 | 9 | $q_1$ | 00000011**1**0110000 |
| 2 | $q_0$ | 0**0**00001110110000 | 10 | $q_1$ | 000000111**0**110000 |
| 3 | $q_0$ | 00**0**0001110110000 | 11 | $q_2$ | 0000001111**1**10000 |
| 4 | $q_0$ | 000**0**001110110000 | 12 | $q_2$ | 00000011111**1**0000 |
| 5 | $q_0$ | 0000**0**01110110000 | 13 | $q_2$ | 000000111111**0**000 |
| 6 | $q_0$ | 00000**0**1110110000 | 14 | $q_3$ | 00000011111**1**0000 |
| 7 | $q_0$ | 000000**1**110110000 | 15 | $q_4$ | 00000011111**0**0000 |
| 8 | $q_1$ | 0000001**1**10110000 | 停机 | | |

## 2. 非确定型图灵机

非确定型图灵机(Non Deterministic Turing Machine，简称 NDTM)和确定型图灵机的区别在于它的动作函数 $\delta$ 是一个多值映射，即在一个状态下扫描到带上一格的字符可以产生多个动作，包括状态的变化，在当前格子写上新的字符，以及读写头的左、右移动，即一个动作函数可以表示为：

$$\delta(q,a)=\begin{cases}(q_1,b_1,A_1)\\(q_2,b_2,A_2)\\\cdots\\(q_k,b_k,A_k)\end{cases}$$

其中,$A_i(1\leqslant i\leqslant k)$表示移动方向,取 L 或 R 或 N。

例如,图灵机 $M=\left(Q,\sum,\Gamma,\delta,q_0,B,F\right)$,其中 $q_0$ 是初始状态,$q_1$ 是终止状态,动作函数 $\delta$ 如下:

$$\delta(q_0,B)=(q_0,1,R)\quad \delta(q_0,B)=(q_0,B,L)$$
$$\delta(q_0,B)=(q_1,B,R)\quad \delta(q_0,1)=(q_0,1,L)$$

它是一个不确定型图灵机,可以对输入的空带写下任意长的 1 后停机。

从中看出,对于一个输入串而言,可能存在着若干个演变过程,其中任何一个演变过程最后导致一个终止状态,则这个输入串就被非确定型图灵机接受。

同样,也可以定义多带非确定型图灵机。

对于任意一个非确定型图灵机 M,存在一个确定型图灵机 M',使得它们在计算能力上是等价的。

### 3. 图灵机的停机与可计算性问题

一个图灵机并不是对任何输入都能停机。一般来说,一个图灵机 M 对一个输入串 $w$ 的工作过程可能遇到 3 种情况:

(1) 进入终止状态,这时 M 停机,并接受 $w$。

(2) 未进入终止状态,但 $\delta$ 无定义,此时 M 停机,但不接受 $w$。

(3) 一直不进入终止状态,且 $\delta$ 一直有定义。这时进入死循环,M 永不停机。

从根本上说,一个算法就是一个确定的、对任意输入都停机的图灵机。可计算问题是"当且仅当它在图灵机上经过有限步骤之后可以得到正确的结果"。提出图灵机的目的在于对有效的计算过程进行形式化的描述,忽略模型的存储容量在内的一些细节问题,只考虑算法的基本特征。

即便一个判定问题是可计算的,也不一定能最终计算出来,这涉及计算复杂性理论,所以计算复杂性理论是研究各种可计算问题在计算过程中资源(例如时间和空间等)的耗费情况。

## 11.1.4 P 类问题

**定义 11.2** 设 A 是求解问题Ⅱ的一个算法,如果对于任意实例 I 在整个执行过程中每一步都只有一种选择,则称 A 为确定性算法,因此对于同样的输入,确定性算法的输出一定是相同的。

扫一扫

视频讲解

本书前面讨论的所有算法均为确定性算法,实际上确定性是算法的重要特性之一。

**定义 11.3** 判定问题的 P 类由这样的判定问题组成,它们的 yes/no 解可以用确定性算法在运行多项式时间内得到。简单地说一个判定问题Ⅱ是多项式时间可解的,则Ⅱ∈P。一个判定问题Ⅱ是易解问题,当且仅当Ⅱ∈P。

从图灵机的角度看,如果问题Ⅱ的任意实例 I 输入给 DTM 都能够经过 DTM 有限步计算到达停机状态，则称问题Ⅱ是确定型图灵机可计算的，否则称为确定型图灵机不可计算的。问题Ⅱ是用某个 DTM 可解的，则对于任意实例 I，只要 I 输入工作带上，从初始状态 $q_0$ 开始执行总可以经过有限步骤后停机，并且工作带上保留该问题的解。

图灵机 M 的时间 TM($n$)是它处理所有长度为 $n$ 的输入所需要的最大计算步骤，如果存在多项式函数 P($n$)，使得 TM($n$)≤P($n$)，则称问题Ⅱ是多项式时间可计算的，所有 DTM 多项式时间可计算的判定问题组成的问题类称为 P 类。类似地，所有指数时间可计算的判定问题组成的问题类称为 EXP 类。P 类问题是 DTM 多项式时间可计算的，P 类的覆盖范围很广，但并不是 P 类中的每一个问题都有实用的有效算法，然而不属于 P 类的问题肯定没有实用的有效算法。

**【例 11.4】** 证明求两个序列的最长公共子序列的判定问题属于 P 类。

**证明**：求最长公共子序列的原问题是给定两个序列 $a=(a_0,a_1,\cdots,a_{m-1})$ 和 $b=(b_0,b_1,\cdots,b_{n-1})$，求它们的最长公共子序列的长度 $d$。对应的判定问题是给定一个正整数 $D$，问存在 $a$ 和 $b$ 的长度不小于 $D$ 的公共子序列吗？

可以设计这样的算法 B，先利用 7.5 节中求最长公共子序列长度的算法 LCSlength() 求出 $d$，其时间复杂度为 $O(mn)$，属于多项式时间算法，如果 $d \leqslant D$，则回答 yes，否则回答 no。显然算法 B 也是多项式时间算法，所以求最长公共子序列问题属于 P 类。

## 11.1.5 NP 类问题

对于输入 $x$，一个非确定性算法由下列两个阶段组成。

扫一扫

视频讲解

**(1) 猜测阶段**：在这个阶段产生一个任意字符串 $y$，它可能对应于输入实例的一个解，也可以不对应解。事实上，它甚至可能不是所求解的合适形式，它可能在非确定性算法的不同次运行中不同。它仅要求在多项式步数内产生这个串，即时间为 $O(n^k)$，这里 $n=|x|$，$k$ 是非负整数。对于许多问题，这一阶段可以在线性时间内完成。

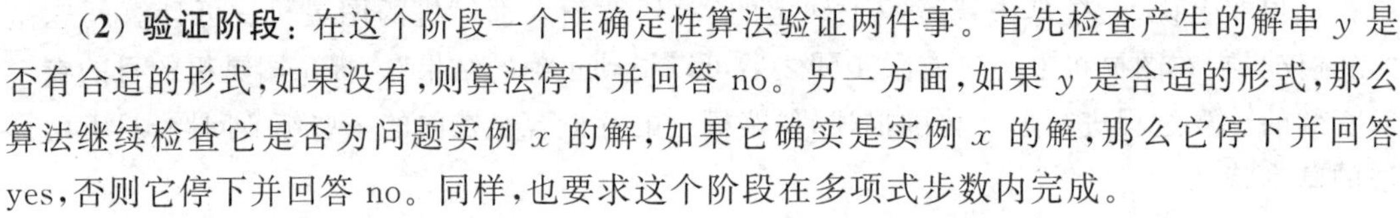

**(2) 验证阶段**：在这个阶段一个非确定性算法验证两件事。首先检查产生的解串 $y$ 是否有合适的形式，如果没有，则算法停下并回答 no。另一方面，如果 $y$ 是合适的形式，那么算法继续检查它是否为问题实例 $x$ 的解，如果它确实是实例 $x$ 的解，那么它停下并回答 yes，否则它停下并回答 no。同样，也要求这个阶段在多项式步数内完成。

**定义 11.4** 设 A 是求解问题Ⅱ的一个非确定性算法，A 接受的实例 I 当且仅当对于输入 I 存在一个导致 yes 回答的猜测。换句话说，A 接受 I 当且仅当可能在算法的某次执行上它的验证阶段将回答 yes。如果算法回答 no，那么这并不意味着 A 不接受它的输入，因为算法可能猜测了一个不正确的解。

**定义 11.5** 判定问题的 NP 类由这样的判定问题组成，它们存在着多项式时间内运行的非确定性算法。

注意非确定性算法并不是真正的算法，它仅是为了刻画可验证性而提出的验证概念。为了把不确定性多项式时间算法转换为确定性算法，必须搜索整个可能的解空间，通常需要指数级的时间。

例如，非确定性算法 A 的伪码表示如下：

```
void A(string I) {                    //非确定性算法
    string s=genCertif();             //猜测阶段
```

```
    bool checkOK=verifyA(I,s);                    //验证阶段
    if (checkOK)
        output "yes";
    return;                                       //checkOK 为 false 时不作反应
}
```

**定义 11.6** NP 类的非形式化定义是 NP 类由这样的判定问题组成，它们存在一个确定性算法，该算法在对问题的一个实例展示一个断言解时，它能够在多项式时间内验证解的正确性，也就是说如果断言解导致答案是 yes，就存在一种方法可以在多项式时间内验证这个解。简单地说一个判定问题Π是多项式时间可验证的，则Π∈NP。

**【例 11.5】** 判定一个整数 $s$ 是否为合数，证明该问题属于 NP 类问题。

**证明**：该问题的判定问题是存在 $2\sim s-1$ 范围内的整数 $i$，$i$ 能够整除 $s$ 吗？对于该问题的一个断言解 $i$，对应的验证算法如下：

```
bool verifyA(i,s) {                    //验证算法
    if(i==1 || i==s) return false;
    if(s%i==0)return true;
    else retur false;
}
```

上述算法是一个确定性算法，并且时间复杂度为 $O(1)$，也就是说能够在多项式时间内验证解的正确性，所以该问题属于 NP 类问题。

**【例 11.6】** 证明例 11.2 中图 $m$ 着色问题的判定问题 COLORING 属于 NP 问题。

**证明**：可以用两种方法证明 COLORING 问题属于 NP 类问题。

方法 1：建立非确定性算法。当图 $G$ 用编码表示后，很容易地构建算法 A：首先通过对顶点集合产生一个任意的颜色"猜测"为一个解 $s$，接着算法 A 验证这个 $s$ 是否为有效解，如果它是一个有效解，那么 A 停下并回答"yes"，否则它停下并回答"no"。注意，根据不确定性算法的定义，仅当对问题的实例回答是 yes 时 A 回答"yes"。其次是关于运行时间，算法 A 在猜测和验证两个阶段总共的花费不多于多项式时间，从定义 11.5 可以得出 COLORING 属于 NP 类。

方法 2：设 I 是 COLORING 问题的一个实例，s 被宣称为 I 的解。容易建立一个确定性算法来验证 s 是否确实是 I 的解(假设 $s$ 为着色数目，一定同时求出一个对应的着色方案 $x$，检测 $x$ 是否为 $G$ 的一个 $s$ 颜色的着色方案只需要遍历每一条边即可)。从定义 11.6 可以得出 COLORING 属于 NP 类。

从图灵机的角度看，如果问题Π的任意实例 I 输入给 NDTM 都能够经过 NDTM 有限步计算到达停机状态，则称问题Π是非确定型图灵机可计算的。非确定型图灵机的时间 NTM($n$)是它处理所有长度为 $n$ 的输入所需要的最大计算步骤，如果存在多项式函数 P($n$)，使得 NTM($n$)≤P($n$)，则称问题Π是 NDTM 多项式时间可计算的，所有 NDTM 多项式时间可计算的判定问题组成的问题类称为 NP 类。

**定理 11.1** P⊆NP。

**证明**：这是显而易见的。如果某个问题Π属于 P 类，则它有一个确定性的求解算法 A。很容易由算法 A 构造出这样的算法 B，当算法 B 对该问题的一个实例展示一个断言解时，它一定能够在多项式时间内验证解的正确性，所以问题Π也属于 P 类。

从图灵机的角度看，所有 DTM 多项式时间可计算的问题一定是 NDTM 多项式时间可

计算的，所以 P⊆NP。

## 11.2 多项式时间变换和问题归约

假设问题$\Pi_2$存在一个算法 B，对于问题$\Pi_2$的输入实例 I′，算法 B 的输出结果为 O′。另外有一个问题$\Pi_1$，其输入实例 I 对应的输出为 O，问题$\Pi_1$变换到问题$\Pi_2$的步骤如下。

(1) 输入转换：把问题$\Pi_1$的输入 I 转换为问题$\Pi_2$的适当输入 I′。

(2) 问题求解：对问题$\Pi_2$应用算法 B 产生输入 I′输出 O′。

(3) 输出转换：把问题$\Pi_2$的输出 O′转换为问题$\Pi_1$的正确输出 O。

上述问题的变换过程可以用图 11.4 表示，如果对于问题$\Pi_1$的任何实例 I 都可以通过该变换得到正确的输出，可以将其看成求解问题$\Pi_1$的算法 A。

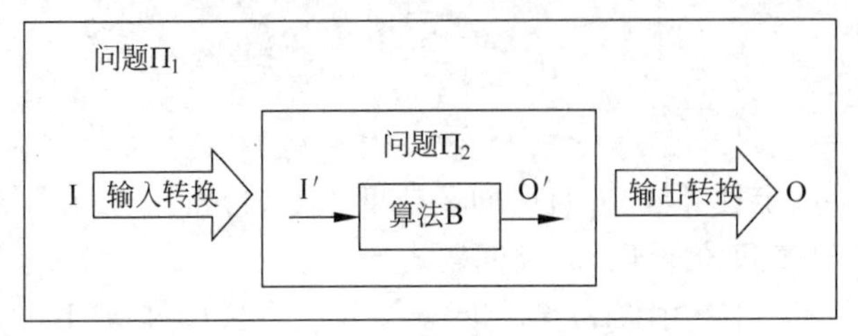


图 11.4 问题$\Pi_1$到问题$\Pi_2$的问题变换

扫一扫
视频讲解

【例 11.7】 假设图 $G=(V,E)$是权为正整数的带权连通图，给出求图的最小生成树到求图的最大生成树的变换过程。

**解** 仅考虑求生成树的边权之和，以求图 $G$ 的最小生成树为基础求图 $G$ 的最大生成树的过程如下。

(1) 求出图 $G$ 中的最大边权值 $\text{maxc}=\max\limits_{e\in E}(c(e)\mid c(e)$为边 $e$ 的权$)$，将 $E$ 中所有边 $e$ 的权修改为 $\text{maxc}+1-c(e)$得到 $E'$。

(2) 采用 Kruskal 算法求出 E′的最小生成树的边权和 mincost。

(3) 图 $G$ 的最大生成树的边权和为$(n-1)\times(\text{maxc}+1)-\text{mincost}$(其中 $n=|V|$)。

例如，对于如图 11.5(a)所示的带权连通图，按照上述过程先求出 maxc=7，修改边的权值的结果如图 11.5(b)所示，对该图采用 Kruskal 算法求出的最小生成树如图 11.5(c)所示，最小生成树的边权和 mincost=23，则最大生成树的边权和为(7−1)×(7+1)−23=25。

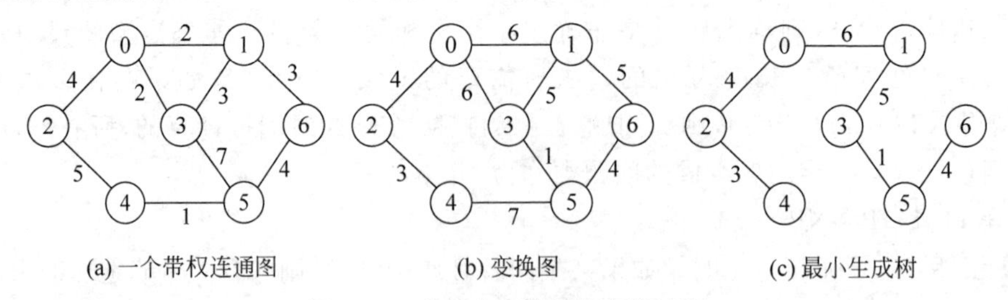

(a) 一个带权连通图
(b) 变换图
(c) 最小生成树


图 11.5 求最大生成树的变换过程

扫一扫
视频讲解

下面针对判定问题进行讨论。

**定义 11.7** 设判定问题$\Pi_1=<D_1,Y_1>$，其中 $D_1$ 是该问题的实例集合，即由$\Pi_1$的所有可能的实例组成，$Y_1 \subseteq D_1$ 由所有回答为 yes 的实例组成。另外一个判定问题 $\Pi_2=<D_2,Y_2>$ 同样类似描述。如果函数 $f: D_1 \rightarrow D_2$ 满足以下条件：

(1) $f$ 是多项式时间可计算的，即存在计算 $f$ 的多项式时间算法。

(2) 对于所有的 $I \in D_1$，$I \in Y_1 \Leftrightarrow f(I) \in Y_2$。

则称 $f$ 为 $\Pi_1$ 到 $\Pi_2$ 的多项式时间变换。如果存在 $\Pi_1$ 到 $\Pi_2$ 的多项式时间变换，则称 $\Pi_1$ 可以多项式时间变换到 $\Pi_2$，记为 $\Pi_1 \leqslant_p \Pi_2$。

**【例 11.8】** 哈密尔顿回路问题是求无向图 $G=(V,E)$ 中恰好经过每个顶点(城市)一次最后回到出发顶点的回路。对应的判定问题 HC 是图 $G$ 中存在恰好经过每个顶点一次最后回到出发顶点的回路吗？表示为 $HC=<D_{HC},Y_{HC}>$，TSP 判定问题表示为 $TSP=<D_{TSP},Y_{TSP}>$，证明 $HC \leqslant_p TSP$。

**证明**：设计这样的多项式时间变换 $f$，对于哈密尔顿判定问题的每一个实例 $I$，$I$ 是一个无向图 $G=(V,E)$，TSP 判定问题对应的实例 $f(I)$ 定义为 $G'=(V',E')$，这里 $V'=V$，$E'$ 是含|V|个顶点的完全无向图，任意两个不同顶点 $u$ 和 $v$ 之间的距离为

$$d(u,v)=\begin{cases}1 & 若(u,v)\in E \\ 2 & 否则\end{cases}$$

例如，哈密尔顿回路问题的一个实例 $G$ 如图 11.6(a)所示，转换为 TSP 问题的实例 $G'$ 如图 11.6(b)所示。容易证明 $G$ 中有一个哈密尔顿回路当且仅当 $G'$ 中有一条长度为 $|V|$ 的 TSP 路径。从而有 $I \in Y_{HC} \Leftrightarrow f(I) \in Y_{TSP}$，也就是说 $HC \leqslant_p TSP$，示例即证。

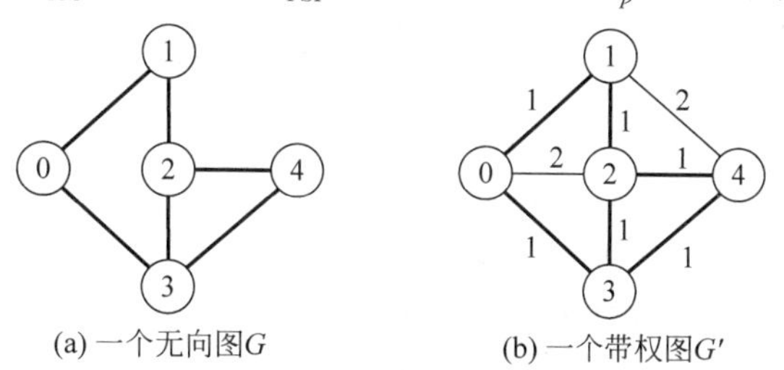


图 11.6　哈密尔顿回路问题转换为 TSP 问题

对于两个判定问题 $\Pi_1$ 和 $\Pi_2$，如果 $\Pi_1 \leqslant_p \Pi_2$(多项式时间变换函数为 $f$)且问题 $\Pi_2$ 存在求解算法 B，则可以这样设计求解问题 $\Pi_1$ 的算法 A，对于问题 $\Pi_1$ 的实例 I，转换为问题 $\Pi_2$ 的实例 $f$(I)，以此为输入调用算法 B 得到结果 O，该结果作为问题 $\Pi_1$ 的结果，也就是说，若 O 为 yes 则算法 A 回答 yes，若 O 为 no 则算法 A 回答 no，即 $A(I)=B(f(I))$。这样的存在多项式时间变换的问题变换过程称为问题归约。所以从算法设计角度看，$\Pi_1 \leqslant_p \Pi_2$ 说明问题 $\Pi_1$ 可以转换为问题 $\Pi_2$ 来求解，特别地，若问题 $\Pi_2$ 存在多项式时间求解算法，则问题 $\Pi_1$ 也存在多项式时间求解算法。

**定理 11.2**　$\leqslant_p$ 具有传递性，即若有 $\Pi_1 \leqslant_p \Pi_2$，$\Pi_2 \leqslant_p \Pi_3$，则 $\Pi_1 \leqslant_p \Pi_3$。

**证明**：$\Pi_1=<D_1,Y_1>$，$\Pi_2=<D_2,Y_2>$，$\Pi_3=<D_3,Y_3>$，设 $f$ 是 $\Pi_1$ 到 $\Pi_2$ 的多项式时间变换，$g$ 是 $\Pi_2$ 到 $\Pi_3$ 的多项式时间变换，$h$ 是 $f$ 和 $g$ 的复合变换，可以证明 $h$ 是 $\Pi_1$ 到 $\Pi_3$ 的多项式时间变换，这里不再详述。

**定理 11.3**　设 $\Pi_1 \leqslant_p \Pi_2$，则 $\Pi_2 \in$ P 类蕴含 $\Pi_1 \in$ P 类。

**证明**：若 $\Pi_2 \in$ P 类，则求解 $\Pi_2$ 存在多项式时间的确定性算法，而 $\Pi_1 \leqslant_p \Pi_2$，说明

存在$\Pi_1$到$\Pi_2$的多项式时间变换，则求解$\Pi_1$可以转换为$\Pi_2$再对$\Pi_2$求解，显然该过程的总时间为多项式时间且是确定性算法，也就是说求解$\Pi_1$存在多项式时间的确定性算法，所以$\Pi_1 \in P$类。

由此推出，设$\Pi_1 \leqslant_p \Pi_2$，若$\Pi_1$是难解问题，则$\Pi_2$也是难解问题。这样$\leqslant_p$提供了判定问题之间的难度比较，即$\Pi_2$不会比$\Pi_1$容易，或者反过来说，$\Pi_1$不会比$\Pi_2$难。

# 11.3 NP 完全问题

由于NP类中的许多问题到目前为止始终没有找到多项式时间算法，也没能证明是难解问题，所以人们只好另辟蹊径，如果NP类中有难解问题，那么NP类中最难的问题一定是难解问题，什么是最难的问题？如何描述最难的问题？这需要比较问题之间的难度。

## 11.3.1 什么是NP完全问题和NP难问题

扫一扫 视频讲解

**定义 11.8** 如果判定问题$\Pi$是NP完全问题(NPC)，当且仅当满足如下条件：

(1) $\Pi \in NP$。

(2) 对所有的$\Pi' \in NP$，有$\Pi' \leqslant_p \Pi$。

**定义 11.9** 如果判定问题$\Pi$满足上述条件(2)，但不一定满足条件(1)，则称$\Pi$是NP难问题(NPH)。例如，停机问题是一个NP难问题，但不是NP完全问题。

NP完全问题是NP类的一个子集，NP完全问题是NP中最难的问题，NP难问题不会比NP类中的任何问题容易。

**定理 11.4** 如果任何一个NP完全问题是多项式时间可解的，则P＝NP。等价地，如果NP中的任何问题没有多项式时间可解算法，则没有NP完全问题是多项式时间可解的。

**证明**：任意给一个问题$\Pi$为NP完全问题，且$\Pi \in P$。任意给一个问题$\Pi' \in NP$，按照NP完全问题的定义(定义11.8)有$\Pi' \leqslant_p \Pi$，而$\Pi \in P$，则$\Pi' \in P$，定理即证。

假设P≠NP，那么如果$\Pi$是NP难问题，则$\Pi \notin P$类，在该假设下P、NP、NP完全问题和NP难问题的关系如图11.7(a)所示。假设P＝NP，则P、NP、NP完全问题和NP难问题的关系如图11.7(b)所示。

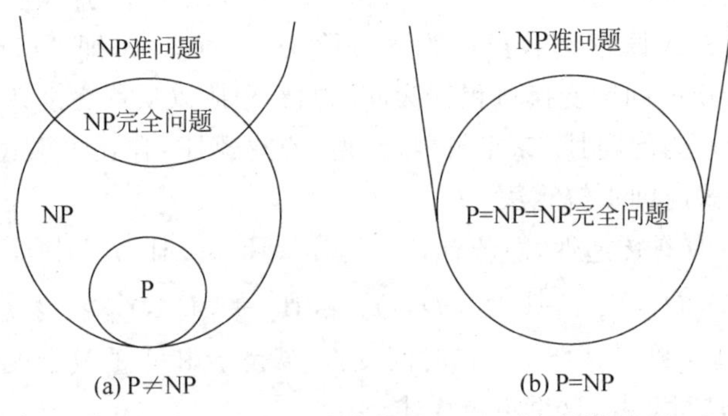


图 11.7 P、NP、NP完全问题和NP难问题的关系

虽然"P＝NP?"至今没有解决，但人们普遍相信P≠NP，因而NP完全问题成为表明一

个问题很可能是难解问题的有力依据。

**定理 11.5** 如果存在 NP 难问题$\Pi'$，使得$\Pi' \leqslant_p \Pi$，则$\Pi$是 NP 难问题。

证明：采用反证法，若存在 NP 难问题$\Pi'$且$\Pi' \leqslant_p \Pi$，但$\Pi$不是 NP 难问题。若$\Pi$不是 NP 难问题，则$\Pi \in$ P，由于$\Pi' \leqslant_p \Pi$，则问题$\Pi'$存在多项式时间求解算法，与问题$\Pi'$是 NP 难问题矛盾。定理即证。

由定理 11.5 可以推出，如果$\Pi \in$ NP 类并且存在 NP 完全问题$\Pi'$，使得$\Pi' \leqslant_p \Pi$，则$\Pi$也是 NP 完全问题。这样提供了证明$\Pi$是 NP 难问题的一条捷径，不再需要把 NP 类中所有问题的多项式时间变换到$\Pi$，而只需要把一个已知的 NP 难问题的多项式时间变换到$\Pi$即可。这样为了证明$\Pi$是 NP 完全问题，只需要做以下两件事：

(1) 证明$\Pi \in$ NP 类。

(2) 找到一个已知的 NP 完全问题$\Pi'$，并证明$\Pi' \leqslant_p \Pi$。

## 11.3.2 第一个 NP 完全问题

20 世纪 70 年代 S. A. Cook 和 L. A. Levin 分别独立地证明了第一个 NP 完全问题。这是命题逻辑中的一个基本问题。在命题逻辑中，给定一个布尔公式 F，如果它是子句的合取，称之为合取范式(CNF)。一个子句是文字的析取，这里的文字是一个布尔变元或者它的非，例如，以下布尔公式 F1 就是一个合取范式：

$$F_1 = (x_1 \lor x_2) \land (\neg x_1 \lor x_3 \lor x_4 \lor \neg x_5) \land (x_1 \lor \neg x_3 \lor x_4)$$

一个布尔公式的真值赋值是关于布尔变元的一组取值，一个可满足的赋值是一个真值赋值，它使得布尔公式的值为 1。如果一个布尔公式具有可满足赋值，则称该公式是可满足的。

可满足性判定问题 SAT 指的是给定一个布尔公式 F(合取范式)，F 是可满足的吗？例如上述公式$F_1$，赋值为$x_1=1, x_3=1$，其他取 0 或者 1，$F_1$ 的结果为 1，所以$F_1$ 是可满足的。

显然 SAT 属于 NP 类问题，因为容易建立一个确定性算法来验证一个赋值 s 是否确实是 SAT 的一个可满足的赋值。Cook 和 Levin 证明了 SAT 是 NP 完全问题，称为 Cook-Levin 定理，但其证明超出了本书的范围，大家可以利用 SAT 是 NP 完全问题来证明其他 NP 完全问题。

## 11.3.3 其他 NP 完全问题

3CNF 指的是布尔公式 F 中每个子句都精确地有 3 个不同的文字，例如以下布尔公式$F_2$ 就是一个 3CNF：

$$F_2 = (x_1 \lor \neg x_1 \lor \neg x_2) \land (x_3 \lor x_2 \lor x_4) \land (\neg x_1 \lor \neg x_3 \lor \neg x_4)$$

3CNF 可满足性判定问题 3SAT 指的是给定一个 3CNF 公式 F，F 是可满足的吗？例如上述公式$F_2$，赋值为$x_1=0, x_2=1, x_3=1, x_4=0$，$F_2$ 的结果为 1，所以$F_2$ 是可满足的。

**定理 11.6** 3SAT 是 NP 完全问题。

扫一扫

视频讲解

证明：

(1) 证明 3SAT$\in$NP 类。如同证明 SAT 属于 NP 类，很容易建立一个确定性算法来验证一个赋值 s 是否确实是 3SAT 的一个可满足的赋值。

(2) 已知 SAT 是一个 NP 完全问题，现在证明 SAT$\leqslant_p$3SAT。为此按以下步骤构造多

项式时间变换 $f$。

第一步，对于任意给定的布尔公式 F，构造一棵二叉树，文字为叶子结点，连接符作为内部结点，对每个连接符引入一个新变元 $y$ 作为连接符的输出，再根据构造的二叉树把原始布尔公式 F 写成根变元和子句的合取 F′。例如，前面的 $F_1$ 构造的二叉树如图 11.8 所示，对应的 $F_1'$ 如下：

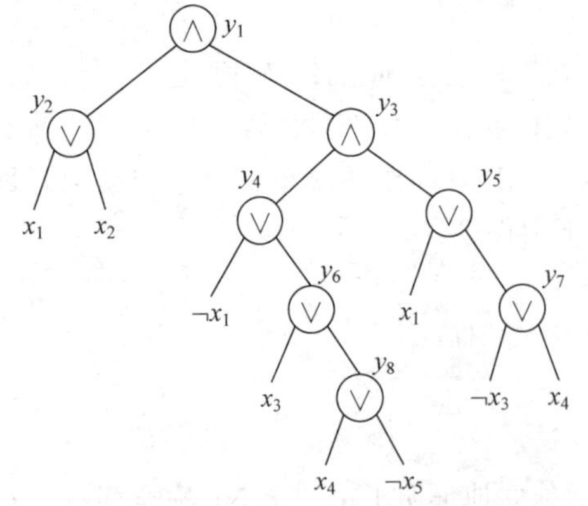


图 11.8 $F_1$ 构造的二叉树

$$\begin{aligned}F_1' = y_1 &\wedge (y_1 \leftrightarrow (y_2 \vee y_3)) \\ &\wedge (y_2 \leftrightarrow (x_1 \vee x_2)) \\ &\wedge (y_3 \leftrightarrow (y_4 \wedge y_5)) \\ &\wedge (y_4 \leftrightarrow (\neg x_1 \vee y_6)) \\ &\wedge (y_5 \leftrightarrow (x_1 \vee y_7)) \\ &\wedge (y_6 \leftrightarrow (x_3 \vee y_8)) \\ &\wedge (y_7 \leftrightarrow (\neg x_3 \vee x_4)) \\ &\wedge (y_8 \leftrightarrow (x_4 \vee \neg x_5))\end{aligned}$$

上述公式 $F_1'$ 是子句 $C_i$ 的合取，每个子句 $C_i$ 最多有 3 个文字。利用 $P \leftrightarrow Q \Leftrightarrow (\neg P \vee Q) \wedge (P \vee \neg Q)$ 将每个子句 $C_i$ 等价地转换为合取范式，最后得到 $F_1$ 的合取范式 $F_1'$。类似的操作可以将任意布尔公式 F 等价地转换为 F′。

第二步，将 F′ 进一步转换为公式 F″，使得 F″ 中的每一个子句精确地有 3 个不同的文字。为此引入两个辅助变元 $p$ 和 $q$。对公式 F′ 的子句 $C_i'$ 做如下转换：

① 如果 $C_i'$ 有 3 个不同的文字，保持不变。

② 如果 $C_i'$ 有两个不同的文字，例如 $l_1 \vee l_2$，将其转换为 $(l_1 \vee l_2) \wedge (p \vee \neg p) \Leftrightarrow (l_1 \vee l_2 \vee p) \wedge (l_1 \vee l_2 \vee \neg p)$。

③ 如果 $C_i'$ 仅有一个文字 $l$，将其转换为 $l \vee ((p \vee \neg p) \wedge (q \vee \neg q)) \Leftrightarrow (l \vee p \vee q) \wedge (l \vee p \vee \neg q) \wedge (l \vee \neg p \vee q) \wedge (l \vee \neg p \vee \neg q)$。

上述转换均是等价转换，这样得到 3SAT 的公式 F″，显然转换过程是多项式时间变换，所以 SAT $\leqslant_p$ 3SAT 成立。SAT 为 NP 完全问题，所以 3SAT 也是一个 NP 完全问题。

**【例 11.9】** 团集问题是求一个无向图 $G=(V,E)$ 中含顶点个数最多的完全子图。团集判定问题 CLIQUE 是给定一个无向图 $G$ 和一个正整数 $k$，问 $G$ 中有大小为 $k$ 的团集（团集指 $G$ 中的一个完全子图）吗？证明 CLIQUE 是 NP 完全问题。

证明：利用定理 11.6 证明。

(1) 证明 CLIQUE∈NP 类。如果 $s$ 被宣称为一个解，则对应一个大小为 $k$ 的团集 $V'$，只需要看 $V'$ 中任意两个顶点之间是否有边相连，从而得到了一个确定性验证算法，所以 CLIQUE 属于 NP 类。

(2) 已知 3SAT 是一个 NP 完全问题，现在证明 3SAT $\leqslant_p$ CLIQUE。

对于 3SAT 的任意一个实例 $F = C_1 \wedge C_2 \wedge \cdots \wedge C_k$，子句 $C_i (1 \leqslant i \leqslant k)$ 精确地有 3 个不同的文字 $l_1$、$l_2$ 和 $l_3$，下面构造一个图 $G$ 使得 F 是可满足的当且仅当 $G$ 有大小为 $k$ 的团集。

图 $G$ 的构造如下：对每个子句 $C_i = (l_1 \vee l_2 \vee l_3)$，将文字 $l_1$、$l_2$ 和 $l_3$ 看成图 $G$ 的 3 个顶点，对于两个顶点 $l_i$ 和 $l_j$，如果 $l_i$ 和 $l_j$ 属于不同的子句并且 $l_i$ 不是 $l_j$ 的非，则在图 $G$

中将顶点 $l_i$ 和 $l_j$ 用一条边连接起来。这样图可以在多项式时间内构造出来。

例如一个 3CNF 公式 $F_3=(x_1 \vee \neg x_2 \vee \neg x_3) \wedge (\neg x_1 \vee x_2 \vee x_3) \wedge (x_1 \vee x_2 \vee x_3)$，在 $C_1$ 中文字 $x_1$ 可以与 $C_2$ 中的 $x_2$ 和 $x_3$ 用边相连（$C_1$ 中的文字 $x_1$ 不能与 $C_2$ 中的 $\neg x_1$ 相连），还可以与 $C_3$ 中的位置 $x_1$、$x_2$ 和 $x_3$ 相连，最后得到的图 $G$ 如图 11.9 所示。公式 $F_3$ 的一个可满足的赋值为 $x_2=0, x_3=1, x_1$ 取 0 或者 1 均可。对应的一个团集 $V'=\{\neg x_2, x_3, x_3\}$，大小为 3，图中用阴影圆圈表示。

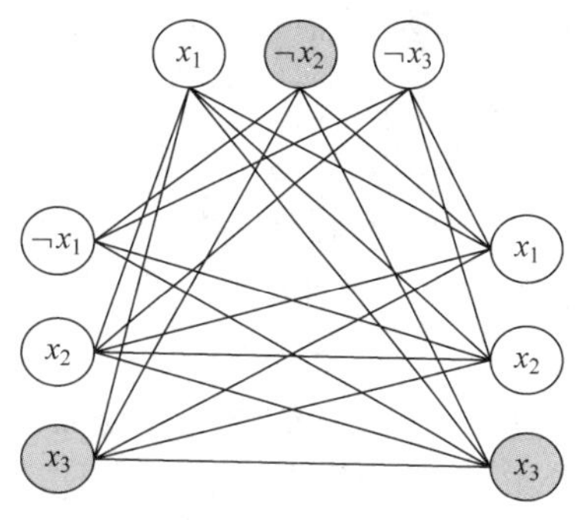

图 11.9　3SAT 到团集的变换

现在证明 3SAT 的任意一个实例 F 是可满足的，当且仅当 $G$ 有大小为 $k$ 的团集。假设 F 是可满足的，即 F 存在一个可满足的赋值，则每个子句 $C_i$ 中至少有一个文字 $l_i$ 为 1，这样的文字对应图 $G$ 中的顶点 $l_i$。从每个子句中选择一个赋值为 1 的文字，这样就构造了一个大小为 $k$ 的顶点集 $V'$。

再证明 $V'$是一个完全子图。对于 $V'$中的任意两个顶点 $l_i$ 和 $l_j$（属于不同子句），由于其对应文字赋值为 1，故 $l_i$ 不是 $l_j$ 的非，所以按照图的构造有 $(l_i, l_j) \in E$，因此集合 $V'$是一个团集。反过来，假设集合 $V'$是一个大小为 $k$ 的团集，按照图的构造，同一个子句中的文字对应的顶点在图中没有连接边，因此 $V'$中的任意两个顶点对应的文字不属于同一个子句，即每一个子句都有一个文字的顶点属于 $V'$，这样只要对团集中的顶点对应的文字取值 1 就可以使得每个子句为可满足的。因此所证成立。

到目前为止已经找到了大约 4000 个 NP 完全问题，除了前面介绍的 SAT、3SAT 和最大团以外，还有图着色、顶点覆盖、子集和、0/1 背包问题和 TSP 等，这些都是经典的 NP 完全问题。

归纳起来，NP 问题包含 P 问题和 NP 完全问题，目前存在多项式时间求解的问题都属于 P 问题，NP 完全问题是 NP 问题中最难的问题，目前尚不能确定能否找到多项式时间的求解算法，但已证明如果 NP 完全问题中有一个问题能用多项式时间算法求解，则所有 NP 完全问题都可以用多项式时间算法求解。

尽管目前所有的 NP 完全问题都没有找到多项式时间算法，但许多 NP 完全问题具有很重要的实际意义，大家经常会遇到。对于这类问题，通常可以采用以下几种解题策略：

(1) 只对问题的特殊实例求解。

(2) 采用动态规划或者分支限界法等求解。

(3) 采用启发式方法求解。

(4) 采用概率算法或者近似算法求解，相关算法将在第 12 章讨论。

## 11.4　练　习　题

1. 顶点覆盖问题是给定一个无向图 $G=(V,E)$，求最小顶点集合 $C$，使得对于 $E$ 中的任意边 $(u,v)$ 满足 $u \in V$ 或者 $v \in V$。给出对应的判定问题 VCOVER。

2. 独立集问题是给定无向图 $G=(V,E)$，求最大顶点集合 $C$，使得对于 $E$ 来说 $C$ 中的任意两个顶点互不相邻。给出对应的判定问题 INDSET。

3. 从图灵机的角度定义 P 类和 NP 类问题，说明这两类问题的包含关系。

4. 停机问题是给出一个程序和输入，判定它的运行是否会终止。那么停机问题属于 NP 问题吗？为什么？

5. 说明以下哪些问题对应的判定问题是 NP 完全问题：

(1) 2SAT(2CNF 指的是布尔公式 F 中每个子句都精确地有两个不同的文字，2SAT 是 2CNF 可满足性判定问题)。

(2) 求图中单源最短路径。

(3) 将 $n$ 个整数的序列递减排序。

(4) 求图的哈密尔顿回路。

(5) 团集问题。

6. 证明哈密尔顿回路判断问题 HC 是 NP 问题。

7. 可满足性判定问题 SAT 是 NP 完全问题，以此证明顶点覆盖问题 VCOVER 是 NP 完全问题。

8. 顶点覆盖问题 VCOVER 是 NP 完全问题，以此证明独立集问题 INDSET 是 NP 完全问题。

9. 4CNF 指的是布尔公式 F 中的每个子句都精确地有 4 个不同的文字，4CNF 可满足性判定问题用 4SAT 表示，证明 4SAT 是 NP 完全问题。

10. 给定一个不带权无向图 $G=(V,E)$，最长简单回路问题是求图中的最长简单回路。给出该问题的优化问题和判定问题的描述，并且证明该判定问题是 NP 完全问题。

第12章

# 概率算法和近似算法

【案例引入】

已知图中矩形和椭圆的相关参数，求面积比

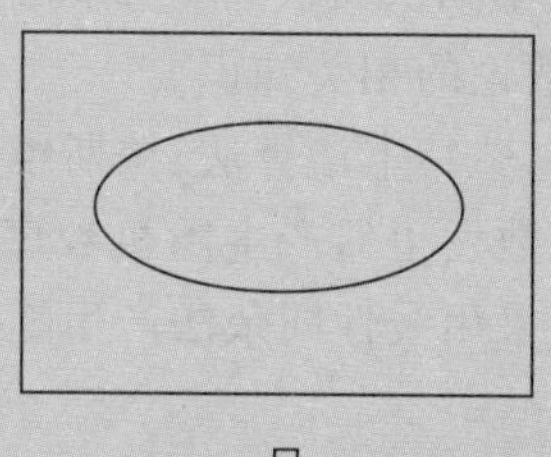

概率算法

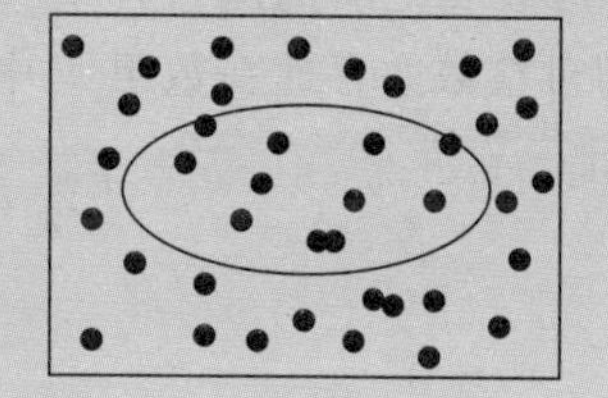

$$面积比=\frac{矩形中的点数}{椭圆中的点数}$$

**本章学习目标：**

(1) 了解概率算法和近似算法的基本特点。

(2) 掌握各种类型的概率算法及其特征。

(3) 掌握几种经典问题的近似算法设计方法。

# 12.1 概率算法

概率算法和近似算法是两种另类算法，概率算法在算法的执行中引入随机性，近似算法采用近似方法来解决优化问题。

## 12.1.1 什么是概率算法

概率算法也叫随机算法，允许算法在执行过程中随机地选择下一个计算步骤。在很多情况下，算法在执行过程中面临选择时，随机性选择比最优选择省时，因此概率算法可以在很大程度上降低算法的复杂度。

概率算法的基本特征是随机化决策，在同一实例上执行两次的结果可能不同，在同一实例上执行两次的时间也可能不同。这种算法的新颖之处是把随机性注入算法中，使得算法设计与分析的灵活性及解决问题的能力大为改善，曾一度在密码学、数字信号和大系统的安全及故障容错中得到应用。

前面几章讨论的算法的每一个计算步骤都是固定的，而概率算法允许算法在执行过程中随机选择下一个计算步骤。

概率算法有两个特点：一是不可再现性，在同一个输入实例上每次执行的结果不尽相同，例如 $n$ 皇后问题，概率算法运行不同次将会得到不同的正确解；二是算法分析困难，要求开发人员具有概率论、统计学和数论的相关知识。

概率算法大致有数值概率算法、蒙特卡洛算法、拉斯维加斯算法和舍伍德算法等类型。

在概率算法中需要由一个随机数发生器产生随机数序列，以便在算法的执行中按照这个随机数序列进行随机选择。可以采用线性同余法产生随机数序列 $a_0, a_1, \cdots, a_n$：

$$a_0 = d$$

$$a_n = (ba_{n-1} + c) \bmod m \quad n = 1, 2, \cdots$$

其中，$b \geqslant 0, c \geqslant 0, d \leqslant m$，$d$ 称为随机数发生器的随机种子（random seed）。例如，以下算法借助 C++语言产生 $n$ 个 $[a, b]$ 的随机整数并存放在数组 $x$ 中：

```
void randan(int x[], int n, int a, int b) {        //产生 n 个[a,b]的随机数
    srand((unsigned)time(NULL));                     //随机种子
    for (int i=0;i<n;i++)
        x[i]=rand()%(b-a+1)+a;
}
```

## 12.1.2 数值概率算法

数值概率算法常用于数值问题的求解，这类算法所得到的往往是近似解，而且近似解的精度随计算时间的增加不断提高。在许多情况下，精确解是不可能得到的或没有必要的，因此用数值概率算法可得到相当满意的解，特别是高速计算机的出现使得在计算机上模拟数值概率算法的试验成为可能。

扫一扫

视频讲解

【例 12.1】 设计一个求 π(圆周率)的概率算法。

解 在边长为 2 的正方形内有一个半径为 1 的内切圆，如图 12.1 所示。向该正方

形中投掷 $n$ 次飞镖，假设飞镖击中正方形中任何位置的概率相同，设飞镖的位置为$(x,y)$，如果有 $x^2+y^2\leqslant 1$，则飞镖落在内切圆中。

这里内切圆的面积为 π，正方形的面积为 4，内切圆面积与正方形面积之比为 π/4。若 $n$ 次投掷中飞镖有 $m$ 次落在内切圆中，则内切圆面积与正方形面积之比可近似为 $m/n$，即 $\pi/4\approx m/n$，或者 $\pi\approx 4m/n$。

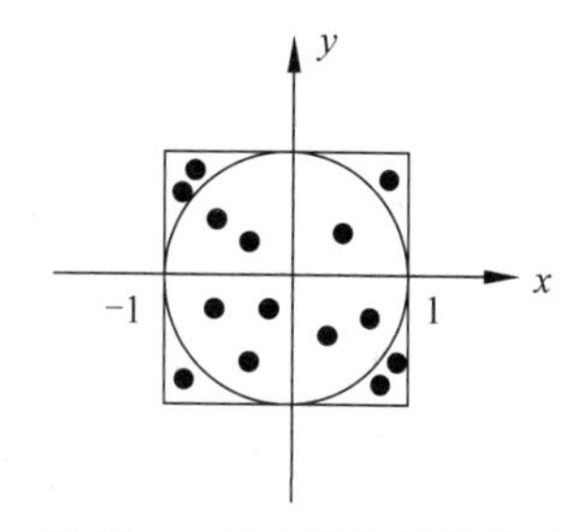

图 12.1　正方形和圆的关系

由于图中每个象限的概率相同，这里以右上角象限进行模拟。对应的求 π 的概率算法如下：

```
int randa(int a,int b){                          //产生一个[a,b]的随机数
    return rand()%(b-a+1)+a;
}
double rand01(){                                 //产生一个[0,1]的随机数
    return randa(0,100) * 1.0/100;
}
double solve() {                                 //求 π 的概率算法
    srand((unsigned)time(NULL));                 //随机种子
    int n=10000;
    int m=0;
    double x,y;
    for (int i=1;i<=n;i++) {
        x=rand01();
        y=rand01();
        if (x*x+y*y<=1.0) m++;
    }
    return 4.0 * m/n;
}
```

上述算法的每次执行结果可能不同，例如执行 5 次返回的结果分别是 3.1132、3.1416、3.1272、3.0936 和 3.1492。从中看出，每次的执行结果依赖于 rand01()随机函数。

## 12.1.3 蒙特卡洛算法

在实际应用中大家经常会遇到一些问题，不论采用确定性算法或概率算法都无法保证每次能得到正确的解。蒙特卡洛(Monte Carlo)算法则在一般情况下可以保证对问题的所有实例都以高概率给出正确的解，但是无法判定一个具体解是否正确，或者说蒙特卡洛算法能够求得问题的一个解，但这个解未必是正确的。

如果对于同一个实例，蒙特卡洛算法不会给出两个不同的正确解，则称该蒙特卡洛算法是一致的。设 $p$ 是一个实数，且 $1/2<p<1$，如果一个蒙特卡洛算法对于问题的任一实例得到正确解的概率不小于 $p$，则称蒙特卡洛算法是 $p$ 正确的，且称 $p-1/2$ 是该算法的优势。调用一个一致的 $p$ 正确的蒙特卡洛算法，要提高正确解的概率，只要多次执行该算法，选择出现频率最高的解即可。

设 MC($x$)是某个判定问题的蒙特卡洛算法。MC($x$)返回 true 时的解总是正确的，返回假时有可能产生错误解，则该 MC($x$)算法是偏真的算法。多次调用一个偏真的蒙特卡洛算法，只要返回一次 true 就可以得到正确解。

扫一扫

视频讲解

【例 12.2】　求主元素(LintCode46★)。问题描述见例 4.8，这里采用蒙特卡洛算法求解。

**解**　设计判定主元素的蒙特卡洛算法 majority($a$,maj)，在数组 $a$ 中随机选择一个

元素 maj，测试它是否为主元素。如果该算法返回 true，则 $a$ 中存在主元素并且 maj 就是主元素，如果该算法返回 false，maj 不是主元素，但 $a$ 中不一定没有主元素。如果存在主元素，该算法以大于 1/2 的概率返回 true，没有主元素时肯定返回 false。

调用 majority(a,maj)一次的正确概率为 $p$，调用两次的正确概率为 $p+(1-p)p>3/4$，错误概率小于 1/4，以此类推，调用 $k$ 次的错误概率小于 $2^{-k}$。假如设置 $k$ 为 4，对应的基于蒙特卡洛算法的程序如下：

```
class Solution {
public:
    int majorityNumber(vector<int> &nums) {
        srand((unsigned)time(NULL));                    //随机种子
        int maj,k=4;
        if(solve(nums,maj,k)) return maj;
    }
    bool solve(vector<int> &a,int&maj,int k) {          //求解算法
        for(int i=0;i<k;i++) {                          //最多调用 k 次 majority
            if(majority(a,maj)) return true;
        }
        return false;
    }
    bool majority(vector<int> &a,int &maj) {            //判定主元素的蒙特卡洛算法
        int n=a.size();
        int i=randa(0,n-1);                             //randa()见 12.1.2 节
        maj=a[i];
        int cnt=0;
        for(int i=0;i<n;i++) {                          //累计 a 中 maj 出现的次数 cnt
            if(a[i]==maj) cnt++;
        }
        return cnt>n/2;
    }
};
```

上述程序在 5 次提交中仅一次执行正确，对应的运行时间为 41ms，消耗的空间为 5.43MB。如果将 $k$ 改为足够大，也就是调用 majority(a,maj)的次数足够多，提交成功的概率就越大。对于任何给定的 $e>0$，将 solve 算法改为 solve(a,maj,e)，其中重复调用 majority(a,maj)最多 $\lceil \log_2(1/e) \rceil$ 次，则错误概率小于 $2^{-\log_2\left(\frac{1}{e}\right)}=2^{\log_2 e}=e$。以下是保证错误概率小于 0.001 的基于蒙特卡洛算法的程序：

```
class Solution {
public:
    int majorityNumber(vector<int> &nums) {
        srand((unsigned)time(NULL));                    //随机种子
        int maj;
        double e=0.001;
        if(solve(nums,maj,e)) return maj;
    }
    bool solve(vector<int> &a,int&maj,double e) {       //求解算法
        int k=ceil(log(1/e)/log(2));
        for(int i=0;i<k;i++) {                          //最多执行 k 次保证错误概率小于 e
            if(majority(a,maj)) return true;
        }
        return false;
    }
    bool majority(vector<int> &a,int &maj) {            //判定主元素的蒙特卡洛算法
```

```
        int n=a.size();
        int i=randa(0,n-1);                   //randa()见 12.1.2 节
        maj=a[i];
        int cnt=0;
        for(int i=0;i<n;i++) {                //累计 a 中 maj 出现的次数 cnt
            if(a[i]==maj) cnt++;
        }
        return cnt>n/2;
    }
};
```

上述程序的 5 次提交均通过，运行时间为 40～61ms，消耗的空间为 4.95～5.42MB。solve(a,maj,e)算法的时间复杂度为 $O(n\log_2(1/e))$。

## 12.1.4 拉斯维加斯算法

拉斯维加斯(Las Vegas)算法的特点是一旦采用拉斯维加斯算法找到一个解，那么这个解肯定是正确的，但有时用拉斯维加斯算法可能找不到解。与蒙特卡洛算法类似，拉斯维加斯算法得到正确解的概率随着它耗用的计算时间的增加而提高。对于所求解问题的任一实例，用同一拉斯维加斯算法反复求解足够多次，可使求解失效的概率任意小。一般情况下可以让拉斯维加斯算法 LV()无限循环运行，直到找到正确的结果。例如：

```
void solve(x) {
    bool flag=false;
    while(!flag)                 //反复调用拉斯维加斯算法 LV(x),直到找到一个解
        flag=LV(x);
}
```

设 $p(x)$是对实例 $x$ 调用拉斯维加斯算法获得一个解的概率，一个正确的拉斯维加斯算法应该对所有的实例 $x$ 均有 $p(x)>0$，$t(x)$是算法找到实例 $x$ 的一个解的平均时间，$s(x)$和 $e(x)$分别是算法对于实例 $x$ 求解成功和失败的平均时间，则有 $t(x)=p(x)s(x)+(1-p(x))(e(x)+t(x))$，解此方程可得

$$t(x)=s(x)+\frac{1-p(x)}{p(x)}e(x)$$

【例 12.3】 设计一个求解 $n$ 皇后问题的拉斯维加斯算法。

扫一扫

视频讲解

**解** 当在第 $i$ 行放置一个皇后时，可能的列为 $1\sim n$，产生一个 $1\sim n$ 的随机数 $j$，如果皇后的位置$(i,j)$发生冲突，继续产生另外一个随机数 $j$，这样最多试探 $n$ 次。其中任何一次试探成功(不冲突)，则继续查找下一个皇后位置，如果试探超过 $n$ 次，算法返回 false。对应的算法如下：

```
int q[N];                               //存放各皇后的列号,即(i,q[i])为一个皇后位置
void dispasolution(int n) {             //输出 n 皇后问题的一个解
    printf(" 找到一个解: ");
    for (int i=1;i<=n;i++)
        printf("(%d,%d) ",i,q[i]);
    printf("\n");
}
bool place(int i,int j){                //测试(i,j)位置能否摆放皇后
    if (i==1) return true;              //第一个皇后总是可以放置
    int k=1;
    while (k<i){                        //k=1～i-1 是已放置了皇后的行
```

```
            if ((q[k]==j) || (abs(q[k]-j)==abs(i-k)))
                return false;
            k++;
        }
        return true;
}
bool queen(int i,int n) {                          //求 n 皇后问题的拉斯维加斯算法
        int cnt,j;
        if (i>n) {
            dispasolution(n);                      //所有皇后放置结束
            return true;
        }
        else {
            cnt=0;                                 //试探次数累计
            while (cnt<=n) {                       //最多试探 n 次
                j=randa(1,n);                      // randa()见 12.1.2 节
                cnt++;
                if (place(i,j)) break;             //在第 i 行上找到一个合适位置(i,j)
            }
            if (cnt>n) return false;
            q[i]=j;
            queen(i+1,n);
        }
}
void solve(int n) {                                //求解 n 皇后问题
        srand((unsigned)time(NULL));               //随机种子
        printf("%d 皇后问题求解如下:\n",n);
        while (true) {                             //反复调用 queen'',直到找到一个解
            if (queen(1,n)) break;                 //找到一个解后结束
        }
}
```

在上述 solve($n$)算法中调用 queen()，直到找到一个 $n$ 皇后解为止，queen()找不到可放置位置则重新开始，一旦找到一个解就结束。如果将上述随机放置策略与回溯法相结合，则会获得更好的效果。可以先在棋盘的若干行中随机地放置无冲突的皇后，然后在其他行中用回溯法继续放置其他皇后，直到找到一个解或宣告失败。

蒙特卡洛算法和拉斯维加斯算法都体现了随机算法的特性，两者的比较如表 12.1 所示。

表 12.1　蒙特卡洛算法和拉斯维加斯算法的比较

| 比较项目 | 蒙特卡洛算法 | 拉斯维加斯算法 |
|---|---|---|
| 规律 | 执行次数越多，越逼近最优解 | 执行次数越多，越有可能找到最优解 |
| 策略 | 尽量找好的，但不保证是最好的 | 尽量找最好的，但不保证能找到(除非全枚举) |
| 适用情景 | 在有限执行次数内必须给出一个解，但不要求是最优解(或者未必正确) | 对执行次数没有限制，要求必须给出最优解(正确的解) |
| 示例 | 从不透明的苹果筐中挑选最大的苹果：随机拿一个，再随机拿一个跟它比，留下大的，再随机拿一个，以此类推。拿的次数越多，挑选出的苹果就越大 | 从一串钥匙中试出能开锁的钥匙：随机拿一把钥匙去试，打不开就再换一把。试的次数越多，打开的机会就越大，但在打开之前，那些错的钥匙都是没有用的 |

## 12.1.5 舍伍德算法

舍伍德(Sherwood)算法总能求得问题的一个解,且所求得的解总是正确的。当一个确定性算法的最坏时间复杂度与平均时间复杂度存在较大差别时,可以在这个确定性算法中引入随机性将它改造成一个舍伍德算法,以消除或减少确定性算法中求解问题的好坏实例(在确定性算法中好实例是指执行时间性能较好的算法输入,坏实例是指执行时间性能较差的算法输入)之间在执行时间性能上的差别。舍伍德算法的精髓不是避免算法的最坏情况行为,而是设法消除这种最坏行为与特定实例之间的关联性。

【例 12.4】 求数组中的第 $k$ 个最大元素(LeetCode215★★)。问题描述见第 1 章中的例 1.6,这里采用基于随机性的快速排序方法求解。

扫一扫
视频讲解

**解** 快速排序算法的关键在于在一次划分中选择合适的划分基准元素,如果基准是序列中的最小(或最大)元素,则一次划分后得到的两个子序列不均衡,使得快速排序的时间性能降低。舍伍德算法在一次划分之前,根据随机数在待划分序列中随机确定一个元素作为基准,则一次划分后得到期望均衡的两个子序列,从而使算法的行为不受待排序序列的不同输入实例的影响,使快速排序在最坏情况下的时间性能趋于平均情况下的时间性能,即 $O(n\log_2 n)$。采用例 4.2 的解法 1 对应的程序如下:

```
class Solution {
public:
    int findKthLargest(vector<int> & nums, int k) {
        int n=nums.size();
        return quickselect(nums,0,n-1,k);
    }
    int quickselect(vector<int> &a,int s,int t,int k) {          //在 a[s..t]序列中找第 k 大的元素
        if (s<t) {                                                 //区间内至少存在两个元素的情况
            int j=randa(s,t);        //产生[s,t]的随机数 j,randa()见 12.1.2 节
            swap(a[j],a[s]);                                       //将 a[j]作为基准
            int i=partition(a,s,t);
            if (k-1==i)
                return a[i];
            else if (k-1<i)
                return quickselect(a,s,i-1,k);                     //在左区间中递归查找
            else
                return quickselect(a,i+1,t,k);                     //在右区间中递归查找
        }
        else return a[k-1];
    }
    int partition(vector<int> &a,int s,int t) { }                 //划分算法(用于递减排序),见例 4.2
};
```

上述程序提交时通过,执行用时为 72ms,内存消耗为 44.3MB。采用例 4.2 的解法 3 的程序如下:

```
class Solution {
public:
    int findKthLargest(vector<int> & nums,int k) {
        int n=nums.size();
        return quickselect(nums,0,n-1,k);
    }
    int quickselect(vector<int> &nums,int s,int t,int k) {
        if (s>=t) return nums[s];
```

```
        int i=s, j=t;
        int m=randa(s,t);                              //产生[s,t]的随机数 m,randa()见 12.1.2 节
        int base=nums[m];
        while (i<=j) {
            while (i<=j && nums[i]> base) {           //从左向右跳过大于 base 的元素
                i++;                                   //i 指向小于或等于 base 的元素
            }
            while (i<=j && nums[j]< base) {           //从右向左跳过小于 base 的元素
                j--;                                   //j 指向大于或等于 base 的元素
            }
            if (i<=j) {
                swap(nums[i],nums[j]);                 //nums[i]和 nums[j]交换
                i++; j--;
            }
        }
        if (s+k-1<=j) {                               //在左区间中查找第 k 大的元素
            return quickselect(nums,s,j,k);
        }
        if (s+k-1>=i) {                               //在右区间中查找第 k-(i-s)大的元素
            return quickselect(nums,i,t,k-(i-s));
        }
        return nums[j+1];
    }
};
```

上述程序提交时通过，执行用时为 60ms，内存消耗为 44.4MB。

从中看出，快速排序舍伍德算法就是在确定性的快速排序算法中引入随机性。其优点是计算时间复杂度对所有实例而言相对均匀，但与其相应的确定性算法相比，其平均时间复杂度没有改进。

## 12.2 近似算法

### 12.2.1 什么是近似算法

近似算法通常与 NP 完全问题相关，由于目前不可能采用有效的多项式时间精确地解决 NP 完全问题，所以采用多项式时间求一个次优解。

通常采用近似性能比衡量一个近似算法 A 的性能。

(1) 若问题Ⅱ是最小优化问题，假设其最优解为 $c^*$，近似算法 A 求出的近似最优解为 $c^*$，则算法 A 的近似性能比为 $\eta=c/c^*$（通常 $c\geqslant c^*$）。

(2) 若问题Ⅱ是最大优化问题，假设其最优解为 $c^*$，近似算法 A 求出的近似最优解为 $c^*$，则算法 A 的近似性能比为 $\eta=c^*/c$（通常 $c\leqslant c^*$）。

算法 A 称为近似性能比为 $\eta$ 的相对近似算法。显然不论最大优化问题还是最小优化问题，近似性能比总是大于或等于 1。近似性能比越接近 1 说明算法越好，近似算法的解越接近最优解。

证明相对近似算法的好坏要找到一个界 $C$，使得 $\eta\leqslant C$。通常找不到比 $C$ 更小的数就说算法 A 的近似比为 $C$。

(1) 若 $C$ 是一个常量，算法 A 称为常数近似算法，此时称问题Ⅱ是可近似的。

(2) 对于任意小的 $\varepsilon>0$，都存在 $(1+\varepsilon)$ 的相对近似算法，此时称问题Ⅱ是完全可近似的。

(3) 若已经证明不存在 $\eta<C$，除非 P=NP，此时称问题Ⅱ是可不近似的。

## 12.2.2 多机调度问题的近似算法

问题描述：设有 $n$ 个独立的作业，编号为 $0\sim n-1$，有 $m$ 台相同的机器，编号为 $0\sim m-1$。现在由这些机器加工全部作业，作业 $i$ 所需的处理时间为 $t_i(0\leqslant i<n)$，每个作业均可在任何一台机器上加工处理，但未完工前不允许中断，任何作业也不能拆分成更小的子作业。求完成全部作业加工所需要的最短工期及其一个最优分配方案。

解法 1：多机调度问题就是将 $n$ 个作业分配给 $m$ 台机器，每台机器分配若干作业，每台机器上分配的作业的加工时间之和为其加工总时间，所有机器的加工总时间的最大值就是工期，该问题是求最短工期。已经证明多机调度问题是一个 NP 完全问题，这里利用贪心近似方法求一个近似解，采用的贪心策略是将作业优先分配给最先空闲的机器加工（加工总时间越小越先空闲），以获得尽可能短的工期。其过程如下：

(1) 若 $m\geqslant n$，直接由机器 $i$ 加工作业 $i$。对应的最短工期 ans$=\max\limits_{0\leqslant j<n}\{t_j\}$。

(2) 当 $m<n$ 时，依次将 $n$ 个作业分配给加工总时间最小的机器。分配完毕后求出所有机器的加工总时间的最大值 ans 即为最短工期。

例如有 7 个独立的作业，由 3 台机器加工，各作业所需的加工时间如表 12.2 所示，求最短工期。

表 12.2　7 个作业的处理时间

| 作业编号 | 0 | 1 | 2 | 3 | 4 | 5 | 6 |
|---|---|---|---|---|---|---|---|
| 作业的处理时间 | 8 | 14 | 12 | 11 | 10 | 9 | 16 |

这里 $n=7$，$m=3$，采用贪心法求解的过程如下。

(1) 分配作业 0：机器 0 中加工总时间为 0，将作业 0 分配给它，此时 3 台机器的分配情况为({0},{},{})，对应的加工总时间为(8,0,0)。

(2) 分配作业 1：机器 1 中加工总时间为 0，将作业 1 分配给它，此时 3 台机器的分配情况为({0},{1},{})，对应的加工总时间为(8,14,0)。

(3) 分配作业 2：机器 2 中加工总时间为 0，将作业 2 分配给它，此时 3 台机器的分配情况为({0},{1},{2})，对应的加工总时间为(8,14,12)。

(4) 分配作业 3：机器 0 的加工总时间最小，将作业 3 分配给它，此时机器的分配情况为({0,3},{1},{2})，对应的加工总时间为(19,14,12)。

(5) 分配作业 4：机器 2 的加工总时间最小，将作业 4 分配给它，此时机器的分配情况为({0,3},{1},{2,4})，对应的加工总时间为(19,14,22)。

(6) 分配作业 5：机器 1 的加工总时间最小，将作业 5 分配给它，此时机器的分配情况为({0,3},{1,5},{2,4})，对应的加工总时间为(19,23,22)。

(7) 分配作业 6：机器 0 的加工总时间最小，将作业 6 分配给它，此时机器的分配情况为({0,3,6},{1,5},{2,4})，对应的加工总时间为(35,23,22)。

最后的答案如下：

```
机器 0: 0[8] 3[11] 6[16]
机器 1: 1[14] 5[9]
机器 2: 2[12] 4[10]
最短工期=35
```

由于每次都需要求出加工总时间最小的机器，所以用 sumt 表示机器的加工总时间，采用一个小根堆，即按 sumt 越小越优先出队。对应的贪心近似算法(仅考虑 $m<n$ 的情况)如下：

```
struct Job {                                    //作业的类型
    int no;                                     //作业的编号
    int t;                                      //作业的加工时间
    Job() {}
    Job(int no,int t) {
        this->no=no;this->t=t;
    }
};
struct QNode {                                  //优先队列结点类型
    int sumt;                                   //机器的加工总时间
    int mno;                                    //机器的编号
    bool operator<(const QNode &s) const {
        return sumt>s.sumt;                     //按 sumt 越小越优先出队
    }
};
int schedule1(vector<Job> &A,int m,vector<vector<int>> &x){     //贪心近似算法 1
    int ans=0;
    int n=A.size();
    QNode e;
    priority_queue<QNode> pqu;                  //小根堆
    for (int j=0;j<m;j++) {                     //分配 m 个作业,每台机器一个作业
        e.mno=j;                                //设置机器的编号
        x[e.mno].push_back(j);                  //作业 j 分配给机器 e.mno
        e.sumt=A[j].t;                          //作业 j 分配给该机器
        ans=max(ans,e.sumt);                    //求最长的机器加工时间
        pqu.push(e);
    }
    for (int j=m;j<n;j++) {                     //分配余下的作业
        e=pqu.top(); pqu.pop();                 //出队 e
        x[e.mno].push_back(j);                  //作业 j 分配给机器 e.mno
        e.sumt+=A[j].t;                         //累计该机器的加工时间
        ans=max(ans,e.sumt);                    //求最长的机器加工时间
        pqu.push(e);                            //e 进队
    }
    return ans;
}
void solve(vector<Job> &A,int m) {              //求解多机调度问题
    vector<vector<int>> x(m);
    int ans=schedule1(A,m,x);
    printf("多机调度方案:\n");
    for(int i=0;i<m;i++) {
        printf(" 机器%d: ",i);
        for(int j:x[i])
            printf("%d[%d] ",A[j].no,A[j].t);
        printf("\n");
    }
    printf("最短工期=%d\n",ans);
}
```

**schedule1 算法分析**：该算法中遍历 $n$ 个作业，在优先队列中最多有 $m$ 个元素，所以算法的时间复杂度为 $O(n\log_2 m)$。

共有 $n$ 个作业，设作业 $j$ 的执行时间为 $t_j$，$J(i)$ 为机器 $i$ 分配的作业集合，则机器 $i$ 的执行时间长度 $L_i=\sum_{j\in J(i)} t_j$，整个工期是所有机器的最大加工时间，即 $\max_{0\leqslant j<m}(L_j)$。

设最优工期为 $L^*$，加工全部作业的时间为 $\sum_{j=0}^{n-1} t_j$，即使 $m$ 台机器平均分配这些作业，每台机器的加工总时间至少为 $\frac{1}{m}\sum_{j=0}^{n-1} t_j$，所以最优工期为 $L^* \geqslant \frac{1}{m}\sum_{j=0}^{n-1} t_j$。

假设上述贪心算法得到的工期为 $L$，最后一步是将任务 $j$ 分配给机器 $i$ 加工，则 $L=L_i$，说明在此之前机器 $i$ 的加工总时间最小，而在分配作业 $j$ 之前机器 $i$ 的加工总时间为 $L_i-t_j$，所以有 $L_i-t_j\leqslant L_k(0\leqslant k<m)$，即 $m(L_i-t_j)\leqslant L_0+L_1+\cdots+L_{m-1}=\sum_{k=0}^{m-1} L_k$，这样得到 $L_i-t_j\leqslant \frac{1}{m}\sum_{k=0}^{m-1} L_k \leqslant \frac{1}{m}\sum_{j=0}^{n-1} t_j \leqslant L^*$，也就是说 $L_i\leqslant L^*+t_j\leqslant L^*+\max_{0\leqslant j<m}(L_j)\leqslant 2L^*$，而 $L=L_i$，所以 $L/L^*=L_i/L^*\leqslant 2$，即 $\eta\leqslant C=2$，也就是本近似算法的近似性能比为 2。

扫一扫

视频讲解

解法 2：先将全部作业按加工时间递减排序，再采用解法 1 的过程求解，即采用的贪心策略是将加工时间最长的作业优先分配给最先空闲的机器加工，以获得尽可能短的工期。其过程如下：

(1) 若 $m\geqslant n$，直接由机器 $i$ 加工作业 $i$。对应的工期为 $\max_{0\leqslant j<n}\{t_j\}$。

(2) 当 $m<n$ 时，首先将 $n$ 个作业依其加工时间递减排序，然后依此顺序将 $n$ 个作业分配给加工总时间最小的机器。分配完毕后求出所有机器的加工总时间的最大值 ans 即为最短工期。

例如，对于如表 12.1 所示的 7 个作业，$m=3$，按加工时间递减排序的结果如表 12.3 所示。

表 12.3　7 个作业按处理时间递减排序的结果

| 作业编号 | 6 | 1 | 2 | 3 | 4 | 5 | 0 |
|---|---|---|---|---|---|---|---|
| 作业的处理时间 | 16 | 14 | 12 | 11 | 10 | 9 | 8 |

采用贪心法求解的过程如下。

(1) 分配作业 6：机器 0 中加工总时间为 0，将作业 6 分配给它，此时 3 台机器的分配情况为({6}，{}，{})，对应的加工总时间为(16，0，0)。

(2) 分配作业 1：机器 1 中加工总时间为 0，将作业 1 分配给它，此时 3 台机器的分配情况为({6}，{1}，{})，对应的加工总时间为(16，14，0)。

(3) 分配作业 2：机器 2 中加工总时间为 0，将作业 2 分配给它，此时 3 台机器的分配情况为({6}，{1}，{2})，对应的加工总时间为(16，14，12)。

(4) 分配作业 3：机器 2 的加工总时间最小，将作业 3 分配给它，此时机器的分配情况为({6}，{1}，{2，3})，对应的加工总时间为(16，14，23)。

(5) 分配作业 4：机器 1 的加工总时间最小，将作业 4 分配给它，此时机器的分配情况为({6}，{1，4}，{2，3})，对应的加工总时间为(16，24，23)。

(6) 分配作业 5：机器 0 的加工总时间最小，将作业 5 分配给它，此时机器的分配情况为({6，5}，{1，4}，{2，3})，对应的加工总时间为(25，24，23)。

(7) 分配作业 0：机器 2 的加工总时间最小，将作业 0 分配给它，此时机器的分配情况为({6,5},{1,4},{2,3,0})，对应的加工总时间为(25,24,31)。

最后的答案如下：

```
机器 0: 6[16] 5[9]
机器 1: 1[14] 4[10]
机器 2: 2[12] 3[11] 0[8]
最短工期=31
```

从结果看出最优解好于解法 1。对应的贪心近似算法(仅考虑 $m<n$ 的情况，Job、QNode 结构体同解法 1)如下：

```
struct Cmp {                                        //用于排序
    bool operator()(const Job&a, const Job&b) const {
        return a.t>b.t;                             //按 t 递减排序
    }
};
int schedule2(vector<Job> &A, int m, vector<vector<int>> &x) {   //贪心近似算法 2
    int ans=0;
    int n=A.size();
    sort(A.begin(), A.end(), Cmp());                //按 t 递减排序
    QNode e;
    priority_queue<QNode> pqu;                      //小根堆
    for (int j=0;j<m;j++) {                         //分配 m 个作业,每台机器一个作业
        e.mno=j;                                    //设置机器的编号
        x[e.mno].push_back(j);                      //作业 j 分配给机器 e.mno
        e.sumt=A[j].t;                              //作业 j 分配给该机器
        ans=max(ans, e.sumt);                       //求最长的机器加工时间
        pqu.push(e);
    }
    for (int j=m;j<n;j++) {                         //分配余下的作业
        e=pqu.top(); pqu.pop();                     //出队 e
        x[e.mno].push_back(j);                      //作业 j 分配给机器 e.mno
        e.sumt+=A[j].t;                             //累计该机器的加工时间
        ans=max(ans, e.sumt);                       //求最长的机器加工时间
        pqu.push(e);                                //e 进队
    }
    return ans;
}
```

**schedule2 算法分析**：该算法的时间主要花费在排序上，排序的时间复杂度为 $O(n\log_2 n)$，所以本算法的时间复杂度为 $O(n\log_2 n)$。

考虑 $n>m$ 的情况，$n$ 个作业按处理时间递减排序的结果是 $t_0 \geqslant t_1 \geqslant \cdots \geqslant t_{m-1} \geqslant t_m \geqslant \cdots \geqslant t_{n-1}$。显然存在某台机器至少加工两个作业的情况，所以最优工期 $L^* \geqslant 2t_m$ 或者 $t_m \leqslant L^*/2$。

采用解法 1 的符号表示，$L=L_i=(L_i-t_j)+t_j$，由解法 1 的推导可知 $L_i-t_j \leqslant L^*$ 成立，假设机器 $i$ 上至少加工两个作业(如果仅加工一个作业，后面的结论也成立)，则 $t_j \leqslant L^*/2$，所以有 $L=(L_i-t_j)+t_j \leqslant L^*+L^*/2=3L^*/2$，即本近似算法的近似性能比为 3/2。

扫一扫

视频讲解

## 12.2.3 0/1 背包问题的近似算法

**问题描述**：问题描述见第 2 章中的 2.4 节。

**解** 0/1 背包问题是一个 NP 完全问题，同样利用贪心近似方法求一个近似解，采用

的贪心策略是优先选取单位重量价值最大的并且能够装入背包的物品。其过程如下：

(1) 将全部物品按单位重量价值递减排序。

(2) 按排序后的顺序选择能够装入背包的物品，得到一个可行解，即最大价值 bestv。

(3) 考虑单个物品，求能够装入背包的单个物品的最大价值 maxv。置 bestv＝max(bestv,maxv)。

最后得到的 bestv 就是最优近似解。例如，对于如表 12.4 所示的 4 个物品，$W=6$，采用近似算法的求解过程如下：

表 12.4　4 个物品

| 物品编号 no | 重量 $w$ | 价值 $v$ |
|---|---|---|
| 0 | 3 | 7 |
| 1 | 4 | 9 |
| 2 | 2 | 2 |
| 3 | 5 | 10 |

(1) 按单位重量价值递减排序的结果如表 12.5 所示。

(2) bestv＝0，取序号为 0 的物品，bestv＝7，剩余容量 rw 为 6－3＝3。序号为 1 和 2 的物品不能装入背包。取序号为 3 的物品，bestv 为 7＋2＝9，剩余容量 rw 为 3－2＝1。得到 bestv＝9。

(3) 所有单个物品均可以装入背包，求出最大单个物品的价值 maxv＝10。置 bestv＝max(bestv,maxv)＝10。

表 12.5　4 个物品按 $v/w$ 递减排序后的结果

| 序号 $i$ | 物品编号 no | 重量 $w$ | 价值 $v$ | $v/w$ |
|---|---|---|---|---|
| 0 | 0 | 3 | 7 | 2.33 |
| 1 | 1 | 4 | 9 | 2.25 |
| 2 | 3 | 5 | 10 | 2.0 |
| 3 | 2 | 2 | 2 | 1.0 |

采用第 5 章中 5.8 节的 Goods 类型(含用于按 $v/w$ 递减排序的重载运算符)的容器 g 存放物品，对应的近似算法如下：

```
void knap(vector<Goods> &g, int W) {              //求解 0/1 背包问题的近似算法
    sort(g.begin(), g.end());                     //按 v/w 递减排序
    int n=g.size();
    vector<int> x(n,0);                           //存放最优解向量
        int bestv=0;                              //存放最大价值,初始为 0
        double rw=W;                              //背包中能装入的余下重量
        for(int i=0;i<n;i++) {
            if(g[i].w<=rw) {                      //物品 i 能够全部装入
            x[i]=1;                               //装入物品 i
            rw-=g[i].w;                           //减少背包中能装入的余下重量
            bestv+=g[i].v;                        //累计总价值
        }
    }
    int maxv=0, maxi;
    for(int i=0;i<n;i++) {                        //求单个最大价值的物品
        if(g[i].w<=W && g[i].v>maxv) {
            maxi=i;
            maxv=g[i].v;
```

```
        }
    }
    if(maxv>bestv) {                          //通过比较求最大 bestv
        bestv=maxv;
        x=vector<int>(n,0);
        x[maxi]=1;
    }
    printf("最优解\n");                       //输出结果
    for (int j=0;j<n;j++) {
        if(x[j]==1) printf(" 选择物品%d[%d,%d]\n",g[j].no,g[j].w,g[j].v);
    }
    printf(" 总价值=%d\n",bestv);
}
```

设 0/1 背包问题的最优解(最大价值)为 $L^*$,采用上述近似算法求出的解为 $L$,不妨假设选择的 $k$ 个物品是物品 $0\sim k-1$,则

$$L^* < \sum_{i=0}^{k} v_i \leqslant \sum_{i=0}^{k-1} v_i + \max_{0\leqslant i\leqslant n-1} v_i \leqslant 2L$$

所以 $L^*/L\leqslant 2$,即本近似算法的近似性能比为 2。

## 12.2.4 旅行商问题的近似算法

扫一扫

视频讲解

**问题描述**:给定一个带权连通图 G=(V,E),其每一边 $(u,v)\in$ E 有一个非负整数表示的费用 $c(u,v)$,假设费用函数 $c$ 具有三角不等式性质,即对任意的 3 个顶点 $u$、$v$、$w\in$ V,有 $c(u,w)\leqslant c(u,v)+c(v,w)$。设计一个近似算法求出 G 的最小费用的 TSP 回路。

**解** TSP 问题是一个典型的 NP 完全问题,目前没有多项式级的求解算法,这里采用组合技术设计其近似算法。所谓组合技术就是利用问题自身性质设计近似算法。在该问题中利用图的最小生成树和三角不等式性质,其过程如下:

(1) 选择 G 的任一顶点 $v$,用 Prim 算法构造一棵以 $v$ 为根的最小生成树 T。

(2) 采用先根遍历生成树 T 得到一个顶点表 path。

(3) 将顶点 $v$ 添加到表 path 的末尾,按表 path 中顶点的次序组成回路 H,作为计算结果返回。

例如,对于如图 12.2 所示的带权连通图,假设顶点 $v=0$,找近似 TSP 回路的过程如下:

(1) 采用 Prim()算法求出从顶点 $v$ 出发产生的最小生成树 T,如图 12.3 所示。

(2) 对于 T 从顶点 $v$ 出发进行先根遍历,完全遍历序列是 010342430(含回溯步),它恰好是 T 的两倍,如图 12.4 所示,图中虚线边表示在遍历过程中的回边。

(3) 删除完全遍历序列中重复的顶点得到 path,例如若顶点 $b$ 重复,则从$\cdots abc$ 中删除 $b$ 得到$\cdots ac$,这里由 010342430 得到 01342,也就是说 path={0,1,3,4,2},如图 12.5 所示。

在删除重复的顶点时可能包含以相邻顶点的连边代替的情况,例如在删除第一个重复的顶点 0 时用(1,3)边代替两条边(1,0)和(0,3),由于费用函数 $c$ 具有三角不等式性质,则 $c(1,3)\leqslant c(1,0)+c(0,3)$成立。

(4) 将 $v$ 添加到表 path 的末尾,如图 12.6 所示。得到的 TSP 回路为 0→1→3→4→2→0,路径长度为 1+3+2+3+5=14。

其中添加顶点 $v$ 可以看成用(0,2)边代替两条边(0,4)和(4,2),同样由于费用函数 $c$ 具

有三角不等式性质，则 $c(0,4) \leqslant c(0,3)+c(3,4)$，所以 $c(0,2) \leqslant c(0,4)+c(4,2) \leqslant c(0,3)+c(3,4)+c(4,2)$。

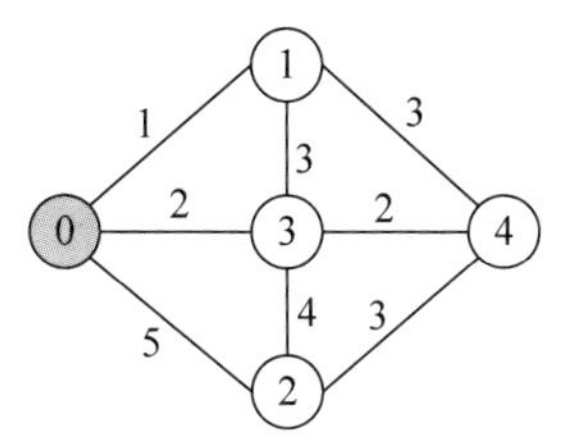

图 12.2　一个带权连通图

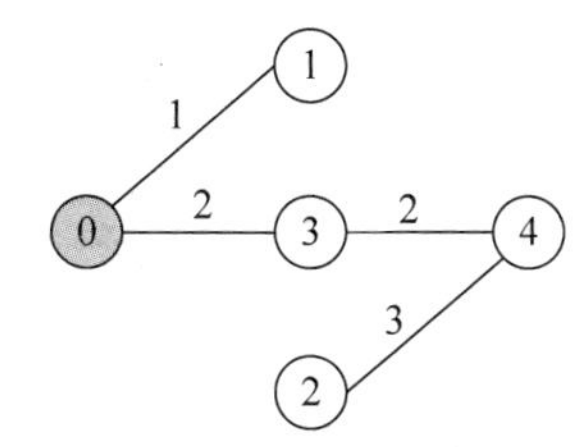


图 12.3　最小生成树 T

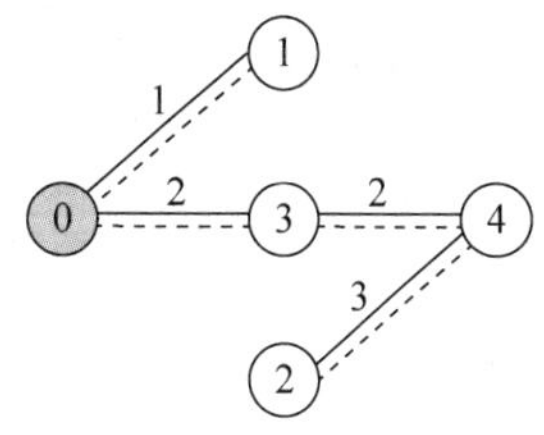


图 12.4　先根遍历 T

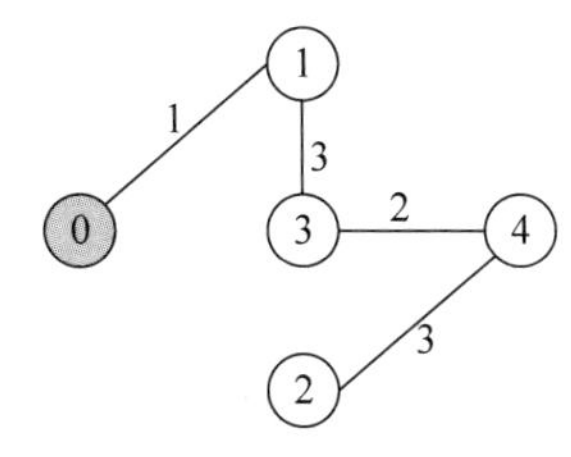


图 12.5　path

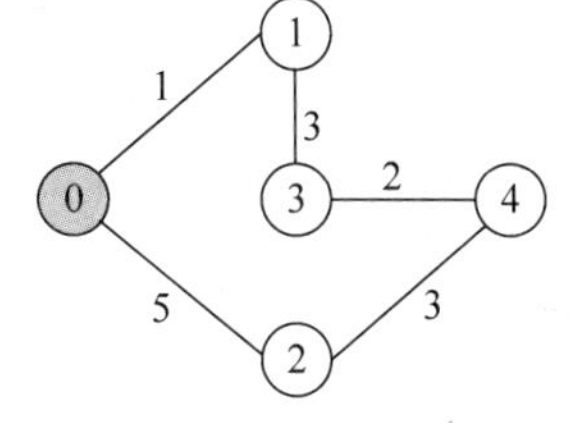


图 12.6　回路 H

用 MSTL 表示步骤(1)产生的最小生成树 T 的全部费用和，$L^*$ 表示最优解，即 TSP 回路的长度，显然 MSTL $\leqslant L^*$。从上述过程可以看出近似算法的解 $L \leqslant$ 2MSTL。这样有 $L \leqslant$ 2MSTL $\leqslant 2L^*$，即 $L/L^* \leqslant 2$，也就是上述近似算法的近似性能比为 2。

对应的近似算法如下：

```
vector<int> visited;                                    //访问标记数组
vector<int> path;                                       //存放路径
void Prim(vector<vector<int>> &A, int s, vector<vector<int>> &T) {     //Prim 算法
    int n=A.size();
    vector<int> lowcost(n);
    vector<int> closest(n);
    for (int j=0;j<n;j++) {                             //初始化 lowcost 和 closest 数组
        lowcost[j]=A[s][j];
        closest[j]=s;
    }
    for (int i=1;i<=n;i++) {                            //找出(n-1)个顶点
        int mincost=INF,k;
        for (int j=0;j<n;j++) {                         //在(V-U)中找出离 U 最近的顶点 k
            if (lowcost[j]!=0 && lowcost[j]<mincost) {
                mincost=lowcost[j];
                k=j;                                    //k 记录最近顶点的编号
            }
        }
        T[closest[k]][k]=mincost;                       //构建最小生成树的一条无向边
        T[k][closest[k]]=mincost;
        lowcost[k]=0;                                   //标记 k 已经加入 U
        for (int j=0;j<n;j++) {                         //修改数组 lowcost 和 closest
            if (A[k][j]!=0 && A[k][j]<lowcost[j]) {
                lowcost[j]=A[k][j];
                closest[j]=k;
            }
        }
    }
}
void DFS(vector<vector<int>> &T, int v){     //DFS 算法
```

```
    int n=T.size();
    path.push_back(v);                              //被访问顶点添加到 path 中
    visited[v]=1;                                   //置已访问标记
    for (int w=0;w<n;w++) {                         //找顶点 v 的所有相邻点
        if (T[v][w]!=INF && visited[w]==0)
            DFS(T,w);                               //找顶点 v 的未访问过的相邻点 w
    }
}
void TSP(vector<vector<int>> &A,int v) {            //以 v 为起始顶点的 TSP 近似算法
    int n=A.size();
    vector<vector<int>> T(n,vector<int>(n,INF));
    Prim(A,v,T);                                    //(1)构造最小生成树 T
    visited=vector<int>(n,0);
    DFS(T,v);                                       //(2)先根遍历 T 得到 path
    printf("从顶点%d 出发求解\n",v);
    printf(" 构造的最小生成树: ");
    for(int i=0;i<n;i++) {
        for(int j=0;j<i;j++)
            if(T[i][j]!=INF) printf("(%d,%d):%d ",i,j,T[i][j]);
    }
    printf("\n path: ");
    for(int i=0;i<path.size();i++)
        printf("%d ",path[i]);
    printf("\n");
    printf(" TSP 近似路径: ");
    int pathlen=0;
    for (int i=0;i<path.size();i++) {
        printf("%d,",path[i]);
        if (i!=path.size()-1)
            pathlen+=A[path[i]][path[i+1]];
    }
    printf("%d",v);                                 //(3)将 v 添加到 path 的末尾得到回路 H
    pathlen+=A[path[path.size()-1]][v];
    printf(" TSP 长度=%d\n",pathlen);
}
void solve(vector<vector<int>> &A) {                //TSP 近似算法
    int v=0;
    TSP(A,v);
}
```

**TSP 算法分析**：由于 Prim()和 DFS 算法的时间复杂度都是多项式级的，所以该算法的时间复杂度也是多项式级的，即 $O(n^2)$。

当 $v=0$ 时上述算法求出的 TSP 回路是 0→1→3→4→2→0，其长度为 14，显然这个近似解并非最优解，实际的最优 TSP 回路是 3→0→1→4→2→3，其长度为 13。所以上述近似算法可以这样改进，从每个顶点出发求得近似解，通过比较找到最优近似解，其时间复杂度仍然是多项式级的。

当 TSP 问题的费用函数不满足三角不等式时，不存在具有常数近似性能比的多项式时间近似算法，除非 P=NP。换句话说，若 P≠NP，则对于任意常数 $\rho>1$，不存在近似性能比为 $\rho$ 的求解 TSP 问题的多项式时间近似算法。

## 12.3 练 习 题

扫一扫

自测题

1. 假设数组 $a$ 中有 $n(n>2)$ 个不同的整数,问以下算法能否产生一个一致的随机排列,所谓一致的随机排列是指每种排列出现的概率相等。

```
void perms(vector<int> &a) {
    int n=a.size();
    for(int i=0;i<n;i++) {
        int j=randa(0,n-1);                    //randa(a,b)用于产生一个[a,b]的随机数
        swap(a[i],a[j]);                        //a[i]和 a[j]交换
    }
}
```

2. 设一个蒙特卡洛算法能在任何情况下以至少为 $1-a$ 的概率给出正确结果,试问该算法需要重复执行多少次才能将给出正确结果的概率至少提高到 $1-b(0<b<a<1)$。

3. 举一个例子说明蒙特卡洛算法和拉斯维加斯算法的差别。

4. 已知 3 个 $n\times n$ 的矩阵 $\boldsymbol{A}$、$\boldsymbol{B}$ 和 $\boldsymbol{C}$,设计一个时间复杂度为 $O(n^2)$ 的随机算法检测 $\boldsymbol{A}\times\boldsymbol{B}=\boldsymbol{C}$ 是否成立,成立时返回 true。给出算法的过程描述,并且分析算法出错的概率。

5. 顶点覆盖问题是给定一个无向图 $G=(V,E)$,求最小顶点集合 $C$,使得对于 $E$ 中的任意边 $(u,v)$,满足 $u\in V$ 或者 $v\in V$。有人给出如下近似算法:

```
①    C={},E'=E;
②    while(E'≠空) {
③        任取边(u,v)∈E';
④        C=C∪{u,v};
⑤        从 E'中删除所有与 u 或者 v 相连的边;
⑥    }
⑦    return C;
```

分析该近似算法的时间复杂度和近似性能比。

6. 给定 4 个物品,编号为 0～3,$w=(2,3,5,7)$,$v=(1,5,2,4)$,$W=6$,采用 0/1 背包问题的近似算法求最大价值和对应的装入方案。

7. 给定一个如图 12.7 所示的带权连通图,采用近似算法求一条 TSP 路径。

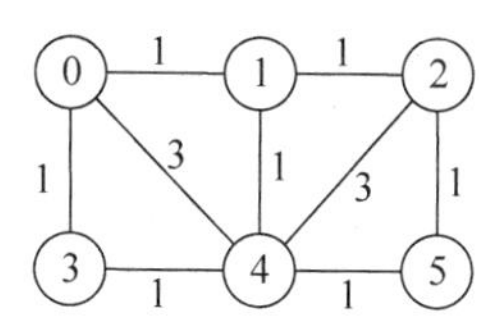


图 12.7 一个带权连通图

8. 说明求解 TSP 路径的近似算法在什么情况下近似性能比为 2。

9. 设计一个随机洗牌算法,使得含 $n(n>2)$ 个整数的数组 $a$ 中的元素随机排列。

10. 以基本二分查找算法为基础设计出对应的随机算法,并分析该随机算法的平均时间复杂度。

# 参考文献


[1] T. H. Cormen，C. E. Leiserson，R. L. Rivest，等. 算法导论[M]. 潘金贵，顾铁成，李成法，等译. 北京：机械工业出版社，2009.

[2] A. Levitin. 算法设计与分析基础[M]. 潘彦，译. 北京：清华大学出版社，2015.

[3] M. H. Alsuwaiyel. 算法设计技巧与分析[M]. 吴伟昶，方世昌，等译. 北京：电子工业出版社，2004.

[4] M. T. Goodrich，R. Tamassia. 算法设计与应用[M]. 乔海燕，李悫炜，王烁程，译. 北京：机械工业出版社，2017.

[5] S. Sahni. 数据结构、算法与应用——C++语言描述[M]. 王立柱，刘志红，译. 北京：机械工业出版社，2015.

[6] M. A. Weiss. 数据结构与算法分析——C语言描述[M]. 冯舜玺，译. 北京：机械工业出版社，2004.

[7] R. Sedgewick，K. Wayne. 算法[M]. 谢路云，译. 4版. 北京：人民邮电出版社，2012.

[8] 张德富. 算法设计与分析[M]. 北京：国防工业出版社，2009.

[9] 屈婉玲，刘田，张立昂，等. 算法设计与分析[M]. 2版. 北京：清华大学出版社，2016.

[10] 屈婉玲，刘田，张立昂，等. 算法设计与分析习题解答与学习指导[M]. 2版. 北京：清华大学出版社，2016.

[11] 李恒武. 算法设计与分析[M]. 北京：清华大学出版社，2022.

[12] 王晓东. 计算机算法设计与分析[M]. 北京：电子工业出版社，2012.

[13] 王晓东. 计算机算法设计与分析习题解答[M]. 2版. 北京：电子工业出版社，2012.

[14] 罗勇军，郭卫斌. 算法竞赛入门到进阶[M]. 北京：清华大学出版社，2019.

[15] 付东来. labuladong的算法小抄[M]. 北京：电子工业出版社，2021.

[16] 秋叶拓哉，岩田阳一，北川宜稔. 挑战程序设计竞赛[M]. 巫泽俊，庄俊元，李津羽，译. 北京：人民邮电出版社，2013.

[17] 具宗万. 算法问题实战策略[M]. 崔盛一，译. 北京：人民邮电出版社，2015.

[18] 赵端阳，左伍衡. 算法分析与设计——以大学生程序设计竞赛为例[M]. 北京：清华大学出版社，2012.

[19] 王红梅. 算法设计与分析[M]. 北京：清华大学出版社，2006.

[20] 李文书，何利力. 算法设计、分析与应用教程[M]. 北京：北京大学出版社，2014.

[21] 余祥宣，崔国华，邹海明. 计算机算法基础[M]. 3版. 武汉：华中科技大学出版社，2006.

[22] 吴哲辉，崔焕庆，马炳先，等. 算法设计方法[M]. 北京：机械工业出版社，2008.

[23] 郑宗汉，郑晓明. 算法设计与分析[M]. 2版. 北京：清华大学出版社，2011.

[24] 霍红卫. 算法设计与分析[M]. 2版. 西安：西安电子科技大学出版社，2010.

[25] 耿国华. 算法设计与分析[M]. 北京：高等教育出版社，2012.

[26] 郑宇军. 算法设计[M]. 北京：人民邮电出版社，2012.

[27] 刘汝佳. 算法竞赛入门经典[M]. 北京：清华大学出版社，2009.

[28] 刘汝佳. 算法竞赛入门经典训练指南[M]. 北京：清华大学出版社，2012.

[29] 俞勇. ACM国际大学生程序设计竞赛——知识与入门[M]. 北京：清华大学出版社，2012.

[30] 俞勇. ACM国际大学生程序设计竞赛——题目与解读[M]. 北京：清华大学出版社，2012.

[31] 许少华. 算法设计与分析[M]. 哈尔滨：哈尔滨工业大学出版社，2011.

[32] 金博，郭立，于瑞云. 计算几何及应用[M]. 哈尔滨：哈尔滨工业大学出版社，2012.

[33] 余立功. ACM/ICPC算法训练教程[M]. 北京：清华大学出版社，2013.

[34] 陈国良.计算思维导论[M].北京：高等教育出版社，2012.

[35] 蒋宗礼，姜守旭.形式语言与自动机理论[M].3版.北京：清华大学出版社，2013.

[36] 李春葆.数据结构教程[M].6版.北京：清华大学出版社，2022.

[37] 李春葆.数据结构教程学习指导[M].6版.北京：清华大学出版社，2022.

[38] 李春葆.数据结构教程上机实验指导[M].6版.北京：清华大学出版社，2022.

[39] 李春葆，李筱驰.程序员面试笔试数据结构深度解析[M].北京：清华大学出版社，2018.

[40] 李春葆，李筱驰.程序员面试笔试算法设计深度解析[M].北京：清华大学出版社，2018.

# 图书资源支持

感谢您一直以来对清华版图书的支持和爱护。为了配合本书的使用，本书提供配套的资源，有需求的读者请扫描下方的“书圈”微信公众号二维码，在图书专区下载，也可以拨打电话或发送电子邮件咨询。

如果您在使用本书的过程中遇到了什么问题，或者有相关图书出版计划，也请您发邮件告诉我们，以便我们更好地为您服务。

**我们的联系方式：**


清华大学出版社计算机与信息分社网站：https://www.shuimushuhui.com/

地　　址：北京市海淀区双清路学研大厦 A 座 714

邮　　编：100084

电　　话：010-83470236　010-83470237

客服邮箱：2301891038@qq.com

QQ：2301891038（请写明您的单位和姓名）


**资源下载：关注公众号“书圈”下载配套资源。**

资源下载、样书申请

书圈

图书案例

清华计算机学堂

观看课程直播